建设工程质量监督人员培训教材丛书

建设工程质量监督培训教材

(土建部分)

河南省建设厅　组织编写

中国建筑工业出版社

图书在版编目(CIP)数据

建设工程质量监督培训教材. 土建部分/河南省建设厅组织编写. —北京：中国建筑工业出版社，2006
（建设工程质量监督人员培训教材丛书）
ISBN 7-112-08718-X

Ⅰ.建… Ⅱ.河… Ⅲ.①建筑工程—工程质量—监督管理—技术培训—教材②土木工程—工程质量—监督管理—技术培训—教材 Ⅳ.TU712

中国版本图书馆CIP数据核字(2006)第127350号

本丛书共分土建部分，安装部分和法律法规、案例分析、附录部分三册。本册为土建部分，全书分为二篇：工程质量监督基础知识和工程质量行为与工程实体质量监督。内容包括：工程建设基本程序和责任主体，工程建设标准，工程建设的设计和构造要求，工程质量检测，施工质量验收；以及工程质量监督，工程质量事故处理，工程质量验收、投诉及档案管理等。

本丛书内容详尽，覆盖面广，是建设工程质量监督人员培训考核的依据，也可供各级建设工程质量监督人员继续教育学习时使用。

* * *

责任编辑：常　燕

建设工程质量监督人员培训教材丛书
建设工程质量监督培训教材
（土建部分）
河南省建设厅　组织编写

*

中国建筑工业出版社出版、发行(北京西郊百万庄)
新　华　书　店　经　销
北京富生印刷厂印刷

*

开本：787×1092毫米　1/16　印张：34　字数：824千字
2006年11月第一版　2006年11月第一次印刷
印数：1—5000册　定价：**70.00元**
ISBN 7-112-08718-X
(15382)

版权所有　翻印必究
如有印装质量问题，可寄本社退换
（邮政编码100037）

本社网址：http://www.cabp.com.cn
网上书店：http://www.china-building.com.cn

《建设工程质量监督人员培训教材丛书》

审定委员会

主 任 委 员：何 雄
副主任委员：朱长喜 张 达 张 申
委　　　员：吴松勤 张 鹏 杨玉江 马耀辉 范 涛 千战应
　　　　　　王晓惠 关 罡 解 伟 周国民 顾孝同 陈 震
　　　　　　孔 伟 曹乃冈 李亦工

编写委员会

主 任 委 员：何 雄
副主任委员：千战应 王晓惠
委　　　员：关 罡 解 伟 曹乃冈 李亦工 贾志尧 周国民
　　　　　　陈 震 孔 伟 顾孝同 许世明 唐碧凤 柴 琳
编 写 人 员：（按姓氏笔画为序）
　　　　　　千战应 王晓惠 孔 伟 王云飞 申明芳 关 罡
　　　　　　孙钢柱 许世明 朱恺真 李亦工 李树山 李增亮
　　　　　　陈 震 汪天舒 杨建中 张德伟 张继文 周国民
　　　　　　顾孝同 徐宏峰 徐晓捷 徐宁克 柴 琳 栾景阳
　　　　　　贾志尧 酒 江 曹乃冈 解 伟
统 稿 人 员：千战应 王晓惠

前　言

为规范建设工程质量监督人员培训与考核工作，全面提高建设工程质量监督人员的业务素质和培训质量，河南省建设厅组织编写了《建设工程质量监督人员培训教材丛书》。本丛书共分土建部分，安装部分和法律法规、案例分析、附录部分三册。土建部分包括：工程质量监督基础知识、工程质量行为和工程质量实体监督；安装部分包括：建筑安装工程质量监督基础知识、工程质量行为和工程质量实体监督；法律法规、案例分析、附录部分包括：工程建设法律法规、工程质量监督案例分析和附录。

本丛书内容针对建设工程质量监督的特点和主要任务，覆盖了建设工程质量监督的基本要素、基本知识和基本技能，并辅之以参建各方行为监督、工程质量监督案例予以强化培训，招标投标、项目代建、工程合同、造价和清欠等有关政策内容。是建设工程质量监督人员培训与考核的依据，也可供各级建设工程质量监督人员继续教育学习时使用。

本丛书的编写，得到了建设部工程质量安全与行业发展司质量处、中建协监督分会，郑州、洛阳、南阳、安阳等市建设工程质量监督站、郑州大学、华北水利水电学院、机械工业第六设计研究院、河南省建筑科学研究院等部门的大力支持和帮助，在此一并表示感谢，由于编写的时间较紧，难免有错误和不足之处，敬请批评指正。

目 录

第一篇 工程质量监督基础知识

第一章 工程质量监督概述 ... 3
- 第一节 工程质量监督及质量监督机构 ... 3
- 第二节 工程质量监督机构的基本管理制度 ... 14
- 第三节 工程质量监督的信息化管理手段 ... 24

第二章 工程建设基本程序 ... 32
- 第一节 工程建设项目基本知识 ... 32
- 第二节 工程项目的报批、施工许可和竣工备案 ... 39

第三章 工程建设责任主体和有关机构 ... 50
- 第一节 建设单位 ... 50
- 第二节 勘察设计单位 ... 59
- 第三节 施工单位 ... 70
- 第四节 监理单位 ... 77
- 第五节 施工图审查机构 ... 84
- 第六节 工程质量检测机构 ... 87
- 第七节 建设工程招投标代理机构 ... 92
- 第八节 工程建设代建机构 ... 101
- 第九节 工程造价咨询机构 ... 106

第四章 工程建设标准 ... 120
- 第一节 工程建设标准的概念及分类 ... 120
- 第二节 工程建设强制性条文 ... 122

第五章 勘察设计 ... 129
- 第一节 地基勘察 ... 129
- 第二节 地基与基础的设计原则和要求 ... 130
- 第三节 基础的选型、计算及构造措施 ... 133
- 第四节 基本设计规定和材料 ... 135
- 第五节 砌体结构的基本设计规定 ... 140
- 第六节 砌体结构的构造要求 ... 143
- 第七节 钢结构基础知识 ... 149
- 第八节 钢结构的构造与连接 ... 150

第六章 工程质量检测 ... 154
- 第一节 见证取样检测 ... 154
- 第二节 地基检测 ... 264
- 第三节 结构检测 ... 272

  第四节 钢结构检测 …………………………………………………… 293
  第五节 幕墙检测 ……………………………………………………… 303
 第七章 施工质量验收 …………………………………………………………… 308
  第一节 施工质量验收的主要内容 …………………………………… 308
  第二节 工程质量的验收程序和组织 ………………………………… 316
  第三节 建设项目竣工验收的程序 …………………………………… 318

第二篇 工程质量行为与工程实体质量监督

 第一章 工程质量监督注册 ……………………………………………………… 323
 第二章 工程质量监督工作方案及交底 ……………………………………… 324
 第三章 工程质量行为监督 ……………………………………………………… 325
  第一节 基本概念 ……………………………………………………… 325
  第二节 工程质量行为主体及其监督的重点 ……………………… 326
  第三节 参建各方不良行为内容 ……………………………………… 327
  第四节 工程质量不良行为的处理原则、程序和方法 …………… 329
 第四章 工程实体质量监督 ……………………………………………………… 339
  第一节 基本规定 ……………………………………………………… 339
  第二节 地基与基础工程 ……………………………………………… 342
  第三节 混凝土结构工程 ……………………………………………… 369
  第四节 砌体工程 ……………………………………………………… 397
  第五节 钢结构工程 …………………………………………………… 405
  第六节 木结构工程 …………………………………………………… 424
  第七节 建筑装饰装修工程 …………………………………………… 429
  第八节 屋面工程 ……………………………………………………… 472
  第九节 建筑节能 ……………………………………………………… 482
  第十节 市政工程 ……………………………………………………… 514
 第五章 工程质量监督抽测 ……………………………………………………… 523
 第六章 工程质量事故（问题）处理监督 …………………………………… 525
 第七章 工程质量验收监督 ……………………………………………………… 527
 第八章 工程质量监督报告 ……………………………………………………… 531
 第九章 工程质量投诉处理 ……………………………………………………… 532
 第十章 工程质量监督的档案管理 …………………………………………… 534

第一篇　工程质量监督基础知识

第一章 工程质量监督概述

第一节 工程质量监督及质量监督机构

一、我国工程质量监督的历史、现状及发展

中华人民共和国成立后，随着国家经济的发展，建设工程质量监督应运而生，而随着计划经济向市场经济的逐步转变，我国建设工程质量监督的体制、机制乃至方式也逐步演变。

我国的工程质量管理制度大致分为三个阶段，1983年前，我国采取的是施工企业自检自评的质量检查制度。1983年前为企业自控为主，没有监督、监理，施工企业自我检查评定，企业没有自身的利益，任务由国家分配，完全的国家计划经济。1984~2000年为政府专门机构监督核验质量等级，建立工程质量监督制度。随着改革开放的不断深入，利益向多元化方向发展，企业有了自身的利益追求。政府质量监督核验工程质量等级，在一定程度上承担了责任主体的角色。2000年以后改为建设单位组织验收及备案制度。随着市场经济体制的逐步完善，投资主体的多元化，《建设工程质量管理条例》的出台，工程质量监督提升为政府的监管主体。

（一）施工企业自检自评的质量检查制度

建国初期到50年代末，我国采取的是施工企业自检自评的质量检查制度。新中国成立以后，我国实行的是高度集权的计划经济体制。社会主义公有制占领了国民经济的主导地位，工程建设的目的是建立完整的国民经济体系，不断改善人民物质文化生活。工程建设各参与者的根本利益基本一致。建设领域的建筑生产长期被认为是来料加工、活动，是单纯消费国家投资和建筑材料的行为，而否定其物质生产的本质和商品交易的属性，实际形成了一种自然经济色彩浓厚的工程建设管理格局：任务由上级安排，投资由政府下拨，建筑材料按需调拨，工程建设费用实报实销。1953~1957年，第一个五年计划期间，中央成立了建筑工程部，领导了华北建筑工程管理局等11个直属建筑工程局，承担了大部分的施工任务。在这种格局中，建设、施工、设计单位只是被动的任务执行者，是行政部门的附属物。因此，政府对建设参与各方的工程建设活动，采取的是单向的行政管理，即按行政系统对下属的工作管理。同时，在工程建设的实施中，由于工程费用的实报实销，不计盈亏，工程建设各参与者关注的重点是工程进度和质量。但是，由于当时全国没有统一的建筑工程质量新评定标准，建设单位又大多为非建筑专业领域，因而建设工程质量由建筑施工企业内部质量管理部门自行检查评定，自我控制和管理，虽有建设单位验收也多为一种形式。因为当时都是为国家完成任务，统一的国家计划经济，在这种格局中，建设、施工、设计单位只是被动的任务执行者。虽然政府关注工程进度和质量，但由于全国没有统一的建筑工程质量检验评定标准，建筑工程质量由施工企业内部自行评定，因为企

业是没有本身的经济利益,管理还是认真负责的。施工企业自身检查评定后,国家统计局按企业自报的评定质量等级进行汇总公布,即为国家的统计资料。由于企业不追求自身经济利益,各部门之间协调的还比较好,工程质量也基本能够保证。

(二)工程质量检查制度

1958～1962年,第二个五年计划期间,经国家建工部向中央建议决定,对工程项目的质量检查工作,改由施工单位建立独立的质量检查管理机构负责自控,建设单位负责以隐蔽工程验收为主的质量检查,在一定程度上形成了建设单位和施工企业相互制约、联手控制的局面。从而我国工程质量管理从原来单一的施工单位内部质量检查制度进入到第二方建设单位质量验收检查制度。

1961～1965年,在国民经济调整阶段,建工部加强了对工程质量管理工作的领导,于1963年制定颁发了《建筑安装工程技术监督工作条例》,要求建筑安装企业必须建立独立的技术监督机构,加强对施工全过程的技术监督,对每一工序实行自检、互检、交接检验制度,尽量把不合格工程消灭在施工过程之中;并开始编制国家《建筑工程质量检验评定标准》,使每个工种的检验项目、检测工具、检验方法和评定标准做到四统一,使全国各地的质量评定结果具有可比性;也方便了建设单位的工程指挥部加强对施工单位施工质量的验收检查。

1967～1976年十年动乱期间,把一切规章、制度、规定,统统当作"管、卡、压"进行批判,工程质量普遍下降,这种情况直到70年代末才逐步拨乱反正,有所好转。

80年代以后,我国进入了改革开放的新时期。建设领域的工程建设活动发生了一系列重大变化,投资开始有偿使用,投资主体开始出现多元化;建设任务实行招标承包制;施工单位摆脱行政附属地位,向相对独立的商品生产者转变。工程建设参与者之间的经济关系得到强化,追求自身利益的趋势日益突出。这种格局的出现,使得原有的工程建设管理体制越来越不适应发展的要求,单一的施工单位内部质量检查制度,第二方建设单位质量验收检查制度,由于各自经济利益的冲突已经无法保证基本建设新高潮的质量控制需要。建设规模的迅速扩大,使刚刚发育的建筑市场矛盾迭起。急剧膨胀的勘察、设计、施工队伍以及中国特殊的业主建设单位,导致建筑市场总体技术素质下降,管理脱节,并在宏观管理上出现真空。工程建设单位缺乏自我约束;勘察、设计、施工单位内部管理失控,粗制滥造,偷工减料;政府缺乏强有力的监督制约机制,从而工程质量隐患严重,坍塌事故频频发生,使用功能无法保证。为了改变这种状况,国家有关部门学习了国外先进国家管理工程建设的做法,并总结了国内一些工程质量管理好地区的经验,决定对全国的建设工程质量实施第三方的监督检查,以增强对工程质量控制和管理的制约作用。在这种形势下,原城乡建设环境保护部与有关部门在调查研究的基础上,提出了工程质量管理制度的改革,实行政府对工程质量的监督。1982年调研准备,1983年开展试点,1984年5月在大连市召开了第一次全国工程质量监督工作会议,建立专门的工程质量监督队伍,从事工程质量监督检查,很快取得了好的效果。1984年9月,国务院颁发《关于改革建筑业和基本建设管理体制若干问题的暂行规定》,决定在我国实行工程质量监督制度、改革工程质量监督办法,在地方政府领导下,按城市建立有权威的工程质量监督机构,根据有关法规和技术标准,对本地区的工程质量进行监督检查。接着原国家城乡建设和环境保护部先后下发了《建筑工程质量监督条例》、《建筑工程质量监督站工作暂行规定》、《建筑工程质量检测工作的规定》、《建设工程质量管理办法》等一系列法规性文件，具体规定了工程质量监督机构的工作范围、监督程序、监督性质、监督费用和机构人员编制，初步构成了我国现行的政府工程质量监督制度。各地也都先后制订了实施细则和业务规章。监督管理的法规体系基本形成。这项制度的确立，很快在全国全部城市和绝大多数县级政府，都建立了工程质量监督机构，随着各专业系统也相继建立相应机构，1984年2月，北京、上海等直辖市和各省、市、地县质量监督机构陆续启动，全国铁路、水利、港口、冶金、民防、化工、石化、铁路、电力、园林、市政等专业工程质量监督站也逐步开展工作。至1993年，全国工程质量监督队伍形成，中央、省市、县上下形成系统，人员专业基本配套，全国城市和95％以上县城都成立了工程质量监督机构。目前监督人员达到44000人，监督机构达到3500多个，检测机构达3000多个，施工图审查机构建立600多家。监督管理过程中，配备了必要的检测设备及仪器，为监督工作提供了重要的技术保证。经过20年的工程质量监督工作，监督队伍已经形成；培养了一大批老中青、高中低相配套的技术人员队伍，积累了丰富的工程质量监督经验。使我国的工程质量管理和认证制度走向进步和完善，也使工程质量得到了有效控制。工程质量监督制度的建立，还带有很大的计划经济的影响，政府什么都管，职责不清，主体不明，随着市场经济制度的不断发展，管理制度的改革，企业利益的形成，工程建设过程中各责任主体应承担相应的质量责任。

工程质量政府第三方监督制度的建立，标志着我国的工程建设质量监督由原来的单向政府行政管理向政府专业技术质量监督转变，由仅仅依赖施工企业自检自评，建设单位第二方验收检查向第三方政府质量监督和施工企业内部自控及建设单位第二方检查相结合转变。这种转变，使我国工程建设质量监督体制向前迈进了一大步。

（三）建设单位组织验收及备案制度

2001年以来，形成了由建设单位组织验收及备案制度。随着市场经济体制的逐步完善，政府对工程质量监督管理制度的确立，工程建设过程中各责任主体应承担的质量责任进一步明确，对工程建设全过程的质量，必须依法管理、依法行政，特别是《建设工程质量管理条例》的出台，为全面改进工程质量管理提供了高层次的法规依据。总的讲就是建设过程由监理单位检查验收，最后完工由建设单位组织单位工程质量竣工验收，合格后向建设行政主管部门备案，简单说就是验收及备案制度。这就是2000年以来一直努力完善的工程质量监督管理制度，这个制度要求各责任主体，勘察、设计、施工、监理、建设单位都应各负其责，尽自己的力量做好质量工作，达到国家规定的标准，检测单位也要对自己检测的数据，真实有效，符合有关检测程序和规范负责，政府负责监督检查，促进各责任主体及有关机构落实自己的工作。这种做法符合市场经济的规律，基本与经济发达国家的做法接轨。这种验收及备案制度的完善，还需要一定的过程，也还需要我们建筑行业全体人员的努力，特别是我们工程质量监督系统。

《建设工程质量管理条例》的颁布实施，提出了以建设行政主管部门或其委托的工程质量监督机构，对工程建设全过程的质量进行监督管理，包括各责任主体的质量行为、检测单位的行为、施工图设计文件审查单位的管理及工程实体质量监督抽查等。改变以往监督机构直接核定工程质量等级的做法，提倡执法检查，宏观管理，督促各建设工程的责任主体工作到位，来保证工程质量。《建设工程质量管理条例》43条规定：国家实行建设工程质量监督管理制度，工程质量监督的执法主体是建设行政主管部门，国务院建设行政主管部门对全国的建设工程质量实施统一监督管理。国务院铁路、交通、水利等有关部门按照国务院规定的职责分工，负责对全国的有关专业建设工程质量的监督管理。县级以上地方人民政府建设行政主管部门对本行政区域内建设工程质量实施监督管理。县级以上地方人民政府交通、水利等有关部门在各自的职责范围内，负责对本行政区域内专业建设工程质量的监督管理。国家出资的重大建设项目由国务院发展计划部门按照国务院规定的职责，组织稽查特派员，实施监督检查；国家重大技术改造项目由国务院经济贸易主管部门，按照国务院规定的职责，对其实施监督检查。

建设工程质量监督管理，可以由建设行政主管部门或其他有关部门委托的建设工程质量监督机构具体实施。监督机构是一个独立法人的实施工程质量监督管理的事业单位，是一个准政府的执法机构。工程质量监督机构必须按照国家有关规定，经省级人民政府有关部门考核，经考核合格后，方可实施工程质量监督。其工作内容及权限由委托单位来确定，被委托的监督机构要对委托单位负责。监督机构应当加强对有关建设工程质量的法律和强制性标准执行情况的监督检查。

我国建设工程质量政府监督管理改革的启示：

1. 转变角色、恢复执法地位、依法对建设工程质量实施强制性监督。转变角色就是要实现政府对建设工程质量监督管理的工作方式的转变，由授权执法向委托执法转变。由实体质量的环环把关向随机抽查转变，由"看、问"式现场检查向采用科学仪器，提供准确可靠的数据的权威性监督转变。由直接审验工程质量等级向竣工验收备案制度转变。由以施工现场对承包商的监督为主向全面、全过程监督转变。改变政府建设工程质量监管的行政职能，促进建设工程质量监督管理的专业化和社会化，以经济和法律相结合为主要手段对建设工程质量所有参与者实施执法监督。通过角色转变，使政府监督机构恢复执法地位，承担监督责任，依法对所有参与建设主体的质量行为和活动结果实施公正、威慑的执法监督，使各建设主体依法承担起法律规定的责任和义务，促进我国建设工程质量终身负责制度的有效落实，促进建设工程质量监督管理水平的提高。

2. 健全建设工程质量相关配套的法律、法规体系，增强建设工程质量的社会保障能力。实现建设工程质量政府监督管理的国际化和法制化借鉴发达国家完善社会保障体系的成熟经验，加强我国建设工程质量的社会咨询服务保障体系建设，主要包括进一步规范建设监理行为，实施建设工程质量风险管理，有效地开展建设工程质量强制性担保和保险制度，培育有效的建设工程担保与保险市场，并加强对市场主体要素的监督管理，推动工程担保与保险市场和监理咨询市场的规范有效运转，充分发挥工程担保、保险和建设监理在建设工程质量保证体系中的社会保障作用，全方位挖掘各专业组织和专业人士从事建设工程质量管理的智能潜力，促进建设工程质量的专业化和社会化。与此同时，加速相关法律、法规与国际惯例接轨的步伐，推进建设工程质量监督管理的国际化和法制化进程。

3. 建立健全建设工程质量监督管理的三大体系，保证建设市场良性运作，提高建设工程整体质量。建设工程质量的形成是一个涉及多方主体参与、受众多因素影响、涵盖建设工程决策、勘察设计、施工准备、施工建设、使用维护全过程的复杂系统，从根本上治理建设工程质量差的问题，就必须树立系统工程的观点，对其进行全面、全过程、全方位的系统治理，建立健全建设工程质量监督管理的三大体系，即各建设主体的质量保证体系，包括建设监理、工程保险在内的社会监督保证体系和建设工程质量政府监督管理体系，并且以规范建设主体质量保证体系为重点，提高建设工程质量生产能力，以社会监督保证体系为突破口，促进建设工程质量监督管理的专业化服务，以政府监督管理体系为驱动力，推动建设工程质量监督管理体系和建设市场的高效运转，改善建设市场要素，增强建设工程质量转化能力，保证建设工程整体质量。

4. 改善建设工程质量政府监督手段和方法，提高建设工程质量政府监督管理的效能。随着科技进步和建筑业的不断发展。提高建设工程质量的重要内容之一就是必须增加建设工程质量的科学技术含量，这在客观上要求对其实施监督管理的手段和方法必须与之相适应得以改善，建设工程质量政府监督管理必须以新兴的信息技术为支撑点，实现监督管理的信息化和网络化，实现监督方法的科学化，不断创新和改进检测设备和仪器，以有效地适应建筑技术发展的需要，保证建设工程质量政府监督管理的科学性和有效性，提高监督管理技术装备能力和监管效率，推动全行业信息化和建筑科学技术进步。

5. 加大教育培训力度，不断提高建设工程质量监督管理人员的技能和素质。提高监督管理水平建设工程质量监督管理是一项政策性、法律性、技术性、经济性都很强的知识型管理工作，提高建设工程质量监督管理的有效性，必须实施以人为本的人才战略，全面提高监督管理人员的综合素质，监督管理人员必须有扎实的技术专业知识，丰富的工程实践经验，熟练掌握监督的方法和手段，熟悉建设工程有关的法律、法规和强制性标准，了解建设工程经济知识，具有发现质量问题、鉴别质量问题和解决处理质量问题的能力，并且要有不断进取的求学欲望，定期参加培训，努力更新知识结构，以适应建筑技术进步的要求。建设工程质量监督管理要实现可持续发展，就必须有针对性地加强相关专业基础教育和在职人员的业务培训工作，把提高从业人员的素质和能力放在首位，同时建立有效的激励机制和政策，把知识丰富、水平高、能力强的专业人才吸引到监督管理工作岗位上来，调动专业人员从事监督管理工作的积极性和主动性，全面促进建设工作，提高监督管理能力和水平，保证工程质量监督管理持续发展。

二、工程质量监督机构的性质及基本条件

根据国务院《建设工程质量管理条例》和建设部《关于建设工程质量监督机构深化改革的指导意见》、《工程质量监督工作导则》，建设工程质量监督机构具有其客观的法律地位、基本结构和权利责任要求。

（一）建设工程质量监督机构的性质

建设工程质量监督机构是经省级以上建设行政主管部门或有关专业主管部门考核认定的独立法人，是受政府委托的行政执法机构。

建设工程质量监督机构接受县级以上地方人民政府建设行政主管部门或有关专业部门的委托，依法对建设工程质量进行强制性监督，并对委托部门负责。

（二）建设工程质量监督机构的基本条件

1. 质量监督人员应占质监机构总人数的75％以上。
2. 有固定的工作场所和适应工程质量监督检查工作需要的仪器、设备。
3. 有健全的技术管理和质量管理制度。

三、工程质量监督的基本原则

建设工程质量政府监督管理的基本原则

（一）坚持"百年大计，质量第一"的思想。即增强建设各方的质量意识，牢固树立质量观念。把建设工程质量的管理放在首位，确保建设工程结构安全和环境质量。

（二）坚持"谁设计谁负责，谁施工谁负责"的原则，全面贯彻落实建设工程质量终身负责制。设计和施工是规划和制造建设工程产品的直接专业建设主体，是实施和保证建设工程质量的核心。建设工程质量实施"谁设计谁负责，谁施工谁负责"就是要通过质量监督体系的有系统的良性运作，不断提高设计和施工质量保证能力，改善建设工程设计和施工质量监督保证体系，优化设计和施工主体的整体素质，高效地发挥设计和施工积极性、主动性和质量能力。提高设计文件质量和建设工程施工产品质量，使设计主体和施工主体在建设工程质量形成全过程中有效履行其职能职责。促进建设工程质量整体提高。

（三）坚持建设工程质量的全过程、全面、全方位的监督管理。以建设工程质量监督保证系统的良性运作，保证工程建设活动和建设工程产品的质量。满足国家和用户对建设工程的本质需要。

对建设工程质量实施全面的、全过程的、全方位监督管理是由建设工程质量形成的系统过程和建设工程质量特征所决定的。建设工程质量全过程监督管理是指对建设工程质量施工准备阶段、建设施工阶段和使用维修阶段的质量形成的全过程实施监督管理。使建设工程产品质量互为依据的各阶段质量形成过程处于受控状态，以各个阶段的质量控制为基础，保证建设工程质量目标的实现。建设工程质量的全面监督管理包括两个方面：一是监督建设工程范围的全面性，所有建设工程的新建、改建、扩建全部纳入监督管理的范畴；二是参与建设工程的建设单位、勘察设计单位、施工单位、建设监理单位和材料、设备、构配件生产和供应单位的建设活动和活动结果都是监督管理的对象。建设工程质量的全方位监督管理是指建设工程质量监督管理涵盖了建设工程质量的规划、实施、检查、处理的质量管理、递进循环的所有层面。

（四）坚持公正科学的监督方针。建设工程质量政府监督管理作为建设工程质量监督三大体系的最高层次的权威性监督。要保证整个建设工程质量体系运作有效，就必须站在国家和公众的立场上秉公执法。正确依据规范、标准、科学地对建设活动和建设工程产品质量进行公正的检验和评价。保证建设工程质量监督的公正性和科学性。坚持以建设工程有关法律、法规、规范标准为依据，以独立的第三方，代表国家和公众的利益，进行强制性的执法监督检查，维护建筑市场秩序，保证建设法规和强制性标准的实施，不断推动和促进建设工程质量的整体提高。

四、建设工程质量政府监督管理主要内容及特征

工程质量监督是建设行政主管部门或其委托的工程质量监督机构(统称监督机构)根据国家的法律、法规和工程建设强制性标准、对责任主体和有关机构履行质量责任的行为以及工程实体质量进行监督检查、维护公众利益的行政执法行为。

（一）建设工程质量政府监督管理的主要内容是建设工程质量政府监督工作应遵循和围绕建设工程质量形成的内在规律和特点，实施从建设工程项目施工准备阶段、施工建设、使用维修的全过程的全面监督检查。

（二）建设工程质量政府监督管理的内容特征是在市场经济体制下政府对建设工程质量实施监督管理应体现宏观控制质量行为和实体质量抽查相结合的全过程、全面的质量管理思想，体现建设工程质量管理以人为本和工程质量"谁设计谁负责，谁施工谁负责"的质量责任国际惯例原则，体现工程质量的生态环境观念和可持续发展战略。其主要监督内容是建设工程的地基基础、主体结构、环境质量和与此相关的工程建设各方主体的质量行为，实施这些内容的监督体现了建设工程质量监督管理的特性。

1. 建设工程质量监督管理的特性

(1) 质量行为的严格控制与实体质量的抽查监督相结合

政府通过建立和健全法律体系，包括基本法律、法规条例和规范标准三个层次和质量监督保证体系，包括责任主体的质量保证体系、以工程监理和工程风险管理为主要内容的社会监督保证体系、政府立法与质量监督管理政府监督体系三个方面，掌握和运用市场经济规律，支持和鼓励质量体系认证，培养和营造参建方的质量意识，规范和约束责任主体的质量行为，从根本上把握和加强工程质量。通过施工许可制度，竣工验收备案制度和巡回检查对参与建设各个主体的质量行为，建设工程的地基基础、主体结构和其他涉及结构安全的关键部位进行抽查监督，保证建设工程使用安全和环境质量。以提高工作质量来保证工程质量。工程质量的影响因素很多，涉及面很广，从工程施工到竣工验收各个阶段都会对工程质量的形成产生较大的影响，各个阶段的影响因素也很多，但核心是人的工作质量。把参与工程建设各方主体的质量行为作为政府建设工程质量监督管理的主要内容，体现了以人为本的控制思想。以质量保证体系的健全和质量责任的落实保证工程质量，符合工程质量形成的本质特征。

(2) 实施全面质量监督管理，促进工程质量水平整体提高

市场经济体制下的政府建设工程质量监督管理工作内容除了对工程实体质量的监督检查外，应突出"全过程、全方位"对参与工程建设各个行为主体的质量行为的监督管理。这既反映了工程质量形成的复杂性，也体现了政府代表公众利益对建设工程质量实施监督管理的客观要求，体现了全面质量监督管理的思想。它包括对建设单位、勘察设计单位、施工单位、监理单位、材料设备供应商等参与工程建设各方主体质量行为的监督管理，涉及从工程施工、竣工验收的工程建设全过程的各个阶段。

(3) 加强质量行为监督，工程质量监督以预防为主

建设工程质量控制包括事前控制、事中控制和事后控制三个阶段。以前以工程实体质量为重点的政府质量监督工作主要是事中控制和事后控制。市场经济条件下政府质量监督工作的重心应由事中、事后控制为主向事前预防控制为主转移。通过严格建筑市场准入制度，建立健全建筑法律、法规和规范，加强各行为主体质量行为和质量保证体系的监督管理，规范行业和市场运行机制，督促行为主体和从业人员健全质量保证体系和质量责任制度，提高质量意识和业务素质，以保证质量体系完善和人的工作质量保证工程质量。

(4) 符合环境意识和可持续发展的战略

政府建设工程质量监督的主要目的是保证建设工程使用安全和环境质量。政府建设工程质量监督的重点由实体质量向质量行为转移，同时应把结构质量和环境质量作为重点，特别是把对环境质量的监督放到突出位置。这种监督管理体现了政府代表公众和社会利益对建设工程质量进行全社会宏观调控的职能，保证公众和社会利益不受损失，具有环境质量意识，符合可持续发展的战略。

2. 工程质量政府监督管理工作方式特征

政府建设工程质量监督是依据法律、法规和工程建设强制性标准的政府认可的三方强制监督，以施工许可制度和竣工验收备案制度为监督的主要手段，来保证建设工程使用安

全和环境质量。市场经济体制下，政府建设工程质量监督管理的工作方式，应适合建设工程质量政府监督管理工作性质和内容的要求，实现以下五个方面的转变。

(1) 方式由授权执法向委托执法转变

监督机构是以委托机关的名义监督执法，对委托机关负责，由委托机关承担执法的后果。政府建设工程质量监督机构和质量监督人员对监督的工程质量承担监督责任。建设工程质量监督机构不履行监督职责、弄虚作假、提供虚假建设工程质量监督报告或未认真执行质量监督工作方案而发生重大质量事故的，应依据情节轻重，依法分别给予警告、通报批评、停止执行任务，直到撤销建设工程质量监督机构资格的处理。这一转变，既确定了其执法地位，又规定了执法责任，对于促进政府质量监督的社会化，提高政府建设工程质量监督管理水平将会起到积极的促进作用。

(2) 质量的监督方式由环环把关向随机抽查转变

随着中国建设工程监理制度的建立和完善，以社会服务为主要任务的工程监理对于建设工程质量的社会监督起到了极其重要的作用。工程监理单位受业主委托在合同规定的范围内可以对工程建设进行投资、质量、进度、合同、信息和安全控制，直接参与工程质量的管理，它是建设工程主体之一，对工程建设的全过程实施监控，道道工序检查，层层把关签字，以代表业主监督施工、设计的质量为主，为业主服务。政府建设工程质量监督是站在公众和社会的立场上，对工程质量的关键环节进行抽查执法检查，重点是地基基础、主体结构等影响结构安全的主要部位。监督的对象包括工程实体以及含监理单位、建设单位、业主在内的所有参与工程建设的各行为主体。通过抽查监督，保证强制性标准的贯彻执行，保证建筑法律、法规和规范的贯彻落实，从宏观整体上把握建设工程质量和结构使用安全。

(3) 检查方式转变

现场检查方式由传统的"看、问"检查方式转向采用科学的监测仪器和设备，提供准确可靠、有说服力的数据，增强政府工程质量监督检查的科学性和权威性。

(4) 对主体行为方式监督的转变

政府建设工程质量对主体行为方式监督的转变，由过去的(传、帮、带)的保姆式方式转为执法监督，恢复执法主体地位。实现这一转变不仅不会影响工程质量，而且更有利于工程质量的整体提高。其一，改革开放多年来，中国建筑企业的工程质量保证体系已逐步形成以质量求生存的意识，质量行为得到了逐步的规范和完善。其二，工程监理制、业主负责制、合同管理制和招标投标制的推行，规范了工程质量行为。其三，有利于从法律角度上确立参与工程建设各行为主体的质量责任，促使质量主体承担各自的职责。其四，有利于质量监督保证体系的三个层次的形成和完善即责任主体业主、施工单位等的质量保证体系，受雇于业主的监理单位的社会监理保证体系和政府监督体系的建立、完善和有机互动，提高工程质量。过去的质量监督站的工作实质上是仅履行了工程监理的一部分职责，成为企业质量检查员。市场经济条件下，要遵循建设工程质量的客观规律，充分依靠和发挥市场机制的激励作用。政府站在立法、执法的地位，通过加强对参与工程建设各行为主体寻租行为的事前监督机制，和完善对工程建设中各行为主体寻租行为的事后惩罚机制，依法监督和惩罚各行为责任者的违规行为，增强各行为主体的自律能力，提高行业整体素质，保证工程质量。

(5)竣工验收方式由为建设单位核验质量等级转为向备案机关提出备案报告,进行备案登记管理的转变

原来的政府工程质量监督站的职责之一就是向建设单位、业主出具工程质量等级核验报告,这样就使得政府监督机构变成了质量责任主体,成为替建设单位、业主打工的工程建设的四方责任主体之一,失去了代表政府进行工程质量监督的执法地位,丧失了代表公众和社会利益对建设单位、业主工程质量行为的监督能力,使工程建设核心主体之一——建设单位轻而易举地推掉工程建设的质量责任。竣工验收工程质量监督方式的转变,进一步明确了建设单位组织工程质量等级评定的业主责任地位,摆正了政府建设工程质量监督机构的委托执法职责,工程竣工备案制度是政府实施工程质量监督管理的一个重要环节。

五、工程质量监督机构人员的基本素质要求

为更好的从事质量监督工作,建设工程质量监督机构的人员应满足基本素质要求,主要为工程质量监督机构质量监督人员的基本条件。

(一)具有土木工程或其他相关工程类专业中专以上学历,2003年1月1日以后从事建设工程质量监督工作的应具有土木工程或者其他相关工程类专业本科(含本科)以上学历;

(二)具有初级以上(含初级)技术职称并有2年以上建设工程质量监督工作经历;

(三)在省建设行政主管部门组织的法律法规培训和节能培训中取得合格成绩的;

(四)年龄一般不超过60岁;

(五)各级各类建设工程质量监督机构在职专业工作人员;

(六)熟悉建设工程类相关法律、法规、规章及工程建设强制性标准,有一定的组织协调能力;

(七)有良好的职业道德与敬业精神。

监督员上岗考核,须经所在省辖市建设行政主管部门审核推荐,参加省建设行政主管部门组织的工程质量法律法规、强制性标准和监管执法等有关业务的知识培训,经考核合格,并取得上岗证书,方能从事建设工程质量监督工作。

六、工程质量监督机构的主要职责

《工程质量管理条例》46条规定,从事房屋建筑工程和市政基础设施工程质量监督的机构,必须按照国家有关规定经国务院建设行政主管部门或省、自治区、直辖市人民政府建设行政主管部门考核,经考核合格后,方可实施质量监督。

(一)省(直辖市)建设工程质量监督总站职能

1. 省(直辖市)建设工程质量监督总站直属省(直辖市)建设行政主管部门领导,受其委托承担全省(直辖市)建设工程质量监督和工程检测管理工作。

2. 贯彻执行国家有关法律、法规、工程技术标准,制定本省(直辖市)建设工程质量、检测管理工作的有关实施细则和办法。

3. 指导和管理全省(直辖市)建设工程质量监督机构和检测机构的业务工作。

4. 负责对各级建设工程质量监督机构资格的考核和相关人员培训,负责质量检测机构资质及从业人员的资格考核和相关人员培训。

5. 组织全省(直辖市)建设工程质量检查,掌握工程质量动态,总结交流质量监督管理工作的经验。

6．按照省(直辖市)建设行政主管部门的委托权限实施行政执法。

7．对有关责任主体和相关单位进行质量诚信管理。

8．参与组织省(直辖市)内重大工程质量事故的处理，组织重大工程质量问题的技术鉴定。

9．参与组织省(直辖市)级优质工程、省(直辖市)级工程质量管理先进单位和个人的核验评审。

10．完成省(直辖市)建设行政主管部门委托的有关其他工作。

(二) 各省辖市建设工程质量监督站职能

1．受省辖市建设行政主管部门委托，负责本地区建设工程质量和工程检测的监督管理工作。

2．贯彻实施国家及省(直辖市)、省辖市有关工程质量的法律、法规、工程技术标准，管理和指导本地区的工程质量监督和工程检测业务工作，开展相应的技术培训。

3．组织开展本地区建设工程质量检查，掌握本地区工程质量状况，及时总结、交流和推广工程质量管理经验。

4．按照国家及省(直辖市)、省辖市制定的有关工程质量管理的法律法规和工程技术标准，对受监工程建设各方责任主体及有关机构履行质量职责情况和工程实物质量情况进行监督检查。

5．向工程备案管理机构提交工程质量监督报告。

6．对工程参建各方责任主体和有关机构质量信誉进行管理。

7．按照当地建设行政主管部门的委托对责任主体和有关机构违法、违规行为进行调查取证和核实，提出处罚建议或按委托权限对违法违规行为实施行政处罚。

8．按照当地建设行政主管部门的委托组织开展本地区工程质量问题的技术鉴定。

9．参与本地区重大质量事故的调查处理，参与地、市优质工程的核验评审。

10．完成当地建设行政主管部门委托的其他工作。

(三) 县(市)建设工程质量监督站职能

1．受县(市)建设行政主管部门委托，负责本地区建设工程质量和工程检测的监督管理工作。

2．具体贯彻落实国家及省(直辖市)、省辖市有关工程质量的法律、法规和工程技术标准。

3．按照国家及省(直辖市)制定的有关工程质量管理的法律、法规和工程技术标准，对受监工程建设各方责任主体及有关机构履行质量职责情况和工程实物质量情况进行监督检查。

4．向工程备案管理机构提交工程质量监督报告。

5．对工程参建各方责任主体和有关机构质量信誉进行管理。

6．按照当地建设行政主管部门的委托权限对责任主体和有关机构违法、违规行为进行调查取证和核实，提出处罚建议或按委托权限对违法违规行为实施行政处罚。

7．受理并及时处理本县(市)建设工程质量投诉，参与本县(市)质量事故的调查处理，组织开展质量问题的技术鉴定。

8．掌握本县(市)建设工程质量状况，及时总结、推广好的工程质量管理经验。

9. 完成当地建设行政主管部门委托的其他工作。

七、工程质量监督的性质

（一）强制性与法律性

政府有关机关代表社会公共利益对建设参与及其建设过程所实施的监督管理是强制性的，被监督者必须接受。而政府强制性监督的依据是国家的法律、法规、标准规范、规程，因而又是法令性的，它主要通过监督、检查、许可、纠正、禁止等方式来强制执行。

（二）全面性

政府建设监督包含对社会各种工程建设的参与人，即建设单位、设计、施工和供应单位及他们的行为监督；又贯穿于从施工、竣工验收直到交付使用全过程重的每一阶段。因此政府建设监督的对象范围和内容都是全面的。

（三）宏观性

政府建设监督虽然全面，但其深度达不到直接参与日常活动监理的细节，而只限于维护公共利益、保证建设行为规范性和保障建设参与各方合法权益的宏观管理。

八、工程质量监督主要工作内容

建设工程质量政府监督管理的内容特征体现在以下几个方面：通过施工许可、使用许可审批制度加强对建设工程项目的总体把握，监督检查参与建设各方主体的质量行为，促使各方主体落实质量保证体系。审查、验收建筑材料、构配件的质量是控制质量的前提条件。现场施工主要部位的质量检查实体质量控制的关键。

工程质量监督机构的主要工作内容主要包括：

（一）对责任主体和有关机构履行责任的行为的监督检查。

（二）对工程质量实体的监督检查。

（三）对施工技术资料、监理资料以及检测报告等有关工程质量的文件和资料的监督检查。

（四）对工程竣工验收的监督检查。

（五）对混凝土预制构件及预拌混凝土质量的监督检查。

（六）对责任主体和有关机构违法、违规行为的调查取证和核实、提出处罚建议或按委托权限实施行政处罚。

（七）提交工程质量监督报告。

（八）随时了解和掌握本地区工程质量状况。

（九）其他内容。

九、监督工作的依据

《条例》43条规定国家实行建设工程质量监督管理制度。46条规定由建设行政主管部门委托的建设工程质量监督机构具体实施。47条规定监督机构有权对有关建设工程质量的法律、法规和强制标准执行的情况进行监督检查。建设部《实施工程建设强制性标准监督规定》81号部令规定，工程质量监督机构的技术人员必须熟识、掌握工程建设强制性标准，应当对工程建设施工、监理、验收等阶段执行强制标准的情况实施监督。强制性标准监督检查的主要内容：

（一）有关工程技术人员是否熟识、掌握强制性标准；

（二）工程项目的规划、勘察、设计、施工、验收等是否符合强制性标准的规定；

（三）工程项目采用的材料、设备是否符合强制性标准的规定。

第二节　工程质量监督机构的基本管理制度

一、工程质量监督人员培训与考核制度

1. 为不断提高质量监督人员（技术人员）的业务素质，适应监督工作发展的需要，应建立业务培训考核制度。
2. 培训可采取长期、短期相结合的方式，并对在职的质量监督人员进行继续教育和知识更新，旨在提高监督业务水平。
3. 培训贯彻理论联系实际、学用一致、按需施教、讲求实效的原则。
4. 培训、考核的内容包括法律法规和工程技术标准的监督业务知识。
5. 质量监督人员的考核。

工程质量监督人员，经过规定的培训，并考核合格的方可任职。每年应进行业务业绩考核。连续两年考核不合格的，取消监督人员的资格。

6. 其他规定：

（1）培训考核成绩应作为年度考核及提升晋级的依据。
（2）质量监督人员参加培训考核的成绩应存入本人档案。
（3）参加培训的质量监督人员，在培训期间享受在职的工资福利待遇，培训费、差旅费等按规定予以报销。

二、工程质量监督技术责任制度

（一）建设工程质量监督机构技术责任制度

1. 总则

（1）各质量监督站设总工程师（主任工程师）或技术负责人，全面负责技术工作。监督人员负责本级范围内的技术工作。
（2）各级监督人员必须钻研技术业务，履行职责，及时学习新规范、新规定以及新技术、新工艺、新材料、新结构知识，不断提高自身的业务水平。

2. 总工程师（主任工程师）技术责任

（1）审定重要工程的监督计划，并指导监督人员实施计划。
（2）编制业务计划，定期组织监督员参加有关业务培训，组织学习国家和本市有关的质量法规、技术标准和有关政策。
（3）审定单位工程质量等级评定及监督档案的整理归档。
（4）参加处理各类质量事故，并提出处理意见。仲裁管辖范围内的工程质量争端。
（5）对劣质工程及严重质量问题的工程签发停工通知单、处理通知及行政措施决定。
（6）负责制订本站的技术文件，并组织实施。

3. 质量监督人员责任

（1）编制并实施受监工程计划和周作业计划。
（2）按强制性标准、核验程序实施到位监督，对受监工程承担监督责任。
（3）负责受监工程监督档案整理和汇总，报上级审定归档。
（4）参与监督工程的质量事故处理和仲裁受监工程质量争端。

(5) 督促检查施工单位按图施工，完善质保资料，保证结构安全和使用功能良好。
(6) 对质量事故和质量问题签发整改指令单和存在问题通知单。
(7) 按规定认真记载监督手册和监督记录。
(8) 实施监督计划，对受监工程到位监督，按标准化程序进行质量监督抽查，对抽查工程承担监督责任。
(9) 对巡回检查受监工程中出现危及工程质量的问题，建议及时处理。

（二）建设工程质量监督机构技术标准、规范管理制度

1. 在站技术负责人指导下，明确专人对本站技术标准、规范进行管理。
2. 根据建设部《建设工程强制性标准条文》，结合本站专业实际情况，定期发布专业工程质量监督常用规范、标准目录，并严格执行。
3. 按标准、规范目录配置标准、规范书籍，各种技术标准，规范设分类编号登记，贴好标签，设专门橱柜。
4. 技术标准、技术规范及各种技术文件，应及时做好登记。站内人员借阅时，应加强管理，归还时及时销号。
5. 各种技术标准、技术规范，应由技术负责人定期组织学习，并做好记录。
6. 积极参加政府和上级有关部门组织的标准、规范学习。

（三）建设工程质量监督机构计算机信息管理制度

1. 本制度所称的计算机信息系统是指由计算机及其相关配套的设备、设计（含网络）构成，按照一定的模式对建设工程质量监督信息进行采集、加工、存储、传输、检索等处理功能的人机系统。
2. 建设工程质量监督站设计算机信息系统中心（或设计算机专职管理人员，以下略）是建设工程质量监督计算机信息系统的管理部门。中心对建设工程质量监督计算机信息系统行使管理、指导、协调、服务、检查的职责。
3. 质监站计算机信息中心的职责：
(1) 对建设工程质量监督计算机信息系统进行业务管理。
(2) 负责审定本市建设工程质量监督的统计信息资料，并以各种形式上报或公告。
(3) 提供质量数据、信息的查询服务。
(4) 对开发的计算机信息系统的运行进行维护。
(5) 参加上级部门的高层次联网，对外信息交流。
4. 质监站各业务部门和人员按照具体工作职责，将采集到的信息数据交中心。
5. 中心对各部门送来的信息、数据进行处理、存储、备份。
6. 《建设工程质量监督信息计算机管理系统》无偿提供给本系统下属各质监机构使用。
7. 本地区各政府部门、各社会团体、企业、事业单位需要了解本市建设工程质量监督信息、资料，需经领导审批同意，可向中心查询。
8. 在统计法律、法规和统计制度规定之外提供的建设工程质量信息咨询，根据物价局规定，实行有偿服务。
9. 信息中心公布或者使用统计资料时，必须遵守国家有关保密的规定。
10. 计算机应具备独立、固定的工作场所。计算机房应当符合有关规定，保持安静、

清洁。

11. 计算机设备实行定机定人保管,专人负责操作。操作者应具有计算机应用能力考核合格证书。未经许可非工作人员严禁随意启动计算机及其他设备。

12. 机房工作人员严禁进行与工作无关的计算机操作。

13. 严禁在计算机上运行外来盘片,如确因工作需要,应先经防计算机病毒卡检验确认无病毒后,才能上机运行。

(四)建设工程质量监督机构工程监督信息统计管理制度

1. 为了加强信息统计工作,保证信息统计资料的完整、准确、及时,实现信息统计工作规范化、制度化,特制定本规定。

2. 工程质量信息统计工作的基本任务是:收集、整理、汇总受监工程质量监督的信息数据,提供调查研究和总结工作所需的科学、真实的信息统计资料。

3. 质量监督机构应设置机构统一管理质监信息统计工作,并设专职人员负责本站的信息统计工作,并建立健全各类原始资料统计台账,做到准确、清晰和及时。信息统计工作实行站长负责制。

4. 统计报表一般分为两种:建设工程质量监督情况报表(质监统计月报表);质量监督工作报告和工程质量报表(质监年度报表)。

5. 各项统计数据必须有原始记录和凭证为依据,上报的报表应经站长审核签字。

6. 信息反馈要及时正确,监督站要定期编辑综合文字图片信息。原则上每季不得少于一期。

7. 信息统计工作人员要认真钻研信息统计工作业务,不断提高业务工作水平,并按规定做好有关保密工作。

8. 对认真搞好信息统计的单位和人员,给予通报嘉奖,不按规定报送的单位和个人,应给予通报批评。

(五)建设工程质量监督机构工程质量事故报告和处理制度

1. 工程质量事故包括下列三种情况

(1)工程建设过程中发生的质量事故;

(2)由于勘察、设计、施工等过失造成工程质量低劣,而在交付使用后发生的质量事故;

(3)因工程质量达不到合格标准,而需加固补强、返工或报废,且经济损失达到质量事故级别的。

2. 重大质量事故由省市质监总站有关的质量监督站共同参与处理,一般工程质量事故由在监的质监站处理,省(直辖市)质监总站进行业务指导。

3. 各工程质量监督站必须主动、积极、认真地参与处理质量事故,其主要职责是:

(1)责成事故发生单位立即向工程承监的质监站报告;

(2)督促事故发生单位按建设部规定,及时向上级主管部门报告;

(3)督促事故发生单位严格保护事故现场;

(4)对发生事故的工程发出停工通知;

(5)参与事故发生单位及其上级主管部门组织的事故调查;

(6)参与审核事故的处理方案;

(7) 当事故处理完毕,认真核查工程,确认符合继续施工条件后,对工程发出复工通知;

(8) 督促事故发生单位在事故处理完毕后10日内写出事故处理报告并报上级主管部门和承监的质监站和市质监总站;

(9) 对事故责任单位按有关规定进行质量处罚并向有关主管部门提出其他处罚的建议。

4. 各质监站知悉承监工程发生工程质量事故后应立即向省(直辖市)质监总站报告。

5. 质量事故发生单位应在事故发生后3天内向承监的质监站做出质量事故书面报告。

6. 质监机构参与处理重大质量事故完毕后应及时将事故报告及有关资料整理经站长核、认定后归档。

7. 质监机构应定期对各管辖范围的工程质量事故进行统计归类,写出文字分析资料,并归入监督业务档案。

三、质量监督管理制度

(一) 建设工程质量监督机构工程质量监督登记制度

1. 新建、改建、扩建的建设工程均应接受建设行政主管部门或其委托的工程质量监督机构的强制监督,办理建设工程质量监督登记手续。

2. 工程项目施工招标工作完成后,申请领取施工许可证前,建设单位应携有关资料到工程质量监督机构领取并如实填写"建设工程质量监督登记表",办理建设工程质量监督登记。办理建设工程质量监督登记应提交的资料包括:

(1) 建设单位的资料:

① 项目批文及复印件;

② 工程规划许可证;

③ 勘察、设计单位资质证书及复印件;

④ 勘察、设计质量责任书;

⑤ 勘察、设计合同及复印件;

⑥ 建设单位或其委托的见证单位的见证取样员上岗证及复印件;

⑦ 地质勘察报告、施工图纸及勘察设计批准文件。

(2) 参建的施工承包单位的资料:

① 施工承包单位的中标通知书及复印件;

② 承包单位资质证书、商执证副本及复印件;

③ 施工承包单位的项目经理、技术负责人、施工管理负责人、专职质检员、取(送)样员资格证书及复印件;

④ 该项目施工管理人员质量责任书(必须是本人签字、盖章的原件);

⑤ 施工组织设计。

(3) 参建的建设监理单位的资料:

① 建设监理单位中标通知书;

② 建设监理单位资质证书及复印件;

③ 该项目监理组织;

④ 该项目各级监理人员的资格证书(复印件)、质量责任书;

⑤ 监理大纲。

(4) 参建各方代表及其委托授权该项目负责签字、盖章的质量责任书。

(5) 施工承包合同(包括地基处理等专业施工合同)、建设监理合同、各种分包合同。

以上各项资料经审查符合要求后,工程质量监督机构对该工程质量监督申请予以登记。

3. 该工程已登记的内容如有变动,须重新向工程质量监督机构登记。

(二) 建设工程质量监督机构建立工程质量监督抽查制度

1. 工程施工质量监督以巡检为主,巡检和抽检相结合。

2. 工程质量监督机构应根据受监工程的特点、设计图纸,参考施工组织设计制订出监督计划(或工作方案),确定负责该项目工程质量监督人员、助理质量监督人员,明确监督的具体内容、监督方式,经技术负责人审定批准后实施。工程开工前,建设单位到工程质量监督机构领取工程质量监督计划(或工作方案)并发送给建设参与各方。

3. 在工程施工质量监督过程中,主要监督内容如下:

(1) 检查施工现场工程建设各方主体的质量行为。检查施工现场建设各方主体及有关人员的资质或资格。抽查勘察、设计、施工、监理单位的质量保证体系和质量责任制落实情况,检查有关质量文件、技术资料是否齐全并符合规定。

检查与工程质量有关的文件和资料主要包括:

① 工程规划许可证和施工许可证;

② 监理单位资质证书、监理合同;

③ 勘察设计单位资质等级证书;

④ 施工单位资质等级证书;

⑤ 工程勘察设计文件;

⑥ 中标通知书及施工承包合同;

⑦ 有关保证工程质量的管理制度和质量责任制(检查其质量责任制落实情况和管理制度是否健全,质量体系运行情况);

⑧ 操作人员主要专业工种的岗位证书(检查应持证上岗的特殊工种作业人员是否符合规定);

⑨ 设计文件、图纸及变更设计洽商(检查是否按图施工,有无擅自修改设计的现象);

⑩ 对工程地质勘察资料中有关国家强制性条文执行情况和签证情况进行监督检查;

⑪ 施工组织设计及施工现场总平面布置图(检查是否按施工组织设计组织施工,检查施工现场布置是否有利于工程质量控制);

⑫ 施工方案、质量控制措施及各类技术交底(检查是否有效控制工程质量);

⑬ 有关工程需用的国家标准、规范、规程(检查有关标准、规范执行情况);

⑭ 本企业工艺操作规程、企业标准(检查施工过程中生产控制,合格控制手段);

⑮ 工程施工过程应具备的各种质量保证资料及质量评定资料(检查是否齐全、有效,是否随施工进度及时整理,反映工程实际的质量状况);

⑯ 监理单位有关工程质量管理、监督检查、质量控制的资料(检查监理工作质量和监理行为是否按国家法律、法规、技术标准实施监理业务);

⑰ 专业分包队伍的资质,资格文件(检查分包单位的资质,资格是否符合规定);

⑱ 对隐蔽工程进行抽查；

⑲ 其他资料。

(2) 抽查建设工程的实物质量。按照质量监督计划，对建设工程地基基础、主体结构的关键部位进行现场实地抽查，对用于工程的主要建筑材料、构配件的质量进行抽查。

进入施工现场抽查一般应包括以下主要内容：

① 现场各种原材料、构配件、设备的采购、进场验收和管理作用情况是否符合国家的标准和合同约定，抽查产品供应资格和产品质量；

② 搅拌站及计量设备的设置及计量措施能否保证工程质量；

③ 抽查工程施工质量是否符合国家标准、规范规定的质量标准的要求；是否按设计图纸施工；

④ 抽查操作人员是否按工艺操作规程施工及有无违章和偷工减料行为；

⑤ 抽查参与建筑活动的各方主体行为是否符合国家有关规定；

⑥ 特别是有关建设、施工、设计、监理等参与各方对地基基础分部、主体结构分部工程和其他涉及结构安全的分部工程质量检验时，工程质量监督机构要负责监督它们有关各方执行验评标准情况，并做出评价。

4. 每次监督检查，质量监督人员必须撰写监督记录。对检查中发现需要整改的质量问题，监督人员应提出书面整改意见。由建设单位负责落实整改，并将整改结果书面报给工程质量监督机构。

5. 在工程施工过程中，一旦发生质量事故，建设单位必须按国家有关规定及时上报，并会同有关部门进行质量事故处理，处理结果应及时报工程质量监督机构备案。

6. 施工中出现的质量问题，应由施工单位负责整改，由建设（监理）单位负责检查落实，并将整改报告报工程质量监督机构。经加固处理的，必须由建设单位组织有关单位或经有关相应资质等级的检测单位对加固施工质量进行评估，建设单位将评估报告报工程质量监督机构。

7. 核查结构（地基基础、主体）工程检测制度的落实情况，结构工程施工中，必须委托有相应资质等级的质量检测单位进行质量检测。结构工程完成后，组织勘察、设计、施工、监理等有关单位进行质量验收。

8. 核查有见证取样制度的落实情况。工程开工前，建设单位应向工程质量监督机构申请领取、送样委托单，由建设（监理）单位的见证取样员（持证上岗）监督，施工单位的送样员（持证上岗）对试块、试件及建筑材料进行现场见证取样。由见证取样员填写送样委托单，双方一同送工程质量检测单位进行质量检测，监督机构应不定期对见证取样执行情况进行监督检查。

9. 建设工程质量监督机构对建设单位组织的竣工验收进行现场监督，重点组织形式、执行验收标准等情况，发现有违反建设工程质量管理行为的责令改正。

10. 工程竣工验收后5日内工程质量监督机构应撰写监督报告，主要内容包括对地基基础和主体结构质量检查的结论，竣工验收情况日常监督中发现的质量问题及处理情况等，监督报告必须由质监工程师签字，主管站长签发后，报工程竣工备案部门备案。监督机构应不定期对见证取样执行情况进行监督检查。

(三) 建设工程质量监督机构监督档案管理制度

1. 为加强建设工程质量监督档案的管理，提高监督档案规范化、标准化水平，有效地保存监督档案和发挥监督档案在提高建设工程监督质量中的作用，特制定本规定。

2. 建设工程质量监督档案（以下简称监督档案）是指在建设工程质量监督实施过程形成的文字、表式和成像资料。

3. 各质监站应建立监督档案管理责任制，由站长领导，主任工程师分管，监督人员编制建档，并指定技术人员专职实施监督档案的管理工作。

4. 监督档案应按单位工程立卷，按专业系统归类整理，统一编号，建立台账。

5. 编制监督档案必须真实地反映监督过程中的实际情况，严禁弄虚作假，不得任意涂改、撕扯和销毁。

6. 监督档案文件材料的规格尺寸为 A4 纸，同卷内要求同样规格；小于标准的要托裱在标准规格的纸上，文件材料成卷时要标明页号，正面标在右下角，背面标在左下角，空白页不标页号。文件材料的收发应使用碳素笔填写，并做到字迹工整，各类印章应使用不褪色的红色印泥和蓝色印泥盖印。

7. 监督档案应从工程报监后开始建立，由承担工程监督的人员及时积累资料，妥善保管。

8. 在工程竣工，质量监督结束，建设工程质量监督报告发出后一个月内，项目质监人员应将监督档案整理汇总，装订成册。

9. 质监站主任工程师应负责或指定专职实施监督档案管理工作的技术人员对质监员汇总成册的工程监督档案进行工作质量检查，认定签字后，才能作为正式档案保管。

10. 各质监站监督档案专职人员应认真做好归档检查、保管、编号、登账、借用及统计工作。

11. 归档的监督档案应建立台账及其检索目录，一般不得借阅，必须有站长或总工程师签字同意，限在档案室内查阅，并及时收回。

12. 监督档案保存期限，参照城建档案有关管理规定执行。

（四）建设工程质量监督机构仪器设备管理制度

1. 仪器设备管理制度包括质监站检测仪器设备、其他仪器设备和常用检测工具的采购、使用、维修和管理。

2. 仪器设备管理由站长领导，设置仪器设备管理员负责仪器设备管理工作。

3. 质监站每年应根据财力和需要，编制年度仪器、设备和常用工具购置计划。

4. 仪器设备的采购必须对货源方的产品进行技术性能选型和价值比较后再签订购货合同。合同中必须有产品性能与质量条款。

5. 采购的仪器设备进货时必须严格质量验收，并认真清点产品、质量说明资料、保修单及计量校测证明，凡不符合要求的坚决不予验收。

6. 购进仪器设备必须建账立卡，认真填写设备名称、规格、价格、采购日期、编码及资料编号，要定期盘点清理，做到账、卡、物三相符。

7. 仪器设备必须按物资设备存放要求合理放置、保管，最好能分类上料架。

8. 仪器设备的质量说明资料、保修单、计量校测资料应随机编号，妥善保管，方便验查，定期归档。

9. 仪器设备的使用必须严格管理，要做到：凡精密贵重型仪器设备，必须由经过专职培训取得合格上岗证的技术人员固定使用。其他仪器设备的使用者也应接受过专门操作技术培训。

10. 凡仪器设备使用必须办理借用手续。用毕归还，严禁由使用者个人保管。

11. 仪器设备和工具必须严格按操作要领进行规范操作，精心保护，严禁违反操作规程和可能造成损坏仪器设备的行为。

12. 仪器设备和检测工具必须按设备规定要求定期保养或进行计量精度校验，提高完好率。

13. 仪器设备应按规定期限和实际状况到指定厂家检修、校正。对检修后的仪器设备应认真进行质量验收和查阅质量证明及保修资料。

14. 仪器设备的报损报废需经专职人员提出建议，经站长审核后，方能填写报损报废单、办理手续。

15. 凡因个人责任造成仪器设备丢损，应责成责任者检查，责令赔偿。

(五) 建设工程质量监督机构监督人员工作手册制度

1. 从事建设工程质量监督工作的监督人员必须使用统一印制的监督人员工作手册，统一编号，注册发放。

2. 监督人员必须严格按工作手册说明书要求认真填写，以每项单位工程的每次检查为一个记录，详细记载实际的工程质量情况，监督过程，质量问题处理等涉及工程质量的人事动态和环境。要求具体真实，用语要规范化，不得弄虚作假。造成不良后果者，要追究责任。工程质量监督核查情况的原始记录。

3. 质监站负责人必须每月抽查一次监督员工作手册。

4. 监督人员工作手册，自工程开始监督，至工程竣工验收并备案，具体由监督人员保管。

5. 工程竣工验收并备案后，监督人员工作手册作为工程监督档案的一个部分，一并存档备查。

四、工程质量监督人员岗位责任制度

(一) 省(直辖市)监督管理总站站长岗位职责

1. 全面领导和负责总站工作，履行站长的权利和义务，承担行政、技术、质量、经济等工作中的一切责任。

2. 认真贯彻执行国家和本省(直辖市)有关法律、法规和方针政策及工程建设强制性标准。组织制定本省建设工程质量监督管理、检测工作的有关规定、办法和实施细则。

3. 抓好全省(直辖市)建设工程质量工作，领导、组织交流工作经验。负责组织本省(直辖市)工程质量监督工作会议、建设工程质量监督抽查及竣工工程备案情况抽查；组织查处重大工程质量事故。

4. 组织制定总站的发展规划、工作计划，协调处理总站工作中发生的重大问题。

5. 审批总站人事调配事项和重大事项的财务支出。

6. 全面掌握全省(直辖市)工程质量动态，及时向上级建设行政主管部门汇报并提出建议和措施。

(二) 省(直辖市)监督总站总工程师岗位职责

1. 在站长领导下全面负责总站的技术管理工作，并对站长负责。负责组织工程技术

人员认真学习贯彻执行国家和本省(直辖市)有关工程建设强制性标准、规范和有关规定。

2. 主持制定总站工程技术人员的业务学习、培训及科研、技术工作计划；负责全省(直辖市)各级质监机构、检测机构(专业)工程技术人员培训、科研规划的制定，并负责组织落实。

3. 负责处理工程质量监督中的重大技术问题，组织并参与重大质量事故的调查处理和重大工程质量问题的仲裁。

4. 负责协调总站和本系统的技术工作，深入调查研究，及时掌握本地区的工程质量动向、质量监督动态，有针对性地提出意见和建议。

5. 负责具体实施全省(直辖市)各级质监、检测机构的认证考核及执业人员的定期考核工作。

6. 参与总站专业技术人员的业务能力、工作业绩的考核及职称评定和晋级工作。

7. 负责总站和全省(直辖市)工程质量监督、检测工作中新技术、新材料、新设备的引进、应用和推广，具体负责督促落实。

(三) 市(地)质监站站长岗位职责

1. 认真贯彻执行国家法律、法规和方针政策及工程建设强制性标准，对全站行政、业务、技术经济工作全面负责。

2. 受建设行政主管部门的委托，组织受理建设工程质量监督，工程竣工验收后签发向建设行政主管部门委托的备案部门报送建设工程质量监督报告。

3. 抓好本地区建设工程质量监督工作，交流工作经验。负责组织本地区工程质量监督、检测工作会议；组织本地区建设工程质量监督抽查；组织查处工程质量事故。

4. 负责组织本地区建设工程质量大检查和不定期质量监督抽查工作，定期公布建设工程参与各方的质量情况，签发表扬或批评通报。

5. 负责对本地区各级质量监督、检测机构(专业)的业务领导。

6. 负责本地区各级质量监督、检测机构(专业)的资质和质监工程师、助理质监工程师资格初审及质监员、检测员的业务考核。

7. 在履行行政处罚时，负责审核工程建设有关责任主体的违章行为，并及时上报建设行政主管部门。

8. 组织制定全站工作目标、工作计划，定期总结工作，充分调动全员的积极性和创造性，全面做好质监、检测管理工作。

9. 负责全站行政机构设置、任务划分、人员调配、人才选择和财务审批及各项建设工作。

10. 全面准确掌握本地区工程质量动态，及时向总站和建设行政主管部门汇报并提出建议和措施。

(四) 市(地)级质监站总工程师岗位职责

1. 全面负责本站的技术管理工作，并对站长负责。负责组织工程技术人员认真学习贯彻执行国家和本地区有关工程建设强制性标准、规范和有关规定。

2. 统管全站的技术工作，主持制定总站工程技术人员的业务学习、培训及科研、技术工作计划；负责本地区各级质监机构、检测机构(专业)工程技术人员培训、科研规划的制定，并负责组织检查和落实。

3. 负责处理工程质量监督中的重大技术问题，参与组织工程质量事故的调查处理。负责审核现场结构检测结果。

4. 负责具体实施本地区各级质监、检测机构的认证考核及执业人员的技术考核工作。

5. 负责协调本站和系统内的技术工作。深入调查研究，及时掌握本地区的工程质量。

6. 参与全站专业技术人员的业务能力、工作业绩的考核及职称初评和晋级工作。

7. 负责全站及本地区工程质量监督、检测工作中的新技术、新材料、新设备的引进、应用和推广，具体负责督促落实。

（五）县质监站站长岗位职责

1. 认真贯彻执行国家法律、法规和方针及工程建设强制性标准，对全站行政、业务、技术、经济工作全面负责。

2. 受建设行政主管部门委托，组织受理建设工程质量监督，工程竣工验收后签发建设工程质量监督报告。

3. 负责组织本辖区工程质量监督、检测工作会议；组织本辖区建设工程质量、企业贯标工作的检查；组织查处工程质量事故。

4. 负责本辖区各质量监督、检测室的资格初审及质监、检测人员的业务考核工作。在履行行政处罚时，审核工程建设有关责任具体的违章行为，并及时上报建设行政主管部门。

5. 组织制定全站工作目标、工作计划，定期总结工作，充分调动全员的积极性和创造性，全面做好质监、检测的管理工作。

6. 负责全站行政机构设置、任务划分、人员调配、人才选择和财务审批及各项建设工作。

7. 全面准确掌握本辖区工程质量动态，及时向上级站和建设行政主管部门汇报并提出建议和措施。

（六）县质监站技术负责人岗位职责

1. 在站长领导下全面负责本站的技术管理，并对站长负责。负责组织工程技术人员认真学习贯彻执行国家和本地区有关工程建设强制性标准、规范和有关规定。

2. 主持制定本站工程技术人员的业务学习、培训计划及科研、技术工作计划；负责本站各质监、检测工程技术人员培训、科研规划的制定，及负责工作业绩的考核及职称初评和晋级工作。

3. 负责处理工程质量监督中的有关技术问题，参与组织工程质量事故的调查处理。负责审核现场结构检测结果。

4. 负责本站的技术工作。深入调查研究，及时掌握本辖区的工程质量、质量监督情况，有针对性地提出意见和建议。

5. 负责全站工程质量监督、检测工作中的新技术、新材料、新设备的引进、应用和推广，具体督促落实。

（七）质量监督人员岗位职责

1. 贯彻执行国家和本地区有关工程质量的法律、法规、工程建设强制性标准和有关规定。严格遵守监督站的各项规章制度。

2. 审核受监建设工程参与各方主体的资质及质量保证体系；审核并签发工程质量监

督计划。

3. 审查被检查单位提供有关工程质量的文件和资料。

4. 主持并参与对受监建设工程的质量监督及抽查工作，重点监督参与各方主体质量行为及实体质量。组织现场结构监督检测工作。

5. 负责对建设单位组织竣工验收的程序是否合法、资料是否齐全，实物质量是否存在严重缺陷实施监督。

6. 审核工程竣工验收后向建设行政主管部门报送的建设工程质量监督报告并签署意见。

7. 审查受监竣工工程监督档案。

8. 遵守监督纪律，接受社会监督，努力学习业务知识，掌握先进检测设备和高科技手段，不断提高质量监督水平。

9. 审查被检查单位提供有关工程质量的文件和资料。

10. 参与及编制工程竣工验收后向建设行政主管部门报送的建设工程质量监督报告。

11. 熟悉并掌握施工规范、操作规程和工程质量验收标准，严格按照工程建设有关政策、法规、工程建设强制性标准、规范、规程和本站制订的有关细则、措施、规定等，对受监工程进行质量监督。

12. 深入施工现场，对地基基础、主体结构等部位实施重点监督。对隐蔽工程进行监督抽查。

13. 负责对分管项目实施全过程监督管理，发现严重工程质量问题有临时处置权，督促责任方迅速消除质量隐患，并及时向站领导汇报。监督建设单位组织的工程竣工验收的组织形式、验收程序以及在验收过程中提供的有关资料和形成的质量评定文件是否符合有关规定，实体质量是否存在严重缺陷，工程质量的检验评定是否相关规定标准。

第三节　工程质量监督的信息化管理手段

一、建设工程质量监督信息管理的基本任务

（一）实现最优控制

控制是工程质量监督的主要手段。控制的主要任务是把计划执行情况与计划目标进行比较，找出差异，分析差异，排除和预防产生差异的原因，实现总体目标。

（二）进行合理的决策

建设工程质量监督决策正确与否，直接影响建设工程质量管理总目标的实现，影响工程质量监督人员的信誉。工程质量监督决策正确与否，取决于各种因素，其最主要因素就是信息。因此，建设工程质量监督人员在工程质量监督过程中，必须充分收集信息，加工整理信息，只有这样，才能做出科学、合理的质量监督决策。

（三）及时解决工程质量中存在的问题

信息工作的时效性，使工程质量信息能及时、准确提供工程质量中存在的问题，根据信息中提供的情况，工程质量监督管理部门能够迅速分析情况，组织有关部门解决工程质量问题，从而减少和避免重大工程质量事故的发生。

二、监督机构设备配置与监督人员计算机技能的基本要求

(一)质量监督人员计算机知识与技能的基本要求

当前,人类已经进入信息化时代,在经济建设和社会活动中,计算机发展成为一种重要的工具。在工程建设领域中,大量采用了计算机技术,对信息的处理要求越来越高。在这样的形势下,从事质量监督工作的人员,必须掌握一定的计算机基本知识与技能,才能胜任自己的岗位。国家规定,从 2000 年起,各类专业技术人员在评定技术职称时,凡是1960 年 1 月 1 日以后出生的,必须通过计算机水平的考试。考虑到工程质量监督事业的发展,质量监督人员目前至少应当掌握下列计算机基础知识和技能:

1. 了解计算机软件、硬件的基础知识。
2. 熟练运用 Windows 操作系统,完成对各种文件或目录进行建立、复制、移动、查看、删除、恢复等操作。
3. 掌握至少一种汉字输入方法,能够使用 Word 或 WPS 等文字处理软件进行文字编辑,能够运用 Excel 对数据进行处理,并完成一般文件的排版、打印工作。
4. 了解数据库的基本原理,能够编制简单程序。
5. 熟练使用本单位监督管理软件。
6. 掌握计算机网络的基本知识。能够使用 Internet,进行查找、浏览所需信息和 Email 的收发操作。
7. 了解计算机病毒的预防措施,能够使用杀病毒软件查、杀病毒。
8. 除免考人员外、监督人员都应通过计算机初级考试合格。

(二)各级质量监督站的计算机参考配置

1. 硬件与软件配置的基本要求

质量监督站是一个接受政府委托,代行政府管理职责的重要机构,对日常积累的大量与工程质量有关的信息,应当采用计算机进行管理。由于各级监督站所监督的工程数量与规模不同,与其他业务部门的联系要求也不尽相同,因此,监督站需要的软件与硬件配置有很大区别。但是,由于质量监督工作业务性质相同,在计算机软件与硬件配置方面仍可以找到许多共同点。这些共同点构成了对监督站需要的软件与硬件配置的基本要求。在实践中,各级质量监督站可以参照下述基本要求,结合本站的具体情况和条件,选择适合自己条件的软件与硬件配置。

2. 软件配置原则

工程质量监督站计算机软件配置原则,首先应当满足本单位工作的需要,即满足监督工程过程中对工程质量信息进行管理的需要。在一般情况下,质量监督软件应该能够完成各类工程的监督注册与竣工备案、完成参与工程建设各方资质的查找与登记,工程各项基本参数的录入与检索,工程质量监督信息的录入和储存,对多媒体信息的处理功能以及对上述信息的检索、查询、统计、打印等功能。除了上述基本功能外,质量监督软件应该能够在局域网上运行。借以实现数据共享和快速传递。对工程质量监督软件的另一个重要要求是具备良好的安全功能。这通常是指具备两种功能:可靠的防火墙和方便可靠的数据备份功能。此外,一个优秀的质量监督软件还应该具有较好的可移植性,并且应当通过一定级别的技术鉴定。

3. 硬件配置原则

由于计算机硬件技术和硬件产品的迅猛发展，监督站硬件配置的具体标准很难统一划定。以下仅确定一个硬件配置的原则，以便各级质量监督站可以参照这一原则，结合自己的需要和条件，确定各自的硬件标准。

工程质量监督站的计算机硬件配置，应该根据质量监督工作中的信息处理需要来确定。亦即应当提倡所谓够用的原则，不应当片面追求硬件的新颖与豪华。工程质量信息处理，实际上属于比较典型的管理信息系统范畴，因此，能够运行中小型数据库平台的任何微机，应该都可以满足质量监督工作需要。在当前计算机硬件发展水平上，采用单机运行方式的监督站，应当至少配置 2 台以上微机。所配置的微机应当具有满足质量监督数据存储需要的硬盘及备份设备。处理对象包括声音、原稿、图片等多媒体资料等。并且应当配备打印机、扫描仪等外部设备。省、自治区、直辖市质量监督总站或其他条件较好的监督站，可以设置局域网，并可以配备数码相机、CD-R 或 CDW 等设备。建立局域网的监督站，除服务器的质量、数量应当满足网络设计需求外，工作站的数量应当留有发展的余地。且应当尽可能创造接入 Internet 的条件。

有下属质量监督机构的监督站，在硬件配置上应当考虑数据传输的需要。如：配备调制解调器、ISDN 专线或电话线等。经常外出或需要移动办公的监督站，可以配置笔记本电脑。

三、工程质量监督信息化对公众服务的主要内容

（一）对公众服务的基本要求

为适应现代化建设对工程质量监督工作的要求，加强对建设工程质量的有效监督管理，各质监机构应积极推广和应用信息技术，利用 Internet 网络为公众提供信息服务，增强建设工程质量监督工作的科学性和民主性。

1. 市（地）级以上质监机构可在 Internet 互联网上建立独立的域名网站，县（直辖市）级质监机构可以网页形式链接在其主管市政府的网站上。

2. 质监机构的网站（网页）应将与工程质量监督有关的信息，按照规定的程序和权限，及时向社会公布，至少保证每月更新，有条件的质监机构可将监督信息同步发布。

（二）对公众服务的主要内容

1. 质监网站（网页）上应公示以下内容：

（1）工作流程、办事程序、质监动态、相关法律法规、标准等。

（2）工程参建各方质量责任主体和有关机构所参建的工程信息。

（3）监督检查中发现的工程参建各方质量责任主体和有关机构的不良行为记录。

（4）监督检查中发现的工程参建各方质量责任主体和有关机构的违反强制性标准的记录。

（5）对工程参建各方质量责任主体和有关机构的行政处罚信息。

（6）投诉及处理的基本信息。

（7）工程竣工验收备案信息。

（8）工程质量状况统计信息。

（9）各类工程评优信息。

（10）其他可公布的信息。

2. 质监网站（网页）应提供与公众进行交流的网络平台，并满足以下功能：

(1) 网上接受建设单位的工程报监。
(2) 网上接受各界的有关咨询、答疑和建议。
(3) 网上接受工程质量投诉。
(4) 网上接受区域内检测机构上传的检测不合格报告的主要情况。
(5) 网上接受建设单位的竣工验收备案申请等。

四、信息系统维护

信息系统的维护工作是质量监督信息管理的基本保障，各质监机构应充分重视系统的维护工作。

（一）信息系统维护的基本要求：

1. 质监机构设专人或委托电脑公司负责系统维护工作。
2. 信息系统管理人员的要求：

市级以上的质监机构应设立专业的网络管理员；市级以下的机构应设立专门的计算机管理员，并经过专门培训。对监督软件的所有使用者应进行培训，达到计算机应用的初级水平。

（二）信息系统维护的主要内容：

1. 保证硬件环境的正常运转（网络及设备、计算机、打印机等）。
2. 保证软件环境的正常运转（网络平台、数据、程序等）。

五、工程质量监督信息化的主要内容

在工程质量监督过程中，涉及大量信息，信息范围广，内容丰富。质量监督机构应当根据不同的要求，对相关信息进行收集。工程质量信息除国家和本地区有关工程质量的法律、法规、规范性文件和强制性标准外，主要还有以下几方面的内容：

（一）建设单位质量管理信息

1. 建设单位在领取施工许可证或开工报告之前，按国家规定办理的工程质量监督手续的信息工程投资额在 30 万元以上或建筑面积在 300m² 以上的建筑工程，必须办理施工许可证。国务院规定权限和程序批准开工报告的工程，可不办施工许可证。

建设单位应按有关规定，到建设行政主管部门委托的质量监督机构办理质量监督手续。要提供的文件：

(1) 工程规划许可证；
(2) 设计单位资质等级证书；
(3) 监理单位资质等级证书，监理合同及《工程项目监理登记表》；
(4) 施工单位资质等级证书及营业执照副本；
(5) 工程勘察设计文件；
(6) 中标通知书及施工承包合同等。

建设单位要有质量监督机构在办理工程质量监督注册时签发的监督通知书。

2. 工程质量竣工验收信息

建设单位组织设计、施工、监理等单位进行竣工验收，应具备以下条件：

(1) 完成建设工程设计和合同约定的各项内容；
(2) 有完整的技术档案和施工管理资料；
(3) 有工程使用的主要建筑材料、建筑构配件和设备的进场报告；

(4) 有勘察、设计、施工、监理等单位分别签署的质量合格文件;

(5) 有施工单位签署的工程保修书。

建设单位组织工程竣工验收时,应做好记录,并且各方代表在验收合格后,签署竣工验收合格文件,并按规定办理工程竣工验收备案。

3. 工程建设档案信息

工程竣工验收后,建设单位按照国家有关档案管理的规定,收集、整理建设项目各环节的文件资料,建立建设项目档案,并按规定报送档案管理部门。

(二) 勘察、设计单位质量信息

1. 勘察、设计单位的资质等级证书

2. 注册建筑师、注册结构工程师等注册执业人员的执业证书

3. 勘察单位有关地质、测量、水文等勘察信息

(1) 建设地区的社会经济、地区历史、人民生活水平以及自然灾害等调查情况;

(2) 工程技术勘察情况。河流、水文水资源、地质、地形、地貌、水文地质、气象等资料;

(3) 技术经济勘察情况。原材料、燃料来源、水电供应、交通运输条件、劳力来源、数量和工资标准等资料。

4. 设计单位有关初步设计、技术设计和施工图设计信息

(1) 初步设计:工程项目的目的和主要任务、工程规模、总体规划布置、主要建筑物的位置、结构形式和尺寸、各种建筑物的材料用量、主要技术经济指标、建设工期、总概算等。

(2) 技术设计:进一步深化初步设计,对各种建筑物做出具体的设计计算,提供更准确的数据资料,对建筑物的结构形式和尺寸提出修正,并编制修正后的总概算。

(3) 施工图设计:用图纸反映,包括施工总平面图、建筑物施工平面图、剖面图、安装施工详图、各种专门工程的施工图以及各种设备和材料的明细表等。根据施工图的预算,一般不超过初步设计概算。

5. 在施工过程中的有关设计洽商和变更信息

6. 设计单位对工程质量事故做出的技术处理方案

(三) 施工单位的质量信息

1. 施工单位的资质等级证书

2. 施工单位质量、技术管理负责人资格,包括:法定代表人、质量技术负责人、项目经理、质量检查员、工长等资格证书

3. 建设单位与总承包单位合同书、总承包企业与分包企业的施工分包合同书

要防止总分包之间的不正当行为,应满足以下几个条件:

(1) 总包应将工程分包给具有相应资质条件的分包单位;总承包单位进行分包,经建设单位认可书;

(2) 实行施工总承包的,建设工程主体结构不得进行分包;

(3) 实行总分包的工程,分包单位不得再分包。

4. 施工中的质量责任制和建立健全质量管理和质量保证体系信息

施工企业应在工程施工中制定切实的质量责任制,明确在工程施工中质量的责任人及

各分部、分项工程的质量负责人，并制定质量控制措施和质量检查制度。要建立健全质量管理和质量保证体系，如已通过 ISO 9000 系列国际标准的企业，应有 ISO 9000 系列国际标准认证证书、质量手册、程序文件、质量计划、质量记录及质量体系审核报告等。

5. 施工组织设计信息

施工组织设计是对施工的各项活动做出全面构思和安排，指导施工准备和施工全过程的技术经济文件，建设工程的特点决定要根据其单个工程的设计特点和施工特点进行施工规划，编制法定施工需要的组织设计。根据设计阶段和编制对象的不同，施工组织设计大致可分为施工组织总设计、单位工程施工组织设计和难度较大、技术复杂或新技术项目的分部、分项工程施工设计三大类。

施工设计的内容因工程的性质、规模、复杂程度等情况不同，通常包括：工程概况、施工部署和施工方案、施工准备工作计划、施工进度计划、技术质量措施、安全文明施工措施、各项资源需要量计划及施工平面图、技术经济指标等内容。施工组织设计编制和修改要按照施工单位隶属关系及工程实行分级审批，实施监理的工程，要经监理单位审核。

6. 施工技术资料信息

按照国家和地区规定的施工现场技术资料进行整理编制成册。施工单位应严格按照设计文件和图纸施工。按照国家《工程建设国家标准管理办法》，施工单位按施工技术标准，特别是强制性标准要求组织施工，对施工技术资料要及时、准确、真实地填写、整理、装订成册。施工单位对需要进行设计洽商和变更的，要将设计单位出具的洽商和变更资料存入施工技术资料之中。

7. 建筑材料、配构件、设备和商品混凝土的检验信息

建筑材料、构配件，设备和商品混凝土检验制度，是保障工程质量的重要内容。检验要按规定的范围和要求建立，按现行的标准、规定的数量频率，落实取样方法进行检验。检验结果要按规定的格式形成书面记录，并由机关的专业人员签字。试验报告数据及结论要准确可靠，不得涂改，必须有试验员、审核员及试验室负责人签字。对试验不合格的，应记录在不合格台账中。

8. 建设工程质量检验和隐蔽工程检查记录

施工质量检验，一般指施工过程中的工序的质量检验。有预检、中间检验和隐蔽工程检验，也有自检、互检、交接检，也可以分为分项工程、分部工程的检验。建设工程具有不可逆性，因此要做好隐蔽工程在隐蔽之前的检查，施工单位不但要做好记录，还要通知建设单位、监理单位和质量监督机构。接受政府质量监督机构和建设单位提供质量保证。对工程施工中各分项工程，要进行认真的检验，做好记录，并及时返修不合格项目，上道工序质量达到合格标准，才能进行下道工序。

9. 涉及结构安全的试块、试件以及有关材料进行检测的信息

对涉及结构安全的试块、试件要实行有见证取样和送检制度。施工单位在建设单位或监理单位的见证下取样，送至具有相应资质的质量检测单位进行检测。结构用钢筋及焊接实验、混凝土试块、砌筑砂浆试块、防水材料等项目，实行有见证取样和送检制度。具有法定资格的检测单位在对试块、试件及材料进行检测后，要出具检测报告，不合格的要建立不合格试验台账，报告质量监督机构，督促及时返修处理。

10. 不合格工程或质量事故信息

按照国家检验评定标准，不论是施工过程中，还是竣工工程，出现不合格或质量事故，都应按规定记录存在的主要质量问题和原因分析，要由建设单位按规定组织有关人员制定返修或技术处理方案。对技术方案实施过程要有施工技术资料，处理之后，要由建设单位组织验收，直至达到国家检验评定标准。

11. 施工单位参加工程竣工验收资料

施工单位在工程竣工验收前，应自行进行单位工程验收，并签署工程质量意见，并由建设单位提供竣工验收报告，同时，出具质量保修书，质量保修书应明确保修的范围、期限和责任等。施工单位按规定参加建设单位组织的工程竣工验收。

12. 施工企业人员教育培训信息

施工企业建立健全教育培训制度，加强对职工的教育是工程质量得以保证的措施之一。要制定对企业总工程师、项目经理、质量体系内审员、质量检查员、施工人员、材料试验和检测人员，关键技术工种中焊工、钢筋工、混凝土工等的培训计划和培训考核资料。对考核合格的，按规定由建设行政主管部门颁发上岗证。对考核不合格的，要填入不合格台账，不颁发上岗证。

13. 施工企业创建设工程鲁班奖、国优、省、市优质工程等奖项信息

按现行的建设工程评奖办法，每年进行一次创优质工程评奖活动。企业创优质工程中，分竣工工程、结构工程、装饰工程等各种奖项，对每个企业的创奖情况应作为企业的质量管理业绩编制信息。

（四）建设监理单位的质量信息

1. 建设监理单位的资质证书
2. 建设监理单位质量、技术负责人资格，包括企业法定代表人、质量技术负责人、总监理工程师、监理工程师等资格证书
3. 建设单位与建设监理单位的合同书。监理合同书中应明确相互权利和义务关系的协议
4. 施工阶段实施监理职责有关资料

（1）协助建设单位编写向建设行政主管部门申报开工的施工许可证申请；

（2）协助建设单位确认的承包单位选择分包单位资料；

（3）审查承包单位施工过程中各分部、分项工程的施工准备情况，下达的开工指令；

（4）审查承包单位的材料设备采购清单，审查工程使用材料、设备规格质量资料；

（5）向建设单位报告需要变更的设计问题；

（6）督促承包合同落实，协调合同条款的变更，调解双方争议；

（7）检查工程质量，检查分项工程质量，签发分项工程认可书。验收分部工程质量，总监理工程师签署工程付款凭证；

（8）组织工程竣工验收，写出竣工验收报告，由总监理工程师签字；

（9）检查工程结算情况；

（10）对不合格项目下达的监理通知，写明整改项目。

5. 驻施工现场监理负责人周报

驻施工现场监理负责人向工程项目总监理工程师书面报告一周内发生的重大事件。

6. 施工现场监理负责人月报

驻施工现场监理负责人向工程项目总监理工程师书面报告一月内施工情况，包括：工程进度状况、工程款支付情况、工程进度拖延的原因分析、工程质量情况及问题、工程进展中主要困难和问题、施工中重大问题和重大索赔事件、材料设备供应情况、工程组织协调情况、天气异常情况等。

7. 工程质量记录，整改措施主要是质量现状、存在问题、整改结果、试验报告及检测报告等

8. 工程竣工阶段资料

监理单位参加由建设单位组织的竣工验收，在验收之前，监理单位应对工程质量签署意见，在工程竣工验收时，协助建设单位编制工程竣工验收有关资料。

（五）质量监督机构的信息

1. 在监工程的质量监督机构的设置情况；

2. 质量监督机构负责人及质量监督员基本情况；

3. 在监督工程中质量监督人员对工程的建设、勘察、设计、施工、监理等单位的质量行为的监督意见，对工程实体质量监督的意见；

4. 在工程抽查中，质量监督人员做的质量监督记录、工程质量整改通知书、企业整改情况；

5. 对违反有关法律、法规、规范性文件和技术标准的，质量监督部门向建设行政主管部门提交的建议、行政处罚的报告；

6. 质量监督机构在工程竣工验收后，向建设行政主管部门提交的工程质量情况的报告；

7. 质量监督部门对用户关于工程质量低劣的单位和个人的投诉、控告、检举处理情况。

第二章 工程建设基本程序

第一节 工程建设项目基本知识

一、基本建设的概念

基本建设,就是横贯于国民经济各部门之中并为其形成固定资产的综合性经济活动过程,即包括了规划设计、建造、购置和安装固定资产的活动及与之相关联的其他工作。固定资产是指在社会再生产过程中,能够在较长时期内使用而不改变其实物形态的物质资料,例如各种建筑物(即房屋,指供人们生活、办公、生产的场所)、建筑物(不直接作为人们生活、生产场所,为生产、生活提供功能)、机电设备、运输工具以及在规定金额以上的工、器具等。固定资产的标准,按国家规定:凡使用年限在一年以上,同时单体价值在限额以上的为固定资产。

进行基本建设与国民经济各部门有着密切的关系。一是搞基本建设离不开国民经济各部门的配合协作。二是国民经济各部门都需要基本建设。工矿、交通、农林、水利、财政、贸易、文化、教育、卫生、城市建设及各级政府机关等部门所属单位的事业建设、住宅建设、科学试验研究建设、卫生建设及公共事业建设均属基本建设。所以,简单讲,形成固定资产的综合性经济活动即基本建设。

二、基本建设的内容

基本建设主要包括以下三个方面的内容:

(一) 固定资产的建筑与安装

它包含了建筑物和构筑物的建筑与设备的安装两部分工作。建筑工作主要包括各种房屋(厂房、住宅等)、构筑物(烟囱、水塔等)的建造工程,管道(给排水、暖气、煤气等)、输电线路的敷设;矿井的开凿、铁路与码头的建造、炉窑砌筑工程等。设备安装工作主要包括生产、动力、起重、运输、医疗、实验等各种需要安装的机械设备的装配与装置工程。建筑安装工程,必须兴工动料,通过有目的有组织的施工活动才能实现,它是基本建设的重要组成部分。

(二) 设备、工具和器具的购置

设备的购置包括一切需要安装与不需要安装设备的购置;工、器具的购置,包括车间,实验室所应配备的,达到固定资产水平的各种工具、器具、仪器及生产用具的购置。设备、工具、器具,只有通过商品交换,被用户或投资者购买并投入使用,才成为固定资产;因此,购置这一流通过程,也是形成固定资产的重要途径,也是基本建设的主要内容。

(三) 其他基本建设工作

是指上述二项内容以外的,基本建设所必需进行的其他一切工作。例如投资研究与决策、征用土地、勘察设计、建设监理、生产职工招募与培训以及投产或使用前必要的准备工作等。这些工作是保证基本建设投资效果和顺利进行的必要内容和前提。

基本建设为国民经济各行业发展生产、增加效益提供了固定资产，建立了物质技术基础。也是实现社会扩大再生产，推动国民经济健康发展，提高人民的生活水平和文化水平以及增强国防实力的重要手段。

三、基本建设的分类

建设项目按管理需要的不同，有不同的分类方法：

（一）按建设性质划分

1. 新建项目，是指从无到有、平地起家、新开始建设的项目。有的建设项目原有基础很小，经扩大建设规模后，其新增加的固定资产价值超过原有固定资产价值三倍以上的，也算新建项目。

2. 扩建项目，是指原有企业、事业单位、为扩大原有产品生产能力（或效益），或增加新的产品生产能力，而新建主要车间或工程项目。

3. 改建项目，是指原有企业，为提高生产效率，增加科技含量，采用新技术，改进产品质量，或改变新产品方向，对原有设备或工程进行改造的项目。有的企业为了平衡生产能力，增建一些附属、辅助车间或非生产性工程，也算改建项目。

4. 迁建项目，是指原有企业、事业单位，由于各种原因经上级批准搬迁到另地建设的项目。迁建项目中符合新建、扩建、改建条件的，应分别作为新建、扩建或改建项目。迁建项目不包括留在原址的部分。

5. 恢复项目，是指企业、事业单位因自然灾害、战争等原因，使原有固定资产全部或部分报废，以后又投资按原有规模重新恢复起来的项目。在恢复的同时进行扩建的，应作为扩建项目。

（二）按建设规模大小划分

本建设项目可分为大型项目、中型项目、小型项目；更新改造项目分为限额以上项目、限额以下项目。基本建设大中小型项目是按项目的建设总规模或总投资来确定的。习惯上将大型和中型项目合称为大中型项目。新建项目按项目的全部设计规模（能力）或所需投资（总概算）计算；扩建项目按扩建新增的设计能力或扩建所需投资（扩建总概算）计算，不包括扩建以前原有的生产能力。但是，新建项目的规模是指经批准的可行性研究报告中规定的建设规模，而不是指远景规划所设想的长远发展规模。明确分期设计、分期建设的，应按分期规模计算。基本建设项目大中小型划分标准，是国家规定的，按总投资划分的项目，能源、交通、原材料工业项目 5000 万元以上，其他项目 3000 万元以上的为大中型项目，在此标准以下的为小型项目。

（三）按项目在国民经济中的作用划分

1. 生产性项目，指直接用于物质生产或直接为物质生产服务的项目，主要包括工业项目（含矿业）、建筑业、地质资源勘探及农林水有关的生产项目、运输邮电项目、商业和物资供应项目等。

2. 非生产性项目，指直接用于满足人民物质和文化生活需要的项目，主要包括文教卫生、科学研究、社会福利、公用事业建设、行政机关和团体办公用房建设等项目。

（四）按建设过程划分

1. 筹建项目,指尚未开工,正在进行选址、规划、设计等施工前各项准备工作的建设项目。

2. 施工项目,指报告期内实际施工的建设项目,包括报告期内新开工的项目、上期跨入报告期续建的项目、以前停建而在本期复工的项目、报告期施工并在报告期建成投产或停建的项目。

3. 投产项目,指报告期内按设计规定的内容,形成设计规定的生产能力(或效益)并投入使用的建设项目,包括部分投产项目和全部投产项目。

4. 收尾项目,指已经建成投产和已经组织验收,设计能力已全部建成,但还遗留少量尾工需继续进行扫尾的建设项目。

5. 停缓建项目,指根据现有人财物力和国民经济调整的要求,在计划期内停止或暂缓建设的项目。

(五)按项目工作阶段划分

1. 前期工作项目,指已批准项目建议书,正在做可行性研究或者进行初步设计(或扩初设计)的项目。

2. 预备项目,指已批准可行性研究报告和初步设计(或扩初设计),正在进行施工准备待转入正式计划的项目。

3. 新开工项目,指施工准备已经就绪,经批准,报告期内计划新开工建设的项目。

4. 续建项目(包括报告期建成投产项目),指在报告期之前已开始建设,跨入报告期继续施工的项目。

四、建设工程项目的基本特点

(一)在一个总体设计或初步设计范围内,由一个或若干个互相有内在联系的单项工程所组成的、建设中实行统一核算、统一管理的建设单元。

(二)在一定的约束条件下,以形成固定资产为特定目标。约束条件一是时间约束,即一个建筑工程项目有合理的建设工期目标;二是资源的约束,即一个建筑工程项目有一定的投资总量目标;三是质量约束,即一个建筑工程项目都有预期的生产能力、技术水平和使用效果目标。

(三)需要遵循必要的建设程序和经过特定的建设过程。即一个建筑工程项目从提出建设的设想、建议、方案选择、评估、决策、勘察、设计、施工一直到竣工、投产或投入使用,是一个有序的全过程。

(四)按照特定的任务,具有一次性特点的组织形式。表现为投资的一次性投入,建设地点的一次性固定,设计单一,施工单件。

(五)具有投资限额标准。只有达到一定限额投资的才作为建设项目,不满限额标准的称为零星固定资产购置。而且这一限额标准是随着经济的发展而逐步提高的。

五、基本建设程序

基本建设程序,是指基本建设全过程中各项工作必须遵循的先后顺序。它是指基本建设全过程中各环节、各步骤之间客观存在的不可破坏的先后顺序,是由基本建设项目本身的特点和客观规律决定的;进行基本建设,坚持按科学的基本建设程序办事,就是要求基本建设工作必须按照符合客观规律要求的一定顺序进行,正确处理基本建设工作中从制定建设规划、确定建设项目、勘察、定点、设计、建筑、安装、试车,直到竣工验收交付使用等各个阶段、各个环节之间的关系，达到提高投资效益的目的，这是关系基本建设工作全局的一个重要问题，也是按照自然规律和经济规律管理基本建设的一个根本原则。

一个建设项目从计划建设到建成投产，建设工程项目的建设周期包括项目的决策阶段、实施阶段和保修阶段。项目的实施阶段包括设计前的准备阶段、设计阶段、施工阶段、动用前准备阶段和保修期，如图 1.2-1 所示。招投标工作分散在设计前的准备阶段、设计阶段和施工阶段中进行，因此可以不单独列为招投标阶段。我国的基本建设程序，由八个循序渐近的步骤组成，每个步骤都有其具体的内容，其主要步骤是：

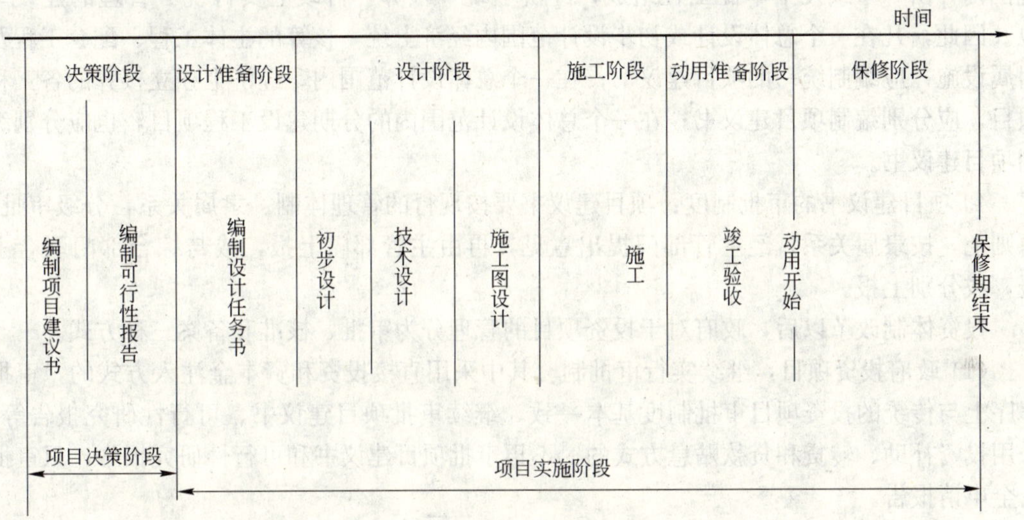

图 1.2-1 建设工程项目的阶段划分

（一）项目建议书

项目建议书（又称立项申请）是项目建设筹建单位或项目法人，根据国民经济的发展、国家和地方中长期规划、产业政策、生产力布局、国内外市场、所在地的内外部条件，提出的某一具体项目的建议文件，是对拟建项目提出的框架性的总体设想。对于大中型项目，有的工艺技术复杂，涉及面广，协调量大的项目，还要编制可行性研究报告，作为项目建议书的主要附件之一。项目建议书是项目发展周期的初始阶段，是国家选择项目的依据，也是可行性研究的依据，涉及利用外资的项目，在项目建议书批准后，方可开展对外工作。

1. 项目建议书的主要内容应包括：
(1) 项目提出的必要性和依据；
(2) 产品方案，拟建规模和建设地点的初步设想；
(3) 资源情况、建设条件、协作关系和设备技术引进国别、厂商的初步分析；
(4) 投资估算、资金筹措及还贷方案设想；
(5) 项目的进度安排；
(6) 经济效果和社会效益的初步估计，包括初步的财务评价和国民经济评价；
(7) 环境影响的初步评价，包括治理、三废、措施、生态环境影响的分析；

(8) 结论；

(9) 附件。

2. 项目建议书的编报程序是：项目建议书由政府部门、全国性专业公司以及现有企事业单位或新组成的项目法人提出。其中，跨地区、跨行业的建设项目以及对国计民生有重大影响的项目、国内合资建设项目，应由有关部门和地区联合提出；中外合资、合作经营项目，在中外投资者达成意向性协议书后，再根据国内有关投资政策、产业政策编制项目建议书。

3. 项目建议书的编报要求：根据现行规定，建设项目是指一个总体设计或初步设计范围内，由一个或几个单位工程组成，经济上统一核算，行政上实行统一管理的建设单位。因此，凡在一个总体设计或初步设计范围内经济上统一核算的主体工程、配套工程及附属设施，应编制统一的项目建议书；在一个总体设计范围内，经济上独立核算的各工程项目，应分别编制项目建议书；在一个总体设计范围内的分期建设工程项目，也应分别编制项目建议书。

4. 项目建议书的审批制度：项目建议书要按现行的管理体制、隶属关系，分级审批。原则上，按隶属关系，经主管部门提出意见，再由主管部门上报，或与综合部门联合上报，或分别上报。

投资体制改革以后，政府对于投资项目的管理分为审批、核准和备案三种方式。

(1) 政府投资项目，继续实行审批制。其中采用直接投资和资本金注入方式的，审批程序上与传统的投资项目审批制度基本一致，继续审批项目建议书、可行性研究报告等。采用投资补助、转贷和贷款贴息方式的，不再审批项目建议书和可行性研究报告，只审批资金申请报告。

(2) 已不使用政府性资金投资建设的项目，一律不再实行审批制，区别不同情况实行核准制和备案制。其中，政府仅对重大项目和限制类项目从维护社会公共利益角度进行核准，其他项目无论规模大小，均改为备案制。《政府核准的投资项目目录》对于实行核准制的范围进行了明确界定。

(3) 投资补助、转贷或贷款贴息方式使用政府投资资金的企业投资项目，应在项目核准或备案后向政府有关部门提交资金申请报告；政府有关部门只对是否给予资金支持进行批复，不再对是否允许项目投资建设提出意见。以资本金注入方式使用政府投资资金的，实际上是政府、企业共同出资建设，项目单位应向政府有关部门报送项目建议书、可行性研究报告等。

5. 核准制与审批制的主要区别是：(1)政府直接管理的企业投资项目数量大幅度减少。核准项目的范围，由《政府核准的投资项目目录》严格限定，并根据变化的情况适时调整。《目录》由国务院投资主管部门会同有关行业主管部门研究提出，报国务院批准后实施。未经国务院批准，各地区、各部门不得擅自增减核准范围。(2)程序简化。企业投资建设实行核准制的项目，仅须向政府提交"项目申请报告"，而无需报批项目建议书、可行性研究报告和开工报告。(3)政府管理的角度改变。政府主要从维护经济安全、合理开发利用资源、保护生态环境、优化重大布局、保障公共利益、防止出现垄断等方面进行审查。对于外商投资项目，政府还要从市场准入、资本项目管理等方面进行审查。

（二）可行性研究

编制可行性研究报告的重要依据是批准的项目建议书。由项目建设单位法人代表，通过单位法人代表，通过招投标或委托等方式，确定有资质的和相应等级的设计或咨询单位承担，项目法人应全力配合，共同进行这项工作。可行性研究报告，是项目建设程序中十分重要的阶段，必须达到规定要求，为组织审查、咨询金融等单位评估提供政策、技术、经济、科学的依据，为投资决策提供科学依据。

1. 编制可行性研究报告的主要内容：

(1) 项目概况；

(2) 项目建设的必要性；

(3) 市场预测；

(4) 项目建设选址及建设条件论证；

(5) 建设规模和建设内容；

(6) 项目外部配套建设；

(7) 环境保护；

(8) 劳动保护与卫生防疫；

(9) 消防；

(10) 节能、节水；

(11) 总投资及资金来源；

(12) 经济、社会效益；

(13) 项目建设周期及工程进度安排；

(14) 结论；

(15) 附件。

2. 可行性研究报告的审批：国家计委现行规定审批权限如下：大中型项目的可行性研究报告，按隶属关系由国务院主管部门或省、区、市提出审查意见，报国家计委审批，其中重大项目由国家计委审查后报国务院审批。国务院各部门直属及下放、直供项目的可行性研究报告，上报前要征求所在省、区、市的意见。小型项目的可行性研究报告，按隶属关系由国务院主管部门或省、区、市计委审批。

3. 可行性研究报告后的主要工作：可行性研究报告批准后即国家同意该项目进行建设，列入预备项目计划。列入预备项目计划并不等于列入年度计划，何时列入年度计划，要根据其前期工作的进展情况、国家宏观经济政策和对财力、物力等因素进行综合平衡后决定。建设单位可进行下列工作：

(1) 用地方面，开始办理征地、拆迁安置等手续。

(2) 委托具有承担本项目设计资质的设计单位进行扩大初步设计，引进项目开展对外询价和技术交流工作，并编制设计文件。

(3) 报审供水、供气、供热、下水等市政配套方案及规划、土地、人防、消防、环保、交通、园林、文物、安全、劳动、卫生、保密、教育等主管部门的审查意见，取得有关协议或批件。

(4) 如果是外商投资项目，还需编制合同、章程，报经贸委审批，经贸委核发了企业批准证书后，到工商局领取营业执照，办理税务、外汇、统计、财政、海关等登记手续。

(三) 投资决策与设计任务书

可行性研究对项目的取舍具有至关重要的作用,往往作为投资者决策的依据,但是否投资或怎样投资,还需经过一个十分慎重的决策过程,这个过程包括下面两项主要工作:项目评估与决策。

项目评估是由投资决策机构(包括自行组织或委托社会化的咨询公司)对建设项目可行性研究报告进行全面审核和再评价的工作过程,它的主要目的和任务是全面审核可行性研究报告的真实性、客观性和可靠性。

设计任务书也叫做计划任务书,它是建设项目的决策性文件,是编制设计文件的依据。设计任务书是根据已批准的可行性研究报告,由项目的主管部门组织计划和设计等有关单位共同编制的。它综述了可行性研究报告的要点内容,将其所提方案任务化,因此,它是编制建设项目设计文件的基本依据。设计任务书一经批准,建设项目即转入设计实施阶段。

(四) 设计阶段

我国的建设项目一般采用两段设计。即扩大初步设计(包括设计概算)和施工图设计(包括施工图预算),对于技术复杂而又缺乏设计经验的项目,中间可增加技术设计阶段(包括编制修正概算),即进行三段设计。

可行性研究报告批准后,项目法人委托有相应资质的设计单位,按照批准的可行性研究报告的要求,编制初步设计。初步设计批准后,设计概算即为工程投资的最高限额,未经批准,不得随意突破。确因不可抗拒因素造成投资突破设计概算时,应上报原批准部门审批。

初步设计批准后,项目法人委托有相应资质的设计单位,按照批准的初步设计,组织施工图设计。设计单位按照设计任务书和地质勘察资料编制设计文件。设计文件是安排建设计划和组织施工的依据,项目设计是将项目决策的具体化,建设项目能否达到预定的目标,设计将起决定性的作用。

(五) 年度投资计划

项目建议书、可行性研究报告、初步设计批准后向主管部门申请列入投资计划。批准的年度计划是进行基本建设拨款或贷款的主要依据。年度投资计划的安排要与长远规划的要求相适应,要保证按期建成并应符合国民经济的调整。年度计划安排的建设内容,要和当年分配的投资、材料、设备相协调;另外,配套项目要同时安排,相互衔接。当设项目被列入年度基本建设计划,即进入建设项目的实施阶段。

(六) 设备订货与施工前准备

当建设项目列入年度计划并且资全到位后,就可进行主要设备的订货和施工前的准备工作。从建设单位的角度来说,施工前的准备主要包括征地、拆迁安置、三通一平、组织招投标,选定施工总承包单位并签订合同,以及组织图纸与勘测等技术资料的供应工作等。当然,这些工作也可委托咨询公司、监理公司或直接交由总承包单位完成。

建设项目完成各项准备工作,具备开工条件,建设单位及时向主管部门和有关单位提出开工报告,开工报告批准后即可进行项目施工。

(七) 施工与生产准备

施工是将建设蓝图变为工程实体的物质生产过程。施工前要认真做好图纸会审与技术交底工作,明确质量要求,编好施工组织设计。施工过程中应加强全面控制,控制的重点是保证工程质量、建设工期和降低工程成本。控制主要包含检查与调节两个职能,检查是为了跟踪工程实际情况、寻找问题和差距;调节则是对检查结果提出改进措施,以期在整个工程的施工上达到最优的效果。

在施工阶段,建设单位或受委托的监理单位要做好各方面的监督与协调工作,使计划、设计、物资供应和施工各个环节相互衔接,以便于建筑安装工程能按计划顺利地保质保量完成。

为了保证项目建成后能及时投产使用,投资者或其筹建单位应在工程竣工前的适当时候即开始积极做好生产或开业前的准备工作,例如机构设置、规章制度的建立、定员编制、人员培训、以及原材料、燃料、动力、工器具、备品配件和其他协作配合条件的准备与落实等。生产(开业)准备是试运转的前提,是基本建设中不可少的重要环节。

(八)竣工验收

根据国家有关规定,建设项目按批准的内容完成后,符合验收标准,须及时组织验收、办理交付使用资产移交手续。

竣工验收是基本建设程序的最后一个重要环节,是全面考核建设成果、检验设计与施工质量,以保证工程项目顺利投入生产或交付使用的法定手续。

工程项目按批准的设计文件所规定的内容与标准全部建成,并按规定将工程内外全部清理完毕后称为竣工。竣工验收是指对已竣工的工程项目由有关各方按照合同、设计、现行施工技术验收标准与规范检查工程内容、进行质量评定、办理交工手续等过程。竣工验收合格的工程,从物质实体上来说,承包单位就算完成了一项合格的建设产品;从经济关系上来说,承发包双方经过办理项目的交接手续和竣工结算,就可解除其合同关系。竣工验收主要包括建立验收机构、准备和提交交工资料、进行技术检查质量评定(工业项目包括通过无负荷、有负荷联动试车的方式进行技术检查)和工程交接等项内容。其中,竣工验收机构由投资主体负责组建;竣工验收资料由承包方向竣工验收机构提交;工业项目的无负荷试车由施工承包人负责进行,合格后即进行工程交接;有负荷试车由生产单位负责进行,直到生产出合格产品,才能进行项目交接。

以上为我国在长期的经济建设中,所总结的一套基本建设程序。它比较适合我国的国情,也体现了基本建设的全过程。但是,从建设的全过程看,虽然建设投资主要是在施工阶段投入,但是影响投资效果最大的却在于前期工作的质量,因此必须加强基本建设前期工作的管理。

第二节 工程项目的报批、施工许可和竣工备案

一、工程项目的报批、报建程序及其资料要求

(一)工程立项:(中外合资、外商独资项目)

1. 立项申请(开发区审批后,区计委批复);

2. 建设用地位置图；

3. 项目可行性研究报告、批复复印件；

4. 关于公司成立的批复复印件(外经贸委)；

5. 营业执照复印件；

6. 验资报告复印件。

(二) 人防审批：

1. 《防空地下室建筑设计登记表》(到人防办公室领取)；

2. 立项、审查、批复等文件；

3. 总平面图及施工图(厂房除外)。

(三) 消防审批：

1. 《建筑消防设计防火审核申请表》；

2. 立项、审查、批复等文件；

3. 建设单位申请报告；

4. 全套图纸。

(四) 规划审批：

1. 《建设工程规划许可证申请表》(到区规划局领取)；

2. 立项、审查、批复等文件；

3. 人防审批表；

4. 消防审批书；

5. 建筑施工图两套半：即施工图两套，半套是指封皮、目录、总平面布置图、建筑平、立、剖面图，基础平面图等。两套半图纸的封面须由设计单位盖章，方可有效。

(五) 建委(办理施工许可证)：

1. 立项、审查、批复等文件；

2. 报建登记表；

3. 建设规划许可证；

4. 设计招标及中标通知书；

5. 施工图审查批准书；

6. 施工招标及中标通知书；

7. 勘察、设计合同；

8. 施工合同。

二、工程质量监督手续的办理，施工许可证的办理手续、工程竣工验收备案手续

(一) 监督委托书文本格式

监督委托是工程质量监督的第一道程序，监督委托应由建设单位或建设行政主管部门办理。监督委托书是规范监督方与委托方行为规范的合同文件。其主要内容包括以下几点：委托方与监督方工程概况；责任、权利与义务；监督费率及金额和缴纳时间；对设计、施工、监理等的基本要求以及补充协议等内容。其基本格式参考如表1.2-1、表1.2-2：

工程质量委托书	表 1.2-1

工程质量监督站：

  为确保工程质量，我单位依据《建设工程质量管理条例》有关监督办法的规定，特来你站办理下列工程的质量监督手续，工程基本情况如下：

1. 建设单位基建负责人：　　　　　　驻工地代表：　　　　　电话：

2. 监理单位负责人：　　　　　　　　资质等级：　　　　　　电话：

  项目总监：　　　　　　　　　　　资质证书：　　　　　　电话：

3. 工程地质勘探单位：　　　　　　　资质等级：　　　　　　电话：

4. 工程设计单位：　　　　　　　　　资质等级：　　　　　　电话：

  项目负责人：　　　　　　　　　　资质证书：　　　　　　电话：

5. 施工单位：　　　　　　　　　　　资质等级：　　　　　　电话：

  企业负责人：　　　　　　　　　　工程项目负责人：　　　电话：

  技术质量负责人：　　　　　　　　　　　　　　　　　　电话：

工程质量监督登记表　　　　　　　　　表1.2-2

监督号：

工程名称			工程地点	
结构层次		建设规模	建设形式	
合同开工时间		合同竣工时间	工程造价	
建设单位及资质等级				
设计单位及资质等级				
勘察单位及资质等级				
监理单位及资质等级				
施工单位及资质等级				

建设单位：　　　　　（公章）　　　　监督部门：　　　　　（盖章）

法人代表：　　　　　　　　　　　　该项目由　　　科(分站)负责组织监督。

电话：　　　　　　　　　　　　　　承办人：

项目负责人：　　　　　　　　　　　　年　月　日

电话：

附件	办理建设工程质量监督登记应提交的资料包括： 1. 施工、监理单位中标通知书； 2. 施工图设计文件及审查意见(含地质勘察资料报告)； 3. ××市工程质量监督登记表。

本表一式六份，三份由建设单位自存一份，发给施工、监理单位各一份；三份质监站留存。

有关约定和要求如下：

第一条 根据有关规定，在开工前，建设单位向监督单位提交有关文件和图纸资料，并按工程总造价的0.06%缴纳质量监督费。质量监督费应在委托合同双方签字认可后的一周内，由委托方向监督方缴纳全部监督费或监督费总额的____%，其余费用在工程竣工验收前交清。

第二条 建设单位及监理单位负责事宜：

1. 在委托勘察、设计、施工时应根据工程特点和规模，考察勘察设计、施工单是否具有承担该工程的营业资格。

2. 应根据建设项目批准文件制定设计任务书，不准擅自扩大规模、提高标准或改变用途。并应按任务书认真验收工程勘察、设计图纸有关资料。

3. 建设单位和监理单位必须有驻工地代表，负责组织工程设计交底参与施工技术交底隐蔽工程检查验收、施工质量检查和工程竣工质量的初验，并办理签证。驻工地代表应与监督人员密切配合工作。

4. 向施工单位提供的原材料、设备、容器、构配件的质量，必须符合有关质量标准，并向施工单位移交合格证明，技术说明书及复验报告。不准向施工单位提供不合格的材料、设备、容器和构配件，更不准用于工程。

5. 监理工程师必须履行《建筑法》《建设工程质量管理条例》规定的责任和义务，按规范实施监理。监理单位如与施工承包单位串通，谋取非法利益，给建设单位造成经济损失，应与承包单位承担连带赔偿责任。

6. 当接到监督站的停工或质量问题通知书后，应主动协助勘察、设计与施工单位提出处理方案，待监督站核批后，负责监督实施。

7. 当发生质量事故时，建设单位和监理单位必须按照有关规定及时上报质监站。

8. 监理单位有超越资质承揽工程或转让监理业务的，按《建设工程质量管理条例》的规定处罚。

第三条 对勘察、设计单位的要求：

1. 工程地质勘察、工程设计必须符合有关标准、规范和规定。必须执行《建设工程质量管理条例》规定的责任和义务。

2. 必须坚持对勘察、设计质量负责的原则，建立健全勘察、设计质量检查机构和人员严格校审、会签制度，把好质量关。不合格图纸付诸实施或设计失误造成损失的按照《建设工程质量管理条例》的罚则进行处罚。

3. 工程地质勘察报告和工程设计图纸必须进行审核，国家重点工程或重大设计应聘请本设计单位以外的专家进行论证。审查或论证工作应有相应的资料记录。

4. 设计单位在工程开工前应向建设单位、施工单位作设计交底；工程施工过程中应参加地基、基础、主体结构、容器、设备、工艺流程安装及防腐工程质量的验收。并且必须参加工程验收。

第四条 对施工单位的要求：

1. 正确执行规范、规程和有关技术标准，做到按图施工。

2. 地基按设计要求打扦并做处理，验槽时必须经设计（勘察）、建设单位验签完善手续后，方可进行基础施工。建设的储罐、容器、设备安装和管道组焊、防腐分部，房屋的基础、主体分部工程质量，必须由公司技术负责人组织质检、技术部门检验。所有隐蔽工程验收记录，须经建设单位或监理工程师签证。

3. 埋地防腐管道、焊缝防腐补口、基础、主体工程等隐蔽前，须会同设计、建设单位进行初验，并提出初验单和技术资料，经监督站核验合格后，方可进行下道工序施工。设备基础完工以及钢屋架、网架等工程预埋件完工后。还须有设备安装、钢结构安装施工单位参加核验交接。

4. 焊接工程必须有焊缝检测报告，防爆工程必须有电火花检漏报告；容器、管道试压，系统试运行，设备或装置带电带负荷试运行，必须通知监督站参与。

5. 当接到监督站或其他有关单位的停工、返工或质量问题通知书后，应立即会同建设、监理、设计等有关部门研究并提出处理方案，由建设单位驻工地代表或监理工程师审核签字后，报监督站或其他有关单位审核同意后实施。发生质量事故时，应及时通知监督单位及有关方面。

6. 工程竣工后．会同建设单位、设计单位进行工程质量等级评定，并整理有关竣工资料，交由建设单位或有关责任单位汇总后报工程质量监督站审核。

7. 办理交工验收时，应向建设单位提交全部技术资料和工程质量保修书入在保修期内的工程质量问题，由责任方负责返修。质量保修按《建设工程质量管理条例》第六章要求执行。

第五条　工程质量监督事宜

1. 对不符合资质要求的勘察、设计和施工单位进行查处，不得开工。并按《建设工程质量管理条例》第八章罚则的规定进行处罚。

2. 负责监督建设、监理、勘察、设计、施工单位是否按国家规范、规程、技术标准和工程承包合同中规定的质量要求组织地质勘探、工程设计与施工。监督审核勘察、设计质量；检验施工单位施工的主要分部、分项工程的质量；核验竣工工程，负责质量争端的仲裁。

3. 负责监督勘察、设计、施工、监理单位建立健全质量保证体系，并检查其运转情况。对存在质量问题的勘察、设计文件、图纸和因管理混乱施工质量低劣或违犯规程、规范施工的有权令其返工、停工、停产整顿、经济处罚，直至建议有关部门吊销其营业资照。

4. 按时完成工程质量监督报告的编写工作

第六条　未尽事宜的补充协议见补充协议附页之规定：共(　　)页。

第七条　本申报书一式两份，双方各执一份

本申报书如与上级规定抵触时，按上级规定执行。

委托单位(盖章)　监督单位(盖章)：

经办人：经办人：

本工程责任监督员(质量监督人员)：

(二) 备案许可

工程完成带负荷试运行并满足要求后，就要将工程移交给业主，同时办理施工资料备案手续。办理备案手续的一项重要内容就是将所有建设项目(工程)文档材料交工程质量监督站进行审核，审核合格后，由监督机构签发工程备案许可文件，然后建设单位将所有工程资料交有关方面备案，同时办理整个工程结算手续。

备案表格式如表 1.2-3、表 1.2-4。

备案表格式　　　　　　　　　　　　　　　　　　　　表 1.2-3

编号：

××市房屋建筑和市政基础设施
工程竣工验收备案表

工程名称＿＿＿＿＿＿＿＿＿＿＿＿＿＿＿＿＿＿＿＿＿

工程地址＿＿＿＿＿＿＿＿＿＿＿＿＿＿＿＿＿＿＿＿＿

××市建设委员会制

工程竣工验收备案表			表 1.2-4
工 程 名 称		工 程 用 途	
建筑面积(m²)	工程类别	结 构 类 型	
规划许可证		施工许可证	
监督注册号		工程造价(万元)	
开 工 日 期		竣工时间	
	单位名称	负责人	联 系 电 话
建设单位			
勘察单位			
设计单位			
施工单位			
监理单位			
监督部门			

备案理由：
　　本工程已按《建设工程质量管理条例》第十六条规定进行了竣工验收，条件具备，验收合适，备案文件齐全。现报送备案。
　　建设单位＿＿＿＿＿＿＿＿＿＿＿＿＿＿＿(公章)　负责人＿＿＿＿＿＿＿＿＿＿＿＿＿＿＿

　　　　　　　　　　　　　　　　　报送时间　年　月　日

续表

竣工验收意见	勘察单位意见	单位(项目)负责人： 年 月 日(公章)
	设计单位意见	单位(项目)负责人： 年 月 日(公章)
	施工单位意见	单位(项目)负责人： 年 月 日(公章)
	监理单位意见	单位(项目)负责人： 年 月 日(公章)
	建设单位意见	单位(项目)负责人： 年 月 日(公章)

续表

	内　容	份数	验收情况	备注
竣工验收备案文件清单	1. 工程施工许可证			
	2. 工程质量监督手续			
	3. 施工图、设计文件审查报告			
	4. 质量合格文件			
	(1) 勘察部门对地基及处理的验收文件			
	(2) 单位工程验收记录			
	(3) 监理部门签署的竣工移交证书			
	(4) 单位工程质量评定文件			
	5. 地基与基础、结构工程验收记录及检测报告			
	6. 规划许可证及其他规划批复文件			
	7. 公安消防部门出具的认可文件或准许使用文件			
	8. 环保部门出具的认可文件或准许使用文件			
	9. 建设工程保修书			
	10. 住宅质量保证书			
	11. 住宅使用说明书			
	12. 工程竣工验收报告			
	13. 工程合同价款结算材料			
	14. 其他文件			
备案意见	本工程的竣工验收备案文件于　年　月　日收讫，经验证文件齐全。 (公章)			
备案管理部门负责人		经办人		日期

注：1. 本表用钢笔、墨笔填写清楚；
　　2. 本表竣工验收备案文件清单所列文件如为复印件应加盖报送单位公章，并注明原件存放处；
　　3. 本表一式二份，一份由备案管理部门存档，一份由建设单位按工程使用年限保存；
　　4. 市政基础设施工程参照本表要求执行。
　　5. 具体办理工程备案人员必须持有法人委托的函件。

续表

备案管理部门处理意见：

(公章)

年　月　日

第三章 工程建设责任主体和有关机构

第一节 建 设 单 位

一、目前我国建设工程投资主体的基本情况

建筑业是国民经济的重要物质生产部门,它与整个国家经济的发展、人民生活的改善有着密切的关系。中国正处于从低收入国家向中等收入国家发展的过渡阶段,建筑业的增长速度很快,对国民经济增长的贡献也很大。1978年以来,建筑市场规模不断扩大,国内建筑业产值增长了20多倍,建筑业增加值占国内生产总值的比重从3.8%增加到了7.0%,成为拉动国民经济快速增长的重要力量。

2005年,中国建筑业产业规模继续扩大,生产形势保持快速发展的势头,各项指标再创新高。建筑业结构调整步伐加快,生产方式变革逐步展开,市场竞争仍然激烈。全国建筑业企业全年完成建筑业总产值达到34745.79亿元,比上年增长19.7%。完成竣工产值22072.96亿元,增长8.9%;实现增加值10018亿元,按可比价格计算比上年增长11.9%。然而,中国建筑业仍然存在产业集中度低、规模较小、技术粗糙、过度竞争等问题。2005年,建筑质量问题仍时有发生,建筑企业经济效益未见明显好转,国有建筑企业尤为严重。

2006年,以国家重点项目建设、城市公共交通等基础设施建设、房地产开发、交通能源建设、现代制造业发展、社会主义新农村建设为主体的建筑市场呈现出勃勃生机;长三角、珠三角、环渤海湾区域建设、西部大开发、东北工业区振兴仍然是最为繁荣的建筑市场;发达地区的建筑业生产水平和能力的强势地位进一步巩固、发展;大中型建筑业企业的结构调整进一步深入开展;对国外建筑市场的开拓快速发展,市场层次和区域范围更加优化。

二、国务院关于改革投资体制的要求

改革开放以来,国家对原有的投资体制进行了一系列改革,打破了传统计划经济体制下高度集中的投资管理模式,初步形成了投资主体多元化、资金来源多渠道、投资方式多样化、项目建设市场化的新格局。但是,现行的投资体制还存在不少问题,特别是企业的投资决策权没有完全落实,市场配置资源的基础性作用尚未得到充分发挥,政府投资决策的科学化、民主化水平需要进一步提高,投资宏观调控和监管的有效性需要增强。为此,国务院决定进一步深化投资体制改革。

(一)深化投资体制改革的指导思想和目标

1. 深化投资体制改革的指导思想是:按照完善社会主义市场经济体制的要求,在国家宏观调控下充分发挥市场配置资源的基础性作用,确立企业在投资活动中的主体地位,规范政府投资行为,保护投资者的合法权益,营造有利于各类投资主体公平、有序竞争的市场环境，促进生产要素的合理流动和有效配置，优化投资结构，提高投资效益，推动经济协调发展和社会全面进步。

2. 深化投资体制改革的目标是：改革政府对企业投资的管理制度，按照"谁投资、谁决策、谁收益、谁承担风险"的原则，落实企业投资自主权；合理界定政府投资职能，提高投资决策的科学化、民主化水平，建立投资决策责任追究制度；进一步拓宽项目融资渠道，发展多种融资方式；培育规范的投资中介服务组织，加强行业自律，促进公平竞争；健全投资宏观调控体系，改进调控方式，完善调控手段；加快投资领域的立法进程；加强投资监管，维护规范的投资和建设市场秩序。通过深化改革和扩大开放，最终建立起市场引导投资、企业自主决策、银行独立审贷、融资方式多样、中介服务规范、宏观调控有效的新型投资体制。

（二）转变政府管理职能，确立企业的投资主体地位

1. 改革项目审批制度，落实企业投资自主权。彻底改革现行不分投资主体、不分资金来源、不分项目性质，一律按投资规模大小分别由各级政府及有关部门审批的企业投资管理办法。对于企业不使用政府投资建设的项目，一律不再实行审批制，区别不同情况实行核准制和备案制。其中，政府仅对重大项目和限制类项目从维护社会公共利益角度进行核准，其他项目无论规模大小，均改为备案制，项目的市场前景、经济效益、资金来源和产品技术方案等均由企业自主决策、自担风险，并依法办理环境保护、土地使用、资源利用、安全生产、城市规划等许可手续和减免税确认手续。对于企业使用政府补助、转贷、贴息投资建设的项目，政府只审批资金申请报告。各地区、各部门要相应改进管理办法，规范管理行为，不得以任何名义截留下放给企业的投资决策权利。

2. 规范政府核准制。要严格限定实行政府核准制的范围，并根据变化的情况适时调整。《政府核准的投资项目目录》（以下简称《目录》）由国务院投资主管部门会同有关部门研究提出，报国务院批准后实施。未经国务院批准，各地区、各部门不得擅自增减《目录》规定的范围。

企业投资建设实行核准制的项目，仅需向政府提交项目申请报告，不再经过批准项目建议书、可行性研究报告和开工报告的程序。政府对企业提交的项目申请报告，主要从维护经济安全、合理开发利用资源、保护生态环境、优化重大布局、保障公共利益、防止出现垄断等方面进行核准。对于外商投资项目，政府还要从市场准入、资本项目管理等方面进行核准。政府有关部门要制定严格规范的核准制度，明确核准的范围、内容、申报程序和办理时限，并向社会公布，提高办事效率，增强透明度。

3. 健全备案制。对于《目录》以外的企业投资项目，实行备案制，除国家另有规定外，由企业按照属地原则向地方政府投资主管部门备案。备案制的具体实施办法由省级人民政府自行制定。国务院投资主管部门要对备案工作加强指导和监督，防止以备案的名义变相审批。

4. 扩大大型企业集团的投资决策权。基本建立现代企业制度的特大型企业集团，投资建设《目录》内的项目，可以按项目单独申报核准，也可编制中长期发展建设规划，规划经国务院或国务院投资主管部门批准后，规划中属于《目录》内的项目不再另行申报核准，只须办理备案手续。企业集团要及时向国务院有关部门报告规划执行和项目建设情况。

5. 鼓励社会投资。放宽社会资本的投资领域，允许社会资本进入法律法规未禁入的基础设施、公用事业及其他行业和领域。逐步理顺公共产品价格，通过注入资本金、贷款贴息、税收优惠等措施，鼓励和引导社会资本以独资、合资、合作、联营、项目融资等方式，参与经营性的公益事业、基础设施项目建设。对于涉及国家垄断资源开发利用、需要统一规划布局的项目，政府在确定建设规划后，可向社会公开招标选定项目业主。鼓励和支持有条件的各种所有制企业进行境外投资。

6. 进一步拓宽企业投资项目的融资渠道。允许各类企业以股权融资方式筹集投资资金，逐步建立起多种募集方式相互补充的多层次资本市场。经国务院投资主管部门和证券监管机构批准，选择一些收益稳定的基础设施项目进行试点，通过公开发行股票、可转换债券等方式筹集建设资金。在严格防范风险的前提下，改革企业债券发行管理制度，扩大企业债券发行规模，增加企业债券品种。按照市场化原则改进和完善银行的固定资产贷款审批和相应的风险管理制度，运用银团贷款、融资租赁、项目融资、财务顾问等多种业务方式，支持项目建设。允许各种所有制企业按照有关规定申请使用国外贷款。制定相关法规，组织建立中小企业融资和信用担保体系，鼓励银行和各类合格担保机构对项目融资的担保方式进行研究创新，采取多种形式增强担保机构资本实力，推动设立中小企业投资公司，建立和完善创业投资机制。规范发展各类投资基金。鼓励和促进保险资金间接投资基础设施和重点建设工程项目。

7. 规范企业投资行为。各类企业都应严格遵守国土资源、环境保护、安全生产、城市规划等法律法规，严格执行产业政策和行业准入标准，不得投资建设国家禁止发展的项目；应诚信守法，维护公共利益，确保工程质量，提高投资效益。国有和国有控股企业应按照国有资产管理体制改革和现代企业制度的要求，建立和完善国有资产出资人制度、投资风险约束机制、科学民主的投资决策制度和重大投资责任追究制度。严格执行投资项目的法人责任制、资本金制、招标投标制、工程监理制和合同管理制。

（三）完善政府投资体制，规范政府投资行为

1. 合理界定政府投资范围。政府投资主要用于关系国家安全和市场不能有效配置资源的经济和社会领域，包括加强公益性和公共基础设施建设，保护和改善生态环境，促进欠发达地区的经济和社会发展，推进科技进步和高新技术产业化。能够由社会投资建设的项目，尽可能利用社会资金建设。合理划分中央政府与地方政府的投资事权。中央政府投资除本级政权等建设外，主要安排跨地区、跨流域以及对经济和社会发展全局有重大影响的项目。

2. 健全政府投资项目决策机制。进一步完善和坚持科学的决策规则和程序，提高政府投资项目决策的科学化、民主化水平；政府投资项目一般都要经过符合资质要求的咨询中介机构的评估论证，咨询评估要引入竞争机制，并制定合理的竞争规则；特别重大的项目还应实行专家评议制度；逐步实行政府投资项目公示制度，广泛听取各方面的意见和建议。

3. 规范政府投资资金管理。编制政府投资的中长期规划和年度计划，统筹安排、合理使用各类政府投资资金，包括预算内投资、各类专项建设基金、统借国外贷款等。政府投资资金按项目安排，根据资金来源、项目性质和调控需要，可分别采取直接投资、资本金注入、投资补助、转贷和贷款贴息等方式。以资本金注入方式投入的，要确定出资人代

表。要针对不同的资金类型和资金运用方式，确定相应的管理办法，逐步实现政府投资的决策程序和资金管理的科学化、制度化和规范化。

4. 简化和规范政府投资项目审批程序，合理划分审批权限。按照项目性质、资金来源和事权划分，合理确定中央政府与地方政府之间、国务院投资主管部门与有关部门之间的项目审批权限。对于政府投资项目，采用直接投资和资本金注入方式的，从投资决策角度只审批项目建议书和可行性研究报告，除特殊情况外不再审批开工报告，同时应严格政府投资项目的初步设计、概算审批工作；采用投资补助、转贷和贷款贴息方式的，只审批资金申请报告。具体的权限划分和审批程序由国务院投资主管部门会同有关方面研究制定，报国务院批准后颁布实施。

5. 加强政府投资项目管理，改进建设实施方式。规范政府投资项目的建设标准，并根据情况变化及时修订完善。按项目建设进度下达投资资金计划。加强政府投资项目的中介服务管理，对咨询评估、招标代理等中介机构实行资质管理，提高中介服务质量。对非经营性政府投资项目加快推行"代建制"，即通过招标等方式，选择专业化的项目管理单位负责建设实施，严格控制项目投资、质量和工期，竣工验收后移交给使用单位。增强投资风险意识，建立和完善政府投资项目的风险管理机制。

6. 引入市场机制，充分发挥政府投资的效益。各级政府要创造条件，利用特许经营、投资补助等多种方式，吸引社会资本参与有合理回报和一定投资回收能力的公益事业和公共基础设施项目建设。对于具有垄断性的项目，试行特许经营，通过业主招标制度，开展公平竞争，保护公众利益。已经建成的政府投资项目，具备条件的经过批准可以依法转让产权或经营权，以回收的资金滚动投资于社会公益等各类基础设施建设。

（四）加强和改善投资的宏观调控

1. 完善投资宏观调控体系。国家发展和改革委员会要在国务院领导下会同有关部门，按照职责分工，密切配合、相互协作、有效运转、依法监督，调控全社会的投资活动，保持合理投资规模，优化投资结构，提高投资效益，促进国民经济持续快速协调健康发展和社会全面进步。

2. 改进投资宏观调控方式。综合运用经济的、法律的和必要的行政手段，对全社会投资进行以间接调控方式为主的有效调控。国务院有关部门要依据国民经济和社会发展中长期规划，编制教育、科技、卫生、交通、能源、农业、林业、水利、生态建设、环境保护、战略资源开发等重要领域的发展建设规划，包括必要的专项发展建设规划，明确发展的指导思想、战略目标、总体布局和主要建设项目等。按照规定程序批准的发展建设规划是投资决策的重要依据。各级政府及其有关部门要努力提高政府投资效益，引导社会投资。制定并适时调整国家固定资产投资指导目录、外商投资产业指导目录，明确国家鼓励、限制和禁止投资的项目。建立投资信息发布制度，及时发布政府对投资的调控目标、主要调控政策、重点行业投资状况和发展趋势等信息，引导全社会投资活动。建立科学的行业准入制度，规范重点行业的环保标准、安全标准、能耗水耗标准和产品技术、质量标准，防止低水平重复建设。

3. 协调投资宏观调控手段。根据国民经济和社会发展要求以及宏观调控需要，合理确定政府投资规模，保持国家对全社会投资的积极引导和有效调控。灵活运用投资补助、贴息、价格、利率、税收等多种手段，引导社会投资，优化投资的产业结构和地区结构。

适时制定和调整信贷政策，引导中长期贷款的总量和投向。严格和规范土地使用制度，充分发挥土地供应对社会投资的调控和引导作用。

4. 加强和改进投资信息、统计工作。加强投资统计工作，改革和完善投资统计制度，进一步及时、准确、全面地反映全社会固定资产存量和投资的运行态势，并建立各类信息共享机制，为投资宏观调控提供科学依据。建立投资风险预警和防范体系，加强对宏观经济和投资运行的监测分析。

（五）加强和改进投资的监督管理

1. 建立和完善政府投资监管体系。建立政府投资责任追究制度，工程咨询、投资项目决策、设计、施工、监理等部门和单位，都应有相应的责任约束，对不遵守法律法规给国家造成重大损失的，要依法追究有关责任人的行政和法律责任。完善政府投资制衡机制，投资主管部门、财政主管部门以及有关部门，要依据职能分工，对政府投资的管理进行相互监督。审计机关要依法全面履行职责，进一步加强对政府投资项目的审计监督，提高政府投资管理水平和投资效益。完善重大项目稽察制度，建立政府投资项目后评价制度，对政府投资项目进行全过程监管。建立政府投资项目的社会监督机制，鼓励公众和新闻媒体对政府投资项目进行监督。

2. 建立健全协同配合的企业投资监管体系。国土资源、环境保护、城市规划、质量监督、银行监管、证券监管、外汇管理、工商管理、安全生产监管等部门，要依法加强对企业投资活动的监管，凡不符合法律法规和国家政策规定的，不得办理相关许可手续。在建设过程中不遵守有关法律法规的，有关部门要责令其及时改正，并依法严肃处理。各级政府投资主管部门要加强对企业投资项目的事中和事后监督检查，对于不符合产业政策和行业准入标准的项目，以及不按规定履行相应核准或许可手续而擅自开工建设的项目，要责令其停止建设，并依法追究有关企业和人员的责任。审计机关依法对国有企业的投资进行审计监督，促进国有资产保值增值。建立企业投资诚信制度，对于在项目申报和建设过程中提供虚假信息、违反法律法规的，要予以惩处，并公开披露，在一定时间内限制其投资建设活动。

3. 加强对投资中介服务机构的监管。各类投资中介服务机构均须与政府部门脱钩，坚持诚信原则，加强自我约束，为投资者提供高质量、多样化的中介服务。鼓励各种投资中介服务机构采取合伙制、股份制等多种形式改组改造。健全和完善投资中介服务机构的行业协会，确立法律规范、政府监督、行业自律的行业管理体制。打破地区封锁和行业垄断，建立公开、公平、公正的投资中介服务市场，强化投资中介服务机构的法律责任。

4. 完善法律法规，依法监督管理。建立健全与投资有关的法律法规，依法保护投资者的合法权益，维护投资主体公平、有序竞争，投资要素合理流动、市场发挥配置资源的基础性作用的市场环境，规范各类投资主体的投资行为和政府的投资管理活动。认真贯彻实施有关法律法规，严格财经纪律，堵塞管理漏洞，降低建设成本，提高投资效益。加强执法检查，培育和维护规范的建设市场秩序。

三、建设单位的市场行为准则

随着国家投资体制的改革，投资主体日趋多元化，除了国家投资、国有企业投资，私人投资和外资（包括港澳台投资）日益增多，投资主体多元化带来利益多元化；同时，公有制投资普遍实行了项目法人责任制，投资主体以项目法人的形式参与市场经营活动。因此，必须加强对投资主体(建设单位)市场行为的管理。建设单位作为建设工程的投资人，是建设工程的重要责任主体。建设单位有权选择承包单位，有权对建设过程检查、控制，对工程进行验收，支付工程款和费用，在工程建设各个环节负责综合管理工作，在整个建设活动中居于主导地位。因此，要建设工程的质量，首先就要对建设单位的行为进行规范，对其质量责任予以明确。长期以来，对建设单位的管理一直是监督管理的薄弱环节，因建设单位行为不规范，直接或间接导致工程出现问题的情况屡屡发生。《条例》对建设单位质量责任和义务的规定为今后的监督管理工作提供了一个强有力的保证。建设单位的市场行为准则主要有以下几个方面：

（一）建设单位应当将工程发包给具有相应资质等级的单位。建设单位不得将建设工程肢解发包。根据国家有关建设市场管理的规定，工程的勘察、设计必须委托给持有工商营业执照和相应资质等级证书的勘察、设计单位；工程的施工必须发包给持有工商营业执照和相应资质等级证书的施工企业。

建设活动不同于一般的经济活动，从业单位素质的高低直接影响着建筑工程质量和建筑安全生产。因此，从事建筑活动的单位必须符合严格的资质条件。企业资质等级反映了企业从事某项工作的资格和能力，是国家对建设市场准入管理的重要手段。建设部《工程勘察和工程设计单位资格管理办法》、《建筑业企业资质管理规定》、《工程勘察设计行业资质分级标准》、《建筑业企业资质等级标准》、《工程建设监理单位资质管理试行办法》对工程勘察单位、工程设计单位、建筑施工企业和工程监理单位的资质等级、资质标准、业务范围等作出了明确规定。

个别建设单位违反建设市场的有关管理规定，将建设工程发包给无资质，或资质等级不符合条件的承包企业，一方面扰乱了市场，更主要的是，因为承包企业不具备完成建设项目的资金和技术能力，使得项目半途而废，或质量低劣，受损失的还是建设单位。

（二）建设单位应当依法对工程建设项目的勘察、设计、施工、监理以及与工程建设有关的重要设备、材料等的采购进行招标。建设单位选择承包单位和材料供应单位，通常有两种方式：一是直接发包，即建设单位不经过价格比较，直接将工程的勘察、设计、施工、监理、材料设备供应等委托给有关单位。我国在计划经济时期的基本建设项目大部分采用这种方式确定承包单位和材料供应单位。在市场经济国家，一些私人投资的工程也采用这种方式发包工程第二种方式是招标采购，包括公开招标和邀请招标。招标是在市场经济条件下进行大宗货物的采购、工程建设项目的发包与承包、以及服务项目的采购与提供时最常采用的一种交易方式。以招标形式发包工程的，建设单位作为招标方，通过发布招标公告，或者向一定数量的特定承包商、供应商发出招标邀请等方式，发出招标采购的信息，提出所需采购项目的性质、数量、质量、技术要求、竣工期、交货期以及对承包商、供应商的资格要求等招标采购条件；表明将选择最能够满足采购要求的承包商、供应商与之签定承包合同或供应合同的意向，由各有意的承包商、供应商作为投标方，向招标方书面提出自己的报价及其他条件，参加投标竞争。经招标方对各投标者的报价和其他条件进行审查比较后，从中择优选定中标者，并与之签定合同。目前，市场经济国家所有的公共投资项目和大部分私人投资项目采用这种方式选择承包单位和材料供应单位。

（三）建设单位必须向有关的勘察、设计、施工、工程监理等单位提供与建设工程有关的原始资料。原始资料必须真实、准确、齐全。所谓原始资料是勘察单位、设计单位、施工单位、工程监理单位赖以进行勘察作业、设计作业、施工作业、监理作业的基础性材料。建设单位作为建设活动的总负责方,向有关的勘察单位、设计单位、施工单位、工程监理单位提供原始资料,并保证这些资料的真实、准确、齐全是其基本的责任和义务。

一般情况下,建设单位根据委托任务必须向勘察单位提供如勘察任务书、项目规划总平面图、地下管线、地下构筑物、地形地貌等在内的基础资料;向设计单位提供政府有关部门批准的项目建议书;可行性研究报告等立项文件,设计任务书,有关城市规划、专业规划设计条件,勘察成果及其他基础资料;向施工单位提供概算批准文件,建设项目正式列入国家、部门或地方年度固定资产投资计划,建设用地的征用资料,有能够满足施工需要的施工图纸及技术资料,建设资金和主要建筑材料、设备的来源落实资料,建设项目所在地规划部门批准文件,施工现场完成"三通一平"的平面图等资料。向工程监理单位提供的原始资料除包括给施工单位的资料外,还要有建设单位与施工单位签定的承包合同文本。

所谓真实是就原始资料的合法性而言的,指建设单位提供的资料的来源、内容必须符合国家有关法律、法规、规章、标准、规范和规程的要求,即必须是合法的,不得伪造、篡改。

所谓准确是就原始资料的科学性而言的,指建设单位提供的资料必须能够真实反映建设工程原貌,数据精度能够满足勘察、设计、施工、监理作业的需要。数据精度是相对而言的,譬如有关地质、水文资料,只能依据现在规范、规程和科学技术水平得出相对精确的数据,不可能得出绝对精确的数据。

所谓齐全是就原始资料的完整性而言的,指建设单位提供的资料的范围必须能够满足进行勘察单位、设计单位、施工单位、监理单位作业的需要。

因此,按照本条规定,建设单位必须为勘察单位、设计单位、施工单位、工程监理单位提供为使其完成承包业务需要的原始资料,并保证这些资料的真实、准确、完整。因原始资料的不真实、不准确、不完整造成工程质量事故,建设单位要承担相应的责任。

(四)建设工程发包单位不得迫使承包方以低于成本的价格竞标,不得任意压缩合理工期。建设单位不得明示或者暗示设计单位或者施工单位违反工程建设强制性标准,降低建设工程质量。这里的成本,是指投标人为完成投标项目所需支出的个别成本。成本一般可分为行业平均成本和企业个别成本,行业平均成本是由各级工程造价管理机构发布的各类定额和相配套的费用标准及信息价等。行业平均成本是政府对建设市场价格的宏观调控,引导发承包双方进行公平竞争,合理确定工程价格的基础。而由于技术水平、管理水平的不同,即使完成同样的工程项目,每个企业的个别成本也不可能完全相同。管理水平高、技术先进的投标人,生产、经营成本低,有条件以较低的报价参加投标竞争,这是其竞争实力强的表现。

一般情况下,企业要生存,要发展,承包单位不会以低于成本的价格竞标,会在报价中考虑利润。在一些极为特殊的情况下,如为了扩大市场占有率,或为了争取到更大的后续工程,承包单位也会自觉地降低报价,甚至以低于成本的价格竞标,但这种行为必须是自觉的、主动的,建设单位不能迫使承包单位以低于其企业个别成本的报价竞标。

这一规定对保证建设工程质量至关重要。实际工作中,个别建设单位一味强调降低成本,节约开支,压级压价,如要求甲级设计单位按乙级资质取费,一级施工单位按二级资质取费，或迫使投标方互相压价，最终承包单位以低于其成本的价格中标。而中标的单位在承包工程后，为了减少开支，降低成本，往往采取偷工减料、以次充好、粗制滥造等手段，致使工程出现质量问题，影响工程效益的发挥，最终受损害的仍是建设单位。

建设单位不得任意压缩合理工期。合理工期是指在正常建设条件下，采取科学合理的施工工艺和管理方法，以现行的建设行政主管部门颁布的工期定额为基础，结合项目建设的具体情况，而确定的使投资方、各参加单位均获得满意的经济效益的工期，合理工期要以工期定额为基础确定，但不一定与定额工期完全一致，可依施工条件等作适当调整。建设单位不能为了早日发挥项目的效益，迫使承包单位大量增加人力、物力投入、赶工期，损害承包单位的利益。实际工作中，盲目赶工期，简化工序，不按规程操作，导致建设项目出现问题的情况很多，这是应该制止的。

按照国家有关规定，保证结构完全和功能的标准大多数属强制性标准。强制性标准是保证建设工程结构安全可靠的基础性要求，违反了这类标准，必然会给建设工程带来重大质量隐患。在实践中，一些建设单位为了自身的经济利益，明示或暗示承包单位违反强制性标准的要求，降低了工程质量标准，如要求设计单位减少层高，增大容积率；要求施工单位采用建设单位采购的不合格材料设备等，这种行为是法律所不允许的。

强制性标准以外的标准是推荐性标准。对于这类标准，甲乙双方可根据情况选用，并在合同中约定，一经约定，甲乙双方在勘察、设计、施工中也要严格执行。

（五）建设单位应当将施工图设计文件报县级以上人民政府建设行政主管部门或者其他有关部门审查。施工图设计文件审查的具体办法，由国务院建设行政主管部门会同国务院其他有关部门制定。施工图设计文件未经审查批准的，不得使用。施工图设计文件是设计文件的重要内容，是编制施工图预算、安排材料、设备定货和非标准设备制作，进行施工、安装和工程验收等工作的依据，施工图设计文件一经完成，建设工程最终所要达到的质量，尤其是地基基础和结构的安全性就有了约束，因此施工图设计文件的质量直接影响建设工程的质量。

施工图设计文件审查制度的建立和实施也是许多发达国家确保工程建设质量的成功做法，不少国家均有完善的设计审查制度。我国自1998年开始了建筑工程项目施工图设计文件审查试点工作，通过审查在节约投资、发现设计质量隐患和市场违法违规行为等方面都有明显的成效。

（六）实行监理的建设工程，建设单位应当委托具有相应资质等级的工程监理单位进行监理，也可以委托具有工程监理相应资质等级并与被监理工程的施工承包单位没有隶属关系或者其他利害关系的该工程的设计单位进行监理。

1. 下列建设工程必须实行监理：

（1）国家重点建设工程；

（2）大中型公用事业工程；

（3）成片开发建设的住宅小区工程；

（4）利用外国政府或者国际组织贷款、援助资金的工程；

（5）国家规定必须实行监理的其他工程。

2. 监理工作要求监理人员有较高的技术水平和较丰富的工程经验，因此国家对开展工程监理工作的单位实行资质许可，工程监理单位的资质反映了该单位从事某项监理式工作的资格和能力,是国家对工程监理市场准入管理的重要手段,只有获得相应资质证书的单位才具备保证工程监理工作质量的能力,因此建设单位必须将需要监理的工程委托给具有相应资质等级的工程监理单位进行监理。

(七)建设单位在领取施工许可证或者开工报告前,应当按照国家有关规定办理工程质量监督手续。施工许可制度是指建设行政主管部门依法对建筑工程是否具备施工条件进行审查,符合条件的准许其开始施工的一项制度。制定这一制度的目的是通过对建筑工程施工所应具备的基本条件的审查,避免不具备条件的工程盲目开工,给相关当事人造成损失和社会财富的浪费,保证建筑工程开工后的顺利建设。

(八)按照合同约定,由建设单位采购建筑材料、建筑构配件和设备的,建设单位应当保证建筑材料、建筑构配件和设备符合设计文件和合同要求。建设单位不得明示或者暗示施工单位使用不合格的建筑材料、建筑构配件和设备。根据以上规定,对建设单位供应的材料和设备,在使用前,承包单位要对其进行检验和试验,如果不合格,不得在工程上使用,并通知建设单位予以退换。

(九)涉及建筑主体和承重结构变动的装修工程,建设单位应当在施工前委托原设计单位或者具有相应资质等级的设计单位提出设计方案;没有设计方案的,不得施工。房屋建筑使用者在装修过程中,不得擅自变动房屋建筑主体和承重结构。随着我国经济的发展和城乡居民生活条件的改善,房屋建筑的装修活动规模不断扩大,但也出现了某些单位和个人随意拆改建筑主体结构和承重结构等,危及建筑工程安全和公民生命财产安全的问题。因此《条例》对此做出明确规定,加以规范是非常必要的。

对建筑工程进行必要的装修作业,是满足建筑工程使用功能和美观的重要施工活动。涉及建筑主体和承重结构的装修工程施工,必须依据设计方案进行。设计方案是施工依据。对于涉及建筑主体和承重结构变动的装修工程,没有设计方案的,不得施工,以保证安全。

建筑设计方案是根据建筑物的功能要求,具体确定建筑标准、结构形式、建筑物的空间和平面布置以及建筑群体的安排。涉及建筑主体和承重结构变动的装修工程,设计单位会根据结构形式和特点,对结构受力进行分析,对构件的尺寸、位置、配筋等重新进行计算和设计。因此,建设单位应当委托该建筑工程的原设计单位或者具有相应资质条件的设计单位提出装修工程的设计方案。

(十)建设单位收到建设工程竣工报告后,应当组织设计、施工、工程监理等有关单位进行竣工验收。建设工程竣工验收应当具备下列条件:

1. 完成建设工程设计和合同约定的各项内容;
2. 有完整的技术档案和施工管理资料;
3. 有工程使用的主要建筑材料、建筑构配件和设备的进场试验报告;
4. 有勘察、设计、施工、工程监理等单位分别签署的质量合格文件;
5. 有施工单位签署的工程保修书。

建设工程经验收合格的,方可交付使用。

(十一)建设单位应当严格按照国家有关档案管理的规定,及时收集、整理建设项目各环节的文件资料,建立、健全建设项目档案,并在建设工程竣工验收后,及时向建设行政主管部门或者其他有关部门移交建设项目档案。

第二节 勘察设计单位

一、勘察设计业务的委托及承接

凡在国家建设工程设计资质分级标准规定范围内的建设工程项目,均应当委托勘察设计业务。委托工程设计业务的建设工程项目应当具备以下条件:

(一)建设工程项目可行性研究报告或项目建议书已获批准;

(二)已经办理了建设用地规划许可证等手续;

(三)法律、法规规定的其他条件。

工程勘察业务可以根据工程进展情况和需要进行委托。

委托方应当将工程勘察设计业务委托给具有相应工程勘察设计资质证书且与其证书规定的业务范围相符的承接方。工程勘察设计业务的委托可以通过竞选委托或直接委托的方式进行。竞选委托可以采取公开竞选或邀请竞选的形式。建设项目总承包业务或专业性工程也可以通过招标的方式进行。

以国家投资为主的建设工程项目、按建设部建设项目分类标准规定的特、一级的建设工程项目、标志性建筑、纪念性建筑、风景区的主要建筑和重要地段有影响的建筑,以及建筑面积 10 万 m^2 以上的住宅小区的建设项目的设计业务鼓励通过竞选方式委托。具体办法由国务院建设行政主管部门另行规定。

委托方原则上应将整个建设工程项目的设计业务委托给一个承接方,也可以在保证整个建设项目完整性和统一性的前提下,将设计业务按技术要求,分别委托给几个承接方。委托方将整个建设工程项目的设计业务分别委托给几个承接方时,必须选定其中一个承接方作为主体承接方,负责对整个建设工程项目设计的总体协调。实施工程项目总承包的建设工程项目按有关规定执行。

承接部分设计业务的承接方直接对委托方负责,并应当接受主体承接方的指导与协调。委托方应向承接方提供编制勘察设计文件所必须的基础资料和有关文件,并对提供的文件资料负责,委托方在委托业务中不得有下列行为:

(一)收受贿赂、索取回扣或者其他好处;

(二)指使承接方不按法律、法规、工程建设强制性标准和设计程序进行勘察设计;

(三)不执行国家的勘察设计收费规定,以低于国家规定的最低收费标准支付勘察设计费或不按合同约定支付勘察设计费;

(四)未经承接方许可,擅自修改勘察设计文件,或将承接方专有技术和设计文件用于本工程以外的工程;

(五)法律、法规禁止的其他行为。

承接方必须持有由建设行政主管部门颁发的工程勘察资质证书或工程设计资质证书,在证书规定的业务范围内承接勘察设计业务,并对其提供的勘察设计文件的质量负责。严禁无证或超越本单位资质等级的单位和个人承接勘察设计业务。具有乙级及以上勘察设计资质的承接方可以在全国范围内承接勘察设计业务;在异地承接勘察设计业务时,须到项目所在地的建设行政主管部门备案。

从事勘察设计活动的专业技术人员只能在一个勘察设计单位从事勘察设计工作,不得私自挂靠承接勘察设计业务。严禁勘察设计专业技术人员和执业注册人员出借、转让、出卖执业资格证书、执业印章和职称证书。

承接方应当自行完成承接的勘察设计业务，不得接受无证组织和个人的挂靠。经委托方同意，承接方也可以将承接的勘察设计业务中的一部分委托给其他具有相应资质条件的分承接方，但须签订分委托合同，并对分承接方所承担的业务负责。分承接方未经委托方同意，不得将所承接的业务再次分委托。承接方在承接业务中不得有下列行为：

（一）不执行国家的勘察设计收费规定，以低于国家规定的最低收费标准进行不正当竞争；

（二）采用行贿、提供回扣或给予其他好处等手段进行不正当竞争；

（三）不按规定程序修改、变更勘察设计文件；

（四）使用或推荐使用不符合质量标准的材料或设备；

（五）未经委托方同意，擅自将勘察设计业务分委托给第三方，或者擅自向第三方扩散、转让委托方提交的产品图纸等技术经济资料；

（六）法律、法规禁止的其他行为。

承接方可以聘用技术劳务人员协助完成承接的勘察设计业务，但必须签订聘用合同。技术劳务管理办法由国务院建设行政主管部门另行制订。外国勘察设计单位及其在中国境内的办事机构，不得单独承接中国境内建设项目的勘察设计业务。承接中国境内建设项目的勘察设计业务，必须与中方勘察设计单位进行合作勘察或设计，也可以成立合营单位，领取相应的勘察设计资质证书，按国家有关中外合作、合营勘察设计单位的管理规定和本规定开展勘察设计业务活动。

二、勘察设计单位的质量责任

从事建设工程勘察、设计的单位应当依法取得相应等级的资质证书，并在其资质等级许可的范围内承揽工程。禁止勘察、设计单位超越其资质等级许可的范围或者以其他勘察、设计单位的名义承揽工程。禁止勘察、设计单位允许其他单位或者个人以本单位的名义承揽工程。勘察、设计单位不得转包或者违法分包所承揽的工程。

勘察、设计单位必须按照工程建设强制性标准进行勘察、设计，并对其勘察、设计的质量负责。注册建筑师、注册结构工程师等注册执业人员应当在设计文件上签字，对设计文件负责。

勘察单位提供的地质、测量、水文等勘察成果必须真实、准确。

设计单位应当根据勘察成果文件进行建设工程设计。设计文件应当符合国家规定的设计深度要求，注明工程合理使用年限。

设计单位在设计文件中选用的建筑材料、建筑构配件和设备，应当注明规格、型号、性能等技术指标，其质量要求必须符合国家规定的标准。除有特殊要求的建筑材料、专用设备、工艺生产线等外，设计单位不得指定生产厂、供应商。

设计单位应当就审查合格的施工图设计文件向施工单位作出详细说明。

设计单位应当参与建设工程质量事故分析，并对因设计造成的质量事故，提出相应的技术处理方案。

工程设计、岩土工程测试、监测、检测、岩土工程咨询、监理、岩土工程治理。

（一）工程勘察资质分综合类、专业类和劳务类。综合类包括工程勘察所有专业；专业类是指岩土工程、水文地质勘察、工程测量等专业中的某一项,其中岩土工程专业类可以是岩土工程勘察、设计、测试监测检测、咨询监理中的一项或全部;劳务类是指岩土工程治理、工程钻探、凿井等。工程勘察综合类资质只设甲级;工程勘察专业类资质原则上设甲、乙两个级别,确有必要设置丙级勘察资质的地区经建设部批准后方可设置专业类丙级;工程勘察劳务资质不分级别。

1. 综合类

(1) 资历和信誉

具有独立法人资格,三个主专业中有不少于两个具有10年及以上工程勘察资历,是行业的骨干单位,在国内外同行业中享有良好信誉。至少2个专业分别独立承担过本专业甲级工程,专业任务不少于5项,其工程质量合格、效益好。单位有良好的社会信誉并有相应的经济实力,工商注册资本金不少于800万元人民币。

(2) 技术力量

三个主专业中不少于两个专业各有能力同时承担两项甲级工程任务,每专业至少有5名具有专业高级技术职称的技术骨干和级配合理的技术队伍,在国家实行注册岩土工程师执业制度以后,岩土工程专业至少有5名注册岩土工程师。

(3) 技术装备及应用水平

有足够数量、品种、性能良好的室内试验、原位测试及工程物探等测试监测检测设备或测量仪器设备,或有依法约定能提供满足专项勘察、测试监测检测等质量要求的协作单位。应用计算机出图率达100%,有满足工作需要的固定工作场所。

(4) 管理水平

有健全的生产经营、财务会计、设备物资、业务建设等管理办法和完善的质量保证体系,并能有效地运行。

(5) 业务成果

近10年内获得不少于3项国家级或省部级优秀工程勘察奖;主编过1项或参编过3项国家、行业、地方工程勘察技术规程、规范、标准、定额、手册等工作。

2. 专业类

(1) 甲级

① 资历和信誉

具有5年以上的工程勘察资历,近5年独立承担过不少于3项甲级工程勘察业务;具有法人资格,单位有良好的社会信誉,有相应的经济实力,注册资本金不少于150万元。

② 技术力量

有能力同时承担2项甲级工程专业任务。至少有5名具有本专业高级技术职称(其中有2名可以是从事本专业工作10年以上的中级技术职称)的技术骨干和级配合理的技术队伍。在国家实行注册岩土工程师执业制度以后,岩土工程专业至少有5名注册岩土工程师,单独从事岩土工程勘察的、岩土工程设计的、岩土工程咨询监理的至少有3名注册岩土工程师。

③ 技术装备及应用水平

有足够数量、品种、性能良好的从事专业勘察的机械设备、测试监测检测设备或测量仪器设备,或有依法约定能提供满足专业勘察和测试、监测、检测等质量要求的协作单位。应用计算机出图率达100%。有满足工作需要的固定工作场所。

④ 管理水平

有健全的生产经营、财务会计、设备物资、业务建设等管理办法和完善的质量保证体系，并能有效地运行。

⑤ 业务成果

主专业(主要是指岩土工程勘察、水文地质勘察、工程测量)单位近10年内获得不少于2项国家或省、部级优秀工程勘察奖；或参加过1项国家级、行业、地方工程勘察技术规程、规范、标准、定额、手册等编制工作(该项内容作为评价单位技术水平的参考，下同)。

(2) 乙级

① 资历和信誉

具有5年以上的工程勘察资历，独立承担过不少于3项乙级工程勘察业务(工程勘察乙级项划分见表1.3-2)；具有法人资格，单位社会信誉较好，有相应的经济实力，注册资本金不少于80万元。

② 技术力量

有能力同时承担2项甲级工程专业任务。至少有3名具有本专业高级技术职称(其中有1名可以是从事本专业工作10年以上的中级技术职称)的技术骨干和级配合理的技术队伍。在国家实行注册岩土工程师执业制度以后，从事岩土工程勘察的、岩土工程设计的至少有2名注册岩土工程师。

③ 技术装备及应用水平

有一定数量、品种、性能良好的从事专业勘察的机械设备、测试、监测、检测设备或测量仪器设备，或有依法约定能提供满足专业勘察和测试、监测、检测监测等质量要求的协作单位。应用计算机出图率达80%，有满足工作需要的固定工作场所。

④ 管理水平

有健全的生产经营、财务会计、设备物资、业务建设等管理办法和完善的质量保证体系，并能有效地运行。

⑤ 业务成果

岩土工程勘察、水文地质勘察、工程测量诸专业近10年内获得不少于1项国家级或省、部级、计划单列市工程勘察奖(含表扬奖)。

(3) 丙级

① 资历和信誉

具有5年以上的工程勘察资历，独立承担过不少于3项丙级工程勘察业务(工程勘察丙级项划分见表1.3-3)；具有法人资格，单位有社会信誉，有相应的经济实力，注册资本金不少于50万元。

② 技术力量和水平

有编制在册的专业技术人员，其中具有本专业高级技术职称的不少于1名，从事本专业工作不少于5年的中级技术职称的技术骨干不少于4名；有配套的技术人员，工程质量合格。

③ 技术装备及应用水平

有一定数量、品种、性能良好的与从事专业任务相应的机械设备和测试、监测、检测仪器设备或测量仪器设备。有满足工作需要的固定工作场所；应用计算机出图率达50%。

④ 管理水平

有健全的生产经营、财务会计、设备物资、业务建设等管理办法和完善的质量保证体系，并有效地运行。

3. 劳务类

(1) 资历和信誉

具有 3 年以上从事与岩土工程治理、工程钻探、凿井相关的劳务工作资历；具有法人资格，有一定的社会信誉，有相应的经济实力，注册资本不少于 50 万元，岩土工程治理不少于 100 万元。有满足工作需要的固定工作场所。

(2) 技术力量

有符合规定并签定聘用合同的技术人员和技术工人等技术骨干。

(3) 技术装备

有一定数量、品种、性能良好的与从事承担任务范围所需的相应仪器设备。

(4) 管理水平

有相应的生产经营、财务会计、设备物资、业务建设等管理办法和完善的质量保证体系，并能有效地运行。

4. 承担任务范围

(1) 综合类工程勘察单位承担工程勘察业务范围和地区不受限制。

(2) 专业类甲级工程勘察单位承担本专业工程勘察业务范围和地区不受限制。

(3) 专业类乙级工程勘察单位可承担本专业工程勘察中、小型工程项目(工程勘察中、小型工程勘察见表)，承担工程勘察业务的地区不受限制。

(4) 专业类丙级工程勘察单位可承担本专业工程勘察小型工程项目(工程勘察小型工程项目见表)，承担工程勘察业务限定在省、自治区、直辖市所辖行政区范围内。

(5) 劳务类工程勘察单位只能承担岩土工程治理、工程钻探、凿井等工程勘察劳务工作，承担工程勘察劳务工作的地区不受限制。

工程勘察甲级工程项目划分表　　　　　　　表 1.3-1

岩 土 工 程	水文地质勘察	工 程 测 量
1. 具有重大意义或影响的国家重点项目； 2. 场地等级为一、二级，抗震设防烈度高于 8 度的强震区，存在其他复杂环境岩土工程问题的地区，以及岩土工程条件复杂的工程项目； 3. 按《地基基础设计规范》、《岩土工程勘察规范》等有关规范规定的一级建筑物； 4. 需要采取特别处理措施的极软弱的或非均质地层，极不稳定的地基；建于不良的特殊性土上的大、中型项目； 5. 有强烈地下水运动干扰或有特殊要求的深基开挖工程，有特殊工艺要求的超精密设备基础工程；大型深埋过江(河)地下管线、涵洞、核废料等深埋处理、高度超过 100m 的高耸构筑物基础，大于 100m 的高边坡工程，特大桥、大桥、大型立交桥、大型竖井、巷道、平洞、隧道、地下铁道、地下洞室、地下储库工程，深埋工程，超重型设备，大型基础托换、基础补强工程； 6. 大深沉井、沉箱，大于 30m 的超长桩基、墩基，特大型、大型桥基，架空索道基础； 7. 复杂程度按有关规范规程划分为中等或复杂的岩土工程设计； 8. 其他行业设计规模为大型的建设项目的工程勘察	1. 大、中城市规划和大、中型企业供水水源可行性研究及水资源评价； 2. 国家重点工程、国外投资或中外合资水源勘察和评价； 3. 供水量 10000m³/d 以上的水源工程勘察和评价； 4. 水文地质文件复杂的水资源勘察和评价； 5. 干旱地区、贫水地区、未开发地区水资源评价	1. 50km² 以上大比例尺大、中型城乡规划测；大型线路测量，大型水上测量； 2. 10km² 以上大比例尺大、中型工厂、矿山测量； 3. 1km² 以上改扩建竣工图和现状图测量。地籍测量； 4. 大型市政工程、线路、桥梁、隧道、交通、地铁、地下管网及建(构)筑物施工测量等工程测量； 5. 国家级重点工程、大中型国外投资和中外合资项目工程测量。整体性的三等以上平面控制测量与二等以上的高程控制测量； 6. 一、二等建(构)筑物变形测量，其他精密与特殊工程测量

工程勘察乙工程项目划分表　　　　　　　　　　　　　　　　　　表 1.3-2

岩 土 工 程	水文地质勘察	工 程 测 量
1. 根据单位技术人员和设备的实际情况，仅限于岩土工程勘察、设计、测试监测(不含岩土工程咨询监理)； 2. 按《地基基础设计规范》、《岩土工程勘察规划》等有关规范规定的二级及二级以下建筑物；中小型线路工程、岸边工程； 3. 场地等级为三级，但抗震设防烈度不高于 8 度的地区，没有其他复杂环境岩土工程问题的场地； 4. 20 层以下的一般高层建筑，体型复杂的 14 层以下的高层建筑；单柱承受荷载 4000kN 以下的建筑及高度低于 100m 的高耸建筑物； 5. 小于 30m 长的桩基、墩基、中小型竖井、巷道，平洞、隧道、桥基、架空索道、边坡及挡土墙工程； 6. 建筑工程勘察设计资质分级标准规定的二级及以下一般公共建筑； 7. 岩土工程治理设计按有关规范规程划分复杂程度为简单的； 8. 其他行业设计规模为中型的建设项目的岩土工程	1. 小城市规划和中型企业供水源可行性研究及水资源评价； 2. 供水量 10000m³/d 以下的企业与城镇供水水源勘察及评价； 3. 水文地质条件中等复杂的水资源勘察和评价； 4. 其他行业设计规模为中型的建设项目的水文地质勘察	1. 50km² 以下的城乡规划测量、中型线路、水上测量； 2. 10km² 以下大比例尺小型工厂、矿山测量； 3. 1km² 以下工业企业改扩建竣工图及现状图测量、地藉测量； 4. 中型市政、线路、桥梁、隧道、地下管道及建(构)筑物施工测量与二、三级的建(构)筑物变形测量等工程测量； 5. 其他行业设计规模为中型的建设项目的工程测量

工程勘察丙级工程项目划分表　　　　　　　　　　　　　　　　　　表 1.3-3

岩 土 工 程	水文地质勘察	工 程 测 量
1. 只限于承担岩土工程勘察，不含岩土工程设计、咨询监理； 2. 按《地基基础设计规范》、《岩土工程勘察规范》等有关规范规定的三级建筑场地；七层以下的住宅建筑；小型公共建筑及小型工业厂房场地的勘察； 3. 岩土工程条件简单的场地勘察； 4. 抗震设防烈度 7 度及以下地区，无环境岩土工程问题的场地的勘察； 5. 其他行业设计规模为小型的建设项目的岩土工程勘察	1. 水文地质条件简单，供水量 2000m³/d 以下的工业企业供水水源勘察； 2. 其他行业设计规模为小型的建设项目的水文地质勘察	1. 5km² 以下小城镇规划测量、市政等工程测量； 2. 小面积控制测量与地形测量； 3. 小型建(构)筑施工测量、地藉测量； 4. 其他行业设计规模为小型的建设项目的工程测量

（二）设计单位

工程设计范围包括本行业建设工程项目的主体工程和必要的配套工程(含厂区内的自备电站、道路、铁路专用线、各种管网和配套的建筑物等全部配套工程)以及与主体工程、配套工程相关的工艺、土木、建筑、环境保护、消防、安全、卫生、节能等。

工程设计行业资质分级标准是核定工程设计单位工程设计行业资质等级的依据。工程设计行业资质设甲、乙、丙三个级别，除建筑工程、市政公用、水利和公路等行业所设工程设计丙级资质可独立进入工程设计市场外，其他行业工程设计丙级资质设置的对象仅为企业内部所属的非独立法人设计单位。

1. 设计单位资质(行业资质标准)

（1）甲级

A. 资历和信誉

a. 具有独立法人资格和 15 年及以上的工程设计资历，是行业的骨干单位，并具备工程项目管理能力，在国内外同行业中享有良好的信誉。

b. 独立承担过行业大型工程设计不少于 3 项，并已建成投产。其工程设计项目质量合格、效益好。

c. 单位有良好的社会信誉并有相应的经济实力，工商注册资本金不少于600万元人民币。

B. 技术力量

a. 技术力量强，专业配备齐全、合理，单位的专职技术骨干不少于80人（不含返聘人员）。具有同时承担2项大型工程设计任务的能力。

b. 单位主要技术负责人（或总工程师）应是具有12年及以上的设计经历，且主持或参加过2项（主持至少1项）及以上大型项目工程设计的高级工程师。

c. 在单位专职技术骨干中：

主持过2项以上行业大型项目的主导工艺或主导专业设计的高级工程师（或注册工程师）不少于10人；

一级注册建筑师不少于2人（其中返聘人员不得超过1人）；

一级注册工程师（结构）不少于4人（其中返聘人员不得超过1人）；

主持或参加过2项以上行业大型项目的公用专业设计的高级工程师（或一级注册工程师）不少于20人。

d. 行业主导工艺或主导专业及其他专业的配备符合规定。

C. 技术水平

a. 拥有与工程设计有关的专利、专有技术、工艺包（软件包）不少于1项，并具有计算机软件开发能力，达到国内先进型的基本要求，并在工程设计中应用，取得显著效果。

b. 能采用国内外专利、专有技术、工艺包（软件包）、新技术，独立完成工程设计。

c. 具有与国（境）外合作设计或独立承担国（境）外工程设计和项目管理的技术能力。

D. 技术装备及应用水平

a. 有先进、齐全的技术装备，已达到国家建设行政主管部门规定的甲级设计单位技术装备及应用水平考核标准：

施工图CAD出图率100%；

可行性研究、方案设计的CAD技术应用达90%；

方案优化（优选）的CAD技术应用达90%；

文件和图档存储实行计算机管理；

应用工程项目管理软件，逐步实现工程设计项目的计算机管理；

有较完善的计算机网络管理。

b. 有固定的工程场所，专职技术骨干人均建筑面积不少于$12m^2$。

E. 管理水平

a. 建立了以设计项目管理为中心，以专业管理为基础的管理体制，实行设计质量、进度、费用控制。

b. 企业管理组织结构、标准体系、质量体系健全，并能实行动态管理，宜通过ISO 9001标准质量体系认证。

F. 业务成果

a. 获得过近四届省部级及以上优秀工程设计、优秀计算机软件、优秀标准设计三等级及以上奖项不少于3项（可含与工程设计有关的省、部级及以上的科技进步奖2项）。

b. 近15年主编2项或参编过3项及以上国家、行业、地方工程建设标准、规范、定额、标准设计。

(2) 乙级

　A. 资历和信誉

　a. 具有独立法人资格和 10 年及以上的工程设计资历,并具备一定的工程项目管理能力。

　b. 独立承担过行业中型及以上工程设计不少于 3 项,并已建成投产。其工程设计项目质量合格、效益较好。

　c. 单位有较好的社会信誉并有一定的经济实力,工商注册资本单位不少于 200 万元人民币。

　B. 技术力量

　a. 技术力量较强,专业配备齐全、合理。单位的专职技术骨干不少于 30 人(不含返聘人员)。具有同时承担 2 项行业中型工程设计任务的能力。

　b. 单位的主要技术负责人(或总工程师)应是具有 10 年及以上的设计经历,且主持、参加过 2 项(主持至少 1 项)及以上行业中型项目工程设计的高级工程师。

　c. 在单位专职技术骨干中:

主持过 2 项以上行业中型项目的主导工艺或主导专业设计的高级工程师(或注册工程师)不少于 5 人;

一级注册建筑师不少于 1 人(非返聘人员);

一级注册工程师(结构)不少于 2 人(其中返聘人员不得超过 1 人);

主持或参加过 2 项以上中型项目的公用专业设计的高级工程师(或一级注册工程师)不少于 10 人。

　d. 行业主导工艺或主导专业及其他专业的配备符合规定。

　C. 技术水平

　a. 能采用国内外先进技术,独立完成工程设计。

　b. 具有项目管理的技术能力。

　c. 具有计算机应用的能力,达到发展提高型的基本要求,并取得效果。

　D. 技术装备及应用水平

　a. 有必要的技术装备,达到国家建设行政主管部门规定的乙级设计单位技术装备及应用水平考核标准:

施工图 CAD 出图率 100%;

可行性研究、方案设计的 CAD 技术应用达 80%;

方案优化(优选)的 CAD 技术应用达 80%;

文件和图档存储实行计算机管理;

能广泛应用计算机进行工程设计和设计管理;

有较完善的计算机网络管理。

　b. 有固定的工程场所,专职技术骨干人均建筑面积不少于 10m²。

　E. 管理水平

　a. 建立以设计项目管理为中心的管理体制,实行设计质量、进度、费用控制。

　b. 有健全的质量体系和技术、经营、人事、财务、档案等管理制度。

F. 业务成果

参加过国家、行业、地方工程建设标准、规范、定额及标准设计的编制工作或行业的业务建设工作。

(3) 丙级

A. 资历和信誉

a. 具有独立法人资格和6年及以上工程设计资历,并具备一定的工程项目管理能力。

b. 独立承担过行业小型及以上工程设计不少于3项,并已建成投产。其工程设计项目质量合格、效益较好。

c. 单位有一定的社会信誉并有必要的经济实力,工商注册资本单位不少于80万元人民币。

B. 技术力量

a. 单位的专职技术骨干人数不少于15人。有一定的技术力量,专业配备齐全。有同时承担2项行业小型工程设计任务的能力。

b. 单位的主要技术负责人(或总工程师)应是具有10年及以上的设计经历,且主持或参加过2项及以上行业小型工程设计的高级工程师。

c. 在单位专职技术骨干中:

主持过2项以上行业小型项目的主导工艺或主导专业设计的工程师(或注册工程师)不少于4人;

二级注册建筑师不少于2人(或一级注册建筑师不少于1人);

二级注册工程师(结构)不少于4人〔或一级注册工程师(结构)不少于2人,其中返聘人员不少超过1人〕;

主持或参加过2项以上行业小型项目的公用专业设计的工程师(或一、二级注册工程师)不少于5人。

d. 行业主导工艺或主导专业及其他专业的配备符合规定。

C. 技术水平

a. 能采用先进技术,独立完成工程设计。

b. 具有一定的项目管理的技术能力。

D. 技术装备及应用水平

a. 有必要的技术装备,达到以下指标:

施工图CAD出图率50%;

文件和图档实行计算机管理;

能应用计算机进行工程设计和设计管理。

b. 有固定的工作场所,专职技术骨干人均建筑面积不少于$10m^2$。

E. 管理水平

a. 建立设计项目管理为中心的管理体制。

b. 质量体系能有效运行,有健全的技术、经营、人事、财务、档案等管理制度。

(4) 承担业务范围

取得工程设计行业资质的单位允许承担的业务范围:

甲级工程设计单位承担相应行业建设项目的工程设计范围和地区不受限制。

乙级工程设计单位可承担相应行业的中、小型建设项目的工程设计任务,承担工程设计任务的地区不受限制。

丙级工程设计单位可承担相应行业的小型建设项目的工程设计任务(各行业建设项目设计规模划分见相关文件)。承担工程设计限定在省、自治区、直辖市所辖行政区范围内。

具有甲、乙级资质的单位,可承担相应的咨询业务,除特殊规定外,还可承担相应的工程设计专项资质的业务。

2. 工程设计专项资质分级标准

工程设计专项资质分级标准是核定工程设计单位专项工程设计资质等级的依据。工程设计专项资质的设立,需由相关行业部门或授权的行业协会提出,并经建设部批准。工程设计的专项资质分级标准可根据专业发展的需要设置级别。

分级标准:

(1) 甲级

A. 资历和信誉

a. 具有独立法人资格和 5 年及以上专项工程设计资历,并具备一定的工程项目管理能力。

b. 独立承担过专项工程设计不少于 3 项,已建成投产,工程设计质量合格、效益好。

c. 单位有一定的社会信誉并有必要的经济实力,工商注册资本金不少于 100 万元人民币。

B. 技术力量

有一定的技术力量,专业配备合理,具备同时承担 2 项大型专项工程设计的能力。每个主要专业的专职技术骨干配备不少于 3 人,其中至少有 1 名主持或参加过 2 项大型专项工程设计业务。

C. 技术水平

a. 拥有主专业或相关专业的专利、专有技术、工艺包(软件包),不少于 2 项。

b. 具有在专项工程设计中应用计算机的能力,并取得显著效果。

c. 具有与国(境)外合作或独立承担国(境)外专项工程设计和项目管理的技术能力。

D. 技术装备及应用水平

a. 有必要的技术装备,基本达到国家建设行政主管部门规定的甲级设计单位技术装备及应用水平考核标准:

施工图 CAD 出图率 100%;

可行性研究、方案设计的 CAD 技术应用达 90%;

方案优化(优选)的 CAD 技术应用达 90%;

文件和图档实行计算机管理;

能应用工程项目管理软件,逐步实现工程设计项目的计算机管理。

b. 有固定的工作场所,专职技术骨干人均建筑面积不少于 $10m^2$。

E. 管理水平

a. 建立了以设计项目管理为中心,以专业管理为基础的管理体制,实行设计质量、进度、费用控制。

b. 企业管理的组织结构、标准体系、质量管理体系运行有效,并能实行动态管理。

(2) 乙级

A. 资历和信誉

a. 具有独立法人资格和 3 年及以上专项工程设计资历,并具备一定的工程项目管理能力。

b. 独立承担过专项工程设计不少于 2 项,并已建成投产,工程设计质量合格、效益较好。

c. 单位有较好的社会信誉并有一定的经济实力,工商注册资本金不少于 50 万元人民币。

B. 技术力量

有一定的技术力量,专业配备合理,具备同时承担 2 项中型专项工程设计的能力。每个主要专业的专职技术骨干配备不少于 2 人,其中至少有 1 名主持或参加过 2 项大型专项工程设计业务。

C. 技术水平

a. 拥有主行业或相关专业的专利、专有技术、工艺包(软件包),不少于 2 项。

b. 具有在专项工程设计中应用计算机的能力,并取得效果。

D. 技术装备及应用水平

a. 有必要的技术装备,基本达到国家建设行政主管部门规定的乙级设计单位技术装备及应用水平考核标准:

施工图 CAD 出图率 100%;

可行性研究、方案设计的 CAD 技术应用达到 80%;

方案优化(优选)的 CAD 技术应用达 80%;

文件和图档实行计算机管理;

能应用计算机进行工程设计和设计管理。

b. 有固定的工作场所,专职技术骨干人均建筑面积不少于 $10m^2$。

E. 管理水平

a. 建立以设计项目管理为中心的管理体制,实行设计质量、进度、费用控制。

b. 有健全的质量管理体系和技术、经营、人事、财务、档案等管理制度。

(3) 承担业务范围

取得工程设计专项甲级资质证书的单位可承担大、中、小型专项工程设计项目,不受地区限制;取得工程设计专项乙级资质证书的单位可承担中、小型专项工程设计项目,不受地区限制。

持工程设计专项甲、乙级资质的单位可承担相应的咨询业务。

工程设计行业划分表　　　　　　表 1.3-4

序　号	行　业	备　注
1	煤炭	
2	化工石化医药	含原石化、化工、医药
3	石油天然气	
4	电力	含原火电、水电、核电、新能源
5	冶金	含原冶金、有色、黄金

续表

序号	行业	备注
6	军工	含原航天、航空、兵器、船舶
7	机械	
8	商物粮	含原商业、物资、粮食
9	核工业	
10	电子通信广电	含原电子、通信、广播电影电视
11	轻纺	含原轻工、纺织
12	建材	
13	铁道	
14	公路	
15	水运	
16	民航	
17	市政公用	
18	海洋	
19	水利	
20	农林	含原农业、林业
21	建筑	含原建筑、人防

第三节 施工单位

一、工程项目施工质量控制及施工单位的质量责任

施工单位应当依法取得相应等级的资质证书，并在其资质等级许可的范围内承揽工程。禁止施工单位超越本单位资质等级许可的业务范围或者以其他施工单位的名义承揽工程。禁止施工单位允许其他单位或者个人以本单位的名义承揽工程。施工单位不得转包或者违法分包工程。

施工单位对建设工程的施工质量负责。施工单位应当建立质量责任制，确定工程项目的项目经理、技术负责人和施工管理负责人。建设工程实行总承包的，总承包单位应当对全部建设工程质量负责；建设工程勘察、设计、施工、设备采购的一项或者多项实行总承包的，总承包单位应当对其承包的建设工程或者采购的设备的质量负责。

总承包单位依法将建设工程分包给其他单位的，分包单位应当按照分包合同的约定对其分包工程的质量向总承包单位负责，总承包单位与分包单位对分包工程的质量承担连带责任。

施工单位必须按照工程设计图纸和施工技术标准施工，不得擅自修改工程设计，不得偷工减料。施工单位在施工过程中发现设计文件和图纸有差错的，应当及时提出意见和建议。

施工单位必须按照工程设计要求、施工技术标准和合同约定，对建筑材料、建筑构配件、设备和商品混凝土进行检验，检验应当有书面记录和专人签字；未经检验或者检验不合格的，不得使用。

施工单位必须建立、健全施工质量的检验制度，严格工序管理，做好隐蔽工程的质量

检查和记录。隐蔽工程在隐蔽前，施工单位应当通知建设单位和建设工程质量监督机构。施工人员对涉及结构安全的试块、试件以及有关材料，应当在建设单位或者工程监理单位监督下现场取样，并送具有相应资质等级的质量检测单位进行检测。

施工单位对施工中出现质量问题的建设工程或者竣工验收不合格的建设工程，应当负责返修。

施工单位应当建立、健全教育培训制度，加强对职工的教育培训；未经教育培训或者考核不合格的人员，不得上岗作业。

二、工程承发包的模式

工程承发包是一种商业行为，交易双方为项目业主和承包商，双方签订承包合同，明确双方各自的权利与义务，承包商为业主完成工程项目的全部或部分项目建设任务，并从项目业主处获取相应的报酬。

（一）平行承发包模式

平行承发包是指项目业主将工程项目的设计、施工和设备材料采购的任务分解后分别发包给若干个设计、施工单位和材料设备供应商，并分别和各个承包商签订合同。各个承包商之间的关系是平行的，他们在工程实施过程中接受业主或业主委托的监理公司的协调和监督。

（二）工程项目总承包模式

工程项目总承包模式是指业主在项目立项后，将工程项目的设计、施工、材料和设备采购任务一次性地发包给一个工程项目承包公司，由其负责工程的设计、施工和采购的全部工作，最后向业主交出一个达到动用条件的工程项目。业主和工程承包商签订一份承包合同，称为"交钥匙"、"统包"或"一揽子"合同。按这种模式发包的工程也称为"交钥匙工程"。

（三）设计或施工总分包模式

这种模式与工程项目总承包不同，业主将工程项目设计和施工任务分别发包给一个设计承包单位和一个施工承包单位，并分别与设计和施工单位签订承包合同。它是处于工程项目总承包和平行承包之间的一种承包模式。

（四）联合体承包模式

联合体是指由多家工程承包公司为了承包某项工程而组成的一次性组织机构。联合体的组建一般遵循一定的原则。

（五）CM模式

CM是英文Construction Management的缩写，是一种特定承发包模式和国际公认的名称。CM模式是指CM单位接受业主的委托，采用"FastTrack"组织方式来协调设计和进行施工管理的一种承发包模式。CM模式的出发点是为了缩短工程建设工期。它的基本思想是通过采用"FastTrack"快速路径法的生产组织方式，即设计一部分、招标一部分、施工一部分的方式，实现设计与施工的充分搭接，以缩短整个建设工期。

三、施工项目经理部的构成及人员职责

（一）项目经理部

项目经理部是施工项目管理工作班子，置于项目经理的领导之下。为了充分发挥项目经理部在项目管理中的主体作用，必须对项目经理部的机构设置加以特别重视，设计好，

组建好，运转好，从而发挥其应有功能。

1. 项目经理部在项目经理领导下，作为项目管理的组织机构，负责施工项目从开工到竣工的全过程施工生产经营的管理，是企业在某一工程项目上的管理层，同时对作业层负有管理与服务双重职能。作业层工作的质量取决于项目经理部的工作质量。

2. 项目经理部是项目经理的办事机构，为项目经理决策提供信息依据，当好参谋，同时又要执行项目经理的决策意图，向项目经理全面负责。

3. 项目经理部是一个组织体，其作用包括：完成企业所赋予的基本任务项目管理和专业管理任务等；凝聚管理人员的力量，调动其积极性，促进管理人员的合作，建立为事业的献身精神；协调部门之间，管理人员之间的关系，发挥每个人的岗位作用，为共同目标进行工作；影响和改变管理人员的观念和行为，使个人的思想、行为变为组织文化的积极因素；贯彻组织责任制，搞好管理；沟通部门之间、项目经理部与作业队之间、与公司之间、与环境之间的信息。

4. 项目经理部是代表企业履行工程承包合同的主体，也是对最终建筑产品和业主全面、全过程负责的管理主体；通过履行主体与管理主体地位的体现，使每个工程项目经理部成为企业进行市场竞争的主体成员。

(二) 施工项目经理部的部门设置和人员配备

施工项目经理部的部门设置和人员配备的指导思想是把项目建成企业管理的重心。成本核算的中心、代表企业履行合同的主体。

1. 小型施工项目，在项目经理的领导下，可设立管理人员，包括工程师、经济员、技术员、料具员、总务员，不设专业部门。大中型施工项目经理部，可设立专业部门，一般是以下五类部门：

(1) 经营核算部门，主要负责预算、合同、索赔、资金收支、成本核算、劳动配置及劳动分配等工作。

(2) 工程技术部门，主要负责生产调度、文明施工、技术管理；施工组织设计、计划统计等工作。

(3) 物资设备部门，主要负责材料的询价、采购、计划供应、管理、运输、工具管理、机械设备的租赁配套使用等工作。

(4) 监控管理部门，主要负责工作质量、安全管理、消防保卫、环境保护等工作。

(5) 测试计量部门，主要负责计量、测量、试验等工作。

2. 人员规模可按下述岗位及比例配备：

由项目经理、总工程师、总经济师、总会计师、政工师和技术、预算、劳资、定额、计划、质量、保卫、测试、计量以及辅助生产人员15～45人组成。一级项目经理部30～45人，二级项目经理部20～30人，三级项目经理部15～20人，其中：专业职称设岗为：高级3%～8%，中级30%～40%，初级37%～42%，其他10%，实行一职多岗，全部岗位职责覆盖项目施工全过程的全面管理，不留死角，也避免职责重叠交叉。

(三) 建造师

1. 与项目经理的关系

2003年2月27日《国务院关于取消第二批行政审批项目和改变一批行政审批项目管理方式的决定》(国发[2003]5号)规定："取消建筑施工企业项目经理资质核准，由注册建造师代替,并设立过渡期"。建筑业企业项目经理资质管理制度向建造师执业资格制度过渡的时间定为五年,即从国发〔2003〕5号文印发之日起至2008年2月27日止。在过渡期内,原项目经理资质证书继续有效。对于具有建筑业企业项目经理资质证书的人员,在取得建造师注册证书后,其项目经理资质证书应缴回原发证机关。过渡期满后,项目经理资质证书停止使用。

从国发〔2003〕5号文印发之日起,各级建设行政主管部门、国务院有关专业部门、中央管理的企业及有关行业协会不再审批建筑业企业项目经理资质。过渡期内,大中型工程项目的项目经理的补充,由获取建造师执业资格的渠道实现;小型工程项目的项目经理的补充,可由企业依据原三级项目经理的资质条件考核合格后聘用。过渡期内,凡持有项目经理资质证书或者建造师注册证书的人员,经其所在企业聘用后均可担任工程项目施工的项目经理。过渡期满后,大、中型工程项目施工的项目经理必须由取得建造师注册证书的人员担任;但取得建造师注册证书的人员是否担任工程项目施工的项目经理,由企业自主决定。

在全面实施建造师执业资格制度后仍然要坚持落实项目经理岗位责任制。项目经理岗位是保证工程项目建设质量、安全、工期的重要岗位,要充分发挥有关行业协会的作用,加强项目经理培训,不断提高项目经理队伍素质。要加强对建筑业企业项目经理市场行为的监督管理,对发生重大工程质量安全事故或市场违法违规行为的项目经理,必须依法予以严肃处理。

符合考核认定条件的一级项目经理,可通过考核认定取得一级建造师执业资格。二级建造师考核认定工作由省级建设行政主管部门负责。

各级建设行政主管部门和国务院有关部门要加强领导、协调和服务,充分发挥行业协会作用,保证建筑业企业项目经理资质管理制度向建造师执业资格制度平稳过渡。工作中有何问题,请及时与建设部建筑市场管理司联系。

注册建造师与项目经理定位不同,但所从事的都是建设工程的管理。建造师执业的覆盖面较大,可涉及工程建设项目管理的许多方面,担任项目经理只是建造师执业中的一项;项目经理则限于企业内某一特定工程的项目管理。建造师选择工作的权力相对自主,可在社会市场上有序流动,有较大的活动空间;项目经理岗位则是企业设定的,是企业法人代表授权或聘用的、一次性的工程项目施工管理者。

注册建造师执业资格制度建立以后,承担建设工程项目施工的项目经理仍是施工企业所承包某一具体工程的主要负责人,他的职责是根据企业法定代表人的授权,对工程项目实施全面的组织管理。而大中型工程项目的项目经理必须由取得建造师执业资格的建造师担任,即建造师在所承担的具体工程项目中行使项目经理职权。注册建造师资格是担任大中型工程项目的项目经理之必要条件。建造师需经统一考试和注册后才能从事担任项目经理等相关活动,这是国家的强制性要求,而项目经理的聘任则是企业行为。

2. 建造师执业资格

建造师分为一级建造师和二级建造师。英文分别译为:Constructor 和 Associate Constructor。

(1) 考试

一级建造师执业资格实行统一大纲、统一命题、统一组织的考试制度,由人事部、建设部共同组织实施，原则上每年举行一次考试。建设部负责编制一级建造师执业资格考试大纲和组织命题工作，统一规划建造师执业资格的培训等有关工作。培训工作按照培训与考试分开、自愿参加的原则进行。

人事部负责审定一级建造师执业资格考试科目、考试大纲和考试试题，组织实施考务工作；会同建设部对考试考务工作进行检查、监督、指导和确定合格标准。

一级建造师执业资格考试，分综合知识与能力和专业知识与能力两个部分。其中，专业知识与能力部分的考试，按照建设工程的专业要求进行，具体专业划分由建设部另行规定。

凡遵守国家法律、法规，具备下列条件之一者，可以申请参加一级建造师执业资格考试：

A. 取得工程类或工程经济类大学专科学历，工作满6年，其中从事建设工程项目施工管理工作满4年。

B. 取得工程类或工程经济类大学本科学历，工作满4年，其中从事建设工程项目施工管理工作满3年。

C. 取得工程类或工程经济类双学士学位或研究生班毕业，工作满3年，其中从事建设工程项目施工管理工作满2年。

D. 取得工程类或工程经济类硕士学位，工作满2年，其中从事建设工程项目施工管理工作满1年。

E. 取得工程类或工程经济类博士学位，从事建设工程项目施工管理工作满1年。

参加一级建造师执业资格考试合格，由各省、自治区、直辖市人事部门颁发人事部统一印制，人事部、建设部用印的《中华人民共和国一级建造师执业资格证书》。该证书在全国范围内有效。

二级建造师执业资格实行全国统一大纲，各省、自治区、直辖市命题并组织考试的制度。建设部负责拟定二级建造师执业资格考试大纲，人事部负责审定考试大纲。各省、自治区、直辖市人事厅(局)，建设厅(委)按照国家确定的考试大纲和有关规定，在本地区组织实施二级建造师执业资格考试。

凡遵纪守法并具备工程类或工程经济类中等专科以上学历并从事建设工程项目施工管理工作满2年，可报名参加二级建造师执业资格考试。

二级建造师执业资格考试合格者，由省、自治区、直辖市人事部门颁发由人事部、建设部统一格式的《中华人民共和国二级建造师执业资格证书》。该证书在所在行政区域内有效。

(2) 注册

取得建造师执业资格证书的人员，必须经过注册登记，方可以建造师名义执业。

建设部或其授权的机构为一级建造师执业资格的注册管理机构。省、自治区、直辖市建设行政主管部门或其授权的机构为二级建造师执业资格的注册管理机构。

申请注册的人员必须同时具备以下条件：

A. 取得建造师执业资格证书；

B. 无犯罪记录；

C. 身体健康，能坚持在建造师岗位上工作；

D. 经所在单位考核合格。

四、施工企业的资质及主要人员执业资格要求

施工企业资质等级分为施工总承包企业资质等级标准、专业承包企业资质等级标准、建筑业劳务分包企业资质标准三个序列，其中，施工总承包有分为房屋建筑工程施工总承包企业资质、公路工程施工总承包企业资质、铁路工程施工总承包企业资质、港口与航道工程施工总承包企业资质、水利水电工程施工总承包企业资质、电力工程施工总承包企业资质等级标准、矿山工程施工总承包企业资质、冶炼工程施工总承包企业资质、化工石油工程施工总承包企业资质、市政公用工程施工总承包企业资质、通信工程施工总承包企业资质、机电安装工程施工总承包企业资质。

以房屋建筑工程施工总承包为例，房屋建筑工程施工总承包企业资质分为特级、一级、二级、三级。

（一）特级资质标准

1. 企业注册资本金 3 亿元以上。
2. 企业净资产 3.6 亿元以上。
3. 企业近 3 年年平均工程结算收入 15 亿元以上。
4. 企业其他条件均达到一级资质标准。

（二）一级资质标准

1. 企业近 5 年承担过下列 6 项中的 4 项以上工程的施工总承包或主体工程承包，工程质量合格。

25 层以上的房屋建筑工程；高度 100m 以上的构筑物或建筑物；单体建筑面积 3 万 m^2 以上的房屋建筑工程；单跨跨度 30m 以上的房屋建筑工程；建筑面积 10 万 m^2 以上的住宅小区或建筑群体；单项建安合同额 1 亿元以上的房屋建筑工程。

2. 企业经理具有 10 年以上从事工程管理工作经历或具有高级职称；总工程师具有 10 年以上从事建筑施工技术管理工作经历并具有本专业高级职称；总会计师具有高级会计职称；总经济师具有高级职称。

企业有职称的工程技术和经济管理人员不少于 300 人，其中工程技术人员不少于 200 人；工程技术人员中，具有高级职称的人员不少于 10 人，具有中级职称的人员不少于 60 人。

企业具有的一级资质项目经理不少于 12 人。

3. 企业注册资本金 5000 万元以上，企业净资产 6000 万元以上。
4. 企业近 3 年最高年工程结算收入 2 亿元以上。
5. 企业具有与承包工程范围相适应的施工机械和质量检测设备。

（三）二级资质标准

1. 企业近 5 年承担过下列 6 项中的 4 项以上工程的施工总承包或主体工程承包，工程质量合格。

12 层以上的房屋建筑工程；高度 50m 以上的构筑物或建筑物；单体建筑面积 1 万 m^2 以上的房屋建筑工程；单跨跨度 21m 以上的房屋建筑工程；建筑面积 5 万 m^2 以上的住宅小区或建筑群体；单项建安合同额 3000 万元以上的房屋建筑工程。

2. 企业经理具有 8 年以上从事工程管理工作经历或具有中级以上职称；技术负责人

具有 8 年以上从事建筑施工技术管理工作经历并具有本专业高级职称;财务负责人具有中级以上会计职称。

企业有职称的工程技术和经济管理人员不少于 150 人,其中工程技术人员不少于 100 人;工程技术人员中,具有高级职称的人员不少于 2 人,具有中级职称的人员不少于 20 人。

企业具有的二级资质以上项目经理不少于 12 人。

3. 企业注册资本金 2000 万元以上,企业净资产 2500 万元以上。

4. 企业近 3 年最高年工程结算收入 8000 万元以上。

5. 企业具有与承包工程范围相适应的施工机械和质量检测设备。

(四)三级资质标准

1. 企业近 5 年承担过下列 5 项中的 3 项以上工程的施工总承包或主体工程承包,工程质量合格。

6 层以上的房屋建筑工程;高度 25m 以上的构筑物或建筑物;单体建筑面积 5000m² 以上的房屋建筑工程;单跨跨度 15m 以上的房屋建筑工程;单项建安合同额 500 万元以上的房屋建筑工程。

2. 企业经理具有 5 年以上从事工程管理工作经历;技术负责人具有 5 年以上从事建筑施工技术管理工作经历并具有本专业中级以上职称;财务负责人具有初级以上会计职称。

企业有职称的工程技术和经济管理人员不少于 50 人,其中工程技术人员不少于 30 人;工程技术人员中,具有中级以上职称的人员不少于 10 人。

企业具有的三级资质以上项目经理不少于 10 人。

3. 企业注册资本金 600 万元以上,企业净资产 700 万元以上。

4. 企业近 3 年最高年工程结算收入 2400 万元以上。

5. 企业具有与承包工程范围相适应的施工机械和质量检测设备。

五、承包工程范围

(一)特级企业:可承担各类房屋建筑工程的施工。

(二)一级企业:可承担单项建安合同额不超过企业注册资本金 5 倍的下列房屋建筑工程的施工:

1. 40 层及以下、各类跨度的房屋建筑工程;

2. 高度 240m 及以下的构筑物;

3. 建筑面积 20 万 m² 及以下的住宅小区或建筑群体。

(三)二级企业:可承担单项建安合同额不超过企业注册资本金 5 倍的下列房屋建筑工程的施工:

1. 28 层及以下、单跨跨度 36m 及以下的房屋建筑工程;

2. 高度 120m 及以下的构筑物;

3. 建筑面积 12 万 m² 及以下的住宅小区或建筑群体。

(四)三级企业:可承担单项建安合同额不超过企业注册资本金 5 倍的下列房屋建筑工程的施工:

1. 14 层及以下、单跨跨度 24m 及以下的房屋建筑工程;

2. 高度 70m 及以下的构筑物;
3. 建筑面积 6 万 m^2 及以下的住宅小区或建筑群。

第四节 监 理 单 位

一、工程建设监理的基本概念

工程建设监理的概念可以这样表述:工程监理企业(监理单位)接受业主的委托和授权,根据国家批准的工程建设项目建设文件、有关工程建设法律法规、技术标准、合同文件等,对工程建设项目进行的旨在实现其投资目的的监督管理。

二、工程建设监理的特点与性质

(一)工程建设监理的特点

工程建设监理有以下特点:

1. 工程建设监理是针对工程建设项目实施的监督管理活动工程建设项目就是固定资产投资项目。它是将一定量的投资,在一定的约束条件下(包括时间、资源、质量等),按照科学的程序,经过决策(设想、建议、研究、评估、决策)和实施(勘察、设计、施工、竣工验收与使用),最终达到固定资产投资的特定目标。工程建设监理是针对工程建设项目的要求而开展的,直接为工程建设项目提供管理服务。也就是工程建设监理活动必须围绕工程建设项目来进行,离开了工程建设项目,就不属于工程建设监理的范围。

2. 工程建设监理的行为主体是工程监理企业按照国家的有关法规,工程建设监理必须由工程监理企业组织实施。工程监理企业是工程建设监理的行为主体。只有工程监理企业才是专门从事工程建设监理和其他技术服务活动的具有独立性、社会化、专业化特点的组织。其他任何单位进行的监督管理活动(如政府有关部门进行的监督管理以及业主自行的管理)一律不能称为工程建设监理。

3. 工程建设监理需要有业主的委托和授权工程建设监理是市场经济条件下社会的需要。市场由买卖双方和第三方——中介机构组成。工程监理企业就是其中的第三方。但工程监理企业要成为市场的第三方就必须有业主的委托和授权。这是工程建设监理与政府对工程建设的监督管理的重要区别。

4. 工程建设监理有明确的依据工程建设监理是严格地按照国家有关法规和其他有关准则实施的。工程建设监理的依据主要有:工程建设法规、工程建设项目建设文件、工程建设技术标准、工程建设价格标准、工程建设合同等。工程监理企业必须按上述依据实施监理。参加工程建设的其他各方也应遵守这些法规、准则和文件等。

(二)工程建设监理的性质

工程建设监理是一种特殊的工程建设活动,与其他工程建设活动有明显的差异和区别。工程建设监理是我国建设领域中一种新兴的行业。工程建设监理具有下列性质:

1. 服务性。工程建设监理不参加业主的直接投资活动,也不参加承建商的直接生产活动。因此,工程监理企业不需要投入大量的资金、材料、设备、劳动力。其工作性质是在工程建设过程中,受业主的委托和授权,利用自身拥有的知识和经验为业主提供法律、经济、技术等多方面的服务(即服务性),以满足业主对工程建设项目管理的需要。当然,工程监理企业应收取一定的报酬即按规定收取监理费。业主是监理活动的委托方,是工程监理企业的服务对象，是工程监理企业业务开展的客户；工程监理企业是监理活动的受托方，负责处理业主委托的事务。业主与工程监理企业之间要签订监理委托合同，以明确双方的权利与义务。但是承建商不是工程监理企业的服务对象。工程建设监理的服务性使它与政府有关部门对工程建设的监督管理区别开来，也使它与承建商在工程建设中的活动区别开来。

2. 独立性。工程建设监理的独立性主要体现在两个方面：一方面，工程监理企业是独立的法人单位，是直接参与工程建设的当事人之一，它与业主、承建商的地位是平等的。虽然它在工程建设活动中要受业主的委托，但绝不是业主的附庸。在我国的有关法规中，明确指出了工程监理企业应按照独立、自主的原则开展工程建设监理工作。监理合同一旦签订，在授权范围内，业主不得随意干预工程监理企业的正常工作。在国际上，国际咨询工程师联合会在其出版物《业主与工程师标准服务协议书条件》中明确指出，工程监理企业是作为一个独立的专业公司受聘与业主去履行服务的一方，应当根据合同进行工作，它的监理工程师应当作为一名独立的专业人员进行工作。同时，国际咨询工程师联合会要求会员相对于承包商、制造商、供应商，必须保持其行为的绝对独立性，不得从他们那里接受任何形式的好处，否则将使他的决定的公正性受到影响或不利于他行使委托人赋予他的职责，不得参与任何可能妨碍他作为一个独立的咨询工程师工作的商业活动，咨询工程师仅为委托人的合法利益行使其职责，他必须以绝对的忠诚履行自己的义务并且忠诚地服务于社会的最高利益以及维护职业荣誉和名望。因此，工程监理企业在开展监理活动中，要建立自己的组织，要运用自己掌握的方式、方法和手段，按照独立、自主的原则，认真、勤奋、竭诚地为业主服务，以达到预期的目标。另一方面，工程建设监理必须独立于承包活动。工程监理企业和监理工程师不得开展工程建设承包业务或参加承包活动，不得与承包商、制造商、供应商有人事上依附关系或经济上的隶属和经营关系。工程建设监理的这种独立性是我国建设监理制的要求。独立性是工程监理企业开展监理工作的重要原则。

3. 公正性。工程监理企业和监理工程师在监理活动中充当什么角色是令人关注的问题。保持工程建设监理独立性的主要目的就是为了保证工程建设监理的公正性。在工程建设中，工程监理企业和监理工程师一方面应是严格履行合同、竭诚为业主服务的服务方，另一方面也必须是公正的第三方，即站在公正的立场上，公平地维护业主和承建商的合法权益。公正性并不排斥服务性，工程监理企业为业主服务，必须是在法律、规范和合同允许的范围内。工程建设监理的这种公正性也是我国建设监理制的要求。公正的工程建设监理为广大承建商和业主所欢迎。公正性是社会公认的职业准则，也是工程监理企业和监理工程师的基本职业道德准则。

4. 科学性。我国的《工程建设监理规定》中指定，工程建设监理是一种高智能的技术服务，要求从事工程建设监理活动应当遵循科学的准则。工程建设监理的科学性是由其工作任务决定的。工程建设监理要协助业主实现其投资目的，要实现预定的投资、进度、质量目标。由于当今工程建设的规模日趋庞大，技术含量、复杂程度越来越大，对功能、质量等的要求越来越高，大量的新技术、新工艺、新材料不断涌现，加之市场竞争愈加激烈，风险日渐增加，所以，工程建设监理要不断地更新思想观念，用科学的理论、方法、手段去驾驭工程建设。工程建设监理的科学性是由其工作的特殊使命决定的。工程建设涉及国计民生，维系广大民众的生命财产安全，监理工程师在工作中要以维护社会最高利益为天职。工程监理企业和监理工程师必须以科学的态度，采用科学的方法去完成监理工作。工程建设监理的科学性是由其工作的服务性决定的。工程监理企业只有提供高技术、高智能的服务，才能为业主所接受，成为真正意义上的第三方。

工程建设监理的科学性还与工程建设项目所处的外部环境有关。工程建设的外部环境千变万化，随时都有可能影响工程建设项目的实施。监理工程师要对外部环境的变化有敏锐的观察和判断乃至有预见性，要能适应其变化，要创造性地进行工作。而这一切都应建立在科学的头脑、丰富的工作经验、务实的工作态度上。从上述工程建设监理的科学性可以看出，工程监理企业应该是知识密集型、技术密集型的组织。它要有一套科学的管理制度，要配备现代化的管理设施，要掌握先进的监理理论和方法，要积累足够的技术、经济资料和数据。其中监理人员应当具有较高的学历、过硬的业务和思想素质。

三、工程建设监理的范围

（一）按建设规模和类别划分

根据建设部颁布的《建设工程监理范围和规模标准规定》，工程建设监理的范围包括：

1. 国家重点建设工程。国家重点建设工程是指依据《国家重点建设项目管理办法》所确定的对国民经济和社会发展有重大影响的骨干项目。

2. 大、中型公用事业工程。大、中型公用事业工程包括项目总投资额在3000万元以上的供水、供电、供气、供热等市政工程项目；科技、教育、文化等项目；体育、旅游、商业等项目；卫生、社会福利等项目；其他公用事业项目。

3. 成片开发建设的住宅小区工程。成片开发建设的住宅小区工程指建筑面积在5万 m^2 以上的住宅建设工程。

4. 利用外国政府或国际组织贷款、援助资金的工程。国外政府或组织贷款和援助工程包括使用世界银行、亚洲开发银行等国际组织贷款资金的项目；使用外国政府及其机构贷款资金的项目；使用国际组织或者国外政府援助资金的项目。

5. 国家规定必须实行监理的其他工程。国家规定必须实行监理的工程指项目总投资额在3000万元以上关系社会公共利益、公众安全的交通运输、水利建设、城市基础建设、生态环境保护、信息产业、能源等基础设施项目，以及学校、影剧院、体育场馆等项目。各个地区的建设行政主管部门也对当地实行工程建设监理的范围作出了相应的规定。

（二）按项目流程划分

对某个具体的工程建设项目而言，工程建设监理的范围应该包含工程建设的全过程，也就是说遵循工程建设程序实施的工程建设项目全过程都需要工程建设监理。但是由于较多的原因，目前我国开展的工程建设监理还没有包含工程建设的全过程。

1. 工程建设项目前期阶段监理。这一阶段监理工作的内容主要是：投资决策监理、工程建设立项决策监理、工程建设可行性研究监理。

2. 工程建设项目勘察设计阶段监理。工程建设项目勘察设计阶段是工程建设项目进入实施阶段的开始。工程建设项目勘察设计应包括工程勘察和工程设计两部分。这一阶段的监理工作主要是对勘察、设计的进度、质量和投资进行监督管理。

3. 工程建设项目施工阶段监理。工程施工是工程建设形成建筑产品的最后一步。施工阶段各方面工作的好坏对建筑产品的优劣有极大影响。这一阶段的监理工作至关重要。

施工阶段的监理是我国目前开展的工程建设监理的主流。

4. 工程建设项目竣工验收与保修阶段监理。竣工验收是对工程建设质量的确认,只有通过了竣工验收,工程建设项目才能投入使用,才能实现投资价值。无疑,此阶段的监理工作是十分重要的。工程保修是工程施工的延续,在现代工程施工承包中对工程的使用过程实施保修,是一项重要内容。为了保证工程质量和业主的正常使用,监理工作应延续到工程的保修阶段,对承包商的保修行为进行监督和管理。保修阶段的监理有一定的特殊性。

四、工程建设项目监理的实施程序

(一) 确定和委派项目总监理工程师,成立项目监理机构

每一个拟监理的工程建设项目,工程监理企业都应按委托监理合同的工程师,全权负责该项目的监理工作。一般情况下,工程监理企业在承接监理业务时,都应参加该工程建设,在其投标文件中,已经明确将由谁来担任总监理工程师,而其本人也介入工作,更能了解业主的建设意图以及对监理工作的要求,有利于监理工作的由总监理工程师组建符合业主要求的项目监理机构。

(二) 进一步熟悉情况,收集有关资料

1. 反映工程建设项目特征的有关资料

(1) 工程建设项目的批文;

(2) 规划部门关于规划红线范围和设计条件通知;

(3) 土地管理部门关于用地的批文;

(4) 批准的工程建设项目可行性研究报告或设计任务书;

(5) 工程建设项目地形图;

(6) 工程建设项目勘察、设计图纸及有关说明。

2. 反映当地工程建设政策、法规的有关资料

(1) 关于工程建设报建程序的有关规定;

(2) 当地关于拆迁工作的有关规定;

(3) 当地关于工程建设应交纳税、费的规定;

(4) 当地工程建设行政主管部门关于资质管理的有关规定;

(5) 当地关于工程建设项目实施建设监理的有关规定;

(6) 当地关于工程建设招标投标制的有关规定;

(7) 当地关于工程造价管理的有关规定。

3. 反映当地技术经济状况等建设条件的资料

(1) 气象资料;

(2) 工程地质及水文地质资料;

(3) 与交通运输有关的可供能力、时间及价格等资料;

(4) 与供水、供电、供热、供燃气、电信有关的可供容量、价格等资料;

(5) 勘察设计单位状况;

(6) 土建、安装施工单位状况;

(7) 建筑材料及构件、半成品的生产、供应情况;

(8) 进口设备以及材料的有关到货口岸、运输方式的情况等。

4. 类似工程建设项目建设情况的有关资料
(1) 类似工程建设项目投资方面的有关资料；
(2) 类似工程建设项目建设工期方面的有关资料；
(3) 类似工程建设项目的其他技术经济指标等。
(三) 编制工程建设项目监理规划工程建设项目监理规划，是开展监理工作的纲领性文件
(四) 制定各专业监理实施细则
(五) 规范地开展监理工作

监理工作的规范性体现在：

1. 工作的时序性。工程建设监理必须按照一定的程序进行各项工作，否则，就容易造成工作状态的混乱而不能实现有效的目标控制。这是对开展监理工作的基本要求。

2. 职责分工的严密性。工程建设监理工作需要由许多不同专业、不同层次的专家群体共同去完成，他们之间应该有明确的分工，这样才能保证监理工作的有序和协调一致，保证监理目标的顺利实现。

3. 工作目标的确定性。监理工作都要制定明确的工作目标，而且每一个目标都有一定的时间性。应按照监理目标的要求进行检查和考核，保持监理工作的有效性。

(六) 参与工程建设项目的竣工预验收，签署工程建设监理意见工程建设项目在正式竣工之前，监理工程师应组织进行预验收，发现工程中存在的问题，提出整改要求，签署监理意见。

(七) 向业主提交工程建设监理档案资料向业主提交的档案资料包括：监理设计变更、工程变更资料；监理指令性文件；各种签证资料；其他约定的档案资料等。

(八) 监理工作总结

进行总结可以肯定成绩，发现不足，对于提高监理工作水平有重要意义。监理工作总结应包括：

1. 向业主提交的监理工作总结。应包含履行委托监理合同情况；监理任务或监理目标的完成情况及评价；业主提供的办公条件的清单；监理工作结束的说明等。

2. 向本单位提交的监理工作总结。主要是本项目开展监理工作的经验，包括监理方法、经济与组织措施、合同的签订、与业主及其他单位关系的处理和协调等。还应总结监理工作中存在的不足，提出改进的措施和建议。工程监理企业还可以向政府有关部门提出政策性建议，以逐步提高我国的工程建设监理水平。

五、监理人员的职责

(一) 总监理工程师职责

1. 确定项目监理机构人员的分工和岗位职责；
2. 主持编写项目监理规划、审批项目监理实施细则，并负责管理项目监理机构的日常工作；
3. 审查分包单位的资质，并提出审查意见；
4. 检查和监督监理人员的工作，根据工程项目的进展情况可进行人员调配，对不称职的人员应调换其工作；
5. 主持监理工作会议，签发项目监理机构的文件和指令；

6. 审定承包单位提交的开工报告、施工组织设计、技术方案、进度计划；
7. 审核签署承包单位的申请、支付证书和竣工结算；
8. 审查和处理工程变更；
9. 主持或参与工程质量事故的调查；
10. 调解建设单位与承包单位的合同争议、处理索赔、审批工程延期；
11. 组织编写并签发监理月报、监理工作阶段报告、专题报告和项目监理工作总结；
12. 审核签认分部工程和单位工程的质量检验评定资料，审查承包单位的竣工申请，组织监理人员对待验收的工程项目进行质量检查，参与工程项目的竣工验收；
13. 主持整理工程项目的监理资料。

（二）总监理工程师代表职责
1. 负责总监理工程师指定或交办的监理工作；
2. 按总监理工程师的授权，行使总监理工程师的部分职责和权力。

（三）各专业监理工程师基本职责
1. 负责编制本专业的监理实施细则；
2. 负责本专业监理工作的具体实施；
3. 组织、指导、检查和监督本专业监理员的工作，当人员需要调整时，向总监理工程师提出建议；
4. 审查承包单位提交的涉及本专业的计划、方案、申请、变更，并向总监理工程师提出报告；
5. 负责本专业分项工程验收及隐蔽工程验收；
6. 定期向总监理工程师提交本专业监理工作实施情况报告，对重大问题及时向总监理工程师汇报和请示；
7. 根据本专业监理工作实施情况写好监理日记；
8. 负责本专业监理资料的收集、汇总及整理，参与编写监理月报；
9. 核查进场材料、设备、构配件的原始凭证、检测报告等质量证明文件及其质量情况，根据实际情况认为有必要时对进场材料、设备、构配件进行平行检验，合格时予以签认；
10. 负责本专业的工程计量工作，审核工程计量的数据和原始凭证。

（四）监理员职责
1. 在专业监理工程师的指导下开展现场监理工作；
2. 检查承包单位投入工程项目的人力、材料、主要设备及其使用、运行状况，并做好检查记录；
3. 复核或从施工现场直接获取工程计量的有关数据并签署原始凭证；
4. 按设计图及有关标准，对承包单位的工艺过程或施工工序进行检查和记录，对加工制作及工序施工质量检查结果进行记录；
5. 担任旁站工作，发现问题及时指出并向专业监理工程师报告。

六、工程监理单位的质量责任和义务
工程监理单位应当依法取得相应等级的资质证书，并在其资质等级许可的范围内承担工程监理业务。禁止工程监理单位超越本单位资质等级许可的范围或者以其他工程监理单位的名义承担工程监理业务。禁止工程监理单位允许其他单位或者个人以本单位的名义承担工程监理业务。工程监理单位不得转让工程监理业务。

工程监理单位与被监理工程的施工承包单位以及建筑材料、建筑构配件和设备供应单位有隶属关系或者其他利害关系的，不得承担该项建设工程的监理业务。

工程监理单位应当依照法律、法规以及有关技术标准、设计文件和建设工程承包合同，代表建设单位对施工质量实施监理，并对施工质量承担监理责任。

工程监理单位应当选派具备相应资格的总监理工程师和监理工程师进驻施工现场。未经监理工程师签字，建筑材料、建筑构配件和设备不得在工程上使用或者安装，施工单位不得进行下一道工序的施工。未经总监理工程师签字，建设单位不拨付工程款，不进行竣工验收。

监理工程师应当按照工程监理规范的要求，采取旁站、巡视和平行检验等形式，对建设工程实施监理。

七、工程监理企业资质等级与业务范围

（一）工程监理企业资质等级

工程监理企业资质等级标准如下：

1. 甲级：(1)企业负责人和技术负责人应当具有 15 年以上从事工程建设工作的经历，企业技术负责人应当取得监理工程师注册证书。(2)取得监理工程师注册证书的人员不少于 25 人。(3)注册资本不少于 100 万元。(4)近三年内监理过五个以上二等房屋建筑工程项目或者三个以上二等专业工程项目。

2. 乙级：(1)企业负责人和技术负责人应当具有 10 年以上从事工程建设工作的经历，企业技术负责人应当取得监理工程师注册证书。(2)取得监理工程师注册证书的人员不少于 15 人。(3)注册资本不少于 50 万元。(4)近三年内监理过五个以上三等房屋建筑工程项目或者三个以上三等专业工程项目。

3. 丙级：(1)企业负责人和技术负责人应当具有 8 年以上从事工程建设工作的经历，企业技术负责人应当取得监理工程师注册证书。(2)取得监理工程师注册证书的人员不少于 5 人。(3)注册资本不少于 10 万元。(4)承担过两个以上房屋建筑工程项目或者一个以上专业工程项目。

（二）工程建设监理企业业务范围

1. 甲级工程监理企业业务范围：甲级工程监理企业可以监理经核定的工程类别中一、二、三等工程。

2. 乙级工程监理企业业务范围：乙级工程监理企业可以监理经核定的工程类别中二、三等工程。

3. 丙级工程监理企业业务范围：丙级工程监理企业可以监理经核定的工程类别中三等工程。

八、监理工程师的执业资格要求

（一）监理工程师的概念

根据《建设工程监理规范》(GB 50319—2000)，监理工程师是指取得国家监理工程师执业资格证书并经注册的监理人员。要成为监理工程师应具备两个条件：

一是要取得《监理工程师资格证书》。只有参加全国监理工程师统一考试并通过才能

取得《监理工程师资格证书》。二是要经监理工程师注册机关核准、注册取得《监理工程师岗位证书》。只有取得了监理工程师资格证书的人员才有可能被注册并取得《监理工程师岗位证书》。

一个工程建设项目的监理工作，往往需要由多个监理人员组成监理班子才能完成。要搞好监理工作，监理人员中必须有一个总的负责人。这个总负责人就是总监理工程师。《建设工程监理规范》(GB 50319—2000)中对总监理工程师是这样定义的：由监理单位法定代表人书面授权全面负责委托监理合同的履行并主持项目监理机构工作的监理工程师。总监理工程师是一种临时聘任的岗位职务，一般都由资深的监理工程师受聘担任。总监理工程师是工程监理单位针对某一工程建设项目的监理工作而委派的，因此总监理工程师也常称为项目总监理工程师，简称项目总监。

（二）监理工程师的资格考试

监理工程师是一种执业资格。学习了工程建设监理有关专业理论知识，即便获得了结业证书，也不算具备了监理工程师资格。还要参加全国监理工程师统一考试，通过后才能取得《监理工程师资格证书》。由考试确认相关资格是国际上通用的做法。我国已经建立了监理工程师资格考试制度。

1. 报考监理工程师的条件

根据规定，报考人员应符合以下条件：(1)从事工程建设工作，包括工程建设管理工作的人员以及与工程建设相关的人员；(2)具有中级专业职称，且取得中级专业职称后又有三年以上(含三年)从事工程建设实践的经历。凡参加监理工程师资格考试的人员，需向本单位所在地区监理工程师资格考试委员会提出申请，经审查批准后，方可参加考试。

2. 考试范围、方式和录取

监理工程师资格考试的考试范围是：工程建设监理概论、工程建设合同管理、工程建设质量控制、工程建设进度控制、工程建设投资控制和工程建设信息管理等六方面理论知识和实务技能。监理工程师资格考试是考察参考人员从事工程建设监理的理论水平和实务能力。目前采取的是统一命题、闭卷考试、分科记分、统一标准录取的方式。应该承认目前的考试方式有一定的弊端，即不能充分反映参考人员的实际监理水平。这一问题的解决还在探讨中。

3. 监理工程师的注册

监理工程师是一种岗位职务。仅仅取得《监理工程师资格证书》而没有取得《监理工程师岗位证书》的人员，不具备监理工程师相应的权力，也不承担相应的责任。因此，监理人员必须取得《监理工程师岗位证书》才能成为一名真正的监理工程师。取得《监理工程师岗位证书》，是指取得《监理工程师资格证书》的人员经监理工程师注册机关审查合格准予注册后发给其《监理工程师岗位证书》。实行执业资格注册制度是国际上通用的做法。我国已经实行监理工程师注册制度。

第五节　施工图审查机构

一、施工图审查机构设立的背景及意义

为了加强对房屋建筑工程、市政基础设施工程施工图设计文件审查的管理，根据《建设工程质量管理条例》、《建设工程勘察设计管理条例》，国家实施施工图设计文件（含勘察文件，以下简称施工图）审查制度。是指建设主管部门认定的施工图审查机构（以下简称审查机构）按照有关法律、法规，对施工图涉及公共利益、公众安全和工程建设强制性标准的内容进行的审查。施工图未经审查合格的，不得使用。

国务院建设主管部门负责规定审查机构的条件、施工图审查工作的管理办法，并对全国的施工图审查工作实施指导、监督。省、自治区、直辖市人民政府建设主管部门负责认定本行政区域内的审查机构，对施工图审查工作实施监督管理，并接受国务院建设主管部门的指导和监督。市、县人民政府建设主管部门负责对本行政区域内的施工图审查工作实施日常监督管理，并接受省、自治区、直辖市人民政府建设主管部门的指导和监督。省、自治区、直辖市人民政府建设主管部门应当按照国家确定的审查机构条件，并结合本行政区域内的建设规模，认定相应数量的审查机构。审查机构是不以营利为目的的独立法人。

二、施工图审查机构的认定条件及人员执业资格要求

审查机构按承接业务范围分两类，一类机构承接房屋建筑、市政基础设施工程施工图审查业务范围不受限制；二类机构可以承接二级及以下房屋建筑、市政基础设施工程的施工图审查。

（一）一类审查机构应当具备下列条件：

1. 注册资金不少于100万元。

2. 有健全的技术管理和质量保证体系。

3. 审查人员应当有良好的职业道德，具有15年以上所需专业勘察、设计工作经历；主持过不少于5项一级以上建筑工程或者大型市政公用工程或者甲级工程勘察项目相应专业的勘察设计；已实行执业注册制度的专业，审查人员应当具有一级注册建筑师、一级注册结构工程师或者勘察设计注册工程师资格，未实行执业注册制度的，审查人员应当有高级工程师以上职称。

4. 从事房屋建筑工程施工图审查的，结构专业审查人员不少于6人，建筑、电气、暖通、给排水、勘察等专业审查人员各不少于2人；从事市政基础设施工程施工图审查的，所需专业的审查人员不少于6人，其他必须配套的专业审查人员各不少于2人；专门从事勘察文件审查的，勘察专业审查人员不少于6人。

5. 审查人员原则上不得超过65岁，60岁以上审查人员不超过该专业审查人员规定数的1/2。

承担超限高层建筑工程施工图审查的，除具备上述条件外，还应当具有主持过超限高层建筑工程或者100m以上建筑工程结构专业设计的审查人员不少于3人。

（二）二类审查机构应当具备下列条件：

1. 注册资金不少于50万元。

2. 有健全的技术管理和质量保证体系。

3. 审查人员应当有良好的职业道德，具有10年以上所需专业勘察、设计工作经历；主持过不少于5项二级以上建筑工程或者中型以上市政公用工程或者乙级以上工程勘察项目相应专业的勘察设计；已实行执业注册制度的专业，审查人员应当具有一级注册建筑师、一级注册结构工程师或者勘察设计注册工程师资格，未实行执业注册制度的，审查人员应当有工程师以上职称。

4. 从事房屋建筑工程施工图审查的，各专业审查人员不少于 2 人；从事市政基础设施工程施工图审查的，所需专业的审查人员不少于 4 人，其他必须配套的专业审查人员各不少于 2 人；专门从事勘察文件审查的，勘察专业审查人员不少于 4 人。

5. 审查人员原则上不得超过 65 岁，60 岁以上审查人员不超过该专业审查人员规定数的 1/2。

三、审查机构的责任

审查机构对施工图审查工作负责，承担审查责任。施工图经审查合格后，仍有违反法律、法规和工程建设强制性标准的问题，给建设单位造成损失的，审查机构依法承担相应的赔偿责任；建设主管部门对审查机构、审查机构的法定代表人和审查人员依法作出处理或者处罚。审查机构应当建立、健全内部管理制度。施工图审查应当有经各专业审查人员签字的审查记录，审查记录、审查合格书等有关资料应当归档保存。

按规定应当进行审查的施工图，未经审查合格的，建设主管部门不得颁发施工许可证。

县级以上人民政府建设主管部门应当加强对审查机构的监督检查，主要检查下列内容：

（一）是否符合规定的条件；

（二）是否超出认定的范围从事施工图审查；

（三）是否使用不符合条件的审查人员；

（四）是否按规定上报审查过程中发现的违法违规行为；

（五）是否按规定在审查合格书和施工图上签字盖章；

（六）施工图审查质量；

（七）审查人员的培训情况。

建设主管部门实施监督检查时，有权要求被检查的审查机构提供有关施工图审查的文件和资料。县级以上人民政府建设主管部门对审查机构报告的建设单位、勘察设计企业、注册执业人员的违法违规行为，应当依法进行处罚。

审查机构违反本办法规定，有下列行为之一的，县级以上地方人民政府建设主管部门责令改正，处 1 万元以上 3 万元以下的罚款；情节严重的，省、自治区、直辖市人民政府建设主管部门撤销对审查机构的认定：

（一）超出认定的范围从事施工图审查的；

（二）使用不符合条件审查人员的；

（三）未按规定上报审查过程中发现的违法违规行为的；

（四）未按规定在审查合格书和施工图上签字盖章的；

（五）未按规定的审查内容进行审查的。

审查机构出具虚假审查合格书的，县级以上地方人民政府建设主管部门处 3 万元罚款，省、自治区、直辖市人民政府建设主管部门撤销对审查机构的认定；有违法所得的，予以没收。给予审查机构罚款处罚的，对机构的法定代表人和其他直接责任人员处机构罚款数额 5% 以上 10% 以下的罚款。

省、自治区、直辖市人民政府建设主管部门未按照本办法规定认定审查机构的，国务院建设主管部门责令改正。国家机关工作人员在施工图审查监督管理工作中玩忽职守、滥用职权、徇私舞弊，构成犯罪的，依法追究刑事责任；尚不构成犯罪的，依法给予行政处分。

第六节 工程质量检测机构

一、目前我国工程质量检测机构的现状及市场化要求

为了加强对建设工程质量检测的管理，根据《中华人民共和国建筑法》、《建设工程质量管理条例》、《建设工程质量检测管理办法》，从事对涉及建筑物、构筑物结构安全的试块、试件以及有关材料检测的工程质量检测机构资质，实施对建设工程质量检测活动的监督管理。

建设工程质量检测（以下简称质量检测），是指工程质量检测机构（以下简称检测机构）接受委托，依据国家有关法律、法规和工程建设标准，对涉及结构安全（地基基础工程、主体结构工程现场、建筑幕墙工程、钢结构工程、市政工程、城市道路桥梁工程）和使用功能（建筑节能、智能建筑、民用建筑室内环境污染控制）的抽样检测和对进入施工现场的建筑材料、装饰材料、构配件的见证取样等项目的检测。检测机构是具有独立法人资格的中介机构。检测机构应当取得相应的资质证书。

检测机构资质按照其承担的检测业务内容分为专项检测机构资质和见证取样检测机构资质。

申请检测资质的机构应当向省、自治区、直辖市人民政府建设主管部门提交下列申请材料：

（一）《检测机构资质申请表》一式四份；
（二）工商营业执照原件及复印件；
（三）与所申请检测资质范围相对应的计量认证证书原件及复印件；
（四）主要检测仪器、设备清单；
（五）技术人员的职称证书、身份证和社会保险合同的原件及复印件；
（六）检测机构管理制度及质量控制措施；
（七）工作场地平面图及实验室平面布置图。房屋房产证或房屋租赁书等能证明其房屋使用权的证明，租赁协议期限不得少于三年。

《检测机构资质申请表》由国务院建设主管部门制定式样。

省、自治区、直辖市人民政府建设主管部门在收到申请人的申请材料后，应当即时作出是否受理的决定，并向申请人出具书面凭证；申请材料不齐全或者不符合法定形式的，应当在5日内一次性告知申请人需要补正的全部内容。逾期不告知的，自收到申请材料之日起即为受理。省、自治区、直辖市建设主管部门受理资质申请后，应当对申报材料进行审查，自受理之日起20个工作日内审批完毕并作出书面决定。对符合资质标准的，自作出决定之日起10个工作日内颁发《检测机构资质证书》，并报国务院建设主管部门备案。

检测机构资质证书有效期为3年。资质证书有效期满需要延期的，检测机构应当在资质证书有效期满30个工作日前申请办理延期手续。

检测机构在资质证书有效期内没有下列行为的，资质证书有效期届满时，经原审批机关同意，不再审查，资质证书有效期延期3年，由原审批机关在其资质证书副本上加盖延

期专用章；检测机构在资质证书有效期内有下列行为之一的，原审批机关不予延期：

（一）超出资质范围从事检测活动的；

（二）转包检测业务的；

（三）涂改、倒卖、出租、出借或者以其他形式非法转让资质证书的；

（四）未按照国家有关工程建设强制性标准进行检测，造成质量安全事故或致使事故损失扩大的；

（五）伪造检测数据，出具虚假检测报告或者鉴定结论的；

（六）拒绝接受监督检查或对监督检查中确认其存在的问题没有进行整改的；

（七）计量认证合格证书超过有效期的。

检测机构取得检测机构资质后，不再符合相应资质标准的，省、自治区、直辖市人民政府建设主管部门根据利害关系人的请求或者依据职权，可以责令其限期改正；逾期不改的，可以撤回相应的资质证书，且一年内不得再次申请资质。质量检测业务，由工程项目建设单位委托具有相应资质的检测机构进行检测。委托方与被委托方应当签订书面合同。

二、工程质量检测机构的质量责任

质量检测试样的取样应当严格执行有关工程建设标准和国家有关规定，在建设单位或者工程监理单位监督下现场取样。提供质量检测试样的单位和个人，应当对试样的真实性负责。

检测机构完成检测业务后，应当及时出具检测报告。检测报告经检测人员签字、检测机构法定代表人或者其授权的签字人签署，并加盖检测机构公章或者检测专用章后方可生效。检测报告经建设单位或者工程监理单位确认后，由施工单位归档。见证取样检测的检测报告中应当注明见证人单位及姓名。

任何单位和个人不得明示或者暗示检测机构出具虚假检测报告，不得篡改或者伪造检测报告。检测人员不得同时受聘于两个或者两个以上的检测机构。

检测机构和检测人员不得推荐或者监制建筑材料、构配件和设备。

检测机构不得与行政机关，法律、法规授权的具有管理公共事务职能的组织以及所检测工程项目相关的设计单位、施工单位、监理单位有隶属关系或者其他利害关系。

检测机构不得转包检测业务。

检测机构跨省、自治区、直辖市承担检测业务的，应当向工程所在地的省、自治区、直辖市人民政府建设主管部门备案。

检测机构应当对其检测数据和检测报告的真实性和准确性负责。

检测机构违反法律、法规和工程建设强制性标准，给他人造成损失的，应当依法承担相应的赔偿责任。

检测机构应当将检测过程中发现的建设单位、监理单位、施工单位违反有关法律、法规和工程建设强制性标准的情况，以及涉及结构安全检测结果的不合格情况，及时报告工程所在地建设主管部门。

检测机构应当建立档案管理制度。检测合同、委托单、原始记录、检测报告应当按年度统一编号，编号应当连续，不得随意抽撤、涂改。检测机构应当单独建立检测结果不合格项目台账。

县级以上地方人民政府建设主管部门应当加强对检测机构的监督检查，主要检查下列内容：
　　（一）是否符合本办法规定的资质标准；
　　（二）是否超出资质范围从事质量检测活动；
　　（三）是否有涂改、倒卖、出租、出借或者以其他形式非法转让资质证书的行为；
　　（四）是否按规定在检测报告上签字盖章，检测报告是否真实；
　　（五）检测机构是否按有关技术标准和规定进行检测；
　　（六）仪器设备及环境条件是否符合计量认证要求；
　　（七）法律、法规规定的其他事项。
　　检测机构违反国家有关法律、法规和工程建设标准规定进行检测的，任何单位和个人都有权向建设主管部门投诉。建设主管部门收到投诉后，应当及时核实并依据本办法对检测机构作出相应的处理决定，于30日内将处理意见答复投诉人。
　　违反《建设工程质量检测管理办法》规定，未取得相应的资质，擅自承担《建设工程质量检测管理办法》规定的检测业务的，其检测报告无效，由县级以上地方人民政府建设主管部门责令改正，并处1万元以上3万元以下的罚款。
　　检测机构隐瞒有关情况或者提供虚假材料申请资质的，省、自治区、直辖市人民政府建设主管部门不予受理或者不予行政许可，并给予警告，1年之内不得再次申请资质。
　　以欺骗、贿赂等不正当手段取得资质证书的，由省、自治区、直辖市人民政府建设主管部门撤销其资质证书，3年内不得再次申请资质证书；并由县级以上地方人民政府建设主管部门处以1万元以上3万元以下的罚款；构成犯罪的，依法追究刑事责任。
　　检测机构违反《建设工程质量检测管理办法》规定，有下列行为之一的，由县级以上地方人民政府建设主管部门责令改正，可并处1万元以上3万元以下的罚款；构成犯罪的，依法追究刑事责任：
　　（一）超出资质范围从事检测活动的；
　　（二）涂改、倒卖、出租、出借、转让资质证书的；
　　（三）使用不符合条件的检测人员的；
　　（四）未按规定上报发现的违法违规行为和检测不合格事项的；
　　（五）未按规定在检测报告上签字盖章的；
　　（六）未按照国家有关工程建设强制性标准进行检测的；
　　（七）档案资料管理混乱，造成检测数据无法追溯的；
　　（八）转包检测业务的。
　　检测机构伪造检测数据，出具虚假检测报告或者鉴定结论的，县级以上地方人民政府建设主管部门给予警告，并处3万元罚款；给他人造成损失的，依法承担赔偿责任；构成犯罪的，依法追究其刑事责任。
　　违反《建设工程质量检测管理办法》规定，委托方有下列行为之一的，由县级以上地方人民政府建设主管部门责令改正，处1万元以上3万元以下的罚款：
　　（一）委托未取得相应资质的检测机构进行检测的；
　　（二）明示或暗示检测机构出具虚假检测报告，篡改或伪造检测报告的；
　　（三）弄虚作假送检试样的。
　　依照《建设工程质量检测管理办法》规定，给予检测机构罚款处罚的，对检测机构的法定代表人和其他直接责任人员处罚款数额5%以上10%以下的罚款。

县级以上人民政府建设主管部门工作人员在质量检测管理工作中，有下列情形之一的，依法给予行政处分；构成犯罪的，依法追究刑事责任：

（一）对不符合法定条件的申请人颁发资质证书的；

（二）对符合法定条件的申请人不予颁发资质证书的；

（三）对符合法定条件的申请人未在法定期限内颁发资质证书的；

（四）利用职务上的便利，收受他人财物或者其他好处的；

（五）不依法履行监督管理职责，或者发现违法行为不予查处的。

检测机构和委托方应当按照有关规定收取、支付检测费用。没有收费标准的项目由双方协商收取费用。

三、质量检测的业务内容

（一）专项检测

1. 地基基础工程检测

（1）地基及复合地基承载力静载检测；

（2）桩的承载力检测；

（3）桩身完整性检测；

（4）锚杆锁定力检测。

2. 主体结构工程现场检测

（1）混凝土、砂浆、砌体强度现场检测；

（2）钢筋保护层厚度检测；

（3）混凝土预制构件结构性能检测；

（4）后置埋件的力学性能检测。

3. 建筑幕墙工程检测

（1）建筑幕墙的气密性、水密性、风压变形性能、层间变位性能检测；

（2）硅酮结构胶相容性检测。

4. 钢结构工程检测

（1）钢结构焊接质量无损检测；

（2）钢结构防腐及防火涂装检测；

（3）钢结构节点、机械连接用紧固标准件及高强度螺栓力学性能检测；

（4）钢网架结构的变形检测。

5. 建筑节能检测

6. 民用建筑室内环境检测

（二）见证取样检测

1. 水泥的物理力学性能检验；

2. 钢筋（含焊接与机械连接）的力学性能检验；

3. 砂、石的常规检验；

4. 混凝土、砌筑砂浆的强度检验；

5. 混凝土掺加剂的检验；

6. 砌墙砖和砌块；

7. 地下、屋面、厕浴间使用的防水材料；

8. 预应力钢绞线、锚夹具检验；

9. 简易土工试验；

10. 沥青、沥青混合料检验；

11. 建筑门窗的抗风压强度性能、空气渗透性能、雨水渗漏性能检测。

四、工程质量检测机构的资质及人员资格要求

（一）专项检测机构和见证取样检测机构应满足下列基本条件：

1. 专项检测机构的注册资本不少于100万元人民币，见证取样检测机构不少于80万元人民币；

2. 所申请检测资质对应的项目应通过计量认证；

3. 有质量检测、施工、监理或设计经历，并接受了相关检测技术培训的专业技术人员不少于10人；边远的县（区）的专业技术人员可不少于6人；

4. 有符合开展检测工作所需的仪器、设备和工作场所；其中，使用属于强制检定的计量器具，要经过计量检定合格后，方可使用；

5. 有健全的技术管理和质量保证体系。

（二）专项检测机构除应满足基本条件外，还需满足下列条件：

1. 地基基础工程检测类

专业技术人员中从事地基基础检测工作3年以上，非岩土工程及工民建相关专业技术人员从事地基基础检测工作5年以上的高级职称不少于2人，中级职称不少于3人，内含1人应具备注册岩土工程师资格。检测机构的技术负责人、检测报告的审核人须具备高级职称，并从事地基基础检测工作5年以上，其中非岩土工程及工民建相关专业技术人员须从事地基基础检测工作8年以上。

2. 主体结构工程检测类

专业技术人员中从事结构工程检测工作3年以上并具有高级职称的不少于2人，中级职称的3人，内含1人应当具备二级注册结构工程师资格。技术负责人须具备高级职称；报告审核人须具备中级以上职称。

3. 建筑幕墙工程检测类

专业技术人员中从事建筑幕墙检测工作3年以上并具有高级职称的不得少于1人，中级职称的不得少于3人；技术负责人和报告审核人应由从事建筑幕墙检测工作6年以上的具有相关理论基础和实际操作技能的高级工程师担任。

4. 钢结构工程检测类

① 有质量检测、施工、监理或设计经历，并接受了相关检测技术培训的专业技术人员不少于10人，其中有从事钢结构检测工作3年以上并具有高级职称的不少于2人，中级职称不少于3人，内含1人应当具备二级以上注册结构工程师资格。

② 从事钢结构焊缝质量无损检测的技术人员应持有相关部门无损检测人员技术资格证书，并应有2名以上持有相关部门Ⅱ级以上无损检测人员技术资格证书。

③ 检测机构的技术负责人、检测报告审核人须具备5年以上检测工作经历，应具备高级及中级以上技术职称。

（三）见证取样检测机构除应满足基本条件外，还必须满足以下条件：

1. 专业技术人员中从事检测工作 3 年以上高级职称的不得少于 1 人；中级职称的不少于 3 人，边远地区检测机构中级以上职称的可不少于 2 人；

2. 检测人员必须具有建筑材料、工民建等相关专业中专以上学历和 1 年以上的建材检测工作经历；

3. 技术负责人须具有建筑材料、工民建相关专业大专以上学历且从事 5 年以上建材检测工作经历的高级工程师担任，报告审核人须具有建筑材料、工民建相关专业大专以上学历且从事 5 年以上建材检测工作经历的工程师担任；边远地区检测机构的技术负责人可以由建筑材料、工民建相关专业大专工程师担任，报告审核人可以由建筑材料、工民建相关专业中专以上学历助理工程师担任。

第七节　建设工程招投标代理机构

一、招标人和招标代理机构

（一）招标人

招标人的含义：招标人，是指依照《中华人民共和国招标投标法》（以下简称《招标投标法》）的规定提出招标项目、进行招标的法人或者其他组织。

1. 招标人的权利：依照《招标投标法》的规定，招标人主要有以下权利：

（1）招标人有权自行选择招标代理机构，委托其办理招标事宜。招标人具有编制招标文件和组织评标能力的，可以自行办理招标事宜。

（2）自由选定招标代理机构并核验其资质证明。

（3）招标人可以根据招标项目本身的要求，在招标公告或者投标邀请书中，要求潜在投标人提供有关资质证明文件和业绩情况，并对潜在投标人进行资格审查；国家对投标人的资格条件有规定的，依照其规定。

（4）在招标文件要求提交投标文件截止时间至少 15 日前，招标人可以以书面形式对已发出的招标文件进行必要的澄清或者修改。该澄清或者修改的内容为招标文件的组成部分。

（5）招标人有权拒收在招标文件要求提交投标文件截止时间后送达的投标文件。

（6）开标由招标人主持。

（7）招标人根据评标委员会提出的书面评标报告和推荐的中标候选人中确定中标人，招标人也可以授权评标委员会直接确定中标人。

2. 招标人的义务。依照《招标投标法》的规定，招标人主要有以下义务：

（1）招标人委托招标代理机构时，应当向其提供招标所需要的有关资料并支付委托费。

（2）招标人不得以不合理的条件限制或者排斥潜在投标人，不得对潜在投标人实行歧视待遇。

（3）招标文件不得要求或者标明特定的生产供应者以及含有倾向或者排斥潜在投标人的其他内容。

（4）招标人不得向他人透露已获取招标文件的潜在投标人的名称、数量以及可能影响公平竞争的有关招标投标的其他情况。招标人设有标底的，标底必须保密。

（5）招标人应当确定投标人编制投标文件所需要的合理时间；但是，依法必须进行招标的项目，自招标文件开始发出之日起至投标人提交投标文件截止之日止，最短不得少于20个工作日。

（6）招标人在招标文件要求提交投标文件的截止时间前收到的所有投标文件，开标时都应当当众予以拆封、宣读。

（7）招标人应当采取必要的措施，保证评标在严格保密的情况下进行。

（8）中标人确定后，招标人应当向中标人发出中标通知书，并同时将中标结果通知所有未中标的投标人。

（9）招标人和中标人应当自中标通知书发出之日起 15 日内，按照招标文件和中标人的投标文件订立书面合同。

（二）招标代理机构

我国《招标投标法》第十二条至第十五条，对招标代理机构的性质；招标代理机构应当具备的条件、招标代理机构的资格认定、招标人与招标代理机构的关系等作了专门的规定。

二、建设工程招投标的基本概念和内容

（一）建设工程招标的概念

建设工程招标，是指项目法人单位依据特定程序，邀请潜在的投标人依据招标文件参与竞争，从中评定符合全面完成工程项目建设的承建单位，并与之达成协议的经济法律活动。

（二）建设工程招标的方式

1. 公开招标。

（1）公开招标，依照《招标投标法》第十条第二款的规定，是指招标人以招标公告的方式邀请不特定的法人或者其他组织投标。《招标投标法》规定的公开招标的含义有两项重要内容：一是招标人以招标公告的方式邀请投标；二是邀请投标的对象是不特定的法人或者其他组织。

（2）公开招标的一般程序。公开招标可划分为三个阶段：第一，招标准备阶段；第二，招标阶段；第三，开标、评标和定标阶段。依照《招标投标法》的规定，招标人采用公开招标方式的，应当发布招标公告。

2. 邀请招标。我国《招标投标法》第十条第三款的规定：邀请招标，是指招标人以投标邀请书的方式邀请特定的法人或者其他组织投标。邀请招标同公开招标相比有两点不同：一是邀请招标是以投标邀请书的方式邀请投标，而不像公开招标那样以招标公告的方式邀请投标；二是邀请投标的对象是特定的法人或者其他组织，而公开招标则是向不特定的法人或者其他组织邀请投标。

采用邀请招标方式的工程项目有如下几种：

（1）因技术专门、复杂或者有其他特殊要求等原因，只有少数几家潜在投标人可供选择的；

（2）采购规模小，为合理减少采购费用和采购时间而不适宜公开招标的；

（3）法律或者国务院规定的其他不适宜公开招标的情形。

（三）招标投标活动应当遵循的原则

我国《招标投标法》规定：招标投标活动应当遵循公开、公平、公正和诚实信用的原则。

1. 公开原则

公开原则，是指招标投标的程序要有透明度，招标人应当将招标信息公布于众，以招引投标人做出积极反映。在招标采购制度中，公开原则要贯穿于整个招标投标程序中。

有关招标投标的法律和程序应当公布于众。依法必须进行招标的项目的招标人采用公开招标方式的，应当通过国家指定的报刊、信息网络或者其他媒介发布招标公告。招标人须对潜在的投标人进行资格审查的，应当明确资格审查的标准，国家对投标人的资格条件有规定的，依照其规定。

2. 公平原则

公平原则，是指所有投标人在招标投标活动中机会都是平等的，所有投标人享有同等的权利，要一视同仁，不得对投标人实行歧视待遇。

3. 公正原则

公正原则，是要求客观地按照事先公布的条件和标准对待各投标人。招标人实行资格预审的，招标人应当按照资格预审文件载明的标准和方法对潜在的投标人进行评审和比较。总之，公正原则是指对待所有的投标人的条件和标准要公正，只有这样，对各投标人才是公平的。

4. 诚实信用原则

诚实信用原则，是市场经济交易当事人应当严格遵循的道德准则。在我国，诚实信用原则是民法、合同法的一项基本原则。它是指民事主体在从事民事活动时，应当诚实守信，以善意的方式履行其义务，不得滥用权利及规避法律或者合同规定的义务。另外，诚实信用原则要求维持当事人之间的利益以及当事人利益与社会利益的平衡。

（四）招标投标活动的行政监督管理

行政监督管理，是指国家行政机关和行使行政管理权的单位对于所监督的对象执行法律、法规、行政决定的情况所进行的调查、统计、监察、督促，并提出处理意见的行政行为。

为了保证招标投标活动依照法律规定进行，需要行政机关对其进行有效的监督，并对违法行为依法查处。因此，《招标投标法》第七条第一款规定：招标投标活动及其当事人应当接受依法实施的监督。第二款规定：有关行政监督部门依法对招标投标活动实施监督，依法查处招标投标活动中的违法行为。《招标投标法》第七条第三款规定：对招标投标活动的行政监督及有关部门的具体职权划分，由国务院规定。国家发展与改革委员会是招标投标活动总的管理机构，也是对工程建设项目的招标投标活动的管理机构，国务院以及省、自治区、直辖市和计划单列市的有关行业管理部门将视情况充任监督管理机构，对其管辖范围内的大中型项目的建设进行专业监督。国务院以及省、自治区、直辖市和计划单列市的有关行业管理部门负责监督其各自管辖范围内单位及项目的采购活动。

（五）有关不得规避招标及招标投标活动不受非法干涉的规定

1. 任何单位和个人不得违法规避招标

《招标投标法》第四条规定：任何单位和个人不得将依照本法规定必须进行招标的项目化整为零或者以其他任何方式规避招标。

2. 招标投标活动不受非法干涉

目前，招标投标活动存在的突出的问题之一是政企不分，对招标投标活动的行政干预过多。有的招标人既是管理者，又是经营者；有的单位排斥本地区、本系统以外的法人或者其他组织参加投标。因此，《招标投标法》第六条规定：依法必须进行招标的项目，其招标投标活动不受地区或者部门的限制。任何单位和个人不得违法限制或者排斥本地区、本系统以外的法人或者其他组织参加投标，不得以任何方式非法干涉招标投标活动。对非法干涉招标投标活动的行为，应当依照《招标投标法》的规定追究法律责任。

三、建设工程招投标的程序与方法

（一）招标程序

1. 招标公告与投标邀请书

（1）招标公告及其传播媒介。

A. 招标公告，是指采用公开招标方式的招标人（包括招标代理机构）向所有潜在的投标人发出的一种广泛的通告。

B.《招标投标法》关于招标公告的传播媒介的规定。招标信息的公布可以凭借报刊、广播等形式进行。依照《招标投标法》第十六条第一款的规定：招标人采用公开招标方式的，应当发布招标公告。依法必须进行招标项目的招标公告，应当通过国家指定的报刊、信息网络或者其他媒介发布。

（2）投标邀请书。《招标投标法》第十七条第一款对投标邀请书作了规定，即：招标人采用邀请招标方式的，应当向三个以上具备承担招标项目的能力、资信良好的特定的法人或者其他组织发出的投标邀请书。

（3）《招标投标法》关于招标公告和投标邀请书内容的规定。《招标投标法》第十六条第二款规定：招标公告应当载明招标人的名称和地址；招标项目的性质、数量、实施地点和时间以及获取招标文件的办法等事项。该法第十七条第二款又规定：投标邀请书也应当载明本法第十六条第二款规定的事项。

2. 资格预审

（1）资格预审的程序。资格预审主要包括以下几个程序：一是资格预审公告；二是编制、发出资格预审文件；三是对投标人资格的审查和确定合格招标人名单。

A. 资格预审公告。是指招标人向潜在投标人发出的参加资格预审的广泛邀请。该公告可以在购买资格预审文件前一周内至少刊登两次。也可以考虑通过规定的其他媒介发布资格预审公告。

B. 发出资格预审文件。资格预审公告后，招标人向申请参加资格预审的申请人发放或者出售资格审查文件。资格审查是对潜在投标人的生产经营能力、技术水平及资信能力、财务状况的考查。

C. 对潜在投标人（即申请人）资格的审查和评定。招标人在规定的时间内，按照资格预审文件中规定的标准和方法，对提交资格预审申请书的潜在投标人资格进行审查。剔除不合格的申请人，只有资格预审合格的潜在投标人才有权参加投标。

（2）资格复审和资格后审。

资格复审，是为了使招标人能够确定投标人在资格预审时提交的资格材料是否仍然有效和准确。如果发现承包商和供应商有不轨行为，比如做假账、违约或者作弊，采购人可以中止或者取消承包商或供应商的资格。

资格后审，是在确定中标人后，对中标人是否有能力履行合同义务进行的最终审查。

3. 编制和发售招标文件

《招标投标法》第十九条规定：招标人应当根据招标项目的特点和需要编制招标文件。招标文件应当包括招标项目的技术要求；对投标人资格审查的标准、投标报价要求和评标标准等所有实质性要求和条件以及拟签订合同的主要条款。国家对招标项目的技术、标准有规定的，招标人应当按照其规定在招标文件中提出相应要求。招标项目需要划分标段、确定工期的，招标人应当合理划分标段、确定工期，并在招标文件中载明。

（1）招标文件的作用。

A. 招标文件是投标人准备投标文件和参加投标的依据；

B. 招标文件是招标投标活动当事人的行为准则和评标的重要依据；

C. 招标文件是招标人和投标人订立合同的基础。

（2）招标文件的内容。招标文件可以分为以下几大部分内容：

第一部分是对投标人的要求，包括投标邀请书、投标人须知、标准、规格或者工程技术规范、合同条件等；

第二部分是对投标文件格式的要求，包括投标人应当填写的报价单、投标书、授权书和投标保证金等格式；

第三部分是对中标人要求，包括履约担保、合同或者协议书等内容。

（3）招标文件的发售。招标文件一般按照套数（一般少于两套）发售。向投标人供应招标文件套数的多少可以根据招标项目的复杂程度等来确定。对于大型或者结构复杂的建设工程，招标文件篇幅较大，招标人根据文件的不同性质，分为若干卷册。

（4）其他有关问题。

招标文件不得标明特定的生产供应者以及倾向或者排斥潜在投标人。

4. 现场踏勘和编制标底。

《招标投标法》第二十一条规定：招标人根据招标项目的具体情况，可以组织潜在投标人踏勘项目现场。

招标人应当组织投标人进行现场踏勘，现场踏勘的目的在于使投标人了解工程场地和周围环境情况，以获取有用的信息并据此作出关于投标策略和投标价格的决定。

《招标投标法》第二十二条规定：招标人不得向他人透露已获取招标文件的潜在投标人的名称、数量以及可能影响公平竞争的有关招标投标的其他情况。招标人设有标底的，标底必须保密。

5. 建设工程投标

（1）投标人的资格要求

《招标投标法》第二十六条规定：投标人应当具备承担招标项目的能力；国家有关规定对投标人资格条件或者招标文件对投标人资格条件有规定的，投标人应当具备规定的资格条件。

投标人应当具备承担招标项目的能力。就建筑企业来讲，这种能力主要体现在有不同的资质等级的认定上。如根据《建筑企业资质管理规定》，工程施工总承包企业资质等级分为特、一、二级；施工承包企业资历等级分为一、二、三、四级。

招标人在招标文件中对投标人的资格条件有规定的，投标人应当符合招标文件规定的资格条件；国家对投标人的资格条件有规定的，依照其规定。

(2) 投标前的有关准备工作

对投标人来说，准备工作十分重要，其对投标人能否顺利中标有着直接的影响。投标前，投标人需要做好可行性研究：

A. 调查研究，收集投标信息和资料

调研法律、自然条件、市场情况、工程项目、业主信用、材料和设备供应、企业内部以及竞争对手等方面的相关资料。

B. 建立投标小组

投标班子的人员要经过特别选拔。投标的工作人员主要由市场营销、工程和科研、生产和施工、采购、财务等各方面的人员组成。

C. 准备资格预审材料

资格预审，是指招标人在招标开始之前或者开始初期，由招标人对申请参加投标的潜在投标人进行资质条件、业绩、信誉、技术、资金等多方面情况的资格审查。认定合格后的潜在投标人，才可以参加投标。

D. 开具投标保函

投标人保证其投标被接受后对其投标书中规定的责任不得撤销或者反悔。否则，招标人将对投标保证金予以没收。

E. 现场踏勘

现场踏勘的目的在于使投标人了解工程场地和周围环境情况，以获取有用的信息并据此作出关于投标策略和投标价格的决定。现场踏勘是投标人在报价前不可缺少的工作。

(3) 编制和送达投标文件

A. 投标文件的组成

投标文件的组成，也就是投标文件的内容。根据招标项目的不同，投标文件的组成也会存在一定的区别。《招标投标法》第二十七条第二款规定：投标人制作的投标书应当包括投标书格式，投标保证金，报价单，资格证明文件等。招标项目属于建设施工的，投标文件的内容应当包括拟派出的项目负责人与主要技术人员的简历、业绩和拟用于完成招标项目的机械设备等。

B. 投标文件的编制

投标文件的编制是一个复杂的过程。投标人制作投标文件前，应首先对招标文件进行分析和研究。《招标投标法》第二十七条第一款规定：投标人应当按照招标文件的要求编制投标文件，投标文件应当对招标文件提出的实质性要求和条件作出响应。

C. 投标文件的送达及其补充、修改和撤回

投标文件的送达。投标人应当在招标文件要求提交投标文件的截止时间前，将投标文件送达投标地点。招标人收到投标文件后，应当签收保存，不得开启。投标人少于3个的，招标人应当依照本法重新招标；在招标文件要求提交投标文件的截止时间后送达的投标文件，招标人应当拒收。

投标文件的补充、修改或者撤回。投标人在招标文件要求提交投标文件的截止时间前，可以补充、修改或者撤回已提交的投标文件，并书面通知招标人。补充、修改的内容

为投标文件的组成部分。

(4) 联合体共同投标

A. 联合体共同投标的概念

联合体共同投标,是指由两个以上的法人或者其他组织共同组成非法人的联合体,以该联合体的名义即一个投标人的身份共同投标的组织方式。

B. 联合体共同投标的特征

联合体共同投标具有以下基本特征:

a. 该联合体的主体包括两个以上的法人或者其他组织。

b. 该联合体的各组成单位通过签订共同投标协议来约束彼此的行为。

c. 该联合体以一个投标人的身份共同投标,就中标项目向招标人承担连带责任。

C. 联合体各方均应当具备承担招标项目的相应能力

《招标投标法》第三十一条第二款规定:联合体各方均应当具备承担招标项目的相应能力;国家有关规定或者招标文件对投标人资格条件有规定的,联合体各方均应当具备规定的相应资格条件。由同一专业的单位组成的联合体,按照资质等级较低的单位确定资质等级。

6. 建设工程开标、评标和中标

(1) 开标

A. 开标的时间和地点

《招标投标法》第三十四条规定:开标应当在招标文件确定的提交投标文件截止时间的同一时间公开进行;开标地点应当为招标文件中预先确定的地点。

所谓开标,也称为揭标,是指招标人将所有投标人的报价启封揭晓。在有些情况下,可以暂缓或者推迟开标时间,如招标文件发售后对原招标文件作了变更或者补充;开标前,发现有足以影响采购公正性的违法或者不正当行为;招标人接到质疑或者诉讼;出现突发事故等等。

B. 出席开标

《招标投标法》第三十五条规定:开标由招标人主持,邀请所有投标人参加。开标由招标人主持,招标代理机构也可以代理招标人主持。所有投标人、评标委员会委员和其他有关单位的代表应邀出席开标会。

C. 开标程序

《招标投标法》第三十六条规定:开标时,由投标人或者其推选的代表检查投标文件的密封情况,也可以由招标人委托的公证机构检查并公证;经确认无误后,由工作人员当众拆封,宣读投标人名称、投标价格和投标文件的其他主要内容。招标人在招标文件要求提交投标文件的截止时间前收到所有投标文件,开标时都应当当众予以拆封、宣读。在宣读的同时,开标主持人对公开开标所读的每一项,按照开标时间的先后顺序进行记录。

开标过程应当记录,并存档备查。

(2) 评标

A. 评标机构

《招标投标法》第三十七条规定:评标由招标人依法组建的评标委员会负责。依法必须进行招标的项目,其评标委员会由招标人的代表和有关技术、经济等方面的专家组成,成员人数为五人以上单数,其中技术、经济等方面的专家不得少于成员总数的三分之二。

B. 评标委员会的设立

评标由招标人建立的专门的评标小组承担。评标委员会的技术、经济等方面的专家应当符合以下条件:

a. 应当从事相关领域工作满八年;

b. 必须具有高级职称或者具有同等专业水平;

c. 对招标采购方面具有法律方面相应的知识,并有参加招标投标活动的实践经验;

d. 具有良好的职业道德,能够认真、公正地履行职责。

下列人员没有资格参加评标委员会:

a. 任何受投标人或者投标人下属机构或者代表雇佣的人;

b. 与任何投标人有合同关系的或者以任何方式有业务联系的人以及上述人员的亲属、业务合伙人;

c. 任何因在招标或者有关过程中询私舞弊正受处分的人或者有任何刑事犯罪的人。

招标人和评标委员会的每个成员之间应当缔结一个有约束力的协议,并明确规定评标委员会的职责。

评标委员会成员的名单在中标结果确定前应当保密。这样规定主要是防止评标过程中出现不正当行为影响评标结果的公正性。

C. 评标的准备工作。

a. 认真研究所发送的招标文件,以彻底了解招标的范围和性质。

(A) 完成与招标有关的基本信息和数据表。基本信息和数据表表示关于招标的主要基本信息。包括:招标的标题和参考号;预算的或者估计的合同金额;发出招标公告的日期;购买的招标文件编号;所收到的投标文件的编号;提交投标文件的截止日期等等。

(B) 对照在评标过程中所需要的基本规定按照相关要求检查招标文件。

(C) 参与有关招标活动如公开开标会等,以进一步加深其对招标的理解,以及编制一些在评标时要用的重要要求一览表。

b. 评标的公正性和独立性

《招标投标法》第三十九条规定:评标委员会可以要求投标人对投标文件中含义不明确的内容作必要的澄清或者说明,但是澄清或者说明不得超出投标文件的范围或者改变投标文件的实质性内容。

评标委员会要求投标人对投标文件的相关内容作出澄清或者说明,其目的是有利于评标委员会对投标文件的审查、评审和比较。

澄清和说明的范围:评标委员会可以要求投标人对投标文件中含义不明确的内容作必要的澄清或者说明,但这些澄清或者说明是限制在一定范围内的。

D. 评标程序、评标依据和中标人的确定方式

《招标投标法》第四十条规定:评标委员会应当按照招标文件确定的评标标准和方法,对投标文件进行评审和比较;设有标底的,应当参考标底。评标委员会完成评标后,应当向招标人提出书面评标报告,并推荐合格的中标候选人。招标人根据评标委员会提出的书面评标报告和推荐的中标候选人确定中标人。招标人也可以授权评标委员会直接确定中标人。国务院对特定招标项目的评标有特别规定的,服从其规定。

a. 评标程序和评标依据。评标程序一般分为初步评标和详细评标两个阶段。

初步评标的内容主要是：投标人资格是否符合要求，投标文件是否完整，投标人是否按照规定的方式提交投标保证金，投标文件是否基本上符合招标文件的要求等；初步评标完成后，即应进行详细评标。只有在初评中确定为基本合格的投标，才可以进入详细评标阶段。

评标标准和方法由招标文件确定。评标委员会要依据招标文件确定的评标标准和方法对投标文件进行评审和比较；设有标底的，应当参考标底。评标委员会要按照评标价的高低，由低到高，评定出各投标的排列次序。工程采购招标要对投标价的组成、技术条件、财务能力等方面进行全面的评审和综合分析，最后选择出最低评标价的投标。

评标委员会在评标过程中，最主要的是做好以下三个方面的工作：

（A）分析投标价。一是按比例分摊的方式；二是根据承包各单项工程的风险的不同进行分摊；三是根据对履约中工程量可能发生变化的趋势所作的判断摊入到各单价中去。对投标报价的分析要保密。

（B）对技术条件的评审。技术条件评审主要是对投标人是否能够保证项目在质量、数量的前提下如期完成所承包的全部工程所作的审查。投标文件首先要符合招标文件中关于图纸和规范的要求。

（C）对合同、财务方面的评审。其主要包括：一是检查投标文件的完整性，是否按照招标文件的要求做出反应；二是授权签署投标文件代表的授权书是否完备；三是对合同条款以及其他有关协议等，是否提出修改。附加条件或者保留条件，以及是否允许这些修改或者条件等作出全面、认真的评审。

中标人的确定权。评标委员会经过对投标人的投标文件进行初步评标和详细评标以后，评标委员会要编制书面评标报告。

招标人根据评标委员会提出的书面评标报告和推荐的中标候选人确定中标人。招标人如果认为有必要，也可以将确定中标人的权力授权给评标委员会。

b. 中标人的投标应当符合的条件

《招标投标法》第四十一条规定：中标人的投标应当符合下列条件之一：（A）能够最大限度地满足招标文件中规定的各项综合评标标准；（B）能够满足招标文件的实质性要求，并且经评审的投标价格最低；但是投标价格低于成本的除外。

c. 否决所有投标

《招标投标法》第四十二条规定：评标委员会经评审，认为所有投标都不符合招标文件要求的，可以否决所有投标。所有投标被否决的，招标人应当依照本法重新招标。

d. 招标人与投标人在确定中标人前不得就投标实质性内容谈判

《招标投标法》第四十三条规定：在确定中标人前，招标人不得与投标人就投标价格、投标方案等实质件内容进行谈判。

E. 中标

a. 中标通知书的发出及其法律效力

《招标投标法》第四十五条第一款规定：中标人确定后，招标人应当向中标人发出中标通知书，并同时将中标结果通知所有未中标的投标人。

中标通知书的法律效力。《招标投标法》第四十五条第二款规定：中标通知书对招标人和中标人具有法律效力。中标通知书发出后，招标人改变中标结果的，或者中标人放弃中标项目的，应当依法承担法律责任。

b. 招标人与中标人订立合同和履约保证金

合同订立的时间和形式。《招标投标法》第四十六条第一款规定：招标人和中标人应当自中标通知书发出之日起三十日内，按照招标文件和中标人的投标文件订立书面合同。招标人和中标人不得再行订立背离合同实质性内容的其他协议。

招标人和中标人应当在法定期限内按照招标文件和中标人的投标文件订立书面合同。当事人采取合同书形式订立合同的，自双方当事人签字或者盖章时合同成立。

c. 依法必须进行招标的项目的书面报告

《招标投标法》第四十七条规定：依法必须进行招标的项目，招标人应当自确定中标之日起十五日内，向有关行政监督部门提交招标投标情况的书面报告。

《招标投标法》第七条的规定：招标投标活动及其当事人应当接受依法实施的监督、有关行政监督部门依法对招标投标活动实施监督，依法查处招标投标活动中的违法行为。有关行政监督管理部门监督招标投标活动的前提是要了解招标投标活动的情况。

除了对招标投标活动的不同阶段进行分别监督外，还要对招标投标活动的整个过程进行了解。《招标投标法》规定招标人在确定中标人之日起十五日内，向有关行政监督管理部门提交书面报告。书面报告的内容包括招标过程、投标过程、评标过程和签订合同等招标投标的情况。

d. 中标人不得转让中标项目和有关分包的法律规定

《招标投标法》第四十八条规定：中标人应当按照合同约定履行义务，完成中标项目。

中标人不得向他人转让中标项目，也不得将中标项目肢解后分别向他人转让。中标人按照合同约定或者经招标人同意，可以将中标项目的部分非主体、非关键性工作分包给他人完成。接受分包的人应当具备相应的资格条件，并不得再次分包。中标人应当对分包项目向招标人负责，接受分包的人就分包项目承担连带责任。

我国《建筑法》和《合同法》等法律和有关行政法规，都有关于禁止转包工程项目的规定和工程项目正常分包的规定。

第八节　工程建设代建机构

一、工程建设代建制的概念

所谓代建制，是指政府通过招标等方式，选择专业化的项目管理单位（代建单位），负责项目的投资管理和建设实施的组织工作，严格控制项目投资、质量和工期，项目建成后交付使用单位的制度。代建期间，代建单位按照合同约定代行项目建设的投资主体职责。实行代建制的关键在于通过公开竞争机制选择具有专业素质的代建单位、用经济合同以及法律手段来约束代建单位执行合同约定的代建任务。

实施代建制有利于政府进一步转变职能。对代建制项目，政府主要把握产业政策和宏观决策，项目的具体建设实施交给专业化的项目管理单位进行管理，能较好地理顺政府投资项目中各方的责权利，从而使政府从微观管理、具体项目管理上解脱出来，重点进行宏观管理和规范市场秩序等方面的工作。

同时，代建制可以改变过去自建制存在的一些弊端：一是使用单位缺乏全面专业化的建设管理经验，在规划设计审查、工程质量控制、工期控制以及成本控制等方面难以达到专业化标准；二是使用单位在建设过程中自行改变项目功能，扩大规模，提高标准，导致突破投资概算现象时有发生；三是因缺乏有效的运作及监管机制，容易导致工程腐败现象的产生。

政府投资建设项目是全社会固定资产投资项目的重要组成部分，因其具有投资大、公益性等特点，为经济和社会发展作出了巨大贡献。但是，由于在项目管理方式上存在问题，政府投资建设项目三超现象比较普遍，腐败事件时有发生，投资效益往往不能最大化。近年来，不少地方已经意识到对现行政府投资建设项目管理方式进行改革的必要性和紧迫性，开展了积极探索，取得了良好成效。这当中，比较成熟和先进的一种方式就是对政府投资建设项目实行代建制。

二、代建制的历史沿革及内容

代建制最早起源于美国的建设经理制（CM 制）。CM 制是业主委托一称为建设经理的人来负责整个工程项目的管理，包括可行性研究、设计、采购、施工、竣工试运行等工作，但不承包工程费用。建设经理作为业主的代理人，在业主委托的业务范围内以业主名义开展工作，如有权自主选择设计师和承包商，业主则对建设经理的一切行为负责。采用 CM 制进行项目管理，关键在于选择建设经理，一般来说，精通管理、商务、法律、设计、施工等知识和技能，并具有丰富经验和良好信誉，是一名优秀建设经理所必须具备的素质。

我们现在所说的代建制则是指项目业主（使用单位）通过招标的方式，选择社会专业化的项目管理单位（代建单位），负责项目的投资管理和建设组织实施工作，项目建成后交付使用单位的制度。与 CM 制相比，无论是在代理人的定义上还是在选择程序上，现代代建制都更具科学性和先进性。

代建制与工程总承包和工程项目委托管理这两种在国际上广泛运用的现代项目管理模式也有着很大区别。

目前，发达国家工程总承包的主要方式有：（1）设计—建造总承包（Design-Build），承包商负责工程项目的设计和建造，对工程质量、安全、工期、造价全面负责；（2）设计—采购—施工总承包（Engineering Procurement Construction），总承包商按照合同约定，完成工程设计、设备材料采购、施工、试运行等服务工作，实现设计、采购、施工各阶段工作合理交叉与紧密配合，并对工程质量、安全、工期、造价全面负责，承包商在试运行阶段还需承担技术服务；（3）交钥匙总承包（Turnkey），与 EPC 方式基本一样，但对试运行需承担全部责任。

工程项目委托管理指工程项目管理企业受业主委托，按合同约定，代表业主对工程项目的组织实施进行全过程或若干阶段的管理和服务。项目管理企业不直接参与工程的建设，但协助业主进行工程管理，如在项目决策阶段，为业主进行项目策划、编制项目建议书和可行性研究报告；在工程实施阶段为业主提供招标代理、设计管理、采购管理、施工管理和试运行等服务。

代建制与以上两者的突出区别在于：代建单位具有项目建设阶段的法人地位，拥有法人权利（包括在业主监督下对建设资金的支配权），同时承担相应的责任（包括投资保值责任)。而不论总承包商，还是项目管理企业都不具备项目法人地位，从而无法行使全部权利并承担相应责任。因而，项目使用单位无法从项目建设中超脱出来。

三、实施代建制的必要性

长期以来，我国政府投资项目基本上都是由使用单位通过组建临时基建班子(如基建办、工程指挥部等)进行建设管理。这些基建班子通常缺乏应有的建筑技术和工程经济等相关背景知识，不完全清楚投资规律和基本建设程序，不能掌握并运用先进的项目管理方法。因此，难免出现各种管理不善的现象，如决策不够成熟，随意调整方案，前期及实施阶段各环节之间相互脱节，工程建设周期长，工作效率不高，投资效益低下等。同时，基建班子一般在项目建成后随即撤消，在建设中积累的经验教训不能转为技术资源，供其他单位或后续项目借鉴。在此情况下，一些地区逐步开始尝试对政府投资项目实行代建制。

试点项目的建设实践说明：代建制与过去的自建制相比，在项目建设管理过程中能够发挥独特的作用，优势十分明显。

1. 项目决策更加科学深入

实行代建制，使用单位将前期工作委托代建单位通过选择专业咨询机构完成，而非自己决策，可行性研究等工作不仅需达到国家规定的深度要求，更重要的是必须满足项目后续工作的需要。前期决策阶段所确定的建设内容、规模、标准及投资，一经确定，便不得随意改动，使得前期工作的重要性和科学性得到切实体现。同时，在代建制下，政府需根据合同约定，按照项目进度拨付阶段所确定的建设内容、规模、标准及投资，一经确定，便不得随意改动，使得前期工作的重要性和科学性得到切实体现。同时，在代建制下，政府需根据合同约定，按照项目进度拨付工程款，因此，政府必须比以往更加重视项目资金的筹措和使用计划，排出项目重要性顺序，循序渐进，量力而为。这将改变当前因政府实施项目过多而产生的负债建设、拖欠工程款等不良现状。

2. 项目管理水平和工作效率大幅提高

自建制下，使用单位对政府投资项目的管理一般是行政式的管理，项目负责人一般由单位负责人兼任，基建班子也都是从单位中临时抽调的人员。尽管业主是最重要的角色，但管理团队中缺乏专业人员。在这种情况下，使用单位对于项目的管理必然是低水平的管理，并进而影响工作效率的优化。同时，由于人力、物力的分流，必然对使用单位日常工作的开展产生不利影响。

代建制下，通过招标选择的代建单位往往是专业从事项目投资建设管理的咨询机构。它们拥有大批专业人员，具有丰富的项目建设管理知识和经验，熟悉整个建设流程。委托这样的机构代行业主职能，对项目进行管理，能够在项目建设中发挥重要的主导作用，通过制订全程项目实施计划，设计风险预案，协调参建单位关系，合理安排工作，能极大地提升项目管理水平和工作效率。而使用单位也可从盲目、烦琐的项目管理业务中超脱出来，将精力更多的放到本职工作上去。

3. 项目控制得到真正落实

在现行政府投资项目管理体制下，缺乏有效的控制机制：前期工作的不够深入，决策的随意变更等因素，容易造成投资一超再超；通过各种关系进入挤进项目的施工单位和材料设备供应商，使严格的质量控制成为难以达到的目标；由于跃进式或赶超式发展的历史情结，政府官员偏好于抢工期，以项目提前竣工作为进度控制的目标，而不顾是否科学合理。

代建制为政府投资项目引入严格的以合同管理为核心的法制建设机制，在满足项目功能的前提下，项目的投资、质量和进度要求在使用单位与代建单位的委托合同中一经确定，便不得随意改动。代建单位将全心全意做好项目控制工作，使用单位则侧重于监督合同的执行和代建单位的工作情况，对项目的实施一般不能无故干涉。

4. 竞争机制发挥充分作用

竞争是激发活力和创新的源泉。代建制采用多道环节的招标采购，竞争充分，无论是投标代建的单位还是投标前期咨询、施工或设备材料供应的单位，必然会尽其所能，以合理的报价提供最优的技术方案、服务和产品，这不仅有利于降低项目总成本，还能起到优化项目的作用。

5. 有利于遏制腐败

代建制的实行将打破现行政府投资体制中"投资、建设、管理、使用"四位一体的模式，使各环节彼此分离、互相制约。使用单位不再介入项目前期服务、建设施工及材料设备采购等环节的招标定标活动，代建单位在透明的环境下进行招标，公开、公平、公正地定标，这将有利于遏制政府投资项目建设过程中的腐败事件发生。

6. 政府对项目的监管更加规范有力

政府投资建设项目容易"超投资、超规模、超标准"，除了建设单位管理经验不足这个浅层因素外，关键是缺乏有效的投资约束机制。项目建设单位、施工单位及其他与项目有关的利益群体都是三超的受益群体。尽管审批部门在项目立项时，会按照一些政策加以限定，但对少报多建、追加投资、超标装修等建设过程中的问题，缺少有效的调控制约手段。

代建制将增强项目建设各方的责任意识。通过职责分工，项目建设各方之间产生互相监督工作的关系。特别是使用单位，在提出项目功能和建设要求后，其主要工作就是对代建单位的监督，有利于自觉规范投资管理行为。

代建制有利于政府加强对投资项目的监管。政府主要以合同管理为中心，运用法律手段，制衡各方。同时，项目审批部门根据国家政策审批项目的建设内容、投资、规模和标准，并下达项目建设计划和资金使用计划；财政部门将政府资金集中起来，根据发展改革部门下达的资金使用计划直接拨付给代建单位；发展改革、财政、审计、监察等部门运用稽察、审计、监察等手段，对项目进行强力有效的外部监督。

四、代建制的实施

国家对政府投资项目管理方式的改革高度重视。2002年，国家有关部门组织了政府投资工程管理方式课题研究。2003年底，国家发改委主任马凯在内部工作会议上提出，要积极推行"代建制"试点。2004年7月16日，国务院出台了《关于投资体制改革的决定》，决定指出：加强政府投资项目管理，改进建设实施方式。……对非经营性政府投资项目加快推行"代建制"，即通过招标等方式，选择专业化的项目管理单位负责建设实施，严格控制项目投资、质量和工期，竣工验收后移交给使用单位。

目前，一些试点地区在推行代建制时由发展改革部门牵头负责实行代建制的组织实施工作；财政部门对代建制项目的财务活动实施财政管理和监督；其他有关行政主管部门按照各自职责做好相关管理工作。

政府投资代建项目的代建单位通过招标确定。发展改革部门负责政府投资项目代建单位的招标工作，各相关专业部门按照职责分工参与或配合招标工作。

政府投资代建项目按照《招标投标法》等相关法律法规，由代建单位对建设项目的勘察、设计、施工、监理、主要设备材料采购公开招标。

政府投资代建项目实行合同管理，代建单位确定后，发展改革部门、使用单位、代建单位三方签定相关项目委托代建合同。

1. 组织实施程序

政府投资代建项目的代建工作分两阶段实施：

（1）招标确定项目前期工作代理单位，由中标的项目前期工作代理单位负责根据批准的项目建议书，对工程的可行性研究报告、勘察直至初步设计实行阶段代理；

（2）招标确定建设实施代建单位，由中标的建设实施代建单位负责根据批准的初步设计概算，对项目施工图编制、施工、监理直至竣工验收实行阶段代理。根据项目的具体情况，政府投资项目也可以委托一个单位进行全过程代建管理。

代建项目组织实施程序主要有：

（1）使用单位提出项目需求，编制项目建议书，按规定程序报发展改革部门审批；

（2）发展改革部门批复项目建议书，并在项目建议书批复中确定该项目实行代建制，明确具体代建方式；

（3）发展改革部门委托具有相应资质的社会招标代理机构，按照国家和地方有关规定，通过招标确定具备条件的前期工作代理单位，发展改革部门与前期工作代理单位、使用单位三方签订书面《前期工作委托合同》；

（4）前期工作代理单位遵照国家和地方有关规定，对项目勘察、设计进行公开招投标，并按照《前期工作委托合同》开展前期工作，前期工作深度必须达到国家有关规定，如果报审的初步设计概算投资超过可行性研究报告批准估算投资一定比例（如3%）或建筑面积超过批准面积一定比例（如5%），需修改初步设计或重新编制可行性研究报告，并按规定程序报原审批部门审批；

（5）发展改革部门会同规划、建设等部门，对政府投资代建项目的初步设计及概算投资进行审核批复；

（6）发展改革部门委托具有相应资质的招标代理机构，依据批准的项目初步设计及概算投资编制招标文件，并组织建设实施代建单位的招投标；

（7）发展改革部门与建设实施代建单位、使用单位三方签订书面《项目代建合同》，建设实施代建单位按照合同约定在建设实施阶段代行使用单位职责，《项目代建合同》生效前，建设实施代建单位应提供工程概算投资10%～30%的银行履约保函。具体保函金额，根据项目行业特点，在项目招标文件中确定；

（8）建设实施代建单位按照国家和地方有关规定，对项目施工、监理和重要设备材料采购进行公开招标，并严格按照批准的建设规模、建设内容、建设标准和概算投资，进行施工组织管理，严格控制项目预算，确保工程质量，按期交付使用，严禁在施工过程中利用施工洽商或者补签其他协议随意变更建设规模、建设标准、建设内容和总投资额，因技术、水文、地质等原因必须进行设计变更的，应由建设实施代建单位提出，经监理和使用单位同意，报发展改革部门审批后，再按有关程序规定向其他相关管理部门报审；

（9）政府投资代建制项目建成后，必须按国家有关规定和《项目代建合同》约定进行严格的竣工验收，办理政府投资财务决算审批手续，工程验收合格后，方可交付使用。

前期工作代理单位应在工作结束后约定期限内，向使用单位办理移交手续。建设实施代建单位应在项目竣工验收后一定期限内按财政部门批准的资产价值向使用单位办理资产交付手续。

2. 资金管理

项目资金由代建单位管理。代建单位根据实际工作内容和工程进度，提出资金使用计划。发展改革部门将资金计划下达给代建单位，由财政部门直接拨付给代建单位使用。

有关部门依据国家和地方有关规定，对政府投资代建制项目进行稽察、评审、审计和监察。

3. 奖惩措施

前期工作代理单位和建设实施代建单位应当严格依法进行勘察、设计、施工、监理、主要设备材料采购招标工作，未经批准擅自邀请招标或不招标的，由有关行政监督部门依法进行处罚，发展改革部门可暂停合同执行或暂停资金拨付。

前期工作代理单位未能恪尽职守，导致由于前期工作质量缺陷而造成工程损失的，应按照《前期工作委托合同》的约定，承担相应的赔偿责任。同时，该前期工作代理单位在一定年限内不得参与该地区政府投资建设项目前期工作。

建设实施代建单位未能完全履行《项目代建合同》，擅自变更建设内容、扩大建设规模、提高建设标准，致使工期延长、投资增加或工程质量不合格，所造成的损失或投资增加额一律从建设实施代建单位的银行履约保函中补偿；履约保函金额不足的，相应扣减项目代建管理费；项目代建管理费不足的，由建设实施代建单位用自有资金支付。同时，该建设实施代建单位在一定年限内不得参与该地区政府投资建设项目代建单位投标。

在政府投资代建项目的稽察、评审、审计、监察过程中，发现前期工作代理单位或建设实施代建单位存在违纪违规行为，发展改革部门可中止有关合同的执行。由此造成的损失由前期工作代理单位或建设实施代建单位赔偿。

项目建成竣工验收，并经竣工财务决算审核批准后，如决算投资比合同约定投资有节余，建设实施代建单位可参与分成。

第九节　工程造价咨询机构

一、工程造价咨询机构简介

根据《工程造价咨询企业管理办法》，工程造价咨询企业，是指接受委托，对建设项目投资、工程造价的确定与控制提供专业咨询服务的企业。工程造价咨询企业资质等级分为甲级、乙级。

甲级工程造价咨询企业可以从事各类建设项目的工程造价咨询业务。

乙级工程造价咨询企业可以从事工程造价5000万元人民币以下的各类建设项目的工程造价咨询业务。

工程造价咨询业务范围包括：

（一）建设项目建议书及可行性研究投资估算、项目经济评价报告的编制和审核；

（二）建设项目概预算的编制与审核，并配合设计方案比选、优化设计、限额设计等工作进行工程造价分析与控制；

（三）建设项目合同价款的确定（包括招标工程工程量清单和标底、投标报价的编制和审核）；合同价款的签订与调整（包括工程变更、工程洽商和索赔费用的计算）及工程款支付，工程结算及竣工结（决）算报告的编制与审核等；

（四）工程造价经济纠纷的鉴定和仲裁的咨询；

（五）提供工程造价信息服务等。

工程造价咨询企业可以对建设项目的组织实施进行全过程或者若干阶段的管理和服务。

二、建设工程项目工程造价的基本构成

按照原国家计委审定（计办投资[2002]15号）发行的《投资项目可行性研究指南》规定，现行建设工程项目投资构成，如图1.3-1所示。广义的工程造价是指建设项目总投资、狭义的工程造价是指建筑安装工程费用。

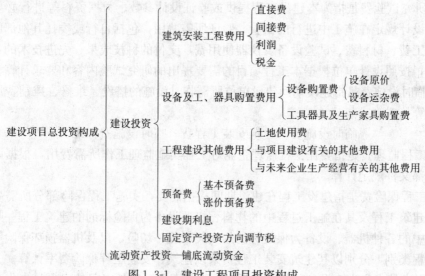

图1.3-1　建设工程项目投资构成

（一）设备及工器具购置费的组成

设备工器具购置费，是指为工程项目购置或自制达到固定资产标准的设备和新建、扩建工程项目配置的首批工器具，以及生产家具所需的费用，设备及工器具购置费由设备购置费和工器具及生产家具购置费组成。设备购置费包括设备原价或进口设备抵岸价和设备运杂费，即：

设备购置费＝设备原价或进口设备抵岸价＋设备运杂费

式中，设备原价系指国产标准设备、非标准设备的原价。设备运杂费系指设备原价中未包括的包装和包装材料费、运输费、装卸费、采购费及仓库保管费、供销部门手续费等。如果设备是由设备成套公司供应的，成套公司的服务费也应计入设备运杂费之中。

（二）工程建设其他费的组成

工程建设其他费包括土地使用费、与项目建设有关的其他费用和与未来企业生产经营有关的其他费用。

1. 土地使用费

(1) 土地征用费。农用土地征用费由土地补偿费、安置补助费、土地投资补偿费、土地管理费、耕地占用税等组成,并按被征用土地的原用途给予补偿。

(2) 取得国有土地使用费。取得国有土地使用费包括:土地使用权出让金、城市建设配套费、拆迁补偿与临时安置补助费等。

2. 与项目建设有关的其他费用

(1) 建设单位管理费。建设单位管理费是指建设工程从立项、筹建、建设、联合试运转、竣工验收交付使用及后评估等全过程管理所需的费用。内容包括:建设单位开办费和建设单位经费。计算公式为:

$$建设单位管理费 = 工程费用 \times 建设单位管理费指标$$

式中,工程费用是指建筑安装工程费用和设备及工、器具购置费用之和。

(2) 勘察设计费是指为本建设工程提供项目建议书、可行性研究报告及设计文件等所需费用。勘察设计费应按照原国家计委颁发的工程勘察设计收费标准计算。

(3) 研究试验费是指为本建设工程提供或验证设计参数、数据资料等进行必要的研究试验以及设计规定在施工中进行的试验、验证所需费用,包括自行或委托其他部门研究试验所需人工费、材料费、试验设备及仪器使用费,支付的科技成果、先进技术的一次性技术转让费,按照设计单位根据本工程项目的需要提出的研究试验内容和要求计算。

(4) 临时设施费是指建设期间建设单位所需临时设施的搭设、维修、摊销费用或租赁费用。计算公式为:

$$临时设施费 = 建筑安装工程费 \times 临时设施费标准$$

(5) 工程监理费是指委托工程监理企业对工程实施监理工作所需费用,根据国家物价局、建设部文件规定计算。

(6) 工程保险费是指建设工程在建设期间根据需要,实施工程保险部分所需费用。包括以各种建筑工程及其在施工过程中的物料、机器设备为保险标的的建筑工程一切险,以安装工程中的各种机器、设备为保险标的的安装工程一切险,以及机器损坏保险等。根据不同的工程类别,分别以其建筑安装工程费乘以建筑、安装工程保险费率计算。

(7) 引进技术和进口设备其他费包括出国人员费用、国外工程技术人员来华费用、技术引进费、分期或延期付款利息、担保费以及进口设备检验鉴定费。

3. 与未来企业生产经营有关的其他费用

(1) 联合试运转费是指新建企业或新增加生产工艺过程的扩建企业在竣工验收前,按照设计规定的工程质量标准,进行整个车间的负荷试运转发生的费用支出大于试运转收入的亏损部分。

(2) 生产准备费是指新建企业或新增生产能力的企业,为保证竣工交付使用进行必要的生产准备所发生的费用。

(3) 设备及工器具购置费是指为保证新建、改建、扩建项目初期正常生产、使用和管理所必需购置的办公和生活家具、用具的费用。这项费用按照设计定员人数乘以综合指标计算。

(三) 预备费的组成

预备费包括基本预备费和涨价预备费。

1. 基本预备费

基本预备费是指在项目实施中可能发生难以预料的支出,需要预先预留的费用,又称不可预见费。主要指设计变更及施工过程可能增加的费用。计算公式为:

基本预备费＝(设备及工器具购置费＋建筑、安装工程费＋工程建设其他费)
×基本预备费率

2. 涨价预备费

指工程项目在建设期内由于物价上涨、汇率变化等因素影响而需要增加的费用,计算公式为:

$$PC = \sum_{t=1}^{n} I_t [(1+f)^t - 1]$$

式中　PC——涨价预备费;

　　　I_t——第 t 年的建筑安装工程费、设备及工器具购置费之和;

　　　n——建设期;

　　　F——建设期价格上涨指数。

(四) 建设期利息的计算

建设期利息是指工程项目在建设期间内发生并计入固定资产的利息。建设期利息应按借款要求和条件计算。国内银行借款按现行贷款计算,国外贷款利息按协议书或贷款意向书确定的利率按复利计算。为了简化计算,在编制投资估算时通常假定借款均在每年的年中支用,借款第一年按半年计息,其余各年份按全年计息。计算公式为:

各年应计利息＝(年初借款本息累计＋本年借款额/2)×年利率

三、建筑安装工程费用项目组成

我国现行建筑安装工程费用项目组成(建标〔2003〕206号关于印发《建筑安装工程费用项目组成》的通知)包括直接费、间接费、利润和税金。

(一) 直接费

由直接工程费和措施费组成。

1. 直接工程费:是指施工过程中耗费的构成工程实体的各项费用,包括人工费、材料费、施工机械使用费。

(1) 人工费:是指直接从事建筑安装工程施工的生产工人开支的各项费用,内容包括:

① 基本工资:是指发放给生产工人的基本工资。

② 工资性补贴:是指按规定标准发放的物价补贴,煤、燃气补贴,交通补贴,住房补贴,流动施工津贴等。

③ 生产工人辅助工资:是指生产工人年有效施工天数以外非作业天数的工资,包括职工学习、培训期间的工资,调动工作、探亲、休假期间的工资,因气候影响的停工工资,女工哺乳时间的工资,病假在六个月以内的工资及产、婚、丧假期的工资。

④ 职工福利费:是指按规定标准计提的职工福利费。

⑤ 生产工人劳动保护费:是指按规定标准发放的劳动保护用品的购置费及修理费,徒工服装补贴,防暑降温费,在有碍身体健康环境中施工的保健费用等。

(2) 材料费:是指施工过程中耗费的构成工程实体的原材料、辅助材料、构配件、零件、半成品的费用。内容包括：

① 材料原价（或供应价格）。

② 材料运杂费：是指材料自来源地运至工地仓库或指定堆放地点所发生的全部费用。

③ 运输损耗费：是指材料在运输装卸过程中不可避免的损耗。

④ 采购及保管费：是指为组织采购、供应和保管材料过程中所需要的各项费用。包括：采购费、仓储费、工地保管费、仓储损耗。

⑤ 检验试验费：是指对建筑材料、构件和建筑安装物进行一般鉴定、检查所发生的费用，包括自设试验室进行试验所耗用的材料和化学药品等费用。不包括新结构、新材料的试验费和建设单位对具有出厂合格证明的材料进行检验，对构件做破坏性试验及其他特殊要求检验试验的费用。

(3) 施工机械使用费：是指施工机械作业所发生的机械使用费以及机械安拆费和场外运费。

施工机械台班单价应由下列七项费用组成：

① 折旧费：指施工机械在规定的使用年限内，陆续收回其原值及购置资金的时间价值。

② 大修理费：指施工机械按规定的大修理间隔台班进行必要的大修理，以恢复其正常功能所需的费用。

③ 经常修理费：指施工机械除大修理以外的各级保养和临时故障排除所需的费用。包括为保障机械正常运转所需替换设备与随机配备工具附具的摊销和维护费用，机械运转中日常保养所需润滑与擦拭的材料费用及机械停滞期间的维护和保养费用等。

④ 安拆费及场外运费：安拆费指施工机械在现场进行安装与拆卸所需的人工、材料、机械和试运转费用以及机械辅助设施的折旧、搭设、拆除等费用；场外运费指施工机械整体或分体自停放地点运至施工现场或由一施工地点运至另一施工地点的运输、装卸、辅助材料及架线等费用。

⑤ 人工费：指机上司机（司炉）和其他操作人员的工作日人工费及上述人员在施工机械规定的年工作台班以外的人工费。

⑥ 燃料动力费：指施工机械在运转作业中所消耗的固体燃料（煤、木柴）、液体燃料（汽油、柴油）及水、电等。

⑦ 养路费及车船使用税：指施工机械按照国家规定和有关部门规定应缴纳的养路费、车船使用税、保险费及年检费等。

2. 措施费：是指为完成工程项目施工，发生于该工程施工前和施工过程中非工程实体项目的费用。包括内容：

(1) 环境保护费：是指施工现场为达到环保部门要求所需要的各项费用。

(2) 文明施工费：是指施工现场文明施工所需要的各项费用。

(3) 安全施工费：是指施工现场安全施工所需要的各项费用。

(4) 临时设施费：是指施工企业为进行建筑工程施工所必须搭设的生活和生产用的临时建筑物、构筑物和其他临时设施费用等。

临时设施包括：临时宿舍、文化福利及公用事业房屋与构筑物，仓库、办公室、加工厂以及规定范围内道路、水、电、管线等临时设施和小型临时设施。

临时设施费用包括：临时设施的搭设、维修、拆除费或摊销费。

（5）夜间施工费：是指因夜间施工所发生的夜班补助费、夜间施工降效、夜间施工照明设备摊销及照明用电等费用。

（6）二次搬运费：是指因施工场地狭小等特殊情况而发生的二次搬运费用。

（7）大型机械设备进出场及安拆费：是指机械整体或分体自停放场地运至施工现场或由一个施工地点运至另一个施工地点，所发生的机械进出场运输及转移费用及机械在施工现场进行安装、拆卸所需的人工费、材料费、机械费、试运转费和安装所需的辅助设施的费用。

（8）混凝土、钢筋混凝土模板及支架费：是指混凝土施工过程中需要的各种钢模板、木模板、支架等的支、拆、运输费用及模板、支架的摊销（或租赁）费用。

（9）脚手架费：是指施工需要的各种脚手架搭、拆、运输费用及脚手架的摊销（或租赁）费用。

（10）已完工程及设备保护费：是指竣工验收前，对已完工程及设备进行保护所需费用。

（11）施工排水、降水费：是指为确保工程在正常条件下施工，采取各种排水、降水措施所发生的各种费用。

（二）间接费

由规费、企业管理费组成。

1. 规费：是指政府和有关权力部门规定必须缴纳的费用（简称规费）。包括：

（1）工程排污费：是指施工现场按规定缴纳的工程排污费。

（2）工程定额测定费：是指按规定支付工程造价（定额）管理部门的定额测定费。

（3）社会保障费

① 养老保险费：是指企业按规定标准为职工缴纳的基本养老保险费。

② 失业保险费：是指企业按照国家规定标准为职工缴纳的失业保险费。

③ 医疗保险费：是指企业按照规定标准为职工缴纳的基本医疗保险费。

（4）住房公积金：是指企业按规定标准为职工缴纳的住房公积金。

（5）危险作业意外伤害保险：是指按照建筑法规定，企业为从事危险作业的建筑安装施工人员支付的意外伤害保险费。

2. 企业管理费：是指建筑安装企业组织施工生产和经营管理所需费用。内容包括：

（1）管理人员工资：是指管理人员的基本工资、工资性补贴、职工福利费、劳动保护费等。

（2）办公费：是指企业管理办公用的文具、纸张、账表、印刷、邮电、书报、会议、水电、烧水和集体取暖（包括现场临时宿舍取暖）用煤等费用。

（3）差旅交通费：是指职工因公出差、调动工作的差旅费、住勤补助费，市内交通费和误餐补助费，职工探亲路费，劳动力招募费，职工离退休、退职一次性路费，工伤人员就医路费，工地转移费以及管理部门使用的交通工具的油料、燃料、养路费及牌照费。

（4）固定资产使用费：是指管理和试验部门及附属生产单位使用的属于固定资产的房屋、设备仪器等的折旧、大修、维修或租赁费。

（5）工具用具使用费：是指管理使用的不属于固定资产的生产工具、器具、家具、交通工具和检验、试验、测绘、消防用具等的购置、维修和摊销费。

(6) 劳动保险费：是指由企业支付离退休职工的易地安家补助费、职工退职金、六个月以上的病假人员工资、职工死亡丧葬补助费、抚恤费、按规定支付给离休干部的各项经费。

(7) 工会经费：是指企业按职工工资总额计提的工会经费。

(8) 职工教育经费：是指企业为职工学习先进技术和提高文化水平，按职工工资总额计提的费用。

(9) 财产保险费：是指施工管理用财产、车辆保险。

(10) 财务费：是指企业为筹集资金而发生的各种费用。

(11) 税金：是指企业按规定缴纳的房产税、车船使用税、土地使用税、印花税等。

(12) 其他：包括技术转让费、技术开发费、业务招待费、绿化费、广告费、公证费、法律顾问费、审计费、咨询费等。

间接费的计算方法按取费基数的不同分为以下三种：

1. 间接费为计算基础

$$间接费 = 直接费合计 \times 间接费费率(\%)$$

2. 人工费和机械费合计为计算基础

$$间接费 = 人工费和机械费合计 \times 间接费费率(\%)$$

3. 人工费为计算基础

$$间接费 = 人工费合计 \times 间接费费率(\%)$$

(三) 利润

是指施工企业完成所承包工程获得的盈利。

(四) 税金

是指国家税法规定的应计入建筑安装工程造价内的营业税、城市维护建设税及教育费附加等。

税金计算公式

$$税金 = (税前造价 + 利润) \times 税率(\%)$$

1. 纳税地点在市区的企业

$$税率(\%) = \frac{1}{1 - 3\% - (3\% \times 7\%) - (3\% \times 3\%)} - 1$$

2. 纳税地点在县城、镇的企业

$$税率(\%) = \frac{1}{1 - 3\% - (3\% \times 5\%) - (3\% \times 3\%)} - 1$$

3. 地点不在市区、县城、镇的企业

$$税率(\%) = \frac{1}{1 - 3\% - (3\% \times 1\%) - (3\% \times 3\%)} - 1$$

四、工程造价的管理内容

工程造价管理是在基本建设的全过程(投资决策阶段、设计阶段、工程承发包阶段、施工阶段、竣工验收与交付使用阶段)进行工程造价的确定与控制，并做好工程造价管理的基础工作，从而使建设项目取得最大的投资效益。其基本内容一般包括以下几个方面。

(一) 做好工程造价管理的基础工作

工程造价管理的基础工作包括：概算定额、概算指标、基础定额、预算定额、估算指标、费用定额的制订、颁布和修改，工程造价指数以及材料、劳动力、机械台班市场价格信息的收集与发布，工程造价管理法规和管理制度的建立与完善等。

（二）科学确定基本建设费用构成

根据支配工程造价运动的客观规律，合理确定基本建设费用构成，以及其中建筑工程费用、安装工程费用、设备与工器具购置费用、其他工程与费用等的费用构成。

（三）基本建设各阶段合理确定工程造价

在基本建设程序的不同阶段，可通过表 1.3-5 所示的各种造价文件来确定工程造价。

建设程序各阶段的工程造价确定　　　　　　表 1.3-5

阶 段 划 分		工 程 造 价
投资决策阶段	项 目 建 议 书	投资估算
	项目可行性研究	
设 计 阶 段	初 步 设 计	设计概算
	技 术 设 计	修正概算
	施工图设计	施工图预算
实 施 阶 段	招 投 标	标底，报价
	承发包合同	合 同 价
	施　　工	施工预算，工程结算
	竣 工 验 收	竣工结算，竣工决算

五、工程价款的拨付与结算

（一）工程合同价款的约定与调整

1. 招标工程的合同价款应当在规定时间内，依据招标文件、中标人的投标文件，由发包人与承包人（以下简称"发、承包人"）订立书面合同约定。非招标工程的合同价款依据审定的工程预（概）算书由发、承包人在合同中约定。合同价款在合同中约定后，任何一方不得擅自改变。

2. 发包人、承包人应当在合同条款中对涉及工程价款结算的下列事项进行约定：

（1）预付工程款的数额、支付时限及抵扣方式；

（2）工程进度款的支付方式、数额及时限；

（3）工程施工中发生变更时，工程价款的调整方法、索赔方式、时限要求及金额支付方式；

（4）发生工程价款纠纷的解决方法；

（5）约定承担风险的范围及幅度以及超出约定范围和幅度的调整办法；

（6）工程竣工价款的结算与支付方式、数额及时限；

（7）工程质量保证（保修）金的数额、预扣方式及时限；

（8）安全措施和意外伤害保险费用；

（9）工期及工期提前或延后的奖惩办法；

（10）与履行合同、支付价款相关的担保事项。

3. 发、承包人在签订合同时对于工程价款的约定，可选用下列一种约定方式：

(1) 固定总价。合同工期较短且工程合同总价较低的工程，可以采用固定总价合同方式。

(2) 固定单价。双方在合同中约定综合单价包含的风险范围和风险费用的计算方法，在约定的风险范围内综合单价不再调整。风险范围以外的综合单价调整方法，应当在合同中约定。

(3) 可调价格。可调价格包括可调综合单价和措施费等，双方应在合同中约定综合单价和措施费的调整方法，调整因素包括：

① 法律、行政法规和国家有关政策变化影响合同价款；

② 工程造价管理机构的价格调整；

③ 经批准的设计变更；

④ 发包人更改经审定批准的的施工组织设计（修正错误除外）造成费用增加；

⑤ 双方约定的其他因素。

4. 承包人应当在合同规定的调整情况发生后 14 天内，将调整原因、金额以书面形式通知发包人，发包人确认调整金额后将其作为追加合同价款，与工程进度款同期支付。发包人收到承包人通知后 14 天内不予确认也不提出修改意见，视为已经同意该项调整。

当合同规定的调整合同价款的调整情况发生后，承包人未在规定时间内通知发包人，或者未在规定时间内提出调整报告，发包人可以根据有关资料，决定是否调整和调整的金额，并书面通知承包人。

5. 工程设计变更价款调整

(1) 施工中发生工程变更，承包人按照经发包人认可的变更设计文件，进行变更施工，其中，政府投资项目重大变更，需按基本建设程序报批后方可施工。

(2) 在工程设计变更确定后 14 天内，设计变更涉及工程价款调整的，由承包人向发包人提出，经发包人审核同意后调整合同价款。变更合同价款按下列方法进行：

① 合同中已有适用于变更工程的价格，按合同已有的价格变更合同价款；

② 合同中只有类似于变更工程的价格，可以参照类似价格变更合同价款；

③ 合同中没有适用或类似于变更工程的价格，由承包人或发包人提出适当的变更价格，经对方确认后执行。如双方不能达成一致的，双方可提请工程所在地工程造价管理机构进行咨询或按合同约定的争议或纠纷解决程序办理。

(3) 工程设计变更确定后 14 天内，如承包人未提出变更工程价款报告，则发包人可根据所掌握的资料决定是否调整合同价款和调整的具体金额。重大工程变更涉及工程价款变更报告和确认的时限由发承包双方协商确定。

收到变更工程价款报告一方，应在收到之日起 14 天内予以确认或提出协商意见，自变更工程价款报告送达之日起 14 天内，对方未确认也未提出协商意见时，视为变更工程价款报告已被确认。

确认增（减）的工程变更价款作为追加（减）合同价款与工程进度款同期支付。

（二）工程价款结算

工程价款结算应按合同约定办理，合同未作约定或约定不明的，发、承包双方应依照下列规定与文件协商处理：

1. 国家有关法律、法规和规章制度；

2. 国务院建设行政主管部门、省、自治区、直辖市或有关部门发布的工程造价计价标准、计价办法等有关规定；

3. 建设项目的合同、补充协议、变更签证和现场签证，以及经发、承包人认可的其他有效文件；

4. 其他可依据的材料。

工程预付款结算应符合下列规定：

（1）包工包料工程的预付款按合同约定拨付，原则上预付比例不低于合同金额的10%，不高于合同金额的30%，对重大工程项目，按年度工程计划逐年预付。计价执行《建设工程工程量清单计价规范》（GB 50500—2003）的工程，实体性消耗和非实体性消耗部分应在合同中分别约定预付款比例。

（2）在具备施工条件的前提下，发包人应在双方签订合同后的一个月内或不迟于约定的开工日期前的 7 天内预付工程款，发包人不按约定预付，承包人应在预付时间到期后10 天内向发包人发出要求预付的通知，发包人收到通知后仍不按要求预付，承包人可在发出通知 14 天后停止施工，发包人应从约定应付之日起向承包人支付应付款的利息（利率按同期银行贷款利率计），并承担违约责任。

（3）预付的工程款必须在合同中约定抵扣方式，并在工程进度款中进行抵扣。

（4）凡是没有签订合同或不具备施工条件的工程，发包人不得预付工程款，不得以预付款为名转移资金。

（三）工程量计算

1. 承包人应当按照合同约定的方法和时间，向发包人提交已完工程量的报告。发包人接到报告后 14 天内核实已完工程量，并在核实前 1 天通知承包人，承包人应提供条件并派人参加核实，承包人收到通知后不参加核实，以发包人核实的工程量作为工程价款支付的依据。发包人不按约定时间通知承包人，致使承包人未能参加核实，核实结果无效。

2. 发包人收到承包人报告后 14 天内未核实完工程量，从第 15 天起，承包人报告的工程量即视为被确认，作为工程价款支付的依据，双方合同另有约定的，按合同执行。

3. 对承包人超出设计图纸（含设计变更）范围和因承包人原因造成返工的工程量，发包人不予计量。

（四）工程进度款支付

1. 根据确定的工程计量结果，承包人向发包人提出支付工程进度款申请，14 天内，发包人应按不低于工程价款的 60%，不高于工程价款的 90%向承包人支付工程进度款。按约定时间发包人应扣回的预付款，与工程进度款同期结算抵扣。

2. 发包人超过约定的支付时间不支付工程进度款，承包人应及时向发包人发出要求付款的通知，发包人收到承包人通知后仍不能按要求付款，可与承包人协商签订延期付款协议，经承包人同意后可延期支付，协议应明确延期支付的时间和从工程计量结果确认后第 15 天起计算应付款的利息（利率按同期银行贷款利率计）。

3. 发包人不按合同约定支付工程进度款，双方又未达成延期付款协议，导致施工无法进行，承包人可停止施工，由发包人承担违约责任。

（五）工程竣工结算

1. 工程竣工结算方式

工程竣工结算分为单位工程竣工结算、单项工程竣工结算和建设项目竣工总结算。

2. 工程竣工结算编审

（1）单位工程竣工结算由承包人编制，发包人审查；实行总承包的工程，由具体承包人编制，在总包人审查的基础上，发包人审查。

（2）单项工程竣工结算或建设项目竣工总结算由总（承）包人编制，发包人可直接进行审查，也可以委托具有相应资质的工程造价咨询机构进行审查。政府投资项目，由同级财政部门审查。单项工程竣工结算或建设项目竣工总结算经发、承包人签字盖章后有效。

承包人应在合同约定期限内完成项目竣工结算编制工作，未在规定期限内完成的并且提不出正当理由延期的，责任自负。

3. 工程竣工结算审查期限

单项工程竣工后，承包人应在提交竣工验收报告的同时，向发包人递交竣工结算报告及完整的结算资料，发包人应按表1.3-6的规定时限进行核对（审查）并提出审查意见。

工程竣工结算报告金额表　　　　　　　　　　　　　　表1.3-6

	工程竣工结算报告金额	审　查　时　间
1	500万元以下	从接到竣工结算报告和完整的竣工结算资料之日起20天
2	500万元～2000万元	从接到竣工结算报告和完整的竣工结算资料之日起30天
3	2000万元～5000万元	从接到竣工结算报告和完整的竣工结算资料之日起45天
4	5000万元以上	从接到竣工结算报告和完整的竣工结算资料之日起60天

建设项目竣工总结算在最后一个单项工程竣工结算审查确认后15天内汇总，送发包人后30天内审查完成。

4. 工程竣工价款结算

发包人收到承包人递交的竣工结算报告及完整的结算资料后，应按相关文件规定的期限（合同约定有期限的，从其约定）进行核实，给予确认或者提出修改意见。发包人根据确认的竣工结算报告向承包人支付工程竣工结算价款，保留5%左右的质量保证（保修）金，待工程交付使用一年质保期到期后清算（合同另有约定的，从其约定），质保期内如有返修，发生费用应在质量保证（保修）金内扣除。

5. 索赔价款结算

发承包人未能按合同约定履行自己的各项义务或发生错误，给另一方造成经济损失的，由受损方按合同约定提出索赔，索赔金额按合同约定支付。

6. 合同以外零星项目工程价款结算

发包人要求承包人完成合同以外零星项目，承包人应在接受发包人要求的7天内就用工数量和单价、机械台班数量和单价、使用材料和金额等向发包人提出施工签证，发包人签证后施工，如发包人未签证，承包人施工后发生争议的，责任由承包人自负。

发包人和承包人要加强施工现场的造价控制，及时对工程合同外的事项如实记录并履行书面手续。凡由发、承包双方授权的现场代表签字的现场签证以及发、承包双方协商确定的索赔等费用，应在工程竣工结算中如实办理，不得因发、承包双方现场代表的中途变更改变其有效性。

发包人收到竣工结算报告及完整的结算资料后，在相关文件规定或合同约定期限内，对结算报告及资料没有提出意见,则视同认可。承包人如未在规定时间内提供完整的工程竣工结算资料,经发包人催促后14天内仍未提供或没有明确答复,发包人有权根据已有资料进行审查,责任由承包人自负。

根据确认的竣工结算报告,承包人向发包人申请支付工程竣工结算款。发包人应在收到申请后15天内支付结算款,到期没有支付的应承担违约责任。承包人可以催告发包人支付结算价款,如达成延期支付协议,承包人应按同期银行贷款利率支付拖欠工程价款的利息。如未达成延期支付协议,承包人可以与发包人协商将该工程折价,或申请人民法院将该工程依法拍卖,承包人就该工程折价或者拍卖的价款优先受偿。

工程竣工结算以合同工期为准,实际施工工期比合同工期提前或延后,发、承包双方应按合同约定的奖惩办法执行。

(六)工程价款结算争议处理

工程造价咨询机构接受发包人或承包人委托,编审工程竣工结算,应按合同约定和实际履约事项认真办理,出具的竣工结算报告经发、承包双方签字后生效。当事人一方对报告有异议的,可对工程结算中有异议部分,向有关部门申请咨询后协商处理,若不能达成一致的,双方可按合同约定的争议或纠纷解决程序办理。

发包人对工程质量有异议,已竣工验收或已竣工未验收但实际投入使用的工程,其质量争议按该工程保修合同执行;已竣工未验收且未实际投入使用的工程以及停工、停建工程的质量争议,应当就有争议部分的竣工结算暂缓办理,双方可就有争议的工程委托有资质的的检测鉴定机构进行检测,根据检测结果确定解决方案,或按工程质量监督机构的处理决定执行,其余部分的竣工结算依照约定办理。

当事人对工程造价发生合同纠纷时,可通过下列办法解决:
(1)双方协商确定;
(2)按合同条款约定的办法提请调解;
(3)向有关仲裁机构申请仲裁或向人民法院起诉。

(七)工程价款结算管理

1. 工程竣工后,发、承包双方应及时办清工程竣工结算,否则,工程不得交付使用,有关部门不予办理权属登记。

2. 发包人与中标的承包人不按照招标文件和中标的承包人的投标文件订立合同的,或者发包人、中标的承包人背离合同实质性内容另行订立协议,造成工程价款结算纠纷的,另行订立的协议无效,由建设行政主管部门责令改正,并按《中华人民共和国招标投标法》第五十九条进行处罚。

3. 接受委托承接有关工程结算咨询业务的工程造价咨询机构应具有工程造价咨询单位资质,其出具的办理拨付工程价款和工程结算的文件,应当由造价工程师签字,并应加盖执业专用章和单位公章。

六、竣工决算

(一)建设项目竣工决算的概念及作用

1. 建设项目竣工决算的概念

建设项目竣工决算是指所有建设项目竣工后,建设单位按照国家有关规定在新建、改建和扩建工程建设项目竣工验收阶段编制的竣工决算报告。

2. 建设项目竣工决算的作用

（1）建设项目竣工决算是综合、全面地反映竣工项目建设成果及财务情况的总结性文件，它采用货币指标、实物数量、建设工期和各种技术经济指标综合、全面地反映建设项目自开始建设到竣工为止的全部建设成果和财物状况。

（2）建设项目竣工决算是办理交付使用资产的依据，也是竣工验收报告的重要组成部分。

（3）建设项目竣工决算是分析和检查设计概算的执行情况，考核投资效果的依据。

（二）竣工决算的内容

竣工决算由"竣工决算报表"和"竣工情况说明书"两部分组成。

一般大、中型建设项目的竣工决算报表包括：竣工工程概况表、竣工财务决算表、建设项目交付使用财产总表和建设项目交付使用财产明细表等；

小型建设项目的竣工决算报表一般包括：竣工决算总表和交付使用财产明细表两部分。除此以外，还可以根据需要，编制结余设备材料明细表、应收应付款明细表、结余资金明细表等，将其作为竣工决算表的附件。

大、中型和小型建设项目的竣工决算包括建设项目从筹建开始到项目竣工交付生产使用为止的全部建设费用，其内容包括以下四个方面：

1. 竣工决算报告情况说明书

竣工决算报告情况说明书主要反映竣工工程建设成果和经验，是对竣工决算报表进行分析和补充说明的文件，是全面考核分析工程投资与造价的书面总结，其内容主要包括：

（1）建设项目概况，对工程总的评价。

（2）资金来源及运用等财务分析。

（3）基本建设收入、投资包干结余、竣工结余资金的上交分配情况。

（4）各项经济技术指标的分析。

（5）工程建设的经验及项目管理和财务管理工作以及竣工财务决算中有待解决的问题。

（6）需要说明的其他事项。

2. 竣工财务决算报表

建设项目竣工财务决算报表要根据大、中型建设项目和小型建设项目分别制定。

大、中型建设项目竣工决算报表包括：建设项目竣工财务决算审批表，大、中型建设项目概况表，大、中型建设项目竣工财务决算表，大、中型建设项目交付使用资产总表；

小型建设项目竣工财务决算报表包括：建设项目竣工财务决算审批表，竣工财务决算总表，建设项目交付使用资产明细表。

3. 建设工程竣工图

建设工程竣工图是真实地记录各种地上、地下建筑物、构筑物等情况的技术文件，是工程进行交工验收、维护改建和扩建的依据，是国家的重要技术档案。其具体要求有：

（1）凡按图竣工没有变动的，由施工单位在原施工图上加盖"竣工图"标志后，即作为竣工图；

（2）凡在施工过程中，虽有一般性设计变更，但能将原施工图加以修改补充作为竣工图的，可不重新绘制，由施工单位负责在原施工图（必须是新蓝图）上注明修改的部分，并附以设计变更通知单和施工说明，加盖"竣工图"标志后，作为竣工图；

（3）凡结构形式改变、施工工艺改变、平面布置改变、项目改变以及有其他重大改变，不宜再在原施工图上修改、补充时，应重新绘制改变后的竣工图。施工单位负责在新图上加盖"竣工图"标志，并附以有关记录和说明，作为竣工图；

（4）为了满足竣工验收和竣工决算需要，还应绘制反映竣工工程全部内容的工程设计平面示意图。

4．工程造价比较分析

批准的概算是考核建设工程造价的依据。在分析时，可先对比整个项目的总概算，然后将建筑安装工程费、设备工器具费和其他工程费用逐一与竣工决算表中所提供的实际数据和相关资料及批准的概算、预算指标、实际的工程造价进行对比分析，以确定竣工项目总造价是节约还是超支，并在对比的基础上，总结先进经验，找出节约和超支的内容和原因，提出改进措施。在实际工作中，应主要分析以下内容：

（1）主要实物工程量。

（2）主要材料消耗量。

（3）考核建设单位管理费、建筑及安装工程其他直接费、现场经费和间接费的取费标准。

（三）竣工决算的编制

1．竣工决算的编制依据

竣工决算的编制依据主要有：

（1）可行性研究报告、投资估算书、初步设计或扩大初步设计、修正总概算及其批复文件；

（2）设计变更记录、施工记录或施工签证单及其他施工发生的费用记录；

（3）经批准的施工图预算或标底造价、承包合同、工程结算等有关资料；

（4）历年基建计划、历年财务决算及批复文件；

（5）设备、材料调价文件和调价记录；

（6）其他有关资料。

2．竣工决算的编制要求

（1）按照规定组织竣工验收，保证竣工决算的及时性。

（2）积累、整理竣工项目资料，保证竣工决算的完整性。

（3）清理、核对各项账目，保证竣工决算的正确性。

3．竣工决算的编制步骤

（1）收集、整理和分析有关依据资料；

（2）清理各项财务、债务和结余物资；

（3）填写竣工决算报表；

（4）编制建设工程竣工决算说明；

（5）做好工程造价对比分析；

（6）清理、装订好竣工图；

（7）上报主管部门审查。

第四章 工程建设标准

第一节 工程建设标准的概念及分类

一、工程建设标准的概念

标准和标准化的概念是一个总的或笼统的概念，它所包含的范围涉及到除政治、道德、法律以外的国民经济和社会发展的各个领域，工程建设标准和标准化应当说是标准和标准化的一个重要组成部分，也可以说是标准和标准化在工程建设领域的具体表现，其概念上的惟一区别在于标准或标准化范围的限定上。

工程建设标准是为在工程建设领域内获得最佳秩序，对建设活动或其结果规定共同的和重复使用的规则、导则或特性的文件，该文件经协商一致制定并经一个公认机构批准以科学、技术和实践经验的综合成果为基础，以促进最佳社会效益为目的。

工程建设标准化是为在工程建设领域内获得最佳秩序，对实际的或潜在的问题制定共同的和重复使用的规则的活动。

1984年国家计委召开的"全国标准定额工作会议"，对工程建设标准化工作的全面发展起到了巨大的推动作用。此后，工程建设标准化的科学化、制度化管理体系逐步建立起来，先后颁发了近20余项规范性文件。工程建设标准规范的制修订计划正式纳入到了国民经济和社会发展五年计划和年度计划，每年发布的国家标准在20项以上。工程建设标准在制修订过程中组织了大量的科学试验和测试验证工作，标准规范的质量和水平也得到了极大的提高。

工程建设标准化是在建设领域有效地实行科学管理、强化政府宏观调控的基础和手段，对规范建设市场行为、确保建设工程质量和安全、促进建设工程技术进步、提高建设工程经济效益和社会效益等都具有重要的意义。近几年来，随着我国社会主义市场经济体制的不断完善和加入世界贸易组织的实际需要，工程建设标准化作为在新的形势下强化工程建设质量管理的重要手段，受到了各级领导的高度重视和广泛关注。2000年1月30日，国务院第279号令发布了《建设工程质量管理条例》，对在我国社会主义市场经济条件下，建立新的建设工程质量管理制度的一系列重大问题，做出了明确的规定，其中，有关国家强制性标准的实施与监督，以及违反国家强制性标准的处罚规定，可以说是迄今为止最为严格的规定，打破了传统的单纯依靠行政管理保证建设工程质量的概念，开始走上了管理和技术并重的保证建设工程质量的道路。《建设工程质量管理条例》的发布实施，为工程建设标准化工作的改革和发展，提供了一个难得的机遇。建设部为了确保《建设工程质量管理条例》的贯彻实施，组织国务院各有关部门的专家，系统编制了包括：城乡规划、城市建设、房屋建筑、工业建筑、水利工程、电力工程、信息工程、水运工程、公路工程、铁道工程、石油和化工建设工程、矿山工程、人防工程、广播电影电视工程和民航机场工程在内的十五部分的《工程建设标准强制性条文》，把现行工程建设国家标准、行业标准中直接涉及人民生命财产安全、人体健康、环境保护和公众利益的，必须严格执行的技术要求，集中摘编在一起，要求严格贯彻执行。2001年底我国加入世界贸易组织以后，工程建设标准化工作受到了全社会的广泛关注，进一步完善工程建设标准体系，加快标准的制定、修订速度，提高工程建设标准的质量和技术水平，为建设市场的运行、管理和贸易，提供完善的技术依据和技术规则。同时，进一步强化工程建设标准，尤其是强制性标准的实施与监督力度，确保建设工程的质量和安全，保护人民群众生命财产安全，保护人体健康，保护环境和其他公共利益，以充分发挥工程建设标准化的作用，变得更加迫切也更加重要。

二、工程建设标准类别

每部分体系中的综合标准（图1.4-1左侧部分）均是涉及质量、安全、卫生、环保和公众利益等方面的目标要求或为达到这些目标而必需的技术要求及管理要求。它对该部分所包含各专业的各层次标准均具有制约和指导作用。目前的《工程建设标准强制性条文》可视为对应部分综合标准的雏形。每部分体系中所含各专业的标准分体系（图1.4-1右侧部分），按各自学科或专业内涵排列，在体系框图中竖向分为基础标准、通用标准和专用标准三个层次。上层标准的内容包括了其以下各层标准的某个或某些方面的共性技术要求，并指导其下各层标准，共同成为综合标准的技术支撑。这也从体系的角度揭示了目前强制性条文与相应技术标准的关联。

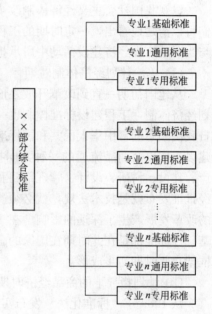

图1.4-1

（一）按发布部门分

1. 国家标准；
2. 行业标准；
3. 地方标准（仅限省、自治区、直辖市标准）；
4. 企业标准。

（二）按执行程度分

1. 强制性标准；
2. 推荐性标准。

（三）按标准内容分

1. 设计类；
2. 勘察类；
3. 施工质量验收类；
4. 鉴定加固类；
5. 工程管理类。

第二节 工程建设强制性条文

一、强制性条文的背景与发展

工程建设标准强制性条文产生的历史背景及过程

1. 经济发展与经济体制改革的产物

工程建设活动作为经济建设活动中的重要组成部分，其规模、形式必然要适应整个社会经济建设形势、模式的需要。飞速发展的经济建设和日趋深化的经济体制改革，势必带来大规模的工程建设，及相应的工程建设运行及管理机制的变革。工程建设标准作为工程建设活动的基本技术依据和通用规则，其框架体系、管理体制和运行机制的建立，也必然依附并适应于工程建设体制、机制乃至整个经济体制的改革与发展。

纵观我国社会主义经济体制改革的历程，并对应分析我国工程建设标准化的发展，我们可以清楚地看出，一定时期的工程建设标准化体制均与当时的经济体制相关联，同时也与当时政府在经济建设活动中所承担的角色有关。

(1) 单一计划经济体制时期

从建国初期一直到改革开放之前，我国在较长的社会主义建设时期实行的是单一的计划经济体制，工程建设标准体制也一直沿用的是单一的强制性标准体制。1979年7月31日我国颁布的《中华人民共和国标准化管理条例》中，明确规定："技术标准是从事生产、建设工作以及商品流通的一种共同技术依据"、"标准一经发布，就是技术法规，各级生产、建设、科研、设计、管理部门和企事业单位不得擅自更改或降低标准。"即：标准一经批准发布就是技术法规，就必须严格贯彻执行。这种长期形成的观念对后期标准化工作的改革发展产生了深远的影响。在30多年的时间，批准发布了相当数量的标准，大量的基础性标准都是在此时期在国家的全力支持下得以完成，尤其是房屋建筑部分的标准体系框架在此时期初步成形。

(2) 计划指导下的商品经济时期

从1989年《标准化法》发布实施以来，在经过的十多年的时间里，工程建设强制性与推荐性标准相结合的体制已初步确立。强制性与推荐性相结合的标准体制，是计划指导下的商品经济体制的产物。《标准化法》的立法目的中规定，制定本法的目的之一就是适应有计划的商品经济，即从其发布之日起，就已经打上了"有计划的商品经济"的烙印。所规定的强制性与推荐性相结合的标准体制，自然也是对应着有计划的商品经济体制。我国由计划经济体制向有计划的商品经济体制过渡，标准也由单一的强制性标准体制向强制性与推荐性相结合的标准体制过渡，可以说是历史发展的必然。但受长期计划经济的影响，此期间批准的标准，绝大部分定为强制性标准，并未按照《标准化法》严格界定强制性标准的范畴和内容。我国现行的各类工程建设强制性标准约2700项，占工程建设标准总量的75%，与房屋建筑有关的有750项之多，需要执行的强制性条文超过了15万条，强制性的技术要求覆盖房屋建筑的各个环节。从工程建设强制性标准的现状和具体内容来看，由于历史原因，现行标准的强制性，只是根据标准的适用范围和标准对建设工程质量或安全的影响程度，按照标准项目而划分的，并没有从内容上进行区分。现行的工程建设强制性标准，并非实质意义上的、完全符合《标准化法》规定的强制性标准，标准中的技术要求，不仅仅是涉及建设工程安全、人体健康、环境保护和公众利益方面的技术要求，而且更大量的是属于正常情况下技术人员应当做的、属于手册、指南等方面的技术要求，如果不加区分地要求在实际工作中予以严格执行，不可能达到政府控制工程质量的目的。总体来看，工程建设强制性标准带来的现实问题，主要包括：

① 非强制执行的技术要求强制执行。已经划分为强制性的标准规范，内容上还保留着大量的非强制执行的技术要求，随着我国法律、法规体系的不断完善、人们法律意识的不断增强以及对标准规范实施监督力度的进一步加强，这些非必要强制执行的技术要求，将在工程建设中得到严格的贯彻执行。在我国建设市场逐步开放的条件下，必然影响工程技术人员积极性和创造性的发挥，影响新技术、新材料、新工艺、新设备在工程建设中的推广应用。例如：1998年三江水灾之后，国务院各有关部门曾按照总理的批示，组织制订和修订了28项工程建设标准规范，为推广应用土工合成材料奠定了基础，但是，在诸如屋面防水工程等其他可以应用土工合成材料的领域，由于《屋面防水工程技术规范》等相应的标准规范，在材料选择、设计方法、施工工艺等方面的要求没有得到及时修改，土工合成材料在这些领域的推广应用受到了限制。又如：在《住宅设计规范》中，规定了在阳台上应当设置晾晒衣物的设施，如果建设单位或设计者没有执行这条规定而受到处罚，确实难有心服口服之感，这类事件处罚多了只能使技术人员丧失创新的意识和信心。

② 需要强制执行的技术要求得不到突出，难以严格贯彻落实，必然影响标准规范在保障工程建设质量、安全方面作用的充分发挥。这方面的问题目前已经反映出来了，建设部1999年开展的工程质量大检查，其重点就是住宅工程的地基基础、结构安全方面强制性标准规范的执行情况，采取"拉网式"检查，由于涉及的标准规范内容庞杂，也只能是有选择地、按照检查大纲，对部分重点内容进行检查。

③ 加大了工程建设技术人员了解和掌握标准规范的难度。标准强制性与推荐性体制建立的过程，实际上是标准项目和标准内容都在发生变化的过程。在这个过程中，需要工程技术人员特别关注标准规范的动态，随时了解和掌握标准规范法律属性和内容变化的情况，这个过程越长，掌握和执行的难度也就越大。

(3) 逐步建立与完善的市场经济时期

从1994年起，我国开始逐步建立和完善社会主义市场经济体制，即：宏观经济体制由有计划的商品经济体制向社会主义市场经济体制的转换。市场经济，其核心是竞争机制。国家行政主管部门仅对产品、建设工程的特性及验收要求制定标准，即技术法规，控制产品的成品质量，满足法定规定的各项功能要求，而生产过程的技术条件及措施，行政部门不作强制规定，即体现了在技术领域内实行开放政策，行政部门不介入。我国实行开放政策，经济体制转为社会主义市场经济，并日益深化完善，必然将促进竞争机制日益发展。马克思主义的观点认为，在社会的变革中，生产力是最活跃的因素，促进生产力发展的动力是科学技术，因此，对生产技术不应该强制约束，而应该是开放性的。国际上经济发达国家之所以经济发展快速，就在于对技术市场赋予竞争机制，行政部门仅止于宏观控制和疏导，并不具体干预、控制。否则只能阻滞技术发展。伴随着经济体制改革，政府职能也同时在转变，已逐步从政府包办一切转为宏观调控。对关乎国家和公众利益的建设工程的质量与安全问题，是政府重点监控的对象。在讲求依法行政的今天，工程建设标准势必成为各级政府对工程质量、安全进行监督管理的重要技术依据。面对如此众多和内容庞杂的强制性标准，政府部门要面面俱到地监控每一个环节是根本不可能的。2000年1月，国务院《建设工程质量管理条例》的出台，将强制性标准作为建设工程活动各方主体必须遵循的基本依据，同时也使现有工程建设标准体制与市场经济体制间的矛盾日益突出和激化。改革工程建设标准的体制，按照国际惯例重新构建适应社会主义市场经济体制的工程建设标准新体制并为宏观经济体制改革服务，已势在必行。

2. 工程建设标准强制性条文的演变过程

(1) 质量管理工作的需要

随着各级领导对工程质量管理工作的高度重视，单纯依靠行政手段管理质量问题已远远不能适应形势的需要，规范、监督对建设工程质量有决定性作用的工程技术活动，显得日趋重要。亦即充分发挥行政法规和技术标准两方面的作用，二者相辅相成，共同规范监督建设活动中的市场行为与技术行为，从而保证建设工程质量、安全。建设部在1999年的工程质量大检查中，首次将是否执行现行强制性标准列为重要内容之一。虽然当时仅是针对房屋建筑的结构和基础两部分的质量问题进行检查，但为了使检查工作顺利进行，不得不临时组织有关专家，依据相应的强制性标准，提炼、摘录出与质量安全直接相关的条文，编成《质量检查要点》以供检查之用。此时的《质量检查要点》可以说相当于现在的强制性条文的雏形，也是工程建设标准化为适应质量管理工作的需要而迈出的探索性的一步。《建设工程质量管理条例》促使这种探索不得不加快进程。就在《条例》出台4个月后，经过150余名专家10余天夜以继日的工作，2000年版强制性条文得以诞生。

(2) 现行法律构架内的权宜之策

工程建设标准体制必须要适应社会经济体制。为适应社会主义市场经济体制和国际形势的需要，1996年的《工程建设标准化"九五"工作纲要》中，就明确了需要研究建立工程建设技术法规和技术标准体制，以使我国的工程建设标准体制更好地适应开放政策和市场经济的深化发展。研究工作目前已取得一定成果，参照发达国家的先进经验，尽快建立我国的技术法规—技术标准相结合的工程建设标准体制，以满足市场经济和加入WTO的要求，成为工程建设标准化改革的首要任务。但从研究中我们也看到，任何国家的技术法规都不是孤立存在的，其密切依附于这一国家的法律构架之中，并由此产生相应的法律效力。《标准化法》作为我国技术立法的基本依据，其赋予了强制性标准的法律效力，在其未修改之前，工程建设标准体制改革，只能在其所规定的强制性标准与推荐性标准相结合的体制框架中进行。所以，《工程建设标准强制性条文》从其名称、产生过程、表达形式到批准发布程序，都基本遵照了标准的模式，并纳入了工程建设标准体系中，成为重要组成部分。所有这些，并不能有损于其标准化历史中里程碑的地位。随着其在规范市场和质量管理中所发挥的重要作用的日益体现，以及其自身的不断完善，完全可能成为真正意义上的、具有中国特色的"技术法规"。

(3) 在工程建设标准体系中的位置

标准体系是指导今后一定时期内标准制、修订立项以及标准的科学管理的基本依据。工程建设标准体系现包括15部分，如城乡规划、城镇建设、房屋建筑、铁路工程、水利工程、矿山工程等。每部分体系包含若干专业。

3. 强制性条文发展

2000年1月30日，国务院第279号令颁布了《建设工程质量管理条例》，这是国务院对如何在市场经济条件下，建立新的建设工程质量监督管理制度所做出的重大决定。《建设工程质量管理条例》的颁布实施，为建设工程质量提供了法律保障。《建设工程质量管理条例》从确保工程质量和投资效益的角度出发，对执行强制性标准作出了明确的规定。《条例》规定，县级以上地方人民政府建设行政主管部门应当加强对强制性标准执行情况的监督检查。《条例》对工程项目的建设单位以及勘察、设计、施工、监理等单位执行强制性标准作出了严格的规定，不执行强制性技术标准就是违法。同时，根据违反强制性技术标准所造成的后果的严重程度，规定了相应的处罚措施。这是迄今为止，国家对不执行强制性技术标准做出的最为严格的规定。它打破了传统的单纯依靠行政手段管理工程质量的概念，走上了行政管理和技术规定并重、保证工程质量的道路，为从根本上解决市场经济条件下建设工程的质量、安全问题奠定了基础。

据有关部门统计，截至1999年12月31日，我国现有的各类工程建设技术法规约3700项，国家标准430项，强制性标准270余项，推荐性标准160项，行业标准2300项，要求强制执行的2700多项，涉及条文15万条。这些标准、规范覆盖了各类工程建设的各个环节，基本上满足了建设工作的实际需要。但是这种典型计划经济体制下管理规范模式，不能适应市场经济下对规范的新要求，出现了许多问题：如强制性标准与推荐性标准混同，强制性标准与推荐性标准在制定、实施、修改方面存在透明度差的问题，强制性标准范围过宽、数量过多，标准的制定与修订滞后于科技发展，标准难以全面贯彻执行，标准实施监督困难等。

在我国加入WTO的新形势下，工程建设标准管理体制与国际标准接轨已是客观必然的要求。在现阶段，我国实行的是计划经济体制下的单一强制性标准，把标准作为一种强化生产和行政管理的手段，赋予标准单一的强制性，使标准本身具有法的属性，现行的技术标准管理体制与WTO要求不协调。所以，改革工程建设标准化管理模式，建立技术法规与技术标准相结合的管理体制，已是迫在眉睫。

目前建设领域直接形成技术法规，按照技术法规与技术标准体制运作还需要一个法律过程，在形成技术法规的过程中还有许多工作要做。在这种情况下，如何根据社会发展的新需要，对规范加以过渡性调整，如何贯彻《建设工程质量管理条例》，是一个紧迫的课题。2000年4月，国务院建设行政主管部门会同国务院有关行政主管部门组织专家起草国家《工程建设标准强制性条文》。《工程建设标准强制性条文》是对现行的强制性标准内容进行筛选，把直接涉及工程安全、人身健康、环境保护和公众利益，必须严格执行的条文摘编出来形成的。工程建设标准强制性条文本质就是工程建设强制性标准。

2000年版《工程建设标准强制性条文》（房屋建筑部分）（以下简称《2000年版强制性条文》），作为《建设工程质量管理条例》的一个配套文件，系将工程建设国家和行业标准中直接涉及人民生命财产安全、人身健康、环境保护和其他公众利益，并考虑了保护资源、节约投资、提高经济效益和社会效益等政策要求的条文进行摘录而成（摘录标准95项、1544条），于2000年4月20日批准发布。81号部长令明确了其性质及法律地位，通过实施，有力地促进了《建设工程质量管理条例》的全面贯彻执行。应该说，《2000年版强制性条文》对保证工程质量与安全、规范建筑市场、保护民族产业都起到了非常重要的作用。

2000年版的强制性条文颁布以后，立即受到工程界的高度重视，并作为工程建设执法的依据。近两年每年质量大检查和今年建筑市场专项治理中都把强制性条文作为重要依据，为保证和提高工程质量安全起到了根本性的作用。随着强制性条文的贯彻实施和工程建设标准化工作的深入开展，以及对强制性条文的深入研究和实践的检验，我们发现2000年版强制性条文(房屋建筑部分)还有一些不适应和不完善的地方，急需修订和完善。主要有三方面的情况：

（1）这几年国务院领导、建设部领导对标准化工作十分重视，加大了标准的编制力度，两年期间我们将建筑工程领域中的勘察、设计、施工质量验收规范进行了全面修订，相继颁布了一系列规范，规范的更新率达到42%，一些新的强制性条文需要纳入，原来已经确定的强制性条文也发生了变化，有些内容已经修改，需要及时调整；

（2）在2000年版本的摘录过程中，由于没有现成的经验借鉴，只是边干边研究，加上时间紧、任务重，一些摘录的条文还不尽合理，在体系上、逻辑上还不够严谨，甚至范围过宽、数量偏多，有些规定过细过杂，需要进行修订；

（3）由于强制性条文是在众多的标准规范中摘录的，系统性差的问题比较突出，需要采取一些补救措施，使之更加完整和协调，在实施过程中，各方提出了一些好的建议和意见，也应视情采纳。

根据各方面的意见和反映，建设部决定对2000年版的强制性条文(房屋建筑部分)进行修订。这项修订工作采取了区别于一般标准制定的程序和做法，积极借鉴国际上技术法规的制定程序和模式。首先成立了工程建设标准强制性条文(房屋建筑部分)咨询委员会，咨询委员会成员由包括6位院士在内的85位专家组成，覆盖了政府机关、科研单位、高等院校、设计、施工、监督、监理等房屋建筑各个领域。其次，明确了修订的原则，严格按照质量、安全、人体健康、环境保护和维护公共利益的规定，将整个房屋建筑的强制性条文作为一个体系来编制，并考虑向技术法规过渡的可能性。咨询委员会在强条修订过程中，广泛征求各方面的意见，反复进行研究和修改，工作非常认真负责。他们将新标准中的强制性条文、保留标准的强制性条文以及近期将发布的强制性条文，都进行编制整理，逐条审查，按照更科学、更严格的指导思想界定强制性条文。在体系框架和内容结构上，充分考虑其合理性，使得将来的技术法规能够在这个体系框架上逐步形成；在条文数量上既严格控制，又宽严适度，力争达到以较少的条文有效地控制质量安全的作用。

修订后的2002版《房屋建筑部分》强制性条文比2000年版减少了100条，引用的标准数增加了10本，共计涉及107项强制性标准，标准更新率为42%，条文总数为1444条，由九篇构成，即：建筑设计、建筑防火、建筑设备、勘察和地基基础、结构设计、房屋抗震设计、结构鉴定和加固、施工质量和施工安全。在两年多的时间里，我们从单纯的摘录进入到科学界定、调整完善的新阶段，工作的目标和针对性更强了，强制性条文的框架结构和内容更合理了，操作性也更强了，这是与时俱进的重要成果。当然，强制性条文的完善也是一个动态的、不断提高的过程，当前的成果也只是阶段性的，今后的任务仍十分繁重。

2002年版强制性条文的主要特点是：

（1）突出了对直接涉及人民生命财产安全、人身健康、环境保护和其他公众利益的关键技术控制要点的补充、强化；

（2）对《2000年版强制性条文》中摘录的，但至今尚未修订发布的标准，本着更严格、更科学的原则，针对执行中的情况，重新进行了审核确定，使其能够与新发布标准中的强制性条文协调，形成相对完善的有机整体，共同构成新版强制性条文；

(3) 强制性条文之间进行了充分协调，避免了矛盾和重复；

(4) 新版强制性条文具有较好的可操作性；

(5) 强制性条文强制的内容和范围明确，不引用其他标准中非强制性内容；

(6) 为保持今后强制性条文的连续性、协调性，在 2002 年版后的强制性条文仍由咨询委员会审查。批准的强制性条文将代替或补充 2002 年版强制性条文中的相应内容。

在执行本《强制性条文》的过程中，应系统掌握现行工程建设标准，全面理解强制性条文的准确内涵，以保证《强制性条文》的贯彻执行。

二、强制性条文的作用

建设部组织有关部门编制的《工程建设标准强制性条文》是一个向技术法规与技术标准体制过渡的过渡性成果，它是对现行工程建设标准体制的一个突破，是从研究、探索到具体实施迈出的关键性一步，下一步将通过对《工程建设标准强制性条文》内容的不断完善和改进，逐步形成我国的工程建设技术法规体系，与国际惯例接轨。在确保工程建设质量的实践中，强制性标准的实施起到关键性的作用，贯穿整个工程建设。在中华人民共和国境内从事新建、扩建、改建等工程建设活动，必须执行工程建设强制性标准。建设项目规划审查机关应当对工程建设规划阶段执行强制性标准的情况实施监督。施工图设计文件审查单位应当对工程建设勘察、设计阶段执行强制性标准的情况实施监督。建筑安全监督管理机构应当对工程建设施工阶段执行施工安全强制性标准的情况实施监督。工程质量监督机构应当对工程建设施工、监理、验收等阶段执行强制性标准的情况实施监督。

三、强制性条文的分类

强制性条文分为以下几类：城乡规划、电力工程、石油和化工建设工程、城市建设、信息工程、矿山工程、房屋建筑、水运工程、人防工程、工业建筑、公路工程、广播电影电视工程、水利工程、铁道工程、民航机场工程等十五类。

四、强制性标准条文(房屋建筑部分)的分类

(一) 2000 年版《工程建设标准强制性条文》的房屋建筑部分共分为八篇，涉及 97 项现行强制性标准，1544 个条款。主要内容如下：

1. 第一篇"建筑设计"

包括建筑设计基本规定(安全、卫生、无障碍及涉及老年人的要求)、建筑室内环境设计、建筑屋面防水设计和各类公共建筑、居住建筑等的专门设计。

2. 第二篇"建筑防火"

包括建筑耐火等级规定、总平面和建筑平面布置、建筑防火分区与构造、防火疏散和消防设施。

3. 第三篇"建筑设备"

包括给水排水设备、燃气设备、采暖、通风与空调设备、电气和防腐设备以及电梯。

4. 第四篇"勘察和地基基础"

包括岩土勘察、地基设计、基础设计、基坑支护和地基处理。

5. 第五篇"结构设计"

包括安全等级、荷载等的基本规定、混凝土结构设计、钢结构设计、砌体结构设计、

木结构设计以及幕墙等围护结构的设计。

6. 第六篇"房屋抗震设计"

包括抗震设防标准、抗震设计基本规定、混凝土结构房屋抗震设计、砌体结构房屋抗震设计、钢结构房屋抗震设计和混合承重结构房屋抗震设计。

7. 第七篇"结构鉴定和加固"

包括各种建筑结构安全性鉴定、房屋建筑抗震鉴定和房屋建筑结构加固。

8. 第八篇"施工质量和安全"

包括地基基础施工、混凝土结构施工、钢结构施工、砌体结构施工、木结构施工、屋面防水施工、设备安装以及用电、高处作业等施工的质量和安全。

（二）2001年前后，我国颁布了新版勘察、规划、设计、施工验收规范。因此，2002年修订了2000版《工程建设标准强制性条文》，2002版《工程建设标准强制性文》的房屋建筑部分分为九篇，引用工程建设标准107本，共编录强制性条文1444条，2002年版强制性条文比2000年版减少了100条，引用的标准数增加了10本，引用标准的更新率为42%。主要内容如下：

1. 第一篇"建筑设计"

包括设计基本规定、室内环境设计、各类建筑的专门设计。

2. 第二篇"建筑防火"

包括建筑分类、耐火等级及其构件耐火极限、总平面布局和平面布置、防火和构造、安全疏散和消防电梯、灭火设施。

3. 第三篇"建筑设备"

包括给水和排水设备、燃气设备、采暖、通风和空调设备、电气和防雷设备。

4. 第四篇"勘察和地基基础"

包括地基勘察、地基设计、基础设计、边坡、基坑支护设计、地基处理。

5. 第五篇"结构设计"

包括基本规定、混凝土结构设计、钢结构设计、砌体结构设计、木结构设计、围护结构设计。

6. 第六篇"房屋抗震设计"

包括抗震设防依据和分类、混凝土结构抗震设计、多层砌体结构钢结构抗震设计、混合承重结构抗震设计、房屋隔震和减震设计。

7. 第七篇"结构鉴定和加固"

包括结构安全性鉴定、房屋抗震鉴定、建筑结构加固。

8. 第八篇"施工质量"

包括总则、地基基础、混凝土工程、钢结构工程、砌体工程、木结构工程、装饰装修工程、建筑设备工程。

9. 第九篇"施工安全"

包括临时用电、高处作业、机械使用、脚手架、提升机、地基基础。

第五章 勘 察 设 计

在土木工程的建设过程中，勘察设计是基础性的工作，也是技术性要求较强的一项工作，通过本章的学习，监督工作人员重点掌握和了解以下内容：

一、掌握勘察报告的基本内容，了解岩土工程勘察等级分类。

二、掌握混凝土结构一般构造要求，了解基础及混凝土结构设计基本知识。

三、掌握砌体结构构造要求，了解砌体结构设计基本知识。

第一节 地 基 勘 察

一、勘察的目的

地基勘察的目的在于以各种勘察手段和方法，调查研究和分析评价建筑场和地基的工程地质条件，为设计和施工提供所需的工程地质资料。

二、勘察的任务和内容

工业与民用建筑工程的设计分为场址选择、初步设计和施工图三个阶段。为了提供设计阶段所需的工程地质资料，勘察工作相应分为选址勘察、初步勘察和详细勘察三个阶段。对地质条件复杂或有特殊施工要求的重大建筑地基，尚应进行施工勘察；相反，对地质条件简单、面积不大的场地，其勘察阶段可适当简化。各勘察阶段的任务和工作内容如下：

（一）选址勘察

选择场址勘察阶段，应对拟选场址的稳定性和适应性作出工程地质评价。在这一阶段要搜集区域地质、地形地貌、地震、矿产和附近地区的工程地质资料及当地经验。在搜集和分析已有资料的基础上，通过踏勘，了解场地的地层、构造、岩石和土的性质，不良地质现象和地下水等情况。对工程地质条件复杂的，已有地质资料不够要求的，而又拟选的场地，应根据具体情况进行工程地质测绘及必要的勘察工作。

（二）初步勘察

初步勘察阶段，应对场地内建筑地段的稳定性作出评价，并为确定建筑总平面布置，主要建筑物地基基础方案及对不良地质现象的防治工程方案提供工程地质资料。在这一勘察阶段，要初步查明地层、构造、岩石和土的物理力学性质、地下水埋藏条件及土的冻深。查明场地不良地质现象的成因、分布范围、对场地稳定性影响程度及发展趋势。对设计烈度 7 度及 7 度以上的建筑物应判断场地和地基地震效应。初步勘察时，尚应查明地下水对工程的影响，调查地下水的类型、补给和排泄条件，实测地下水位，初步判定其变化幅度。对地下水对基础人侵蚀性作出评价。

（三）详细勘察

详细勘察阶段是与施工图设计相配合的勘察阶段，所以，详细勘察也叫做技术勘察。在详细勘察阶段，应对建筑地基作出工程地质评价，并对地基设计、地基处理与加固，不良地质现象防治工程提供工程地质资料。

详细勘察的手段以勘探、原位测试和室内土工试验为主，必要时可以补充一些物探和工程地质测绘和调查工作。

详细勘察中勘探点的布置、勘探孔的深度以及勘探孔的总数，见《勘察规范》。

三、工程勘察等级分类

工程勘察等级分类方法见《岩土工程勘察规范》第三章。

四、工程地质勘察报告

工程地质勘察完成后，应对勘察结果以文字和图表形式加以总结，最后写成"工程地质勘察报告"。一个单项工程的勘察报告一般包括以下几个内容：

（一）工程名称；

（二）场地位置：地形地物，地下水概述；

（三）地层土质概述：地层土的类别，厚度和均匀性，物理力学性质指标等，并附有勘察点与建筑物平面布置图及地层剖面图；

（四）结语及建议：根据建筑条件和勘察结果，对地基基础设计和施工提出建议。

第二节 地基与基础的设计原则和要求

一、地基的设计原则

（一）保证地基有足够的承载力

对轴心受压基础

$$p \leqslant f \tag{5-1}$$

对偏心受压基础，除满足(5.2.1)式外，还需满足：

$$p_{max} \leqslant 1.2f \tag{5-2}$$

式中 f——地基承载力标准值经宽度和深度修正后的地基承载力设计值。

（二）地基变形不超过建筑的容许变形值

$$\Delta \leqslant [\Delta] \tag{5-3}$$

式中的 Δ 为地基特征变形值，可以是沉降量、沉降差，倾斜值和局部倾斜值。$[\Delta]$ 为建筑物所能承受的地基特征变形容许值，见表1.5-1。

建筑物安全等级 表 1.5-1

安全等级	破坏后果	建 筑 类 型
一级	很严重	重要的工业与民用建筑物，20层上的高层建筑，体型复杂的14层以上高层建筑，对地基变形有特殊要求的建筑物，单桩荷载在4000kN以上的建筑物
二级	严重	一般的工业与民用建筑
三级	不严重	次要的建筑物

（三）地基不丧失稳定性

当地基承受竖向荷载和水平荷载的共同作用时，地基不应该失稳滑动。

任何建筑物地基都必须满足以上三点基本要求。但在设计中并非每一工程都验算上述三方面的内容，而是按建筑物的重要性将其分属不同的建筑物及表1.5-2以外的建筑物必须进行地基变形计算。

二级建筑物可不作地基变形计算的范围　　　　表 1.5-2

地基主要受力层的情况			地基承载力标准值 f_k(kPa)	$60 \leq f_k \leq 80$	$80 \leq f_k < 100$	$100 \leq f_k < 130$	$130 \leq f_k < 160$	$160 \leq f_k < 200$	$200 \leq f_k < 300$
			各地层坡度(%)	≤5	≤5	≤10	≤10	≤10	
建筑类型	砌体承重结构、框架结构(层数)			≤5	≤5	≤5	≤6	≤6	≤7
	单层框架结构(6m)柱距	单跨	吊车额定起重量(t)	5~10	10~15	15~20	20~30	30~50	50~100
			厂房跨度(t)	≤12	≤18	≤24	≤30	≤30	≤30
		多跨	吊车额定起重量(t)	3~5	5~10	10~15	15~20	20~30	30~75
			厂房跨度(t)	≤12	≤18	≤24	≤30	≤30	≤30
	烟囱		高度(mm)	≤30	≤40	≤50		≤75	≤100
	水塔		高度(m)	≤15	≤20	≤30		≤30	≤30
			窖积(m²)	≤50	50~100	100~200	200~300	300~500	500~1000

注：1. 地基主要受力层系指条形基础底面下深度为 $3b$（b 为基础底面宽度），独立基础下为 $1.5b$，厚度均不小于是 5m 的范围（2 层以下的建筑除外）；

2. 地基主要受力层中如有承载力标准值小于 30kPa 的土层时，表中砌体承重结构的设计，应符合《规范》第七章的有关要求；

3. 表中砌体承重结构和框架结构均指民用建筑。对于工业建筑可按厂房高度、荷载情况折合成与其相当的民用建筑层数；

4. 表中额定吊车起重量、烟囱高度和水塔容积的数值系指最大容许值。设计时，应按地基承载和标准的高低值相应选用；

5. 表内各建筑物如有下列情况仍应作变形验算：

(1) 地基承载力标准值小于 130kPa，体型复杂的建筑；

(2) 在基础上及其附近有地面堆载或相邻基础荷载差异较大，引起地基产生过大的不均沉降时；

(3) 软弱地基上的相邻建筑如距离过近，可能发生倾斜时；

(4) 地基内有厚度较大或厚薄不均匀的填土，其自重固结未完成时。

（四）荷载取值

按《建筑物结构荷载规范》查出的荷载值为标准值。在地基基础设计中，有时须采用荷载的设计值。荷载设计值等于标准值乘以荷载分项系数，荷载分项系数见《建筑结构荷载规范》。

地基承载力的设计值应遵循如下规定：

1. 按地基承载力确定基底面积和埋深时，传至基础底面上的荷载应按基本组合，荷载采用设计值；计算土体自重，荷载分项系数采用 1.0，即按实际重度计算。

2. 计算地基变形时，传至基础底面上的荷载按长期效应组合，荷载采用标准值，且不计入风载和地震作用。

3. 计算挡土墙的土压力、地基稳定和滑坡推力时，荷载应按基本组合，但其荷载分项系数采用 1.0。

4. 进行基础本身强度设计时，荷载均用设计值。

二、地基承载力的确定

（一）地基承载力的确定原则

在确定地基承载力时,应结合当地经验按下列规定综合考虑:

1. 对一级建筑物应采用载荷试验、理论公式计算及其他原位试验等方法综合确定;
2. 对不需要进行地基变形计算的二级建筑物,可以根据室内试验、标准贯入、轻便触探、野外鉴别或其他原位试验确定地基土(岩)的地基承载力标准值。如果由此确定的数值与当地经验有明显差异时,仍应由载荷试验、理论公式计算等综合确定;
3. 对需要进行地基变形计算的二级建筑物,可以根据室内试验、标准贯入、轻便触探、野外鉴别或其他原位试验,并结合式 5-5 计算确定地基土(岩)的地基承载力;
4. 对三级建筑可根据邻近建筑物的经验确定。

(二)承载力的基础宽度和深度修正

当基础宽度大于 3m 或埋置深度大于 0.5m 时,需对地基承载力进行基础宽度和埋置深度修正。地基承载力设计值按下式计算:

$$f=f_k+\eta_b\gamma(b-3)+\eta_d\gamma_0(d-0.5) \tag{5-4}$$

式中 f——地基承载力设计值;

f_k——地基承载力标准值;

η_b、η_d——基础宽度和埋深的地基承载力修正系数,按基底以下土的类别查表 1.5-3;

γ——土的重度,为基底以下的土的天然质量密度 ρ 与重力加速度 g 的乘积,地下水位以下的取有效重度;

b——基地底面宽度(m)当基宽小于 3m 时按 3m 考虑,大于 6m 进按 6m 考虑;

γ_0——基础底面以上土的加权平均重度,地下水位以下取有效重度;

d——基础埋置深度(m),一般自室外地面标高算起;在填方整平地区,可自填土地面标高算起,但填土在上部结构施工后完成时,应从天然地南标高算起;对于地下室,如采用箱形基础或筏基时,基础埋置深度自室外地面标高算起,在其他情况下,应从室内地面标高算起。

地基承载和修正系数　　　　表 1.5-3

土 的 类 别		η_b	η_d
淤泥质粘土	$f_k\leqslant 50$kPa	0	1.0
	$f_k\geqslant 50$kPa	0	1.1
人工填土 e 或 I_L 大于等于 0.85 的粘性土		0	1.1
$e\geqslant 0.85$ 或 $S_t>0.5$ 的粉土			
红粘土	含水比 $\alpha_w>0.8$	0	1.2
	1.4 含水比 $\alpha\leqslant 0.8$		0.15
e 及 I_L 大于等于 0.85 的粘性土		0.3	1.6
$e<0.85$ 或及 $S_t\leqslant 0.5$ 的粉土		0.5	2.2
粉砂、细砂(不包括很湿与饱和时的稍密状态)		2.0	3.0
中砂、粗砂、砾石和碎石土		3.0	4.4

注:1. 强风化的岩石,可参照所风化成的土类取值;
2. S_t 为土的饱和度,$S_t\leqslant 0.5$,稍湿,$0.5<S_t\leqslant 0.8$,饱和。

当根据式 5-4 计算所得到的地基承载力设计值 $f<1.1f_k$ 时,可取 $f=1.1f_k$。而当不

满足 5-4 式计算的条件时，可按 $f=1.1f_k$ 直接确定地基承载力设计值。

（三）确定地基承载力的理论公式

规范规定对于重要的建筑物尚需结合理论公式及其他方法综合确定地基承载力，并推荐当荷载作用偏心距 e 小于或等于 0.033 倍基础底面宽度时，根据土抗剪强度指标确定地基承载力设计值。

根据土的抗剪强度指标确定地基承载力可按下式计算：

$$f_v = M_b \gamma b + M_d \gamma_o d + M_e C_k \tag{5-5}$$

式中　f_v——由土的抗剪强度指标确定的地基承载力设计值；

M_b、M_d、M_e——地基承载力系数，按表 1.5-4 确定；

　　　　b——基础底面宽度，大于 6m 时按 6m 考虑，对于砂土，小于 3m 时按 3m 考虑；

　　　　C_k——基底下一倍基深宽深度范围内土的粘聚力标准值。

承载力系数 M_b、M_d、M_e　　　　表 1.5-4

土的内摩擦角标准值 φ_k(°)	M_b	M_d	M_e	土的内摩擦角标准值 φ_k(°)	M_b	M_d	M_e
0	0	1.00	3.14	22	0.61	3.44	6.04
2	0.03	1.12	3.32	24	0.80	3.87	6.45
4	0.06	1.25	3.51	26	1.10	4.37	6.90
6	0.10	1.39	3.71	28	1.40	4.93	7.40
8	0.14	1.55	3.93	30	1.90	5.59	7.95
10	0.18	1.73	4.17	32	2.60	6.35	8.55
12	0.23	1.94	4.42	34	3.40	7.21	9.22
14	0.29	2.17	4.69	36	4.20	8.25	9.97
16	0.36	2.43	5.00	38	5.00	9.44	10.80
18	0.43	2.72	5.31	40	5.80	10.84	11.73
20	0.51	3.06	5.66				

式 5-5 实际上采用了临界荷载计算公式 $p_{1/4}$，并根据荷载试验及工程经验对内摩擦角大于 22°时的与基础宽度有关的承载力系数进行了修正，并改为 M_b。这相当于以地基塑性发展深度达到基础宽度的 1/4 时作为正常使用极限状态，可保证在地基稳定方面有足够的安全度，同时又不产生过大的地基变形，因此采用理论公式是偏于安全的。

第三节　基础的选型、计算及构造措施

一、概述

地基基础设计是整个建筑物设计的一个重要组成部分。设计时，要结合工程地质和水文地质条件、建筑材料及施工技术等因素，并将上部结构与地基基础综合考虑，使基础工程做到安全可靠、经济合理、技术先进和便于施工。

基础直接建造在未经加固的天然地层上时，这种地基称为天然地基。

事先经过人工加固，再修建基础，这种地基称为人工地基。

天然地基依基础埋置深度，可分为浅基及深基。以前的习惯认为是，埋深不超过 5m

的称为浅基础。实际上浅基和深基没有一个很明确的界限。

在天然地基上修筑浅基础，其施工简单，造价经济，而人工地基及深基础，往往造价较高，施工比较复杂。因此，在保证建筑物的安全和正常使用的条件下，应首先选用天然地基上浅基础方案。

二、浅基础设计

进行天然地基上浅基础设计，一是要保证基础本身有足够的强度和稳定性以支承上部结构的荷载，二是要保证地基的强度、稳定性及变形必须在容许范围内。对于满足设计要求的方案，还应进行经济和技术比较，以选择其中最优方案。在天然地基上的浅基础设计，其内容及一般步骤如下：(1)选择基础的材料和类型；(2)选择基础的埋置深度；(3)确定地基承载力；(4)确定基础底面尺寸；(5)进行必要的地基变形和稳定性验算；(6)根据基础的材料强度，确定基础的构造尺寸；(7)在地震区，尚应考虑地基与基础的抗震。

（一）基础的类型

基础按使用的材料可分为：砖基础、三合土基础、灰土基础、混凝土基础、毛石基础、毛石混凝土基础和钢筋混凝土基础。基础材料的选择决定着基础的强度、耐久性和经济效果，应考虑就地取材，充分利用地方材料的原则，并满足技术经济的要求。

基础的构造类型与上部结构特点，荷载大小和地质条件有关，可分为以下几种类型：

1. 单独基础

按支承的上部结构形式，可分为柱下单独基础和墙下单独基础。柱下单独基础是柱基础的主类型。墙下单独基础是在当上层土质松散，而在不深处有较好的土层时，为了节省材料和减少开挖土方量而采用的一种基础形式。

2. 条形基础

是指基础长度远大于其宽度一种基础形式。按上部结构形式，可分为墙下条形基础和下条形基础。条形基础是墙基础的主要型式。当地基软弱而荷载较大时，为增强基础的整体性并方便施工，可将同一排的柱基础连通做成钢筋混凝土条形基础。如需进一步扩大基础底面积或为了增强基础的刚度以调整不均匀沉降时，可在纵横两向都采用钢筋混凝土条形基础，形成十字形条形基础。

3. 片筏基础

如果地基特别软弱，而荷载又很大，则可将基础做成一钢筋混凝土整板，即片筏基础。按构造不同它可分为平板式和梁板式两类。

4. 箱形基础

同由钢筋混凝土底板、顶板和纵横交叉的隔墙构成。它的主要特点是整体刚度大、基础中空部分可作地下室，减少了基础底面的附加压力。因而箱形基础适用于地基软弱、平面形状简单的高层建筑物的基础。

除上述的几种基础类型外，在实际工程中还有一些浅基础型式，如壳体基础、大块基础、圆板、圆环基础等。总之，基础的型式是多种多样的，基础类型的选型应考虑到荷载大小，土质情况及上部结构型式等因素。

（二）基础埋置深度的选择

基础的埋置深度一般是指室外设计地面至基础底面的距离。影响基础埋置深度的因素，可归纳为以下几方面：

1. 工程地质和水文地质条件

当上层土较好时,一般宜选上层土作持力层。当上层土软弱而在不深处有较好的土层时,可将基础埋置于下面较好的土层上;当上层软弱层较厚时,可考虑采用桩基、深基或人工地基。一般基底宜设置在地下水位以上,以避免施工排水的麻烦或有侵蚀性的地下水的危害。

2. 建筑物用途及基础构造的影响

当有地下室、地下管道和设备基础时,常须将基础局部整体加深。为了保护基础不至露出地面,构造要求基础顶面离室外设计地面不得小于100mm。

3. 基础上荷载大小及性质的影响

一般上部结构荷载大,则要求基础置于较好的土层上。对于承受较大水平荷载的基础,应有足够的埋深以保证其稳定性,例如高层建筑基础地埋深,一般不少于$\frac{1}{8}\sim\frac{1}{12}$地面以上建筑物高度。某些承受上拔力的基础,也往往要较大埋深以保证必需的抗拔阻力。

4. 相邻建筑物基础埋深的影响

一般宜使所设计的基础浅于或等于相邻原有建筑物基础,以保证原有建筑物的安全和正常使用。当必须深于原有建筑物基础时,则应使两基础间保持一定净距,根据荷载大小和土质情况,这个距离约为相邻基础底面高差的1~2倍。否则须采取相应的施工措施,以保证原有建筑物的安全。

5. 季节性冻土的影响

季节性冻土是指一年内冻结与解冻交替出现的土层。土冻结后体积增大的现象称为冻胀,冻土融化后产生的沉陷称为融陷。季节性冻土的冻胀性融陷性是相互关联的,常以冻胀性加以概括。《远东》根据土的类别、含水量大小和地下水位高底将地基土分为不冻胀、弱冻胀、冻胀和强冻胀四类。对于不冻胀土的基础埋深,可不考虑冻深的影响;对于弱冻胀,冻胀和强冻胀土的基础最小埋深可按《规范》确定。当冻深范围内地基由不同冻胀性土层组成时,基础最小埋深可按下层土确定,但不宜浅于下层土的顶面。

(三) 地基承载力设计值

计算基础底面尺寸时,必须首先确定地基承载力设计值。这在设计中是一个非常重要而复杂的问题,它不仅与土的物理、力学性质有关,而且还与基础的型式、底宽、埋深、建筑类型、结构特点和施工速度等有关。目前确定承载力的方法有:

1. 根据《规范》表格确定;
2. 按静载荷试验方法确定;
3. 按动力或静力触探方法确定;
4. 根据土的强度理论计算确定;
5. 凭建筑经验确定。

第四节 基本设计规定和材料

一、概率极限状态设计法

为了使混凝土结构设计做到技术先进、经济合理、安全适用、确保质量的原则,应使混凝土结构设计在预定的设计基准期内完成预定的安全性、适用性和耐久性等功能。为此：

（一）对所有结构构件进行承载力（强度、稳定）计算；必要时还应进行结构的倾覆和滑移验算；对地震区的结构还应进行抗震的承载力计算；

（二）直接承受动力荷载的构件，应进行疲劳强度验算；

（三）使用上需控制变形的结构构件，应进行变形验算；

（四）使用上不允许出现裂缝的构件，应进行混凝土拉应力验算；使用上允许出现裂缝的构件，应进行裂缝宽度验算；叠合式受弯构件，尚应进行钢筋拉应力验算。

上述需要计算或验算的四个方面，前两者属于承载能力极限状态，后两者为正常使用极限状态。上述四个方面的计算可概括为

$$S \leqslant R \tag{5-6}$$

式中　S——作用效应，即结构上的作用（荷载、地震、温度变化、地基沉降等）引起结构或构件的内力（轴力、弯矩、剪力、扭矩等）、应力和变形（挠度、转角、裂缝等）。当作用是荷载时，其作用效应也可称为荷载效应。结构上的作用是不确定的随机变量，所以作用效应也是随机变量；

　　　　R——结构抗力，即结构或构件承受作用效应（内力、变形）的能力（构件的承载能力、刚度）。结构抗力是结构材料性能、几何参数及计算模式的函数。由于材料性能的变异性、构件几何特征的不定性和计算模式的不定性，结构抗力也是随机变量。

极限状态设计法是指以相应于结构或构件各种功能要求的极限状态作为结构设计依据的设计方法。结构设计时应考虑承载能力极限状态和正常使用极限状态。如以荷载效应 S 和结构或构件抗力 R 的关系描述时，即 $Z=R-S$，显然当 $Z>0$ 时，即 $S \leqslant R$，结构处于可靠状态，即结构能够完成预定功能的概率，称为可靠概率 P_s；当 $Z<0$ 时，即 $S>R$，结构处于失效状态；即结构不能完成预定功能的概率，称为失效概率 P_f；当 $Z=0$ 时，即 $S=R$，结构处于极限状态；$Z=R-S=0$ 称为极限状态议程，它反映结构完成功能状态的函数，称为结构的功能函数。当极限状态与多个随机变量有关时，计算 P_f 比较复杂，多采用可靠指标 β 代替 P_f 来具体度量结构可靠性，即 $\beta \geqslant [\beta]$，$[\beta]$ 称为目标可靠指标。

对一般排架、框架结构，也可采用下列简化的极限状态表达式：

$$\gamma_0(\gamma_G C_G G_K + \psi \Sigma \gamma_{Qi} C_{Qi} Q_{Ki}) \leqslant R(f_c、f_s、ak\cdots\cdots) \tag{5-7}$$

式中　ψ——简化设计表达式中采用的荷载组合系数，当有两个或两个以上的可变荷载参与组合且其中包括风荷载时，采用 $\psi=0.85$；其他情况均取 $\psi=1.0$。

荷载效应系数 C_G、C_Q、C_{Qi}，静定结构按弹性理论由静力平衡条件确定。对超静定结构，因混凝土截面开裂后各截面的刚度发生变化，内力分配不再服从弹性规律。当塑性铰出现后，改变了结构的计算图形，内力发生重分布，而内力重分布的发展程度取决于塑性铰的转动能力，故对超静定结构，宜考虑由非弹性变形所产生和塑性内力重分布。但对直接承受动载作用的结构和要求不出现裂缝的结构构件，其内力应按弹性体系考虑，不能考虑塑性内力重分布。

结构的重要性系数 γ_0，建筑物中各类结构构件使用阶段的安全等级，宜与整个结构安全等级相同，对其中部分结构构件的安全等级，可根据其重要程度适当调整，但一切构

件的安全等级在使用阶段和施工阶段均不得低于三级。为此屋架、托架的安全等级应提高一级；承受恒载为主的(即恒载产生轴力标准值占全部轴力70%以上)轴心受压柱、小偏心受压柱、其安全等级应提高一级；预制构件在施工阶段的安全等级，可较其使用阶段的安全等级降低一级。

二、材料

(一) 混凝土

混凝土的强度特征是抗拉强度低于抗压强度。混凝土的受压破坏实质上是由垂直于轴力作用方向的横向胀裂造成的，因而混凝土两个方向受压或三个方向受压强度得以提高，而一个方向受压、另一方向受拉则强度降低。约束混凝土(配有螺旋箍筋、配有较密的焊接箍筋、钢管混凝土等)就是用横向约束来提高混凝土抗压强度和减小压缩变形的。

混凝土物理力学性能的特征是：应力—应变关系从一开始就是非线性的，只有当应力很小($\sigma_c \leqslant 0.3 f_c$)时才可近似地看作处于弹性阶段。混凝土的强度和变形都与时间有明显的关系。

1. 混凝土的强度

(1) 混凝土的强度等级

混凝土采用强度等级作为衡量各种力学指标的基本代表值。混凝土强度等级应按立方体抗压强度标准值确定。立方体抗压强度系指按照标准方法制作养护(在温度20±3℃及相对湿度不低于90%环境里养护)的边长为150mm的立方体试件有28天龄期，用标准试验方法(以每秒0.2~0.3N/mm²速度加压所得的抗压强度极限值)测得的具有95%的保证率的抗压强度标准值

$$f_{cu \cdot k} = \mu_{fcu} - 1.645 \sigma_{fcu} = \mu_{fcu}(1 - 1.645 \delta_{fcu}) \tag{5-8}$$

式中 μ_{fcu}、σ_{fcu}、和 $\delta_{fcu} = \dfrac{\sigma_{fcu}}{\mu_{fcu}}$——分别为混凝土立方抗压强度的平均值、标准差和变异系数。

混凝土的强度等级有12级：C7.5、C10、C15、C20、C25、C30、C35、C40、C45、C50、C55、C60。C为混凝土强度等级的符号，其后的数字为立方体抗压强度的标准值，以 N/mm² 为单位。

(2) 混凝土强度的标准值

混凝土轴心抗压强度标准值 f_{ck} 和轴心抗拉强度标准值 f_{tk} 与立方体抗压强度标准值 f_{cuk} 的换算关系为：

$$f_{cu} = 0.76 \times 0.88 f_{cuk} = 0.67 f_{cuk} \tag{5-9}$$

$$f_{tk} = 0.26 \times 0.88 f_{cuk}^{2/3} = 0.23 f_{cuk}^{2/3}(1 - 1.645 \delta_{fcuk})^{1/3} \tag{5-10}$$

式中 0.76 和 0.26——混凝土轴心抗压和轴心抗拉强度平均值与立方体抗压强度值的换算关系系数；

0.88——实际轴心受压和轴心受拉构件与试件之间的差异系数。

考虑到高强度混凝土的脆性破坏特征和工程经验不足，规范对C45、C50、C55、C60的材料强度标准值除按式5-9，式5-10计算外，还应分别乘以折减系数 0.975、0.95、0.925、0.9。

混凝土弯曲抗压强度标准值 f_{cmk} 取为 $1.1 f_{ck}$。

按上述方法所得的混凝土强度标准值见规范,设计时根据混凝土强度等级 f_{cuk} 查取。

(3) 混凝土强度设计值

混凝土强度设计值定义为混凝土强度标准值除以材料分项系数 γ_c。混凝土材料分项系数 γ_c 是根据可靠度分析和工程经验校准法确定为 1.35。混凝土强度设计值见规范。

2. 混凝土的变形

混凝土变形分为两类:一类是在荷载作用下的受力变形;另一类是体积变形,即混凝土在结硬过程中的收缩和膨胀以及温度变形及温度变化引起的变形。

(1) 混凝土在短期加荷下的变形性能

混凝土在一次短期加压作用下的应力-应变曲线是最基本的力学性能。应力应变曲线中的最大应力 f_c 及其相应的应变值 $\varepsilon_0 (=0.002)$,以及极限应变值 $\varepsilon_{cu}(=0.0033)$ 是曲线的三个特征值。混凝土强度越高,应力下降越剧烈,也即延性较差,而强度较低的混凝土,曲线的下降较平缓,即低强度混凝土的延性比高强度混凝土的延性要高些。

为便于应用将混凝土轴心受压的应力-应变曲线加以简化。在曲线的上升段,当 $0 < \varepsilon \leqslant \varepsilon_0$ 时取为二次抛物线 $\sigma = 1000\varepsilon(1-250\varepsilon)f_c$;其中当 $\varepsilon_0 \leqslant \varepsilon \leqslant \varepsilon_{cu}$ 时,取为水平线 $\sigma = f_c$。

混凝土把过 σ—ε 曲线原点的切线的斜率作为混凝土的弹性模量。由于不均测得其稳定性数值,规范规定,将棱柱体试件加荷至应力 $\sigma = 0.5 f_c$,反复进行 5~10 次后,σ—ε 曲线基本上趋于直线,以此直线的斜率作为混凝土的弹性模量 E_c。不同强度的混凝土弹性模量的试验值,经统计分析可按下列经验公式计算:

$$E_c = 10^5/(2.2+34.74/f_{cu})(N/mm^2) \tag{5-11}$$

混凝土受拉的 σ—ε 曲线与受压的相似,其原点斜率也与受压基本一致,混凝土受拉弹性模量近似取受压弹性模量。当混凝土强度等级为 C15~C40 时,可取极限拉应变为 $(1\sim1.5)\times 10^{-4}$。

(2) 混凝土在荷载长期作用下的变形性能

在荷载长期作用下,即荷载维持不变,混凝土的变形会随时间而增长,这种现象称为徐变。影响徐变的因素:①初应力越大,徐变越大;②加荷时混凝土的龄期越早,徐变也越大;③水灰比大,徐变大,水泥用量多,徐变也大;④使用高质量水泥、高质量骨料,且级配好,徐变小;⑤养护条件好,混凝土工作环境湿度大,徐变小。

试验表明,长期荷载作用应力的大小是影响徐变的一个主要因素。当应力 $\sigma < 0.5 f_c$ 时,徐变与应力成正比,此时称为线性徐变。线性徐变在两年后趋于稳定,最终徐变约为弹性瞬时变形的 2~4 倍。当 $\sigma = (0.5\sim0.8) f_c$ 时,塑性变形剧增,徐变与应力不成正比,称为非线性徐变。当应力更高 $\sigma > 0.8 f_c$ 时,试件内部裂缝进入非稳态发展,非线性徐变变形骤然增加且不收敛,将导致混凝土破坏。所以应用上取 $\sigma = 0.8 f_c$ 作为混凝土的长期抗压强度。

(3) 混凝土的收缩

混凝土在空气中结硬时体积随时间增长而减小的现象称为收缩。

混凝土水浇注完毕后就产生收缩,初期收缩值较大,一般两周后约完成全部收缩量的 1/4,1 个月完成约 1/2,3 个月完成约 3/4,两年后趋于稳定,最终收缩值约为 $(2\sim5)\times 10^{-4}$。

收缩变形的大小与混凝土的组成、配比、养护条件等关系较大。水泥用量多,水灰比大，振捣不密实，干燥环境下养护，砂、石质量差，构件外露表面积大等，都会使收缩变形增大。

收缩与外力无关。混凝土处在自由状态，收缩并不产生什么危害。而实际上混凝土总是处于有约束的状态中，如外部受到基础或支承条件的约束，内部受到钢筋的约束，这些约束会使混凝土产生拉应力甚至开裂；收缩会引起预应力混凝土构件的预应力损失；收缩使超静定结构产生不利的内力。

（二）钢筋

混凝土结构对钢筋的要求：强度高，塑性和可焊性好，与混凝土的粘结锚固可靠。钢筋的强度指标有极限抗拉强度和屈服强度。钢筋的塑性指标用伸长率 δ_5 或 δ_{10} 来衡量钢筋的塑性变形能力的大小，而冷弯性能则是钢筋塑性变形能力与冶金质量的综合指标。

1. 钢筋强度标准值

钢筋的强度标准值应具有不小于95%的保证率。热轧钢筋和冷拉钢筋的强度标准值系根据屈服强度确定。具有明显流限的热轧钢筋取屈服强度作为强度标准值，对普通钢筋用 f_{yk} 表示，对预应力钢筋 f_{pyk} 表示；钢丝、钢绞线、热处理钢筋、冷扎带肋钢筋、冷拔低碳钢丝等钢筋没有明显的屈服平台，它们的强度标准值系根据极限抗拉强度确定。对LL550级冷轧带肋钢筋以及乙级冷拔低碳钢丝用 f_{stk} 表示，对用作预应力钢筋有碳素钢丝、刻痕钢丝、钢绞线、热处理钢筋，LL650级和LL800级冷轧带肋钢筋以及甲级冷拔低碳钢丝用 f_{ptk} 表示。钢筋和钢丝等的强度标准值见规范。

2. 钢筋强度设计值

受拉钢筋强度设计值等于受拉钢筋强度标准值除以钢材的材料分项系数 γ_s。热轧Ⅰ、Ⅱ、Ⅲ级钢筋的材料分项系数由可靠度分析确定，其他钢筋根据工程经验校准确定。预应力钢筋的 γ_s 在取值上略高于非预应力钢筋。钢筋强度设计值 f_y 见规范，钢丝、钢绞线强度设计值见规范。

钢筋抗拉强度设计值 f'_y 的取值受到周围混凝土的制约，轴心受压混凝土的压应变为 $\varepsilon_c=0.002$，所以钢筋应以压应变 $\varepsilon'_s=0.002$ 作为取值条件，取 $f'_y=E_s\varepsilon'_s$ 和 $f'_y=f_y$ 两者中的较小值。E_s 为钢筋弹性模量见规范。

3. 钢筋的冷加工

在常温下对热轧钢筋进行加工称为冷加工，冷加工可以使强度较低的热轧钢筋的强度得以提高，是节约钢材的有效方法之一。常用的冷加工方法有冷拉、冷拔和冷轧。

（1）冷拉钢筋　冷拉钢筋主要为冷拉Ⅱ、Ⅲ、Ⅳ级钢，都是作用预应力钢筋的。它们共同特点是：钢筋经冷拉后一方面使钢材强度提高，另一方面又使塑性降低。而冷拉Ⅰ级钢筋的强度提高有限。冷拉只提高钢筋的抗拉强度，由于受压时提前出现塑性应变，不能提高钢筋的抗压强度。

（2）冷拔钢丝　冷拔钢丝用直径 6.5～8mm 的热轧Ⅰ级圆盘条，经冷拔而成。低碳冷拔钢丝分甲、乙两级，甲级冷拔钢丝必须逐盘检验，并根据检验结果按抗拉强度分成Ⅰ、Ⅱ两组，直径有 5mm、4mm，极限抗拉强度为 $600\sim700\text{N}/\text{mm}^2$，常用作中小型预应力混凝土构件的预应力钢筋。乙级钢丝仅要求分批检验，直径 3～5mm，极限抗拉强度 $550\text{N}/\text{mm}^2$，只能用作普通钢筋混凝土构件的架立筋、箍筋、构造钢筋和板的焊接网。冷拔钢丝用作预应力钢筋的主要缺点是塑性较差，强度偏低，伸长率 δ_{100}（标距为100mm）仅为

2‰～3‰。因此，冷拔钢丝预应力混凝土构件的延性较差。

Ⅰ级钢筋经冷拔后可以同时提高抗拉和抗压强度，但抗压强度又受到周围混凝土的制约，而未能充分发挥其强度的作用。

(3) 冷轧带肋钢筋　冷轧带肋钢筋是热轧圆盘条(Q215、Q235、24MnTi、20MnSi)经冷轧或冷拔减径后再冷轧成三面有肋的钢筋，肋呈月牙形。冷轧带肋钢筋属硬钢，按其极限抗拉强度分 LL550、LL650 和 LL800(第一个 L 为"冷"字汉语拼音字头，第二个 L 为"肋"字汉语拼音字头，其后的数字表示钢筋的抗拉强度，单位为 N/mm^2)。由于冷轧带肋钢筋表面带肋，增加了钢筋与混凝土之间的咬合力，具有较好的锚固性能。LL550级钢筋直径有 4、5、6、7、8、9、10、12mm，LL650 级钢筋直径有 4、5、6mm，LL800级钢筋直径只有 5mm。

LL550 级钢筋强度较低，主要用以替换小直径的热轧Ⅰ级光面钢筋，LL650 和 LL800 级钢筋强度较高，主要用来取代甲级冷拔低碳钢丝作预应力混凝土构件的预应力钢筋。

(三) 材料的选用

在同一构件中，混凝土和钢筋的选用要相互匹配，强度高的钢筋宜采用强度高的混凝土，以使两种材料都能充分发挥作用。

1. 混凝土

钢筋混凝土结构的混凝土强度等级不宜低于 C15；当采用Ⅱ级钢筋时，混凝土强度等级不宜低于 C20；当采用Ⅲ级钢筋以及承受重复荷载的构件，混凝土强度等级不得低于 C20。

预应力混凝土结构的混凝土强度等级不宜低于 C30；当采用碳素钢丝、钢绞线、热处理钢筋作预应力钢筋时，混凝土强度等级不宜低于 C40。

2. 钢筋

钢筋混凝土结构中的钢筋和预应力混凝土结构中的非预应力钢筋宜采用Ⅰ级、Ⅱ级、Ⅲ级(即 HPB235、HRB335、HRB400 级)钢筋；对中、小型构件中的预应力钢筋，宜采用 LL650 级或 LL800 级冷轧带肋钢筋，也可采用甲级冷拔低碳钢丝。

3. 若采用钢筋强度过高，当混凝土中拉应力超过其抗拉强度而产生裂缝时，钢筋内强度还远未达到屈服强度。所以，在钢筋混凝土结构中，轴心受拉和小偏心受拉构件的钢筋抗拉强度设计值大于 $300N/mm^2$ 时，仍应按 $300N/mm^2$ 取用；对于直径大于 12mm 的Ⅰ级钢筋，如经冷拉不得利用冷拉后的强度。

第五节　砌体结构的基本设计规定

一、材料及分类

砌体是由块材和砂浆砌筑而成的整体材料。按块材、砂浆和有无钢筋可分为下列几类：

(一) 块材：可分为：

1. 砖类即普通黏土砖、承重空心黏土砖、灰砂砖、粉煤灰砖等；
2. 砌块类即混凝土空心小砌块、混凝土空心中型砌块、粉煤灰中型砌块等；

3. 石材类即料石和毛石等。

(二)砂浆:可分为:

1. 混合砂浆;
2. 水泥砂浆;
3. 其他砂浆等。

(三)砌体:可分为:

1. 砖砌体;
2. 砌块砌体;
3. 石砌体;
4. 约束砌体;
5. 配筋砌体等。

砖的强度等级符号以"MU"表示,单位 MPa(N/mm^2)。烧结普通砖、非烧结硅酸盐的强度等级划分为:MU30(300)、MU25(250)、MU20(200)、MU15(150)、MU10(100)(括号内数值为相应材料原标准规定的标号),烧结空心砖的强度等级为 MU10、MU7.5、MU5.0、MU3.5。

混凝土小型空心砌块、中型空心砌块以及粉煤灰中型空心砌块的强度等级划分为:MU15、MU10、MU7.5、MU5 和 MU3.5。

石材强度等级,可用边长为 70mm 的立方体试块的抗压强度表示,抗压取三个试件破坏强度的平均值。石材的强度等级划分为 MU100、MU80、MU60、MU50、MU40、MU30、MU20、MU10、MU7.5、MU5 和 MU3.5。

砂浆的强度是由 28 天龄期的每边长为 70.7mm 的立方体试件的抗压强度指标为依据,其强度等级符号以"M"表示,划分为 M15、M10、M7.5、M5、M2.5。验算施工阶段新砌筑的砌体强度,因为砂浆尚未硬化,可按砂浆强度为零确定其砌体强度。

砌筑用砂浆除强度要求外,还应具有以下的特征:

(1)流动性(或可塑性)

在砌筑砌体的过程中,要求块材与砂浆之间有较好的密实度,应使砂浆容易而且能够均匀地铺开,也就是有合适的稠度,以保证它有一定的流动性。砂浆的可塑性,采用重(力)3N、顶角 30°的标准锥体沉入砂浆中的深度来测定,锥体的沉入深度根据砂浆的用途规定为:用于砖体的为 50~70mm;用于石砌体的为 30~50mm。

(2)保水性

砂浆能保持水分的能力叫做保水性;砂浆的质量在很大程度上决定于其保水性。在砌筑时,砖将吸收一部分水份,如果砂浆的保水性很差,新铺在砖面上的砂浆的水份很快被吸去,则使砂浆难于铺平,而使砌体强度有所下降。

砂浆的保水性以分层度表示,即将砂浆静止 30min,上下层沉入量之差宜在 10~20mm。

在砂浆中掺入适量的掺合料,可提高砂浆的流动性和保水性,既能节约水泥,又可提高砌筑质量。纯水泥砂浆的流动性与保水性比混合砂浆差,因此,混合砂浆砌筑的砌体比同等级的水泥砂浆砌筑的砌体强度要高。《规范》规定,当砌体用纯水泥砂浆砌筑时,各类砌体的抗压强度应按相同等级的混合砂浆的砌体强度乘以 0.85 的系数。

二、砌体的受力性能

(一) 砌体的受压性能

影响砌体抗压强度的因素很多，其中主要为块材和砂浆的强度，此外如搭缝方式、砂浆和块材的粘结力、竖向灰缝饱满程度以及构造方式等等也有一定的影响。

将我国历年各地众多砌体抗压强度的试验数据进行统计和回归分析，并经多次校核，我国《规范》GBJ 提出了一个比较完整、统一的表达砌体强度平均值计算公式，即

$$f_m = k_1 f_1^a (1+0.07 f_2) k_2 \tag{5-12}$$

式中　f_m——砌体轴心抗压平均值(MPa)；

　　　k_1——砌体种类和砌筑方法等因素对砌体抗压强度的影响系数；

　　　f_1——块体(砖、石、砌块)抗压强度平均值(MPa)；

　　　f_2——砂浆抗压强度平均值(MPa)；

　　　k_2——砂浆强度不同时，砌体抗压强度的影响系数。

(二) 砌体的受拉性能

砌体受轴心拉力时，按照力作用于砌体方向的不同，砌体可能会发生沿齿缝截面、沿块体和竖向灰缝截面、或者沿通缝截面破坏。

砌体的轴心受拉承载力主要取决于块材与砂浆之间的粘结强度，一般与砂浆的粘结强度有关。竖向灰缝一般不饱满，粘结不可靠，故计算中仅考虑水平灰缝的粘结强度。因法向粘结强度往往不能保证，故设计时应避免。

砌体沿齿缝截面的轴心抗拉强度平均值按下式计算：

$$f_{tm} = k_3 \sqrt{f_2} \tag{5-13}$$

式中　f_{tm}——砌体轴心抗拉强度平均值；

　　　k_3——系数；

　　　f_2——砂浆抗压强度平均值。

沿块体截面破坏时的烧结普通砖砌体轴心抗拉强度平均值 f_{tm} 按下式计算

$$f_{tm} = 0.212 \sqrt[3]{f_1} \tag{5-14}$$

式中　f_1——块体(砖、石、砌块)抗压强度平均值。

也有沿齿缝截面、沿块体与竖向灰缝截面、以及沿通缝截面三种破坏形态。

砌体沿齿缝和沿通缝截面的弯曲抗拉强度按下式计算：

$$f_{tm,m} = k_4 \sqrt{f_2} \tag{5-15}$$

式中　$f_{tm,m}$——砌体弯曲抗拉强度平均值；

　　　k_4——系数。

沿块体截面破坏时烧结普通砖砌体的弯曲抗压强拉平均值 $f_{tm,m}$ 按下式计算：

$$f_{tm,m} = 0.138 \sqrt[3]{f_1} \tag{5-16}$$

(三) 砌体的受剪性能

受纯剪时，砌体可能沿通缝或沿阶梯形截面破坏，因为竖向灰缝的抗剪能力很低，所以可取二者的抗剪强度相等。

但在压弯受力状态下，砌体可能发生剪摩擦破坏、剪力破坏和斜压破坏等三种剪力破

坏形态。

砌体材料强度、试件尺寸、加载周期、竖向压应力的大小、截面是否开洞削弱等因素对抗剪强度都有影响。

砌体抗剪强度按下式计算：

$$f_{vo,o}=k_5\sqrt{f_2} \tag{5-17}$$

式中　$f_{vo,o}$——砌体抗剪强度平均值；
　　　k_5——系数。

根据国内外大量试验，偏于安全考虑，当有竖向压应力作用时，砌体通缝抗剪强度平均值可按下式计算：

$$f_m=f_{vo,o}+0.4\sigma_k \tag{5-18}$$

式中　σ_k——永久荷载标准值产生的平均压应力。

各类砌体的各种强度标准值、强度设计值均可直接查用，但《规范》规定，在一些情况下，砌体的强度设计值应乘以调整系数 γ_a。

第六节　砌体结构的构造要求

一、墙、柱的高厚比

（一）墙、柱的允许高厚比

墙、柱高厚比的允许极限值称允许高厚比，用 $[\beta]$ 表示。允许高厚比的确定，与墙、柱的承载力计算无关，主要根据房屋中墙、柱的稳定性，由实践经验从构造要求上确定的。当砌筑砂浆的强度等级愈高，$[\beta]$ 值愈大。墙上开洞，对保证稳定性不利，$[\beta]$ 值相应降低。$[\beta]$ 值与墙、柱砌体材料的质量和施工技术水平等因素有关，随着科学技术的进步，在材料强度日益增高，砌体质量不断提高的情况下，$[\beta]$ 值亦将有所增大。

（二）墙、柱的高厚比验算

墙、柱高厚比 β 应符合下式：

$$\beta=\frac{H_0}{h}\leqslant\mu_1\mu_2[\beta] \tag{5-19}$$

式中　H_0——墙、柱的计算高度；
　　　h——墙厚或矩形柱与 H_0 相对应的边长；
　　　μ_1——非承重容许高厚比的修正系数，可按表 1.5-6 采用；
　　　μ_2——有门窗洞口墙容许高厚比的修正系数，按式 5-20 计算。

$$\mu_2=1-0.4\frac{b_s}{s}\geqslant 0.7 \tag{5-20}$$

式中　s——相邻窗间墙或壁柱之间距离；
　　　b_s——在宽度 s 范围内的门窗洞口宽度。当门窗洞口高度不大于墙高的 1/5 时，取 $\mu_2=1.0$。

墙、柱的允许高厚比 [β]   表 1.5-5

砂浆强度等级	墙	柱
M2.5	22	15
M5	24	16
≥7.5	26	17

注：1. 下列材料砌筑的墙、柱允许高厚比，应按表中数值分别予以降低：空斗墙、中型砌块墙、柱降低10%；毛石墙、柱降低20%。
2. 组合砖砌体构件的允许高厚比，可按表中数值提高20%，但不得大于28。
3. 验算施工阶段砂浆尚未硬化的新砌砌体高厚比时，可按表中M0.4项数值降低10%。

非承重墙修正系数 μ_1 值   表 1.5-6

墙厚 上端支承条件	240mm	240～90mm	90mm
墙上端为不动铰支点	1.2	1.2～1.5（插值）	1.5
墙上端为自由端	1.56	1.56～1.95（插值）	1.95

验算墙、柱高厚比尚应遵守下列规定：

(1) 当墙高 H 不小于相邻横墙或壁柱间的距离 s 时，应按计算设计 $H_0=0.6s$ 验算高厚比。

(2) 当与墙连接的相邻两横墙间的距离 $s \leq \mu_1 \mu_2 [\beta] h$（$h$ 为墙厚）时，墙的高度可不受式 5-20 的限制。

(3) 变截面柱的高厚比可按上、下截面分别验算，其计算高度按规定采用。验算上柱的高厚比时，墙、柱的容许高厚比可按表 1.5-5 的数值乘以 1.3 后采用。

1. 整片墙的验算

$$\beta = \frac{H_0}{h_T} \leq \mu_1 \cdot \mu_2 [\beta] \tag{5-21}$$

式中 $h_T = 3.5i$——带壁柱墙的截面折算厚度；

$i = \sqrt{\frac{I}{A}}$——带壁柱墙的截面回转半径。

(1) 在确定 i 时，墙截面的翼缘宽度按 3.5.7 条的规定采用。

(2) 在确定墙的计算设计 H_0 时，s 取相邻横墙间的距离。

2. 壁柱间墙的验算

(1) 按式验算，此时 s 取相邻壁柱间的距离。

(2) 设有钢筋混凝土圈梁的带壁柱墙，当 $b/s \geq 1/30$ 时，圈梁可视作壁柱间墙的不动铰支点（b 为圈梁宽度）。如具体条件不允许增加圈梁宽度，可按墙体平面外弯曲刚度相等的原则增加圈梁的高度，以满足壁柱间墙不动铰支点的要求。

二、一般构造要求

设计砌体结构房屋时，除进行墙、柱的承载力计算和高厚比验算外，尚应满足墙、柱的一般构造要求。必须使墙、柱和楼盖、屋盖之间有可靠的拉结，以保证房屋的整体性和空间刚度。主要构造要求可归纳为下述几点：

（一）五层及五层以上房屋的外墙、潮湿房间的墙，以及受振动或层高大于 6m 的墙、柱所用材料的最低强度等级：砖为 MU10，砌块为 MU7.5，石材为 MU30，砂浆为 M5。

（二）在室内地面以下，室外散水坡顶面以上的砌体内，应铺设防潮层。防潮层材料一般情况下采用防水水泥砂浆。勒脚部位应采用水泥砂浆粉刷。地面以下或防潮层以下的砌体，所用材料的最低强度等级应符合表1.5-7的要求。

地面以下或防潮层以下的砌体所用材料的最低强度等级　　　　表 1.5-7

基土的潮湿程度	粘土砖		混凝土砌块	石材	水泥砂浆
	严寒地区	一般地区			
稍潮湿的	MU10	MU10	MU7.5	MU30	M5
很潮湿的	MU15	MU10	MU7.5	MU30	M7.5
含水饱和的	MU20	MU15	MU10	MU40	M10

注：1. 石材的重力密度不应低于 $18kN/mm^3$。
　　2. 地面以下或防潮层以下的砌体，不宜采用空心砖。当采用混凝土中、小型空心砌块砌体时，其孔洞应采用强度等级不低于 C20 的混凝土灌实。
　　3. 各种硅酸盐材料及其他材料制作的块材，应根据相应材料标准的规定选择采用。

（三）承重的独立砖柱，截面尺寸不应小于 240mm×370mm。毛石墙的厚度，不宜小于 350mm，毛料石柱截面较小边长，不宜小于 400mm。注意，当有振动荷载时，墙、柱不宜采用毛石砌体。

（四）砌体的转角处、交接处应同时砌筑。对不能同时砌筑，必须留置的临时间断处应砌成斜槎，其长度不宜小于高度的 2/3。如做成直槎，则应放置拉结条，不少于每半砖厚 1ϕ4 钢筋，沿墙高间距不得超过 0.5m。每边埋入 500mm，并留 90°弯钩。

（五）跨度大于 6m 的屋架和跨度大于下列数值的梁：对砖砌体为 4.8m，对砌块和料石砌体为 4.2m，对毛石砌体为 3.9m，其支承下应设置混凝土或钢筋混凝土垫块，当墙中设有圈梁时，垫块与圈梁宜浇成整体。

（六）月份对墙厚 $h \leqslant 240mm$ 的房屋，当大梁跨度 $l \geqslant 6m$（对于砖墙）或 4.8m（对于砌块和料石墙），其支承处宜加设壁柱或采取其他措施对墙体予以加强。

（七）预制钢筋混凝土板的支承长度，在墙上不宜小于 100mm；在钢筋混凝土圈梁上不宜小于 80mm。钢筋混凝土梁在砖墙上的支承长度，当梁高 $h_0 \leqslant 500mm$ 时，不小于 180mm；当 $h_0 \geqslant 500mm$ 时，不小于 240mm。

（八）支承在墙、柱上的吊车梁、屋架及跨度 $l \geqslant 9m$（支承在砖砌体）或 7.2m（支承在砌块和料石砌块上）的预制梁的端部应采用锚固件与墙、柱上的垫块锚固。

为了减少屋架或大梁端部支承压力对墙体的偏心距，即由 l_c 减少到 l_c；可以在梁端部底面和砌体间设置带中心垫板的垫板的垫块或采用缺口垫块。

（九）骨架房屋的填充墙与围护墙，应分别采用拉结条和其他措施与骨架的柱和横梁连接。一般是在钢筋混凝土骨架中预埋拉结筋，而后在砌砖时嵌入墙体的水平灰缝内。

（十）山墙处的壁柱宜砌至山墙顶部。风压较大的地区，檩条应与山墙锚固，屋盖不宜挑出山墙。

（十一）砌块的两侧宜设置灌缝槽，当无灌缝槽时，墙体应采用两面粉刷。

（十二）砌块砌体应分皮错缝搭砌。中型砌块上下皮搭砌长度不得小于砌块高度的 1/3，且不应小于 150mm；小型空心砌块上下皮搭砌长度不得小于 90mm。当搭砌长度不满足上述要求时，应在水平灰缝内设置不少于 2ϕ4 的钢筋网片，网片每端均应超过该垂直缝，其长度不得小于 300mm。

（十三）砌块墙与后砌隔墙交接处，应沿墙高每 400～800mm 在水平灰缝内设置不少于 2φ4 的钢筋网片。

（十四）混凝土中型空心砌块房屋，宜在外墙转角处、楼梯间四角的砌体孔洞内设置不少于 1φ12 的竖向钢筋，并用 C20 细石混凝土灌实。竖向钢筋应贯通墙高并锚固于基础和楼、屋盖圈梁内，锚固长度不得小于 $30d$（d——钢筋直径）。钢筋接头应绑扎或焊接，绑扎接头搭接长度不得小于 $35d$。

混凝土小型空心砌块房屋，宜将上述部位纵横墙交接处，距墙中心每边不小于 300mm 范围内的孔洞，用不低于砌块材料强度等级的混凝土灌实，灌实高度为全部墙身高度。

（十五）混凝土小型空心砌块墙体的下列部位，如未设圈梁或混凝土垫块，应将孔洞用不低于砌块材料强度等级的混凝土灌实。

1. 搁栅、檩条和钢筋混凝土楼板的支承面下，高度不小于 200mm 的砌体。
2. 屋架、大梁等构件的支承面下，高度不小于 400mm，长度不小于 600mm 的砌体。
3. 挑梁支承面下，纵横墙交接处，距墙中心线每边不小于 300mm，高度不小于 400mm 的砌体。

三、防止墙体开裂的主要措施

由于墙体的抗裂性能差，温度的变化、墙体的收缩和地基的不均匀沉降都可能使砌体结构房屋的墙体产生变形，如果这种变形不加控制而引起拉力，且当拉应力超过砌体的抗拉强度时，就会产生裂缝。墙体裂缝不仅妨碍建筑物的正常使用，影响美观和耐久性，而且随着裂缝的开展，将会危及砌体结构的安全性。因此应采取必要的措施来防止墙体裂缝的出现或抑制裂缝的发展。

（一）为了防止和减轻由于温度变化和墙体干缩变形引起的墙体竖向裂缝，应在墙体温度和收缩变形引起的应力集中部位设备伸缩缝，伸缩缝的间距可以通过计算确定，也可参照表 1.5-8 采用。

砌体房屋温度伸缩缝的最大间距(m)　　　　表 1.5-8

屋盖或楼盖类别		间距
整体式或装配整体式钢筋混凝土结构	有保温层或隔热层的屋盖、楼盖	50
	无保温层或隔热层的屋盖	40
装配式无檩体系钢筋混凝土结构	有保温层或隔热层的屋盖、楼盖	60
	无保温层或隔热层的屋盖	50
装配式有檩体系钢筋混凝土结构	有保温层或隔热层的屋盖	75
	无保温层或隔热层的屋盖	60
瓦材屋盖 木屋盖或楼盖 轻钢楼盖		100

注：1. 按本表设置的墙体伸缩缝，一般不能同时防止由钢筋混凝土屋盖的温度变形和砌体干缩变形引起的顶层墙体八字缝，水平缝等墙体裂缝。

2. 层高大于 5m 的混合结构单层房屋，其伸缩缝间距可按表中数值乘以 1.3，但当墙体采用硅酸盐块体和混凝土砌块砌筑时，不得大于 75mm。

3. 温差较大且变化频繁地区和严寒地区不采暖的房屋及构筑物墙体的伸缩缝的最大间距，应按表中数值予以适当减少。

4. 墙体的伸缩缝应与其他结构的变形缝相重合，缝内应嵌以软质材料，在进行立面处理时，必须使缝隙能起伸缩作用。

（二）为了防止和减轻由于钢筋混凝土屋盖的温度变化和砌体干缩变形引起的墙体裂缝（如顶层墙体的八字缝、水平缝等），可根据具体情况采取以下措施：

1. 屋盖上设置保温层或架空隔热板，并应覆盖至外墙边缘。
2. 采用装配式有檩体系钢筋混凝土屋盖和瓦材屋盖。
3. 对于非烧结硅酸盐砖和砌块房屋，应严格控制块体出厂到砌筑的时间，并应避免现场堆放时块体遭受雨淋。
4. 在同一结构单元内，应避免楼盖或屋盖的错层布置。如使用上确定需要错层时，宜在错层处设置变形缝，以减少楼、屋盖结构的温度变形。

（三）地基产生过大的不均匀沉降，也是造成墙体开裂的一种原因，为防止这种裂缝的出现，在房屋的下列部位宜设置沉降缝：

1. 建筑平面有转折的部位；
2. 建筑物高度差异或荷载差异较大的分界处；
3. 房屋长度超过表 1.5-8 规定的温度缝的间距时，在房屋中部的适当部位；
4. 地基上的压缩性有显著差异处；
5. 在不同建筑结构型式或不同基础类型分界处；
6. 在分期建筑房屋的交界处。

沉降缝应有足够的宽度，缝宽可按表 1.5-9 选用。缝内一般不填塞材料；当必须填塞材料时，应保证缝两侧房屋内倾斜时不互相挤压。沉降缝的具体作法可参考有关《建筑构造图集》。

房屋沉降缝宽度　　　　　　　　　表 1.5-9

房　屋　层　数	沉降缝宽度(mm)
2～3	50～80
4～5	80～120
五层以上	不小于 120

（四）当房屋建造在软弱地基上时，应注意采取以下具体措施：

1. 房屋的长度比不宜过大。当房屋建造在软弱地基上时，对三层及三层以上的房屋，其长度比不宜小于或等于 2.5。当房屋的长高比为 $2.5 < \frac{L}{H} \leqslant 3$ 时，应尽量做到纵墙不转折或少转折，其内横向墙间距不宜过大，必要时可适当增强基础的刚度和强度。
2. 建筑体型应力求简单。当建筑体型比较复杂时，宜根据其平面形状和高度差异情况，在适当部位位置沉降缝，将其划分为若干平面形状规则，整体刚度较好的独立单元。
3. 加强房屋的整体刚度。纵墙是砌体结构产生整体弯曲时的主要受力构件，因此应尽量将纵墙拉通，尽量避免断开或转折。增设钢筋混凝土圈梁或钢筋砖圈梁也是增强房屋整体刚度的有效措施。特别是基础圈梁和屋顶檐口圈梁的作用较大，其余各层的圈梁也起一定作用。
4. 加强墙体被洞口削弱的部位，如多层房屋底层窗洞过大时，宜在窗下墙体内适当配筋。

（五）防震缝的设置

在地震区的房屋,除要设置伸缩缝和沉降缝外,还要设置防震缝。防震缝的设置与构造参见(四)的内容,沉降缝,伸缩缝及防震缝统称为变形缝。

四、圈梁

为了增强房屋的整体性和空间刚度,防止由于地基不均匀沉降或较大振动荷载等对房屋引起的不利影响,可在墙中设置钢筋混凝土圈梁,以设置在基础顶面部位和檐口部位的圈梁对抵抗不均匀沉降作用最有效。当房屋中部沉降较两端为大时,位于基础顶面部位的圈梁作用大;当房屋两端沉降较中部为大时,则位于檐口部位的圈梁作用大。

对于一般工业与民用建筑房屋,可参照下列规定设置圈梁。

(一)对空旷的单层房屋,如车间、仓库、食堂等,当墙厚 $h\leqslant240mm$ 时,应按下列规定设置圈梁。

1. 砖砌体房屋,檐口标高为 $5\sim8m$ 时,应设置圈梁一道,大于 $8m$ 时,宜适当增设。
2. 砌块及石砌体房屋,檐口标高为 $4\sim5m$ 时,应设置圈梁一道,大于 $5m$ 时,宜适当增设。
3. 对有电动桥式吊车或较大振动设备的单层工业房屋,除在檐口或窗顶标高处设置钢筋混凝土圈梁外,尚宜在吊车梁标高处或其他适当位置增设。

(二)对多层砖砌体房屋

1. 多层砖砌体民用房屋,如宿舍、办公楼等,当墙厚 $h\leqslant240mm$ 时,且层数为 $3\sim4$ 层时,宜在檐口标同处设置圈梁一道,当层数超过 4 层时,可适当增设。
2. 多层砖砌体工业房屋,圈梁可隔层设置,对在较大振动设备的多层房屋,宜每层设置钢筋混凝土圈梁。

(三)对多层砌块和料石砌体房屋,宜按下列规定设置钢筋混凝土圈梁:

1. 对外墙及内纵墙,屋盖处宜设置圈梁,楼盖处宜隔层设置。
2. 对横墙,屋盖处宜设置圈梁,楼盖处宜隔层设置,水平间距不宜大于 $15mm$。
3. 对较大振动设备,或承重墙厚度 $h\leqslant180mm$ 的多层房屋,宜每层设置圈梁。
4. 屋盖处圈梁宜现浇,预制圈梁安装时应座浆,并应保证接头可靠。

(四)建筑在软弱地基或不均匀地基上的砌体房屋,除按本节规定设置圈梁外,尚应符合国家现行《建筑地基基础设计规范》的有关规定。地震区房屋圈梁的设置应符合国家现行《建筑抗震设计规范》的要求。

五、圈梁的构造要求

砌体结构房屋在地基不均匀沉降时的空间工作比较复杂,关于圈梁计算虽已提出过一些近似的简化方法,但都还不成熟。目前,仍按下列构造要求来设计圈梁。

(一)圈梁宜连续地设在同一水平面上,并形成封闭状。当圈梁被门窗洞口截断时,应在洞口上部增设相同截面的附加圈梁。附加圈梁与圈梁的搭接长度不应小于其垂直间距的二倍,且不得小于 $1m$。

(二)对刚性方案房屋,圈梁应与横墙加以连接,其间距不宜大于 5.5.1 规定的相应横墙间距。连接方式可将圈梁伸入横墙 $1.5\sim2m$,或在该横墙上设置贯通梁。对刚弹性和弹性方案房屋,圈梁应与屋架、大梁等构件可靠连接。

(三)钢筋混凝土圈梁的宽度宜与墙厚相同,当墙厚 $h\geqslant240mm$ 时,其宽度不宜小于 $2h/3$。圈梁高度不应小于 $120mm$。纵向钢筋不宜小于 $4\phi8$,绑扎接头的搭接长度按受拉钢筋考虑。箍筋间距不宜大于 300mm。混凝土强度等级，现浇的不宜低于 C15，预制的不宜低于 C20。

（四）钢筋砖圈梁应采用不低于 M5 的砂浆砌筑，圈梁高度为 4～6 皮砖。纵向钢筋不宜少于 6φ6，水平间距不宜大小 120mm，分上下两层设置在圈梁的顶部和底部水平灰缝内。

（五）圈梁兼作过梁时，过梁部分的钢筋应按计算用量单独配置。

第七节 钢结构基础知识

钢结构常在不同环境条件和情况下承受各种荷载，因此其钢材应具有良好的机械性能（静力、动力强度和塑性、韧性等）和加工工艺性能（冷、热加工和焊接性能），以保证结构安全、节省钢材、便于加工制造，并降低价格和投资。钢材的种类很多，其性质、用途和价格各不相同。符合钢结构这些要求的钢材，只是属于碳素结构钢和低合金结构钢中的少数几种，如 Q235 钢、16Mn、15MnV 钢等。

不同用途，荷载和工作环境条件的钢结构，对钢材性能的具体要求应有区别。此外，结构钢材的受力破坏虽然在通常条件下是伴随有明显变形塑性破坏，但在有些情况下也可能是没有明显变形征兆和突然发生的脆性破坏。因此，应了解钢材的主要性能及其影响因素，研究可能导致钢材脆性破坏的原因，以便针对结构的具体条件合理地选用钢材和设计结构。这对提高和保证钢结构的质量，防止和减少脆性破坏事故，取得良好的经济和使用效果都是必要的。这也是本节将要阐述的主要内容。

钢材的主要机械性能（也称力学性能）通常是指钢厂生产供应的钢材在标准条件下均匀拉伸、冷弯和冲击等单独作用下显示出的各种机械性能。

一、钢材在单向均匀拉力作用下的性能

钢材的单向均匀拉伸比压缩、剪切等试验简单易行，试件受力明确，对钢材缺陷的反应比较敏感，试验所得的各项机械性能指标对于其他受力状态的性能也具有代表性。因此，它是钢材机械性能的常用试验方法。

钢材的拉伸试验通常是用规定形状（圆形或板状）和尺寸的标准试件、在常温（$20\pm5℃$）下以规定的应力或应变速度逐渐施加荷载进行的。由于加载速度缓慢，又称静力拉伸试验。

钢材静力拉伸试验的机械性能常用拉伸曲线，即应力-应变曲线来表明。该曲线所显示的钢材受力状况和一些机械性能如下：

（一）弹性阶段；

（二）弹塑性阶段；

（三）屈服阶段；

（四）强化阶段；

（五）颈缩阶段。

二、钢材的冷弯性能

钢材的冷弯性能是衡量钢材在常温下弯曲加工产生塑性变形时对产生裂纹的抵抗能力的一项指标。钢材的冷弯性能取决于钢材的质量，并与试验所取弯心直径 d 对钢材厚度 a

的比值有关。$a \leqslant 60mm$ 的 Q235 钢材冷弯试验合格的标准是：试件宽度 $B=2a$，弯心直径 $d=a$（轧制纵向试样，对型钢）、$1.5a$（横向试样，对钢板和钢带）并冷弯角 $\alpha=180°$ 时试件无裂纹或分层等现象发生。

钢材的冷弯性能不但是检验钢材适应冷加工能力和显示钢材内部缺陷（如分层、非金属夹渣等）状况的一项指标；而且由于冷弯时试件中部受弯部位受到冲头挤压以及弯曲和剪切的复杂作用，因此也是考察钢材在复杂应力状态下发展塑性变形能力的一项标志。

三、钢材的冲击韧性

钢材的冲击韧性指钢材在冲击荷载作用下断裂时吸收机械的一种能力，是衡量钢材抵抗可能因低温、应力集中、冲击荷载作用等而致脆性断裂能力的一项机械性能。钢材的冲击韧性通常采用有特定缺口的标准试件，在材料试验机上进行冲击荷载试验使试件断裂来测定。常用标准试件的型式有梅氏（Mesnager）U形缺口试件和夏比（Chapy）V形缺口试件两种。

钢材的冲击韧性不但与钢材质量、试件缺口状况和加载速度有关，而且受温度，特别是负温的影响较大，当温度低于某一负温值时，冲击韧性将急剧降低。因此，对于在常温或较低温度下工作的有冲击韧性要求结构钢材，对碳素结构钢 Q235 钢，应采用 Q235B、C 或 D 钢，分别保证温度为 20℃、0℃或-20℃时的 V 形冲击功 $A_{KV} \geqslant 27J$；对低合金结构钢 16Mn、15MnV 钢等，则应附加保证相应温度 20℃、0℃、-20℃或-40℃时的 V 形冲击功 $A_{KV} \geqslant 27J$。

另外，钢材的冲击韧性还与其厚度有关。较大厚度钢材的冲击韧性，尤其是负温冲击韧性将显著降低。因此，在负温条件下使用的钢结构应尽量采用较小厚度的钢材。

第八节 钢结构的构造与连接

钢结构是由钢板、型钢等组合连接制成基本构件，如梁、柱、桁架等；运到工地后再通过安装连接组成整体结构，如屋盖、厂房、桥梁等。连接在钢结构中占有很重要的地位，将直接影响钢结构的制造安装和经济指标以及使用性能。连接设计应符合安全可靠、节省钢材、构造简单、制造安装方便等原则。

钢结构的连接方法可分为焊缝连接、螺栓连接和铆钉连接等。其中普通螺栓连接使用最早，约从 18 世纪中叶开始，至今仍是安装连接的一种重要方法，19 世纪 20 年代开始使用铆钉连接，此后发展成在钢结构连接中占统治地位，19 世纪下半叶出现焊缝连接，在本世纪 20 年代后逐渐广泛使用并取代铆钉连接成为钢结构的主要连接方法。本世纪中叶又发展使用高强度螺栓连接，现已在一些较大钢结构的安装连接中得到较多的使用。

一、焊缝连接

焊缝连接是现代钢结构最主要的连接方法。在钢结构中主要采用电弧焊；较少特殊情况下可采用电渣焊和电阻焊等。

焊缝连接的优点是对钢材从任何方位、角度和形状相交都能方便使用，一般不需要附加连接板、连接角钢等零件，也不需要在钢材上开孔，不使截面受削弱；因而构造简单，节省钢材，制造方便，并易于采用自动化操作，生产效率高。此外，焊缝连接的刚度较大，密封性较好。

焊缝连接的缺点是焊缝附近钢材因焊接的高温作用而形成热影响区,其金相组织和机械性能发生变化,某些部位材质变脆,焊接过程中钢材受到不均匀的高温和冷却,使结构产生焊接残余应力和残余变形,影响结构的承载力、刚度和使用性能;焊缝连接的刚度大和材料连续是优点,但使用局部裂纹一经发生便容易扩展到整体。因此,与高强度螺栓和铆钉连接相比,焊缝连接的塑性和韧性较差,脆性较大,疲劳强度较低。此外,焊缝可能出现气孔、夹渣等缺陷,也是影响焊缝连接质量的不利因素。现场焊接的拼装定位和操作较麻烦,因而构件间的安装连接尽量采用高强度螺栓连接或设安装螺栓定位后再焊接。

二、螺栓连接

螺栓连接可分为普通螺栓连接和高强度螺栓连接。普通螺栓通常用 Q235 钢(3 号钢)制成,用普通扳手拧紧,高强度螺栓则用高强度钢材制成并经热处理,用特制的、能控制扭矩或螺栓拉力的扳手,拧紧到使螺栓有较高的规定预应力值,相应把被连接的板件高度夹紧。

普通螺栓和高强度螺栓连接的优点是安装方便,特别适用于工地安装连接;也便于拆卸,适用于需要装拆结构的连接和临时性连接。其缺点是需要在板件上开孔和拼装时对孔,增加制造工作量;螺栓孔还使构件截面削减,且被连接的板件需要互相搭接或另加角钢或拼接板等连接件,因而多费钢材。

(一)普通螺栓连接

普通螺栓连接一般采用 C 级螺栓,习称粗制螺栓;较少情况下可采用质量要求高的 A、B 级螺栓,习称精细螺栓。

1. C 级螺栓连接

C 级螺栓用未经加工的圆钢制成,杆身表面粗糙,尺寸不准确,螺栓孔是在单个零件上一次冲成或不用钻模钻成(称为Ⅱ类孔),孔径比螺杆直径大 1~2mm。

C 级螺栓连接的优点是结构的装配和螺栓装拆方便,操作不需要复杂的设备,并比较适用于承受拉力;而且受剪性能则较差。因此,它常用于承受拉力的安装螺栓连接(同时有较大剪力时常另加承托受剪)、次要结构和可拆卸结构的受剪连接,以及安装时的临时性连接。

受剪性能差是由于孔径大于杆径较多,当连接所受剪力超过被连接板件间的摩擦力(普通螺栓用于普通扳手拧紧,拧紧力和摩擦力较小)时,板件间将发生较大的相对滑移变形,直至螺栓杆与板件孔壁一侧接触;也由于螺栓孔中距不准,致使个别螺栓先与孔壁接触,以及接触面质量较差,使各个螺栓受力较不均匀。

2. A、B 级螺栓连接

A、B 级螺栓杆身经车床加工制成,表面光滑,尺寸准确;按尺寸规格和加工要求又分为 A、B 两级(直径 $d \leqslant 24mm$ 且长度 $l \leqslant 150mm$ 和 $10d$ 时用 A 级;$d > 24mm$ 或 $l > 150mm$ 或 $10d$ 时用 B 级。A 级的精度要求更高)。螺栓孔在装配好的构件上钻成或扩钻成(相应先在单个零件上钻或冲成较小孔径),或在单个零件或构件上分别用钻模钻成(统称为Ⅰ类孔)。孔壁光滑,对孔准确,孔径与螺栓径相当,但分别允许正和负公差,安装需将螺栓轻击入孔。

A、B 级螺栓连接由于加工精度高,尺寸准确和杆壁接触紧密,可用于承受较大的剪力、拉力的安装连接,受力和抗疲劳性能较好,连接变形较小;但其制造和安装都较费力。价格昂贵，故在钢结构中较少采用，主要用在直接承受较大动力荷载的重要结构的受剪安装螺栓，目前的情况是通常为摩擦型高强度螺栓连接所取代。

(二) 高强度螺栓连接

高强度螺栓连接是近三、四十年来迅速发展和应用的螺栓连接新型式。螺栓杆内很大的拧紧预应力把被连接的板夹得很紧，足以产生很大的摩擦力，因而连接的整体性和刚度较好。

高强度螺栓连中，当螺栓的预应力增加不多，外拉力主要靠板件间夹紧力的减少来承受，但板件间始终保持夹紧状态，当受剪力时，按照设计和受力要求的不同，可分为摩擦型和承压型两种。

1. 摩擦型高强度螺栓连接

这种连接在受剪力设计时以外剪力达到板件接触面间由螺栓拧紧力（使板件压紧）所提供的可能最大摩擦力为极限状态，亦即应保证连接在整个使用期间外剪力不超过最大摩擦力，能由摩擦力完全承受，这样，板件间不会发生相对滑移变形（螺栓杆与孔壁间始终保持原有空隙量），被连接板件按弹性整体受力。

2. 承压型高强度螺栓连接

对这种连接，受剪力设计时只保证在正常使用荷载下，外剪力一般不会超过最大摩擦力，受力性能和摩擦型相同；但如荷载超过标准值（即正常使用情况下的荷载值），则剪力就可能超过最大摩擦力，被连接板件间将发生相对滑移变形，直到螺栓杆与孔壁一侧接触，此后连接就靠螺栓杆身剪切和孔壁承压以及板件接触面间摩擦力共同传力，最后以杆身剪切或孔壁承压破坏，即达到连接的最大承载力，作为连接受剪的极限状态。

高强度螺栓连接保持普通螺栓连接的施工条件好、安装方便、可以拆卸等优点；其制孔要求大致与 C 级螺栓连接相当，一般采用 II 类钻孔，孔径比螺栓直径大 $1.5\sim2$mm（摩擦型）或 $1\sim1.5$mm（承压型），摩擦型高强度螺栓连接由于始终保持板件接触面间摩擦力不被克服和不发生相对滑移，因而其整体性和刚度好，变形小，受力可靠，耐疲劳。现已在桥梁和工业与民用建筑钢结构中推广使用，主要用于直接承受动力荷载结构的安装连接以及构件的现场连接和高空安装连接的一些部位。承压型高强度螺栓连接由于受剪时利用了摩擦力克服后继续增长的连接承载力，因而其设计承载力高于摩擦型，可节省螺栓用量；但与摩擦型高强度螺栓连接相比，其整体性和刚度差，变形大，动力性能差，其实际强度储备小，只用于承受静力或间接动力荷载结构中允许发生的一定滑移变形的连接，我国目前应用还不多。

高强度螺栓连接的缺点是在材料、扳手、制造和安装方面有一些特殊技术要求，价格也较贵。我国目前规定承压型高强度螺栓在材料、制造和安装等方面的全部技术要求都与摩擦型相同；只在螺栓受剪时的设计承载力的计算上有区别。但有些国家规定对承压型高强度螺栓连接可按具体情况适当降低某些技术要求，例如只施加部分预拉力（即螺栓预拉力值低于摩擦型的规定值）等。

(三) 铆钉连接

铆钉连接在受力和设计上与普通螺栓连接相仿。钢结构中一般采用热铆，即把预先制好的一端带有铆钉头的铆钉加热到 $100\sim1100$℃淡黄色（铆钉枪铆合）或 $650\sim670$℃褐红色（压铆机铆合），插入铆钉孔，然后用压缩空气铆钉枪连续锤击或压铆机挤压铆成另一端的钉头。铆钉可用Ⅰ类或Ⅱ类孔,当铆钉受剪时用Ⅰ类孔的抗剪和孔壁承压强度约比用Ⅱ类孔高 20%。

铆钉通常以具有良好塑性和顶锻性能的普通碳素铆螺钢 ML2 或 ML3 制成,以孔径作为铆钉公称直径,预制铆钉杆径比孔径小 1~1.5mm。铆钉杆烧红铆合时在压力下膨胀,紧紧填满全孔;冷却时杆身缩短,使两端铆钉头压紧被连接钢板,铆钉杆受一定初拉力。因此,铆钉连接的塑性、韧性和整体性好,连接变形小,传力可靠,承受动力荷载时的疲劳性能好,质量也便于检查,特别适用于重型和直接承受动力荷载的结构。

但是,铆钉连接的构造复杂,用钢量大,施工麻烦,打铆时噪声大,劳动条件差。因此,三十年来已逐渐减少应用,目前几乎已被车间的焊缝连接和工地的焊缝或高强度螺栓连接所全部代替。

铆钉连接的受力性能,构造排列要求和设计方法原则上与普通螺栓连接完全相同,可完全套用,故本节不再另作叙述。不同点只是对铆钉连接的抗拉、抗剪和孔壁承压强度规定有不同的设计值,以及计算时取杆径等于孔径(不作区分),并且不存在螺纹削弱问题。

第六章 工程质量检测

第一节 见证取样检测

检测、试验工作的主要目的是取得代表质量特征的有关数据,科学评价工程质量。建设工程质量的常规检查一般都采用抽样检查,正确的抽样方法应保证抽样的代表性和随机性。抽样的代表性是指保证抽取的子样应代表母体的质量状况,抽样的随机性是指保证抽取的子样应由随机因素决定而并非人为因素决定。样品的真实性和代表性直接影响到检测数据的准确和公正。如何保证抽样的代表性和随机性,有关的技术规范标准中都作出了明确的规定。

样品抽取后应将样品从施工现场送至有检测资格的工程质量检测单位进行检验,从抽取样品到送至检测单位检测的过程是工程质量检测管理工作中的第一步。强化这个过程的监督管理,杜绝因试件弄虚作假而出现试件合格而工程实体质量不合格的现象。为此建设部颁发了《房屋建筑工程和市政基础设施工程实行见证取样和送检的规定》。在建设工程中实行见证取样和送样就是指在建设单位或工程监理单位人员的见证下,由施工单位的现场试验人员对工程中涉及结构安全的试块、试件和材料在施工现场取样,并送至具有相应资质的检测机构进行检测。实践证明:对建设工程质量检测工作实行见证取样制度是解决这一问题的成功办法。

(一)见证取样、送样的范围

下列试块、试件和材料必须实施见证取样和送检:

1. 用于承重结构的混凝土试块;
2. 用于承重墙体的砌砂浆试块;
3. 用于承重结构钢筋及连接接头试件;
4. 用于承重墙的砖和混凝土小型砌块;
5. 用于承重结构的混凝土中使用的水泥、外加剂;
6. 地下室、屋面、厕浴间使用的防水材料;
7. 国家规定必须实行见证取样和送检的其他试块、试件和材料;
8. 凡涉及房屋建筑工程和市政基础施工结构安全的试块、试件和其他建筑材料施工企业必须按照有见证取样送样的规定执行,按不低于有关技术标准中取样的数量的30%送至当地建设行政主管部门委托的法定检测机构检测。

(二)见证取样送样的程序

1. 建设单位应向工程监督单位和检测单位递交"见证单位和见证人授权书",授权书上应写明本工程现场委托的见证单位、取样单位、见证人姓名、取样人姓名及"见证员证"和"取样员证"编号,以便工程质量监督单位和工程质量检测单位检查核对。

2. 见证员、取样员应持证上岗。

3. 施工单位取样人员在现场对涉及结构安全的试块、试件和材料进行现场取样时，见证人员必须在旁见证。

4. 见证人员应采用有效的措施对试样进行监护，应和施工企业取样人员一起将试样送至检测单位或采用有效的封样措施送样。

5. 检测单位在接受检测任务时，应由送检单位填写送检委托单，委托单上有该工程见证人员和取样人员签字，否则，检测单位有权拒收。

6. 检测单位应检查委托单及试样的标识和封志，确认无误后方可进行检测。

7. 检测单位应严格按照有关管理规定和技术标准进行检测，出具公正、真实、准确的检测报告，见证取样送样的检测报告必须加盖见证取样检测的专用章。

8. 检测单位发现试样检测结果不合格时应立即通知该工程的质量监督单位和见证单位，同时还应通知施工单位。

(三) 见证人员的基本要求和职责

1. 见证人员的基本要求

(1) 见证人员应由建设单位或该工程监理单位中具备建筑施工试验知识的专业技术人员担任，应具有建筑施工专业初级以上技术职称。

(2) 见证人员应参加建设行政主管部门组织的见证取样人员资质培训考核，考核合格后经建设行政主管部门审核颁发"见证员"证书。

(3) 见证人员对工程实行见证取样、送样时应有该工程建设单位签发的见证人书面授权书。见证人书面授权书由建设单位和见证单位书面通知施工单位、检测单位和负责该项工程的质量监督机构。

(4) 见证人员的基本情况由当地建设行政主管部门备案，每隔3~5年换证一次。

2. 见证人员的职责

(1) 单位工程施工前，见证人员应会同施工项目负责人、取样人员共同制定送检计划。

送检计划是该项工程见证取样工作的指导性技术文件。送检计划是根据该工程施工的组织设计和工程特点，以及国家关于工程质量试验和检测的技术标准和规范要求，同时根据工程见证取样送样的范围，对该工程中涉及结构安全的试块、试件和材料的取样部位、取样的时间、样品名称和样品数量、送检时间等按施工程序先后制定的技术性文件，见证人员在整个工程的见证取样工作中应认真执行送检计划。

(2) 见证人员应制作见证记录，工程竣工时应将见证记录归入施工档案。

(3) 见证人员和取样人员应对试样的真实性和代表性负责。

(4) 取样时，见证人员必须在旁见证，取样人员应在见证人员见证下在试样和其包装上作出标识、标志。标识和封志应标明工程名称、取样部位、取样日期、样品名称和样品数量，见证人员和取样人员应共同签字。

(5) 见证人员必须对试样进行监护，有专用送样工具的工地，见证人员必须亲自封样。

(6) 见证人员必须和送样人员一起将试件送至检测单位。

(7) 见证人员必须在检验委托单位上签字，同时出示"见证员证"，以备检测单位核验。

(8) 见证人员应廉洁奉公，秉公办事，发现见证人员有违规行为，发证单位有权吊销"见证员"证书。

(四) 见证取样送样的组织和管理及方式

1. 见证取样送样的组织及方式

(1) 国务院建设行政主管部门对全国房屋建筑工程和市政基础设施工程的见证取样和送检工作实施统一监督管理。县级以上地方人民政府建设行政主管部门对本行政区域内的房屋建筑工程和市政基础设施工程的见证取样和送检工作实施监督管理。各级建设工程质量检测机构应积极在建设行政主管部门的领导下，做好见证人员的考核工作。

(2) 各检测单位在承接送检任务时，应核验见证人员证书。凡未执行见证取样的检测报告不得列入该工程竣工验收资料，应由工程质量监督机构指定法定检测单位重新检测，检测费用由责任方承担。

(3) 见证单位、取样单位的见证取样人员弄虚作假，玩忽职守者要追求刑事责任的当依法追究刑事责任。

2. 见证取样送样的专用工具

为了便于见证人员在取样现场对所取样品进行封存，防止串换，减少见证人员伴送样品的麻烦，保证见证取样送样工作顺利进行，下面介绍三种简易实用的送样工具。这些工具结构简洁耐用，加工制作容易，便于工人搬运和各种交通工具运输。

(1) A 型送样桶

① 用途

A. 本送样桶适用 150mm×150mm 混凝土试样封装，可装 3 件(约 24kg)。

B. 若用薄钢板网封闭空格部分，适用 70.7mm×70.7mm×70.7mm 砂浆试样封装，可装 24 件(约 18kg)。

C. 如内框尺寸改为 210mm×210mm，可装 100mm×100mm×100mm 混凝土试块 16 件(约 40kg)。

② 外形尺寸

外形尺寸为 174mm×174mm×520mm。

(2) B 型送样桶

① 用途

本送样桶适用 ϕ175mm×ϕ185mm×150mm 混凝土抗渗试块封装，可装 3 件(约 30kg)，也适用钢筋试样封装。

② 外形尺寸

外形尺寸为 ϕ237mm×550mm。

(3) C 型送样桶

① 用途

A. 本送样桶适用 240mm×115mm×90mm 烧结多孔砖试样封装，可装 4 件(约 12kg)。

B. 适用 240mm×115mm×53mm 烧结普通砖封装，可装 8 件(约 20kg)。

C. 可装砂、石约 40kg，水泥约 30kg，或可装土样约 40 个。

② 外形尺寸

外形尺寸为 $\phi 300mm \times 400mm$。

(4) D 型送样桶

① 用途

A. 本送样桶适用 150mm×150mm×150mm 混凝土试块封样，可装 6 块（2 组），约 48kg。

B. 适用 70.7mm×70.7mm×70.7mm 砂浆试块封样，可装 48 块(8 组)，约 36kg。

C. 适用钢筋、砖、石子、砂、水泥及土样样品的封样。

② 外形尺寸

外形尺寸为 520mm×210mm×330mm。

(五) 检测单位管理

建筑材料检测室是接受政府部门、司法机关、社会团体、企业、公众或各类机构的委托，依据国家现行的法律、法规和技术标准从事试验检测工作，向社会（或本单位内部）出具试验检测报告，实施有偿服务并承担相应法律责任的社会中介机构（或质量保证机构）。

建筑材料的试验检测，在建设工程质量管理、建筑施工生产、科学研究及科技进步中占有重要的地位。建筑材料科学知识和试验检测技术标准不仅是评定和控制建筑材料的质量、监控施工过程、保障工程质量的手段和依据，也是推动科技进步、合理使用建筑材料、降低生产成本、增进企业效益的有效途径。

建筑材料检测室应能够承担与其资质相适应的试验检测工作，保证试验检测数据准确可靠。

1. 管理制度

管理制度是保证检测工作正常进行的基本前提，它能使检测室的各类人员在不同的岗位上同心协力、各负其责，共同把检测工作做好，出了检测事故后可以及时查明原因，分清责任，以便今后工作的改进。制定管理制度是管理工作的一个重要环节，现提供若干管理制度，可供参考。

(1) 技术岗位责任制

① 中心检测室（检测室）主任岗位负责制。

A. 贯彻党和国家、部委有关政策法令，执行企、事业及中心检测室（检测室）的工作。对本部门的检验、测试、研究开发及行政工作负全面的领导责任。

B. 对本企、事业负责，完成并定期汇报本中心室（检测室）的工作。对本部门的检验、测试、研究开发及行政工作负全面的领导责任。

C. 负责贯彻执行国家有关标准、规范、规程，产品的质量监督检验以及研究开发的方针政策。

D. 负责重大工程产品质量检测（仲裁）报告的审核上报工作和其他工程产品质量检测（仲裁）报告的审定工作。

E. 负责本部门的工作计划、总结报告和编制长远的和年度的检测计划。

F. 负责本部门人事安排、人员培训、考核、奖惩以及经费预决算的工作。

G. 充分发挥本部门管理机构和检测室的作用，及时协调解决工作中的问题。

H. 负责处理工程产品监督检测事故。

② 技术负责人岗位责任制

A. 在中心检测室（检测室）主任领导下，对完成产品检测技术的工作负责。

B. 负责编制产品检测计划，经批准后组织实施。

C. 检测督促检测员严格按照检测工作流程及有关标准、规程、要求完成检测工作。

D. 组织和参与有关产品质量检测工作，校核检测数据，编写检测报告，对检测结果和检测报告的正确性负责。

E. 遵守《保密制度》，防止泄密，对检测结果和有关检测计划的保密工作负责。

F. 发现检测事故应及时反映，在有关部门的领导下，积极分析原因，采取处理措施。

G. 掌握本专业的技术动态，收集有关技术资料，积极钻研检测技术，参与本专业的技术活动。

H. 承担或参与有关产品质量检验方法、测试操作规程、非标仪器设备校准方法的制订修订工作。

③ 检测、试验员岗位责任制

A. 完成中心试验室（试验室）下达的检测任务。

B. 做好检验前的准备工作：

a. 检查样品，正确分样。

b. 校对仪器、设备量值，检查仪器、设备运转是否正常，环境条件是否符合标准要求。

C. 严格按照受检产品的技术标准、检验操作规程及有关规定进行检验。

D. 做好检验原始记录：

a. 严格按技术要求逐项做好记录。

b. 严格按标准要求正确处理检测数据，不得擅自取舍。

E. 出具《检验报告单》，对检测数据正确性负责，并按规定程序送审。

F. 严格按操作规程使用仪器、设备，做到事前有检查，事后维护保养、清油、加油、加罩，及时认真填写"使用卡"。

G. 严格执行安全制度，做到文明检验。离开岗位时检查水电源，防止事故发生。

H. 认真钻研业务，努力学习新标准、新技术，提高检测水平。

④ 样品保管员的岗位责任制

A. 负责样品进库验收和检查铅封情况，手续完备后，方准入库。

B. 负责样品入库后的保管工作，采取防潮措施，保证样品不发生锈蚀失效等现象。

C. 对进库样品进行分类保管，做好防火、防盗工作。

D. 不得随意挪用、拆装、改装样品，应保证测前样品铅封状态，原样无损。

E. 按要求认真填写样品单，建立样品台账，做到账物相符，手续完备。

F. 负责样品领用和归还的管理工作。

2. 样品收发、保管的处理制度

（1）中心试验室（试验室）设立专职或兼职样品保管员，建立样品账册制度。样品入库、领用、归还、处理及受检单位领回样品时，均应按规定办理有关手续；

（2）样品库环境应符合样品的存放条件，如温度、湿度要求等等，同时须有防火、防盗措施；

(3) 样品入库时，保管员和送样者应该核对样品实物与样品记载文件（如抽样表）是否相符。物品交库时，由保管员填写样品单，送样者应在样品单上签字；

(4) 检测人员须持检测计划任务单方可领取样品，并有权拒绝领取不符合原封存要求的样品，领取时应在样品单上签字。测试组在拆封及试验过程中，负有保护样品责任，对非试验性损坏的样品，保管员有权拒绝收回；

(5) 测试完毕的样品，应于3天内归还样品入库。归还人应在样品单上签字。归还人应在样品单上签字。归还后，由保管员通知检测办公室做出样品处理意见，处理样品的具体工作仍由保管员执行；

(6) 受检单位领回样品，应办理领回手续。若属于消耗性样品，测试完毕，在保管员监督下，由检测室直接进行处理，最后，保管员应在样品单上签字，并将样品单装订成册，妥为保存。

3. 样品检验、复检和判定制度

(1) 样品检验、复检及判定必须严格执行产品质量标准和试验方法的规定，以保证检验判定的可比性、正确性和科学性。

(2) 检测组在接到计划任务单后，应迅速做好技术准备，对有关的仪器设备要进行调试，确保完好状态。

(3) 读数记录应按规定的格式填写，目测数据应由两人相互校对共同负责，计算机采集数据应存入磁盘。

(4) 检测工作不应任何单位、部门和个人的影响，测试工作程序应严格按照操作规程执行。

(5) 产品质量检验结果的判定，由检测组负责人提出，经中心试验室（试验室）主任审定签字后，报中心试验盖章方可发送。

(6) 遇有下列情况之一者，允许复检。

A. 由于人为因素造成操作错误或读数而导致检测数据不准；

B. 检测中设备仪器出现失灵或试验环境发生变化；

C. 由于不可抗拒的客观因素（如火灾）使测试中断，失准或无法正常进行；

D. 由于操作或设备仪器的原因导致样品不符合规定要求，从而无法进行测试和判定；

E. 受检单位提出异议，并符合《被检单位对检验报告提出异议的处理制度》中复检条件；

F. 如进行复检，对产品质量的判定原则上以复检数据为准，复检前数据全部无效。

4. 原始记录填写、保管与检查制度

(1) 原始记录是指包括抽样与检测时填写的最初记录，它是反映被检产品质量的第一手资料，应该严肃认真对待。

(2) 原始记录应采用规定的格式纸或表格，用钢笔或圆珠笔填写一份，原始记录不得随意涂改或删除，确需更改的地方只能画改并由记录者在更改处加盖本人印鉴。

(3) 填写原始记录应做到字迹工整，所列栏目填写齐全，检测中不检测的项目在相应的空栏目内打一横线加以说明。

(4) 原始记录上必须有检测、记录与校核人员的签字。检测组在提出检测报告的同时，应将原始记录一同上交审核,原始记录审核正确无误后,由办公室统一编号、集中保管。

(5) 为保护受检企业的权益,应注意做好原始记录的保密工作。原始记录原则上不允许复制,因工作需要查看原始记录时,须按《存档制度》规定办理手续。

5. 试验检测报告整理审核和批准制度

(1) 试验检测报告是判定有关建筑材性的主要技术依据,检测员除严格按照操作规程试验外,更重要的是严格履行审核手续。

(2) 检测人员要按照规定格式、文字认真填写,要做到字迹清晰、数据准确、内容填写真实。不得擅自取舍,如有无需填写的栏目,应在空栏内打一横线加以说明。

(3) 检测人员在完成检测任务后,必须在一定的时间内交给有关检测负责人,确认无误后立即写出检测报告交办公室审阅。

如发现数据有问题,必须立即分析原因,必要时进行复检。

(4) 试验检测报告需经办公室主任初审,再由检测部主任或副主任审阅签字,方可发出报告。

(5) 试验检测报告待报告检测数据全部到齐,一般应在 2d 内发出正式报告,对特殊要求应提前发出。

(6) 办公室对检测数据有疑问,有权提出重新检测,各检测组不得无故拒绝。

(7) 试验检测报告发出时,应登记并由对方签字。不得随意将数据整理归档。

6. 检测质量保证制度

(1) 检测人员

① 检测人员必须具备检测人员的各项要求,凭检测合格证在指定岗位上进行检测工作。

② 检测人员必须具备高中以上文化水平,并经严格培训考试合格后,发给检测证。

③ 检测人员要按照标准、操作规程进行检测工作,工作要精益求精,对检测数据负责。

④ 在测试过程中,发生故障或因外界干扰(如停电、停水)测试中途停止时,测试人员将详细情况记录专用本上,并口头告知专业检测室负责人,采取必要措施或重做。

⑤ 对外单位人员不经检测部或专业检测室同意,不得充当检测员进行检测工作。

(2) 检定设备

① 检定设备可按照设备仪器管理制度有关规定执行。

② 检定设备要有设备使用卡,对设备运转及技术参数做详细记载,并规定详细操作规程。

③ 检定设备有故障或过期未校定校准,不得投入检测工作。

④ 对进口设备经培训确实掌握技术,方可操作使用。

⑤ 保持设备运行完好率,试验室环境符合检测工作的要求。

(3) 读取数据与记录数据

① 读取数据与记录数据必须按有关标准规定的检验方法与步骤进行。

② 记录数据应如实准确地填写在检测记录中。

③ 对检测所得数据进行可靠性分析,确认检测结果有问题,应立即报告有关人员,并及时分析原因,必要时重检。

(4) 试验室管理

① 试验室内设备、安全、卫生等应由各试验室内专人管理。

② 凡有机器运转和通电的设备，人员不得离开(对有自控保险装置除外)。

③ 凡对试验室养护箱(池)等有规定要求的温度、湿度、碳化浓度等均要严格控制，并有专人负责每天记录。

④ 检测报告是判定原材料、半成品、成品质量的主要技术依据，要严格履行审核手续。

⑤ 各试验室检测报告及检测原始记录，必须本人签字，由专人统一对外发出。

⑥ 检测报告发出后，必须留存一份存档备查，各种报告用纸应统一印刷，格式要符合检测报告规定要求。

7. 仪器设备使用、管理、检定、校验制度

(1) 食品设备由各专业试验室统一管理，每台仪器均有使用说明、操作规程和检验校准时间，记录及保管人，建立食品设备档案。

(2) 新购的食品设备必须进行全面检查，合格后方可使用，正常使用各种仪器应定期检查，所有检查都应做好记录，并签上姓名。

仪器设备安装调试、校准记录应由计量员负责记录。在使用中自检情况和故障应有测试人员做好记录。

(3) 仪器设备、计量器具均须按照国家标准计量部门的有关规定实行定期检定，凡没有检定合格证或超过检定有效期的仪器、计量器具，一律不准使用。

(4) 检定周期有效期内的仪器设备、计量器具在使用过程中出现失准时，经调整或修理后，应重新进行检定。

(5) 自制或非标设备，没有国家或部门的检定标准、规定时，检测部门必须按有关规定编制暂行的校准方法，报上级主管部门和国家计量部门备案，并按校准方法实行定期校准。

(6) 检验设备、计量仪表使用时，要做到用前检查，用后清洁干净。

(7) 检测人员必须自觉爱护仪器设备，经常保持仪器设备整洁、润滑、安全正确使用。

(8) 检测人员要遵守仪器设备的操作规程，要做到管好、用好、会保养、会使用、会检查、会排除一般性故障。

(9) 仪器设备专人管、专人用，非检测人员一般不得独立操作，特殊情况下经检测部主任同意后方可使用。

8. 事故分析及报告制度

(1) 凡是被检样品未经检测受损坏，检测人员违反操作规程和检测程序，仪器设备损坏，检测数据不准，漏检项目，技术资料被盗丢失、泄密以及预料不到的事故和人身伤亡等都为事故。

(2) 事故发生后，发现人或当事人应立即停止检测并报告主任，说明事故情况、查清原因，备案处理。

(3) 事故责任者应按实事求是地填写事故分析报告，说明事故发生时间、地点、经过、旁证，事故的性质和原因。由室主任签署初步意见报检测部办公室。

(4) 检测部根据事故严重程序，由主任责成有关人员临时组成事故处理小组，对事故

进行分析，做出结论，并提出处理意见。给予批评教育、扣发奖金者由检测部主任批准，给予收回检测证或行政处分者，经检测部主任同意，报检测中心主任批准。

（5）事故查明原因后，要制订出切实可行的防范措施，避免同类事故的再次发生。

9．安全制度

（1）试验室副主任负责本部安全工作，由一名安全员协助，经常进行安全教育和安全检查，了解事故隐患，采取措施解决实际问题。

（2）安全员应经常对各检测室进行安全检查，发现不安全因素及时指出，并有权责令停止检测工作。

（3）节假日必须进行安全检查，认为安全合格后，方可封门。

（4）各检测室的检测人员必须对本岗位的安全负责，对水电开关负责管理。

（5）各检测室（组）库房、档案室等除工作人员外，其他人员非经允许不得进入。

（6）对化学药品，应按规定保管。

（7）对各检测室（组）的水源、电器线路等不得随意更动。严禁私用电炉、炉箱。

（8）严格执行奖惩制度，对事故责任者按国家有关规定处理，对防火、安全有贡献者给予奖励。

（六）检测过程的管理及检测资料汇整

1．检测过程的管理

检测工作是一项细致、严格的工作，责任十分重大，它的正确与否对建筑的安全、经济效益关系密切。如何保证检测质量，必须建立完整的质量保证体系，各项管理制度，明确岗位职责。加强检测工作全过程（取样→试件加工→送验→检测→计算→审核签发→统计分析）的管理。

（1）常用建筑材料取样数量及质量，见表1.6-1。

常用建筑材料取样数量及质量　　　　表1.6-1

名　称	规　格	数量及质量
混凝土试块	150×150×150mm 100×100×100mm	3块/组×8kg=24kg 3块/组×2.5kg=7.5kg
抗渗试块	ϕ185×ϕ175×150mm	6块/组×10kg=60kg
砂浆试块	70.7×70.7×70.7mm	6块/组×0.75kg=4.5kg
烧结多孔砖	240×115×90mm	15块/组×3kg=45kg
烧结普通砖	240×115×53mm	20块/组×2.5kg=50kg
水　泥	32.5级 42.5级 52.5级	12kg/组
钢　筋	抗拉 550mm/根 冷弯 250mm/根	原材 4根 焊接 3根 对焊 6根
土的密度	室外环刀 200cm^3/只	0.55kg/组
砂	粗砂、中砂、细砂	20kg
碎石、卵石	连续粒级 5-10、5-16、5-20 2-25、5-31.5、5-40 单粒级 10-20、16-31.5、 20-40、31.5-63	80kg/组

(2) 原材料、半成品的取样

取样，应根据不同材料（或半成品）的测试项目，按有关规定进行。注意检查不得漏取。

(3) 试件加工

一般松散材料，用四分法混合，取足必要的数量；块体材料应按检测要求加工成规定尺寸送验；钢材可送原材，但当检测有争议时，应加工成标准试件检测；现场混凝土、砂浆试件必须在浇筑地点中抽取，试件分别进行标准养护与同条件养护，并备有复查的试件。

(4) 送验

加工好的试件（含按规定抽取不需加工的试件），按规定数量送检测室，根据国家建设部有关规定对规定的材料实行见证取（送）样：

① 用于承重结构的混凝土试块；

② 用于承重墙体的砌筑砂浆试块；

③ 用于承重结构的钢筋及连接接头试件；

④ 用于承重墙体的砖和混凝土小型砌块；

⑤ 用于拌制混凝土和砌筑砂浆的水泥；

⑥ 用于承重结构的混凝土中使用的掺加剂；

⑦ 地下、屋面、厕浴间的防水材料；

⑧ 国家规定必须实行见证取样和送检的其他试块、试件和材料。

收样时应做到：

① 检查样品的数量，加工尺寸以及委托检测报告单上项目填写是否符合要求与齐全。

② 试件进行编号，填写检测台账，按检测台账将试件送有关专业检测室。

(5) 检测

检测室接到样品后，根据原始台账进行核对，无误后，对试件进行准确测量，然后根据操作规程，进行检测。各检测室对环境温度、湿度、试件加工情况仪器设备使用情况及检测过程中的特殊问题等，均应有记录，并填写检测记录等。

(6) 计算

将检测结果进行整理计算，发现有反常、异常现象，应查找原因，必要时应进行加倍复试。

(7) 审核签发

检测室对每项来样检测结果负责，检测全过程必须严格按职责分工执行。检测、记录、计算、复核、审核等都应有人负责签名。审查无误后才能发出检测报告单。

(8) 统计分析

检测室对本系统的检测结果，一般要进行定期分析，并将分析的结果向主管领导作报告。

① 本系统常用各个砖厂砖的质量情况。

② 本系统常用各水泥厂近期水泥质量情况，对水泥实际强度的利用提出建议。

③ 本系统常用钢筋的物理力学性能和化学成分情况。

④ 本系统所施工的混凝土、砂浆的质量情况，包括各种强度等级的混凝土、砂浆试

块的平均强度、标准差、变异系数等做出统计分析。对当前混凝土、砂浆的施工提出意见。

⑤ 其他：新材料、新制品等质量情况报告。

2. 检测资料汇整

一项建筑工程，从开工到竣工，一般应提供以下分类汇总检测资料：

(1) 钢材出厂合格证、进场复验报告；
(2) 焊接接头检测报告、焊条（剂）合格证；
(3) 水泥出厂合格证及检测报告；
(4) 砖出厂合格证及检测报告；
(5) 防水材料出厂合格证进场复验及检测报告；
(6) 构件、制成品合格证及检测报告；
(7) 混凝土（含商品混凝土）、砂浆试块检测报告；
(8) 墓穴处理、土壤检测、打（试）桩记录；
(9) 装饰装修材料出厂合格证或检测报告；
(10) 冬期施工测温记录；
(11) 其他：如非破损检测报告、钢筋扫描报告、预应力钢筋检测及预应力构件张拉记录等。

检测室都应建立完善的检测资料管理制度。检测报告单、原始记录、报表、登记表必须建立台账，并统一分类、编号、归档。所有原始数据，不得涂改，亦不准随意抽撤。

一、普通混凝土用砂、碎石（卵石）、粉煤灰和水

1. 普通混凝土用砂

(1) 建筑用砂分类、类别及用途

① 砂按产源分为天然砂、人工砂两类：

天然砂：包括河砂、湖砂、山砂、淡化海砂；

人工砂：包括机制砂、混合砂。

② 规格

砂按细度模数分为粗、中、细三种规格，其细度模数分别为：

粗砂 3.7～3.1；

中砂 3.0～2.3；

细砂 2.2～1.6。

③ 类别

砂按技术要求分为Ⅰ类、Ⅱ类、Ⅲ类。

④ 用途

Ⅰ类宜用于强度等级大于C60的混凝土；Ⅱ类宜用于强度等级C30～C60及抗冻、抗渗或其他要求的混凝土；Ⅲ类宜用于强度等级小于C30的混凝土和建筑砂浆。

2. 检验项目

① 颗粒级配；

② 含泥量；

③ 石粉含量（人工砂）；

④ 泥块含量；
⑤ 细度模数；
⑥ 坚固性；
⑦ 轻物质；
⑧ 碱集料反应。

常规检测项目：颗粒级配、含泥量、泥块含量。

3. 取样要求

按同产地同规格分批验收。

(1) 取样方法及步骤：

① 在料堆上取样时，取样部位应均匀分布，取样前先将取样部位表面铲除。然后由各部位抽取大致相等的砂共8份，组成一组样品。

② 从皮带运输机上取样时，应用接料器在皮带运输机尾的出料处定时抽取大致等量的砂4份，组成一组样品。

③ 从火车、汽车、货船上取样时，从不同部位和深度抽取大致相等的砂8份，组成一组样品。如果经观察，认为各节车皮间所载的砂质量相差甚为悬殊时，应对质量怀疑的每节车箱料堆分别进行取样和验收。

(2) 取样数量

① 按常规检验(颗粒级配、含泥量、泥块含量)总量不少于15kg，若试验不合格应重新取样，对不合格样进行加倍复试。

② 单项试验的最少取样数量应按表1.6-2的规定。做几项试验时，如确能保证试样经一项试验后不致影响另一项试验的结果，可用同一试样进行几项不同的试验。

单向试验取样数量(kg) 表1.6-2

序 号	试 验 项 目		最少取样数量
1	颗粒级配		4.4
2	含泥量		4.4
3	石粉含量		6.0
4	泥块含量		20.0
5	云母含量		0.6
6	轻物质含量		3.2
7	有机物含量		2.0
8	硫化物与硫酸盐含量		0.6
9	氯化物含量		4.4
10	坚固性	天然砂	8.0
		人工砂	20.0
11	表观密度		2.6
12	堆积密度与空隙率		5.0
13	碱集料反应		20.0

(3) 代表批量

① (JGJ 52—92)要求：用大型工具(如火车、货轮、汽车)运输的，以 400m³ 或 600t 为一验收批。用小型工具(如马车等)运输的，以 200m³ 或 300t 为一验收批。进货数量不足上述数量时，按一批论。

② (GB/T 14684—2001)要求：按同分类，规格、使用等级及日产量每 600t 为一批，不足 600t 仍为一批。日产量超过 2000t，按 1000t 为一批，不足 1000t 仍为一批。

4. 混凝土用砂质量要求

(1) 普通混凝土用砂质量要求(JGJ 52—92)

① 颗粒级配：砂按 0.630mm 筛孔的累计筛余量(以质量百分率计)分成三个级配区(表1.6-3)。

表1.6-3

筛孔尺寸(mm) \ 累计筛余(%) 级配区	Ⅰ区	Ⅱ区	Ⅲ区
10.0	0	0	0
5.00	10～0	10～0	10～0
2.50	35～5	25～0	15～0
1.25	65～35	25～10	25～0
0.63	85～71	70～41	40～16
0.315	95～80	92～70	85～55
0.160	100～90	100～90	100～90

说明：砂的颗粒级配应处于表中任何一个级配区内。

砂的实际颗粒级配与表1.6-3中所列的累计筛余百分率相比，除 5.00mm 和 0.63mm 外，允许稍有超出分界线，但其总量百分率不应大于 5%。

配制混凝土时宜优先选用Ⅱ区砂，当采用Ⅰ区砂时，应提高砂率，并保持足够的水泥用量，以满足混凝土的和易性，当采用Ⅲ区砂时，宜适当降低砂率，以保证混凝土的强度。

对于泵送混凝土用砂，宜选用中砂。

当砂颗粒级配不符合表中要求时，应采取相应措施，经试验证明。能确保工程质量，方允许使用。

② 砂中含泥量：砂中含泥量应符合表1.6-4的规定。

表1.6-4

混凝土强度等级	大于或等于 C30	小于 C30
含泥量(按质量计%)	≤3.0	≤5.0

说明：1. 对有抗冻、抗渗或其他特殊要求的混凝土用砂，含泥量应不大于 3.0%。

2. 对于 C10 和 C10 以下的混凝土用砂，应根据水泥强度等级，其含泥量可予以放宽。

③ 砂中泥块含量：砂中的泥块含量应符合表1.6-5要求。

表 1.6-5

混凝土强度等级	大于或等于 C30	小于 C30
泥块含量（按质量计%）	≤1.0	≤2.0

说明：1. 对有抗冻、抗渗或其他特殊要求的混凝土用砂，泥块含量应不大于 1.0%。
　　　2. 对于 C10 和 C10 以下的混凝土用砂，应根据水泥强度等级，其泥块含量可以放宽。

④ 砂的坚固性用硫酸钠溶液检验，试样经 5 次循环后，其质量损失应符合表 1.6-6 的规定。

表 1.6-6

混凝土所处的环境条件	循环后的质量损失（%）
在严寒及寒冷地区室外使用并经常处于潮湿或干湿交替状态下的混凝土	≤8
其他条件下使用的混凝土	≤10

说明：对有抗疲劳、耐磨、抗冲击要求的混凝土用砂或处于水中含有腐蚀介质并经常处于水位变化的地下结构混凝土用砂，其坚固性质量损失率应小于 8%。

⑤ 砂中有害物质含量

砂中有害物质包括云母、轻物质、有机物、硫化物及硫酸盐等，其含量应符合表 1.6-7 规定。

表 1.6-7

项　目	质　量　指　标
云母含量（按质量计%）	≤2.0
轻物质含量（按质量计%）	≤1.0
硫化物及硫酸盐含量（折算成 SO_3 按质量计%）	≤1.0
有机物含量（用比色法试验）	颜色不应深于标准色，如深于标准色，则应按水泥胶砂强度检验方法，进行强度对比试验，抗压强度比不应低于 0.95。

说明：对有抗冻、抗渗或其他要求的混凝土，砂中云母含量不应大于 1.0%。砂中如发现含有颗粒状的硫酸盐或硫化物杂质，应进行专门检验，确认能满足混凝土耐久性的要求时，方能采用。

(2) 建筑用砂质量要求（GB/T 14684—2001）

① 技术要求

A. 颗粒级配

砂的颗粒级配应符合表 1.6-8 的规定。

表 1.6-8

累计筛余（%）　　级配区　　筛孔尺寸	Ⅰ区	Ⅱ区	Ⅲ区
9.50mm	0	0	0
4.75mm	10～0	10～0	10～0
2.36mm	35～5	25～0	15～0

续表

累计筛余(%) 级配区 筛孔尺寸	Ⅰ区	Ⅱ区	Ⅲ区
1.18mm	65～35	50～10	25～0
600μm	85～71	70～41	40～16
300μm	95～80	92～70	85～55
150μm	100～90	100～90	100～90

注：1. 砂的实际颗粒级配与表中所列数字相比，除4.75mm和600μm筛档外，可以略有超出，但超出总量应小于5%。
2. 人工砂中150μm筛孔的累计筛余可以放宽到100～85，2区人工砂中150μm筛孔的累计筛余可以放宽到100～80，3区人工砂中150μm筛孔的累计筛余可以放宽到100～75。

B. 含泥量、石粉含量和泥块含量
a. 天然砂的含泥量和泥块含量应符合表1.6-9的规定。

表1.6-9

项目	指标		
	Ⅲ类	Ⅰ类	Ⅱ类
含泥量(按质量计)%	<1.0	<3.0	<5.0
泥块含量(按质量计)%	0	<1.0	<2.0

b. 人工砂的石粉含量和泥块含量应符合1.6-10表的规定。

表1.6-10

	项目		指标		
			Ⅲ类	Ⅰ类	Ⅱ类
1	亚甲兰试验	MB值<1.40或合格	石粉含量(按质量计)%	<3.0	<5.0	<7.0
2			泥块含量(按质量计)%	0	<1.0	<2.0
3		MB值≥1.40或不合格	石粉含量(按质量计)%	<1.0	<3.0	<5.0
4			泥块含量(按质量计)%	0	<1.0	<2.0

注：根据使用地区和用途，在试验验证的基础上，可由供需双方协商确定。

C. 有害物质
砂不应混有草根、树叶、树枝、塑料、煤块、炉渣等杂物。砂中如含有云母、轻物质、有机物、硫化物及硫酸盐、氯盐等，其含量应符合表1.6-11的规定。

表 1.6-11

项 目	指 标		
	Ⅰ类	Ⅱ类	Ⅲ类
云母(按质量计)% <	1.0	2.0	2.0
轻物质(按质量计)% <	1.0	1.0	1.0
有机物(比色法)	合格	合格	合格
硫化物及硫酸盐(按SO_3质量计)% <	0.5	0.5	0.5
氯化物(以氯离子质量计)% <	0.01	0.02	0.06

D. 坚固性

a. 天然砂采用硫酸钠溶液法进行试验,砂样经5次循环后其质量损失应符合表1.6-12的规定。

表 1.6-12

项 目	指 标		
	Ⅰ类	Ⅱ类	Ⅲ类
质量损失% <	8	8	10

b. 人工砂采用压碎指标法进行试验,压碎指标值应小于表1.6-13的规定。

表 1.6-13

项 目	指 标		
	Ⅰ类	Ⅱ类	Ⅲ类
单级最大压碎指标% <	20	25	30

E. 表观密度、堆积密度、空隙率

砂表观密度、堆积密度、空隙率应符合如下规定：表观密度大于2500kg/m³ 松散堆积密度大于1350kg/m³；空隙率小于47%。

F. 碱集料反应

经碱集料反应试验后,由砂制备的试件无裂缝、酥裂、胶体外溢等现象,在规定的试验龄期膨胀率应小于0.10%。

② 合格判定

A. 检验分类

出厂检验

a) 天然砂的出厂检验项目为：颗粒级配、细度模数、松散堆积密度、含泥量、泥块含量、云母含量。

b) 人工砂的出厂检验项目为：颗粒级配、细度模数、松散堆积密度、石粉含量(含亚甲蓝试验)、泥块含量、坚固性。

B. 判定规则

a. 检验(含复检)后,各项性能指标都符合本标准的相应类别规定时,可判为该产品合格。

b. 技术要求 1.1~1.4 条若有一项性能指标不符合本标准要求时，则应从同一批产品中加倍取样，对不符合标准要求的项目进行复检。复检后，该项指标符合本标准要求时，可判该类产品合格，仍然不符合本标准要求时，则该批产品判为不合格。

2. 碎石（卵石）

(1) 普通混凝土用石分类与规格及用途

① 分类

A. 卵石；

B. 碎石。

本分类标准适用于一般工业与民用建筑和构筑物中制作普通混凝土用最大粒径不大于 80mm 的卵石或碎石的质量检验。

② 规格

按卵石、碎石粒径尺寸分为单粒粒级和连续粒级。亦可以根据需要采用不同单粒级卵石、碎石混合成特殊粒级的卵石、碎石。

③ 类别

按卵石、碎石技术要求分为Ⅰ类、Ⅱ类、Ⅲ类。

④ 用途

Ⅰ类宜用于强度等级大于 C60 的混凝土；Ⅱ类宜用于强度等级 C30~C60 及抗冻、抗渗或其他要求的混凝土；Ⅲ类宜用于强度等级小于 C30 的混凝土。

(2) 碎石（卵石）检验项目

① 颗粒级配；

② 含泥量；

③ 泥块含量；

④ 坚固性；

⑤ 压碎指标；

⑥ 针、片状颗粒；

⑦ 有害物质含量；

⑨ 表观密度、堆积密度、空隙率；

⑩ 强度；

⑪ 碱集料反应；

⑫ 建筑用碎石常规检验项目为：颗粒级配、含泥量、泥块含量、压碎指标、针、片状含量。

(3) 取样要求

① 取样规则

按同产地同规格分批验收。

② 取样方法及步骤

A. 在料堆上取样时，取样部位应均匀分布，取样前先将取样部位表层铲除。然后从不同部位抽取大致等量的石子共 15 份（在料堆的顶部、中部和底部均匀分布的 15 个不同部位取得），组成一组样品。

B. 从皮带运输机上取样时，应在皮带运输机尾的出料处，用接料器定时抽取石子 8

份，组成一组样品。

C. 从火车、汽车、货船上取样时，应从不同部位和深度抽取大致相等的石子16份，组成一组样品。

注：如经观察，认为各节车皮间材料质量相差甚为悬殊时，应对质量有怀疑的每节车箱料堆分别进行取样和验收。

③《普通混凝土用石质量标准及检验方法》JGJ 53—92标准取样数量要求，见表1.6-14。

取 样 数 量（kg）　　　　　　　　　　　　　表 1.6-14

试验项目	最 大 粒 径（mm）							
	10	16	20	25	31.5	40	63	80
筛分析	10	15	20	20	30	40	60	80
表观密度	8	8	8	8	12	16	24	24
含水率	2	2	2	2	3	3	4	6
吸水率	8	8	16	16	16	24	24	32
堆积密度、紧密密度	40	40	40	40	80	80	120	120
含泥量	8	8	24	24	40	40	80	80
泥块含量	8	8	24	24	40	40	80	80
针、片状含量	1.2	4	8	8	20	40	—	—
硫化物、硫酸盐	1.0							

注：若试验不合格应重新取样，对不合格样进行加倍复试。

④ GB/T 14685—2001试样数量要求

单项试验的最少取样数量应按表1.6-15的规定。做几项试验时，如确能保证试样经一项试验后不致影响另一项试验的结果，可用同一试样进行几项不同的试验。

试 样 数 量（kg）　　　　　　　　　　　　　表 1.6-15

序号	试验项目	不同最大粒径（mm）下的最少取样量							
		9.5	16.0	19.0	26.5	31.5	37.5	63.0	75.0
1	颗粒级配	9.5	16.0	19.0	25.0	31.5	37.5	63.0	80.0
2	含泥量	8.0	8.0	24.0	24.0	40.0	40.0	80.0	80.0
3	泥块含量	8.0	8.0	24.0	24.0	40.0	40.0	80.0	80.0
4	针片状颗粒含量	1.2	4.0	8.0	12.0	20.0	40.0	40.0	40.0
5	有机物含量	按试验要求的粒级和数量取样							
6	硫酸盐和硫化物含量	按试验要求的粒级和数量取样							
7	坚固性	按试验要求的粒级和数量取样							
8	岩石抗压强度	随机选取完整石块锯切或钻取成试验用样品							
9	压碎指标值	按试验要求的粒级和数量取样							
10	表观密度	8.0	8.0	8.0	8.0	12.0	16.0	24.0	24.0
11	堆积密度与空隙率	40.0	40.0	40.0	40.0	80.0	80.0	120.0	120.0
12	碱集骨料反应	20.0	20.0	20.0	20.0	20.0	20.0	20.0	20.0

⑤ 代表批量：

A. JGJ 53—92 标准要求：用大型工具（如火车、汽车、货轮）运输的，以 400m³ 或 600t 为一验收批。用小型工具（如马车等）运输的，以 200m³ 或 300t 为一验收批。进货数量不足上述数量时，按一批论。

B. GB/T 14685—2001 标准要求：按同品种、规格、适用等级及日产量每 600t 为一批，不足 600t 亦为一批，日产量超过 2000t，按 1000t 亦为一批，不足 1000t 亦为一批。日产量超过 5000t，按 2000t 为一批，不足 2000t 亦为一批。

（4）质量要求及合格判定

① 《建筑用卵石、碎石》JGJ 53—92 技术要求

A. 颗粒级配：应符合表 1.6-16 的要求。

颗 粒 级 配　　　　　　　　　　表 1.6-16

级配情况	公称粒径（mm）	累计筛余%按重量计										
		筛孔尺寸(圆孔筛)(mm)										
		2.50	5.00	10.0	16.0	20.0	25.0	31.5	40.0	50.0	63.0	80.0	100
连续粒级	5～10	95～100	80～100	0～15	0	—	—	—	—	—	—	—	—
	5～16	95～100	90～100	30～60	0～10	0	—	—	—	—	—	—	—
	5～20	95～100	90～100	40～70	—	0～10	0	—	—	—	—	—	—
	5～25	95～100	90～100	—	30～70	—	0～5	0	—	—	—	—	—
	5～31.5	95～100	90～100	70～90	—	15～45	—	0～5	0	—	—	—	—
	5～40	—	95～100	75～90	—	30～65	—	—	0～5	0	—	—	—
单粒级	10～20	—	95～100	85～100	—	0～15	0	—	—	—	—	—	—
	16～31.5	—	95～100	—	85～100	—	—	0～10	0	—	—	—	—
	20～40	—	—	95～100	—	80～10	—	—	0～10	0	—	—	—
	31.5～60	—	—	—	95～100	—	—	75～100	45～75	—	0～10	0	—
	40～80	—	—	—	—	95～100	—	—	70～100	—	30～60	0～10	0

说明：单粒级宜用于组合成具有要求级配的连续粒级，也可与连续粒级混合使用，以改善其级配或配成较大粒度的连续粒级。不宜用单一的单粒级配制混凝土。如果必须单独使用，则应作技术经济分析，并应通过试验证明不会发生离析或影响混凝土的质量。

颗粒级配不符合表的规定时，应采取措施并经试验证实能确保工程质量，方允许使用。

B. 针、片状颗粒含量：针、片状颗粒含量应符合表 1.6-17。

表 1.6-17

混凝土强度等级	大于或等于 C30	小于 C30
针、片状颗粒含量（按质量计）（%）	≤15	≤25

说明：等于及小于 C10 级的混凝土，其针片状颗粒含量可以放宽到 40%。

C. 含泥量：卵石或碎石中的含泥量应符合表1.6-18。

表1.6-18

混凝土强度等级	大于或等于C30	小于C30
含泥量(%)(按质量计)	≤1.0	≤2.0

说明：1. 对于有抗冻、抗渗或其他特殊要求的混凝土，其所用碎石或卵石的含泥量应不大于1.0%如果含泥量基本上是非粘质性的石粉时，含泥量可分别放宽到1.5%和3.0%。

2. 对于C10和C10以下的混凝土用碎石或卵石，应根据水泥强度等级，其含泥量可以放宽到2.5%。

D. 泥块含量：卵石或碎石中的泥块含量应符合表1.6-19。

卵石或碎石中的泥块含量　　　　　　　　　表1.6-19

混凝土强度等级	大于或等于C30	小于C30
泥块含量 %(按质量计)	≤0.5	≤0.7

说明：1. 对于有抗冻、抗渗或其他特殊要求的混凝土用碎石或卵石，泥块含量应不大于0.5%。

2. 对于C10和C10以下的混凝土用碎石或卵石，泥块含量可以放宽到1.0%。

E. 强度

a. 碎石的强度可用岩石的抗压强度和压碎指标值表示。岩石的强度首先应由生产单位提供，工程中可以采用压碎指标值进行质量控制，碎石的压碎指标值应符合表1.6-20的规定。

碎石的压碎指标值　　　　　　　　　表1.6-20

岩石品种	混凝土强度等级	碎石压碎指标值
水成岩	C55-C40	≤10
	≤C35	≤16
变质岩或深成的火成岩	C55-C40	≤12
	≤C35	≤20
火成岩	C55-C40	≤13
	≤C35	≤30

说明：强度等级为C60及其以上时应进行岩石抗压强度检验，其他情况下如有怀疑或认为有必要时也可以进行岩石的抗压强度检验。岩石的抗压强度与混凝土强度等级之比不应小于1.5，且火成岩强度不宜低于80MPa，变质岩不低于6MPa，水成岩强度不宜低于30MPa。

b. 卵石的强度用压碎指标值表示。其压碎指标应符合表1.6-21的规定。

表1.6-21

混凝土强度等级	C55-C40	≤C35
压碎指标值(%)	≤12	≤16

F. 坚固性：用硫酸钠溶液法检验，试样经5次循环后，其质量损失应符合表1.6-22的规定。

表 1.6-22

混凝土所处的环境条件	循环后的质量损失(%)
在严寒及寒冷地区室外使用,并经常处于潮湿或干湿交替状态下的混凝土	≤8
其他条件下使用的混凝土	≤12

说明:有腐蚀性介质作用或经常处于水位变化区的地下结构或有抗疲劳、耐磨、抗冲击等要求的混凝土用卵石或碎石,其坚固性要求为质量损失不应大于8%。

G. 有害物质含量:卵石或碎石中有害物质的含量应符合表1.6-23的规定。

有害物质含量 表 1.6-23

项 目	质 量 要 求
硫化物及硫酸盐含量(折算成 SO_3 按质量计)%	≤1.0
卵石中有机质含量(用比色法试验)	颜色不应深于标准色,如深于标准色,则应按水泥胶砂强度检验方法,进行强度对比试验,抗压强度比不应低于0.95

说明:如发现含有颗粒状的硫酸盐或硫化物杂质,应进行专门检验,确认能满足混凝土耐久性的要求时,方可采用。

② 《建筑用卵石、碎石》GB/T 14685—2001 技术要求

A. 颗粒级配

卵石和碎石的颗粒级配应符合表1.6-27的规定。

B. 含泥量和泥块含量

卵石、碎石的含泥量和泥块含量应符合表1.6-24的规定。

卵石、碎石的含泥量和泥块含量 表 1.6-24

项 目	指 标		
	Ⅰ类	Ⅱ类	Ⅲ类
含泥量(按质量计)%	<0.5	<1.0	<1.5
泥块含量(按质量计)%	0	<0.5	<0.7

C. 针片状颗粒含量

卵石和碎石的针片状颗粒含量应符合表1.6-25的规定。

卵石和碎石的针片状颗粒含量 表 1.6-25

项 目	指 标		
	Ⅰ类	Ⅱ类	Ⅲ类
针片状颗粒(按质量计)%	<5	<15	<25

D. 有害物质

卵石和碎石中不应混有草根、树枝、塑料、煤块和炉渣等杂物。其有害物质含量应符合表1.6-26的规定。

表 1.6-26

项目	指标		
	Ⅰ类	Ⅱ类	Ⅲ类
有机物	合格	合格	合格
硫化物及硫酸盐(按 SO_3 质量计)%	<0.5	<1.0	<1.0

颗 粒 级 配　　　　表 1.6-27

	方筛孔累计筛余 mm(%)	2.36	4.75	9.50	16.0	19.0	26.5	31.5	37.5	53	63	75	90
公称粒径 mm													
连续颗粒	5～10	95～100	80～100	0～15	0								
	5～16	95～100	85～100	30～60	0～10	0							
	5～20	95～100	90～100	40～80	—	0～10	0						
	5～25	95～100	90～100	—	30～70	—	0～5	0					
	5～31.5	95～100	90～100	70～90		15～45	—	0～5	0				
	5～40	—	95～100	70～90		30～65		—	0～5	0			
单粒粒级	10～20		95～100	85～100		0～15	0						
	16～31.5		95～100		85～100			0～10	0				
	20～40			95～100		85～100			0～10	0			
	31.5～63				95～100			75～100	45～75		0～10	0	
	40～80					95～100			70～100		30～60	0～10	0

E. 坚固性

采用硫酸钠溶液法进行试验，卵石和碎石经 5 次循环后，其质量损失应符合表 1.6-28 的规定。

表 1.6-28

项目	指标		
	Ⅰ类	Ⅱ类	Ⅲ类
质量损失 %	<5	<8	<12

F. 强度

a. 岩石抗压强度

在水饱和状态下，其抗压强度火成岩应不小于 80MPa，变质岩应不小于 60MPa，水成岩应不小于 30MPa。

b. 压碎指标

压碎指标值应小于表 1.6-29 的规定。

压 碎 指 标 值　　　　表 1.6-29

项目	指标		
	Ⅰ类	Ⅱ类	Ⅲ类
碎石压碎指标	<10	<20	<30
卵石压碎指标	<12	<16	<16

G. 表观密度、堆积密度、空隙率

表观密度、堆积密度、空隙率应符合如下规定：表观密度大于 2500kg/m³；堆积密度大于 1350kg/m³；空隙率小于 47%。

H. 碱集料反应

经碱集料反应试验后，由砂制备的试件无裂缝、酥裂、胶体外溢等现象，在规定的试验龄期膨胀率应小于 0.10%。

③ 合格判定

A. 检验分类：出厂检验

卵石和碎石的出厂检验项目为：颗粒级配、含泥量、泥块含量、针片状含量。

B. 判定规则

a. 检验（含复检）后，各项性能指标都符合本标准的相应类别规定时，可判为该产品合格。

b. 技术要求 1.1～1.6 若有一项性能指标不符合本标准要求时，则应从同一批产品中加倍取样，对不符合标准要求的项目进行复检。复检后，该项指标符合本标准要求时，可判该类产品合格，仍然不符合本标准要求时，则该批产品判为不合格。

建筑用碎石常规检验项目为：颗粒级配、含泥量、泥块含量。

3. 用于水泥和混凝土中的粉煤灰 GB 1596—2005

(1) 粉煤灰分类及等级

① 分类

按煤种分为 F 类和 C 类。

F 类粉煤灰——有无烟煤获烟煤煅烧收集的粉煤灰。

C 类粉煤灰——有褐煤或次煤煅烧收集的粉煤灰，其氧化钙含量一般不大于 10%。

② 等级

拌制混凝土和砂浆用粉煤灰分为三个等级：Ⅰ级、Ⅱ级、Ⅲ级。

(2) 检验项目

① 细度；

② 需水量比；

③ 烧失量；

④ 三氧化硫；

⑤ 游离氧化钙；

⑥ 安定性；

⑦ 强度活性指标数；

⑧ 放射性；

⑨ 碱含量；

⑩ 均匀性。

必试项目：细度、烧失量、需水量比。

(3) 取样要求

① 编号

应以连续供应的 200t 相同等级的粉煤灰为编号，不足 200t 时按一个编号论，粉煤灰质量量按干灰(含水率小于1%)的质量计。

② 取样

A. 每一编号为一取样单位,当散装粉煤灰运输工具的容量超过该厂规定出场编号吨数时,允许该编号的数量超过取样规定吨数。

B. 取样方法按 GB 12573 进行。取样应有代表性,可连续取,也可从 10 个以上不同部位取等量样品,总量至少 3kg。

C. 拌制混凝土和砂浆用粉煤灰,必要时,买方可对粉煤灰的技术要求进行随机抽样检验。

(4) 质量要求

① 拌制水泥混凝土和砂浆用粉煤灰应符合表 1.6-30 中技术要求。

拌制水泥混凝土和砂浆用粉煤灰技术要求　　　表 1.6-30

项　目		技 术 要 求		
		Ⅰ级	Ⅱ级	Ⅲ级
细度(45μm 方孔筛筛余),不大于/%	F类粉煤灰	12.0	25.0	45.0
	C类粉煤灰			
需水量比,不大于/%	F类粉煤灰	95	105	115
	C类粉煤灰			
烧失量,不大于/%	F类粉煤灰	5.0	8.0	15.0
	C类粉煤灰			
含水量,不大于/%	F类粉煤灰	1.0		
	C类粉煤灰			
三氧化硫,不大于/%	F类粉煤灰	3.0		
	C类粉煤灰			
游离氧化钙,不大于/%	F类粉煤灰	1.0		
	C类粉煤灰	4.0		
安定性,雷氏夹沸煮后增加距离,不大于/mm	C类粉煤灰	5.0		

② 水泥活性混合材料用粉煤灰应符合表 1.6-31 中技术要求

水泥活性混合材料用粉煤灰技术要求　　　表 1.6-31

项　目		技术要求
烧失量,不大于/%	F类粉煤灰	8.0
	C类粉煤灰	
含水量,不大于/%	F类粉煤灰	1.0
	C类粉煤灰	
三氧化硫,不大于/%	F类粉煤灰	3.5
	C类粉煤灰	
游离氧化钙,不大于/%	F类粉煤灰	1.0
	C类粉煤灰	

续表

项　　目		技　术　要　求
安定性 雷氏夹沸煮后增加距离，不大于/mm	C类粉煤灰	5.0
强度活性指标数，不小于/%	F类粉煤灰	70.0
	C类粉煤灰	

③ 放射性

合格。

④ 碱含量

粉煤灰中的碱含量按 $Na_2O+0.658K_2O$ 计算值表示，当粉煤灰用于活性骨料混凝土，要限制掺合料的碱含量时，由供需双方商定。

⑤ 均匀性

以细度（45μm方孔筛筛余）为考核依据，单一样品的细度不应超过前10个样品细度最大偏差，最大偏差范围由买卖双方协商确定。

(5) 粉煤灰合格判定

① 出厂检验

a. 拌制混凝土和砂浆用粉煤灰，出厂检验项目为表1.6-31。

b. 水泥活性混合材料用粉煤灰，出厂检验项目为表1.6-31中烧失量、含水量、三氧化硫、游离氧化钙、安定性。

② 判定规则

A. 拌制混凝土和砂浆用粉煤灰，试验结果符合村标准表1.6-31技术要求时为等级品。若其中任何一项不符合要求，允许在同一编号中重新加倍取样进行全部项目的复检，以复检结果判定，以复检结果判定，复检不合格可降级处理。凡低于本标准表1.6-31最低级别要求的不为合格品。

B. 水泥活性混合材料用粉煤灰

C. 出厂检验结果符合本标准表1.6-31技术要求时，判为出厂检验合格。若其中任何一项不符合要求，允许在同一编号中重新加倍取样进行全部项目的复检，以复检结果判定。

D. 型式检验结果符合本标准表1.6-31技术要求时，判为型式检验合格。若其中任何一项不符合要求，允许在同一编号中重新加倍取样进行全部项目的复检，以复检结果判定。只有当活性指数小于70.0%时，该粉煤灰可作为水泥生产中的非活性混合材料。

4. 混凝土拌合用水（JGJ 63—89）

(1) 水的取样方法

① 采集的水样应具有代表性。井水、钻孔水及自来水水样应放中冲洗管道或排除积水后采集。江河、湖泊和水库水样一般应在中心部位或经常流动的水面下300~500mm处采集。采集时应注意防止人为污染。

② 采集水样用容器应预先彻底洗净，采集时再用待采集水样冲洗三次后，才能采集水样。水样采集手应加盖蜡封，保持原状。

③ 采集水样应注意季节、气候、雨量的影响,并在取样记录中予以注明。

④ 水质分析用水样不得小于5L。水样采集后,应及时检验。pH值最好在现场测定。硫化物测定用水样应专门采集,并应按检验方法的规定在现场固定。全部水质检验项目应在7d内完成。

⑤ 测定水泥凝结时间用水样不得小于1L;测定砂浆强度用水样不得少于2L;测定混凝土强度用水样不得少于15L。

(2) 技术指标及要求

① 拌和用水所含物质对混凝土、钢筋混凝土和预应力混凝土不应产生以下有害作用:

a. 影响混凝土的和易性及凝结;

b. 有损于混凝土的强度发展;

c. 降低混凝土的耐久性,加快钢筋腐蚀及导致预应力钢筋脆断;

d. 污染混凝土表面。

② 用待检验水和蒸馏水(或符合国家标准的生活饮用水)试验所得的水泥初凝时间差及终凝时间差均不得大小30min,其初凝和终凝时间尚应符合水泥国家标准的规定。

③ 用待检验水配制的水泥砂浆或混凝土的28d抗压强度(若有早期抗压强度要求时需增加7d抗压强度)不得低于有蒸馏水(或符合国家标准的生活饮用水)拌制的对应砂浆或混凝土抗压强度的90%。

④ 水的pH值、不溶物、可溶物、氯化物、硫酸盐、硫化物的含量应符合表1.6-32的规定。

物 质 含 量 限 值　　　　　　　表 1.6-32

项　　目	预应力混凝土	钢筋混凝土	素混凝土
pH 值	>4	>4	>4
不溶物 mg/L	<2000	<2000	<5000
可溶物 Mg/L	<2000	<5000	<10000
氯化物(以 Cl^{-1})mg/L	<5000①	<1200	<3500
硫酸盐(以 SO_4^{2-})mg/L	<600	<2700	<2700
硫化物(以 S^{2-} 计)mg/L	<100	—	—

使用钢丝或经热处理钢筋的预应力钢筋混凝土氯化物含量不超过350mg/L。

二、砖、砌块

(一) 定义和分类

砌墙砖包括以黏土、工业废料或其他地方资源为主要原料,用不同工艺制成的,用于砌筑的承重砖。砌墙砖分为普通砖和空心砖两类。

1. 普通砖:凡是孔洞率(砖面上孔洞总面积占砖面积的百分率)不大于15%或没有孔洞的砖,称为普通砖。由于其原料和工艺不同,普通砖又分为:

(1) 烧结砖:如烧结黏土砖、页岩砖,烧结煤矸石砖、烧结粉煤灰砖、烧结空心砖等。

(2) 蒸养(压)砖:如灰砂砖、粉煤灰砖、炉渣砖。

2. 空心砖:凡是孔洞率大于15%的砖称为空心砖,其孔洞为竖孔。

(二)常用砖、砌块产品(方法)标准、主检指标、强度等级(表1.6-33)

常用砖、砌块标准、主要质量指标及检验方法　　　　表1.6-33

材料名称及相关标准代号	代表批量	强度等级	规格尺寸 mm 长×宽×高(mm)	主要试验项目	试验方法标准
烧结普通砖 GB 5101—2003	3.5～15万块为一批,不足3.5万仍按一批	MU30、MU25、MU20、MU15、MU10 五个强度等级	240×115×53	强度	GB/T 2542—2003
《粉煤灰砖》 JC 239—2001	每10万块为一批,不足10万块按一批计	强度等级分为 MU30、MU25、MU20、MU15、MU10	240×115×53	强度	GB/T 2542—2003
烧结多孔砖 GB 13544—2000	3.5～15万块为一批,不足3.5万仍按一批	同上	290, 240, 190, 180; 175, 140, 115, 90	强度	GB/T 2542—2003
蒸压灰砂砖 GB 11945—1999	每10万块为一批,不足10万块按一批计	MU25、MU20、MU15、MU10 四级	240×115×53	强度	GB/T 2542—2003
烧结空心砖和空心砌块 GB 13545—2003	3.5～15万块为一批,不足3.5万仍按一批	MU10.0、MU7.5、MU5.0、MU3.5、MU2.5 五级	290×290×90 390, 290, 240, 190, 180(175), 140, 115, 90	强度 吸水率 密度	GB/T 2542—2003
煤渣砖 JC 525—93	10万块为一批,不足10万仍按一批	20, 15, 10, 7.5 四级	240×115×53	强度	GB/T 2542—2003
粉煤灰小型空心砌块 JC 862—2000	1万块为一批,不足1万仍按一批	MU15.0、MU10.0、MU7.5、MU5.0、MU3.5、MU2.5 六级	390×190×190	强度	GB/T 4111—1997
混凝土多孔砖 JC 943—2004 GB/T 4111—1997	3.5～15万块为一批,不足3.5万仍按一批	MU30、MU25、MU20、MU15、MU10 五个强度等级	290, 240, 190, 180; 240, 190, 115, 90; 115, 90	强度 含水率	GB/T 2542—2003 GB/T 4111—1997
普通混凝土小型空心砌块 GB 8239—1997	1万块为一批,不足1万仍按一批	MU20.0、MU15.0、MU10.0、MU7.5、MU5.0、MU3.5 六级	390×190×190	强度	GB/T 4111—1997
普通混凝土砖和装饰砖 NY/T 671—2003	3.5～15万块为一批,不足3.5万仍按一批	MU30、MU25、MU20、MU15、MU10、MU7.5、MU3.5 七个强度等级	240×115×53	强度 吸水率 密度	GB/T 2542—2003
蒸压加气混凝土砌块 GB/T 11968—1997	1万块为一批,不足1万仍按一批	A1.0、A2.0、A2.5、A3.5、A5.0、A7.5、A10 七个级别	600×100×200 125, 250, 150, 200, 300, 250, 300, 120, 180, 240	强度 干体积密度	GB/T 11971 GB/T 11970

(三)常用砖、砌块产品取样方法及各项目取样数量见表1.6-34

表 1.6-34

序号	产品名称 抽样数量 检验项目	烧结普通砖	烧结多孔砖	蒸压灰砂砖	烧结空心砖和空心砌块	粉煤灰砖	煤渣砖	混凝土小型空心砌块	蒸压加气混凝土砌块	混凝土多孔砖	粉煤灰小型空心砌块
1	尺寸偏差和外观质量	50($n_1=n_2=50$)20	50($n_1=n_2=50$)20	50($n_1=n_2=50$)36	50($n_1=n_2=50$)20	100($n_1=n_2=50$)	100($n_1=n_2=50$)20				32
2	色差					36					
3	强度等级	10	10	10	10	10	20	5块	5组15块	10	5
4	抗冻性(冻融)	5	5	5	5	10	10	10块	3组9块	10	
5	干燥收缩					3			3组9块	3	
6	碳化性能					15					7
7	干体积密度								3组9块		
8	导热系数								1组2块		
9	相对含水率							3块		3	
10	抗渗性							3块		3	
11	空心率							3块			
12	吸水率和饱和系数	5	5	5							
13	孔型孔洞率及孔洞排列		5		5					3	
14	密度			5							
15	放射性			5						3	

取样方法

(1)外观质量检验的试样采用随机抽样法,在每一检验批的产品堆垛中抽取。

(2)尺寸偏差检验的样品用随机抽样法从外观质量检验后的样品中抽取。其他检验项目的样品用随机抽样法从外观质量检验后的样品中抽取。

(四)常用砖、砌块主要技术指标

1.《烧结普通砖》GB/T 5101—2003

技术要求

① 尺寸偏差

尺寸允许偏差应符合表1.6-35规定。

尺寸允许偏差 单位为mm   表 1.6-35

公称尺寸	优等品		一等品		合格品	
	样本平均偏差	样本极差≤	样本平均偏差	样本极差≤	样本平均偏差	样本极差≤
240	±2.0	8	±2.5	7	±3.0	8
115	±1.5	6	±2.0	6	±2.5	7
53	±1.5	4	±1.6	5	±2.0	6

② 外观质量

砖的外观质量应符合表1.6-36规定。

外 观 质 量(mm)　　　　　表1.6-36

项　目		优等品	一等品	合格品
两条面高度差	不大于	2	3	5
弯曲	不大于	2	3	5
杂质凸出高度	不大于	2	3	5
缺棱掉角的三个破坏尺寸不得同时大于		5	20	30
裂纹长度不大于	a. 大面上宽度方向及其延伸至条面的长度	30	60	80
	b. 大面上长度方向及其延伸至顶面的长度或条顶面上水平裂纹的长度	50	80	100
完整面不得少于		二条面和二顶面	一条面和一顶面	—
颜色		基本一致	—	—

注：1. 为装饰而旋加的色差、凹凸纹、拉毛、压花等不算作缺陷；

2. 凡有下列缺陷之一者，不得称为完整面：

a) 缺损在条面或顶面上造成的破坏面尺寸同时大于10mm×10mm。

b) 条面或顶面上裂纹宽度大于1mm，其长度超过30mm。

c) 压陷、粘底、焦花在条面或顶面上的凹陷或凸出超过2mm，区域尺寸同时大于10mm×10mm。

③ 强度

强度应符合表1.6-37规定。

强　度(MPa)　　　　　表1.6-37

强度等级	抗压强度平均值 $f\geq$	变异系数 $\delta\leq 0.21$ 强度标准值 $f_k\geq$	变异系数 $\delta>0.21$ 单块最小抗压强度值 $f_{min}\geq$
MU30	30.0	22.0	25.0
MU25	25.0	18.0	22.0
MU20	20.0	14.0	16.0
MU15	15.0	10.0	12.0
MU10	10.0	6.5	7.5

④ 抗风化性能

A. 严重风化区中的1、2、3、4、5地区的砖必须进行冻融试验，其他地区砖的抗风化性能符合表1.6-38规定时可不做冻融试验，否则，必须进行冻融试验。

B. 冻融试验后，每块砖样不允许出现裂纹、分层、掉皮、缺棱、掉角等冻坏现象；质量损失不得大于2%。

⑤ 泛霜

每块砖样应符合下列规定。

抗风化性能 表1.6-38

砖种类	严重风化区				非严重风化区			
	5h沸煮吸水率/%≤		饱和系数≤		5h沸煮吸水率/%≤		饱和系数≤	
	平均值	单块最大值	平均值	单块最大值	平均值	单块最大值	平均值	单块最大值
粘土砖	18	20	0.85	0.87	29	20	0.88	0.90
粉煤灰砖	21	23			23	25		
页岩砖	16	18	0.74	0.77	18	20	0.78	0.80
煤矸石砖								

注：粉煤灰掺入量(体积比)小于30%时，抗风化性能指标按黏土砖规定。

优等品：无泛霜。
一等品：不允许出现中等泛霜。
合格品：不允许出现严重泛霜。

⑥ 石灰爆裂

A. 优等品：不允许出现最大破坏尺寸大于2mm的爆裂区域。

B. 一等品：

a. 最大破坏尺寸大于2mm且小于等于10mm的爆裂区域，每组砖样不得多于15处。

b. 不允许出现最大破坏尺寸大于10mm的爆裂区域。

C. 合格品：

a. 最大破坏尺寸大于2mm，且小于等于15mm的爆裂区域，每组砖样不得多于15处。其中大于10mm的不得多于7处。

b. 不允许出现最大破坏尺寸大于15mm的爆裂区域。

⑦ 欠火砖、酥砖和螺旋纹砖

产品中不允许有欠火砖、酥砖和螺旋纹砖。

⑧ 配砖和装饰砖

配砖和装饰砖技术要求应符合附录A的规定。

⑨ 放射性物质

砖的放射性物质应符合GB 6566的规定。

2. 粉煤灰砖 JC 239—2001

技术指标要求

① 尺寸偏差和外观

尺寸偏差和外观应符合表1.6-39的规定。

尺寸偏差和外观(mm) 表1.6-39

项目		指标		
		优等品(A)	一等品(B)	合格品(C)
尺寸允许偏差:	长	±2	±3	±4
	宽	±2	±3	±4
	高	±1	±2	±3

续表

项　　目		指标		
		优等品(A)	一等品(B)	合格品(C)
对应高度差	≤	1	2	3
缺棱掉角的最小破坏尺寸	≤	10	15	20
完整面	不少于	二条面和一顶面或二顶面和一条面	一条面和一顶面	一条面和一顶面
裂纹长度 a. 大面上宽度方向的裂纹(包括廷伸到条面上的长度) b. 其他裂纹	≤	30 50	50 70	70 100
层　　裂		不允许		

注：在条面或顶面上破坏面的两个尺寸同时大于10mm和20mm者为非完整面。

② 色差

色差应不显著。

③ 强度等级

强度等级应符合表1.6-40的规定，优等品砖的强度等级应不低于MU15。

粉煤灰砖强度指标（MPa）　　　　　表1.6-40

强度等级	抗压强度		抗折强度	
	10块平均值≥	单块值≥	10块平均值≥	单块值≥
MU30	30.0	24.0	6.2	5.0
MU25	25.0	20.0	5.0	4.0
MU20	20.0	16.0	4.0	3.2
MU15	15.0	12.0	3.3	2.6
MU10	10.0	8.0	2.5	2.0

④ 抗冻性

抗冻性应符合表1.6-41的规定。

粉煤灰砖抗冻性　　　　　表1.6-41

强度等级	抗压强度,MPa 平均值≥	砖的干质量损失,% 单块值≤
MU30	24.0	
MU25	20.0	
MU20	16.0	2.0
MU15	12.0	
MU10	8.0	

⑤ 干燥收缩

干燥收缩值：优等品和一等品应不大于0.65mm/m；合格品应不大于0.75mm/m。

⑥ 碳化性能

碳化系数 $K_c \geqslant 0.8$。

3. 蒸压加气混凝土砌块 GB/T 11968—1997

取样方法

① 从每批中随机抽取 80 块砌块进行尺寸偏差和外观检验。

② 从外观与尺寸偏差检验合格的砌块中，随机抽取 15 块。

(2) 技术指标要求

① 砌块的尺寸允许偏差和外观应符合表 1.6-42 的规定。

尺寸偏差和外观　　　　　　　　表 1.6-42

项 目			指　标		
			优等品(A)	一等品(B)	合格品(C)
尺寸允许偏差，mm		长度 L_1	±3	±4	±5
		宽度 B_1	±2	±3	+3 / −4
		高度 H_1	±2	±3	+3 / −4
缺棱掉角	个数，不多于(个)		0	1	2
	最大尺寸不得大于，mm		0	70	70
	最小尺寸不得大于，mm		0	30	30
平面弯曲不得大于，mm			0	3	5
裂纹	条数，不多于(条)		0	1	2
	任一面上的裂纹长度不得大于裂纹方向尺寸的		0	1/3	1/2
	贯穿一棱二面的裂纹长度不得大于裂纹所在面的裂纹方向尺寸总和的		0	1/3	1/3
爆裂、粘模和损坏深度不得大于，mm			10	20	30
表面疏松、层裂			不允许		
表面油污			不允许		

② 砌块的强度级别应符合表 1.6-43 的规定。

砌块的强度级别　　　　　　　　表 1.6-43

体积密度级别		B03	B04	B05	B06	B07	B08
强度级别	优等品(A)	A1.0	A2.0	A3.5	A5.0	A7.5	A10.0
	一等品(B)			A3.5	A5.0	A7.5	A10.0
	合格品(C)			A2.5	A3.5	A5.0	A7.5

③ 砌块的抗压强度应符合表 1.6-44 的规定。

砌块的抗压强度(MPa)　　　　　　　表 1.6-44

强度级别	立方体抗压强度	
	平均值不小于	单块最小值不小于
A1.0	1.0	0.8
A2.0	2.0	1.6

续表

强度级别	立方体抗压强度	
	平均值不小于	单块最小值不小于
A2.5	2.5	2.0
A3.5	3.5	2.8
A5.0	5.0	4.0
A7.5	7.5	6.0
A10.0	10.0	8.0

④ 砌块的干体积密度应符合表1.6-45规定。

砌块的干体积密度(kg/m^3)　　　　　表1.6-45

体积密度级别		B03	B04	B05	B06	B07	B08
体积密度	优等品(A)≤	300	400	500	600	700	800
	一等品(B)≤	330	430	530	630	730	830
	合格品(C)≤	350	450	550	650	750	850

⑤ 砌块的干燥收缩、抗冻性和导热系数(干态)应符合表1.6-46规定。

干燥收缩、抗冻性和导热系数　　　　　表1.6-46

体积密度级别			B03	B04	B05	B06	B07	B08
干燥收缩值	标准法≤	mm/m	0.50					
	快速法≤		0.80					
抗冻性	质量损失 %≤		5.0					
	冻后强度,MPa≥		0.8	1.6	2.0	2.8	4.0	6.0
导热系数(干态)W/(m·K)≤			0.10	0.12	0.14	0.16	—	—

注：1. 规定采用标准法、快速法测定砌块干燥收缩值，若测定结果发生矛盾不能判定时，则以标准法测定的结果为准。

2. 用于墙体的砌块，允许不测导热系数。

⑥ 掺用工业废渣为原料时，所含放射性物质，应符合GB 9196的规定。

4. 普通混凝土小型空心砌块 GB 8239—1997

技术指标要求：

① 规格

A. 规格尺寸

主规格尺寸为390mm×190mm×190mm，其他规格尺寸可由供需双方协商。

B. 最小外壁厚应不小于30mm，最小肋厚应不小于25mm。

C. 空心率应不小于25%。

D. 尺寸允许偏差应符合表1.6-47要求。

尺 寸 允 许 偏 差　　　　　　　表 1.6-47

项目名称	优等品(A)	一等品(B)	合格品(C)
长　　度	±2	±3	±3
宽　　度	±2	±3	±3
高　　度	±2	±3	+3 -4

② 外观质量应符合表 1.6-48 规定。

外 观 质 量　　　　　　　表 1.6-48

项目名称		优等品(A)	一等品(B)	合格品(C)
弯曲，(mm)不大于		2	2	3
掉角 缺棱	个数，(个)不多于	0	2	2
	三个方向投影尺寸的最小值，(mm)不大于	0	20	30
裂纹延伸的投影尺寸累计，(mm)不大于		0	20	30

③ 强度等级应符合表 1.6-49 的规定。

强 度 等 级 (MPa)　　　　　　　表 1.6-49

强 度 等 级	砌块抗压强度	
	平均值不小于	单块最小值不小于
MU3.5	3.5	2.8
MU5.0	5.0	4.0
MU7.5	7.5	6.0
MU10.0	10.0	8.0
MU15.0	15.0	12.0
MU20.0	20.0	16.0

④ 相对含水率应符合表 1.6-50 规定。

相 对 含 水 率 (％)　　　　　　　表 1.6-50

使用地区	潮 湿	中 等	干 燥
相对含水率不大于	45	40	35

注：潮湿——系指年平均相对湿度大于 75％ 的地区；
　　中等——系指年平均相对湿度 50％～75％ 的地区；
　　干燥——系指年平均相对湿度小于 50％ 的地区。

⑤ 抗渗性：用于清水墙的砌块，其抗渗性应满足表 1.6-51 的规定。

抗 渗 性 (mm)　　　　　　　表 1.6-51

项 目 名 称	指　　标
水面下降高度	三块中任一块不大于 10

⑥ 抗冻性：应符合表 1.6-52 的规定。

抗 冻 性　　　　　表 1.6-52

使用环境条件		抗冻等级	指 标
非采暖地区		不规定	—
采暖地区	一般环境	F15	强度损失≤25%
	干湿交替环境	F25	质量损失≤5%

注：非采暖地区指最冷月份平均气温高于-5℃的地区；
采暖地区指最冷月份平均气温低于或等于-5℃的地区。

5. 烧结多孔砖 GB 13544—2000
技术质量要求
① 强度等级要符合表 1.6-53 规定

强 度 等 级（MPa）　　　　　表 1.6-53

强度等级	抗压强度平均值≥	变异系数 $\delta \leqslant 0.21$	$\delta > 0.21$
		强度标准值 $f_k \geqslant$	单块最小抗压强度值 $f_{min} \geqslant$
MU30	30.0	22.0	25.0
MU25	25.0	18.0	22.0
MU20	20.0	14.0	16.0
MU15	15.0	10.0	12.0
MU10	10.0	6.5	7.5

② 孔型孔洞率及孔洞排列
孔型孔洞率及孔洞排列应符合表 1.6-54 的规定。

孔型孔洞率及孔洞排列　　　　　表 1.6-54

产品等级	孔 型	孔洞率，%≥	孔洞排列
优等品	矩形条孔或矩形孔	25	交错排列，有序
一等品			
合格品	矩形孔或其他孔形		

注：1. 所有孔宽 b 应相等，孔长 $L \leqslant 50$mm。
2. 孔洞排列上下、左右应对称，分布均匀，手抓孔的长度方向尺寸必须平等于砖的条面。
3. 矩型孔的孔长 L、孔宽 b 满足式 $L \geqslant 3b$ 时，为矩型条孔。

6. 烧结空心砖和空心砌块 GB 13545—2003
(1) 取样方法
(2) 强度等级
强度应符合表 1.6-55 的规定。

强 度 等 级(MPa)　　　　　　　表1.6-55

强度等级	抗压强度平均值f≥	抗压强度 MPa		密度等级范围/(kg/m^3)
		变异系数 δ≤0.21	δ>0.21	
		强度标准值 f_k≥	单块最小抗压强度值 f_{min}≥	
MU10.0	10.0	7.0	8.0	≤1100
MU7.5	7.5	5.0	5.8	
MU5.0	5.0	3.5	4.0	
MU3.5	3.5	2.5	2.8	
MU2.5	2.5	1.6	1.8	≤800

(3) 密度等级

密度等级应符合表1.6-56的规定。

密 度 等 级(kg/m^3)　　　　　　　表1.6-56

密度等级	5块密度平均值	密度等级	5块密度平均值
800	≤800	1000	901～1000
900	801～900	1100	1001～1100

7. 蒸压灰砂砖

(1) 强度等级应符合1.6-57要求。

力 学 性 能 指 标(MPa)　　　　　　　表1.6-57

强度等级	抗压强度		抗折强度	
	平均值不小于	单块值不小于	平均值不小于	单块值不小于
MU25	25.0	20.0	5.0	4.0
MU20	20.0	16.0	4.0	3.2
MU15	15.0	12.0	3.3	2.6
MU10	10.0	8.0	2.5	2.0

注：优等品的强度级别不得小于MU15

(2) 抗冻性符合表1.6-58要求。

抗 冻 性 指 标　　　　　　　表1.6-58

强 度 等 级	冻后抗压强度(MPa)平均值不小于	单块砖的干质量损失不大于
MU25	20.0	2.0
MU20	16.0	2.0
MU15	12.0	2.0
MU10	8.0	2.0

注：优等品的强度级别不得小于MU15

8. 粉煤灰小型空心砌块

强度等级应符合表1.6-59要求。

强 度 等 级　　　　　　　　　　　　　　　　　　表 1.6-59

强 度 等 级	抗 压 强 度	
	平均值≥	最小值≥
MU2.5	2.5	2.0
MU3.5	3.5	2.8
MU5.0	5.0	4.0
MU7.5	7.5	6.0
MU10.0	1.0	8.0
MU15.0	15.0	12.0

9. 煤渣砖 JC 525—93

强度应符合表 1.6-60 要求。

力 学 性 能 指 标　　　　　　　　　　　　　　　　表 1.6-60

强度等级	抗 压 强 度		抗 折 强 度	
	10 块平均值不小于	单块值不小于	10 块平均值不小于	单块值不小于
MU20	20.0	15.0	4.0	3.0
MU15	15.0	11.2	3.2	2.4
MU10	10.0	7.5	2.5	1.9
MU7.5	7.5	5.6	2.0	1.5

注：强度等级以蒸汽养护 24~36h 内的强度为准。

10. 混凝土多孔砖

（1）强度等级应符合表 1.6-61 要求

强 度 性 能 指 标　　　　　　　　　　　　　　　　表 1.6-61

强 度 等 级	抗 压 强 度	
	平均值≥	单块最小值≥
MU10	10.0	8.0
MU15	15.0	12.0
MU20	20.0	16.0
MU25	25.0	20.0
MU30	30.0	24.0

（2）干燥收缩率

干燥收缩率不应大于 0.045%。

（3）相对含水率

相对含水率应符合表 1.6-62 要求。

相对含水率　　　　　　　　　　　　　　　　　　　　表1.6-62

干燥收缩率	相对含水率		
	潮湿	中等	干燥
<0.03	45	40	35
0.03~	40	35	30

注：1. 相对含水率即混凝土多孔含水率之比：

$$W = \frac{\omega_1}{\omega_2} \times 100$$

式中　W——混凝土多孔砖的相对含水率(%)；
　　　ω_1——混凝土多孔砖的含水率(%)；
　　　ω_2——混凝土多孔砖的吸水率(%)。

2. 使用地区的湿度条件
　潮湿——系指年平均相对湿度大于75%的地区；
　中等——系指年平均相对湿度50%~75%的地区；
　干燥——系指年平均相对湿度小于50%的地区。

11. 混凝土普通砖和装饰砖

(1) 尺寸允许偏差

应符合表1.6-63要求。

尺寸允许偏差　　　　　　　　　　　　　　　　　　　表1.6-63

公称尺寸(mm)	优等品		一等品		合格品	
	样本平均偏差	样本极差≤	样本平均偏差	样本极差≤	样本平均偏差	样本极差≤
240	±2.0	7	±2.5	7	±3.0	8
115	±1.5	5	±2.0	6	±2.5	7
53	±1.5	4	±1.6	5	±2.0	6

(2) 外观质量

应符合表1.6-64的规定

外观质量　　　　　　　　　　　　　　　　　　　　　表1.6-64

项　目		优等品	一等品	合格品
两条面高度差	不大于	2	3	4
缺棱掉角的三个破坏尺寸不得同时大于		10	20	30
裂纹长度是	不大于	30	30	30
完整面[①]	不得少于	一条面和一顶面	一条面和一顶面	一条面和一顶面

注：为装饰而人为施加的凹凸纹、拉毛、压花等不算作缺陷。

① 凡有下列缺陷之一者，不得称为完整面：
1) 缺损在条面或顶面上造成的破坏面尺寸同时大于10mm×10mm；
2) 条面或顶面上裂纹宽度大于1mm，其长度超过30mm。

(3) 非承重砖的密度级别

应符合表1.6-65的要求。

密 度 级 别　　　　　　　　　　　　　　表1.6-65

密 度 级	砖干燥表观密度(kg/m³)	密 度 级	砖干燥表观密度(kg/m³)
500	≤500	900	801～900
600	501～600	1000	901～1000
700	601～700	1200	1001～1200
800	701～800		

(4) 颜色

同一颜色的砖应基本一致，无明显色差。装饰砖装饰面层厚度应≥5mm。

(5) 强度等级

应符合表1.6-66规定。

强 度 性 能 指 标(MPa)　　　　　　　　　表1.6-66

用 途	强度等级	抗压强度平均值 $\overline{P}\geq$	变异系数 $\delta\leq0.21$ 强度标准值 $P_k\geq$	变异系数 $\delta>0.21$ 单块最小抗压强度值 $P_{min}\geq$
承 重	MU30	30.0	22.0	25.0
	MU25	25.0	18.0	22.0
	MU20	20.0	14.0	16.0
	MU15	15.0	10.0	12.0
	MU10	10.0	6.5	7.5
非承重	MU7.5	7.5	5.0	5.8
	MU5.0	5.0	3.5	4.0
	MU3.5	3.5	2.5	2.8

(6) 吸水率

应符合表1.6-67的规定。

吸 水 率　　　　　　　　　　　　　　表1.6-67

等 级	用于承重部位(%)	用于非承重部位(%)
优等品	6.0	10.0
一等品	8.0	15.0
合格品	10.0	18.0

(7) 抗冻性

应符合表1.6-68的规定。

(五) 出厂合格证及检测报告内容

1. 合格证书内容

抗冻性指标 表1.6-68

强度等级	冻后抗压强度平均值/MPa 不小于	单块砖的干重量损失(%) 不大小
MU30	25.0	2.0
MU25	20.0	2.0
MU20	16.0	2.0
MU15	12.0	2.0
MU10	8.0	2.0
MU7.5	6.0	2.0
MU5.0	4.0	2.0
MU3.5	2.8	2.0

(1) 厂名与商标(实行准用证的地区应注明准用证号);
(2) 产品标记,规格型号;
(3) 合格证编号及出厂日期;
(4) 本批产品主要技术性能和生产日期;
(5) 本批产品实测技术性能;
(6) 批量编号与数量(块);
(7) 检验部门与检验人员签字盖章;
(8) 出厂单位检验公章。

2. 检验报告内容

(1) 委托单位名称(生产厂家)、联系地址;
(2) 产品名称、规格型号;
(3) 样品状态、商标、标记;
(4) 委托日期、生产日期、批号、代表批量;
(5) 试验日期、报告日期;
(6) 检验性质、报告编号;
(7) 检验项目、技术要求、检验实测值、检验依据;
(8) 依据产品标准给出合格与否结论;
(9) 检验部门与检验人员、审核人员、批准人员签字盖章。

(六) 复试项目及合格判定

一般工程中用砖、砌块材料的主要控制项目为强度指标,必要时可检其他项目;各品种的砌筑材料满足相应的强度指标即为合格,但是应注意出厂质量等级的判定和要求,现将出厂质量判定列于下。

1. 烧结多孔砖

出厂检验质量等级的判定:按出厂检验项目和在时效范围内最近一次型式检验中的孔型孔洞率及孔洞排列、石灰爆裂、泛霜、抗风化性能等项目中最低质量等级进行判定。其中有一项不合格,则判为不合格。

2. 烧结空心砖和空心砌块

(1) 外观检验的样品有欠火砖、酥砖则判该批产品不合格。
(2) 出厂检验质量等级的判定。
按出厂检验项目和在时效范围内最近一次型式检验中的孔洞排列及其结构、石灰爆裂、泛霜、抗风化性能等项目中最低质量等级进行判定，其中有一项不符合标准要求，则判为不合格。

3. 蒸压灰砂砖
出厂检验项目：尺寸偏差、外观、颜色、强度（压检）；
每一批出厂产品的质量等级按出厂检验项目的检验结果和抗冻性检验结果综合判定。

4. 粉煤灰砖
各项指标均满足相应的等级时，判定该批产品符合该等级。

5. 普通混凝土小型空心砌块
(1) 若受检砌块的尺寸偏差和外观质量均符合表16.15和表16.16的相应指标时，则判该砌块符合相应等级。
(2) 若受检的32块砌块中，尺寸偏差和外观质量的不合格数不超过7块时，则判该批砌块符合相应等级。
(3) 当所有项目的检验结果均符合本标准中各项技术要求的等级时，则判该批砌块为相等级。

6. 烧结普通砖
(1) 出厂检验质量等级的判定按出厂检验项目和在时效范围内最近一次型式检验中的抗风化性能、石灰爆裂及泛霜项目中最低质量等级进行判定。其中有一项不合格，则判为不合格。
(2) 外观检验中有欠火砖、酥砖和螺旋纹砖则判该批产品不合格。

7. 蒸压加气混凝土砌块
(1) 出厂检验的项目包括：尺寸偏差、外观、立方体抗压强度、干体积密度。
(2) 在一批样品中，随机抽取50块砌块，进行尺寸偏差、外观检验。其中不符合该等级的产品不超过5块时，判该批砌块尺寸偏差、外观检验结果符合相应等级。否则，该批砌块检验结果不符合相应等级。
(3) 从尺寸偏差与外观检验合格的砌块中，随机抽取砌块，制作3组试件做干体积密度检验，以3组平均值判定其体积密度级别，当强度与体积密度级别关系符合表3规定时，判该批砌块符合相应的等级。否则降等或判为不合格。
(4) 每批砌块根据定期型式检验的结果以及尺寸偏差与外观、干体积密度和抗压强度三项检验结果判定等级，其中有一项不符合技术要求，则降等或判为不合格。

8. 粉煤灰小型空心砌块
判定规则：
(1) 若受检砌块的尺寸偏差、外观质量均符合相应指标时，则判该砌块符合相应等级。
(2) 若受检的32块砌块中，尺寸偏差和外观质量不合格数不超过7块，则判该批砌块符合相应等级。
(3) 当所有项目的检验结果均符合本标准中各项技术要求的等级时，则判该批产品为相应等级。

9. 煤渣砖

判定：

(1) 若尺寸、尺寸外观质量不符合表1优等品规定的砖数不超过10块，判该批砖尺寸偏差与外观质量为优等品；不符合一等品规定的砖数不超过10块，判该批砖为一等品；不符合合格品规定的砖数不超过10块，判该批砖为合格品。

(2) 该批砖的强度级别按表2判定。

(3) 每批砖的等级应在抗冻性和碳化性能规定的前提下，根据尺寸偏差、外观质量和强度按规定判定。

10. 混凝土多孔砖

判定规则：

(1) 若受检的混凝土多孔砖的尺寸偏差和外观质量均符合相应指标时，则判该块混凝土多孔砖符合相应等级。

(2) 若受检的50块混凝土多孔砖中，尺寸偏差和外观质量不符合技术指标的试件数不超过七块时，则判该批混凝土多孔砖符合相应等级。

(3) 当所有项目的检验结果均符合本标准各项技术要求的等级时，则判该批砖为相应等级。

(4) 原材料与产品中的放射性超过GB 6566规定时，应停止生产与销售。

11. 混凝土普通砖和装饰砖

出厂检验质量等级的判定：

按出厂检验项目和在时效范围内最近一次型式检验中的冻融性能、吸水率项目中最低质量等级进行判定。其中有一项不合格时，则判该批产品质量不合格。

（七）砌墙砖的质量验收

1. 烧结普通砖

生产厂向购货单位供应产品时，必须提供质量证明书，确保成品质量。如购货单位对质量提出异议时，可会同生产厂共同进行复验。

(1) 外观质量复验只能在厂内进行，按双方议定的取样方法，每次取样200块，分两组（每组100块）进行检查。二组样品中检查出的不合格数量之差，在一等砖中不得超过5块，在二等砖中不得超过7块，否则须再复查一次，然后将四组检查结果进行平均，作为该批砖的混等率，并据此确定砖的等级。

(2) 物理性能的复验可在厂外进行。复验工作中，若对取样代表性和检测结果有怀疑时，可允许再进行一次复验，抽样数量加倍，作为最后判定质量的依据。

2. 蒸养(压)砖

产品出厂，厂方必须提供质量证明书，注明强度等级及质量等级。购货单位对砖的质量提出异议时，应由供需双方共同取样复查，外观检验在厂内进行，强度检测可委托双方同意的法定检测机构进行，以做出最后的判断。

三、水泥及混凝土外加剂

（一）常用水泥的定义、强度等级及质量标准

1. 定义与强度等级见表1.6-69；

2. 质量标准见表1.6-70。

各种常用水泥的定义及强度等级　　　　　　表1.6-69

水泥名称及标准	定义及代号	强度等级
硅酸盐水泥 GB 175—1999	凡由硅酸盐水泥熟料，0～5%石灰石或粒化高炉矿渣，适量石膏磨细制成的水硬性胶凝材料，称为硅酸盐水泥。硅酸盐水泥分为两种类型，不掺加混合材料的称Ⅰ型硅酸盐水泥，代号P.Ⅰ； 在硅酸盐水泥粉磨时掺加不超过水泥质量5%的石灰石或粒化炉矿渣混合材料的称Ⅱ型硅酸盐水泥，代号P.Ⅱ	42.5R 52.5 52.5R 62.5 62.5R
普通硅酸盐水泥 GB 175—1999	凡由硅酸盐水泥熟料、6%～15%混合材料、适量石膏磨细制成的水硬性胶凝材料，称为普通硅酸盐水泥。简称普通水泥，代号P.O	32.5 32.5R 42.5 42.5R 52.5 52.5R
矿渣硅酸盐水泥 GB 1344—1999	凡由硅酸盐水泥熟料和粒化高炉矿渣，适量石膏磨细制成的水硬性胶凝材料称为矿渣硅酸盐水泥。简称矿渣水泥，代号P.S	32.5 32.5R 425 42.5R 52.5 52.5R
火山灰质硅酸盐水泥 GB 1344—1999	凡由硅酸盐水泥熟料和火山灰质混合材料、适量石膏磨细制成的水硬性胶凝材料称为火山灰质硅酸盐水泥。简称水山灰水泥代号P.P	32.5 32.5R 42.5 42.5R 52.5 52.5R
粉煤灰硅酸盐水泥 GB 1344—1999	凡由硅酸盐水泥熟料和粉煤灰、适量石膏磨细制成的水硬性胶凝材料称为粉煤灰硅酸盐水泥。简称粉煤灰水泥，代号P.F	32.5 32.5R 42.5 42.5R 52.5 52.5R
复合硅酸盐水泥 GB 12958—1999	凡由硅酸盐水泥熟料，两种或两种以上规定的混合材料适量石膏磨细制成的水硬性凝材料称为复合硅酸盐水泥，简称复合水泥，代号P.C	32.5 32.5R 42.5 42.5R 52.5 52.5R

备注：P.O 32.5R：表示普通硅酸盐水泥强度等级为32.5的早强水泥。

(1) 常用水泥质量指标

常用水泥的质量指标　　　　　　　　　　表1.6-70

检验项目	要求指标	检验项目	要求指标
水泥中氧化镁含量	水泥中氧化镁的含量不宜超过5.0%；如果水泥经压蒸安定性试验合格，则水泥中氧化镁的含量允许放宽到6.0%	凝结时间	初凝不得早于45min，终凝不得迟于10h
三氧化硫含量	矿渣水泥不大于4%；其他五种水泥不大于3.5%	安定性	用沸煮法检验，必须合格
细度	80μm方孔筛筛余不得超过10%		

(2) 各龄期强度指标值

① 硅酸盐水泥、普通硅酸盐水泥各龄期强度不得低于表1.6-71数值。

表1.6-71

品种	强度等级	抗压强度(MPa)		抗折强度(MPa)	
		3d	28d	3d	28d
硅酸盐水泥	42.5	17.0	42.5	3.5	6.5
	42.5R	22.0	42.5	4.0	6.5
	52.5	23.0	52.5	4.0	7.0
	52.5R	27.0	52.5	5.0	7.0
	62.5	28.0	62.5	5.0	8.0
	62.5R	32.0	62.5	5.5	8.0
复合硅酸盐水泥 普通硅酸盐水泥	32.5	11.0	32.5	2.5	5.5
	32.5R	16.0	32.5	3.5	5.5
	42.5	16.0	42.5	4.0	6.5
	42.5R	21.0	42.5	4.0	6.5
	52.5	22.0	52.5	5.0	7.0
	525R	26.0	52.5	5.0	7.0

② 矿渣水泥、火山灰水泥和粉煤灰水泥各龄强度和最低值。

各强度等级水泥的各龄期强度不得低于表1.6-72数值。

表1.6-72

强度等级	抗压强度(MPa)		抗折强度(MPa)	
	3d	28d	3d	28d
32.5	15.0	32.5	3.5	5.5
32.5R	15.0	32.5	3.5	5.5
42.5	15.0	42.5	3.5	6.5
42.5R	19.0	42.5	4.0	6.5
52.5	21.0	52.5	4.0	7.0
52.5R	23.0	52.5	4.5	7.0

(二)其他品种水泥标号及质量标准

1. 白色硅酸盐水泥 GB/T 2015—2005

（1）分级与用途

① 分级（表1.6-73）

表1.6-73

标　号	分325、425、525、625
白　度	分特级、一级、二级、三级、四个等级

② 用途

主要用于建筑装饰，可配成彩色灰浆或制造各种彩色和白色混凝土如水磨石、斩假石等。

（2）品质指标

① 氧化镁

熟料氧化镁的含量不得超过4.5%。

② 三氧化硫

水泥中三氧化硫的含量不得超过3.5%。

③ 细度

0.080mm方孔筛筛余不得超过10%。

④ 凝结时间

初凝不得早于45min，终凝不得迟于12h。

⑤ 安定性

用沸煮法检验，必须合格。

⑥ 强度

各标号相应的龄期强度均不得低于表1.6-74数值：

表1.6-74

水泥标号	抗压强度(MPa)			抗折强度(MPa)		
	3d	7d	28d	3d	7d	28d
325	14.0	20.5	32.5	2.5	3.5	5.25
425	18.0	26.5	42.5	3.5	4.5	6.25
525	23.0	33.5	52.5	4.0	5.5	7.0
625	28.0	42.0	62.5	5.0	6.0	8.0

⑦ 白度

各等级白度不得低于表1.6-75数值：

表1.6-75

等　级	特　级	一　级	二　级	三　级
白度(%)	86	84	80	75

(3) 代表批量

① 出厂 1t 为一编号,每一编号应取三个有代表性的样品,分别测定粒度,均须合格。

② 凡不符合技术指标中任何一项规定时,均不得出厂。

(4) 取样方法

① 取样规则:按同一生产厂家、同一品种、同一强度等级、同一批号且连续进场的水泥袋装不超过 200t 为一批,散装不超过 500t 为一批,每批抽样不少于一次。

② 取样的方法与步骤:

袋装水泥采用袋装水泥取样管进行取样,随即选择 20 个以上不同部位,将取样管插入水泥袋中适当深度,用大拇指按住气孔,小心抽出取样管,抽取等量样品,应放入洁净、干燥、不易受污染的容器中,总量至少 12 公斤。

散装水泥采用槽型管式取样器取样当水泥深度不超过 2m 时,通过转动取样器内控制开关,在适当位置插入水泥一定深度,关闭后小心抽出,抽取等量样品,将所取样品放入洁净、干燥、不易受污染的容器中,总量至少 12 公斤。

(5) 水泥复试条件及复试项目

① 水泥进场时应对其强度、安定性及其他必要性能指标进行复试,其质量复合相应标准规定。

② 对于常用的六种水泥,试验有效期为三个月,一般情况下三个月后的强度降低 10%~20%,时间越长强度降低越多。超期水泥使用时应按规定重新抽样检验,进行复检,并按复验结果使用。

③ 存放不善或对水泥质量有疑义时,应按上述规定重新送样检验。

(6) 水泥废品与不合格品判定

① 废品

凡氧化镁、三氧化硫、初凝时间、安定性中任一项不符合标准规定时,均为废品。

② 不合格品

凡细度、终凝时间、强度低于强度等级的指标时为不合格品。

(7) 水泥出厂合格证内容

① 生产厂家;

② 依据标准;

③ 产品名称及规格型号;

④ 助磨剂、工业副产石膏、混合材料的名称和掺加量,属旋窑或立窑生产;

⑤ 急用时寄发除 28d 抗压强度的各项试验结果;

⑥ 各项技术要求及试验结果;

⑦ 出厂日期、生产日期及批号。

(三) 混凝土外加剂

1. 混凝土外加剂分类

混凝土外加剂按其中功能分为四类:

(1) 改善混凝土拌合物流变性能的外加剂。

包括各种减水剂、引气剂和泵送剂等。

（2）调节混凝土凝结时间、硬化性能的外加剂。

包括缓凝剂、早强剂和速凝剂等。

（3）改善混凝土耐久性的外加剂。

包括引气剂、防水剂和阻锈剂等。

（4）改善混凝土其他性能的外加剂。

包括引气剂、膨胀剂、防冻剂、着色剂、防水剂和泵送剂等。

2. 混凝土外加剂名称及定义

随着混凝土技术的迅速发展，在我国已显见成效，并列入国家（行业）标准的外加剂包括下列各种：

（1）普通减水剂

在混凝土坍落度基本相同的条件下，能减少拌合用水量的外加剂。

（2）高效减水剂

在混凝土搅拌过程中，能引入大量分布均匀的微小气泡，以减少混凝土拌合物泌水离析，改善和易性，并能显著提高硬化混凝土抗冻耐久性的外加剂。

（3）引气剂

在混凝土搅拌过程中，能引入大量分布均匀的微小气泡，以减少混凝土拌合物泌水离析，改善和易性，并能显著提高硬化混凝土抗冻耐久性的外加剂。

（4）引气减水剂

兼有引气和减水作用的外加剂。

（5）缓凝剂

能延缓混凝土凝结时间，并对混凝土后期强度发展无不利影响的外加剂。

（6）缓凝高效减水剂

兼有缓凝和大幅度减少拌合用水量的外加剂。

（7）早强剂

能加速混凝土早期强度发展，并对后期强度无显著影响的外加剂。

（8）早强减水剂

兼有早强和减水作用的外加剂。

（9）防冻剂

能使混凝土在负温下硬化，并在规定养护条件下达到预期性能的外加剂。

（10）膨胀剂

能使混凝土（砂浆）在水化过程中产生一定的体积膨胀，并在有约束的条件下产生适应自应力的外加剂。

（11）泵送剂

能改善混凝土拌合物泵送性能的外加剂。

（12）防水剂

能降低砂浆、混凝土在静水压力下透水性的外加剂。

（13）速凝剂

能使混凝土迅速凝结硬化的外加剂。

3. 掺外加剂混凝土质量要求

(1) 混凝土外加剂(GB 8076—1997)、行业(JC 473~477—92)
① 性能指标(表1.6-76)

掺外加剂混凝土性能指标 表1.6-76

试验项目		普通减水剂		高效减水剂		早强减水剂		缓凝高效减水剂		缓凝减水剂		引气减水剂		早强剂		缓凝剂		引气剂	
		一等品	合格品	一等品	合格品	一等品	合格品	一等品	合格品	一等品	合格品	一等品	合格品	一等品	合格品	一等品	合格品	一等品	合格品
减水率,%不于		8	5	12	10	8	5	12	10	—	—	10	10	—	—	—	—	6	6
泌水率比,%,不大于		95	100	90	95	95	100	100	100	100	100	70	80	100	100	100	110	70	80
含气量,%		≤3.0	≤4.0	≤3.0	≤4.0	≤3.0	≤4.0	<4.5	<4.5	<5.5	<5.5	<3.0	<3.0	—	—	—	—	>3.0	>3.0
凝结时间之差 min	初凝	-90~+120		-90~+120		-90~+90		>+90		>+90		-90~+120		-90~+90		>+90		-90~+120	
	终凝							—		—				—					
抗压强度比,%不小于	1d	—	—	140	130	140	130	—	—	—	—	—	—	135	125	—	—	—	—
	3d	115	110	130	120	130	120	125	120	100	100	115	110	130	120	100	90	95	80
	7d	115	110	125	115	115	110	125	115	110	110	110	110	110	105	100	90	95	80
	28d	110	105	120	110	105	100	120	110	110	105	100	100	100	95	100	90	90	80
收缩率比,%不大于	28d	135		135		135		135		135		135		135		135		135	
相对耐久性指标,%200次不小于		—		—		—		—		—		80	60	—		—		80	60
对钢筋锈蚀作用		应说明对钢筋有无锈蚀危害																	

注：1. 除含气量外，表中所列数据为掺外加剂混凝土与基准混凝土的差值或比值。
2. 凝结时间指标，"—"号表示提前，"+"号表示延缓。
3. 相对耐久性指标一栏中，"200次≥80和60表示将28d龄期的掺外加剂混凝土试件冻融循环200次后，动弹性模量保留值≥80%或60%。
4. 对于可以用高频振捣排除的，由外加剂所引入的气泡的产品，允许用高频振捣，达到某类型性能指标要求的外加剂，可按本表进行命名和分类，但须在产品说明书和包装上注明"用于高频振捣的××剂"。

② 匀质性指标
匀质性指标应符合表1.6-77的要求。

匀 质 性 指 标　　　　　　　表 1.6-77

试验项目	指　　标
含固量或含水量	a. 对液体外加剂，应在生产厂所控制值的相对量的3%内； b. 对固体外加剂，应在生产厂控制值的相对量的5%之内
密　　度	对液体外加剂，应在生产厂所控制值的±0.02g/cm³ 之内
氯离子含量	应在生产厂所控制值相对量的5%之内
水泥净浆流动度	应不小于生产控制值的95%
细　　度	0.315mm 筛筛余应小于15%
pH 值	应在生产厂控制值±1之内
表面张力	应在生产厂控制值±1.5之内
还原糖	应在生产厂控制值±3%
总碱量($Na_2O+0.658K_2O$)	应在生产厂控制值的相对量的5%之内
硫酸钠	应在生产厂控制值的相对量的5%之内
泡沫性能	应在生产厂控制值的相对量的5%之内
砂浆减水率	应在生产厂控制值±1.5%之内

(2)《混凝土防冻剂》JC 475—2004

① 定义

A. 防冻剂

能使混凝土在负温下硬化，并在规定养护条件下达到预期性能的外加剂称为防冻剂。

B. 基准混凝土

按照本标准规定的试验条件配制不掺防冻剂的标准条件下养护的混凝土。

C. 受检标养混凝土

按照本标准规定的试验条件配制掺防冻剂的标准条件下养护的混凝土。

D. 受检负温混凝土

按照本标准规定的试验条件配制掺防冻剂并按规定条件养护的混凝土。

E. 规定温度

受检混凝土在负温养护时的温度，该温度允许波动范围为±2，本标准的规定温度分别为-5℃、-10℃、-15℃。

② 技术要求

A. 匀质性

防冻剂的匀质性应符合表 1.6-78 的要求。

防冻剂匀质性　　　　　　　表 1.6-78

序号	试验项目	指　　标
1	固体含量,%	液体防冻剂 $S≥20\%$ 时, $0.95S≤X<1.05S$ $S<20\%$ 时, $0.90S≤X<1.10S$ S 是生产厂提供的固体含量(质量%)，X 指测试的固体含量(质量%)

续表

序 号	试验项目	指 标
2	含水率,%	粉状防冻剂： $W \geqslant 5\%$时，$0.90S \leqslant X < 1.10S$ $W < 5\%$时，$0.80S \leqslant X < 1.20S$ S是生产厂提供的含水率(质量%)，X指测试的含水率(质量%)
3	密 度	液体防冻剂： $D > 1.1$时，要求为$D \pm 0.03$ $D \leqslant 1.1$时，要求为$D \pm 0.02$ D是生产厂提供的密度值
4	氯离子含量,%	无氯盐防冻剂：$\leqslant 0.1\%$(质量百分比) 其他防冻剂：不超过生产厂控制值
5	碱含量,%	不超过生产厂所提供的最大值
6	水泥净浆流动度,mm	应不小于生产厂控制值的95%
7	细度,%	粉状防冻剂细度应不超过生产厂所提供的最大值

注：以尿素为主要成分的防冻剂，含固量和含水量测定时恒温温度可为80～85℃；粉态防冻剂的细度应全部通过0.315mm筛。

B. 掺防冻剂混凝土性能

掺防冻剂混凝土性能应符合表1.6-79的要求。

掺防冻剂混凝土的性能 表1.6-79

试验项目		性能指标					
		一等品			合格品		
减水率	(%，不小于)	10			—		
泌水率比	(%，不大于)	80			100		
含气量	(%，不小于)	2.5			2.0		
凝结时间差(min)	初凝	$-150 \sim +150$			$-210 \sim +210$		
	终凝						
抗压强度比 (%，不小于)	规定温度(℃)	-5	-10	-15	-5	-10	-15
	R_{-7}	20	12	10	20	12	8
	R_{28}	100		95	95		90
	R_{-7+28}	95	90	85	90	85	80
	R_{-7+56}	100			100		
28天收缩率比	(%，不大于)	135					
渗透高度比		100					
50次冻溶强度损失率比	(%，不大于)	100					
对钢筋锈蚀作用		应说明对钢筋有无锈蚀作用					

注：规定温度：受检混凝土在负温养护时的温度，该温度允许波动范围为±2℃。在实际使用时相当于日平均气温。

C. 释放氨量

含有氨或氨基酸的防冻剂释放氨量应符合 GB 18588 规定的限值。

(3) 混凝土泵送剂 JC 473—2001

掺泵送剂混凝土的质量指标应符合表 1.6-81 的要求。

匀质性指标　　　　　　　　　　　　　　　　　　　　　　　　表 1.6-80

试 验 项 目	指 标
含固量或含水量	液体泵送剂：应在生产厂所控制值的相对量的 6% 之内； 固体泵送剂：应在生产厂控制值的相对量的 10% 之内
密　度	液体泵送剂，应在生产厂控制值的 ±0.02g/cm³ 之内
氯离子含量	应在生产厂控制值相对量的 5% 之内
水泥净浆流动度	应不小于生产控制值的 95%
细　度	固体泵送剂：0.315mm 筛筛余应小于 15%
总碱量($Na_2O+0.658K_2O$)	应在生产控制值的相对量的 5% 之内

掺泵送剂混凝土的性能指标　　　　　　　　　　　　　　　　表 1.6-81

试 验 项 目			一 等 品	合 格 品
坍落度增加值(mm)	≥		100	80
常压泌水率比,%	≤		90	100
压力泌水率比,%	≤		90	95
含气量,%	≤		4.5	5.5
坍落度保留值, (mm)	≥	30min	12	10
		60min	10	8
抗压强度比,%	≥	3d	85	80
		7d	85	80
		28d	85	80
		90d	85	80
收缩率比,%	≤	90d	135	135
对钢筋的锈蚀作用			应说明对钢筋无锈蚀作用	

(4)《砂浆、混凝土防水剂》JC 474—1999

① 定义：

A. 砂浆、混凝土防水剂

能降低砂浆、混凝土在静水压力下的透水性的外加剂。

B. 基准混凝土（砂浆）

按照本标准规定的试验方法配制的不掺防水剂的混凝土（砂浆）。

C. 受检混凝土（砂浆）

按照本标准规定的试验方法配制的掺防水剂的混凝土（砂浆）。

② 技术要求

A. 匀质性指标

匀质性指标应符合表 1.6-82 的规定。

匀质性指标 表1.6-82

试验项目	指标
含固量	液体防水剂：应在生产厂控制值相对量的3%之内
含水量	粉状防水剂：应在生产厂控制值相对量的5%之内
总碱量(Na_2O，+0.658K_2O)	应在生产厂控制值相对量的5%
密度	液体防水剂：应在生产厂控制值的±0.02g/cm³之内
氯离子含量	应在生产厂控制值相对量的5%之内
细度(≤0.315mm筛)	筛余小于15%

注：含固量和密度可任选一项检验。

B. 受检砂浆的性能指标

受检砂浆的性能应符合表1.6-83的规定。

砂浆的性能 表1.6-83

试验项目		性能指标	
		一等品	合格品
净浆安定性		合格	合格
凝结时间	初凝(min)不小于	45	45
	终凝(h)不大于	10	45
抗压强度比(%)　不小于	7d	100	85
	28d	90	80
透水压力比(%)	不小于	300	200
48h吸水量比(%)	不大于	65	75
28d收缩率比(%)	不大于	125	135
对钢筋的锈蚀作用		应说明对钢筋有无锈蚀作用	

注：除凝结时间、安定性为受检净浆的试验结果外，表中所列数据均为受检砂浆与基准砂浆的比值。

C. 受检混凝土的性能指标

受检混凝土的性能应符合表1.6-84的规定。

受检混凝土的性能指标 表1.6-84

试验项目		性能指标	
		一等品	合格品
净浆安定性		合格	合格
泌水率比(%)	不大于	50	70
凝结时间差(min)　不小于	初凝	−90	
	终凝	—	
抗压强度比(%)　不小于	3d	100	90
	7d	110	100
	28d	100	90

续表

试 验 项 目		性 能 指 标	
		一 等 品	合 格 品
渗透高度比(%)	不大于	30	40
48h吸水量比(%)	不大于	65	75
28d收缩率比(%)	不大于	125	135
对钢筋的锈蚀作用		应说明对钢筋有无锈蚀作用	

注：1. 除净浆安定性为净浆的试验结果外，表中所列数据均为受检混凝土与基准混凝土差值或比值。
2. "—"表示提前。

D. 掺速凝拌合物及其硬化砂浆的性能指标应符合表1.6-85的要求。

混凝土速凝剂的质量指标　　　　表1.6-85

检测项目 产品等级	净浆凝结时间(min)不迟于		1d抗压强度(MPa)不小于	28d抗压强度比(%)不小于	细度(0.08mm)筛余(%)不大于	含水率(%)小于
	初凝	终凝				
一等品	3	10	8	75	15	2
合格品	5	10	7	70	15	2

(5)《混凝土膨胀剂》JC 476—2001

① 分类

混凝土膨胀剂分为三类。

A. 硫铝酸钙类混凝土膨胀剂

是指与水泥、水拌和后经水化反应生成钙矾石的混凝土膨胀剂。

B. 氧分钙类混凝土膨胀剂

是指与水泥、水拌和后经水化反应生成氢氧化钙的混凝土膨胀剂。

C. 复合混凝土膨胀剂

是指硫铝酸钙类或氧化钙类混凝土膨胀剂分别与混凝土化学外加剂复合的、兼有混凝土膨胀剂与混凝土化学外加剂性能的混凝土膨胀剂。

② 技术要求

A. 硫铝酸钙类、氧化钙类混凝土膨胀剂性能指标应符合表1.6-86规定。

B. 复合混凝土膨胀剂的限制膨胀率、抗压强度和抗折强度指标应符合下表的规定。其他性能指标应符合相关的混凝土化学外加剂标准的规定。

混凝土膨胀剂性能指标　　　　表1.6-86

项　　目			指标值
化学成分	氧化镁%	≤	5.0
	含水率%	≤	3.0
	总碱量%	≤	0.75
	氯离子%	≤	0.05

续表

项　目				指标值
物理性能	细度	比表面积 m²/kg	≥	250
		0.08mm 筛筛余%	≤	12
		1.25mm 筛筛余%	≤	0.5
	凝结时间	初凝 min	≥	45
		终凝 h	≤	10
	限制膨胀率(%)	水中	7d ≥	0.025
			28d ≤	0.10
		空气中	21d ≥	−0.020
	抗压强度(MPa)≥		7d	25.0
			28d	45.0
	抗折强度(MPa)≥		7d	4.5
			28d	6.5

注：细度用比表面积和 1.25mm 筛筛余或 0.08mm 筛筛余和 1.25mm 筛筛余表示，仲裁检验用比表面积和 1.25mm 筛筛余。

四、建筑用钢材及焊条、焊剂

（一）常用的钢材的品种及力学性能

1. 碳素结构钢

其力学性能见表 1.6-87、表 1.6-88。

表 1.6-87

牌号	试样方向	冷弯试验 $\beta = 2a$, 180°		
		钢材厚度(直径)，mm		
		60	>60~100	>100~200
		弯心直径 d		
Q195	纵	0	—	—
	横	0.5a	—	—
Q215	纵	0.5a	1.5a	2a
	横	a	2a	2.5a
Q235	纵	a	2a	2.5a
	横	1.5a	2.5a	3.a
Q255		2a	3a	3.5a
Q275		3a	4a	4.5a

注：β 为试样宽度，a 为钢材厚度(直径)。

2. 低合金高强度结构钢

其力学性能见表 1.6-89。

表 1.6-88

牌号	等级	屈服点 σ_S N/mm² 钢材厚度（直径），mm						抗拉强度 σ_B N/mm²	伸长率 δ_5:% 钢材厚度（直径），mm						温度 ℃	V型冲击功(纵向)J
		≤16	>16~40	>40~60	>60~100	>100~150	>150		≤16	>16~40	>40~60	>60~100	>100~150	>150		
		不小于							不小于							不小于
Q195	—	(195)	(185)	—	—	—	—	315~430	33	32	—	—	—	—	—	—
Q215	A	215	205	195	185	175	165	335~450	31	30	29	28	27	26	—	—
	B														20	27
Q235	A	235	225	215	205	195	185	375~500	26	25	24	23	22	21	—	—
	B														20	27
	C														0	27
	D														-20	27
Q255	A	255	245	235	225	215	205	410~550	24	23	22	21	20	19	—	—
	B														20	27
Q275	—	275	265	255	245	235	225	490~630	20	19	18	17	16	15	—	—

表 1.6-89

牌号	质量等级	屈服点 σ_S, MPa 厚度（直径，边长），mm				抗拉强度 σ_B MPa	伸长率 δ_{52}%	冲击功，AkV，(纵向)，J				180°弯曲试验 d=弯心直径 a=试样厚度（直径）钢材厚度（直径），mm	
		≤16	>16~35	>35~50	>50~100			+20℃	0℃	-20℃	-40℃	≤16	>16~100
		不小于					不小于						
Q295	A	295	275	255	235	390~570	23					$d=2a$	$d=3a$
	B	295	275	255	235	390~570	23	34				$d=2a$	$d=3a$
Q345	A	345	325	295	275	470~630	21					$d=2a$	$d=3a$
	B	345	325	295	275	460~630	21	34				$d=2a$	$d=3a$
	C	345	325	295	275	470~630	22		34			$d=2a$	$d=3a$
	D	345	325	295	275	470~630	22			34		$d=2a$	$d=3a$
	E	345	325	295	275	470~630	22				27	$d=2a$	$d=3a$
Q390	A	390	370	350	330	490~650	19					$d=2a$	$d=3a$
	B	390	370	350	330	490~650	19	34				$d=2a$	$d=3a$
	C	390	370	350	330	490~650	20		34			$d=2a$	$d=3a$
	D	390	370	350	330	490~650	20			34		$d=2a$	$d=3a$
	E	390	370	350	330	490~650	20				27	$d=2a$	$d=3a$

续表

牌号	质量等级	屈服点 σ_S, MPa 厚度（直径，边长），mm				抗拉强度 σ_B MPa	伸长率 δ_{52} %	冲击功, AkV, (纵向), J				180°弯曲试验 $d=$弯心直径 $a=$试样厚度（直径）	
		≤16	>16~35	>35~50	>50~100			+20℃	0℃	-20℃	-40℃	钢材厚度（直径），mm	
		不小于						不小于				≤16	>16~100
Q420	A	420	400	380	360	520~680	18					$d=2a$	$d=3a$
	B	420	400	380	360	520~680	18	34				$d=2a$	$d=3a$
	C	420	400	380	360	520~680	19		34			$d=2a$	$d=3a$
	D	420	400	380	360	520~680	19			34		$d=2a$	$d=3a$
	E	420	400	380	360	520~680	19				27	$d=2a$	$d=3a$
Q460	C	460	440	420	400	550~720	17		34			$d=2a$	$d=3a$
	D	460	440	420	440	550~720	17			34		$d=2a$	$d=3a$
	E	460	440	420	400	550~720	17				27	$d=2a$	$d=3a$

3. 钢筋混凝土用热轧光圆钢筋

其力学性能见表1.6-90。

表 1.6-90

表面形状	钢筋级别	强度等级代号	公称直径 mm	屈服点 σ_S MPa	抗拉强度 σ_B MPa	伸长率 δ %	冷弯 d—弯芯直径 a—钢筋公称直径
				不小于			
光圆	1	R235	8~20	235	370	25	180°, $d=a$

4. 钢筋混凝土用热轧带肋钢筋

其力学性能见表1.6-91、表1.6-92。

表 1.6-91

牌号	公称直径 mm	σ_s（或 $\sigma_{p0.2}$） MPa	σ_b MPa	δ_5 %
		不小于		
HRB 335	6~25 28~50	335	490	16
HRB400	6~25 28~50	400	570	14
HRB500	6~25 28~50	500	630	12

表 1.6-92

牌号	公称直径 mm	弯曲试验弯心直径
HRB335	6~25	$3a$
	28~50	$4a$

续表

牌 号	公称直径 mm	弯曲试验弯心直径
HRB400	6～25	4a
	28～50	5a
HRB500	6～25	6a
	28～50	7a

5. 低碳钢热轧圆盘条

其力学性能见表 1.6-93。

表 1.6-93

牌 号	力 学 性 能			冷弯试验 180°
	屈服点 σ_s，MPa	抗拉强度 σ_b，MPa	伸长率 δ_5，%	d＝弯心直径
	不小于			a＝试样直径
Q215	215	375	27	$d=0$
Q235	235	410	23	$d=0.5a$

6. 冷轧带肋钢筋

其力学性能见表 1.6-94、表 1.6-95。

表 1.6-94

牌 号	σ_b MPa 不小于	伸长率% 不小于		弯曲试验 180°	反复弯曲次数	松弛率 初始应力 $\sigma_{con}=0.7\sigma_b$	
		δ_{10}	δ_{100}			1000h，% 不大于	10h，% 不大于
CRB550	550	8.0	—	$D=3d$	—	—	—
CRB650	650	—	4.0	—	3	8	5
CRB800	800	—	4.0	—	3	8	5
CRB970	970	—	4.0	—	3	8	5
CRB1170	1170	—	4.0	—	3	8	5

注：表中 D 为弯心直径 d，为钢筋公称直径

反复弯曲试验的弯曲半径 (mm)　　　　表 1.6-95

钢筋公称直径	4	5	6
弯曲半径	10	15	15

7. 钢筋混凝土用余热处理钢筋

其力学性能见表 1.6-96。

表 1.6-96

表面形状	钢筋级别	强度等级代号	公称直径 mm	屈服点 σ_s，MPa	抗拉强度 σ_{s3} MPa	伸长率 δ_5，%	冷弯 d—弯芯直径
				不小于			a—钢筋公称直径
月牙肋	Ⅲ	KL400	8～25	440	600	14	90°$d=3a$
			28～10				90°$d=4a$

8. 预应力混凝土用钢绞线

其力学性能见表1.6-97～表1.6-99。

1×2结构钢绞线力学性能　　　　　表1.6-97

钢绞线结构	钢绞线公称直径 D_n/mm	抗拉强度 R_m/MPa 不小于	整根钢绞线的最大力 F_m/kN 不小于	规定非比例延伸力 $F_{p0.2}$/kN 不小于	最大力总伸长率 $L_o \geq 400mm$ A_{gt}/% 不小于	应力松弛性能 初始负荷相当于公称最大力的百分数/%	应力松弛性能 1000h后应力松弛率 r/% 不大于
1×2	5.00	1570	15.4	13.	对所有规格	对所有规格	对所有规格
		1720	16.9	15.2			
		1860	18.3	16.5			
		1960	19.2	17.3			
	5.8	1570	20.7	18.6		60	1.0
		1720	22.7	20.4			
		1860	24.6	22.1			
		1960	25.9	23.3			
	8.00	1470	36.9	33.2		70	2.5
		1570	39.4	35.5			
		1720	43.2	38.9			
		1860	46.7	42.0		80	4.5
		1960	49.2	44.3			
	10.00	1470	57.8	52.0			
		1570	61.7	55.5			
		1720	67.6	60.8			
		1860	73.1	65.8			
		1960	77.0	69.3			
	12.00	1470	83.1	74.8			
		1570	88.7	79.8			
		1720	97.2	87.5			
		1860	105	94.5			

注：规定非比例延伸力 $F_{p0.2}$ 值不小于整根钢绞线公称最大力 F_m 的90%

1×3结构钢绞线力学性能　　　　　表1.6-98

钢绞线结构	钢绞线公称直径 D_n/mm	抗拉强度 R_m/MPa 不小于	整根钢绞线的最大力 F_m/kN 不小于	规定非比例延伸力 $F_{p0.2}$/kN 不小于	最大力总伸长率 ($L_o \geq 400mm$) A_{gt}/% 不小于	应力松弛性能 初始负荷相当于公称最大力的百分数/%	应力松弛性能 1000h后应力松弛率 r/% 不大于
1×3	6.20	1570	31.1	28.0	对所有规格	对所有规格	对所有规格
		1720	34.1	30.7			
		1860	36.8	33.1			
		1960	38.8	34.9			

续表

钢绞线结构	钢绞线公称直径 D_n/mm	抗拉强度 R_m/MPa 不小于	整根钢绞线的最大力 F_m/kN 不小于	规定非比例延伸力 $Fp_{0.2}$/kN 不小于	最大力总伸长率 ($L_o \geqslant 400mm$) A_{gt}/% 不小于	应力松弛性能 初始负荷相当于公称最大力的百分数/%	应力松弛性能 1000h后应力松弛率 r/% 不大于
1×3	6.50	1570	33.3	30.0		60	1.0
		1720	36.5	32.9			
		1860	39.4	35.5			
		1960	41.6	37.4			
	8.60	1470	55.4	49.9		70	2.5
		1570	59.2	53.3			
		1720	64.8	58.3	3.5		
		1860	70.1	63.1		80	4.5
		1960	73.9	66.5			
	8.74	1570	60.6	54.5			
		1670	64.5	58.1			
		1860	71.8	64.6			
	10.80	1470	86.6	77.9			
		1570	92.5	83.3			
		1720	101	90.9			
		1860	110	99.0			
		1960	115	104			
	12.90	1470	125	113			
		1570	133	120			
		1720	146	131			
		1860	158	142			
		1960	166	149			
1×31	8.74	1570	60.6	54.5			
		1670	64.5	58.1			
		1860	71.8	64.6			

注：规定非比例延伸力 $Fp_{0.2}$ 值不小于整根钢绞线公称最大力 F_m 的90%

1×7结构钢绞线力学性能　　　　表1.6-99

钢绞线结构	钢绞线公称直径 D_n/mm	抗拉强度 R_m/MPa 不小于	整根钢绞线的最大力 F_m/kN 不小于	规定非比例延伸力 $Fp_{0.2}$/kN 不小于	最大力总伸长率 $L_o \geqslant 500mm$ A_{gt}/% 不小于	应力松弛性能 初始负荷相当于公称最大力的百分数/%	应力松弛性能 1000h后应力松弛率 r/% 不大于
1×7	9.5	1720	94.3	84.9	对所有规格	对所有规格	对所有规格
		1860	102	91.8			
		1960	107	96.3			

续表

钢绞线结构	钢绞线公称直径 D_n/mm	抗拉强度 R_m/MPa 不小于	整根钢绞线的最大力 F_m/kN 不小于	规定非比例延伸力 $Fp_{0.2}$/kN 不小于	最大力总伸长率 $L_o \geq 500mm$ A_{gt}/% 不小于	应力松弛性能 初始负荷相当于公称最大力的百分数/%	应力松弛性能 1000h后应力松弛率 r/% 不大于
1×7	11.10	1720	128	115	3.5	60	1.0
		1860	138	124			
		1960	145	131			
	12.70	1720	170	153		70	2.5
		1860	184	166			
		1960	193	174			
	15.20	1470	206	185		80	4.5
		1570	220	198			
		1670	234	211			
		1720	241	217			
		1860	260	234			
		1960	274	247			
	15.70	1770	266	239			
		1860	279	251			
	17.80	1720	327	294			
		1860	353	318			
(1×7)C	12.70	1860	208	187			
	15.20	1820	300	270			
	18.00	1720	384	346			

注：规定非比例延伸力 $Fp_{0.2}$ 值不小于整根钢绞线公称最大力 F_m 的90%

供方每一交货批钢绞线的实际强度不能高于其抗拉强度级别200MPa，钢绞线弹性模量为(197±10)GPa，但不作为交货条件。

9. 预应力混凝土用钢丝

其力学性能见表1.6-100～表1.6-102。

冷拉钢丝的力学性能　　表1.6-100

公称直径 d_n/mm	抗拉强度 σ_b/MPa 不小于	规定非比例伸长应力 $\sum p_{0.2}$/MPa 不小于	最大力下总伸长率（$L_o=200mm$）δ_{gt}/% 不小于	弯曲次数（次/180°）不小于	弯曲半径 R/mm	断面收缩率 ψ/% 不小于	每210mm扭距的扭转次数 n 不小于	初始应力相当于70%公称抗拉强时，1000h后应力松弛率 r/% 不大于
3.00	1470	1100	1.5	4	7.5	—	—	8
4.00	1570	1180		4	10	35	8	
5.00	1670	1250		4	15		8	
	1770	1330						
6.00	1470	1100		5	15	30	7	
7.00	1570	1180		5	20		6	
8.00	1670	1250		5	20		5	
	1770	1330						

消除应力光圆及螺旋肋钢丝的力学性能　　　　　表 1.6-101

公称直径 d_n/mm	抗拉强度 σ_b/MPa 不小于	规定非比例伸长应力 $\sigma p_{0.2}$/MPa 不小于		最大力下总伸长率 (L_o=200mm) δ_5/% 不小于	弯曲次数/(次/180°) 不小于	弯曲半径 R/mm	应力松弛性能		
							初始应力相当于公称抗拉强度的百分数/%	1000h 后应力松弛率 r/% 不大于	
		WLR	WNR					WLR	WNR
							对所有规格		
4.00	1470	1290	1250		3	10			
	1570	1380	1330						
4.80 5.00	1670	1470	1410		4	15			
	1770	1560	1500						
	1870	1640	1580				60	1.0	4.5
6.00	1470	1290	1250		4	15			
6.25	1570	1380	1330	3.5	4	20	70	2.0	8
7.00	1670	1470	1410		4	20			
	1770	1560	1500				80	4.5	12
8.00	1470	1290	1250		4	20			
9.00	1570	1380	1330		4	25			
10.00	1470	1290	1250		4	25			
12.00					4	30			

消除应力的刻痕钢丝的力学性能　　　　　表 1.6-102

公称直径 d_n/mm	抗拉强度 σ_b/MPa 不小于	规定非比例伸长应力 $\sigma p_{0.2}$/MPa 不小于		最大力下总伸长率 (L_o=200mm) $\delta_{gt}\sigma$/% 不小于	弯曲次数/(次/180°) 不小于	弯曲半径 R/mm	应力松弛性能		
							初始应力相当于公称抗拉强度的百分数/%	1000h 后应力松弛率 r/% 不大于	
		WLR	WNR					WLR	WNR
							对所有规格		
≤5.0	1470	1290	1250			15			
	1570	1380	1330				60	1.5	4.5
	1670	1470	1410						
	1770	1560	1500						
	1860	1640	1580	3.5	3		70	2.5	8
>5.0	1470	1290	1250			20			
	1570	1380	1330						
	1670	1470	1410				80	4.5	12
	1770	1560	1500						

每一交货批钢丝的实际强度不应高于其公称强度级200MPa，钢丝弹性模量为(205±10)GPa但不作为交货条件。

10. 冷轧扭钢筋

其力学性能见表1.6-103。

表1.6-103

抗拉强度 σ_b N/mm²	伸长率 δ_{10} %	冷弯180° (弯心直径=3d)
≥580	≥4.5	受弯曲部位表面不得产生裂纹

注：1. d 为冷轧扭钢筋标志直径；
    2. δ_{10} 为以标距为10倍标志直径的试样拉断伸长率。

（二）常用钢材必试项目，组批原则及取样数量见表1.6-104。

常用钢材必试项目、组批原则及取数样量表 表1.6-104

序号	材料名称及相关标准规范代号	试验项目	组批原则及取样规定
1	碳素结构钢 (GB/T 700—88)	必试：拉伸试验(屈服点、抗拉强度、伸长率) 弯曲试验 其他：断面收缩率、硬度、冲击、化学成分	同一牌号，同一炉罐号、同一等级、同一品种、同一交货状态每60t为一验收批，不足60t也按一批计。每一验收批取一组试件(拉伸、弯曲各1个)
2	低合金高强度结构钢 (GB/T 1591—94)	必试：拉伸试验(屈服点、抗拉强度、伸长率) 弯曲试验 其他：冲击	同一牌号，同一炉罐号、同一等级、同一品种、同一尺寸、同一热处理制度的钢材每60t为一验收批，不足60t也按一批计，每一验收取一组试件(拉伸、弯曲各1个)
3	钢筋混凝土用热轧带肋钢筋 (GB 1499—1998) (GB/T 2975—1998) (GB/T 2101—89)		
4	钢筋混凝土用热轧光圆钢筋 (GB 13013—91) (GB/T 2975—1998) (GB/T 2101—89)	必试：拉伸试验(屈服点、抗拉强度、伸长率) 弯曲试验 其他：反向弯曲化学成分	(1) 同一牌号、同一炉罐号、同一规格、同一交货状态，每60t为一验收批，不足60t也按一批计。 (2) 每一验收批，在任选的两根钢筋上切取试件(拉伸2个、弯曲2个)
5	钢筋混凝土用余热处理钢筋 (GB 13014—91) (GB/T 2975—1998) (GB/T 2101—89)		
6	低碳钢热轧圆盘条 (GB/T 701—1997) (GB/T 2975—1998) (GB/T 2101—89)	必试：拉伸试验(屈服点、抗拉强度、伸长率)、弯曲试验 其他：化学成分	(1) 同一牌号、同一炉罐号、同一尺寸每60t为一验收批，不足60t也按一批计。 (2) 每一验收取批一组试件，其中拉伸1个、弯曲2个(取自不同盘)

续表

序号	材料名称及相关标准规范代号	试验项目	组批原则及取样规定
7	冷轧带肋钢筋 (GB 13788—2000) (GB/T 2975—1998) (GB/T 2101—89)	必试：拉伸试验（抗拉强度、伸长率）、弯曲试验 其他：松弛率、化学成分	同一牌号、同一外型、同一规格、同一生产工艺、同一交货状态每60t为一验收批，不足60t也按一批计。 每一验批取拉伸试件1个（逐盘），弯曲试件2个（每批），松弛试件1个（定期） 在每（任）盘中的任意一端截去500mm后切取
8	冷轧扭钢筋 (JC 3046—1998) (GB/T 2975—1998) (GB/T 2101—89)	必试：拉伸试验（抗拉强度、伸长率）、弯曲试验、重量、节距、厚度 其他：—	同一牌号、同一规格尺寸、同一台轧机、同一台班每10t为一验收批，不足10t也按一批计。 每批取弯曲试件1个，拉伸试件2个，重量、节距、厚度各3个
9	预应力混凝土用钢丝 (GB 2103—88) (GB/T 5223—2002)	必试：抗拉强度、伸长率、弯曲试验 其他：屈服强度 松弛率（每季度抽验）	(1) 同一牌号、同一规格、同一加工状态的钢丝组成，每批重量不大于60t。 (2) 钢丝的检验应按(GB/T 2103)的规定执行。在每盘钢丝的两端进行抗拉强度、弯曲和伸长率的试验。屈服强度和松弛率试验每季度抽验一次，每次至少3根
10	预应力混凝土用钢绞线 (GB/T 5224—2003)	必试：整根钢绞线最大力，规定非比例延伸力，最大力总伸长率，尺寸测量； 其他：弹性模量、松弛率	预应力用钢绞线应成批验收，每批由同一牌号、同一规格、同一生产工艺捻制的钢绞线组成，每批质量不大于60t。 从每批钢绞线中任取3盘，从每盘所选的钢绞线端部正常部位截取一根进行表面质量、直径偏差、捻距和力学能试验。如每批少于3盘，则应逐盘进行上述检验

(三) 合格制定

1. 依据钢材相应的产品标准中规定的技术要求，按委托来样提供的钢材牌号进行评定。若复试项目中各项试验结果均分别满足相关规范的要求时，应视该批钢材合格。

2. 试验项目中如有一项试验结果不符合标准要求，则从同一批中再任取双倍数量的试样进行不合格项目的复验。复验结果（包括该项试验所要求的任一指标），即使有一个指标不合格，则该批钢材视为不合格。

3. 试验结果无效：由于取样、制样、试验不当获得的试验结果，应视为无效。

(四) 出厂合格书及试验报告内容

1. 出厂合格证书

每批交货的钢材必须附有证明该批钢材符合要求和订货合同的质量证明书。质量证明书中应注明：

(1) 供货名称或厂标；

(2) 需方名称；

(3) 发货日期；

(4) 合同号；

(5) 标准号及水平等级；

(6) 牌号;

(7) 炉罐(批)号交货状态、加工用途、重量、支数或件数;

(8) 品种名称、规格尺寸(型号)和级别;

(9) 标准中所规定的各项试验结果(包括参考性指标);

(10) 技术监督部门印记。

2. 试验报告

试验报告一般应包括下列内容:

(1) 委托单位;

(2) 工程名称及工程部位;

(3) 试样标识(材料名称、牌号、炉号等);

(4) 代表批量;

(5) 检验依据及评定依据;

(6) 试验结果及结论;

(7) 送样人、见证人姓名及证号;

(8) 试验人、审核人、技术负责人签字;

(9) 检测单位资质及计量认证印记。

(五) 焊条、焊剂主要技术性能

1. 碳钢焊条

(1) 力学性能

熔敷金属拉伸试验及 E4322 型焊条焊缝横向拉伸试验结果应符合表 1.6-105 规定;焊缝金属夏比 V 形缺口冲击试验结果应符合表 1.6-106 规定;E4322 型焊条焊缝金属纵向弯曲试样经弯曲后,在焊缝上不应有大于 3.2mm 的裂纹。

表 1.6-105

焊条型号	抗拉强度 σ_b		屈服点 σ_s		伸长率 δ_5
	MPa	(kgf/mm²)	MPa	(kgf/mm²)	%
E43 系列					
E4300、E4301、E4303、E4310、E4311、E4315、E4316、E4320、E4323、E4327、E4328	420	(43)	330	(34)	22
E4312、E4313、E4324					17
E4322			不要求		
50 系列					
E5001、E5003、E5010、E5011	490	(50)	400	(41)	20
E5015、E5016、E5018、E5027、E5028、E5048					22
E5014、E5023、E5024					17
E5018M			365~500	(37~51)	24

注:① 表中的单值为最小值。
② E5024-1 型焊条的伸长率最低值为 22%。
③ E5018M 型焊条熔敷金属抗拉强度名义上是 490MPa(50kgf/mm²),直径为 2.5mm 焊条的屈服点不大于 530MPa(54kgf/mm²)。

表 1.6-106

焊条型号	夏比V形缺口冲击吸引功 J(不小于)	试验温度,℃
	5个试样中3个值的平均值①	
EXX10、EXX11、EXX15、EXX16、EXX18、EXX27、E5048	27	-30
EXX01、EXX28、E5024-1		-20
E4300、EXX03、EXX23		0
E5015-1 E5016-1 E5018-1	27	-46
	5个试样的平均值②	
E5018M	67	-30
E4312、E4313、E4320 E4322、E5014、EXX24		

注：① 在计算5个试样中3个值的平均值时，5个值中的最大值和最小值应舍去，余下的3个值要有两个值不小于27J，另一个值不小于20J。
② 用5个试样的值计算平均值，这5个值中要有4个值不小于67J，另一个值不小于54J。

(2) 焊缝射线探伤

焊缝金属探伤应符合表1.6-107规定。

表 1.6-107

焊 条 型 号	焊缝金属射线探伤底片要求
EXX01、EXX15、EXX16、E5018、E5018M、E4320、E5048	Ⅰ级
E4300、EXX03、EXX10、EXX11、E4313、E5014、EXX23、EXX24、EXX27、EXX28	Ⅱ级
E4312、E4322	—

(3) 药皮含水量，熔敷金属扩散氢含量

低氢型焊条药皮含水量和熔敷金属中扩散氢含量应符合表1.6-108规定，除E5018M型焊条外，其他低氢型焊条制造厂可向用户提供焊条药皮含水量或熔敷金属中扩散氢含量的任一种检验结果，如有争议应以焊条药皮含水量结果为准。E5018M型焊条制造厂必须向用户提供药皮含水量和熔敷金属中扩散氢含量检验结果。

表 1.6-108

焊条型号	药皮含水量,%(不大于)		熔敷金属扩散氢含量, mL/100g(不大于)	
	正常状态	吸潮状态	甘油法	色谱法或水银法
EXX15、EXX15-1、 EXX16、EXX16-1、 E5018、E5018-1、 EXX28、E5048	0.60		8.0	12.0

续表

焊条型号	药皮含水量,%(不大于)		熔敷金属扩散氢含量,mL/100g(不大于)	
	正常状态	吸潮状态	甘油法	色普法或水银法
EXX15R、EXX15-1R EXX16R、EXX16-1R E5018R、E5018-1R EXX28R、E5048R	0.30	0.40	6.0	10.0
E5018M	0.10	0.40	—	4.0

2. 低合金钢焊条

(1) 力学性能

熔敷金属拉伸试验结果应符合表1.6-109规定；焊缝金属夏比V型缺口冲击试验结果应符合表1.6-110规定。

表1.6-109

焊条型号	抗拉强度 σ_b MPa(kgf/mm^2)	屈服点或屈服强度 σ_b MPa(kgf/mm^2)	伸长率 δ_5 %
E5003-X			20
E5010-X			
E5011-X			
E5015X	490(50)	390(40)	22
E5016-X			
E5018-X			
E5020-X			
E5027-X			
E5500-X			16
E5503-X			
E5510-X	540(55)	440(45)	17
E5511-X			
E5513-X			16
E5515-X			17
E5516X		440(45)	17
E5518-X	540(55)		
E5516-C3		440~540(45~55)	22
E5518-C3			
E6000-X			14
E6010-X			15
E6011-X			
E6013-X	590(60)	490(50)	14
E6015-X			
E6016-X			15
E6018-X			
E6018-M			22

续表

焊条型号	抗拉强度 σ_b MPa(kgf/mm²)	屈服点或屈服强度 σ_b MPa(kgf/mm²)	伸长率 δ_5 %
E7010-X E7011-X	690(70)	590(60)	15
E7013-X			13
E7015-X E7016-X E7018-X			15
E7018-M			18
E7515-X E7516-X E7518-X	740(75)	640(65)	13
E7518-M			18
E8015-X E8016-X E8018-X	780(80)	690(70)	13
E8515-X E8516-X E8518-X	830(85)	740(75)	12
E8518-M E8518-M1			15
E9015-X E9016-X E9018-X	880(90)	780(80)	12
E10015-X E10016X E10018X	980(100)	880(90)	

注：① 表中的单值均为最小值。
② E50XX-X 型焊后状态下的屈服强度不小于 410MPa(42kgf/mm²)。
③ E8518-M1 型焊条的抗拉强度一般不小于 830MPa(85kgf/mm²)如果供需双方达成协议时，也可以例外。
④ 带附加化学成分的焊条型号应符合相应不带附加化学成的力学性能。
⑤ 对 E55XX-B3-VWB 型焊条的屈服强度不小于 340MPa(35kgf/mm²)。

表 1.6-110

焊条型号	夏比 V 型缺口冲击吸收功，不小于(J)	试验温度(℃)
E5015-A1 E5016-A1 E5018-A1 E5515-B1 E5516-B1	27	常温

续表

焊条型号	夏比V型缺口冲击吸收功,不小于(J)	试验温度(℃)
E5518-B1	27	常温
E5515-B2		
E5515-B2L		
E5516-B2		
E5518-B2		
E5518-B2L		
E5500-B2-V		
E5515-B2-V		
E5515-B2-VNb		
E5515-B2-VW		
E5515-B3-VWB		
E5515-B3-VNb		
E6000-B3		
E6015-B3L		
E6015-B3		
E6016-B3		
E6018-B3		
E6018-B3L		
E5515-B4L		
E5516-B5		
E5518-NM	27	−40
E5515-C3		
E5516-C3		
E5518-C3		
E5516-D3	27	−30
E5518-D3		
E6015-D1		
E6016-D1		
E6018-D1		
E7015-D2		−30
E7016-D2		
E7018-D2		
E6018-M	27	−50
E7018-M		
E7518-M		
E8518-M		
E8518-M1	68	−20
E5018-W		
E5518-W		
E5515-C1	27	−60
E5516-C1		
E5518-C1		

续表

焊条型号	夏比V型缺口冲击吸收功，不小于(J)	试验温度(℃)
E5015-C1L E5016-C1L E5018-C1L E5516-C2 E5518-C2		－70
E5015-C2L E5016-C2L E5018-C2L		－100
EXXXX-E	54	－40
所有其他型号	协议要求	

注：EXXX-C1、EXXX-C1L、EXXX-C2及EXXXX-C2L为消除应力后的冲击性能。

(2) 焊缝射线探伤

焊缝射线操作应符合表1.6-111规定。

表 1.6-111

焊条型号	射线探伤要求	焊条型号	射线探伤要求
EXX15-X EXX16-X EXX18-X E5020-X	Ⅰ级	EXX00-X EXX03-X EXX10-X EXX11-X EXX13-X E5027-X	Ⅱ级

(3) 药皮含水量或熔敷金属扩散氢含量

焊条药皮含水量或熔敷金属扩散氢含量应符合表1.6-112或表1.6-113规定。

表 1.6-112

焊条型号	药皮含水量，不大于(%)	
	正常状态	吸潮状态
E5015-X E5016-X E5018-X E5515-X E5516-X E5518-X	0.3	—
E5015-XR E5016-XR E5018-XR E5515-XR E5516-XR E5518-XR		0.4
E6015-X E6016-X E6018-X	0.15	—
E6015-XR E6016-XR E6018-XR		0.25

续表

焊条型号	药皮含水量，不大于(%)	
	正常状态	吸潮状态
E7015-X E7016-X E7018-X E7515-X E7516-X E7518-X E8015-X E8016-X E8018-X E8515-X E8516-X E8518-X E9015-X E9016-X E9018-X E10015-X E10016-X E10018-X	0.15	—
E8515-1M1 EXXXX-E	0.10	

表 1.6-113

焊条型号	熔敷金属扩散氢含量，不小于 mL/100g	
	甘油法	色谱法或水银法
E5015-X E5016-X E5018-X E5515-X E5516-X E5518-X	6.0	10.0
E6015-X E6016-X E6018-X E7015-X E7016-X E7018-X E7515-X E7516-X E7518-X E8015-X E8016-X E8018-X	4.0	7.0
E8515-X E8516-X E8518-X E9015-X E9016-X E9018-X E10015-X E10016-X E10018-X	2.0	5.0
E8518-M1 EXXXX-E	—	4.0

3. 埋弧焊用低合金钢焊丝和焊剂

(1) 熔敷金属力学性能

熔敷金属拉伸试验结果应符合表 1.6-114 规定；冲击试验结果应符合表 1.6-115 规定。

拉 伸 试 验　　　　　　　　　表1.6-114

焊剂型号	抗拉强度 σ_b/MPa	屈服强度 $\sigma_{0.2}$或σ_s/ MPa	伸长率 δ_5/(%)
F48××-H×××	480～660	400	22
F55××-H×××	550～700	470	20
F62××-H×××	620～760	540	17
F69××-H×××	690～830	610	16
F76××-H×××	760～900	680	15
F83××-H×××	830～970	740	14

注：表中单值均为最小值

冲 击 试 验　　　　　　　　　表1.6-115

焊剂型号	冲击吸收功 A(kV/J)	试验温度/℃
F×××0-H×××	≥27	−0
F×××2-H×××		−20
F×××3-H×××		−30
F×××4-H×××		−40
F×××5-H×××		−50
F×××6-H×××		−60
F×××7-H×××		−70
F×××10-H×××		−100
F×××Z—H×××	不要求	

(2) 熔敷金属扩散氢含量

熔敷金属扩散氢含量应符合表1.6-116规定。

熔敷金属扩散氢含量　　　　　　　　　表1.6-116

焊剂型号	扩散氢含量/(mL/100g)
F××××-H×××-H16	16.0
F××××-H×××-H8	8.0
F××××-H×××-H4	4.0
F××××-H×××-H2	2.0

注：1. 表中单位值均为最大值。
　　2. 此分类代号为可选择的附加性代号。
　　3. 如标注熔敷金属扩散氢含量代号时，应注明采用的测定方法。

五、建筑防水材料

(一) 主要防水材料的种类及其技术性质

1. 防水卷材

(1) 改性沥青基卷材

① 弹性体改性沥青防水卷材(简称SBS卷材)

其物理力学性能应符合表 1.6-117 规定。

物理力学性能 表 1.6-117

序号	胎 基			PY		G	
	型 号			Ⅰ	Ⅱ	Ⅰ	Ⅱ
1	可溶物含量 g/m² ≥		2mm	—		1300	
			3mm	2100			
			1mm	2900			
2	不透水性	压力,MPa≥		0.3		0.2	0.3
		保持时间,min≥		30			
3	耐热度,℃			90	105	90	105
				无滑动、流淌、滴落			
4	拉力,N/50mm≥	纵向		450	800	350	500
		横向				250	300
5	最大拉力时延伸率,%≥	纵向		30	40	—	
		横向					
6	低温柔度,℃			-18	-25	-18	-25
				无裂纹			
7	撕裂强度,N≥	纵向		250	350	250	350
		横向				170	200
8	人工气候加速老化	外观		1级			
				无滑动、流淌、滴落			
		拉力保持率 %≥	纵向	80			
		低温柔度,℃		-10	-20	-10	-20
				无裂纹			

注：表中 1~6 项为强制性项目。

② 塑性体改性沥青防水卷材(简称 APP 卷材)

其物理性能应符合表 1.6-118 规定。

表 1.6-118

序号	胎 基			PY		C	
	型 号			Ⅰ	Ⅱ	Ⅰ	Ⅱ
1	可溶物含量 g/m² ≥		2mm	—		1300	
			3mm	2100			
			1mm	2900			
2	不透水性	压力,MPa≥		0.3		0.2	0.3
		保持时间,min≥		30			

续表

序号	胎基		PY		C	
	型号		Ⅰ	Ⅱ	Ⅰ	Ⅱ
3	耐热度，℃		110	130	110	130
			无滑动、流淌、滴落			
4	拉力，N/50mm≥	纵向	450	800	350	500
		横向			250	300
5	最大拉力时延伸率，%≥	纵向	25	40	—	
		横向				
6	低温柔度，℃		−5	−15	−5	−15
			无裂纹			
7	撕裂强度，N≥	纵向	250	350	250	350
		横向			170	200
8	人工气候加速老化	外观	1级			
			无滑动、流淌、滴落			
		拉力保持率%≥ 纵向	80			
		低温柔度，℃	3	−10	3	−10
			无裂纹			

注：表中1～6项为强制性项目
　　当需要耐热度超过130℃卷材时，该指标可由供需双方协商确定。

③ 弹性体改性沥青复合胎防水卷材

其物理性能应符合表1.6-119规定。

规定物理性能　　　　　　　　　　　　　表1.6-119

序号	胎基		PYK		NK		GK	
	型号		Ⅰ	Ⅱ	Ⅰ	Ⅱ	Ⅰ	Ⅱ
1	可溶物含量 g/m²≥	2mm	1300					
		3mm	2100					
		1mm	2900					
2	不透水性	压力，MPa≥	0.3		0.2		0.3	0.2
		保持时间，min≥	30					
3	耐热度，℃		90	105	90	105	90	105
			无滑动、流淌、滴落					
4	拉力，N/50mm	纵向	500	600	550	800	450	650
		横向	400	500	450	700	350	600
5	最大拉力时延伸率，%≥	纵向	20	30	3			
		横向						

续表

序号	胎基 型号		PYK I	PYK II	NK I	NK II	GK I	GK II
6	低温柔度，℃		−18	−25	−18	−25	−18	−25
			无裂纹					
7	撕裂强度，N≥	纵向	250	350	300	350	300	350
		横向			220	270	220	270
8	人工气候加速老化	外观	1级					
			无滑动、流淌、滴落					
		拉力保持率 %≥ 纵向	80					
		低温柔度，℃	−10	−20	−10	−20	−10	−20
			无裂纹					

④ 塑性体改性沥青复合胎防水卷材

其物理性能应符合表1.6-120规定。

表 1.6-120

序号	胎基 型号		PYK 1	PYK II	NK 1	NK II	GK 1	GK II
1	可溶物含量，g/m^2	2mm	1300					
		3mm	2100					
		4mm	2900					
2	不透水性	压力，MPa≥	0.3		0.2	0.3		0.2
		保持时间，min≥	30					
3	耐热度，℃		110	130	110	130	110	130
			无滑动、流淌、滴落					
4	拉力，N≥	纵向	500	600	550	800	450	650
		横向	400	500	450	700	350	600
5	最大拉力时延伸率，%≥	纵向	15	25	3			
		横向						
6	低温柔度，℃		−5	−15	−5	−15	−5	−15
			无裂纹					
7	撕裂强度，N≥	纵向	250	350	300	350	300	350
		横向			220	270	220	270
8	人工气候加速老化	外观	1级					
			无滑动、流淌、滴落					
		拉力保持率 %≥ 纵向	80					
		低温柔度，℃	3	−10	3	−10	3	−10
			无裂纹					

⑤ 自粘橡胶沥青防水卷材

其物理力学性能应符合表1.6-121规定。

表1.6-121

项目		表面材料		
		PE	AL	N
不透水性	压力，MPa	0.2	0.2	0.1
	保持时间，min	120，不透水		30，不透水
耐热度		—	80℃，加热2h，无气泡、无滑动	
拉力，N/5cm≥		130	100	—
断裂延伸率，%≥		450	200	450
柔度		−20℃，φ20mm，3S，180°无裂纹		
剪切性能 N/mm	卷材与卷材≥	2.0 或粘合面外断裂		粘合面外断裂
	卷材与铝板≥			
剥离性能，N/mm≥		1.5 或粘合面外断裂		粘合面外断裂
抗穿孔性		不渗水		
人工候化处理	外观	无裂纹，无气泡		
	拉力保持率，%≥	80		
	柔度	−10℃，φ20mm，3S，180°无裂纹		

(2) 合成高分子卷材

① 三元乙丙卷材（硫化橡胶类代号JT1；非硫化橡胶类代号JT1）

其物理性能见表1.6-122规定。

均质片的物理性能　　　　表1.6-122

项目		指标									
		硫化橡胶类				非硫化橡胶类			树脂类		
		JL1	JL2	JL3	JL4	JF1	JF2	JF3	JS1	JS2	JS3
断裂拉伸强度 MPa	常温≥	7.5	6.0	6.0	2.2	4.0	3.0	5.0	10	16	14
	60℃≥	2.3	2.1	1.8	0.7	0.8	0.4	1.0	4	6	5
扯断伸长率，%	常温≥	450	400	300	200	450	200	200	200	550	500
	−20℃≥	200	200	170	100	200	100	100	15	350	300
撕裂强度，kN/m≥		25	24	23	15	18	10	10	40	60	60
不透水性[1]，30min无渗漏		0.3MPa	0.3MPa	0.2MPa	0.2MPa	0.3MPa	0.2MPa	0.2MPa	0.3MPa	0.3MPa	0.3MPa
低温弯折[2]，℃≤		−40	−30	−30	−20	−30	−20	−20	−20	−35	−35

续表

项目		指标									
		硫化橡胶类				非硫化橡胶类			树脂类		
		JL1	JL2	JL3	JL4	JF1	JF2	JF3	JS1	JS2	JS3
加热伸缩量,mm	延伸	2	2	2	2	2	4	4	2	2	2
	缩伸	4	4	4	4	4	6	10	6	6	6
热空气老化(80℃×168h)	断裂拉伸强度保持率,%≥	80	80	80	80	90	60	80	80	80	80
	扯断伸长率保持率,%≥	70	70	70	70	70	70	70	70	70	70
	100%伸长率外观	无裂纹	无裂纹	无裂纹	无裂纹	无裂纹	无裂纹	无裂纹	无裂纹	无裂纹	无裂纹
耐碱性[10%Ca(OH)$_2$常温×168h]	断裂拉伸强度保持率%≥	80	80	80	80	80	70	70	80	80	80
	扯断伸长率率保持%≥	80	80	80	80	90	80	70	80	90	90
臭氧老化[3](40℃×168h)	伸长率40%≥,500pphm	无裂纹	—	—	—	无裂纹	—	—	—	—	—
	伸长率20%≥,500pphm	—	无裂纹	—	—	—	—	—	—	—	—
	伸长率20%≥,200pphm	—	—	无裂纹	—	—	—	—	无裂纹	无裂纹	无裂纹
	伸长率20%≥,100pphm	—	—	—	无裂纹	—	无裂纹	无裂纹	—	—	—
人工候化	断裂拉伸强度保持率,%≥	80	80	80	80	80	70	80	80	80	80
	扯断伸长率保持率,%≥	70	70	70	70	70	70	70	70	70	70
	100%伸长率外观	无裂纹	无裂纹	无裂纹	无裂纹	无裂纹	无裂纹	无裂纹	无裂纹	无裂纹	无裂纹
粘合性能	无处理	自基准线的偏移及剥离长度在5mm以下,且无有害偏移及异状点									
	热处理											
	碱处理											

注：人工候化和粘合性能项目为推荐项目。

② 聚氯乙烯防水卷材

其理化性能见表 1.6-123、表 1.6-124。

N 类卷材理化性能　　　　　　　　　　　表 1.6-123

序号	项目			Ⅰ型	Ⅱ型
1	拉伸强度/MPa			8.0	12.0
2	断裂伸长率/%			200	250
3	热处理尺寸变化率/%			3.0	2.0
4	低温弯折性			−20℃无裂纹	−25℃无裂纹
5	抗穿孔性			不渗水	
6	不透水性			不透水	
7	剪切状态下的粘合性/(N/mm)			3.0 或卷材破坏	
8	热老化处理	外观		无起泡、裂纹、粘结和孔洞	
		拉伸强度变化率/%		±25	±20
		断裂伸长率变化率/%			
		低温弯折性/%		−15℃无裂纹	−20℃无裂纹
9	耐化学侵蚀	拉伸强度变化率/%		±25	±20
		断裂伸长率变化率/%			
		低温弯折性/%		−15℃无裂纹	−20℃无裂纹
10	人工气候加速老化	拉伸强度变化率/%		±25	±20
		断裂伸长率变化率/%			
		低温弯折性/%		−15℃无裂纹	−20℃无裂纹

注：非外露使用可以不考核人工气候加速老化性能。

L 类及 W 类卷材理化性能　　　　　　　　　　　表 1.6-124

序号	项目			Ⅰ型	Ⅱ型
1	拉力/(N/cm) ≥			100	160
2	断裂伸长率/% ≥			150	200
3	热处理尺寸变化率/% ≤			1.5	1.0
4	低温弯折性			−20℃无裂纹	−25℃无裂纹
5	抗穿孔性			不渗水	
6	不透水性			不透水	
7	剪切状态下的粘合性(N/mm) ≥		L 类	3.0 或卷材破坏	
			W 类	6.0 或卷材破坏	
8	热老化处理	外观		无起泡、裂纹、粘结和孔洞	
		拉力变化率/%		±25	±20
		断裂伸长率变化率/%			
		低温弯折性/%		−15℃无裂纹	−20℃无裂纹

续表

序号	项目		Ⅰ型	Ⅱ型
9	耐化学侵蚀	拉力不从心变化率/%	±25	±20
		断裂伸长率变化率/%		
		低温弯折性/%	−15℃无裂纹	−20℃无裂纹
10	人工气候加速老化	拉伸强度变化率/%	±25	±20
		断裂伸长率变化率/%		
		低温弯折性/%	−15℃无裂纹	−20℃无裂纹

注：非外露使用可以不考核人工气候加速老化性能。

③ 氯化聚乙烯防水卷材

其物理化性能见表 1.6-125、表 1.6-126。

N 类卷材理化性能　　　　表 1.6-125

序号	项目		Ⅰ型	Ⅱ型
1	拉伸强度/MPa	≥	5.0	8.0
2	断裂伸长率%	≥	200	300
3	热处理尺寸变化率/%	≤	3.0	纵向 2.5　横向 1.5
4	低温弯折性		−20℃无裂纹	−25℃无裂纹
5	抗穿孔性		不渗水	
6	不透水性		不透水	
7	剪切状态下的粘合性(N/mm)	≥	3.0 或卷材破坏	
8	热老化处理	外观	无起泡、裂纹、粘结和孔洞	
		拉伸强度变化率/%	+50　−20	±20
		断裂伸长率变化率/%	+50　−30	±20
		低温弯折性/%	−15℃无裂纹	−20℃无裂纹
9	耐化学侵蚀	拉伸强度变化率/%	±30	±20
		断裂伸长率变化率/%	±30	±20
		低温弯折性/%	−15℃无裂纹	−20℃无裂纹
10	人工空气加速老化	拉伸强度变化率/%	+50　−20	±20
		断裂伸长率变化率/%	+50　−30	±20
		低温弯折性/%	−15℃无裂纹	−20℃无裂纹

注：非外露使用可以不考核人工气候加速老化性能。

L 类及 W 类理化性能   表 1.6-126

序号	项 目			Ⅰ型	Ⅱ型
1	拉力/(N/cm)		≥	70	120
2	断裂伸长率/%		≥	125	250
3	热处理尺寸变化率/%		≤	1.0	
4	低温弯折性			-20℃无裂纹	-25℃无裂纹
5	抗穿孔性			不渗水	
6	不透水性			不透水	
7	剪切状态下的粘合性(N/mm)	L类		3.0 或卷材破坏	
		W类		6.0 或卷材破坏	
8	热老化处理	外观		无起泡、裂纹、粘结和孔洞	
		拉力/(N/cm)	≥	55	100
		断裂伸长率/%	≥	100	200
		低温弯折性		-15℃无裂纹	-20℃无裂纹
9	耐化学侵蚀	拉力/(N/cm)	≥	55	100
		断裂伸长率/%	≥	100	200
		低温弯折性/%		-15℃无裂纹	-20℃无裂纹
10	人工气候加速老化	拉力/(N/cm)	≥	55	100
		断裂伸长率/%	≥	100	200
		低温弯折性		-15℃无裂纹	-20℃无裂纹

注：非外露使用可以不考核人工气候加速老化性能。

④ 氯化聚乙烯-橡胶共混防水卷材

其物理性能应符合表 1.6-127。

物 理 力 学 性 能   表 1.6-127

序号	项 目			指 标	
				S型	N型
1	拉伸强度, MPa		≥	7.0	5.0
2	断裂伸长率, %		≥	400	250
3	直角形撕裂强度, RN/m		≥	24.5	20.0
4	不透水性, 30min			0.3MPa 不透水	0.2MPa 不透水
5	热老化保持率 (80±2℃, 168h)	拉伸强度, %	≥	80	
		断裂伸长率, %	≥	70	
6	脆性温度		≤	-40℃	-20℃
7	臭氧老化 500pphm, 168h×40℃, 静态			伸长率40% 无裂纹	伸长率20% 无裂纹
8	粘结剥离强度 (卷材与卷材)	kN/m	≥	2.0	
		浸水 168h, 保持率, %	≥	70	
9	热处理尺寸变化率, %		≤	+1 / -2	+2 / -4

2. 防水涂料

(1) 水性沥青基防水涂料

其性能应满足表 1.6-128 的要求。

水性沥青基防水涂料质量指标　　　　　　　　表 1.6-128

项　目		质　量　指　标			
		AE-1 类		AE-2 类	
		一等品	合格品	一等品	合格品
外　观		搅拌后为黑色或黑灰色均质膏体或粘稠体，搅匀和分散在水溶液中无沥青丝	搅拌后为黑色或黑灰色均质膏体或粘稠体，搅匀和分散在水溶液中无明显沥青丝	搅拌后为黑色或蓝褐色均质液体，搅拌棒上不粘附任何颗粒	搅拌后为黑色或蓝褐色均质液体，搅拌棒上不粘附明显颗粒
固体含量,%,不小于		50		43	
延伸性, mm,不小于	无处理	5.5	4.0	6.0	4.5
	处理后	4.0	3.0	4.5	3.5
柔韧性		5±1℃	10±1℃	−15±1℃	−10±1℃
		无裂纹、断裂			
耐热性, ℃		无流淌、起泡和滑动			
粘结性, MPa 不小于		0.20			
不透水性		不渗水			
抗冻性		20 次无开裂			

注：试件参考涂布量与工程施工用量相同：AE-1 类为 8kg/m²，AE-2 类为 2.5kg/m²

(2) 合成高分子防水涂料

① 聚氨酯防水涂料

其物理力学性能应符合表 1.6-129、表 1.6-130 的规定。

单组分聚氨酯防水涂料物理力学性能　　　　　　　　表 1.6-129

序号	项　目		Ⅰ型	Ⅱ型
1	拉伸强度/MPa	≥	1.9	2.45
2	断裂伸长率/%	≥	550	450
3	撕裂强度/(N/mm)	≥	12	14
4	低温弯折性/℃	≤	−40	
5	不透水性 0.3MPa 30min		不透水	
6	固体含量/%	≥	80	
7	表干时间/h	≤	12	
8	实干时间/h	≤	24	
9	加热伸缩率/%	≤	1.0	
		≥	−4.0	
10	潮湿基面粘结强度/MPa	≥	0.50	

续表

序号	项目		I型	II型
11	定伸时老化	加热老化	无裂纹及变形	
		人工气候老化b	无裂纹及变形	
12	热处理	拉伸强度变化率/%	80~150	
		断裂伸长率/% ≥	500	400
		低温弯折性/℃ ≤	-35	
13	碱处理	拉伸强度保持率/%	60~150	
		断裂伸长率/% ≥	500	400
		低温弯折性/℃ ≤	-35	
14	酸处理	拉伸强度保持率/%	80~150	
		断裂伸长率/% ≥	500	400
		低温弯折性/℃ ≤	-35	
15	人工气候老化b	拉伸强度保持率/%	80~150	
		断裂伸长率/% ≥	500	400
		低温弯折性/℃ ≤	-35	

注：a. 仅用于地下工程潮湿基面时要求。
　　b. 仅用于外露使用的产品。

多组分聚氨酯防水涂料物理力学性能表　　　　表1.6-130

序号	项目		I型	II型
1	拉伸强度/MPa	≥	1.9	2.45
2	断裂伸长率/%	≥	450	450
3	撕裂强度/(N/mm)	≥	12	14
4	低温弯折性/℃	≤	-35	
5	不透水性 0.3MPa 30min		不透水	
6	固体含量/%	≥	92	
7	表干时间/h	≤	8	
8	实干时间/h	≤	24	
9	加热伸缩率/%	≤	1.0	
		≥	-4.0	
10	潮湿基面粘结强度a/MPa	≥	0.50	
11	定伸时老化	加热老化	无裂纹及变形	
		人工气候老化b	无裂纹及变形	
12	热处理	拉伸强度保持率/%	80~150	
		断裂伸长率/% ≥	400	
		低温弯折性/℃ ≤	-30	

续表

序号	项目		Ⅰ型	Ⅱ型
13	碱处理	拉伸强度保持率/%	60~150	
		断裂伸长率/% ≥	400	
		低温弯折性/℃ ≤	-30	
14	酸处理	拉伸强度保持率/%	80~150	
		断裂伸长率/% ≥	400	
		低温弯折性/℃ ≤	-30	
15	人工气候老化[b]	拉伸强度保持率/%	80~150	
		断裂伸长率/% ≥	400	
		低温弯折性/℃ ≥	-30	

注：a. 仅用于地下工程潮湿基面时要求。
b. 仅用于外露使用的产品。

② 聚合物乳液建筑防水涂料

其物理力学性能见表 1.6-131。

物理力学性能表　　表 1.6-131

序号	试验项目		指标	
			Ⅰ类	Ⅱ类
1	拉伸强度 MPa ≥		1.0	1.5
2	断裂延伸率 % ≥		300	300
3	低温柔性绕 10mm 棒		-10℃，无裂纹	-20℃，无裂纹
4	不透水性 0.3MPa，0.5h		不透水	
5	固体含量 % ≥		65	
6	干燥时间 h	表干时间 ≤	4	
		实干时间 ≤	8	
7	老化处理后的拉伸强度保持率/%	加热处理 ≥	80	
		紫外线处理 ≥	80	
		碱处理 ≥	60	
		酸处理 ≥	40	
8	老化处理后的断裂延伸率/%	加热处理 ≥	200	
		紫外线处理 ≥	200	
		碱处理 ≥	200	
		酸处理 ≥	200	
9	加热伸缩率 %	伸长 ≤	1.0	
		缩短 ≤	1.0	

③ 聚合物水泥防水涂料

其物理力学性能应符合表1.6-132的要求。

物理力学性能 表1.6-132

序号	试验项目			指标	
				Ⅰ型	Ⅱ型
1	固体含量 %		≥	65	
2	干燥时间 h	表干时间	≤	4	
		实干时间	≤	8	
3	拉伸强度	无处理 MPa	≥	1.2	1.8
		加热处理保持率,%	≥	80	80
		碱处理保持率,%	≥	80	80
		紫外线处理保持率,%	≥	80	80
4	断裂伸长率	无处理 MPa,%	≥	200	80
		加热处理保持率,%	≥	150	65
		碱处理保持率,%	≥	140	65
		紫外线处理,%	≥	150	65
5	低温柔性/10mm棒			−10℃,无裂纹	—
6	不透水性 0.3MPa,30min			不透水	不透水
7	潮湿基面粘结强度,MPa		≥	0.5	1.0
8	抗渗性(背水面)², MPa		≥	—	0.6

注:1. 如产品用于地下工程,该项目可不测试。
　　2. 如产品用于地下防水工程,该项目必须测试。

3. 防水密封材料
(1) 止水带
其物理性能应符合表1.6-133的规定。

止水带的物理性能 表1.6-133

序号	项目			指标		
				B	S	J
1	硬度(邵尔A),度			60±5	60±5	60±5
2	拉伸强度,MPa		≥	15	12	10
3	扯断伸长率,%		≥	380	380	300
4	压缩永久变形	70℃×24h,%	≤	35	35	35
		23℃×168h,%	≤	20	20	20
5	撕裂强度¹,kN/m		≥	30	25	25
6	脆性温度,℃		≤	−45	−40	−40

续表

序号	项目			指标		
				B	S	J
7	热空气老化[2]	70℃×168h	硬度变化(邵尔A),度 ≤	+8	+8	—
			拉伸强度,MPa ≥	12	10	
			扯断伸长率,% ≥	300	300	
		100℃×168h	硬度变化(邵尔A),度 ≤	—	—	+8
			拉伸强度,MPa ≥			9
			扯断伸长率,% ≥			250
8	臭氧老化 50pphm:20%,48h			2级	2级	0级
9	橡胶与金属粘合			断面在弹性体内		

注:1. 橡胶与金属粘合项仅适用于具有钢边的止水带。
   2. 若有其他特殊需要时,可由供需双方协议适当增加检验项目,如根据用户需求酌情考核霉菌试验,但其防霉性能应等于或高于2级。

(2) 雨水膨胀橡胶

其物理性能如表1.6-134、表1.6-135所示。

制品型膨胀橡胶胶料物理性能　　　　表1.6-134

序号	项目		指标			
			PZ-150	PZ-250	PZ-400	PA-600
1	硬度(邵尔A)/度		42±7		45±7	48±7
2	拉伸强度/MPa ≥		3.5		3	
3	扯断伸长率/% ≥		450		350	
4	体积膨胀倍率/% ≥		150	250	400	600
5	反复浸水试验	拉伸强度/MPa ≥	3		2	
		扯断伸长率/% ≥	350		250	
		体积膨胀倍率/% ≥	150	250	300	500
6	低温弯折(−20℃×2h)		无裂纹			

注:1. 硬度为推荐项目。
   2. 成品切片测试应达到本标准的80%。
   3. 接头部位的拉伸强度指标不得低于标准性能的50%。

腻子型膨胀橡胶物理性能　　　　表1.6-135

序号	项目		指标		
			PZ-150	PZ-220	PA-300
1	体积膨胀倍率/%	≥	150	220	300
2	高温流淌性(80℃×5h)		无流淌	无流淌	无流淌
3	低温试验(−20℃×2h)		无脆裂	无脆裂	无脆裂

1) 检验结果应注明试验方法。

4. 刚性防水、堵漏材料
(1) 无机防水堵漏材料
其物理性能应符合表1.6-136的规定。

物理力学性能　　　　　　　　　　表1.6-136

序号	试验项目			凝缓型 Ⅰ型	速凝型 Ⅱ型
1	凝结时间	初凝,min	≥	10	2~<10
		终凝,min	≤	360	15
2	抗压强度,MPa	1h	≥	—	4.5
		3d	≥	13.0	15.0
3	抗折强度,MPa	1h	≥	—	1.5
		3d	≥	3.0	4.0
4	抗渗压力差值,MPa 7d ≥	涂层		0.4	—
	抗渗压力,MPa 7d ≥	试件		1.5	1.5
5	粘结强度,MPa 7d		≥	1.4	1.2
6	耐热性,100℃,5h			无开裂、起皮、脱落	
7	冻融循环(−15℃~20℃),20次			无开皮、起皮、脱落	

(2) 水泥基渗透结晶型防水材料
① 水泥基渗透结晶型防水涂料的物理力学性能应符合表1.6-137规定。

受检涂料的物理力学性能　　　　　　表1.6-137

序号	试验项目			性能指标 Ⅰ	Ⅱ
1	安定性			合 格	
2	凝结时间	初凝时间,min	≥	20	
		终凝时间,h	≤	24	
3	抗折强度,MPa	≥	7d	2.80	
			28d	3.50	
4	抗压强度,MPa	≥	7d	12.0	
			28d	18.0	
5	湿基面粘结强度,MPa		≥	1.0	
6	抗渗压力(28d),MPa		≥	0.8	1.2
7	第二次抗渗压力(56d),MPa		≥	0.6	0.8
8	抗渗压力比(28d),%		≥	200	300

② 水泥基渗透结晶型防水剂
掺防水剂混凝土的物理力学性能见表1.6-138。

掺防水剂混凝土的物理力学性能 表1.6-138

序号	试验项目		性能指标
1	减水率，% ≥		10
2	泌水率比，% ≤		70
3	抗压强度比	7d，% ≥	120
		28d，% ≥	120
4	含气量，% ≤		4.0
5	凝结时间差	初凝，min	＞－90
		终凝，min	—
6	收缩率比(28d)，% ≤		125
7	渗透压力比(28d)，% ≥		200
8	第二次抗渗压力(56d)，MPa ≥		0.6
9	对钢筋的锈蚀作用		对钢筋无锈蚀危害

（二）常用防水材料必试项目，组批原则及取样方法和数量见表1.6-139。

表1.6-139

序号	材料名称及相关标准规范代号	试验项目	组批原则及取样规定
1	弹性体改性沥青防水卷材（SBS）GB 18242—2000	拉力 最大拉力时延伸率 不透水性 低温柔度 耐热度	以同一类型，同一规格10000m²为一批，不足10000m²时可作为一批，在每批产品中随机抽取5卷进行卷重、面积、厚度与外观检查。从上述检查合格的卷材中随机抽取一卷进行物理力学性能试验。将取样卷材切除距外层卷头2500mm后，顺纵向切取长度为800mm的全幅卷材2块，一块作物理性能检测用，另一块备用
2	塑性体改沥青防水卷材（APP）GB 18243—2000	同上	同上
3	弹性体改性沥青复合胎防水卷材 DB41/T 281—2001	同上	同上
4	塑性体改性沥青复合胎防水卷材 GB41/T 280—2001	同上	同上
5	自粘橡胶沥青防水卷材 JC/T 840—1999	不透水性 耐热度 拉力 断裂延伸率 柔度	以同一类型，同一规格5000m²为一批量，不足5000m²时亦可按一批计。从每批件中抽取3卷进行卷重、尺寸偏差和外观检验，从上述检查合格的产品中任意取一卷作物理力学性能试验。将被检测的卷材，在距端部500mm处沿纵向截取长度1500mm全幅卷材进行物理力学性能试验
6	三元乙丙卷材 GB 18173.1—2000	断裂拉伸强度 扯断伸长率 不透水性 低温弯折	以同一品种、同规格的5000m²为一批随机抽取3卷进行规格尺寸和外观质量检验。在上述检验合格的产品中抽一卷切除外层卷头300mm，顺纵向切取1500mm长卷材进行物理性能检验
7	聚氯乙烯防水卷材 GB 12952—2003	拉力（拉伸强度） 扯断伸长率 低温弯折性 不透水性	以同类型的10000m²卷材为一批，不满10000m²也可作为一批。在该批产品中随机抽取3卷进行尺寸偏差和外观检查，在上述检查合格的样品中任意取一卷，在距外层端部500mm截取1.5m进行理化性能检验

续表

序号	材料名称及相关标准规范代号	试验项目	组批原则及取样规定
8	氯化聚乙烯防水卷材 GB 12953—2003	同上	同上
9	氯化聚乙烯-橡胶其混防水卷材 JC/T 684—1997	拉伸强度 断裂伸长率 不透水性 脆性温度	以同类型、同规格的卷材250卷为一批，不足250卷时亦可作为一批，从每批产品中任意取三卷进行规格尺寸和外观质量检验。物理力学性能检验取样方法同三元乙丙卷材
10	水性沥青基防水涂料 JC 408—91	延伸性 柔韧性 耐热性 不透水性 固体含量	以10t为一验收批，不足10t者按一批进行抽检。每验收批取试样2kg，搅拌均匀后装入样品密封闭容器中，并做好标志
11	聚氨脂防水涂料 GB/T 19250—2003	拉伸强度 断裂伸长率 低温弯折性 不透水性 固体含量	以同一类型，同一规格15t为上批，不足15t亦作为一批。每一验收批取样总重约为3kg，搅拌均匀后，装入干燥的密闭容器中（甲、乙组分取样方法相同，分装不同的容器中）
12	聚合物乳液建筑防水涂料 JC/T 864—2000	拉伸强度 断裂伸长率 低温弯折性 不透水性 固体含量	以5t为一验收批，不足5t也按一批进行检验，总共取2kg样品
13	聚合物水泥防水涂料 JC/T 894—2001	拉伸强度 断裂伸长率 低温柔性 不透水性 固体含量	以同一类型的10t（乳液，粉料共计）产品为一批，不足10t也作为一批。抽样前乳液应搅拌均匀，乳液、粉料按配比共取5kg样品
14	止水带 GB 18173.2—2000	拉伸强度 断裂伸长率 撕裂强度	以每月同标记的止水带产量为一批，一般截取0.5~1m长送样，应在样品上带有生产时形成的接头
15	遇水膨胀橡胶 GB 18173.3—2002	体积膨胀倍率 高温流淌性 低温试验	以每月同标记的止水条为一批，任取约1m长 送试
16	无机防水堵漏材料 JC 900—2002	凝结时间 抗压强度 抗折强度 抗渗压力 粘结强度	以同一类别产品，每10t按一批计，不足10t也按一批计。在每批产品中随机抽样，采用25kg袋（桶）装或5kg袋（桶）的样品3袋（桶），每袋（桶）中取2kg；如采用1kg包装的随机抽取6袋（桶）样品总质量6kg，外观检验合格后，将所取样品充分混匀，进行物理力学性能检验
17	水泥基渗透结晶型防水材料 GB 18445—2001	防水涂料： 安定性 凝结时间 抗折强度 抗压强度 湿基面粘结强度 抗渗压力 渗透压力比 防水剂： 减水率 抗压强度比 渗透压力比	同一类型、型号的50t为一批量，不足50t亦可按一批量计。可以在产品包装时，按一定的时间间隔，分10次随机取样；也可在包装后10个不同的部位随机取样。水泥基渗透结晶型防水涂料每次取样10kg；水泥基渗透结晶型防水剂每次取样量不少于0.2t水泥所需的外加剂量。取后应充分拌合均匀

（三）合格判定

1. 防水卷材

依据卷材相应的产品标准中规定的技术要求，按委托来样提供的品种，类型进行评定。若各项试验结果均分别符合要求时，则判该批产品物理力学性能合格。若仅有一项指标不符合标准规定，允许在该批产品中再抽同样数量的样品，对不合格项进行单项复测，合格则判该批产品理化性能合格，否则判该产品理化性能不合格。

2. 防水涂料

依据涂料相应的产品标准中规定的技术要求，按委托来样提供的品种，类型进行评定。若各项试验结果均分别符合要求时，则判该批产品物理力学性能合格。若仅有一项指标不符合标准规定，允许在该批产品中再抽同样数量的样品，对不合格项进行单项复测，合格则判该批产品理化性能合格，否则判该产品理化性能不合格。

3. 防水密封材料

（1）止水带

其物理性能应符合标准的规定。若物理性能有一项指标不符合技术要求，应另取双倍试样进行该项复试，复试结果如果仍不合格，则该批产品为不合格。

（2）遇水膨胀橡胶

其物理性能应符合标准的规定。若有一项不符合技术要求，应另取双倍试样进行该项复试，复试的结果若仍不合格，则该批产品为不合格。

4. 刚性防水，堵漏材料

无机防水堵漏材料及水泥基渗透结晶型防水材料的物理力学性能试验结果均分别符合标准的规定时，则判该批产品合格。若有一项试验结果不符合标准规定时，允许重新取样对该项目复验，若该项仍不合格，则该批产品为不合格。

（四）出厂合格证及检验报告主要内容

1. 出厂合格证

出厂合格证一般应包括下列内容：

（1）材料名称、规格尺寸、类型；

（2）发货日期；

（3）批量；

（4）执行标准；

（5）标准中规定的各项试验结果。

2. 检验报告

检验报告一般应包括下列内容：

（1）委托单位；

（2）工程名称及工程部位；

（3）材料名称、品种、类型；

（4）代表批量；

（5）检验依据及评定依据；

（6）试验结果及结论。

六、建筑保温、防火、装饰材料及木材

（一）常用防火材料及主要性能

1. 饰面型防火涂料的主要性能：在容器中状态、干燥时间、附着力、柔韧性、耐冲击性、耐水性、耐湿热性、放火性。

2. 薄型钢结构防火涂料主要性能：在容器中的状态、干燥时间、外观与颜色、初期干燥抗裂性、粘结强度、耐水性、耐冷热循环性、耐火性能。

3. 厚型钢结构防火涂料主要性能：在容器中的状态、干燥时间、初期干燥抗裂性、粘结强度、抗压强度、干密度、耐曝热性、耐湿热性、耐冻融循环性、耐酸性、耐盐雾腐蚀性、耐火性能。

（二）防火材料的合格判定

1. 饰面型防火涂料的合格判定：

饰面型防火涂料的性能指标符合表1.6-140规定时，判定该产品合格。

饰面型防火涂料的技术指标　　　　　　　　　表 1.6-140

检验项目		标 准 要 求
在容品中的状态		无结块，搅拌后呈均匀液态
细度，μm		≤90
干燥时间，h		表干，≤5
附着力，级		≤3
柔韧性，mm		≤3
耐冲击性 kg·mm		≥20
耐水性，h		经24h试验，不起皱、不剥落，起泡在标准状态下24h内能基本恢复，允许轻微失光和变色(4.2)
耐湿热性，h		经48h试验，涂膜无起泡、无脱落，允许轻微失光和变色(4.3)
耐燃时间，min		一级：≥20；二级：≥10
火焰传播比值		一级：≤25；二级：≤75
阻火性	质量损失，g	一级：≤5.0；二级：≤15.0
	炭化体积，cm³	一级：≤25；二级：≤75

2. 薄型钢结构防火涂料的合格判定：

薄型钢结构防火涂料的性能指标符合表1.6-141规定时，判定该产品合格。

薄型钢结构防火涂料的技术指标　　　　　　表 1.6-141

在容器中的状态		经搅拌后呈均匀细腻状态无结块				
干燥时间，表干		≤8h				
外观与颜色		涂层干燥后，外观与颜色同样品无明显差别				
初期干燥抗裂性		不应出现裂纹				
粘结强度		≥0.20MPa				
耐水性		≥24h涂层应无起层，发泡，脱落现象				
耐冷热循环性		≥15次涂层应无开裂、剥落、起泡现象				
耐火性能	耐火极限，min	30	60	90	120	150
	涂层厚度，mm	0.55	1.10	1.64	2.19	2.81

3. 厚型钢结构防火涂料的合格判定：

厚型钢结构防火涂料的性能指标符合表 1.6-142 规定时，判定该产品合格。

表 1.6-142

在容器中的状态		经搅拌后呈均匀稠厚流体状态，无结块			
干燥时间(表干)/h		≤24			
初期干燥抗裂性		允许出现 1～3 条裂纹，其宽度应≤1mm			
粘结强度/MPa		≥0.04			
抗压强度/MPa		≥0.5			
干密度/(kg/m³)		≤650			
耐曝热性/h		≥720 涂层应无起层脱落，空鼓，开裂现象，附加耐火性能无衰改			
耐湿热性/h		≥504 涂层应无起层、脱落、起泡现象，附加耐火性能无衰改			
耐冻融循环性/次		≥15 涂层应无开裂、脱落、起泡现象，附加耐火性能无衰改			
耐酸性/h		≥360h，无起层、脱落开裂现象，附加耐火性能无衰改			
耐盐雾腐蚀性/次		≥30，涂层无起泡，无明显变质、软化现象，附加耐火性能无衰改			
耐火性能	耐火极限, min	120	150	180	210
	涂层厚度, mm	13.1	16.4	19.7	23

（三）常用装饰材料的主要性能

1. 实木地板：外观质量、加工精度、物理力学性能（主要包括翘曲度、含水率、漆板表面耐磨等性能）。

2. 复合木地板：外观质量、规格尺寸、物化性能（主要包括静曲强度、内结合强度、密度、吸水厚度膨胀率、表面胶合强度、表面耐划痕、表面耐磨、抗冲击等性能）。

3. 天然花岗石：规格尺寸允许偏差、角度允许公差、外观质量、物理性能（主要包括体积密度、吸水率、干燥压缩强度、弯曲强度等性能）、放射防护分类控制。

4. 细木工板：规格公差、翘曲度、波纹度、物理力学性能（主要包括含水率、横向静曲强度、胶层剪切强度等性能）。

5. 胶合板：外观等级、规格尺寸、物理力学性能（主要包括含水率、横向静曲强度、胶层剪切强度等性能）。

6. 装饰单板贴面人造板：外观质量、规格尺寸、物理力学性能（主要包括含水率、渗渍剥离试验、表面胶合强度等性能）。

7. 铝塑复合板：外观质量、尺寸偏差、物理力学性能（主要包括涂层厚度、铅笔硬度、涂层柔韧性、附着力、耐冲击性、耐磨耗性、耐洗刷性、耐盐雾性、弯曲强度、弯曲弹性模量、贯穿阻力、剪切强度、180 度剥离强度、耐温差性、热膨胀系数等性能）。

8. 玻镁平板：外观质量、规格尺寸、物理力学性能（主要包括抗折强度、抗拉强度、抗返卤性等性能）。

9. 建筑用轻钢龙骨：外观质量、断面尺寸、尺寸偏差、弯曲内角半径、角度偏差、双面镀锌层厚度、力学性能（主要包括静载试验，墙体龙骨的抗冲击性试验等性能）。

10. 纸面石膏板：外观质量、尺寸偏差、对角线长度差、楔形棱边断面尺寸、断裂荷载、单位面积质量、护面纸与石膏芯的粘结、吸水率、表面吸水量、遇火稳定性。

11. 矿渣棉装饰吸声板：外观质量、尺寸偏差、体积密度、含水率、弯曲破坏荷载、燃烧性能、降噪系数、受潮挠度等。

12. 内墙乳胶漆：容器中状态、施工性、低温稳定性、干燥时间（表干）、涂膜外观、对比率、耐碱性、耐洗刷性。

（四）常用装饰材料的合格判定

1. 实木地板的合格判定：

实木地板的外观质量、加工精度和物理力学性能检验结果均符合相应类别和等级的技术要求时，判定该产品合格。

（1）外观质量要求（表1.6-143）

实木地板外观质量要求 表1.6-143

名称	表面	背面
活节	直径≤15mm，个数不限	尺寸与个数不限
死节	直径≤4mm，≤5个	直径≤20mm，个数不限
蛀孔	直径≤2mm，≤5个	直径≤15mm，个数不限
树脂囊	长度≤5mm，宽度≤1mm，≤2条	不限
髓斑	不限	不限
腐朽	不许有	初腐且面积≤20%，不剥落，也不能撵成粉末
缺棱	不许有	长度≤板长的30% 宽度≤板宽的20%
裂纹	宽≤0.1mm，长≤15mm，≤2条	宽≤0.3mm，长≤50mm，条数不限
加工波纹	不明显	不限
漆膜划痕	轻微	—
漆膜鼓泡	不许有	—
漏漆	不许有	—
漆膜上针孔	直径≤0.5mm，≤3个	—
漆膜皱皮	<板面积5%	—
漆膜粒子	长≤500mm，≤4个 长>500mm，≤8个	—

（2）加工精度

① 尺寸及偏差（表1.6-144）

实木地板的主要尺寸及偏差 表1.6-144

名称	偏差
长度	长度≤500mm时，公称长度与每个测量值之差绝对值≤0.5mm 长度>500mm时，公称长度与每个测量值之差绝对值≤0.1mm
宽度	公称宽度与平均宽度之差绝对值≤0.3mm，宽度最大值与最小值之差≤0.3mm
厚度	公称厚度与平均厚度之差绝对值≤0.3mm，厚度最大值与最小值之差≤0.4mm

② 形状位置偏差(表 1.6-145)

实木地板形状位置偏差 表 1.6-145

名称		偏差
翘曲度	横弯	长度≤500mm 时，允许≤0.02%；长度>500mm 时，允许≤0.03%
	翘弯	宽度方向：凸翘曲度≤0.2%，凹翘曲度≤0.15%
	顺弯	长度方向：≤0.3%
拼装离缝		平均值≤0.3mm；最大值≤0.4mm
拼装高低差		平均值≤0.25mm；最大值≤0.3mm

(3) 物理力学性能指标(表 1.6-146)

实木地板物理力学性能指标 表 1.6-146

名称	合格指标
含水率，%	7≤含水率≤我国各地区的平均含水率
漆板表面耐磨，g/100r	≤0.15，且漆膜未磨透
漆膜附着力	3
漆膜硬度	≥H

2. 浸渍纸层压木质地板的合格判定：

浸渍纸层压木质地板的外观质量、规格尺寸偏差、物化性能检验结果均符合技术要求时，判定该产品合格。

(1) 浸渍纸层压木质地的板尺寸偏差应符合表 1.6-147 规定。

浸渍纸层压木质地板尺寸偏差 表 1.6-147

项目	要求
厚度偏差	公称厚度 t_n 与平均厚度 t_n 之差绝对值≤0.5mm； 厚度最大值 t_{max} 与最小值 t_{min} 之差≤0.5mm
面层净长偏差	公称长度 l_n≤1500mm 时，l_n 与每个测量值 l_m 之差绝对值≤1.0mm； 公称长度 l_n>1500mm 时，l_n 与每个测量值 l_m 之差绝对值≤2.0mm
面层净宽偏差	公称宽度 w_n 与平均宽度 w_n 之差绝对值≤0.1mm； 宽度最大值 w_{max} 与最小值 w_{min} 之差≤0.2mm
直角度	q_{max}≤0.2mm
边缘不直度	s_{max}≤0.3mm/m
翘曲度	宽度方向凸翘曲度 f_w≤0.20%；宽度方向凹翘曲度 f_w≤0.15%； 长度方向凸翘曲度 f_l≤1.00%；长度方向凹翘曲度 f_l≤0.50%
拼装离缝	拼装离缝平均值 o_a≤0.15mm 拼装离缝最大值 o_{max}≤0.20mm
拼装高低差	拼装高低差平均值 h_a≤0.10mm 拼装高低差平均值 h_{max}≤0.15mm

(2) 浸渍纸层压木质地板的理化性能应符合表1.6-148的规定。

浸渍纸层压木质地板的理化性能表　　　　　　　表1.6-148

检验项目	单位	优等品	一等品	合格品
静曲强度	MPa	≥40.0		≥30.0
内结合强度	MPa	≥1.0		
含水率	%	3.0～10.0		
密度	g/cm³	≥0.80		
吸水厚度膨胀率	%	≤2.5	≤4.5	≤10.0
表面胶合强度	MPa	≥1.0		
表面耐冷热循环	—	无龟裂、无鼓泡		
表面耐划痕	—	≥3.5N 表面无整圈连续划痕	≥3.5N 表面无整圈连续划痕	≥3.5N 表面无整圈连续划痕
尺寸稳定性	mm	≤0.5		
表面耐磨	转	家庭用：≥6000 公共场所用：≥9000		
表面耐香烟灼烧	—	无黑斑、裂纹和鼓泡		
表面耐干热	—	无龟裂、无鼓泡		
表面耐污染腐蚀	—	无污染、无腐蚀		
表面耐龟裂	—	0级		1级
表面耐水蒸气	—	无突起、变色和龟裂		
抗冲击	mm	≤9		≤12
甲醛释放量	mg/100g	A类：≤9 B类：>9～40		

3. 天然花岗石的合格判定：

天然花岗石的规格尺寸允许偏差、角度允许公差、外观质量、物理性能、放射防护分类控制等检验结果均符合技术要求时，判定该产品合格。

(1) 天然花岗石的规格尺寸允许偏差、角度允许公差、外观质量、物理性能应分别符合表1.6-149、表1.6-150、表1.6-151、表1.6-152的规定。

天然花岗石的规格尺寸允许偏差　　　　　　　　　　表1.6-149

项目		亚光面和镜面板材			粗面板材		
		优等品	一等品	合格品	优等品	一等品	合格品
长度、宽度		0～-1.0	0～-1.0	0～-1.5	0～-1.0	0～-1.0	0～-1.5
厚度	≤12	±0.5	±1.0	+1.0～-1.5	—	—	—
	>12	±1.0	±1.5	±2.0	+1.0～-2.0	±2.0	+2.0～-3.0

角度允许公差　　　　　　　　　　　　　　　　　表1.6-150

板材长度	优等品	一等品	合格品
≤400	0.30	0.50	0.80
>400	0.40	0.60	1.00

外 观 质 量　　　　　　　　　　　表 1.6-151

缺陷名称	规 定 内 容	优等品	一等品	合格品
缺棱	长度不超过 10mm，宽度不超过 1.2mm（长度小于 5mm，宽度小于 1.0mm 不计）。周边每米长允许个数（个）	不允许	1	2
缺角	沿板材边长，长度≤3mm（长度≤2mm，宽度≤2mm 不计），每块板允许个数（个）		1	2
裂纹	长度不超过两端顺延至板边总长度的 1/10（长度小于 20mm 不计），每块板允许条数（条）			
色斑	面积不超过 15mm×30mm（面积小于 10mm×10mm 不计），每块板允许个数（个）		2	3
色线	长度不超过两端顺延至板边总长度的 1/10（长度小于 40 的不计），每块板允许条数（条）			

注：干挂板材不允许有裂纹存在。

物 理 性 能　　　　　　　　　　　表 1.6-152

项　目	指标	项　目		指标
体积密度 ≥	2.56	干燥	弯曲强度 (MPa)≥	8.0
吸水率(%) ≤	0.60	水饱和		
干燥压缩强度(MPa) ≥	100.0			

(2) 放射防护分类控制

石材产品的使用应符合 GB 6566—2001 标准中对放射性水平的规定。

4. 细木工板的合格判定：

细木工板的规格公差、翘曲度、波纹度、物理力学性能等检验结果均符合技术要求时，判定该产品合格。

(1) 细木工板规格尺寸和公差要求见表 1.6-153、表 1.6-154。

细木工板的幅面尺寸(mm)　　　　　　表 1.6-153

宽度	长　度					厚度
915	915	—	1830	2135	—	12, 14, 16, 19, 22, 25
1220	—	1220	1830	2135	2440	

细木工板公差要求　　　　　　　　　表 1.6-154

公称厚度	公差值	
	不砂光	砂光（单面或双面）
≤16	±0.6	±0.4
>16	±0.8	±0.6

细木工板长度和宽度的公差为正公差 5mm，不允许有负公差

(2) 细木工板的翘曲度

优等品不允许超过 0.1%，一等品不允许超过 0.2%，合格品不允许超过 0.3%。

(3) 细木工板的波纹度

细木工板砂光表面波纹度不允许超过 0.3mm，细木工板不砂光表面波纹度不允许超过 0.5mm。

(4) 细木工板的物理性能

① 细木工板的含水率应为 6%～14%。

② 细木工板的横向静曲强度、胶合强度应符合表 1.6-155、表 1.6-156 规定。

细木工板的横向静曲强度规定值　　　　　　　　表 1.6-155

板芯拼接形式	芯条胶拼			芯条不胶拼、方格板芯		
板厚，mm	≤14	>14～≤19	>19	≤14	>14～≤19	>19
横向静曲强度，MPa	≥25.0	≥22.0	≥20.0	≥16.0	≥14.0	≥12.0

对单张细木工板的六个横向静曲强度试件，若五个试件符合规定值，判该板横向静曲强度合格，否则判为不合格。

细木工板的胶合强度规定值（MPa）　　　　　　　表 1.6-156

树　种	单个试件的胶合强度
椴木、杨木、拟赤扬	≥0.70
水曲柳、荷木、枫香、槭木、榆木、柞木、马尾松、云南松、落叶松、云杉	≥0.80
桦木	≥1.00

5. 胶合板的合格判定：

胶合板的尺寸公差和物理力学性能检验均合格时，判定该产品合格。

(1) 按胶合板不同的公称厚度，板的平均厚度和公称厚度之间的偏差，以及每张板内厚度测量的最大差值应符合表 1.6-157 和表 1.6-158 规定。

阔叶材胶合板的厚度公差　　　　　　　　表 1.6-157

公称厚度 mm	平均厚度与公称厚度间允许偏差 mm			每张板内厚度的最大允差 mm		
	砂（刮）光	两面砂（刮）光	不砂（刮）光	砂（刮）光	两面砂（刮）光	不砂（刮）光
2.7, 3	±0.2	+0.2 / −0.4	+0.4 / −0.2	0.3	0.3	0.5
3.5, 4	±0.3	+0.3 / −0.5	+0.5 / −0.3	0.5	0.5	0.7
5～不足 8	±0.4	+0.4 / −0.6	+0.6 / −0.4	0.7	0.7	0.9
8～不足 12	±0.6	+0.6 / −0.8	+0.8 / −0.6	不超过正负偏差绝对值之和	不超过正负偏差绝对值之和	不超过正负偏差绝对值之和
12～不足 16	±0.8	+0.8 / −1.0	+1.0 / −0.8			
16～不足 20	±1.0	+1.0 / −1.2	+1.2 / −1.0			
自 20 以上	±1.5	+1.5 / −1.7	+1.7 / −1.5			

针叶材胶合板的厚度公差　　　　　　　　表 1.6-158

公称厚度 mm	平均厚度与公称厚度间允许偏差(mm)			每张板内厚度的最大允(mm)		
	砂(刮)光	两面砂(刮)光	不砂(刮)光	砂(刮)光	两面砂(刮)光	不砂(刮)光
3，3.5	±0.3	+0.3 -0.3	+0.5 -0.3	0.5	0.5	0.7
4～不足8	±0.4	+0.4 -0.6	+0.6 -0.4	0.7	0.7	0.9
8～不足12	±0.6	+0.6 -0.8	+0.8 -0.6	不超过正负偏差绝对值之和	不超过正负偏差绝对值之和	不超过正负偏差绝对值之和
12～不足16	±0.8	+0.8 -1.0	+1.0 -0.8			
16～不足20	±1.0	+1.0 -1.2	+1.2 -1.0			
自20以上	±1.5	+1.5 -1.7	+1.7 -1.5			

(2) 物理力学性能

各类胶合板的含水率、胶合强度指标值应符合表1.6-159、表1.6-160规定。

胶合板含水率值　　　　　　　　表 1.6-159

类别 胶合板树种	含水率(%)	
	Ⅰ、Ⅱ类	Ⅲ、Ⅳ类
阔叶树材	6～14	8～16
针叶树材		

胶合强度指标值　　　　　　　　表 1.6-160

类别 胶合板树种	单个试件的胶合强度(MPa)	
	Ⅰ、Ⅱ类	Ⅲ、Ⅳ类
椴木、杨木、拟赤杨	≥0.70	≥0.70
水曲柳、荷木、枫香、槭木、榆木、柞木	≥0.80	
桦木	≥1.00	
马尾松、云南松、落叶松、云杉	≥0.80	

6. 装饰单板贴面人造板的合格判定：

装饰单板贴面人造板的外观质量、规格尺寸、物理力学性能检验均合格时，判定该产品合格。

(1) 装饰单板贴面人造板厚度偏差应符合表1.6-161规定。

装饰单板贴面人造板厚度偏差　　　　　　　　表 1.6-161

公称厚度	允许偏差	公称厚度	允许偏差
不足4.0	±0.30	8.0及以上	±0.50
4.0～不足8.0	±0.40		

(2) 装饰单板贴面人造板的物理力学性能要求见表1.6-162。

装饰单板贴面人造板的物理力学性能要求　　　　表1.6-162

检验项目	各项性能指标的要求		
	装饰单板贴面人造板	装饰单板贴面刨花板和中密度纤维板	装饰单板贴面硬质纤维板
含水率，%	6.0～14.0	4.0～13.0	3.0～13.0
浸渍剥离试验	试件贴面胶层与胶合板每个胶层上的每一边剥离长度均不超过25mm	试件贴面胶层上的每一边剥离长度均不超过25mm	
表面胶合强度，MPa	≥0.50	≥0.40	≥0.30

7. 铝塑复合板的合格判定：

铝塑复合板的外观质量、尺寸偏差、物理力学性能等性能指标均检验合格时，判定该产品合格。

(1) 铝塑复合板的外观质量、尺寸偏差

铝塑板外观应整洁，涂层不得有漏涂或穿透涂层厚度的损伤，铝塑板正反面不得有塑料外露，铝塑胶板装饰面不得有明显压痕、印痕和凹凸等裂迹。

铝塑板外观缺陷、尺寸偏差应符合表1.6-163、表1.6-164的要求。

表1.6-163

缺陷名称	缺陷规定	允许范围	
		优等品	合格品
波　纹		不允许	不明显
鼓　泡	≤10mm	不允许	不超过1个/m²
疵　点	≤3mm	不超过3个/m²	不超过10个/m²
划　伤	总长度	不允许	100mm/m²
擦　伤	总面积	不允许	300mm²/m²
划伤，擦伤总处数		不允许	4处
色　差	色差不明显；若用仪器测量，$\Delta E \leq 2$		

表1.6-164

项　目	允许偏差值	项　目	允许偏差值
长度，mm	±3	对角线差 mm	≤5
宽度，mm	±2	边沿不直度，mm/m	≤1
厚度，mm	±0.2	翘曲度，mm/m	≤5

(2) 铝塑复合板的物理力学性能应符合表1.6-165的规定

8. 玻镁平板的合格判定：

表 1.6-165

项 目		技 术 要 求	
		外 墙 板	内 墙 板
涂层厚度，μm		≥25	≥16
光泽度偏差		光泽度≥70时，极限值的误差≤5 光泽度＜70时，极限值的误差≤10	
铅笔硬度		≥HB	
涂层柔韧性，T		≤2	≤3
附着力，级		不次于1级	
耐冲击性		50kg.cm不脱漆，无裂痕	
耐磨耗性，L/μm		≥5	—
耐沸水性		无变化	
耐化学稳定性	耐沾污性	≤15%	
	耐酸性	无变化	
	耐碱性	无变化	
	耐溶剂性	无变化	
	耐洗刷性	≥10000次无变化	
耐人工候老化	色差	≤3.0	
	失光等级	不次于2级	—
	其他老化性能	0级	
耐盐雾性		不次于2级	—
面密度，kg/m²		规定值±0.5	
弯曲强度，MPa		≥100	≥60
弯曲弹性模量，MPa		≥2.0104	≥1.5×10⁴
贯穿阻力，kN		≥9.0	≥5.0
剪切强度，MPa		≥28.0	≥20.0
180°剥离强度，N/mm		≥7.0	≥5.0
耐温差性		无变化	
热膨胀系数，℃⁻¹		≤4.00×10⁻⁵	
热变形温度，℃		≥105	≥95

玻镁平板的外观质量、规格尺寸、物理力学性能等性能指标均检验合格时，判定该产品合格。

(1) 玻镁平板的尺寸允许偏差应符合表 1.6-166 的规定。

尺 寸 允 许 偏 差   表 1.6-166

等 级 项 目	尺 寸 允 许 偏 差	
	一 等 品	合 格 品
长度 mm	±4	±6
宽度 mm		

续表

项目 \ 等级	尺寸允许偏差	
	一等品	合格品
厚度%	±6	±10
厚度不均匀% ≤	8	10
直角偏离度% ≤	0.2	0.4

注：1. 厚度不均匀系指同块板厚度的极差除以公称厚度；
2. 直角偏离度系指同块两对角线值差的绝对值除以其平均值。

(2) 玻镁平板物理力学性能应符合表 1.6-167 的规定。

物理力学性能　　　　　　　　　　表 1.6-167

项　目		一　等　品	合　格　品
抗折强度 MPa	≥	20	14
抗拉强度 MPa	≤	7	5
吸水率 %	≤	25	28
表观密度 t/m²	≤	1.2	1.5
抗返卤性		无水珠 无返潮	无水珠 无返潮
抗冲击强度 kJ/m²		2.4	1.9

9. 建筑用轻钢龙骨的合格判定：

建筑用轻钢龙骨的外观质量、表面防锈、尺寸偏差、弯曲内角半径、角度偏差、力学性能等指标均检验合格时，判定该产品合格。

(1) 建筑用轻钢龙骨的外观质量要求

龙骨的外形要平整、棱角清晰，切口不允许有毛刺和变形。镀锌层不许有起皮、起瘤、脱落等缺陷。

(2) 龙骨的表面防锈、尺寸偏差、弯曲内角半径、角度偏差，力学性能应不符合表 1.6-168～表 1.6-172 的规定。

双面镀锌量和双面镀锌层厚度　　　　　　　　表 1.6-168

项　目	优等品	一等品	合格品
镀锌量，kg/m²	120	100	80
镀锌层厚度，μm	16	14	12

注：镀锌防锈的最终裁定以双面镀锌量为准。

尺寸允许偏差(mm)　　　　　　　　表 1.6-169

项　目		优等品	一等品	合格品
长度 L	CUVH 型		±20 −10	
	T 形孔距		±0.3	

续表

项　目		优等品	一等品	合格品
覆面龙骨断面尺寸	尺寸A	±1.0		
	尺寸B	±0.3	±0.4	±0.5
其他龙骨断面尺寸	尺寸A	±0.3	±0.4	±0.5
	尺寸B	±1.0		
厚度t		公差应符合相应材料的国家标准要求		

弯曲内角半径R(不包括T形、H形和V形龙骨)(mm)　　　表1.6-170

钢板厚度t不大于	0.70	1.00	1.20	1.50
弯曲内角半径R	1.50	1.75	2.00	2.25

角度允许偏差(不包括T形、H形龙骨)　　　表1.6-171

成型角较短边尺寸	优等品	一等品	合格品
10～18mm	±1°15′	±1°30′	±2°00′
>18mm	±1°00′	±1°15′	±1°30′

龙骨组件的力学性能　　　表1.6-172

类别		项目	要求
墙体		抗冲击性试验	残余变形量不大于10.0mm，龙骨不得有明显的变形
		静载试验	残余变形量不大于2.0mm
吊顶	U、V形吊顶	静载试验 覆面龙骨	加载挠度不大于10.0mm 残余变形量不大于2.0mm
		静载试验 承载龙骨	加载挠度不大于10.0mm 残余变形量不大于2.0mm
	T、H形吊顶	主龙骨	加载挠度不大于10.0mm

10. 纸面石膏板的合格判定：

外观质量、尺寸偏差、对角线长度差、楔形棱边断面尺寸、断裂荷载、单位面积质量、护面纸与石膏芯的粘结、吸水率、表面吸水量、遇火稳定性等指标检验合格时，判定该产品合格。

(1) 外观质量

纸面石膏板表面应平整，不得有影响使用的破损、波纹、沟槽、污痕、过烧、亏料、边部漏料和纸面脱开等缺陷。

(2) 尺寸偏差

纸面石膏板的尺寸偏差应不大于表1.6-173的规定。

(3) 楔形棱边断面尺寸

楔形棱边宽度为30～80mm，楔形棱边深度为0.6～1.9mm。

尺 寸 偏 差　　　　　　　　　表 1.6-173

项　目	长　度	宽　度	厚　度	
			9.5	≥12.0
尺寸偏差	0 −6	0 −5	±0.5	±0.6

(4) 断裂荷载

板材的纵向断裂荷载值和断裂荷载值应不低于表1.6-174的规定。

断 裂 荷 载　　　　　　　　　表 1.6-174

板材厚度 mm	断裂荷载，N	
	纵　向	横　向
9.5	360	140
12.0	500	180
15.0	650	220
18.0	800	270
21.0	950	320
25.0	1100	370

(5) 单位面积质量

板材的单位面积质量应不大于表1.6-175的规定。

单 位 面 积 质 量　　　　　　　　　表 1.6-175

板材厚度(mm)	单位面积质量(kg/m²)	板材厚度(mm)	单位面积质量(kg/m²)
9.5	9.5	18.0	18.0
12.0	12.0	21.0	21.0
15.0	15.0	25.0	25.0

(6) 护面纸和石膏芯的粘结

护面纸与石膏芯应粘结良好，按规定方法测定时，石膏芯应不裸露。

(7) 吸水率(仅适用于耐水纸面石膏板)

板材的吸水率不大于10.0%。

(8) 表面吸水量(仅适用于耐水纸面石膏板)

板材的表面吸水量应不大于160g/m²。

(9) 遇火稳定性(仅适用于耐火纸面石膏板)

板材遇火稳定时间应不小于20min。

11. 矿渣棉装饰吸声板的合格判定

矿渣棉装饰吸声板的外观质量、尺寸偏差、体积密度、含水率、弯曲破坏载荷等性能指标均检验合格时，判定该产品合格。

(1) 外观质量

矿渣棉装饰吸声板的正面不应有影响装饰效果的污痕、色彩不匀、图案不完整等缺陷。产品不得有裂纹、碎片、翘曲、扭曲，不得有妨碍使用及装饰效果的缺角缺棱。
(2) 尺寸允许偏差应符合表1.6-176规定。

表 1.6-176

项 目	允许偏差	项 目	允许偏差
长度，mm	±2.0	厚度，mm	±1.0
宽度，mm		直角偏离读	5/1000

(3) 矿渣棉装饰吸声板的体积密度应不大于500kg/m^3。
(4) 矿渣棉装饰吸声板的含水率应不大于3％。
(5) 矿渣棉装饰吸声板的弯曲破坏载荷应符合表1.6-177规定。

表 1.6-177

厚度(mm)	弯曲破坏载荷，N	厚度(mm)	弯曲破坏载荷，N
9	≥40	15	≥90
12	≥60	18	≥130

12. 内墙乳胶漆的合格判定：
内墙乳胶漆的容器中状态、施工性、低温稳定性、干燥时间(表干)、涂膜外观、对比率、耐碱性、耐洗刷性等全部性能指标均符合表1.6-178技术要求时，判定该产品合格。

技 术 要 求　　　　　　　　　　　表 1.6-178

项 目	指　　　标		
	优等品	一等品	合格品
容器中状态	无硬块，搅拌后呈均匀状态		
施工性	刷涂二道无障碍		
低温稳定性	不变质		
干燥时间(表干) ≤	2h		
涂膜外观	正常		
对比率(白色和浅色) ≥	0.95	0.93	0.90
耐碱性	24h 无异常		
耐洗刷性/次 ≥	1000	500	200

(五) 木材含水率测定

1. 方法

(1) 试件取样后立即进行称重(如不可能立即称重，应注意避免含水率在取样到称重之间发生变化)，称重精确到0.01g。
(2) 称重后将试件放进干燥箱里，在103±2℃条件下，干燥至恒重。
(3) 烘干后，将试件放进干燥器内，在干燥空气条件下冷却至室温，然后按前述精度尽快对试件进行称重，以防试件含水率增高超过0.1％。

2. 结果表示

(1) 试件含水率

$$W(\%)=[(M_0-M)\div M]\times 100$$

式中 W——试件含水率,%;

M_0——取样时试件的重量,g;

M——试件干燥后的重量,g。

(2) 一块木材或一批木材的含水率等于全部有关试件的算术平均值,精确到0.1%。

(六) 建筑保温材料

1. 常用保温材料及主要性能

(1) 常用保温材料:硬质聚氨酯泡沫塑料、橡塑发泡材料、闭孔聚乙烯泡沫塑料、玻璃棉、岩棉、橡塑保温板材、聚乙烯发泡(PEF)板等。

(2) 常用保温材料的主要性能:

① 硬质聚氨酯泡沫塑料主要性能:容重、吸水率、使用温度、导热系数、阻燃性等。

② 橡塑发泡材料主要性能:密度、导热系数、热收缩率、适用温度、氧指数、阻燃等级等。

③ 闭孔聚乙烯泡沫塑料主要性能:密度、导热系数、撕裂强度、吸水率等。

④ 玻璃棉主要性能:导热系数(W/m·k)、吸声系数、燃烧性能级别、纤维平均直径(μm)、含水率(%)、渣球含量(%)、热荷重收缩温度(℃)、胶粘剂含量(%)、使用温度(+/-℃)等。

⑤ 岩棉主要性能:导热系数、酸度系数、憎水率、吸湿率、不燃性等。

⑥ 橡塑保温板材主要性能:温度稳定性、平均温度时导热系数、湿阻因子透湿系数、燃烧性能、氧指数、垂直燃烧时间、垂直燃烧高度、烟密度等级、燃烧产烟毒性、火焰表面传播、火焰传播、燃烧形态、抗臭氧性等。

⑦ 聚乙烯发泡(PEF)板主要性能:导热系数(kcal/mhr℃)、耐燃性能、氧指数(%)、烟密度等级、加热尺寸变化、压缩永久变形(70℃)(%)、延伸率(%)、耐热性能(%)、垂直燃烧时间(s)、垂直燃烧高度(mm)等。

2. 常用保温材料的合格判定

(1) 硬质聚氨酯泡沫塑料

表 1.6-179

项 目	指 标 1	指 标 2
容 重	45kg/m³	65kg/m³
抗压强度	2.5kg/cm²	5kg/cm²
尺寸稳定性	+1%	+0.5%
吸 水 率	0.2kg/cm²	0.2kg/cm²
使用温度	-60~120℃	
导热系数	0.022W/m·k	
阻 燃 性	火焰离开后2s内自熄	

(2) 橡塑发泡材料

表 1.6-180

项 目	单 位	指 标
密 度	g/cm	0.08~0.12
导热系数	W/m·k	0.035~0.038
热收缩率	%	4.0~5.5
适用温度	℃	－40~110
氧指数	%	32
阻燃等级		B1

(3) 闭孔聚乙烯泡沫塑料

表 1.6-181

项 目	单 位	指 标
密 度	g/cm	0.08~0.12
倍 率	倍	10~45
导热系数	W/m·k	0.035~0.038
拉伸强度	kPa	120~1500
伸长率	%	120~200
撕裂强度	N/cm²	8~60
压缩强度	kPa	20~300
吸水率	kg/m²	0.04~0.05
氧指数	%	23~28

(4) 玻璃棉

表 1.6-182

物理性能	板	卷 毡	高温玻璃棉
导热系数(W/m·K)	≤0.039~0.042	≤0.042~0.049	≤0.037
吸声系数	0.8~1.1	0.8~1.1	0.8~1.1
燃烧性能级别	不燃A级	不燃A级	不燃A级
纤维平均直径(μm)	6.5	6.5	6.5
含水率(%)	≤1	≤1	≤1
渣球含量(%)	≤0.1	≤0.1	≤0.1
热荷重收缩温度(℃)	≤350	≤250	≤400
胶粘剂含量(%)	3~14	3~8	3~10
使用温度(+/－℃)	－120~+400	－120~+400	538

(5) 岩棉

表 1.6-183

技术性能	单 位	技术指标
容 重	kg/m³	40~120(±15%)
纤维平均直径	μm	≤7
渣球含量 φ>0.25mm	%	≤12

续表

技术性能	单 位	技术指标
胶粘剂含量	%	≤3.0
导热系数	W/m·K	≤0.044
酸度系数		≥1.5
憎水率	%	≥98
吸湿率	%	≤5
不燃性		A级

(6) 橡塑保温板材

表 1.6-184

温度稳定性	−40℃低温性能 +120℃尺寸热稳定性	表面未出现裂纹 28天后≤7%
平均温度时导热系数	BS 874 Part 2 1986	−20 0 +20 ℃ 0.031 0.034 0.036 W/m·K
湿阻因子透湿系数	BS EN ISO 9346：1996 BS 4327 PART 2 1973	u≥4500 $4.0×10-14 kg(msPa)$ $0.13 u$ gm/Nh
体积吸水率 质量吸水率	完全浸没28天后	平均1.7 最大3.0% 最大1.5%
燃烧性能 氧指数 垂直燃烧时间 垂直燃烧高度 烟密度等级	GB 8624—1997 难燃 B1 级	≥32 ≤30s ≤250mm ≤75
燃烧产烟毒性	GA 132—1996	准安全 ZA_3 级安全
火焰表面传播	BS 476 PART 7：1987	Class 1-级
火焰传播 行为总指数I 分级指数i	BS 476 PART 6：1989	14.4 小于6
燃烧形态	外观形态 燃烧穿透墙壁时间 (19mm厚φ12.7～38mm管 穿过 250mm 厚墙壁) 类似 BS476 Part 20 的标准 燃烧实验)	碳化，不收缩，无高温熔滴 长达 180 分钟
表观密度		70～140kg/m³
撕裂强度		≥4N/cm
抗臭氧性		200h 表面未出现裂纹
抗紫外光		460h 表面未出现裂纹
降噪性能	DIN 4109 衰减量	至 30dB
化学稳定性	与建筑材料用化学品	稳定

(7) 聚乙烯发泡(PEF)板

表 1.6-185

项 目	技术指标	项 目	技术指标
表观密度(g/cm³)	≤0.070	耐热性能(%)	
导热系数(kcal/mhr℃)	≤0.04	耐寒性能	
吸水率(G/cm³)	≤4.0	撕裂强度(N/cm)	
拉伸强度(MPa)	≥160	压缩强度(kg/cm²)	
耐燃性能		垂直燃烧时间(s)	≤30
氧指数(%)	≥32.0	垂直燃烧高度(mm)	≤250
烟密度等级	≥75	耐酸性	不腐蚀不变形
加热尺寸变化		耐碱性	不腐蚀不变形
压缩永久变形(70℃)(%)		耐油性	无变形
延伸率(%)			

七、混凝土预制构件及门窗

(一)混凝土预制构件

1. 主控项目

(1)预制构件应在明显部位标明生产单位、构件型号、生产日期和质量验收标志。构件上的预埋件、插筋和预留孔洞的规格、位置和数量应符合标准图或设计的要求。

检查数量：全数检查。

检验方法：观察。

(2)预制构件的外观质量不应有严重缺陷。对已经出现的严重缺陷，应按技术处理方案进行处理，并重新检查验收。

检查数量：全数检查。

检验方法：观察，检查技术处理方案。

(3)预制构件不应有影响结构性能和安装、使用功能的尺寸偏差。对超过尺寸允许偏差且影响结构性能和安装、使用功能的部位，应按技术处理方案进行处理，并重新检查验收。

检查数量：全数检查。

检查方法：量测，检查技术处理方案。

2. 一般项目

(1)预制构件的外观质量不宜有一般缺陷。对已经出现的一般缺陷，应按技术处理方案进行处理，并重新检查验收。

检查数量：全数检查。

检查方法：观察，检查技术处理方案。

(2)预制构件的尺寸偏差应符合表 1.6-186 的规定。

检查数量：同一工作班生产的同类型构件，抽查5%且不少于3件。

3. 结构性能检验

(1)预制构件应按标准图或设计要求的试验参数及检验指标进行结构性能检验。

预制构件尺寸的允许偏差及检查方法　　　　表1.6-186

项 目		允许偏差(mm)	检验方法
长 度	板、梁	+10，-5	钢尺检查
	柱	+5，-10	
	墙板	±5	
	薄腹梁、桁架	+15，-10	
宽度、高(厚)度	板、梁、柱、墙板、薄腹梁、桁架	±5	钢尺量一端及中部，取其中较大值
侧向弯曲	梁、柱、板	$l/750$ 且≤20	拉线、钢尺量最大侧向弯曲处
	墙板、薄腹梁、桁架	$l/1000$ 且≤20	
预埋件	中心线位置	10	钢尺检查
	螺栓位置	5	
	螺栓外露长度	+10，-5	
预留孔	中心线位置	5	钢尺检查
预留洞	中心线位置	15	钢尺检查
主筋保护层厚度	板	+5，-3	钢尺或保护层厚度测定仪量测
	梁、柱、墙板、薄腹梁、桁架	+10，-5	
对角线差	板、墙板	10	钢尺量两个对角线
表面平整度	板、墙板、柱、梁	5	2m靠尺和塞尺检查
预应力构件预留孔道位置	梁、墙板、薄腹梁、桁架	3	钢尺检查
翘 曲	板	$l/750$	调平尺在两端量测
	墙板	$l/1000$	

注：① l 为构件长度(mm)；
② 检查中心线、螺栓和孔道位置时，应沿纵、横两个方向量测，并取其中的较大值；
③ 对形状复杂或有特殊要求的构件，其尺寸偏差应符合标准图或设计的要求。

检验内容：钢筋混凝土构件和允许出现裂缝的预应力混凝土构件进行承载力、挠度和裂缝宽度检验；不允许出现裂缝的预应力混凝土构件进行承载力、挠度和抗裂检验；预应力混凝土构件中的非预应力杆件按钢筋混凝土构件的要求进行检验。对设计成熟、生产数量较少的大型构件，当采取加强材料和制作质量检验的措施时，可仅作挠度、抗裂或裂缝宽度检验；当采取上述措施并有可靠的实践经验时，可不作结构性能检验。

检验数量：对成批生产的构件，应按同一工艺正常生产的不超过1000件且不超过3个月的同类型产品为一批。当连续检验10批且每批的结构性能检验结果均符合本规范规定的要求时，对同一工艺正常生产的构件，可改为不超过2000件且不超过3个月的同类型产品为一批。在每批中应随机抽取一个构件作为试件进行检验。

检验方法：按GB 50204—2002附录C规定的方法采用短期静力加载检验。
注：①"加强材料和制作质量检验的措施：包括下列内容：
A. 钢筋进场检验合格后，在使用前再对用作构件受力主筋的同批钢筋按不超过5t抽取一组试件，

并经检验合格;对经逐盘检验的预应力钢丝,可不再抽样检查。

B. 受力主筋焊接接头的力学性能,应按国家现行标准《钢筋焊接及验收规程》JGJ 18 检验合格后,再抽取一组试件,并经检验合格。

C. 混凝土按 5m³ 且不超过半个工作班生产的相同配合比的混凝土,留置一组试件,并经检验合格。

D. 受力主筋焊接接头的外观质量、入模后的主筋保护层厚度、张拉预应力总值和构件的截面尺寸等,应逐件检验合格。

② "同类型产品"是指同一种钢种、同一混凝土强度等级、同一生产工艺和同一结构形式的构件。对同类型产品进行抽样检验时,试件宜从设计荷载最大、受力最不利或生产数量最多的构件中抽取。对同类型的其他产品,也应定期进行抽样检验。

(2) 预制构件承载力应按下列规定进行检验:

① 当按现行国家标准《混凝土结构设计规范》GB 50010 的规定进行检验时,应符合下列公式的要求:

$$\gamma_u^0 \geqslant \gamma_0 [\gamma_u] \tag{6-1}$$

式中 γ_u^0 ——构件的承载力检验系数实测值,即试件的荷载实测值与荷载设计值(均包括自重)的比值;

γ_0 ——结构重要性系数,按设计要求确定,当无专门要求时取 1.0;

$[\gamma_u]$ ——构件的承载力检验系数允许值,按表 1.6-187 取用。

② 当按构件实配钢筋进行承载力检验时,应符合下列公式的要求:

$$\gamma_u^0 \geqslant \gamma_0 \eta [\gamma_u] \tag{6-2}$$

式中 η ——构件承载力检验修正系数,根据现行国家标准《混凝土结构设计规范》GB 50010 按实配钢筋的承载力计算确定。

承载力检验的荷载设计值是指承载能力极限状态下,根据构件设计控制截面上的内力设计值与构件检验的加载方式,经换算后确定的荷载值(包括自重)。

构件的承载力检验系数允许值　　　　表 1.6-187

受力情况	达到承载能力极限状态的检验标志		$[\gamma_u]$
轴心受拉、偏心受拉、大偏心受压	受拉主筋处的最大裂缝宽度达到 1.5mm,或挠度达到跨度的 1/50	热轧钢筋	1.20
		钢丝、钢绞线、热处理钢筋	1.35
	受压区混凝土破坏	热轧钢筋	1.30
		钢丝、钢绞线、热处理钢筋	1.45
	受拉主筋拉断		1.50
受弯构件的受剪	腹部斜裂缝达到 1.5mm,或斜裂缝末端受压混凝土剪压破坏		1.40
	沿斜截面混凝土斜压破坏,受拉主筋在端部滑脱或其他锚固破坏		1.55
轴心受压、小偏心受压	混凝土受压破坏		1.50

注:热轧钢筋系指 HPB235 级、HRB335 级、HRB400 级和 RRB400 级钢筋。

(3) 预制构件的挠度应按下列规定进行检验:

① 当按现行国家标准《混凝土结构设计规范》GB 50010 规定的挠度允许值进行检验时,应符合下列公式的要求:

$$a_s^0 \leqslant [a_s] \tag{6-3}$$

$$[a_s] = \frac{M_k}{M_q(\theta-1)+M_k}[a_f] \tag{6-4}$$

式中 a_s^0——在荷载标准值下的构件挠度实测值；

$[a_s]$——挠度检验允许值；

$[a_f]$——受弯构件的挠度限值，按现行国家标准《混凝土结构设计规范》GB 50010 确定；

M_k——按荷载标准组合计算的弯矩值；

M_q——按荷载准永久组合计算的弯矩值；

θ——考虑荷载长期作用对挠度增大的影响系数，按现行国家标准《混凝土结构设计规范》GB 50010 确定。

② 当按构件实配钢筋进行挠度检验或仅检验构件的挠度、抗裂或裂缝宽度时，应符合下列公式的要求：

$$a_s^0 \leqslant 1.2 a_s^c \tag{6-5}$$

同时，还应符合公式 6-4 的要求。

式中 a_s^c——在荷载标准值下按实配钢筋确定的构件挠度计算值，按现行国家标准《混凝土结构设计规范》GB 50010 确定。

正常使用极限状态检验的荷载标准值是指正常使用极限状态下，根据构件设计控制截面上的荷载标准值组合效应与构件检验的加载方式，经换算后确定的荷载值。

注：直接承受重复荷载的混凝土受弯构件，当进行短期静力加荷试验时，a_s^c 值应按正常使用极限状态下静力荷载标准组合相应的刚度值确定。

(4) 预制构件的抗裂检验应符合下列公式的要求：

$$\gamma_{cr}^0 \geqslant [\gamma_{cr}] \tag{6-6}$$

$$[\gamma_{cr}] = 0.95 \frac{\sigma_{pc}+\gamma f_{tk}}{\sigma_{ck}} \tag{6-7}$$

式中 γ_{cr}^0——构件的抗裂检验系数实测值，即试件的开裂荷载实测值与荷载标准值（均包括自重）的比值；

$[\gamma_{cr}]$——构件的抗裂检验系数允许值；

σ_{pc}——由预加力产生的构件抗拉边缘混凝土法向应力值，按现行国家标准《混凝土结构设计规范》GB 50010 确定；

γ——混凝土构件截面抵抗矩塑性影响系数，按现行国家标准《混凝土结构设计规范》GB 50010 计算确定；

f_{tk}——混凝土抗拉强度标准值；

σ_{ck}——由荷载标准值产生的构件抗拉边缘混凝土法向应力值，按现行国家标准《混凝土结构设计规范》GB 50010 确定。

(5) 预制构件的裂缝宽度检验应符合下列公式的要求：

$$\omega_{s,max}^0 \leqslant [\omega_{max}] \tag{6-8}$$

式中 $\omega_{s,max}^0$——在荷载标准值下，受拉主筋处的最大裂缝宽度实测值(mm)；

[ω_{max}]——构件检验的最大裂缝宽度允许值,按表1.6-188取用。

构件检验的最大裂缝宽度允许值(mm)　　　　表1.6-188

设计要求的最大裂缝宽度限值	0.2	0.3	0.4
[ω_{max}]	0.15	0.20	0.25

(6) 预制构件结构性能的检验结果应按下列规定验收：

① 当试件结构性能的全部检验结果均符合标准的检验要求时,该批构件的结构性能应通过验收。

② 当第一个试件的检验结果不能全部符合上述要求,但又能符合第二次检验的要求时,可再抽两个试件进行检验。第二次检验的指标,对承载力及抗裂检验系数的允许值应取标准规定的允许值减0.05；对挠度的允许值应取GB 50204第9.3.3条规定允许值的1.10倍。当第二次抽取的两个试件的全部检验结果均符合第二次检验的要求时,该批构件的结构性能可通过验收。

③ 当第二次抽取的第一个试件的全部检验结果均已符合标准的要求时,该批构件的结构性能可通过验收。

GB 50204—2002规范规定：预制构件应进行结构性能检验。结构性能检验不合格的预制构件不得用于混凝土结构。

(二) 建筑门窗

1. 建筑门窗的术语和定义

窗：通常包括固定部分(窗框)和一个及一个以上可开启部分(窗扇),其功能是采光和通风。

门：通常包括固定部分(门框)和一个及一个以上可开启部分(门扇),其功能是允许和禁止进入。

铝合金门：由铝合金建筑型材制作框、扇结构的门。

铝合金窗：由铝合金建筑型材制作框、扇结构的窗。

PVC-U门：由PVC-U型材按规定要求使用增强型钢制作的门。

PVC-U窗：由PVC-U型材按规定要求使用增强型钢制作的窗。

装配式结构：指框、扇、梃等型材之间不经焊接,而采用专用连接件进行连接的结构。(特指PVC-U门窗,铝合金门窗不存在焊接)

2. 材料要求

铝合金窗受力构件应经试验或计算确定。未经表面处理的型材最小实测壁厚应≥1.4mm。

铝合金门受力构件应经试验或计算确定。未经表面处理的型材最小实测壁厚应≥2mm。(注：受力构件指参与受力和传力的杆件。)

PVC-U平开窗主型材可视面最小实测壁厚不应小于2.5mm,推拉窗主型材可视面最小实测壁厚不应小于2.2mm。

PVC-U平开门主型材可视面最小实测壁厚不应小于2.8mm,推拉门主型材可视面最小实测壁厚不应小于2.5mm。

3. 主要技术性能

(1) 铝合金门门窗：

物理性能：抗风压性能、水密性能、气密性能、保温性能。

(注：按气密性能、水密性能、抗风压性能的顺序试验)

力学性能：启闭力、反复启闭力。

(注：按启闭力、反复启闭力的顺序试验)

(2) PVC-U 门窗：

物理性能：抗风压性能、水密性能、气密性能、保温性能。

(注：按气密性能、水密性能、抗风压性能的顺序试验)

力学性能：焊接角破坏力。

4. 批量划分、取样方法、数量

从每项工程中随机抽取 5% 且不得少于 3 樘。

5. 合格判定

应符合图纸设计中的要求，且不应低于标准规定的最低值。

第二节 地 基 检 测

地基基础工程的检测项目主要为地基土及复合地基的检测、基桩的检测。检测的重要内容为承载力和完整性两项。检测方法宏观上可以分为直接法、半直接法和间接法三种，下面根据具体检测项目的方式，按照现行规范的要求分别叙述：

一、有关承载力检测方法标准

(一) 地基土及复合地基

地基包含天然地基和处理后的地基。地基处理的目的是利用换填、夯实、挤密、胶结、加筋和化学等方法对地基土进行加固，用以改良地基土的工程性。地基的承载力检测按以下规范要求进行：

《建筑地基基础设计规范》(GB 50007—2002)

《建筑地基基础工程施工质量验收规范》(GB 50202—2002)

《建筑地基处理技术规范》(JGJ 79—2002)

(二) 基桩

桩是埋入土中的柱形杆件，桩基属于应用广泛的深基础形式之一。基桩的承载力检测按以下规范要求进行：

《建筑地基基础设计规范》(GB 50007—2002)

《建筑基桩检测技术规范》(JGJ 106—2003)

二、地基土载荷试验项目

地基土载荷试验项目包括浅层平板载荷试验、深层平板载荷试验、岩基载荷试验、复合地基载荷试验，各种方法的试验要点如下：

(一) 浅层平板载荷试验要点

1. 地基土浅层平板载荷试验可适用于确定浅部地基土层的承压板下应力主要影响范围内的承载力。承压板面积不应小于 $0.25m^2$，对于软土不应小于 $0.5m^2$。

2. 试验基坑宽度不应小于承压板宽度或直径的三倍。应保持试验土层的原状结构和天然湿度。宜在拟试压表面用粗砂或中砂层找平，其厚度不超过 20mm。

3. 加荷分级不应少于 8 级。最大加载量不应小于设计要求的两倍。

4. 每级加载后，按间隔 10、10、10、15、15min，以后为每隔半小时测读一次沉降量，当在连续两小时内，每小时的沉降量小于 0.1mm 时，则认为已趋稳定，可加下一级荷载。

5. 当出现下列情况之一时，即可终止加载：

(1) 承压板周围的土明显地侧向挤出；

(2) 沉降 s 急骤增大，荷载～沉降(p～s)曲线出现现陡降段；

(3) 在某一级荷载下，24h 内沉降速率不能达到稳定；

(4) 沉降量与承压板宽度或直径之比大于或等于 0.06。

当满足前三种情况之一时，其对应的前一级荷载定为极限荷载。

6. 承载力特征值的确定应符合下列规定：

(1) 当 p～s 曲线上有比例界限时，取该比例界限所对应的荷载值；

(2) 当极限荷载小于对应比例界限的荷载值的 2 倍时，取极限荷载值的一半；

(3) 当不能按上述二款要求确定时，当压板面积为 0.25～$0.50m^2$，可取 $s/b=0.01$～0.015 所对应的荷载，但其值不应大于最大加载量的一半。

7. 同一土层参加统计的试验点不应少于三点，当试验实测值的极差不超过其平均值的 30% 时，取此平均值作为该土层的地基承载力特征值 f_{ak}。

(二) 深层平板载荷试验要点

1. 深层平板载荷试验可适用于确定深部地基土层及大直径桩桩端土层在承压板下应力主要影响范围内的承载力。

2. 深层平板载荷试验的承压板采用直径为 0.8m 的刚性板，紧靠承压板周围外侧的土层高度应不小于 80cm。

3. 加荷等级可按预估极限承载力的 1/10～1/15 分级施加。

4. 每级加荷后，第一个小时内按间隔 10、10、10、15、15min，以后为每隔半小时测读一次沉降。当在连续两小时内，每小时的沉降量小于 0.1mm 时，则认为已趋稳定，可加下一级荷载。

5. 当出现下列情况之一时，可终止加载：

(1) 沉降 s 急骤增大，荷载～沉降(p～s)曲线上有可判定极限承载力的陡降段，且沉降量超过 $0.04d$(d 为承压板直径)；

(2) 在某级荷载下，24 小时内沉降速率不能达到稳定；

(3) 本级沉降量大于前一级沉降量的 5 倍；

(4) 当持力层土层坚硬，沉降量很小时，最大加载量不小于设计要求的 2 倍。

6. 承载力特征值的确定应符合下列规定：

(1) 当 p～s 曲线上有比例界限时，取该比例界限所对应的荷载值；

(2) 满足前三条终止加载条件之一时，其对应的前一级荷载定为极限荷载，当该值小于对应比例界限的荷载值的 2 倍时，取极限荷载值的一半；

(3) 不能按上述二款要求确定时，可取 $s/d=0.01$～0.015 所对应的荷载值，但其值不应大于最大加载量的一半。

7. 同一土层参加统计的试验点不应少于 3 点，当试验实测值的极差不超过平均值的 30% 时，取此平均值作为该土层的地基承载力特征值 f_{ak}。

（三）岩基载荷试验要点

1. 本附录适用于确定完整、较完整、较破碎岩基作为天然地基或桩基基础持力层时的承载力。

2. 采用圆形刚性承压板，直径为 300mm。当岩石埋藏深度较大时，可采用钢筋混凝土桩，但桩周需采取措施以消除桩身与土之间的摩擦力。

3. 测量系统的初始稳定读数观测：加压前，每隔 10min 读数一次，连续三次读数不变可开始试验。

4. 加载方式：单循环加载，荷载逐级递增直到破坏，然后分级卸载。

5. 荷载分级：第一级加载值为预估设计荷载的 1/5，以后每级为 1/10。

6. 沉降量测读：加载后立即读数，以后每 10min 读数一次。

7. 稳定标准：连续三次读数之差均不大于 0.01mm。

8. 终止加载条件：当出现下述现象之一时，即可终止加载：

(1) 沉降量读数不断变化，在 24h 内，沉降速率有增大的趋势；

(2) 压力加不上或勉强加上而不能保持稳定。

（注：若限于加载能力，荷载也应增加到不少于设计要求的两倍。）

9. 卸载观测：每级卸载为加载时的两倍，如为奇数，第一级可分为三倍。每级卸载后，隔 10min 测读一次，测读三次后可卸下一级荷载。全部卸载后，当测读支半小时回弹量小于 0.01mm 时，即认为稳定。

10. 岩石地基承载力的确定

(1) 对应于 $p \sim s$ 曲线上起始直线段的终点为比例界限。符合终止加载条件的前一级荷载为极限荷载。将极限荷载除以 3 的安全系数。所得值与对应于比例界限的荷载相比较，取小值。

(2) 每个场地载荷试验的数量不应少于 3 个，取最小值作为岩石地基承载力特征值。

(3) 岩石地基承载力不进行深宽修正。

（四）复合地基载荷试验要点

1. 本试验要点适用于单桩复合地基载荷试验和多桩复合地基载荷试验。

2. 复合地基载荷试验用于测定承压板下应力主要影响范围内复合土层的承载力和变形参数。复合地基载荷试验承压板应具有足够刚度。单桩复合地基载荷试验的承压板可用圆形或方形，面积为一根桩承担的处理面积；多桩复合地基载荷试验的承压板可用方形或矩形，其尺寸按实际桩数所承担的处理面积确定。桩的中心（或形心）应与承压板中心保持一致，并与荷载作用点相重合。

3. 承压板底面标高应与桩顶设计标高相适应。承压板底面下宜铺设粗砂或中砂垫层，垫层厚度取 50~150mm，桩身强度高时宜取大值。试验标高处的试坑长度和宽度，应不小于承压板尺寸的 3 倍。基准梁的支点应设在试坑之外。

4. 试验前应采取措施，防止试验场地地基土含水量变化或地基土扰动。以免影响试验结果。

5. 加载等级可分为 8~12 级。最大加载压力不应小于设计要求压力值的 2 倍。

6. 每加一级荷载前后均应各读记承压板沉降量一次，以后每半个小时读记一次。当一小时内沉降量小于 0.1mm 时，即可加下一级荷载。

7. 当出现下列现象之一时可终止试验：

(1) 沉降急剧增大，土被挤出或承压板周围出现明显的隆起；

(2) 承压板的累计沉降量已大于其宽度或直径的 6%；

(3) 当达不到极限荷载，而最大加载压力已大于设计要求压力值的 2 倍。

8. 卸载级数可为加载级数的一半，等量进行，每卸一级，间隔半小时，读记回弹量，待卸完全部荷载后间隔三小时读记总回弹量。

9. 复合地基承载力特征值的确定：

(1) 当压力—沉降曲线上极限荷载能确定，而其值不小于对应比例界限的 2 倍时，可取比例界限；当其值小于对应比例界限的 2 倍时，可取极限荷载的一半；

(2) 当压力—沉降曲线是平缓的光滑曲线时，可按相对变形值确定：

① 对砂石桩、振冲桩复合地基或强夯置换墩：当以黏性土为主的地基，可取 s/b 或 s/d 等于 0.015 所对应的压力（s 为载荷试验承压板的沉降量；b 和 d 分别为承压板宽度和直径，当其值大于 2m 时，按 2m 计算）；当以粉土或砂土为主的地基，可取 s/b 或 s/d 等于 0.01 所对应的压力。

② 对土挤密桩。石灰桩或柱锤冲扩桩复合地基，可取 s/b 或 s/d 等于 0.012 所对应的压力。对灰土挤密桩复合地基，可取 s/b 或 s/d 等于 0.008 所对应的压力。

③ 对水泥粉煤灰碎石桩或夯实水泥土桩复合地基，当以卵石、圆砾、密实粗中砂为主的地基，可取 s/b 或 s/d 等于 0.008 所对应的压力；当以黏性土、粉土为主的地基，可取 s/b 或 s/d 等于 0.01 所对应的压力。

④ 对水泥土搅拌桩或旋喷桩复合地基，可取 s/b 或 s/d 等于 0.006 所对应的压力。

⑤ 对有经验的地区，也可按当地经验确定相对变形值。

按相对变形值确定的承载力特征值不应大于最大加载压力的一半。

10. 试验点的数量不应少于 3 点，当满足其极差不超过平均值的 30% 时，可取其平均值为复合地基承载力特征值。

三、单桩静载荷试验的主要内容

单桩静载荷试验包括单桩竖向抗压静载试验、单桩竖向抗拔静载试验、单桩水平静载试验，根据设计要求在桩身埋设有应力、应变、桩底反力的测试元件时，同时可以进行桩身内力测试。

(一) 单桩竖向抗压静载试验的主要内容

1. 适用范围及检测目的

确定单桩竖向抗压极限承载力；

判定竖向抗压承载力是否满足设计要求；

通过桩身内力及变形测试、测定桩侧、桩端阻力；

验证高应变法的单桩竖向抗压承载力检测结果。

2. 设备仪器

加载反力装置可根据现场条件选择锚桩横梁反力装置、压重平台反力装置、锚桩压重联合反力装置、地锚反力装置；

试验加载宜采用油压千斤顶；

荷载测量可用放置在千斤顶上的荷重传感器直接测定；或采用并联于千斤顶油路的压力表或压力传感器测定油压，根据千斤顶率定曲线换算荷载；

沉降测量宜采用位移传感器或大量程百分表。

3. 现场检测

试验加卸载方式应符合下列规定：

单桩竖向抗压静载试验宜首先采用慢速维持荷载法。

加载应分级进行，采用逐级等量加载；分级荷载宜为最大加载量或预估极限承载力的1/10，其中第一级可取分级荷载的2倍。

卸载应分级进行，每级卸载量取加载时分级荷载的2倍，逐级等量卸载。

慢速维持荷载法试验步骤应符合下列规定：

(1) 每级荷载施加后按第5、15、30、45、60min测读桩顶沉降量，以后每隔30min测读一次。

(2) 试桩沉降相对稳定标准：每1h内的桩顶沉降量不超过0.1mm，并连续出现2次（从分级荷载施加后第30min开始，按1.5h连续三次每30min的沉降观测值计算）。

(3) 当桩顶沉降速率达到相对稳定标准时，再施加下一级荷载。

(4) 卸载时，每级荷载维持1h，按第15、30、60min测读桩顶沉降量后，即可卸下一级荷载。卸载至零后，应测读桩顶残余沉降量，维持时间为3h，测读时间为第15、30min，以后每隔30min测读一次。

当出现下列情况之一时，可终止加载：

(1) 某级荷载作用下，桩顶沉降量大于前一级荷载作用下沉降量的5倍。

注：当桩顶沉降能相对稳定且总沉降量小于40mm时，宜加载至桩顶总沉降量超过40mm。

(2) 某级荷载作用下，桩顶沉降量大于前一级荷载作用下沉降量的2倍，且经24h尚未达到相对稳定标准。

(3) 已达到设计要求的最大加载量。

(4) 当工程桩作锚桩时，锚桩上拔量已达到允许值。

(5) 当荷载-沉降曲线呈缓变型时，可加载至桩顶总沉降量60~80mm；在特殊情况下，可根据具体要求加载至桩顶累计沉降量超过80mm。

4. 检测数据的分析与判定

单桩竖向抗压极限承载力。可按下列方法综合分析确定：

(1) 根据沉降随荷载变化的特征确定：对于陡降型Q曲线，取其发生明显陡降的起始点对应的荷载值。

(2) 根据沉降随时间变化的特征确定：取曲线尾部出现明显向下弯曲的前一级荷载值。

(3) 出现某级荷载作用下，桩顶沉降量大于前一级荷载作用下沉降量的2倍，且经24h尚未达到相对稳定标准的情况，取前一级荷载值。

(4) 对于缓变型Q-s曲线可根据沉降量确定，宜取$s=40$mm对应的荷载值；当桩长大于40m时，宜考虑桩身弹性压缩量；对直径大于或等于800mm的桩，可取$S=0.05D$（D为桩端直径）对应的荷载值。

（注：当按上述四款判定桩的竖向抗压承载力未达到极限时，桩的竖向抗压极限承载力应取最大试验荷载值。）

单桩竖向抗压极限承载力统计值的确定应符合下列规定：

（1）参加统计的试桩结果，当满足其极差不超过平均值的30％时，取其平均值为单桩竖向抗压极限承载力。

（2）当极差超过平均值的30％时，应分析极差过大的原因，结合工程具体情况综合确定，必要时可增加试桩数量。

（3）对桩数为3根或3根以下的柱下承台，或工程桩抽检数量少于3根时，应取低值。

单位工程同一条件下的单桩竖向抗压承级力特征值应按单桩竖向抗压极限承载力统计值的一半取值。

（二）单桩竖向抗拔静载试验的主要内容

1. 适用范围及检测目的

确定单桩竖向抗拔极限承载力；

判定竖向抗拔承载力是否满足设计要求；

通过桩身内力及变形测试，测定桩的抗拔摩阻力。

2. 设备仪器

试验反力装置宜采用反力桩（或工程桩）提供支座反力，也可根据现场情况采用天然地基提供支座反力。

其余同单桩竖向抗压静载试验。

3. 现场检测

加卸载分级、试验方法及稳定标准按单桩竖向抗压静载试验，并仔细观察桩身混凝土开裂情况。

当出现下列情况之一时，可终止加载：

（1）在某级荷载作用下，桩顶上拔量大于前一级上拔荷载作用下的上拔量5倍。

（2）按桩顶上拔量控制，当累计桩顶上拔量超过100mm时。

（3）按钢筋抗拉强度控制，桩顶上拔荷载达到钢筋强度标准值的0.9倍。

（4）对于验收抽样检测的工程桩，达到设计要求的最大上拔荷载值。

4. 检测数据的分析与判定

单桩竖向抗拔极限承载力可按下列方法综合判定：

（1）根据上拔量随荷载变化的特征确定：对陡变型U-δ曲线，取陡升起始点对应的荷载值。

（2）根据上拔量随时间变化的特征确定：取δ-$\lg t$曲线斜率明显变陡或曲线尾部明显弯曲的前一级荷载值。

（3）当在某级荷载下抗拔钢筋断裂时，取其前一级荷载值。

单桩竖向抗拔极限承载力统计值的确定按单桩竖向抗压静载试验的规定。当作为验收抽样检测的受检桩在最大抗拔荷载作用下，未出现上述所列三款情况时，可按设计要求判定。

单位工程同一条件下的单桩竖向抗拔承载力特征值应按单桩竖向抗拔极限承载力统计

值的一半取值。

注：当工程桩不允许带裂缝工作时，取桩身开裂的前一级荷载作为单桩竖向抗拔承载力特征值，并与按极限荷载一半取值确定的承载力特征值相比取小值。

(三) 单桩水平静载试验的主要内容

1. 适用范围及检测目的

确定单桩水平临界和极限承载力，推定土抗力参数；

判定水平承载力是否满足设计要求；

通过桩身内力及变形测试，测定桩身弯矩。

2. 设备仪器

试验反力装置由相邻桩或专门设置的反力装置提供。

荷载测量及仪器的技术要求同单桩竖向抗压静载试验。

3. 现场检测

试验宜采用单向多循环加载法，或根据要求采用其他方法。

加卸载方式和水平位移测量应符合下列规定：

单向多循环加载法的分级荷载应小于预估水平极限承载力或最大试验荷载的1/10。每级荷载施加后，恒载4min后可测读水平位移，然后卸载至零，停2min测读残余水平位移，至此完成一个加卸载循环。如此循环5次，完成一级荷载的位移观测。试验不得中间停顿。

当出现下列情况之一时，可终止加载：

(1) 桩身折断；

(2) 水平位移超过30～40mm(软土取40mm)；

(3) 水平位移达到设计要求的水平位移允许值。

4. 检测数据的分析与判定

(1) 单桩的水平临界荷载可按下列方法综合确定：

① 取单向多循环加载法时的 H-t-Y_0 曲线或慢速维持荷载法时的 H-Y_0 曲线出现拐点的前一级水平荷载值。

② 取 H-$\Delta Y_0/\Delta H$ 曲线或 $\lg H$-$\lg Y_0$ 曲线上第一拐点对应的水平荷载值。

③ 取 H-σ_s 曲线第一拐点对应的水平荷载值。

(2) 单桩的水平极限承载力可按下列方法综合确定：

① 取单向多循环加载法时的 H-t-Y_0 曲线产生明显陡降的前一级、或慢速维持荷载法时的 H-Y_0 曲线发生明显陡降的起始点对应的水平荷载值。

② 取慢速维持荷载法时的 Y_0-$\lg t$ 曲线尾部出现明显弯曲的前一级水平荷载值。

③ 取 H-$\Delta Y_0/\Delta H$ 曲线或 $\lg H$-$\lg Y_0$ 曲线上第二拐点对应的水平荷载值。

④ 取桩身折断或受拉钢筋屈服时的前一级水平荷载值。

单桩水平极限承载力和水平临界荷载统计值的确定按单桩竖向抗压静载试验的规定。

(3) 单位工程同一条件下的单桩水平承载力特征值的确定应符合下列规定：

① 当水平承载力按桩身强度控制时，取水平临界荷载统计值为单桩水平承载力特征值。

② 当桩受长期水平荷载作用且桩不允许开裂时，取水平临界荷载统计值的0.8倍作

为单桩水平承载力特征值。

除上条规定外,当水平承载力按设计要求的水平允许位移控制时,可取设计要求的水平允许位移对应的水平荷载作为单桩水平承载力特征值,但应满足有关规范抗裂设计的要求。

四、单桩动测试验的方法及各种方法的特点(表1.6-189)

表 1.6-189

检测方法	检测目的	特点及适用条件
高应变法	判定单桩竖向抗压承载力是否满足设计要求; 检测桩身缺陷及其位置,判定桩身完整性类别; 分析桩侧和桩端土阻力; 监测预制桩打入时的桩身应力和锤击能量传递比	检测的物理意义较明确,检测准确度相对较高,检测成本低,抽样数量较静载试验大,但受检测人员水平和桩土模型的影响仍有较大的局限性,不能替代静载试验而作为设计依据。 进行灌注桩的竖向抗压承载力检测时,应具有现场实测经验和本地区相近条件下的可靠对比验证资料。 对于大直径扩底桩、Q-s 曲线具有缓变型特征的大直径灌注桩,不宜采用本方法进行竖向抗压承载力检测。 对 JGJ 106—2003 规范第 3.3.5 条规定条件外的预制桩和满足高应变法适用检测范围的灌注桩,可采用高应变法进行单桩竖向抗压承载力验收检测。 有些情况下应采用静载法进一步验证
低应变法	检测桩身缺陷及其位置,判定桩身完整性类别	反射波法物理意义明确、测试设备轻便简单、检测速度快、成本低,是基桩完整性普查的良好手段。 受检桩混凝土强度至少达到设计强度的70%,且不小于15MPa。 对缺陷的程度不能量化。 有效检测桩长范围应通过现场试验确定 桩身浅部缺陷可采用开挖验证,桩身或接头存在裂隙的预制桩可采用高应变法验证。 对于混凝土灌注桩,采用时域信号分析时应区分桩身截面渐变后恢复至原桩径并在该阻抗突变处的一次反射,或扩径突变处的二次反射,结合成桩工艺和地质条件综合分析判定受检桩的完整性类别。 对低应变法检测中不能明确完整性类别的桩或Ⅲ类桩,可根据实际情况采用静载法、钻芯法、高应变法、开挖等适宜的方法验证检测
声波透射法	检测灌注桩桩身缺陷及其位置,判定桩身完整性类别	不受场地限制,测试精度高,在缺陷的判断上较其他方法更全面,检测范围可覆盖全桩长的各个横截面,但桩身需预埋声测管,抽样的随机性差,检测成本高。 受检桩混凝土强度至少达到设计强度的70%,且不小于15MPa
桩身完整性检测宜采用两种或多种合适的检测方法进行		

五、静载荷试验的最少数量

1. 地基土及复合地基

地基土(相对匀质地基):每单位工程不应少于3点,1000m² 以上工程,每100m² 至少应有1点,3000m² 以上工程,每300m² 至少应有1点。每一独立基础下至少应有1点,基槽每20延米应有1点。

有竖向增强体的复合地基：总数的 0.5%～1%，且不应少于 3 处。有单桩强度检验要求时，数量为桩总数的 0.5%～1%，且不应少于 3 根。

2. 基桩

单桩竖向抗压静载试验：

试验桩阶段：检测数量在同一条件下不应少于 3 根，且不宜少于总桩数的 1%；当工程桩总数在 50 根以内时，不应少于 2 根。

工程桩验收：抽检数量不应少于总桩数的 1%，且不少于 3 根；当总桩数在 50 根以内时，不应少于 2 根。

对于承受拔力和水平力较大的桩基，应进行单桩竖向抗拔、水平承载力检测。检测数量不应少于总桩数的 1%，且不应少于 3 根。

六、动静对比试验的重要性

单桩竖向抗压静载试验采用接近于竖向抗压桩的实际工作条件的试验方法，确定单桩竖向抗压承载力，是目前公认的检测基桩竖向抗压承载力最直观、最可靠的试验方法。

高应变法在检测桩承载力方面属于半直接法，因为它只能通过应力波直接测量得到打桩时的土阻力，与桩的承载力并无直接对应关系。我们关心的承载力——也就是静阻力信息，需从打桩土阻力中提取，同时还需要将静阻力与桩的沉降建立关系。于是要假设桩-土力学模型及其参数，而模型及其参数的建立和选择只能是近似的、甚至是经验性的，它们是否合理、准确，则需通过大量工程实践经验积累和特定桩型和地质条件下的静动对比来不断完善。

灌注桩的截面尺寸和材质的非均匀性、施工的隐蔽性（干作业成孔桩除外）及由此引起的承载力变异性普遍高于打入式预制桩；混凝土材料应力-应变关系的非线性、桩头加固措施不当、传感器安装条件差及安装处混凝土质量的不均匀，导致灌注桩检测采集的波形质量低于预制桩，波形分析中的不确定性和复杂性又明显高于预制桩。与静载试验结果对比，灌注桩高应变检测判定的承载力误差也如此。因此，积累灌注桩现场测试、分析经验和相近条件下的可靠对比验证资料，提高检测人员素质，对确保检测质量尤其重要。

第三节 结 构 检 测

一、概述

混凝土结构在我国的建筑工程中占有举足轻重的地位，不仅因为混凝土具有成型容易，适用面广的特点，而且因为混凝土结构具有较好的耐久性。从混凝土诞生到现在已经有一百多年的历史，但它至今仍是我国乃至世界建筑工程领域应用最多的建筑材料之一，采用混凝土建成了大量的民用建筑、工业建筑及大型公用建筑。

但由于其生产技术较为复杂，混凝土原材品质的偏差、配合比及生产工艺的不当，容易造成混凝土的质量问题，从而导致混凝土强度及耐久性的下降。根据《混凝土结构工程施工质量验收规范》（GB 50204—2002）的要求，在混凝土结构工程施工过程中主要对钢筋质量、钢筋加工方法、钢筋连接、钢筋安装以及混凝土原材料、配合比设计、施工工艺等方面的施工过程进行控制，而且在混凝土浇筑完毕后，对混凝土结构的外观质量尺寸偏差等也应进行相应的控制。由于各种原因的影响，在实际工程中混凝土结构往往产生各种质量问题，常见的有：混凝土强度偏低、外观质量缺陷、混凝土内部缺陷、混凝土构件尺寸偏差等问题，因此为了保证混凝土结构的安全需要对其进行相应项目的检测。

在混凝土结构中，由于钢材规格与结构的差异，在施工中往往涉及到纵向钢筋的连接问题。常见的连接方式有钢筋焊接以及钢筋机械连接，其中钢筋的机械连接是指通过钢筋与连接件的机械咬合作用或钢筋端面的承压作用，将一根钢筋中的力传递至另一根钢筋的连接方法，常见的机械连接接头形式有：套筒挤压接头，锥螺纹接头、镦粗直螺纹接头、滚扎直螺纹接头、熔融金属充填接头等。由于钢筋连接具有传递钢筋拉力或压力的作用，因此钢筋连接的施工质量控制尤为重要。

二、混凝土结构的主要检测项目及方法标准

根据《混凝土结构工程施工质量验收规范》（GB 50204—2002）的要求，在混凝土结构在子分部工程完成后，应进行结构实体检验。主要包括混凝土强度检测和钢筋保护层厚度检测等，当工程合同约定或必要时可检验其他项目。其中混凝土强度的检验应以在混凝土浇筑地点制备并与结构实体同条件养护的试件为依据，也可根据约定，采用非破损或局部破损的检测方法，按国家现行有关标准的规定进行检测。钢筋保护层厚度的检验，可采用非破损或局部破损的方法，也可采用非破损方法并用局部破损方法进行校准。

混凝土结构施工质量的主要检测方法有：

1. 回弹法检测混凝土强度；
2. 超声回弹综合法检测混凝土强度；
3. 拔出法检测混凝土强度；
4. 取芯法检测混凝土强度；
5. 超声波检测混凝土缺陷；
6. 冲击回波检测混凝土的质量；
7. 电磁感应检测钢筋位置。

另外，还有声发射技术检测混凝土质量、红外线检测混凝土质量、雷达波检测混凝土质量、电位法测试钢筋锈蚀、雷达波测试混凝土楼板中钢筋的分布等检测技术及方法也得到了广泛的应用，但其中个别方法还有待试验和实践的进一步检验。

现行混凝土质量检测方法标准主要有：

1. 《回弹法检测混凝土抗压强度技术规程》（JGJ/T 23—2001）；
2. 《超声回弹综合法检测混凝土强度技术规程》（CECS 02：2005）；
3. 《钻芯法检测混凝土强度技术规程》（CECS 03：88）；
4. 《后装拔出法检测混凝土强度技术规程》（CECS 69：94）；
5. 《超声法检测混凝土缺陷技术规程》（CECS 21：2000）；
6. 《混凝土结构工程施工质量验收规范》（GB 50204—2002）。

（一）混凝土强度的检测方法

混凝土强度检测方法主要有：钻芯法、拔出法、回弹法、超声-回弹综合法等。其中钻芯法及拔出法属于半破损检测方法，回弹法及超声-回弹综合法属于非破损检测方法。

1. 回弹法检测混凝土强度

回弹法是采用回弹仪弹击混凝土表面，并测出弹击重锤被反弹回来的距离，以反弹距离与弹簧初始长度之比即回弹值作为与强度相关的指标，来推定混凝土强度的一种方法，属于表面硬度检测方法。

我国自 1950 年代中期开始采用回弹法测定现场混凝土强度,并于 1966 年出版了《混凝土强度的回弹仪检测技术》一书,1985 年颁布了《回弹法评定混凝土抗压强度技术规程》(JGJ 23—85),经两次修订后现行标准为《回弹法检测混凝土抗压强度技术规程》(JGJ/T 23—2001)。

(1) 适用范围

由于回弹法属于表面硬度检测方法,因此回弹法不适用于表面与内部质量有明显差异或内部存在缺陷的混凝土结构或构件的检测。如表面遭遇冻伤或火灾后混凝土强度的检测不应直接采用回弹法进行检测。

(2) 抽样方法

采用回弹法检测结果或构件的混凝土强度可以采用两种方式:单个检测或批量检测。

单个检测适用于单个结构或构件的检测;批离那个检测适用于在相同的生产工艺条件下,混凝土强度等级相同,原材料、配合比、成型工艺、养护条件基本已知且龄期相近的同类结构或构件的强度检测。

当采用单个检测时,抽样数量可以根据事先约定或相关技术标准的要求进行确定;采用批量检测时,抽样数量不得少于同批构件数量的的 30% 且构件数量不得少于 10 件。抽检构件时,应随机抽取并使所选构件具有代表性。

(3) 检测方法

对混凝土构件进行正式检测前,应在构件上选择并布置测区,所谓"测区"是指每一试样的测试区域,测区的数量和布置方法应满足《回弹法检测混凝土抗压强度技术规程》(JGJ/T 23—2001)的规定要求。测区表面应清洁、平整、干燥,不应有酥松层、饰面层、粉刷层、浮浆、污垢、蜂窝麻面等。必要时可以采取砂轮清除表面杂物和不平整处。测试时回弹仪应始终与测面相垂直,并不得打在气孔和外漏石子上,每一测区记取 16 个回弹值,每一测点的回弹值读数估读至 1。

回弹值检测完毕后,应在有代表性的位置上测量碳化深度值,测点数不应少于构件测区数的 30%,并取其平均值为该构件每测区的碳化深度值。当碳化深度极差大于 2mm 时,应在每一测区测量碳化深度值。每个测量点的测量次数不应少于 3 次,并取其平均值,每次读数精确至 0.5mm。

(4) 回弹值计算

计算测区平均值时,应从该测区的 16 个回弹值中剔除 3 个最大值和 3 个最小值,剩余的 10 个回弹值在取平均值作为测区平均回弹值。根据测区的位置及弹击面的不同应进行如下修正:

① 当检测方向为非水平方向检测混凝土浇筑侧面时,应对回弹值进行角度修正;

② 当水平方向检测混凝土浇筑顶面或底面时,应对浇筑面回弹值进行修正;

③ 当检测时回弹仪为非水平方向且测试面为非混凝土的浇筑侧面时,应线对回弹值进行角度修正,在进行浇筑面修正。

(5) 混凝土强度的计算

① 测区混凝土强度换算值的计算

在得到测区的平均回弹值及平均碳化深度后,可以根据《规程》的测区混凝土强度换算表得出相应测区的混凝土强度换算值，泵送混凝土还应按规程规程要求进行相应的修正。当有地区测强曲线或专用测强曲线时，混凝土强度换算值应按地区测强曲线或专用测强曲线换算得出。

② 测区强度平均值及标准差的计算

结构或构件的测区混凝土强度平均值可根据各测区的混凝土强度换算值计算。当测区数为10个及以上时，应计算强度标准差。平均值及标准差应按下列公式计算：

$$m_{f_{cu}^c} = \frac{\sum_{i=1}^{n} f_{cu,i}^c}{n}$$

$$s_{f_{cu}^c} = \sqrt{\frac{\sum_{i=1}^{n}(f_{cu,i}^c)^2 - n(m_{f_{cu}^c})^2}{n-1}}$$

式中 $m_{f_{cu}^c}$——结构或构件测区混凝土强度换算值的平均值（MPa），精确至0.1MPa；

n——对于单个检测的构件，取一个构件的测区数；对批量检测的构件，取被抽检构件测区数之和；

$s_{f_{cu}^c}$——结构或构件测区混凝土强度换算值的标准差（MPa），精确至0.01MPa。

③ 结构或构件的混凝土强度推定值（$f_{cu,e}$）应按下列公式确定：

A. 当该结构或构件测区数少于10个时：

$$f_{cu,e} = f_{cu,min}^c$$

式中 $f_{cu,min}^c$——构件中最小的测区混凝土强度换算值。

B. 当该结构或构件的测区强度值中出现小于10.0MPa时：

$$f_{cu,e} < 10.0\text{MPa}$$

C. 当该结构或构件测区数不少于10个或按批量检测时，应按下列公式计算：

$$f_{cu,e} = m_{f_{cu}^c} - 1.645 s_{f_{cu}^c}$$

注：结构或构件的混凝土强度推定值是指相应于强度换算值总体分布中保证率不低于95%的结构或构件中的混凝土抗压强度值。

④ 对按批量检测的构件，当该批构件混凝土强度标准差出现下列情况之一时，则该批构件应全部按单个构件检测：

A. 当该批构件混凝土强度平均值小于25MPa时：

$$s_{f_{cu}^c} > 4.5\text{MPa}；$$

B. 当该批构件混凝土强度平均值不小于25MPa时：

$$s_{f_{cu}^c} > 5.5\text{MPa}。$$

2. 超声-回弹综合法检测混凝土强度

超声回弹综合法是根据实测声速值和回弹值综合推定混凝土强度的方法。该方法采用带波形显示器的低频率超声检测仪，并配置频率为50～100kHz的换能器，测量混凝土中超声波的声速值，以及采用弹击锤冲击能量为2.207J的混凝土回弹仪，测量回弹值。

超声回弹综合法检测混凝土强度，是1966年有罗马尼亚建筑及建筑经济科学研究院首次提出的，并编制了有关技术规程，我国于1976年引进了这一方法，在结合具体情况的基础上，该检测方法得到了广泛的推广应用。1988年由中国工程标准化委员会批准了我国第一本《超声回弹综合法检测混凝土强度技术规程》(CECS 02：88)，并于2005年进行了修订，标准号为CECS 02：2005。

综合法检测混凝土强度，实质上就是超声法和回弹法两种单一检测方法的综合测试。

(1) 试验准备

检测前收集必要的资料，在检测结构或构件上布置测区。当按单个构件检测时，应在构件上均匀布置测区，且不少于10个；当对同批构件抽样检测时，构件抽样数量不少于同批构件的30%，且不少于10件，每个构件测区数量不少于10个；对长度小于或等于2m的构件，其测区数量可适当减少，但不应少于3个。

测区布置应满足以下要求：

① 测区的布置应在构件混凝土浇筑方向的侧面；

② 测区应均匀布置，相邻两测区的间距不宜大于2m；

③ 测区应避开钢筋密集区和预埋铁；

④ 测区尺寸为200mm×200mm，相对应的两个200mm×200mm方块应视为一个测区；

⑤ 测试面应清洁、平整、干燥，不应有接缝、饰面层、浮浆和污垢，并避开蜂窝、麻面部位，必要时可用砂轮清理。

(2) 测试过程

① 回弹值的测量和计算

方法同回弹法。

② 超声声速值的测量与计算

超声仪必须符合技术要求并具有质量检查合格证。超声测点应布置在回弹测试的同一测区内。并保证换能器与混凝土的良好耦合，发射和接受换能器的轴线应在同一直线上。每个测区内的相对测试面上，应布置三个测点。根据测区声速值和超声距离计算出测区的声时值，并取三个平均值。

③ 混凝土强度的推定

用所获得的超声声速值和回弹值等参数，按已确定的综合法相关曲线，进行测区强度的计算，然后按测强曲线公式计算出构件的混凝土强度。

当结构所用材料与制定曲线所用材料有较大差异时，可用同条件试块或钻取的混凝土芯样进行修正，试样数量应不少于4个。

单个构件混凝土强度的推定：

当单个构件测区数量少于10个时，以最小值作为该构件的强度推定值；当测区数量不少于10个时，以测区强度95%分位数作为构件强度推定值。

批量构件混凝土强度的推定：

当为同批构件时，混凝土抗压强度平均值在25MPa以下、25～50MPa、50MPa以上时，其标准差分别不应大于4.5、5.5、6.5MPa，否则应按单个构件进行检测。批量检测时以测区强度95%分位数作为构件强度推定值。

3. 后装拔出法检测混凝土强度(CECS 69：94)

拔出法是一种半破损检测方法，其试验是把一个用金属制作的锚固件埋入未硬化的混凝土浇筑构件中，或在已硬化的混凝土构件上钻孔埋入一个锚固件，然后根据测试锚固件被拔出时的拉力,来确定混凝土的拔出强度。

(1) 试验准备

检测前收集必要的资料,并对钻孔机、磨槽仪、拔出仪的工作状态以及钻头磨头锚固件的规格尺寸是否满足成孔尺寸要求进行检查,然后对检测的结构或构件布置测区。

测区布置应满足以下要求:

① 按单个构件进行检测时,应在构件上均匀布置3个测点。当三个拔出力中的最大拔出力和最小拔出力与中间值之差均小于中间值的15%时,仅布置3个测点即可;最大拔出力和最小拔出力与中间值之差大于中间值的15%时,应在最小拔出力测点附近再加2个测点。

② 当同批构件按批抽样检测时,抽检数量应不少于同批构件数量总数的30%,且不少于10件,每个构件应不少于3个测点。

③ 测点宜布置在构件混凝土成型的侧面,如不能满足这一要求时,可布置在混凝土成型的表面或底面。

④ 在构件的受力较大及薄弱部位应布置测点,相邻两测点的间距不应小于10h,测点距构件边缘不应小于4h。

⑤ 测点应避开接缝、蜂窝、麻面部位和混凝土表层的钢筋、预埋件。

⑥ 测试面应平整、清洁、干燥,对饰面层、浮浆等应予清除,必要时进行磨平处理。

(2) 试验步骤

① 钻孔与磨槽

在钻孔过程中,钻头应始终与混凝土的表面垂直,垂直偏差不应大于3°;

钻孔直径应比《后装拔出法检测混凝土强度技术规程》(CECS 69:94)第3.1.3条规定值大0.1mm,且不宜大于1.0mm,钻孔深度应比锚固值深20~30mm;

环形槽深度应为3.6~4.5mm;

锚固深度应符合《后装拔出法检测混凝土强度技术规程》(CECS 69:94)第3.1.3条规定,允许误差为+0.8mm。

② 拔出实验

将胀簧插入成型孔中,通过胀杆使胀簧锚固台阶完全嵌入环形槽内,保证锚固可靠。

拔出仪与锚固件用拉杆连接对中,并与混凝土表面垂直。

施加拔出力应连续均匀,其速度应控制在0.5~1.0kN/s。

施加拔出力至混凝土开裂破坏,测力显示器读数不再增加为止,拔出力值精确至0.1kN。

当拔出实验出现异常时,应作详细记录,并将该值舍去,在其附近补测点。

(3) 混凝土强度计算

① 单个构件的混凝土强度推定

混凝土强度换算值按下式计算:

$$f_{cu}^c = A \times F + B$$

式中 f_{cu}^c——混凝土强度换算值(MPa),精确至0.1MPa;

   F——拔出力(kN),精确至0.1kN;

   A,B——测强公式回归系数。

当构件的三个拔出力中的最大值和最小值与中间值之差均小于中间值的15%时,取最小值作为该构件拔出力计算值。

当加测时，加测的两个拔出力值和最小拔出力值一起取平均值，再与前一次的拔出力中间值比较，取最小值作为该构件拔出力计算值。

② 批抽检构件的混凝土强度推定

将同批构件抽样检测的每个拔出力换算为强度换算值：

$$f_{cu,c1}=m_{f_{cu}^c}-1.645s_{f_{cu}^c}$$

$$f_{cu,c2}=m_{f_{cu,min}^c}=1/m\sum_{i=1}^{n}f_{cu,min,j}^c$$

式中 $m_{f_{cu}^c}$——批抽检构件混凝土强度换算值的平均值(MPa)，精确至0.1MPa。

$$m_{f_{cu}^c}=\frac{1}{n}\sum_{i=1}^{n}f_{cu,min,j}^c$$

式中 $f_{cu,i}^c$——第 i 个测点的混凝土强度换算值；

$S_{f_{cu}^c}$——批抽检构件混凝土强度换算值的标准差(MPa)，精确至0.1MPa；

$m_{f_{cu,min}^c}$——批抽检每个构件混凝土强度换算值中最小值的平均值(MPa)，精确至0.1MPa；

$f_{cu,min,j}^c$——第 j 个构件混凝土强度换算值中的最小值(MPa)，精确至0.1MPa；

n——批抽检构件的测点总数；

m——批抽检的构件数。

对于批抽检的构件，当全部测点的强度标准差出现下列情况时，则该批构件应全部按单个构件检测：

A. 当混凝土强度换算值的平均值小于或等于25MPa时，$S_{f_{cu}^c}>4.5$MPa；

B. 当混凝土强度换算值的平均值大于25MPa时，$S_{f_{cu}^c}>5.5$MPa。

4. 钻芯法检测混凝土强度

钻芯法是利用专用钻机，从结构混凝土中钻取芯样以检测混凝土强度或观察混凝土内部质量的方法，由于它对结构混凝土造成一定的局部损伤，因此是一种半破损的检测手段。

用钻芯法检测混凝土的强度、裂缝、接缝、分层、孔洞或离析等缺陷，具有直观、精度高等特点，因而广泛应用于工业与民用建筑、水工大坝、桥梁、公路、机场跑道等混凝土结构或构筑物的质量检测。

中国工程建设标准化委员会于88年批准发行了《钻芯法检测混凝土强度技术规程》（CECS 03：88），现已在工程结构检测中普遍应用。

（1）试验准备

检测前收集必要的资料，查阅相关图纸，选取芯样钻取部位。芯样选取部位应遵循以下原则：

① 结构或构件受力较小的部位；
② 混凝土强度质量具有代表性的部位；
③ 便于取芯机安放与操作的部位；
④ 避开主筋、预埋件、管线的位置，并尽量避开其他钢筋；
⑤ 采用钻芯法和非破损法综合测定强度时，应与非破损法取同一测区。

(2) 芯样取样

① 按单个构件检测时,每个构件的钻芯数量不应少于 3 个,对于较小的构件,钻芯数量可取 2 个;

② 对构件的局部区域进行检测时,应由要求检测的单位提出钻芯位置及钻芯数量;

③ 钻取芯样直径一般不宜小于骨料最大粒径的 3 倍,在任何情况下不得小于骨料最大粒径的 2 倍;

④ 芯样抗压试件的高度与直径之比应在 1~2 的范围内;

⑤ 芯样内不能含有钢筋,如不能满足此要求,每个试件最多只允许含有两根直径小于 10mm 的钢筋,且钢筋应与芯样轴线基本垂直并不得露出端面。

(3) 芯样加工

锯切后的芯样,当不能满足平整度及垂直度要求时,可采用以下方法进行加工:

① 在磨平机上磨平;

② 用水泥砂浆或硫磺胶泥等材料在专用补平装置上补平。

水泥砂浆补平厚度不宜大于 5mm,硫磺砂浆补平厚度不宜大于 1.5mm。

补平层应与芯样结合牢固,以使受压时补平层与芯样得结合层不提前破坏。

(4) 芯样抗压强度试验

芯样尺寸偏差及外观质量要求:

① 经端面补平后的芯样高度不得小于 $0.95d$,或大于 $2.05d$;

② 沿芯样高度任一直径与平均直径相差不得超过 2mm 以上;

③ 芯样端面的不平整度在 100mm 长度内不得超过 0.1mm;

④ 芯样端面与轴线的不垂直度不得超过 2°;

⑤ 芯样不得有裂缝或有其他较大缺陷。

按自然干燥状态进行试验时,芯样试件在受压前应在室内自然干燥 $3d$。按潮湿状态进行实验时,芯样应在 20℃±5℃ 的清水中浸泡 40~48h,从水中取出后应立即进行抗压试验。

(5) 芯样强度计算

芯样试件的混凝土强度换算值,应按下列公式计算:

$$f_{cu}^c = a \frac{4F}{\pi d^2}$$

式中　f_{cu}^c——芯样试件混凝土强度换算值(MPa),精确至 0.1MPa;

　　　F——芯样试件抗压试验测得的最大压力(N);

　　　d——芯样试件的平均直径(mm);

　　　a——不同高径比的芯样试件混凝土强度换算系数,应按表 1.6-190 选用。

表 1.6-190

高径比 (h/d)	1.0	1.1	1.2	1.3	1.4	1.5	1.6	1.7	1.8	1.9	2.0
系数(a)	1.00	1.04	1.07	1.10	1.13	1.15	1.17	1.19	1.21	1.22	1.24

单个构件或单个构件的局部区域。可取芯样试件混凝土强度换算值中的最小值作为其

代表值。

(二) 混凝土内部缺陷的检测方法(超声法)

超声法系指采用带波形显示功能的超声波检测仪,测量超声脉冲波在混凝土中的传播速度、首波幅度和接受信号主频率等声学参数,并根据这些参数及其相对变化,判定混凝土中的缺陷情况。

我国在《超声法检测混凝土缺陷技术规程》CECS 21：90 的基础上,吸收国内外超声检测仪器的最新成果和超声检测技术的新经验,结合我国建设工程中混凝土质量控制与检测的实际需要,制定了现行标准《超声法检测混凝土缺陷技术规程》CECS 21：2000。

1. 试验准备

检测前收集必要的资料,依据检测要求和测试操作条件,确定缺陷测试的部位。

(1) 测位混凝土表面应清洁、平整、必要时可用砂轮磨平或用高强度的快凝砂浆磨平,但磨平砂浆必须与混凝土粘结良好。

(2) 在满足首波幅度测读精确的条件下,应选用较高频率的换能器。

(3) 换能器应通过耦合剂与混凝土测试表面保持紧密结合,耦合层不得夹杂泥砂或空气。

(4) 检测时应避免超声传播路径与附近钢筋轴线平行,如无法避免,应使两个换能器连线与该钢筋的最短距离不小于超声测距的 1/6。

(5) 检测中如出现可疑数据应及时查找原因,必要时进行复测校核或加密测点补测。

2. 检测项目

(1) 裂缝深度检测

当结构的裂缝部位只有一个可测表面,估计裂缝深度又不大于 500mm 时,可采用单面平测法。

当结构的裂缝部位具有两个相互平行的测试表面时,可采用双面穿透斜测法检测。

对于大体积混凝土,预计深度在 500mm 以上的裂缝检测,可采用钻孔对测法。

(2) 不密实区和空洞检测

检测条件：被测部位应具有至少一对相互平行的测试面,测试范围除应大于有怀疑的区域外,还应有同条件的正常混凝土进行对比,且对比测点数不应少于 20。

检测方法：当构件具有两对相互平行的测试面时,可采用对测法。当构件只有一对相互平行的测试面时,可采用对测和斜测相结合的方法。当测距较大时,可采用钻孔或预埋管测法。

(3) 混凝土结合面质量检测

此类检测适用于前后两次浇筑的混凝土之间接触面的结合质量检测。在测试前应查明结合面的位置及走向,明确被测部位及范围且构件的被测部位应具有使声波垂直或斜穿结合面的测试条件。

混凝土结合面质量检测可采用对测法和斜测法,布置测点时应注意以下几点：

① 使测试范围覆盖全部结合面或有怀疑的部位；

② 各对 T-R1 和对 T-R2 换能器连线的倾斜角距应相等；

③ 测点的间距视构件尺寸和结合面外观质量情况而定,宜为 100～300mm；

④ 表面损伤层检测：

布置测位时应根据构件的损伤情况和外观质量选取有代表性的部位，构件被测表面应平整并处于自然干燥状态且无接缝和饰面层。

⑤灌注桩混凝土缺陷检测：

此种检测方法适用于桩径或边长不小于0.6m的灌注桩桩身混凝土缺陷检测。

⑥钢管混凝土缺陷检测：

此种检测方法适用于管壁与混凝土胶结良好的钢管混凝土缺陷检测。

(三)混凝土中钢筋位置检测技术

在钢筋混凝土结构设计中对钢筋保护层厚度有明确的规定，不符合规范要求将影响结构的耐久性，但由于施工中的种种原因，钢筋保护层厚度经常会有不符合设计的要求，所以在质量控制中就要求对结构物的钢筋保护层厚度进行无损检测。另一方面，在对结构构件进行取芯或安装设备钻孔时，也需要探明主筋位置以避开主筋。再者，在缺乏图纸的情况下，对旧建筑进行质量复查，查明钢筋的直径和位置以计算其承载力，钢筋的无损检测技术是非常必要的。

1. 在对结构实体进行钢筋保护层厚度检验时，检验的部位和构件数量应符合以下要求：

(1)钢筋保护层厚度的检验部位，应由监理，施工等各方根据构件的重要性共同选定；

(2)对梁板类构件，应各抽取构件数量的2%且不少于5个构件进行检验；当有悬挑构件时，抽取的构件中悬挑梁类、板类构件所占比例均不宜小于50%；

(3)对选定的梁类构件，应对全部纵向受力钢筋的保护层进行检验；对选定的板类构件，应抽取不少于6根纵向受力钢筋进行检验。对于每根钢筋，应在有代表性的部位测量一点。

钢筋保护层厚度检验时，纵向受力钢筋保护层厚度的允许偏差，对梁类构件为+10mm，−7mm；对板类构件为+8mm，−5mm。

2. 结构实体钢筋保护层厚度验收合格应符合以下规定：

(1)当全部钢筋保护层厚度检验的合格点率为90%及以上时，钢筋保护层厚度的检验结果应判为合格；

(2)当全部钢筋保护层厚度检验的合格点率小于90%但不小于80%，可再抽相同数量的构件进行检验；当按两次抽样总合计算的合格点率为90%及以上时，钢筋保护层厚度的检验结果仍判为合格；

(3)每次抽样检验结果中不合格点的最大偏差均不应大于其允许偏差的1.5倍。

三、砌体工程的主要检测项目及方法标准

砌体工程的主要检测项目为检测和推定砂浆的强度或砖砌体的工作应力、弹性模量和强度。

方法标准：

《砌体工程现场检测技术标准》GB/T 50315—2000

《贯入法检测砌筑砂浆抗压强度技术规程》JGJ/T 136—2001

(一)主要检测方法

砌体工程现场检测方法有：原位轴压法、扁顶法、原位单剪法、原位单砖双剪法、推

出法、筒压法、砂浆片剪切法、回弹法、点荷法、射钉法。

1. 贯入法检测方法为：贯入法。
2. 按测试内容可分为下列几类：
(1) 检测砌体抗压强度：原位轴压法、扁顶法；
(2) 检测砌体工作应力、弹性模量：扁顶法；
(3) 检测砌体抗剪强度：原位单剪法、原位单砖双剪法；
(4) 检测砌筑砂浆强度：推出法、筒压法、砂浆片剪切法、回弹法、点荷法、射钉法、贯入法；其中贯入法为常用检测方法。

检测方法一览表　　　　　　　　　表1.6-191

序号	检测方法	特　点	用　途	限制条件
1	轴压法	1. 属原位检测，直接在墙体上测试，测试结果综合反映了材料质量和施工质量 2. 直观性、可比性强 3. 设备较重 4. 检测部位局部破损	检测普通砖砌体的抗压强度	1. 槽间砌体每侧的墙体宽度应不小于1.5m 2. 同一墙体上的测点数量不宜多于1个；测点数量不宜太多 3. 限制于240mm砖墙
2	扁顶法	1. 属原位检测，直接在墙体上测试，测试结果综合反映了材料质量和施工质量 2. 直观性、可比性较强 3. 扁顶重复使用率较低 4. 砌体强度较高或轴向变形较大时，难以测出抗压强度 5. 设备较轻 6. 检测部位局部破损	1. 检测普通砖砌体的抗压强度； 2. 测试古建筑和重要建筑的实际应力； 3. 测试具体工程的砌体弹性模量模量	1. 槽间砌体每侧的墙体宽度不应小于1.5m 2. 同一墙体的测点数量不宜多于1个；测点数量不宜太多
3	原位单剪法	1. 原单位检测，直接在墙体上测试，测试结果综合反映了施工质量和砂浆质量 2. 直观性强 3. 检测部位局部破损	检测各种砌体的抗剪强度	1. 测点宜选在窗下墙部位，且承受反作用力的墙体应有足够长度 2. 测点数量不宜太多
4	原位单砖双剪法	1. 属原位检测，直接在墙体上测试，测试结果综合反映了施工质量和砂浆质量 2. 直观性较强 3. 设备较轻便 4. 检测部位局部破损	检测烧结普通砖砌体的抗剪强度，其他墙体应经试验确定有关换算系数	当砂浆强度低于5MPa时，误差较大
5	推出法	1. 属原位检测，直接在墙体上测试，测试结果综合反映了施工质量和砂浆质量 2. 设备较轻便 3. 检测部位局部破损	检测普通砖墙体的砂浆强度	当水平灰缝的砂浆饱满度低于65%时，不宜选用
6	筒压法	1. 属取样检测 2. 仅需要利用一般混凝土实验室的常用设备 3. 取样部位局部破损	检测烧结普通砖墙体中的砂浆强度	测点数量不宜太多

续表

序号	检测方法	特点	用途	限制条件
7	砂浆片剪切法	1. 属取样检测 2. 专用的砂浆测强仪和其标定仪，较为轻便 3. 试验工作较为简便 4. 取样部位局部破损	检测烧结普通砖墙体中的砂浆强度	
8	回弹法	1. 属原位无损检测，测区选择不受限制 2. 回弹仪有定型产品，性能较稳定，操作简便 3. 检测部位的装修面仅局部损伤	1. 检测烧结普通砖墙体中的砂浆强度 2. 适宜于砂浆强度均质性普查	砂浆强度不应小于2MPa
9	点荷法	1. 属取样检测 2. 试验工作较简便 3. 取样部位局部损伤	检测烧结普通砖墙体中的砂浆强度	砂浆强度不应小于2MPa
10	射钉法	1. 属原位无损伤检测，测区选择不受限制 2. 射钉枪、子弹、射钉有配套定型产品，设备较轻便 3. 墙体装修面仅局部损伤	烧结普通砖和多孔砖砌体中，砂浆强度均质性普查	1. 定量推定砂浆强度，宜与其他检测方法配合使用 2. 砂浆强度不应小于2MPa 3. 检测前，需要用标准靶校验
11	贯入法		详见三、(十二)贯入法	

（二）原位轴压法

1. 检测项目：

本方法适用于推定240mm厚普通砖砌体的抗压强度。检测时在墙体上开凿两条水平槽孔，安装原位压力机。

2. 取样方法：

测试部位应具有代表性，并应符合下列规定：

（1）测试部位宜选在墙体中部距楼、地面1m左右的高度处；槽间砌体每侧的墙体宽度不应小于1.5m。

（2）同一墙体上，测点不宜多于1个，且宜选在沿墙体长度的中间部位；多于1个时，其水平净距不得小于2.0m。

（3）测试部位不得选在挑梁下、应力集中部位以及墙梁的墙体计算高度范围内。

3. 根据槽间砌体初裂和破坏时的油压表读数，分别减去油压表的初始读数，按原位压力机的校验结果，计算槽间砌体的初裂荷载值和破坏荷载值。

槽间砌体的抗压强度，应按下式计算：

$$f_{uij}=N_{uij}/A_{ij}$$

式中 f_{uij}——第i个测区第j个测点槽间砌体的抗压强度(MPa)；

N_{uij}——第i个测区第j个测点槽间砌体的受压破坏荷载值(N)；

A_{ij}——第i个测区第j个测点槽间砌体的受压面积(mm^2)。

4. 槽间砌体抗压强度换算为标准砌体的抗压强度，应按下列公式计算：

$$f_{mij} = f_{uij}/f_{1ij}$$
$$f_{1ij} = 1.36 + 0.54\delta_{0ij}$$

式中 f_{mij}——第 i 个测区第 j 个测点的标准砌体抗压强度换算值(MPa);

  f_{1ij}——原位轴压法的无量纲的强度换算系数;

  δ_{0ij}——该测点上部墙体的压应力(MPa),其值可按墙体实际所承受的荷载标准值计算。

5. 测区的砌体抗压强度平均值,应按下式计算:

$$f_{mi} = (1/n1) \times \sum_{j=1}^{n_1} f_{mij}$$

式中 f_{mi}——第 i 个测区的砌体抗体强度平均值(MPa);

  n_i——测区的测点数。

(三)扁顶法

1. 检测项目:

本方法适用于推定普通砖砌体的受压工作应力、弹性模量和抗压强度。检测时,在墙体的水平灰缝处开凿两条槽孔,安放扁顶。

2. 取样方法:

扁顶由 1mm 厚合金钢板焊接而成,总厚度为 5～7mm,大面尺寸分别为 250mm×250mm、250mm×380mm、380mm×380mm、380mm×500mm,对 240mm 厚墙体可选用前两种扁顶,对 370mm 厚墙体可选用后两种扁顶。

(四)原位单剪法

1. 检测项目:

本方法适用于推定砖砌体沿通缝截面的抗剪强度。检测时,测试部位宜选在窗洞口或其他洞口下三皮砖范围内。

2. 取样方法:

(1) 在选定的墙体上,应采用振动较小的工具加工切口,现浇钢筋混凝土传力件。

(2) 测量被测灰缝的受剪面尺寸,精确至 1mm。

(3) 安装千斤顶及测试仪表,千斤顶的加力轴线与被测灰缝顶面应对齐。

(4) 应匀速加水平荷载,并控制试件在 2～5min 内破坏。当试件沿受剪面滑动、千斤顶开始卸载时,即判定试件达到破坏状态。记录破坏荷载值,结束试验。在预定剪切面(灰缝)破坏,此次试验有效。

(5) 加荷试验结束后,翻转已破坏的试件,检查剪切面破坏特征及砌体砌筑质量,并详细记录。

(五)原位单砖双剪法

1. 检测项目:

本方法适用于推定烧结普通砖砌体的抗剪强度。检测时,将原位剪切仪的主机安放在墙体的槽孔内。

2. 取样方法:

本方法宜选在释放受剪面上部压力 δ_0 作用下的试验方案;当能准确计算上部压应力 δ_0 时,也可选用在上部压应力 δ_0 作用下的试验方案。

在测区内选择测点,应符合下列规定:

(1)每个测区随机布置的 n_1 个测点,在墙体两面的数量宜接近或相等。以一块完整的顺砖及其上下两条水平灰缝作为一个测点(试件)。

(2)试件两个受剪面的水平灰缝厚度应为8~12mm。

(3)下列部位不应布设测点:门、窗洞口侧边120mm范围内;后补的施工洞口和经修补的砌体;独立砖柱和窗间墙。

(4)同一墙体的各测点之间,水平方向净距不应小于0.62m,垂直方向净距不应小于0.5m。

3. 当采用带有上部压应力 δ_0 作用的试验方案时,将剪切试件相邻一端的一块砖掏出,清除四周的灰缝,制备出安放主机的孔洞,其截面尺寸不得小于115mm×65mm,掏空、清除剪切试件另一端的竖缝。

当采用释放试件上部压应力 δ_0 的试验方案时,应掏空水平灰缝,掏空范围由剪切试件的两端向上按45°角扩散至灰缝,掏空长度应大于620mm,深度应大于240mm。

试件两端的灰缝应清理干净。开凿清理过程中,严禁扰动试件,如发现被推砖块有明缺棱掉角或上、下灰缝有明显松动现象,应舍去该试件。被推砖的承压面应平整,如不平时应用扁砂轮等工具磨平。

将剪切仪放入开凿好的孔洞中,使仪器的承压板与试件的砖块顶面重合,仪器轴线与砖块轴线吻合。若开凿孔洞过长,在仪器尾部应另加垫块。

操作剪切仪,匀速施加水平荷载,直至试件和砌体之间相对位移,试件达到破坏状态。加荷的全过程宜为1~3min。

记录试件破坏时剪切仪测力计的最大读数,精确至0.1个分度值。采用无量纲指示仪的剪切仪时,尚应按剪切仪的效验结果换算成以N为单位的破坏荷载。

(六)推出法

1. 检测项目:

本方法适用于推定240mm厚普通砖墙砌筑砂浆强度,所测砂浆的强度等级宜为M1~M5。检测时,将推出仪安放在墙体的孔洞内。推出仪由钢制部件、传感器、推出力缝值测定仪等组成。

2. 取样方法:

(1)测点宜均匀布置在墙上,并应避开施工中的预留洞口。

(2)被推定砖的承压面可采用砂轮磨平,并应清理干净。

(3)被推定砖下的水平灰缝厚度应为8~12mm。

(4)测试前,被推定砖应编号,并详细记录墙体的外观情况。

(七)筒压法

1. 检测项目:

本方法适用于推定烧结普通砖墙中的砌筑砂浆强度。检测时,应从砖墙中抽取砂浆试样,在试验室内进行筒压荷载试验,测试筒压比,然后换算为砂浆强度。

2. 取样方法:

本方法所测试的砂浆品种及其强度范围,应符合下列要求:

(1)中、细砂配制的水泥砂浆,砂浆强度为2.5~20MPa;

(2) 中、细砂配制的水泥石灰混合砂浆,砂浆强度为 2.5~15.0MPa;

(3) 中、细砂配制的水泥粉煤灰砂浆,砂浆强度为 2.5~20MPa;

(4) 石灰质石粉砂与中、细砂混合配制的水泥石灰混合砂浆和水泥砂浆,砂浆强度为 2.5~20MPa。

(八) 砂浆片剪切法

1. 检测项目:

本方法适用推定烧结普通砖砌体中的砌筑砂浆强度。

2. 取样方法:

检测时,应从砖墙中抽取砂浆片试样,采用砂浆测强仪测试其抗剪强度,然后换算为砂浆强度。

从每个测点处,宜取出两个砂浆片,一片用于检测,一片备用。

制备砂浆片试件,应遵守下列规定:

(1) 从测点处的单块砖大面上取下的原状砂浆大片,应编号,分别放入密封袋内。

(2) 同一个测区的砂浆片,应加工成尺寸接近的片状体,大面、条面均匀平整,单个试件的各向尺寸宜为:厚度 7~15mm,宽度 15~50mm,长度按净跨不小于 22mm 确定。

(3) 试件加工完毕,应放入密封袋内。

(九) 回弹法

1. 取样方法:

本方法适用于推定烧结普通砖砌体中的砌筑砂浆强度。检测时,应用回弹仪测试砂浆表面硬度,用酚酞试剂测试砂浆碳化深度,以此两项指标换算为砂浆强度。

2. 取样方法:

测位宜选在承重墙的可测面上,并避开门窗洞口及预埋件等附近的墙体。墙面上每个测位的面积宜大于 $0.3m^2$。本方法不适用于推定高温、长期浸水、化学侵蚀、火灾等情况下的砂浆抗压强度。

3. 测位处的粉刷层、沟缝砂浆、污物等应清除干净,弹击点处的砂浆表面,应仔细打磨平整,并除去浮灰。

每个测位内均匀布置 12 个弹击点。选定弹击应避开砖的边缘、气孔或松动的砂浆。相邻两弹击点的间距不应小于 20mm。

在每个弹击点上,适用回弹仪连续弹击 3 次,第 1、2 次不读数,仅记读第 3 次回弹值,精确至 1 个刻度。测试过程中,回弹仪应始终处于水平状态,其轴线应垂直砂浆表面,且不得位移。

在每一测位内,选择 1~3 处灰缝,用游标尺和 1‰ 的酚酞试剂测量砂浆碳化深度,读书精确至 0.5mm。

(十) 点荷法

1. 检测项目:

本工程适用于推定烧结普通砖砌体中的砌筑砂浆强度。检测时,应从砖墙中抽取砂浆片试样,采用试验机测试其点荷载值,然后换算为砂浆强度。

2. 取样方法:

从每个测点处,宜取出两个砂浆大片,一片用于检测,一片用于备用。

制备试件，应遵守下列规定：

(1) 从每个测点处剥离出砂浆大片。

(2) 加工或选取的砂浆试件应符合下列要求：厚度为 5～12mm，预估荷载作用半径为 15～25mm，大面应平整，但其边缘不要求非常规则。

(3) 在砂浆试件上画出作用点，量测其厚度，精确至 0.1mm。

(4) 在小吨位的压力试验机上、下压板上分别安装上、下加荷头，两个加荷头应对齐。

(5) 将砂浆试件水平放置在下加荷头上、下加荷头对准预先画好的作用点，并使上加荷头轻轻压紧试件，然后缓慢匀速施加荷载至试件破坏。试件可能破坏成数个小块。记录荷载值，精确至 0.1kN。

(6) 将破坏后的试件拼接成原样，测量荷载实际作用点中心到试件破坏边最短距离即荷载作用半径，精确至 0.1mm。

(十一) 射钉法

1. 检测项目：

本方法适用于推定烧结普通砖砌体中的砌筑砂浆强度。检测时，应从砖墙中抽取砂浆片试样，采用试验机测试其点荷载值，然后换算为砂浆强度。

2. 取样方法：

每个测取的测点，在墙体两面的数量宜各半。

3. 在各测取的水平灰缝上，应按规定标出测点位置。测点处的灰缝厚度不应小于 10mm；在门窗洞口附近和经修补的砌体上不应布置测点。

清除测点表面的覆盖层和疏松层，将砂浆表面修理平整。

应事先量测射钉的全长 L_1；将射钉射入测点砂浆中，并量测射钉外露部分的长度 L_2，射钉的射入量应按下式计算 $L=L_1-L_2$。

(十二) 贯入法

贯入法检测砌筑砂浆抗压强度技术在全国各地得到了广泛的应用，解决了许多工程质量问题，取得了良好的社会效益和经济效益。贯入法检测技术适用于工业与民用建筑砌体工程中的砌筑砂浆抗压强度检测。

1. 检测项目

(1) 本方法适用于工业与民用建筑砌体工程中的砌筑砂浆抗压强度的现场检测，并作为推定抗压强度的依据。

用贯入法检测的砂浆应符合下列要求：

① 自然养护；

② 龄期为 28d 或 18d 以上；

③ 自然风干状态；

④ 强度为 0.4～16.0MPa。

(2) 检测砌筑砂浆抗压强度时，委托单位应提供下列资料：

① 建设单位、设计单位、监理单位、施工单位和委托单位名称；

② 原材料试验资料、砂浆品种、设计强度等级和配合比；

③ 砌筑日期、施工及养护情况；

④ 检测原因。

2. 取样方法

(1) 检测砌筑砂浆抗压强度时,应以面积不大于 $25m^2$ 的砌体构件或构筑物为一个构件。

(2) 按批抽样检测时,应取龄期相近的同楼层、同品种、同强度等级砌筑砂浆且不得大于 $250m^3$ 砌体为一批,抽检数量不应少于砌体总构件数的 30%,且不应少于 6 个构件。基础砌体可按一个楼层计。

(3) 被检测灰缝应饱满,其厚度不应小于 7mm,并应避开竖缝位置、门窗洞口、后砌洞口和预埋件的边缘。

(4) 多孔砖砌体和空斗墙砌体的水平灰缝深度应大于 30mm。

(5) 检测范围内的饰面砖、粉刷层、勾缝砂浆、浮浆以及表面损伤层等,应清除干净;应是使待测灰缝砂浆暴露并经打磨平整后在进行检测。

(6) 每一构件应测试 16 电。测点应均匀分布在构件的水平灰缝上,相邻测点水平间距不宜小于 240mm,每条灰缝测点不宜多于 2 点。

3. 贯入检测

(1) 贯入检测应按下列程序操作:

① 将测钉插入贯入杆的测钉座中,测钉尖端朝外,固定好测钉;

② 用摇柄旋紧螺母,直至挂钩挂上为止,然后将螺母退至贯入杆顶端;

③ 将贯入仪扁头对准灰缝中间,并垂直贴在被测砌体灰缝砂浆的表面,握住贯入仪把手,扣动扳机,将测钉贯入被测砂浆中。

(2) 每次试验前,应清除测钉上附着的水泥灰渣等杂物,同时用测钉量规检验测钉的长度;测钉能够通过测钉量规槽时,应重新选用新的测钉。

(3) 操作过程中,当测点处的灰缝砂浆存在空洞或测孔周围砂浆不完整时,该测点应作废,另选测点补测。

(4) 贯入深度的测量应按下列程序操作:

① 将测钉拔出,用吹风机将测孔中的粉尘吹干净;

② 将贯入深度测量表扁头对准灰缝,同时将测头插入测孔中,并保持测量表垂直于被测砌体灰缝砂浆的表面,从表盘中直接读取测量表显示值 d'_i 并记录在记录表中,贯入深度应按下式计算:

$$d_i = 20.00 - d'_i$$

式中 d'_i ——第 i 个测点贯入深度测量表读数,精确至 0.01mm;

d_i ——第 i 个测点贯入深度值,精确至 0.01mm。

③ 直接读数不方便时,可用锁紧螺钉锁定测头,然后取下贯入深度测量表读数。

④ 当砌体的灰缝经打磨仍难以达到平整时可在测点处标记,贯入检测前用贯入深度测量表测读测点处的砂浆表面不平整读数 d^0_i,然后再在测点处进行贯入检测,读取 d'_i,则贯入深度应按下式计算:

$$d_i = d^0_i - d'_i$$

式中 d_i ——第 i 个测点贯入深度值,精确至 0.01mm;

d^0_i ——第 i 个测点贯入深度测量表的不平整读数,精确至 0.01mm;

d'_i——第 i 个测点贯入深度测量表读数,精确至 0.01mm。

4. 砂浆抗压强度计算

(1) 检测数值中,应将 16 个贯入深度值中的 3 个较大值和 3 个较小值剔除,余下的 10 个贯入深度值可按下式取平均值:

$$m_{d,j} = (1/10)\sum_{i=1}^{10}d_i$$

式中 m_{dj}——第 j 个构件的砂浆贯入深度平均值,精确至 0.01mm;

d_i——第 i 个测点的贯入深度值,精确至 0.01mm。

(2) 根据计算所得的构件贯入深度平均值 m_{dj},可按不同的砂浆品种由表查得砂浆抗压强度换算值 $f^c_{2,j}$。其他品种的砂浆可按规程的要求建立专用测强曲线进行检测。有专用测强曲线时,砂浆抗压强度换算值的计算应优先采用专用测强曲线。

(3) 在采用砂浆抗压强度换算表时,应首先进行检测误差验证试验,试验方法可按专用测强曲线制定方法要求进行,试验数量和范围应按检测的对象确定,其检测误差其平均误差不应大于 18%,相对标准不应大于 20%,否则应建立专用测强曲线。

(4) 按批抽检时,同批构件砂浆应按下列公式计算平均值和变异系数:

$$m_{f^c_2} = (1/n)\times\sum_{j=1}^{n}f^c_{2,j}$$

$$s_{f^c_2} = \sqrt{\frac{\sum_{i=1}^{n}(mf^c_2 - f^c_{2,j})^2}{n-1}}$$

$$c_{f^c_2} = s_{f^c_2}/m_{f^c_2}$$

式中 $m_{f^c_2}$——同批构件砂浆抗压强度换算值的平均值,精确至 0.1MPa;

$f^c_{2,j}$——第 j 个构件的砂浆抗压强度换算值,精确至 0.1MPa;

$s_{f^c_2}$——同批构件砂浆抗压强度换算值的标准差,精确至 0.1MPa;

$c_{f^c_2}$——同批构件砂浆抗压强度换算值的变异系数,精确至 0.1。

(5) 砌体砌筑砂浆抗压强度推定值 $f^c_{2,e}$ 应按下列规定确定:

① 当按单个构件检测时,该构件的砌筑砂浆抗压强度推定值应按下式计算:

$$f^c_{2,e} = f^c_{2,j}$$

式中 $f^c_{2,e}$——砂浆抗压强度推定值,精确至 0.1MPa;

$f^c_{2,j}$——第 j 个构件的砂浆抗压强度换算值,精确至 0.1MPa。

② 当按批抽检时,应按下列公式计算:

$$f^c_{2,e1} = m_{f^c_s}$$

$$f^c_{2,e2} = f^c_{2,\min}/0.75$$

式中 $f^c_{2,e1}$——砂浆抗压强度推定值之一,精确至 0.1MPa;

$f^c_{2,e2}$——砂浆抗压强度推定值之二,精确至 0.1MPa;

$m_{f^c_s}$——同批构件砂浆抗压强度换算值的平均值,精确至 0.1MPa;

$f^c_{2,\min}$——同批构件中砂浆抗压强度换算值的最小值,精确至 0.1MPa。

应取公式中 $f^c_{2,e1}$、$f^c_{2,e2}$ 中的较小值作为该批构件的砌筑砂浆抗压强度推定值 $f^c_{2,e}$。

③ 对于按批抽检的砌体,当该批构件砌筑砂浆抗压强度换算变异系数不小于 0.3 时,则该批构件应全部按单个构件检测。

四、钢筋连接检测方法标准

（一）概述

在混凝土结构中，由于钢材规格与结构的差异，在施工中往往涉及到纵向钢筋的连接问题。常见的连接方式有钢筋焊接以及钢筋机械连接。目前，我国钢筋焊接设备多数是手工操作，且青年工人较多，钢筋焊接质量的好坏在很大程度上取决于焊工的素质，包括理论知识、操作技能和熟练程度，以及认真负责的工作态度。为了在钢筋焊接施工中采用合理的焊接工艺和统一的质量验收标准，做到技术先进，确保质量，我们对钢筋焊接施工及质量检验与验收标准制订本规范。钢筋的机械连接是指通过钢筋与连接件的机械咬合作用或钢筋端面的承压作用，将一根钢筋中的力传递至另一根钢筋的连接方法。

钢筋焊接依据规范：《钢筋焊接及验收规程》（JGJ 18—2003）

钢筋的机械连接依据规范：《钢筋机械连接通用技术规程》（JGJ 107—2003）

（二）钢筋焊接

钢筋焊接施工之前，应清除钢筋、钢板焊接部位以及钢筋与电极接触处表面上的锈斑、油污、杂物等；钢筋端部当有弯曲、扭曲时，应予以矫直或切除。在工程开工正式焊接之前，参与该项施焊的焊工应进行现场条件下的焊接工艺试验，并经试验合格后，方可正式生产。试验结果应符合质量检验与验收时的要求。

一般的钢筋焊接方法包括：钢筋电阻点焊、钢筋闪光对焊、钢筋电弧焊电渣压力焊、钢筋气压焊、预埋件钢筋弧压力焊等。

（三）质量的检验与验收一般方法

1. 钢筋焊接接头或焊接制品（焊接骨架、焊接网）质量检验与验收应按现行国家标准《混凝土结构工程施工质量验收规范》GB 50204 中的基本规定和本规程有关规定执行。

2. 钢筋焊接接头或焊接制品应按检验批进行质量检验与验收，并划分为主控项目和一般项目两类。质量检验时，应包括外观检查和力学性能检验。

3. 纵向受力钢筋焊接接头，包括闪光对焊接头、电弧焊接头、电渣压力焊接头、气压焊接头的连接方式检查和接头的力学性能检验规定为主控项目。

接头连接方式应符合设计要求，并应全数检查，检验方法为观察。

接头试件进行力学性能检验时，其质量和检查数量应符合本规程有关规定；检验方法包括：检查钢筋出厂质量证明书、钢筋进场复验报告、各项焊接材料产品合格证、接头试件力学性能试验报告等。

焊接接头的外观质量检查规定为一般项目。

4. 非纵向受力钢筋焊接接头，包括交叉钢筋电阻点焊焊点、封闭环式箍筋闪光对焊接头、钢筋与钢板电弧搭接焊接头、预埋件钢筋电弧焊接头、预埋件钢筋埋弧压力焊接头的质量检验与验收，规定为一般项目。

5. 焊接接头外观检查时，首先应由焊工对所焊接头或制品进行自检；然后由施工单位专业质量检查员检验；监理（建设）单位进行验收记录。

纵向受力钢筋焊接接头外观检查时，每一检验批中应随机抽取 10% 的焊接接头。检查结果，当外观质量各小项不合格数均小于或等于抽检数的 10%，则该批焊接接头外观质量评为合格。

当某一小项不合格数超过抽检数的 10% 时，应对该批焊接接头该小项逐个进行复检，并剔出不合格接头；对外观检查不合格接头采取修整或焊补措施后，可提交二次验收。

6. 力学性能检验时，应在接头外观检查合格后随机抽取试件进行试验。试验方法应按现行行业标准《钢筋焊接接头试验方法标准》JGJ/T 27 有关规定执行。试验报告应包括下列内容：

（1）工程名称、取样部位；
（2）批号、批量；
（3）钢筋牌号、规格；
（4）焊接方法；
（5）焊工姓名及考试合格证编号；
（6）施工单位；
（7）力学性能试验结果。

7. 钢筋闪光对焊接头、电弧焊接头、电渣压力焊接头、气压焊接头拉伸试验结果均应符合下列要求：

（1）3 个热轧钢筋接头试件的抗拉强度均不得小于该牌号钢筋规定的抗拉强度；RRB400 钢筋接头试件的抗拉强度均不得小于 $570N/mm^2$；
（2）至少应有 2 个试件断于焊缝之外，并应呈延性断裂。

当达到上述 2 项要求时，应评定该批接头为抗拉强度合格。

当试验结果有 2 个试件抗拉强度小于钢筋规定的抗拉强度，或 3 个试件均在焊缝或热影响区发生脆性断裂时，则一次判定该批接头为不合格品。

当试验结果有 1 个试件的抗拉强度小于规定值，或 2 个试件在焊缝或热影响区发生脆性断裂，其抗拉强度均小于钢筋规定抗拉强度的 1.10 倍时，应进行复验。

复验时，应再切取 6 个试件。复验结果，当仍有 1 个试件的抗拉强度小于规定值，或有 3 个试件断于焊缝或热影响区，呈脆性断裂，其抗拉强度小于钢筋规定抗拉强度的 1.10 倍时，应判定该批接头为不合格品。

（注：当接头试件虽断于焊缝或热影响区，呈脆性断裂，但其抗拉强度大于或等于钢筋规定抗拉强度的 1.10 倍时，可按断于焊缝或热影响区之外，呈延性断裂同等对待。）

8. 闪光对焊接头、气压焊接头进行弯曲试验时，应将受压面的金属毛刺和镦粗凸起部分消除，且应与钢筋的外表齐平。

弯曲试验可在万能试验机、手动或电动液压弯曲试验器上进行，焊缝应处于弯曲中心点，弯心直径和弯曲角应符合表 6-192 的规定。

接头弯曲试验指标　　　　　　　　　　　　　　　表 1.6-192

钢筋牌号	弯心直径	弯曲角(°)
HPB235	$2d$	90
HRB335	$4d$	90
HRB400、RRB400	$5d$	90
HRB500	$7d$	90

注：1. d 为钢筋直径(mm)；
2. 直径大于 25mm 的钢筋焊接接头，弯心直径应增加 1 倍钢筋直径。

当试验结果，弯至90°，有2个或3个试件外侧（含焊缝和热影响区）未发生破裂，应评定该批接头弯曲试验合格。

当3个试件均发生破裂，则一次判定该批接头为不合格品。

当有2个试件发生破裂，应进行复验。

复验时，应再切取6个试件。复验结果，当有3个试件发生破裂时，应判定该批接头为不合格品。

（注：当试件外侧横向裂纹宽度达到0.5mm时，应认定已经破裂。）

（四）取样方法数量和合格判定

1. 钢筋焊接骨架和焊接网

钢筋焊接骨架和焊接网的质量检验按下列规定抽取试件：

（1）凡钢筋牌号、直径及尺寸相同的焊接骨架和焊接网应视为同一类型制品，且每300件作为一批，一周内不足300件的亦应按一批计算；

（2）外观检查应按同一类型制品分批检查，每批抽查5%，且不得少于5件；

（3）力学性能检验的试件，应从每批成品中切取；切取过试件的制品，应补焊同牌号、同直径的钢筋，其每边的搭接长度不应小于2个孔格的长度；

（4）当焊接骨架所切取试件的尺寸小于规定的试件尺寸，或受力钢筋直径大于8mm时，可在生产过程中制作模拟焊接试验网片，从中切取试件；

（5）由几种直径钢筋组合的焊接骨架或焊接网，应对每种组合的焊点作力学性能检验；

（6）热轧钢筋的焊点应作剪切试验外，试件应为3件；冷轧带肋钢筋焊点除作剪切试验外，尚应对纵向和横向冷轧带肋钢筋作拉伸试验，试件应各为1件。剪切试件纵筋长度应大于或等于290mm，横筋长度应大于或等于50mm；拉伸试件纵筋长度应大于或等于300mm；

（7）焊接网剪切试件应沿同一横向钢筋随机切取；

（8）切取剪切试件时，应使制品中的纵向钢筋成为试件的受拉钢筋。

2. 焊接骨架外观质量检查结果

应符合下列要求：

（1）每件制品的焊点脱落、漏焊数量不得超过焊点总数的4%，且相邻两焊点不得有漏焊及脱落；

（2）应量测焊接骨架的长度和宽度，并应抽查纵、横方向3~5个网格的尺寸，其允许偏差应符合表3.2的规定。

当外观检查结果不符合上述要求时，应逐件检查，并剔出不合格品。对不合格品经整修后，可提交二次验收。

（五）机械连接接头基本力学性能试验项目

接头应根据其等级和应用场合，对单向拉伸性能、高应力反复拉压、大变形反复拉压、抗疲劳、耐低温等各项性能确定相应的检验项目。

根据抗拉强度以及高应力和大变形条件下反复拉压性能的差异，接头分三个等级：

Ⅰ级：接头抗拉强度不小于被连接钢筋实际抗拉强度或1.10倍钢筋抗拉强度标准值，并具有高延性及反复拉压性能。

Ⅱ级：接头抗拉强度不小于被连接钢筋抗拉强度标准值，并具有高延性及反复拉压性能。

Ⅲ级：接头抗拉强度不小于被连接钢筋屈服强度标准值1.35倍，并具有一定的延性及反复拉压性能。

Ⅰ级、Ⅱ级、Ⅲ级接头的抗拉强度应符合表1.6-193的规定。

接头的抗拉强度　　　　　　　　表1.6-193

接头等级	Ⅰ级	Ⅱ级	Ⅲ级
抗拉强度	$f_{mst}^0 \geq f_{st}^0$ 或 $\geq 1.10 f_{uk}$	$f_{mst}^0 \geq f_{uk}$	$f_{mst}^0 \geq 1.35 f_{yk}$

注：f_{mst}^0——接头试件实际抗拉强度；
f_{st}^0——接头试件中钢筋抗拉强度实测值；
f_{uk}——钢筋抗拉强度标准值；
f_{yk}——钢筋屈服强度标准值。

（六）机械连接接头拉伸试验合格判定

对接头的每一验收批，必须在工程结构中随机截取3个接头试件作抗拉强度试验，按设计要求的接头等级进行评定。

当3个接头试件的抗拉强度均符合表1.6-193中相应等级的要求时，该验收批评为合格。

如有1个试件的强度不符合要求，应再取6个试件进行复检。复检中仍有1个试件的强度不符合要求，则该验收批评为不合格。

第四节　钢结构检测

钢结构是用热轧钢板、型钢、钢管及圆钢或冷加工成型的薄壁型钢通过焊缝、螺栓或铆钉连接制造而成的结构。与其他材料结构相比，钢结构具有下列特点：

1. 钢材强度高，当承受的荷载和条件相同时钢结构比其他结构相比构件较小，易于运输和安装。

2. 钢材的塑性和韧性好，材质均匀，抗振性能好，安全可靠。

3. 钢结构加工制作简便、施工周期短，工业化程度高、利于保证质量。

4. 钢结构密闭性好，适宜于气密性、水密性要求高的高压容器、大型油库等。

5. 钢结构具有一定的耐热性，温度在250℃以内时，钢的性质变化较小，因此钢结构可用于温度不高于250℃的场合。

6. 钢结构易于锈蚀，新建时需加强表面防护，使用过程中还应定期维护，故维护费用较高。

改革开放以来，随着我国钢产量大幅度增加，品种规格日益齐全，目前钢结构在经济建设中的应用渐增，其应用范围有：重型工业厂房的承重结构及吊车梁；大跨度建筑的屋盖结构；多层及高层建筑的承重结构；大跨度桥梁；塔桅结构；轻钢结构；板壳结构；移动式结构；受动力荷载影响的结构及抗震设防区内抗震性能要求较高的建筑结构及构筑物。

重型厂房、高层建筑、大跨度房屋及桥梁结构等对一个地区的经济发展往往起着举足轻重的作用。为确保钢结构工程质量，使建成后的工程能满足预定功能的需求，一方面需精心设计、精心施工，另一方面，在钢结构工程制作、安装及使用过程中对其质量进行检测就显得尤为重要。

钢结构工程检测是钢结构工程质量控制的必要手段。不论是设计理论如何先进、计算结果如何精确，只要设计所依据的参数与实际不符，就有可能发生工程事故，至少是设计所规定的结构的目标可靠度不能实现。众多的钢结构工程事故表明，在钢结构工程建设过程中加强质量检测对杜绝工程事故的发生具有十分重大的意义。

一、主要检测项目和抽样方法及检测数量

钢结构工程检测内容主要包括三个部分：钢结构材料检测、钢结构连接检测（包括紧固件检测和焊缝无损探伤）及钢结构性能检测。

（一）钢结构材料检测

钢结构用材料可分为三大类，即结构（构件）用材料、结构连接材料（焊接用材料）及结构防护用材料。

1. 结构用材料是指结构承重材料，主要包括结构用钢材、结构用铝合金及连接用材料等。

结构用材料应全数检查，检验方法、检查质量合格证明文件，中文标志及检验报告。

对有必要进行抽样复验的主要受力构件所用的钢材等材料尚应进行现场抽样复检。

凡需进行抽样复验的材料，应按同一批次、同一品种、同一规格尺寸等分别进行抽样检验。

抽样复验项目一般应包括：规格尺寸偏差、结构材料力学性能检验、结构材料成分的化学分析，当有特殊要求时尚应进行结构材料的金相分析，结构材料的物理分析、结构材料的表面质量等检验。

（1）结构材料的力学性能检验

结构材料的力学性能检验用以确定所用材料的力学性能指标是否符合相应的国家标准规定，力学性能主要包括：材料的强度性能（f_y、f_u）、塑性性能（δ、ψ）冲击韧性（α_k），弹性模量（E），冷弯性能（α、a/d）、硬度（H_p）等。

对于焊接结构用材料，同时应检验其焊接性能（包括施工上的可焊性及使用上的可焊性）是否符合相应的国标规定。

（2）结构材料成分的化学分析

通过材料的化学分析，确定结构材料的化学成分是否符合有关国标的规定。

（3）结构材料的金相分析

对结构材料进行金相分析，以确定材料的低倍（断口）组织、非金属夹杂物是否符合国家标准规定。

（4）结构材料的物理分析

物理分析用以确定材料的密度、弹性模量、线膨胀系数、导热性、材料的内部缺陷等。

（5）结构材料的表面质量

材料的表面质量是材料技术标准要求的内容之一，表面质量包括材料（型材）表面的裂纹、气孔、结疤、折叠及夹杂等，材料表面质量应符合相应的国家标准规定。

2. 焊接用材料主要包括焊条、焊丝、焊剂。

焊接用材料应全数检查，检查方法、检查质量合格文件、中文标志及检验报告。

对需抽样复验的重要钢结构焊接材料，应按一批次进行复验。

本规范规定重要钢结构采用的焊接材料应进行抽样复验，这里所指的"重要钢结构"主要是指重要的焊缝，具体指：

(1) 建筑结构安全等级为一级钢结构中的一、二级焊缝；

(2) 建筑结构安全等级为二级钢结构中的一级焊缝；

(3) 大跨度(60m)钢结构中一级焊缝；

(4) 吊车工作制 A6 级及以上的吊车梁结构中一级焊缝；

(5) 设计要求。

应该指出，当对焊缝材料的质量合格证明文件有疑议时，也应进行抽样复验。

焊接材料的抽样及复验内容应按照其产品国家标准中规定的方法、数量和内容进行，如设计有复验的具体要求，亦可按设计要求的方法、数量和内容进行。

主要的焊接材料，如焊条、焊丝复验应含但不仅限于如下内容：

• 熔敷金属化学成分；

• 熔敷金属力学成分；

• 焊条药皮含水量。

(1) 焊条的检测内容有：焊条尺寸、熔敷金属化学成分、焊缝熔敷金属力学性能、焊缝射线探伤、焊条药皮、药皮含水量。对不锈钢焊条，尚应测定熔敷金属耐腐蚀性、熔敷金属铁素体含量。

(2) 焊丝的检测内容有：焊丝的化学成分、焊丝力学性能及射线探伤，焊丝直径及偏差、焊丝挺度、焊丝镀层、焊丝松弛直径及翘距、焊丝对接光滑程度、焊丝表面质量、熔敷金属力学性能及冲击试验、焊缝射线探伤。

(3) 焊剂的检测内容有：焊剂颗粒度、焊剂含水量、焊剂抗潮性、机械夹杂物，焊接工艺性能、熔敷金属拉伸性能、熔敷金属的 V 形缺口冲击吸收功、焊接试板射线探伤，焊剂硫、磷含量，焊缝扩散氢含量等。

所有检测项目均应符合相应的国家标准规定。

3. 结构防护用材料

结构防护材料指形成结构表面保护膜的材料，主要有防腐防锈涂料及防火涂料。检测内容包括涂料的化学成分，物理性能(黏度、干燥时间、盐水性等)成膜表面光泽、机械性能、耐腐蚀性及涂层表面质量测定等。

涂料的性能测试应进行涂料涂装试验。

检查数量：全数检查。

检验方法：检查产品的质量合格证明文件、中文标志及检验报告等。

钢结构防火涂料的品种和技术性能应符合设计要求，并应经过具有资质的检测机构检测符合国家现行有关标准的规定。

检查数量：全数检查。

检验方法：检查产品的质量合格证明文件、中文标志及检验报告。

防腐涂料和防火涂料的型号、名称、颜色及有效期应与其质量证明文件相符。开启后，不应存在结皮、结块、凝胶等现象。

检查数量：按桶数抽查5%，且不应少于3桶。

检验方法：观察检查。

(二) 钢结构连接检测

钢结构的连接有三种方式：紧固件连接、焊接连接和铆钉连接。焊接连接是最常用的连接方式，因而焊缝质量的检测是钢结构检测的主要内容之一。

1. 紧固件检测以一个连接副为单位进行，一个连接副包括一个螺栓、一个螺母及垫圈。

检测内容包括：

(1) 螺栓(铆钉)尺寸的检测；

(2) 螺纹尺寸的检测；

(3) 螺栓(铆钉)表面质量检测；

(4) 连接件表面质量检测；

(5) 扭剪型高强度螺栓连接副预拉力的复验方法；

(6) 高强度大六角头螺栓连接时扭矩系数的复验方法；

(7) 高强螺栓连接的抗滑系数测定。

其中连接副的承载能力及抗滑系数(摩擦系数)需通过试验确定。

2. 扭剪型高强度螺栓连接副预拉力的复验方法

复验用的螺栓应在施工现场待安装的螺栓批中随机抽取，每批应抽取8套连接副进行复验。

连接副预拉力可采用经计量检定、校准合格的轴力计进行测试。

试验用的电测轴力计、油压轴力计、电阻应变仪、扭矩扳手等计量器具，应在试验前进行标定，其误差不得超过2%。

采用轴力计方法复验连接副预拉力时，应将螺栓直接插入轴力计。紧固螺栓分初拧、终拧两次进行，初拧应采用手动扭矩扳手或专用定扭电动扳手；初拧值应为预拉力标准值的50%左右。终拧应采用专用电动扳手，至尾部梅花头拧掉，读出预拉力值。

复验螺栓连接副的预拉力平均值和标准偏差应符合表1.6-194的规定。

扭剪型高强度螺栓紧固预拉力和标准偏差(kN)　　　　表1.6-194

螺栓直径(mm)	16	20	(22)	24
紧固预拉力的平均值 $\bar{p}$	99~120	154~186	191~231	222~270
标准偏差 σ_p	10.1	15.7	19.5	22.7

3. 高强度大六角头螺栓连接副扭矩系数复验。

复验用螺栓应在施工现场待安装的螺栓批中随机抽取，每批应抽取8套连接副进行复验。

连接副扭矩系数复验用的计量器具应在试验前进行标定，误差不得超过2%。

每套连接副只应做一次试验，不得重复使用。在紧固中垫圈发生转动时，应更换连接副，重新试验。

连接副扭矩系数的复验应将螺栓穿入轴力计，在测出螺栓预拉力P的同时，应测定施加于螺母上的施拧扭矩值 T，并应按下式计算扭矩系数 K。

$$K=\frac{T}{P \cdot d}$$

式中　T——施拧扭矩(N·m)；
　　　d——高强度螺栓的公称直径(mm)；
　　　P——螺栓预拉力(kN)。

进行连接副扭矩系数试验时，螺栓预拉力值应符合表 1.6-195 的规定。

螺栓预拉力值范围(kN)　　　　　　　　　表 1.6-195

螺栓规格(mm)		M16	M20	M22	M24	M27	M30
预拉力值 P	10.9s	93～113	142～177	175～215	206～250	265～324	325～390
	8.8s	62～78	100～120	125～150	140～170	185～225	230～275

高强度螺栓连接摩擦的抗滑移系数检验。

(1) 基本要求

制造厂和安装单位应分别以钢结构制造批为单位进行抗滑移系数试验。制造批可按分部(子分部)工程划分规定的工程量每 2000t 为一批，不足 2000t 的可视为一批。选用两种及两种以上表面处理工艺时，每种处理工艺应单独检验。每批三组试件。

抗滑移系数试验应采用双摩擦面的二栓拼接的拉力试件。

抗滑移系数试验用的试件应由制造厂加工，试件与所代表的钢结构构件应为同一材质、同批制作、采用同一摩擦面处理工艺和具有相同的表面状态，并应用同批同一性能等级的高强度螺栓连接副，在同一环境条件下存放。

试件钢板的厚度 t_1、t_2 应根据钢结构工程中有代表性的板材厚度来确定，同时应考虑在摩擦面滑移之前，试件钢板的净截面始终处于弹性状态；宽度 b 可参照表 1.6-196 规定取值。L_1 应根据试验机夹具的要求确定。

试件板的宽度(mm)　　　　　　　　　表 1.6-196

螺栓直径 d	16	20	22	24	27	30
板宽 b	100	100	105	110	120	120

试件板面应平整，无油污，孔和板的边缘无飞边、毛刺。

(2) 试验方法

试验用的试验机误差应在 1% 以内。

试验用的贴有电阻片的高强度螺栓、压力传感器和电阻应变仪应在试验前用试验机进行标定，其误差应在 2% 以内。

试件的组装顺序应符合下列规定：

先将冲钉打入试件孔定位，然后逐个换成装有压力传感器或贴有电阻片的高强度螺栓，或换成同批经预拉力复验的扭剪型高强度螺栓。

紧固高强度螺栓应分初拧、终拧。初拧应达到螺栓预拉力标准值的 50% 左右。终拧后，螺栓预拉力应符合下列规定：

① 对装有压力传感器或贴有电阻片的高强度螺栓，采用电阻应变仪实测控制试件每

个螺栓的预拉力值就在 0.95~1.05P（P 为高强度螺栓设计预拉力值）之间；

② 不进行实测时，扭剪型高强度螺栓的预拉力（紧固轴力）可按同批复验预拉力的平均值取用。

试件应在其侧面画出观察滑移的直线。

将组装好的试件置于拉力试验机上，试件的轴线应与试验机夹具中心严格对中。

加荷时，应先加 10% 的抗滑移设计荷载值，停 1min 后，再平稳加荷，加荷速度为 3~5kN/s。直拉至滑动破坏，测得滑移荷载 N_V。

在试验中当发生以下情况之一时，所对应的荷载可定为试件的滑移荷载：

① 试验机发生回针现象；

② 试件侧面画线发生错动；

③ X-Y 记录仪上变形曲线发生突变；

④ 试件突然发生"嘣"的响声。

抗滑移系数，应根据试验所测得的滑移荷载 N_V 和螺栓预拉力 P 的实测值，按下式计算，宜取小数点二位有效数字。

$$\mu = \frac{N_V}{n_f \cdot \sum_{i=1}^{m} P_i}$$

式中 N_V——由试验测得的滑移荷载(kN)；

n_f——摩擦面面数，取 $n_f=2$；

$\sum_{i=1}^{m} P_i$——试件滑移一侧高强度螺栓预拉力实测值（或同批螺栓连接副的预拉力平均值）之和（取三位有效数字）(kN)；

m——试件一侧螺栓数量，取 $m=2$。

4. 焊缝连接检测

检测内容包括四方面：

(1) 焊缝尺寸；

(2) 焊缝表面质量；

(3) 焊缝无损探伤；

(4) 焊缝熔敷金属的力学性能。

焊缝的表面质量可用肉眼观察或放大镜观察；焊缝的（内部缺陷）无损探伤需用无损检测技术，常用射线法，超声波法，磁粉法、渗透法等；焊缝的力学性能应进行试验测定。

在焊缝的无损探伤中，超声波（A 超）检测是应用最广、操作方便且经济的检测方法。

设计要求全焊透的一、二级焊缝应用超声波探伤进行内部缺陷的检验，超声波探伤不能对缺陷作出判断时，应采用射线探伤，其内部缺陷分级及探伤方法应符合现行国家标准《钢焊缝手工超声波探伤方法和探伤结果分级》GB 11345 或《钢熔化焊对接接头射线照相和质量分级》GB 3323 的规定。

焊接球节点网架焊缝、螺栓球节点网架焊缝及圆管 T、K、Y 形节点相贯线焊缝，其内部缺陷分级及探伤方法应分别符合国家现行标准《焊接球节点钢网架焊缝超声波探伤方法及质量分级法》JGJ/T 3034.1—1996、《螺栓球节点钢网架焊缝超声波探伤方法及质量分级法》JGJ/T 3034.2、《建筑钢结构焊接技术规程》JGJ 81 的规定。

一级、二级焊缝的质量等级及缺陷分级应符合表 1.6-197 的规定。

检查数量：全数检查。

检验方法：检查超声波或射线探伤记录。

一、二级焊缝质量等级及缺陷分级　　　　　　　表 1.6-197

焊缝质量等级		一级	二级
内部缺陷 超声波探伤	评定等级	Ⅱ	Ⅲ
	检验等级	B级	B级
	探伤比例	100%	20%
内部缺陷 射线探伤	评定等级	Ⅱ	Ⅲ
	检验等级	AB级	AB级
	探伤比例	100%	20%

注：探伤比例的计数方法应按以下原则确定：(1)对工厂制作焊缝，应按每条焊缝计算百分比，且探伤长度应不小于 200mm，当焊缝长度不足 200mm 时，应对整条焊缝进行探伤；(2)对现场安装焊缝，应按同一类型、同一施焊条件的焊缝条数计算百分比，探伤长度应不小于 200mm，并应不少于 1 条焊缝。

5. 超声检验结果的等级分类。

最大反射波幅位于Ⅱ区的缺陷，根据缺陷指示长度按表 1.6-198 的规定予以评级。

缺陷的等级分类　　　　　　　表 1.6-198

评定等级 \ 检验等级 \ 板厚mm	A	B	C
	8~50	8~300	8~300
Ⅰ	$\frac{2}{3}\delta$；最小 12	$\frac{\delta}{3}$；最小 10 最大 30	$\frac{\delta}{3}$；最小 10 最大 20
Ⅱ	$\frac{3}{4}\delta$；最小 12	$\frac{2}{3}\delta$；最小 12 最大 50	$\frac{\delta}{2}$；最小 10 最大 30
Ⅲ	$<\delta$；最小 20	$\frac{3}{4}\delta$；最小 16 最大 75	$\frac{2}{3}\delta$；最小 12 最大 50
Ⅳ	超过三级者		

注：① δ 为坡口加工侧母材板厚，母材板厚不同时，以较薄板厚为准。
② 管座角焊缝 δ 为焊缝截面中心线高度。

最大反射波幅不超过评定线的缺陷，均评为Ⅰ级。

最大反射波幅超过评定线的缺陷，检验者判定为裂纹等危害性缺陷时，无论其波幅和尺寸如何，均评为Ⅳ级。

反射波幅位于Ⅰ区的非裂纹性缺陷，均评为Ⅰ级。

反射波幅位于Ⅲ区的缺陷，无论其指示长度如何，均评定为Ⅳ级。

不合格的缺陷，应予返修，返修区域修补后，返修部位及补焊受影响的区域，应按原探伤条件进行复验。

6. 超声波探伤报告和记录格式（表 1.6-199、表 1.6-200）

焊缝超声波探伤报告

表 1.6-199

报告编号：
报告日期： 年 月 日

产品名称：		令号：	
工件名称：	工件编号：	材料：	厚度： mm

焊缝种类：○平板 ○环缝 ○纵缝 ○T形 ○管座　　焊接方法：

焊缝数量：　　　　　探伤面：　　　　　检验范围：

探伤面状态：○修整 ○轧制 ○机加

检验规程：　　　　　验收标准：　　　　工艺卡编号：

探伤时机：○焊后 ○热处理后 ○水压试验后

仪器型号：　　　　　耦合剂：○机油 ○甘油 ○浆糊

探伤方式：○垂直 ○斜角 ○单探头 ○双探头 ○串列探头

扫描调节：○深度 ○水平 ○声程　　比例：　　　　　试块：

探伤部位示意图：　　探伤位置：↓

	焊缝编号	检验长度	显示情况	一次返修缺陷编号	二次返修缺陷编号	
探伤结果及返修情况			○NI ○RI ○UI			说明： NI：无应记录缺陷 RI：有应记录缺陷 UI：有应返修缺陷
			○NI ○RI ○UI			
			○NI ○RI ○UI			
			○NI ○RI ○UI			
			○NI ○RI ○UI			
			○NI ○RI ○UI			

检验焊缝总长码　　　mm，一次返修总长　　　mm，
二次返修总长　　　mm，同一部位经　　　次返修后合格
附：检验及复验探伤记录___页

备注：

结论：○合格　○不合格

检验：UT___级　　审核：UT___级

焊缝超声波探伤记录

表 1.6-200

工程名称：　　　　工件编号：　　　　检验次序：○首次检验 ○一次复验 ○二次复验

探测条件：

	探头			反射体			基准波高满幅（%）	反射体波幅 dB	传输修正 dB	探伤灵敏度 dB	探测深度 (mm)
序号	角度 (β_k)	频率 MHz	尺寸	形状 (Φ, ϕ, B)	深度 (mm)	试块					
1											
2											
3											
4											

焊缝编号	检验区段号	探头序号	缺陷编号	缺陷位置 (mm)	深度 (mm)	指示长度 (mm)	波幅 db	评定记录返修	检验人	备注
				→						
				→						
				→						

7. 检测焊缝表面缺陷的无损探伤方法：磁粉探伤方法

(1) 原理介绍

磁粉探伤被广泛地应用于探测铁磁材料（例如建筑钢结构焊缝）的表面和近表面缺陷（例如裂纹、夹层、夹杂物、折叠和气孔）。

磁粉探伤的基本原理是：当铁磁材料被磁场强烈磁化以后，如材料表面或近表面存在与磁化磁场方向垂直的缺陷（如裂纹），即会造成部分磁力线外溢形成漏磁场。若在漏磁场外施加磁粉（如 FeO_3O_4 粉末）或磁悬液、漏磁场对磁粉产生吸引，显示缺陷的痕迹。

磁粉探伤检测材料表面的灵敏度最高，随着缺陷埋至深度的增加，其检测灵敏度迅速降低，另外磁粉探伤仅适用于检测铁磁性材料的表面和近表面的缺陷，而不适用于奥氏体不锈钢；铝镁合金制件的表面和近表面缺陷的检测，这类材料中的表面缺陷只能使用其他探伤方法（如液体渗透探伤等）进行检测。

磁粉探伤目前不仅被广泛地应用于锅炉、压力容器、化工、电力、造船和宇航等工业重要部件的表面质量检验，而且是现代建筑钢结构焊缝表面缺陷探伤方法之一。

磁粉探伤是检验钢制焊接结构表层缺陷的最佳方法，具有设备简单灵敏度可靠，探伤速度快和成本低等优点。

建筑钢结构磁粉探伤和磁化电流，对相关磁痕和非相关磁痕要认真进行分析，如若不慎把非相关磁痕误判为相关磁痕，就会使合格的焊缝报废而造成经济损失。相反，如果把相关磁痕误判为非相关磁痕，也会造成质量隐患。

建筑钢结构焊缝缺陷磁痕的等级分类，必须严格执行钢结构设计要求所提出标准：《磁粉探伤方法》（GB/T 15822—1995）；《焊缝磁粉检验方法和缺陷磁痕分级》（JB/T 6061—92）。

(2) 质量评定和返修后的检验

焊缝磁粉检验的质量评定原则上根据缺陷磁痕的类型、长度、间距以及缺陷性质分为四个等级（表 1.6-201），Ⅰ级质量最高，Ⅳ级质量最低。

出现在同一条焊缝上不同类型或者不同性质的缺陷，可以选用不同的等级进行评定，也可以选用相同的等级进行评定。

评定为不合格的缺陷，在不违背焊接工艺规定的情况下，允许进行返修。返修后的检验和质量评定与返修前相同。

缺陷磁痕分级表 表 1.6-201

质量等级		Ⅰ	Ⅱ	Ⅲ	Ⅳ
缺陷显示迹痕类型及缺陷性质	不考虑的最大缺陷显示迹痕 mm	≤0.3	≤1	≤1.5	≤1.5
线型缺陷	裂纹	不允许	不允许	不允许	不允许
	未焊透	不允许	不允许	允许存在的单个缺陷显示迹痕长度≤0.16δ，且≤2.5mm；100mm 焊缝长度范围内允许存在缺陷显示迹痕总长≤25mm	允许存在的单个缺陷显示迹痕长度≤0.2δ，且≤3.5mm；100mm 焊缝长度范围内允许存在缺陷显示迹痕总长≤25mm

续表

质量等级		Ⅰ	Ⅱ	Ⅲ	Ⅳ
线型缺陷	夹渣或气孔	不允许	≤0.3δ，且≤4mm；相邻两缺陷显示迹痕的间距不小于其中较大缺陷显示迹痕长度的6倍	≤0.3δ且≤10mm；相邻两缺陷显示迹痕的间距不小于其中较大缺陷显示迹痕长度的6倍	≤0.3δ，且≤4mm；相邻两缺陷显示迹痕的间距不小于其中较大缺陷显示迹痕长度的6倍
圆形缺陷	夹渣或气孔	不允许	任意50mm焊缝长度范围内允许存在显示长度≤0.15δ，且≤2mm的缺陷显示迹痕2个 缺陷显示迹痕的间距应不小于其中较大显示长度的6倍	任意50mm焊缝长度范围内允许存在显示长度≤0.3δ，且≤3mm的缺陷显示迹痕2个 缺陷显示迹痕的间距应不小于其中较大显示长度的6倍	任意50mm焊缝长度范围内允许存在显示长度≤0.4δ，且≤4mm的缺陷显示迹痕2个 缺陷显示迹痕的间距应不小于其中较大显示长度的6倍

注：δ为焊缝母材的厚度。当焊缝两侧的母材厚度不相等时，取其中较小的厚度值作为δ。

(3) 检验报告：检验报告应至少包括下列内容：

① 委托单位、报告编号；

② 焊接件名称及编号；

③ 技术草图和被检部位；

④ 焊接件状况（材料、热处理情况、尺寸）；

⑤ 焊缝情况（焊接方法、焊缝长度、焊缝所在部位）；

⑥ 检验设备（型号、名称）；

⑦ 磁粉种类和施加方法；

⑧ 磁化方法、磁化电流值或磁场强度值；

⑨ 人工试块或试片；

⑩ 缺陷磁痕的类型、尺寸、数量、部位、间距；

⑪ 缺陷性质；

⑫ 质量评定结果；

⑬ 检验日期和报告日期；

⑭ 检验者和审核者签名。

(三) 钢结构性能检测

钢结构性能的检测包括两个方面，即结构及构件的承载能力及正常使用的变形要求检测，主要检测内容有：

1. 结构形体及构件几何尺寸的检测；

2. 结构连接方式及构造的检测；

3. 结构承受的荷载及效应核定（或测定）；

4. 结构及构件的强度核算；

5. 结构及构件的刚度测定及核算；

6. 结构及构件的稳定性核算；

7. 结构的变形（挠度等）测定；

8. 结构的动力性能测定及核算；

9. 结构构件的疲劳性能核算及测定。

目前，钢结构工程的检测工作是在钢结构工程竣工以后进行，因此，检测内容及项目受到了限制，主要的检测内容以结构形体及构件尺寸的检测、结构连接方式及构造的检测、结构的变形（挠度等）测定为主。依据《钢结构工程施工质量验收规范》GB 50205—2001，主要检测项目如表1.6-202。

钢结构工程检验项目　　　　　表1.6-202

内容	检验项目	检验内容	依据标准	检验仪器
柱脚及网架支座	(1) 锚栓紧固	锚栓紧固	GB 50205—2001	钢尺
	(2) 垫板、垫块	垫板、垫块允许偏差	GB 50205—2001	钢尺
	(3) 二次灌浆	检查二次灌浆情况	GB 50205—2001	观察
主要构件变形	(1) 钢屋(托)架、桁架、钢梁、吊车梁等的侧向弯曲和垂直度	侧向弯曲、垂直度	GB 50205—2001	经纬仪、钢尺
	(2) 钢柱垂直度	垂直度	GB 50205—2001	全站仪、经纬仪、钢尺
	(3) 钢网架挠度	挠度	设计值	水准仪、钢尺
主体结构尺寸	(1) 整体垂直度	整体垂直度	GB 50205—2001	经纬仪、全站仪
	(2) 整体平面弯曲	整体平面弯曲	GB 50205—2001	经纬仪、钢尺
涂装工程	(1) 防腐涂层厚度	涂层厚度	GB 50205—2001	干漆膜测厚仪
	(2) 防火涂层厚度	涂层厚度	GB 50205—2001	涂层厚度测量仪、测针和钢尺

第五节　幕　墙　检　测

一、气密性能

试件安装完毕后须经检查，符合设计要求后才可进行检测。检测前，应将试件可开启部分开关不少于5次，最后关紧。

检测压差顺序见图1.6-1。

（一）预备加压

在正负压检测前分别施加三个压力脉冲。压力差绝对值为500Pa，持续时间为3s，加压速度宜为100Pa/s。然后待压力回零后开始进行检测。

（二）渗透量的检测

1. 附加渗透量 q_f 的测定：充分密封试件上的可开启缝隙和镶嵌缝隙，或用不透气的材料将箱体开口部分密封，然后按照图1.6-2逐级加压，每级压力作用时间大于10s，先逐级加正压，后逐级加负压。记录各级的检测值。箱体的附加空气渗透量应不高于试件总渗透量的20%，否则应进行处理后重新进行检测。

2. 总渗透量 q_z 的测定：去除试件上所加密封措施后进行检测。检测程序同1。

3. 固定部分空气渗透量 q_g 的测定：将试件上的可开启部分的开启缝隙密封起来后进

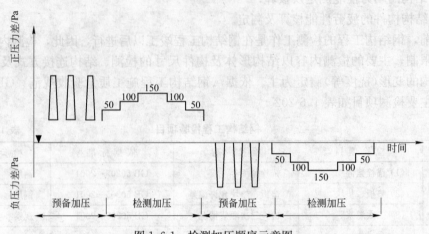

图 1.6-1 检测加压顺序示意图

1—图中符号▼表示将试件的可开启部分开关不少于五次。

行检测。检测程序同 1.。

注：允许对 2.、3. 检测顺序进行调整。

二、水密性能

试件安装完毕后须经检查，符合设计要求后才可进行检测。检查前，应将试件可开启部分开关不少于 5 次，最后关紧。

检测可分别采用稳定加压法或波动加压法。工程所在地为热带风暴和台风地区的工程检测，应采用波动加压法；定级检测和工程所在地为非热带风暴和台风地区的工程检测，可采用稳定加压法。已进行波动加压法检测可不再进行稳定加压法检测。热带风暴和台风地区的划分按照 GB 50178 的规定执行。

水密性能最大检测压力峰值应不大于抗风压安全检测压力值。

（一）稳定加压法

按照图 1.6-2、表 1.6-203 顺序加压。

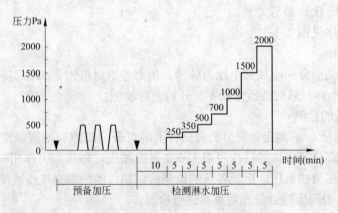

图 1.6-2 稳定加压顺序示意图

注：图中符号▼表示将试件的可开启部分开关 3 次。

稳定加压顺序表 表1.6-203

加压顺序	1	2	3	4	5	6	7	8
检测压力(Pa)	0	250	350	500	700	1000	1500	2000
持续时间(min)	10	5	5	5	5	5	5	5

注：水密设计指标值超过2000Pa时，按照该压力值加压。

1. 预备加压：施加三个压力脉冲。压力差绝对值为500Pa。加压速度约为100Pa/s，压力持续作用时间为3s，泄压时间不少于1s。待压力回零后，将试件所有可开启部分开关不少于5次，最后关紧。

2. 淋水：对整个幕墙试件均匀地淋水，淋水量为3L/m^2·min。

3. 加压：在淋水的同时施加稳定压力。定级检测时，逐级加压至幕墙固定部位出现严重渗漏为止。工程检测时，首先加压至可开启部分水密性能指标值，压力稳定作用时间为15min或幕墙可开启部分产生严重渗漏为止，然后加压至幕墙固定部位水密性能指标值，压力稳定作用时间为15min或产生幕墙固定部位严重渗漏为止；无开启结构的幕墙试件压力稳定作用时间为30min或产生严重渗漏为止。

4. 观察记录：在逐级升压及持续作用过程中，观察记录渗漏状态及部位。

（二）波动加压法

按照图1.6-3、表1.6-204顺序加压。

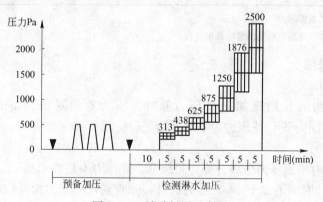

图1.6-3 波动加压示意图

注：图中▼符号表示将试件的可开启部分开关3次。

波动加压顺序表 表1.6-204

加压顺序		1	2	3	4	5	6	7	8
波动压力值	上限值(Pa)	—	313	438	625	875	1250	1875	2500
	平均值(Pa)	0	250	350	500	700	1000	1500	2000
	下限值(Pa)	—	187	262	375	525	750	1125	1500
波动周期(s)		—	3～5						
每级加压时间(min)		10	5						

注：水密设计指标值超过2000Pa时，以该压力为平均值、波幅为实际压力1/4。

1. 预备加压：施加三个压力脉冲。压力差值为500Pa。加载速度约为100Pa/s，压力稳定作用时间为3s，泄压时间不少于1s。待压力回零后，将试件所有可开启部分开关不少于5次，最后关紧。

2. 淋水：对整个幕墙试件均匀地淋水，淋水量为$4L/m^2 \cdot min$。

3. 加压：在稳定淋水的同时施加波动压力。定级检测时，逐级加压至幕墙固定部位出现严重渗漏。工程检测时，首先加压至可开启部分水密性能指标值，波动压力作用时间为15min或幕墙可开启部分产生严重渗漏为止，然后加压至幕墙固定部位水密性能指标值，波动压力作用时间为15min或幕墙固定部位产生严重渗漏为止；无开启结构的幕墙试件压力作用时间为30min或产生严重渗漏为止。

4. 观察记录：在逐级升压及持续作用过程中，观察并参照表1.6-205记录渗漏状态及部位。

渗漏状态符号表　　　　　　　　　　　表1.6-205

渗 漏 状 态	符 号
试件内侧出现水滴	○
水珠连成线，但未渗出试件界面	□
局部少量喷溅	△
持续喷溅出试件界面	▲
持续流出试件界面	●

注：1. 后两项为严重渗漏。
　　2. 稳定加压和波动加压检测结果均采用此表。

三、抗风压性能

（一）预备加压

在正负压检测前分别施加三个压力脉冲。压力差绝对值为500Pa，加压速度为100Pa/s，持续时间为3s，待压力为零后开始进行检测。

（二）变形检测

1. 定级检测时检测压力分级升降。每级升、降压力不超过250Pa，加压级数不少于4级，每级压力持续时间不少于10s。压力的升、降直到任一受力构件的相对面法线挠度值达到$f_0/2.5$或最大检测压力达到2000Pa时停止检测，记录每级压力差作用下各个测点的面法线位移量，并计算面法线挠度值f_{max}。采用线性方法推算出面法线挠度对应于$f_0/2.5$时的压力值$\pm P_1$。以正负压检测中较小的绝对值作为P_1值。

2. 工程检测时检测压力分级升降。每级升、降压力不超过风荷载标准值的10%，每级压力作用时间不少于10s。压力的升、降达到幕墙风荷载标准值的40%时停止检测，记录每级压力差作用下各个测点的面法线位移量。

（三）反复加压检测

以检测压力$P_2(P_2=1.5P_1)$为平均值，以平均值的1/4为波幅，进行波动检测，先后进行正负压检测。波动压力周期为5~7s，波动次数不少于10次。记录尚未出现功能障碍或损坏的最大检测压力值$\pm P_2$以及功能障碍或损坏的状况和部位。

（四）安全检测

1. 当反复加压检测未出现功能障碍或损坏时，应进行安全检测。安全检测过程中加正、负压后各将试件可开关部分开关不少于 3 次,最后关紧。升、降压速度为 300~500Pa/s,压力持续时间不少于 3s。

2. 定级检测

使检测压力升至 P_3($P_3 = 2.5P_1$),随后降至零,再降到 $-P_3$,然后升至零。记录面法线位移量、功能障碍或损坏的状况和部位。

3. 工程检测

P_3 对应于设计要求的风荷载标准值。检测压力升至 P_3,随后降至零,再降到 $-P_3$,然后升至零。记录面法线位移量、功能障碍或损坏的状况和部位。当有特殊要求时,可进行压力为 P_{max} 的检测,并记录在该压力作用下试件的功能状态。

(五)检测的合格判定:应符合图纸设计中的要求,且不应低于标准规定的最低值。

第七章 施工质量验收

第一节 施工质量验收的主要内容

按照《建筑工程施工质量验收统一标准》GB 50300—2001，建筑工程质量验收应划分为单位(子单位)工程、分部(子分部)工程、分项工程和检验批。因此，施工质量验收主要分为检验批和分项工程、分部(子分部)工程、单位(子单位)工程的验收。

建筑工程施工质量验收依据主要包括以下标准和规范内容：

1. 《建筑工程施工质量验收统一标准》GB 50300—2001，自 2002 年 1 月 1 日起施行。
2. 《钢结构工程施工质量验收规范》GB 50205—2001，自 2002 年 3 月 1 日起施行。
3. 《砌体工程施工质量验收规范》GB 50203—2002，自 2002 年 4 月 1 日起施行。
4. 《木结构工程施工质量验收规范》GB 50206—2002，自 2002 年 7 月 1 日起施行。
5. 《地下防水工程质量验收规范》GB 50208—2002，自 2002 年 4 月 1 日起施行。
6. 《混凝土结构工程施工质量验收规范》GB 50204—2002，自 2002 年 4 月 1 日起施行。
7. 《屋面工程质量验收规范》GB 50207—2002，自 2002 年 6 月 1 日起施行。
8. 《建筑地面工程施工质量验收规范》GB 50209—2002，自 2002 年 6 月 1 日起施行。
9. 《建筑地基基础工程施工质量验收规范》GB 50202—2002，自 2002 年 5 月 1 日起施行。
10. 《电梯工程施工质量验收规范》GB 50310—2002，自 2002 年 6 月 1 日起施行。
11. 《建筑电气工程施工质量验收规范》GB 50303—2002，自 2002 年 6 月 1 日起施行。
12. 《通风与空调工程施工质量验收规范》GB 50243—2002，自 2002 年 4 月 1 日起施行。
13. 《建筑给水排水及采暖工程施工质量验收规范》GB 50242—2002，自 2002 年 4 月 1 日起施行。
14. 《智能建筑工程质量验收规范》(GB 50339—2003)自 2003 年 10 月 1 日起实施。

一、检验批的质量验收

(一) 检验批合格质量规定

1. 主控项目和一般项目的质量经抽样检验合格。
2. 具有完整的施工操作依据、质量检查记录。

从上面的规定可以看出，检验批的质量验收包括了质量资料的检查和主控项目、一般项目的检验两方面的内容。

(二) 检验批按规定验收

1. 资料检查

质量控制资料反映了检验批从原材料到验收的各施工工序的施工操作依据，检查情况以及保证质量所必需的管理制度等。对其完整性的检查，实际是对过程控制的确认，这是检验批合格的前提。所要检查的资料主要包括：

(1) 图纸会审、设计变更、洽商记录；

(2) 建筑材料、成品、半成品、建筑构配件、器具和设备的质量证明以及进场检(试)验报告；

(3) 工程测量、放线记录；

(4) 按专业质量验收规范规定的抽样检验报告；

(5) 隐蔽工程检查记录；

(6) 施工过程记录和施工过程检查记录；

(7) 新材料、新工艺的施工记录；

(8) 质量管理资料和施工单位操作依据等。

2. 主控项目和一般项目的检验

为确保工程质量，使检验批的质量符合安全和使用功能的基本要求，各专业质量验收规范对各检验批的主控项目和一般项目的子项合格质量都给予明确规定。如砖砌体工程检验批质量验收时主控项目包括砖强度等级、砂浆强度等级、斜槎留置、直槎拉结钢筋及接槎处理、砂浆饱满度、轴线位移、每层垂直度等内容；而一般项目则包括组砌方法、水平灰缝厚度、顶(楼)而表高、表面平整度、门窗洞口高宽、窗口偏移、水平灰缝的平直度以及清水墙游丁走缝等内容。

检验批的合格质量主要取决于对主控项目和一般项目的检验结果。主控项目是对检验批的基本质量起决定性影响的检验项目，因此必须全部符合有关专业工程验收规范的规定。这意味着主控项目不允许有不符合要求的检验结果，即这种项目的检查具有否决权。鉴于主控项目对基本质量的决定性影响，从严要求是必须的。如混凝土结构工程中混凝土分项工程的配合比设计，其主控项目要求：混凝土应按国家现行标准《普通混凝土配合比设计规程》JGJ 55 的有关规定，根据混凝土强度等级、耐久性和工作性等要求进行配合比设计。对有特殊要求的混凝土，其配合比设计尚应符合国家现行有关标准的专门规定。其检验方法是检查配合比设计资料。而其一般项目则可按专业规范的要求处理。如：首次使用的混凝土)配合比应进行开盘鉴定，其工作性应满足设计配合比的要求。开始生产时应至少留置一组标准养护试件，作为验证配合比的依据。并通过检查开盘鉴定资料和试件强度试验报告进行检验。混凝土拌制前，应测定砂、石含水率并根据测试结果调整材料用量，提出施工配合比，并通过检查含水率测试结果和施工配合比通知单进行检查，每工作班检查一次。

3. 检验批的抽样方案

合理的抽样方案的制定对检验批的质量验收有十分重要的影响。在制定检验批的抽样方案时，应考虑合理分配生产方风险(或错判概率 α)和使用方风险(或漏判概率 β)。

主控项目，对应于合格质量水平的 α 和 β 均不宜超过 5％；对于一般项目，对应于合格质量水平的不宜过 5％且不宜超过 10％。检验批的质量检验，应根据检验项目的特点在下列抽样方案中进行选择：

(1) 计量、计数或计量-计数等抽样方案。
(2) 一次、一次或多次抽样方案。
(3) 根据生产连续性和生产控制稳定性等情况,尚可采用调整型抽样方案。
(4) 对重要的检验项目当可采用简易快速的检验方法时,可选用全数检验方案。
(5) 经实践检验有效的抽样方案。如砂石料、构配件的分层抽样。

4. 检验批的质量验收记录

检验批的质量验收记录由施工项目专业质量检查员填写,监理工程师(或建设单位专业技术负责人)组织项目专业质量检查员等进行验收,并按表1.7-1记录。

检验批质量验收记录 表1.7-1

工程名称		分项工程名称		验收部位	
施工单位			专业工长		项目经理
施工执行标准名称及编号					
分包单位		分包项目经理		施工班组长	
	质量验收规范的规定	施工单位检查评定记录		监理(建设)单位验收记录	
主控项目	1				
	2				
	3				
	4				
	5				
	6				
	7				
	8				
	9				
一般项目	1				
	2				
	3				
	4				
施工单位检查评定结果	项目专业质量检查员: 年 月 日				
监理(建设)单位验收结论	监理工程师 (建设单位项目专业技术负责人) 年 月 日				

(三) 检验批合格质量应符合下列规定:
1. 主控项目和一般项目的质量经抽样检验合格。
2. 具有完整的施工操作依据、质量检查记录。

检验批质量合格的条件，共两个方面：资料检查、主控项目检验和一般项目检验。

质量控制资料反映了检验批从原材料到最终验收的各施工工序的操作依据，检查情况以及保证质量所必须的管理制度等。对其完整性的检查，实际是对过程控制的确认，这是检验批合格的前提。

为了使检验批的质量符合安全和功能的基本要求，达到保证建筑工程质量的目的，各专业工程质量验收规范应对各检验批的主控项目、一般项目的子项合格质量给予明确的规定。

检验批的合格质量主要取决于对主控项目和一般项目的检验结果。主控项目是对检验批的基本质量起决定性影响的检验项目，因此必须全部符合有关专业工程验收规范的规定。这意味着主控项目不允许有不符合要求的检验结果，即这种项目的检查具有否决权。鉴于主控项目对基本质量的决定性影响，从严要求是必须的。

二、分项工程的验收在检验批的基础上进行

一般情况，两者具有相同或相近的性质，只是批量的大小不同而已。因此，将有关的检验批汇集构成分项工程。分项工程合格质量的条件比较简单，只要构成分项工程的各检验批的验收资料文件完整，并且均已验收合格，则分项工程验收合格。

（一）分项工程质量验收合格应符合以下的规定

1. 分项工程所含的检验批均应符合合格质量规定。
2. 分项工程所含的检验批的质量验收记录应完整。

（二）分项工程质量验收记录

分项工程质量应由监理工程师（建设单位项目专业技术负责人）组织项目专业技术负责人等进行验收，并按表1.7-2记录。

三、分部(子分部)工程质量验收

（一）分部(子分部)工程质量验收合格应符合的规定

1. 分部(子分部)工程所含分项工程的质量均应验收合格。
2. 质量控制资料应完整。
3. 地基与基础、主体结构和设备安装等分部工程有关安全及功能的检验和抽样检测结果应符合有关规定。
4. 观感质量验收应符合要求。

分部工程的验收在其所含各分项工程验收的基础上进行。首先，分部工程的各分项工程必须已验收且相应的质量控制资料文件必须完整，这是验收的基本条件。此外，由于各分项工程的性质不尽相同，因此作为分部工程不能简单的组合而加以验收，尚须增加以下两类检查。

涉及安全和使用功能的地基基础、主体结构、有关安全及重要使用功能的安装分部工程，应进行有关见证取样送样试验或抽样检测。如建筑物垂直度、标高、全高测量记录，建筑物沉降观测测量记录，给水管道通水试验记录，暖气管道、散热器压力试验记录，照明动力全负荷试验记录等。关于观感质量验收，这类检查往往难以定量，只能以观察、触摸或简单量测的方式进行，并由各个人的主观印象判断，检查结果并不给出"合格"或"不合格"的结论，而是综合给出质量评价。评价的结论为"好"、"一般"和"差"三种。对于"差"的检查点应通过返修处理等进行补救。

_____分项工程质量验收记录　　　　　　　　　表 1.7-2

工程名称		结构类型		检验批数	
施工单位		项目经理		项目技术负责人	
分包单位		分包单位负责人		分包项目经理	
序号	检验批部位、区段		施工单位检查评定结果	监理(建设)单位验收结论	
1					
2					
3					
4					
5					
6					
7					
8					
9					
10					
11					
12					
13					
14					
15					
16					
17					
检查结论	项目专业 技术负责人：		验收结论	监理工程师 (建设单位项目专业技术负责人) 年 月 日	

（二）分部(子分部)工程质量验收记录

分部(子分部)工程质量应由总监理工程师(建设单位项目专业负责人)组织施工项目经理和有关勘察、设计单位项目负责人进行验收，并按表 1.7-3 记录。

四、单位(子单位)工程质量验收

（一）单位(子单位)工程质量验收合格应符合下列规定

1．单位(子单位)工程所含分部(子分部)工程的质量应验收合格。

2．质量控制资料应完整。

3．单位(子单位)工程所含分部工程有关安全和功能的检验资料应完整。

4．主要功能项目的抽查结果应符合相关专业质量验收规范的规定。

5．观感质量验收应符合要求。

单位工程质量验收也称质量竣工验收，是建筑工程投入使用前的最后一次验收，也是

_____分部(子分部)工程验收记录　　　　　表1.7-3

工程名称			结构类型		层　数	
施工单位			技术部门负责人		质量部门负责人	
分包单位			分包单位负责人		分包技术负责人	
序号	分项工程名称		检验批数	施工单位检查评定	验收意见	
1						
2						
3						
4						
5						
6						
质量控制资料						
安全和功能检验(检测)报告						
观感质量验收						
验收单位	分包单位		项目经理　　　年　月			
	施工单位		项目经理　　　年　月			
	勘察单位		项目负责人　　年　月			
	设计单位		项目负责人　　年　月			
	监理(建设)单位		总监理工程师 (建设单位项目专业负责人)　　年　月　日			

最重要的一次验收。验收合格的条件有五个：除构成单位工程的各分部工程应该合格，并且有关的资料文件应完整以外，还应进行以下三方面的检查。

涉及安全和使用功能的分部工程应进行检验资料的复查。不仅要全面检查其完整性(不得有漏检缺项)，而且对分部工程验收时补充进行的见证抽样检验报告也要复核。这种强化验收的手段体现了对安全和主要使用功能的重视。

此外，对主要使用功能还须进行抽查。使用功能的检查是对建筑工程和设备安装工程最终质量的综合检查，也是用户最为关心的内容。因此，在分项、分部工程验收合格的基础上，竣工验收时再作全面检查。抽查项目是在检查资料文件的基础上由参加验收的各方人员商定，并用计量、计数的抽样方法确定检查部位。检查要求按有关专业工程施工质量验收标准的要求进行。

最后，还须由参加验收的各方人员共同进行观感质量检查。检查的方法、内容、结论等应在分部工程的相应部分中阐述，最后共同确定是否通过验收。

(二) 单位(子工程)工程质量竣工验收记录

单位工程质量验收的汇总表，单位(子单位)工程质量验收应按该表记录。本表与表分部(子分部)工程验收记录和表单位(子单位)工程质量控制资料核查记录、单位(子单位)工程安全和功能检验资料核查及主要功能抽查记录、单位(子单位)工程观感质量检查记录配合使用。

汇总表验收纪录由施工单位填写，验收结论由监理(建设)单位填写。综合验收结论由参加验收各方共同商定，建设单位填写，应对工程质量是否符合设计和规范要求及总体质量水平做出评价。

单位(子单位)工程质量竣工验收记录　　　　　　　　　　　　　　表1.7-4

工程名称		结构类型		层数/建筑面积	
施工单位		技术负责人		开工日期	
项目经理		项目技术负责人		竣工日期	
序号	项目	验收记录		验收结论	
1	分部工程	共　分部,经查　分部 符合标准及设计要求　分部			
2	质量控制资料核查	共　项,经审查符合要求　项, 经核定符合规范要求　项			
3	安全和主要使用功能核查及抽查结果	共核查　项,符合要求　项, 共抽查　项,符合要求　项, 经返工处理符合要求　项			
4	观感质量验收	共抽查　项,符合要求　项, 不符合要求　项			
5	综合验收结论				
参加验收单位	建设单位 (公章) 单位(项目)负责人 　年　月　日	监理单位 (公章) 总监理工程师 　年　月　日		施工单位 (公章) 单位负责人 　年　月　日	设计单位 (公章) 单位(项目)负责人 　年　月　日

单位(子单位)工程质量控制资料核查记录　　　　　　　　　　　　表1.7-5

工程名称			施工单位			
序号	项目	资料名称		份数	核查意见	核查人
1	建筑与结构	图纸会审,设计变更,洽商记录				
2		工程定位测量,放线记录				
3		原材料出厂合格证书及进场检(试)验报告				
4		施工试验报告及见证检测报告				
5		隐蔽工程验收记录				
6		施工记录				
7		预制构件、预拌混凝土合格证				
8		地基基础、主体结构检验及抽样检测资料				
9		分项、分部工程质量验收记录				
10		工程质量事故及事故调查处理资料				
11		新材料、新工艺施工记录				
12						

续表

工程名称			施工单位			
序号	项目	资料名称		份数	核查意见	核查人
1	给排水与采暖	图纸会审,设计变更,洽商记录				
2		材料、配件出厂合格证书及进场检(试)验报告				
3		管道、设备强度试验、严密性试验记录				
4		隐蔽工程验收记录				
5		系统清洗、灌水、通水、通球试验记录				
6		施工记录				
7		分项、分部工程质量验收记录				
8						
1	建筑电气	图纸会审,设计变更,洽商记录				
2		材料、配件出厂合格证书及进场检(试)验报告				
3		设备调试记录				
4		接地、绝缘电阻测试记录				
5		隐蔽工程验收记录				
6		施工记录				
7		分项、分部工程质量验收记录				
8						
1	通风与空调	图纸会审,设计变更,洽商记录				
2		材料、配件出厂合格证书及进场检(试)验报告				
3		制冷、空调、水管道强度试验、严密性试验记录				
4		隐蔽工程验收记录				
5		制冷设备运行调试记录				
6		通风、空调系统调试记录				
7		施工记录				
8		分项、分部工程质量验收记录				
9						
1	电梯	土建布置图纸会审,设计变更,洽商记录				
2		设备出厂合格证书及开箱检验记录				
3		隐蔽工程验收记录				
4		施工记录				
5		接地、绝缘电阻测试记录				
6		负荷试验、安全装置检查记录				
7		分项、分部工程质量验收记录				
8						

315

续表

工程名称		施工单位			
序号	项目	资料名称	份数	核查意见	核查人
1	建筑智能化	图纸会审，设计变更，洽商记录、竣工图及设计说明			
2		材料、设备出厂合格证书及进场检(试)验报告			
3		隐蔽工程验收记录			
4		系统功能测定及设备调试记录			
5		系统技术、操作和维护手册			
6		系统管理、操作人员培训记录			
7		系统检测报告			
8		分项、分部工程质量验收报告			

结论：

施工单位项目经理　　年　月　日　　　　总监理工程师
　　　　　　　　　　　　　　　　（建设单位项目负责人）　年　月　日

第二节　工程质量的验收程序和组织

一、检验批和分项工程的质量验收程序和组织

检验批和分项工程应由监理工程师或建设单位(项目)技术负责人组织施工单位工程项目技术负责人等进行验收。

检验批和分项工程验收突出了监理工程师和施工者负责的原则，《建筑工程质量管理条例》第三十七条规定"……未经监理工程师签字施工单位不得进行下一道工序的施工"。对没有实行监理的工程，可由建设单位(项目)技术负责人组织施工单位工程负责人等进行验收。施工过程的每道工序，各个环节，每个检验批都对工程质量起到把关的作用。首先应由施工单位的项目技术负责人组织自检评定在符合设计要求和规范规定的合格质量要求后，再提交监理工程师或建设单位项目负责人进行验收，监理工程师拥有对每道施工工序的施工检查权，并根据检查结果决定是否允许进行下道工序的施工，对于不符合规范和质量标准的验收批，有权要求施工单位停工整改、返工。

分项工程施工过程中，应对关键部位随时进行抽查所有分项工程施工，施工单位应在自检合格后，填写分项工程报验申报表，并附上分项工程评定表，属隐蔽工程还应将隐检单报监理单位，监理工程师必须组织施工单位的工程项目负责人和有关人员严格按每道工序进行检查验收，合格者签发分项工程验收单。

二、分部工程质量验收的程序和组织

分部工程应由总监理工程师或建设单位项目负责人组织施工单位项目负责人和技术、质量负责人等进行验收，地基基础、主体结构、幕墙等分部工程的勘察、设计单位工程项目负责人和施工单位技术、质量部门的负责人也应参加相关分部工程验收。

分部工程是单位工程的组成部分，因此分部工程完成后，在施工单位项目负责人组织自检评定合格后，向监理单位或建设单位项目负责人提出分部工程验收的报告，其中地基基础、主体结构、幕墙等分部还应由施工单位的技术、质量部门配合项目负责人做好检查评定工作，监理单位的总监理工程师(没有实行监理的单位应由建设单位项目负责人)组织施工单位的项目负责人和技术、质量负责人等有关人员进行验收，工程监理实行总监理工程师负责制，总监理工程师享有合同赋予监理单位的全部权利，全面负责受监委托的监理工作。因为地基基础、主体结构和幕墙工程的主要技术资料和质量问题是归技术部门和质量部门掌握，所以规定施工单位的项目技术、质量负责人参加验收是符合实际的。目的是督促参建单位的技术、质量负责人加强整个施工过程的质量管理。

鉴于地基基础、主体结构和幕墙等分部工程在单位工程中所处的重要地位，结构技术性能要求严格，技术性强，关系到整个单位工程的建筑结构安全和重要使用功能，规定这些分部工程的勘察、设计单位工程项目负责人和施工单位的技术、质量部门负责人也应参加相关分部工程质量的验收。

三、单位工程质量验收的程序和组织

单位工程完工后，施工单位应自行组织有关人员进行检验评定，并向建设单位提交工程竣工报告。单位工程完成后，施工单位应在检查合格基础上向建设单位提交竣工验收报告，提请建设单位组织竣工验收。这是《建设工程质量管理条例》第十六条规定的。《建筑法》第六十条规定，"交付竣工验收的建筑工程，必须符合规定的建筑工程质量标准，有完整的工程技术经济资料……"这就要求施工单位工程完工后。首先要依据建筑工程质量标准，设计图纸等组织有关人员进行自检，并对检查结果进行评定。符合要求后，形成质量检验评定资料。施工单位应当按照国家竣工有关规定，向建设单位提供完整的竣工检验评定资料。由建设单位组织有关的参建单位进行竣工验收。竣工验收的资料主要有十项。工程项目竣工报告；分项、分部和单位工程技术人员名单；图样会审和技术交底记录；设计变更通知单；技术变更核算单；工程质量事故分析调查和处理资料；材料、设备、构配件的质量合格证明资料及检验报告；隐蔽验收记录；施工日志；竣工图等。

单位工程竣工后应由建设单位负责人组织施工(含分包单位)、设计、监理等单位负责人及技术、质量负责人，总监理工程师进行竣工验收。

《建设工程质量管理条例》第十六条规定"建设单位……，应组织设计、施工、工程监理等有关单位进行竣工验收"。这里规定设计、施工单位负责人、项目负责人及施工单位的技术、质量负责人和工程监理单位的总监理工程师参加竣工验收，目的是为了参建单位领导人及技术、质量负责人都要关心工程质量状况和质量水平，督促参建单位各部门正确执行技术法规和质量标准。

在一个单位工程中，可将能够满足生产要求或具备使用条件的，施工单位已进行预验，监理工程师已初验通过的某一部分，建设单位可组织进行子单位工程验收。由几个施工单位负责施工的单位工程，当其中的施工单位所负责的子单位工程已按设计完成，并经自行检验评定，也可组织正式验收，办理交工手续。在整个单位工程进行全部验收时，对已验收的子单位工程验收资料作为单位工程验收的附件而加以说明。

单位工程有分包单位施工时，分包单位对所承包的工程项目应按本标准规定的程序检验评定，总包单位应参加检验评定合格后，将工程有关资料交总包单位。

总包单位和分包单位的质量负责和验收程序《建筑法》第二十九条和第五十五条规定

"……总承包单位对建设单位负责,分包单位对总承包负责。总承包单位和分包单位就分包工程对建设单位承担连带责任"。《建设工程质量管理条例》第二十七条规定了分包单位应按照分包合同的约定对其分包工程的质量向总承包单位负责,总承包单位与分包单位对分包工程的质量承担连带责任。

由于《建设工程承包合同》的双方主体是建设单位和总承包单位,总承包单位应按照承包合同的权利义务对建设单位负责,分包单位对总承包单位负责,也应对建设单位负责。因此,分包单位对承建的项目进行验收后,应将工程的有关资料移交总包单位,待建设单位组织验收时,分包单位负责人应参加验收。

第三节 建设项目竣工验收的程序

一、竣工验收的程序

承包商申请交工验收→监督人员现场初验→正式验收→单项工程验收→全部工程的竣工验收。

(一)竣工初步验收的程序

当单位工程达到竣工验收条件后,施工单位应在自查、自评工作完成后,填写工程竣工报验单,并将全部竣工资料报送项目监理机构,申请竣工验收。总监理工程师应组织各专业监理工程师对竣工资料及各专业工程的质量情况进行全面检查,对检查出的问题,应督促施工单位及时整改。对需要进行功能试验的项目(包括单机试车和无负荷试车),监理工程师应督促施工单位及时进行试验,并对重要项目进行监督、检查,必要时请建设单位和设计单位参加;监理工程师应认真审查试验报告单并督促施工单位搞好成品保护和现场清理。

经项目监理机构对竣工资料及实物全面检查、验收合格后,由总监理工程师签署工程竣工报验单,并向建设单位提出质量评估报告。

(二)正式验收程序

建设单位收到工程验收报告后,应由建设单位(项目)负责人组织施工(含分包单位)、设计、监理等单位(项目)负责人进行单位(子单位)工程验收。单位工程由分包单位施工时,分包单位对所承包的工程项目应按规定的程序检查评定,总包单位应派人参加。分包工程完成后,应将工程有关资料交总包单位。建设工程经验收合格的,方可交付使用。

建设工程竣工验收应当具备下列条件:

1. 完成建设工程设计和合同约定的各项内容;
2. 有完整的技术档案和施工管理资料;
3. 有工程使用的主要建筑材料、建筑构配件和设备的进场试验报告;
4. 有勘察、设计、施工、工程监理等单位分别签署的质量合格文件;
5. 有施工单位签署的工程保修文件。

在一个单位工程中,对满足生产要求或具备使用条件,施工单位已预验,监理工程师已初验通过的子单位工程,建设单位可组织进行验收。有几个施工单位负责施工的单位工程,当其中的施工单位所负责的子单位工程已按设计完成,并经自行检验,也可组织正式验收,办理交工手续。在整个单位工程进行全部验收时,已验收的子单位工程验收资料应作为单位工程验收的附件。

在竣工验收时，对某些剩余工程和缺陷工程，在不影响交付的前提下，经建设单位、设计单位、施工单位和监理单位协商，施工单位应在竣工验收后的限定时间内完成。

参加验收各方对工程质量验收意见不一致时，可请当地建设行政主管部门或工程质量监督机构协调处理。

二、建设项目竣工验收的内容

（一）工程资料验收

工程资料验收包括工程技术资料、工程综合资料和工程财务资料。

1. 工程技术资料验收内容

（1）工程地质、水文、气象、地形、地貌、建筑物、构筑物及重要设备安装位置、勘察报告、记录；

（2）初步设计、技术设计或扩大初步设计、关键的技术试验、总体规划设计；

（3）土质试验报告、基础处理；

（4）建筑工程施工记录、单位工程质量检验记录、管线强度、密封性试验报告、设备及管线安装施工记录及质量检查、仪表安装施工记录；

（5）设备试车、验收运转、维修记录；

（6）产品的技术参数、性能、图纸、工艺说明、工艺规程、技术总结、产品检验、包装、工艺图；

（7）设备的图纸、说明书；

（8）涉外合同、谈判协议、意向书；

（9）各单项工程及全部管网竣工图等的资料。

2. 工程综合资料验收内容

项目建议书及批件，可行性研究报告及批件，项目评估报告，环境影响评估报告书，设计任务书。土地征用申报及批准的文件，承包合同，招标投标文件，施工执照，项目竣工验收报告，验收鉴定书。

3. 工程财务资料验收内容

（1）历年建设资金供应（拨、贷）情况和应用情况；

（2）历年批准的年度财务决算；

（3）历年年度投资计划、财务收支计划；

（4）建设成本资料；

（5）支付使用的财务资料；

（6）设计概算、预算资料；

（7）施工决算资料。

（二）竣工验收的标准

根据国家规定，建设项目竣工验收、交付生产使用，必须满足以下要求：

1. 生产性项目和辅助性公用设施，已按设计要求完成，能满足生产使用；

2. 主要工艺设备配套经联动负荷试车合格，形成生产能力，能够生产出设计文件所规定的产品；

3. 必要的生产设施，已按设计要求建成；

4. 生产准备工作能适应投产的需要；

5. 环境保护设施、劳动安全卫生设施、消防设施已按设计要求与主体工程同时建成使用；

6. 生产性投资项目如工业项目的土建工程、安装工程、人防工程、管道工程、通讯工程等工程的施工和竣工验收，必须按照国家和行业施工及验收规范执行。

（三）竣工验收的范围

凡新建、扩建、改建的基本建设项目和技术改造项目（所有列入固定资产投资计划的建设项目或单项工程），已按国家批准的设计文件所规定的内容建成，符合验收标准，即：工业投资项目经负荷试车考核，试生产期间能够正常生产出合格产品，形成生产能力的；非工业投资项目符合设计要求，能够正常使用的，不论是属于哪种建设性质，都应及时组织验收，办理固定资产移交手续。

三、建设项目竣工验收的组织和职责

建设项目竣工验收的组织，按国家计委关于《建设项目（工程）竣工验收办法》的规定执行。大中型和限额以上基本建设和技术改造项目（工程），由国家计委或国家计委委托项目主管部门、地方政府部门组织验收。小型和限额以下基本建设和技术改造项目（工程），由项目（工程）主管部门或地方政府部门组织验收。

验收委员会或验收组的主要职责是：

1. 审查预验收情况报告和移交生产准备情况报告。

2. 审查各种技术资料，如项目可行性研究报告、设计文件、概预算，有关项目建设的重要会议记录，以及各种合同、协议、工程技术经济档案等。

3. 对项目主要生产设备和公用设施进行复验和技术鉴定，审查试车规格，检查试车准备工作，监督检查生产系统的全部带负荷运转，评定工程质量。

4. 处理交接验收过程中出现的有关问题。

5. 核定移交工程清单，签订交工验收证书。

6. 提出竣工验收工作的总结报告和国家验收鉴定书。

第二篇 工程质量行为与工程实体质量监督

第一章 工程质量监督注册

工程质量监督注册是指建设单位在办理施工许可证前，按工程建设有关法律法规向工程质量监督机构申请工程质量监督，工程质量监督机构对所提交的资料进行审核，办理工程质量监督注册手续，并建立工程质量监督信息档案的活动。

建设工程开工前(具体时间以各地规定为准)，建设单位(或委托监理单位)必须向由县级以上地方人民政府建设行政主管部门委托的工程质量监督机构申请办理工程质量监督注册登记，填写建设工程质量监督申报表，并按规定交纳工程质量监督费；工程质量监督机构应在规定的时限内认真审查所提供的材料，签发建设工程质量监督通知书，提出监督工作的要求，并开始实施质量监督工作。未办理工程质量监督登记手续的工程项目，不得进行施工。

建设工程质量监督申报表主要包括工程概况，建设单位、勘察设计单位、施工单位、监理单位相关信息等。

办理工程质量监督注册，工程质量监督机构应要求建设单位提供下列资料：

（一）建设工程质量监督申报表；
（二）施工图设计文件审查报告和批准书；
（三）中标通知书和施工、监理合同；
（四）其他需要的文件。

工程质量监督机构须按有关规定建立受监工程项目信息库。

第二章 工程质量监督工作方案及交底

工程质量监督方案与交底是指工程项目实施监督前,工程质量监督机构根据受监工程的规模和类别,依据工程勘察报告、设计文件、工程建设法律法规和强制性标准,制定《建设工程质量监督方案》(以下简称《方案》),并在规定时间内向建设、监理及施工单位进行交底的活动。

凡办理了工程质量监督手续的建筑工程,均应在实施监督工作前,根据工程特点、设计要求、施工难度、建设(监理)、施工单位的质量管理水平等情况和因素,编制工程质量监督方案。同时应根据监督检查中发现的问题及时对方案做出调整。

《方案》应明确工程项目质量监督组(以下简称质监组)和监督负责人,质监组不少于2人。

《方案》应明确监督内容、监督重点、监督方式、监督频率和监督控制点。包括:

(一)质量监督法律、法规依据;

(二)工程的主要技术指标、相关主要施工技术规范(规程)、质量检验评定标准等;

(三)监督组织形式;

(四)质量监督工作内容、程序与要求;

(五)责任主体和有关机构质量行为的监督检查内容;

(六)工程实体质量的监督检查的内容,关键工序抽查计划;

(七)工程竣工验收的监督内容;

(八)质量监督措施与公开办事制度。

《方案》编写可根据工程实际进度分阶段执行。《方案》应明确监督的重点:重点监督检查的责任主体和有关机构质量行为;工程实体质量监督检查重点部位;工程竣工验收的重点监督内容。

《方案》由监督负责人组织编写,工程质量监督站站长或技术负责人审核批准,发至建设、监理、施工等单位。

工程质量监督机构应在工程质量监督注册后15个工作日内进行工程质量监督交底,将《方案》的主要内容书面告知工程建设参建各方责任主体。填写《工程质量监督交底记录》。

工程质量监督人员在工程质量监督过程中,应认真执行《方案》。如实际情况或条件发生重大变化而需要调整《方案》时,应由监督负责人组织修改,按原审批程序批准,并通知建设、施工、监理单位。

工程质量监督机构负责人应定期对《方案》实施情况进行督促检查,确保《方案》的有效实施。

第三章 工程质量行为监督

第一节 基本概念

一、工程质量行为监督的概念

工程质量行为监督是指工程质量监督机构对工程项目建设过程中,各责任主体和有关机构履行国家有关法律、法规规定的质量责任和义务进行监督检查的活动。

工程质量行为监督应遵守以下规定:

(一)工程质量行为监督应突出重点,采取抽查方式。

(二)工程质量监督人员对工程建设各责任主体提供的相关文件和资料进行检查,填写《建设工程质量责任主体质量行为资料监督检查记录》。

(三)监督检查中发现有违规行为的,应签发《工程质量监督整改通知书》或《工程质量监督局部暂停通知书》,责令改正;对违反法律、法规、规章的规定,依法应实施行政处罚的,由有管辖权的建设行政主管部门实施行政处罚。

(四)对检查中发现的严重问题应建立《工程建设各方责任主体质量行为不良记录汇总表》,定期向社会公示。

二、工程质量不良行为的概念

工程质量不良行为指从事新建、扩建、改建房屋建筑工程和市政基础设施工程建设活动的建设、勘察、设计、施工单位和施工图审查机构、工程质量检测机构、监理单位违反法律、法规、规章所规定的质量责任和义务的行为,以及勘察、设计文件违反工程建设强制性标准和工程实体质量不符合工程建设技术标准的情况。

工程质量不良行为涉及《建筑法》、《建设工程安全生产管理条例》、《建设工程质量管理条例》等法律法规和《建设工程监理规范》、《建设工程质量责任主体和有关机构不良记录管理办法》等规定。

三、工程质量不良行为责任主体和质量保证体系的概念

工程质量不良行为责任主体包括建设单位、监理单位、勘察设计单位、施工单位、施工图审查单位和工程质量检测单位。

工程质量保证体系指工程参建各方责任主体及其有关机构以质量责任制为核心的企业内控体系;以业主、监理单位平行检查验收为内容的社会监控体系;以各级建设行政主管部门或委托的工程质量监督机构依法监管的政府监管体系。

第二节 工程质量行为主体及其监督的重点

一、建设单位
（一）岩土工程勘察报告和讯息工期图设计文件的审查；
（二）施工、监理单位中标通知书及合同的签订；
（三）质量监督手续及施工许可证办理；
（四）见证取样的实施及持证上岗（有监理的工程除外）；
（五）工程项目负责人的书面确定、变更及日常参与质量验收、签字情况；
（六）工程肢解发包情况；
（七）设计变更的程序；
（八）明示或暗示有关单位违反工程建设强制性标准，降低工程质量；
（九）在装修过程中擅自变动工程主体和承重结构；
（十）未经验收或验收不合格的工程擅自交付使用；
（十一）工程竣工验收的组织及程序；
（十二）及时办理工程竣工验收备案手续情况。

二、勘察、设计单位
（一）勘察、设计单位资质、人员资格及签字和出图情况；
（二）施工图设计文件交底；
（三）参加地基验槽、基础、主体结构及有关重要部位工程质量验收和工程竣工验收情况；
（四）参加有关工程质量问题的处理情况；
（五）签发设计修改变更、技术洽商通知情况；
（六）选用建筑材料、构配件和设备有无指定厂商。

三、施工单位
（一）施工单位资质和项目经理部管理人员资格，以及人员配备、到位情况；
（二）主要专业工种操作上岗资格、配备及到位情况；
（三）主要技术工种持证上岗；
（四）施工组织设计或施工方案审批及执行情况；
（五）转包及违法分包情况；
（六）施工现场施工操作技术规程及国家有关规范、标准的配备情况；
（七）重要部位、关键工序的施工技术交底；
（八）检验批、分项、分部（子分部）、单位（子单位）工程质量的检验评定情况；
（九）建筑材料、构配件和设备的进场验收；
（十）工程技术标准及经审查批准的施工图设计文件的实施情况；
（十一）质量问题的整改和质量事故的处理情况；
（十二）分包单位资质与对分包单位的管理情况；
（十三）工程资料的及时性、真实性、准确性和完整性。

四、监理单位

（一）监理单位资质、项目监理机构的人员资格；

（二）现场项目监理机构人员的配备（数量、专业）是否与建设规模相适应、持证上岗及按合同选派总监、监理工程师进驻现场情况；

（三）监理规划和监理细则（关键部位和工序的确定及措施）的编制审批内容的执行情况；

（四）见证取样制度的实施情况；

（五）建筑材料、构配件和设备投入使用或安装前进行审查情况；

（六）监理资料收集整理情况；

（七）对重点部位、关键工序实施旁站监理情况；

（八）质量问题通知单签发及质量问题整改结果的复查情况；

（九）组织检验批、分项、分部（子分部）工程的质量验收、参与单位（子单位）工程质量的验收情况；

（十）对分包单位的资质进行核查情况。

五、施工图审查机构

（一）施工图审查机构符合规定的情况；

（二）施工图审查机构是否超出认定的范围从事施工图审查；

（三）施工图审查机构审查人员资格情况；

（四）是否按规定上报审查过程中发现的违法违规行为；

（五）是否按规定在审查合格书和施工图上签字盖章；

（六）施工图审查质量情况；

（七）审查人员的培训情况。

六、检测机构

（一）检测机构资质、人员资格及检测范围；

（二）检测业务基本管理制度情况；

（三）检测报告的签字及其内容的真实性、完整性；

（四）是否按规定在1个工作日内将不合格检测结果上报工程质量监督机构。

第三节 参建各方不良行为内容

对工程质量不良行为应予以记录和公布，并作为对勘察、设计、施工、施工图审查、工程质量检测、监理等单位进行年检和资质评审的重要依据。

一、建设单位以下情况应予以记录：

（一）施工图设计文件应审查而未经审查批准，擅自施工的；设计文件在施工过程中有重大变更而未将变更后的施工图报原施工图审查机构进行审查并获批准，擅自施工的。

（二）采购的建筑材料、建筑构配件和设备不符合设计文件和合同要求的；明示或者暗示施工单位使用不合格的建筑材料、建筑构配件和设备的。

（三）明示或暗示勘察、设计单位违反工程建设强制性标准、降低工程质量的。

（四）涉及建筑主体和承重结构变更的装修工程，没有经原设计单位或具有相应资质等级的设计单位提出设计方案，擅自施工的。

（五）其他影响建设工程质量的违法行为。

二、勘察、设计单位以下情况应予以记录：

（一）未按照政府有关部门的批准文件要求进行勘察、设计的。

（二）设计单位未根据勘察文件进行设计的。

（三）未按照工程建设强制性标准进行勘察、设计的。

（四）勘察、设计中采用可以影响工程质量和安全，且没有国家技术标准的新技术、新工艺、新材料，未按规定审定的。

（五）勘察、设计文件没有责任人签字或签字不全的。

（六）勘察原始记录不按照规定进行记录或记录不完整的。

（七）勘察、设计文件在施工图审查批准前，经审查质量部门，进行一次以上修改的。

（八）勘察、设计文件经施工图审查未获批准的。

（九）勘察单位不参加施工验收的。

（十）在竣工验收时未出具工程质量评估意见的。

（十一）设计单位对经施工图审查批准的设计文件，在施工前拒绝向施工单位进行设计交底的；拒绝参与建设工程质量事故分析的。

（十二）其他可能影响工程勘察、设计质量的违法违规行为。

三、施工单位以下情况应予以记录：

（一）未按施工图审查机构批准的施工图或施工技术标准施工的。

（二）未按规定对建筑材料、建筑构配件、设备和商品混凝土进行检验或检验不合格，擅自使用的。

（三）未按规定对隐蔽工程的质量进行检查和记录的。

（四）未按规定对涉及结构安全的试块、试件以及有关材料进行现场取样，或未按规定送交工程质量检测机构进行检测的。

（五）未经监理工程师签字，进入下一道工序施工的。

（六）施工人员未按规定接受教育培训、考核，或者培训、考核不合格，擅自上岗作业的。

（七）施工期间，因为质量原因被责令停工的。

（八）其他可能影响施工质量的违法、违规行为。

四、监理单位以下情况应予以记录：

（一）未按规定选派具有相应资格的总监理工程师和监理工程师进驻施工现场的。

（二）监理工程师和总监理工程师未按规定进行签字的。

（三）监理工程师未按规定采取旁站、巡视和平行检验等形式进行监理的。

（四）未按法律、法规以及有关技术标准和建设工程承包合同对施工质量实施监理的。

（五）未按经施工图审查批准的设计文件以及经施工图审查批准的设计变更文件对施工质量实施监理的。

（六）在竣工验收时未出具工程质量评估报告的。

（七）其他可能影响监理质量的违法违规行为。

五、施工图审查机构以下情况应予以记录：
（一）未经建设行政主管部门核准备案，擅自从事施工图审查业务活动的。
（二）超越核准等级和范围从事施工图审查业务活动的。
（三）未按国家规定的审查内容进行审查，存在错审、漏审的。
（四）其他可以影响审图质量的违法违规行为。

六、工程质量检测机构以下情况应予以记录：
（一）未经批准擅自从事工程质量检测业务活动的。
（二）超越核准的检测业务范围从事工程质量检测业务活动的。
（三）出具虚假报告，以及检测报告数据和检测结论与实测数据严重不符合的。
（四）其他可能影响检测质量的违法违规行为。

第四节 工程质量不良行为的处理原则、程序和方法

一、工程质量不良行为处理的一般规定

（一）施工图审查机构、工程质量检测机构、监理单位应记录工作中发现的建设、勘察、设计、施工单位的不良记录，依照所涉及工程项目的管理权限，向相应的建设行政主管部门或其委托的工程质量监督机构报送。建设行政主管部门或其委托的工程质量监督机构应对报送情况进行核实。

（二）县级以上地方人民政府建设行政主管部门或其委托的工程质量监督机构应对在质量检查、质量监督、事故处理和质量投诉处理过程中发现的本行政区域内建设、勘察、设计、施工、施工图审查、工程质量检测、监理等单位的不良记录负责记录并核实。

（三）县级以上地方人民政府建设行政主管部门或其委托的工程质量监督机构应对已核实的不良记录进行汇总，并向上级建设行政主管部门或其委托的工程质量监督机构备案。

（四）建设工程质量责任主体和有关机构的单位工商注册所在地不在本省行政区域的，省、自治区、直辖市建设行政主管部门应在报送国务院建设行政主管部门备案的同时，将该单位的不良记录通知其工商注册所在地省、自治区、直辖市建设行政主管部门。

（五）省、自治区、直辖市建设行政主管部门应在建筑市场监督管理信息系统中建立工程建设的质量管理信息子系统。不良记录的备案通过该系统进行，其数据传输应尽可能做到通过 internet 传送，以保证记录的实时准确。建设行政主管部门或其委托的工程质量监督机构应将经核实的不良记录及时录入相应的信息系统。

（六）各有关记录机构和人员对不良记录的真实性和全面性负责。市（地）以上地方人民政府建设行政主管部门或其委托的质量监督机构对本行政区域内不良记录的准确性负责。

（七）省、自治区、直辖市建设行政主管部门，应定期在媒体上公布本行政区域内的不良记录。市（地）建设行政主管部门也可定期在媒体上公布本行政区域内的不良记录。

（八）建设行政主管部门或其委托的工程质量监督机构，应将不良记录备案中所涉及的在建房屋建筑和市政基础设施工程的质量状况予以公布。

（九）不良记录通过有关工程建设信息网公布的，公布的保留时间不少于 6 个月，需

要撤销公布记录的须经原公布机关批准。

（十）各地建设行政主管部门要高度重视不良记录管理工作，明确分管领导和承办机构、人员及职责。对在工作中玩忽职守的，应进行查处并给与相应的行政处分。

二、工程质量不良行为的处理程序

（一）各级建设行政主管部门及相关承办机构，在作出不良行为处理决定之前，应当告知相关责任单位和责任人处理决定的事实、理由及依据，并告知当事人依法享有的权利。

（二）不良行为的责任主体和责任人，对不良行为的处理决定由陈述权、申辩权；对不良行为的责任主体和责任人提出的事实、理由或者证据成立的，建设行政主管部门或承办机构应当采纳。

（三）各级建设行政主管部门委托的承办机构，每月底前应将不良行为记录上报本级建设行政主管部门，同时抄报上级对口承办机构。发生重大质量安全事故或构成刑事犯罪的严重不良行为记录，应及时上报。

（四）各级建设行政主管部门对已认定的不良行为记录、公示名单、处罚情况，由建设行政主管部门签字盖章后，将书面记录内容及时逐级上报。

（五）各级建设行政主管部门将认定的不良行为，根据其情节和性质，经查实批准后，在各级建设工程信息网、建设工程交易中心电子屏幕等媒体上公示。需在省级以上媒体上公示的，由省级建设主管部门核准后予以公示。

（六）公示内容一般包括：不良行为主体或从业人员名称、内容、有关处理结果及须公示的时间等。

三、河南省工程质量不良行为记录记分方法及其处理办法

参建各方的工程质量不良行为记录计分方法见表 2.3-1~表 2.3-6。

建设工程质量不良行为记录记分表　　　　　　表 2.3-1
建设单位及相关责任人

序号	内容	责任单位记分值	责任人记分值	记分细则
1	施工图设计文件应审查而未经审查，或经审查不合格而擅自施工的；施工中使用的施工图设计文件与经审查批准的施工图设计文件不符的；设计文件在施工过程中有涉及结构安全和重要使用功能的设计变更，未将变更后的施工图报原施工图审查机构进行审查通过，擅自施工的	1~3分	1~3分	每违反一条记录1分，最多记录3分
2	采购的建筑材料、建筑构配件和设备不符合设计文件、合同要求的；明示或者暗示施工单位使用不合格的建筑材料、建筑构配件和设备的	1分	1分	每违反一条记录1分
3	明示或者暗示勘察、设计、施工、监理等单位违反工程建设强制性标准，降低工程质量的	5分	1分	
4	涉及建筑主体和承重结构变动的装修工程，没有经原设计单位或具有相应资质等级的设计单位提出设计方案，擅自施工的	1分	1分	

续表

序号	内 容	责任单位记分值	责任人记分值	记分细则
5	对建设行政主管部门依法下发的监督整改通知，拒绝整改、不按期整改或整改不符合要求的	1～3分	1～3分	不按期整改或整改不符合要求的记录1分，拒绝整改的记录3分
6	对工程未依法组织竣工验收或者验收不合格，擅自投入使用的	2分	1分	
7	未按规定办理工程竣工验收备案的	2分	1分	
8	对工程质量投诉不履行保修义务或拖延履行保修义务的	0.5～1分	0.5～1分	拖延履行保修义务的记录0.5分，不履行保修义务的记录1分
9	其他影响建设工程质量的违法违规行为	0.5～10分	0.5～10分	情节轻微的记录0.5分，情节严重的记录1～5分，造成四级质量事故的记录8分，造成三级以上质量事故的记录10分

注：责任人系指法人代表及项目负责人。

建设工程质量不良行为记录记分表　　　　表2.3-2
勘察、设计单位及相关责任人

序号	内 容	责任单位记分值	责任人记分值	记分细则
1	超越资质等级和范围承揽工程的；借用或转借建设工程勘察、设计资质的	5～10分	5～10分	每违反一条记录5分，造成四级质量事故的记录8分，造成三级以上质量事故的记录10分
2	将承揽的建设工程勘察、设计业务转包或违法分包的	5～10分	5～10分	每违反一条记录5分，造成四级质量事故的记录8分，造成三级以上质量事故的记录10分
3	未按照政府有关部门的批准文件要求进行勘察、设计的	1分	1分	
4	设计单位未根据勘察文件进行设计的	5～10分	5～10分	每违反一条记录5分，造成四级质量事故的记录8分，造成三级以上质量事故的记录10分
5	未按照工程建设强制条文进行勘察、设计的	3～10分	3～10分	有影响使用功能的记录3分，有影响结构安全的记录5分，造成四级质量事故的记录8分，造成三级以上质量事故的记录10分

续表

序号	内　　容	责任单位记分值	责任人记分值	记 分 细 则
6	勘察、设计中采用可能影响工程质量和安全，且没有国家技术标准的新技术、新工艺、新材料，未按规定审定的	0.5～1分	0.5～1分	
7	勘察、设计文件没有责任人签字盖章或者签字盖章不全的	1～3分	1～3分	签字不全的记录1分，没有签字的记录3分
8	勘察原始记录不按照规定进行记录或者记录不完整的	1分	1分	
9	勘察、设计文件在施工图审查合格前，经审查发现违反工程建设强制性条文，进行一次以上修改的	0.5分	0.5分	
10	勘察单位不参加施工验槽或基坑验收的	0.5分	0.5分	
11	在竣工验收时未按规定出具工程质量评估意见	0.5～1分	0.5～1分	
12	设计单位对经施工图审查合格的设计文件，在施工前拒绝向施工单位进行设计交底的；拒绝参与建设工程质量事故分析处理的	0.5～1分	0.5～1分	
13	设计单位拒绝参加工程结构验收和单位（子单位）工程竣工验收的	1分	1分	
14	为其他单位和个人的勘察、设计成果报告加盖本单位图签、图章的	5～10分	3～10分	一般情况下对责任单位记录5分，对责任人记录3分，造成四级质量事故的记录8分，造成三级以上质量事故的记录10分
15	对建设行政主管部门依法下发的监督整改通知，拒绝整改、不按期整改或整改不符合要求	1～3分	1～3分	不按期整改或整改不符合要求的记录1分，拒绝整改的记录3分
16	其他可能影响工程勘察、设计质量的违法违规行为	1～10分	1～10分	情节轻微的记录1分，情节严重的记录3～5分，造成四级质量事故的记录8分，造成三级以上质量事故的记录10分

注：责任人系指法人代表及相关执业注册师。

建设工程质量不良行为记录记分表
施工单位及相关责任人

表 2.3-3

序号	内容	责任单位记分值	责任人记分值	记分细则
1	超越本单位资质等级和范围，擅自承揽工程的；涂改、伪造、出借、转让企业资质证书的；未取得施工许可证，擅自施工的	1~10 分	0.5~10 分	未取得施工许可证，擅自施工的对责任单位记录 1 分，对责任人记录 0.5 分。超越本单位资质等级和范围，擅自承揽工程的；涂改、伪造、出借、转让企业资质证书的记录 5 分。造成四级质量事故的记录 8 分，造成三级以上质量事故的记录 10 分
2	将承包的工程转包或违法分包的	5~10 分	5~10 分	每违反一条记录 5 分，造成四级质量事故的记录 8 分，造成三级以上质量事故的记录 10 分
3	未按照经施工图审查机构审查合格的施工图或施工技术标准施工的	1~10 分	1~10 分	未按照施工技术标准施工的记录 1~3 分，未按照经施工图审查机构审查合格的施工图记录 3~5 分，造成四级质量事故的记录 8 分，造成三级以上质量事故的记录 10 分
4	未按规定对建筑材料、建筑构配件、设备和商品混凝土进行检验，或检验不合格，擅自使用的	1~10 分	1~10 分	未按规定对建筑材料、建筑构配件、设备和商品混凝土进行检验的记录 1~3 分，检验不合格，擅自使用或弄虚作假的对责任单位记录 3~5 分，对责任人记录 3~6 分，造成四级质量事故的记录 8 分，造成三级以上质量事故的记录 10 分
5	未按规定对隐蔽工程的质量进行检查和记录的	0.5~1 分	0.5~1 分	
6	未按规定对涉及结构安全的试块、试件以及有关材料进行现场见证取样；未按规定送交有资质的工程质量检测机构进行检测的	1~5 分	1~6 分	未按规定进行见证取样检验的，记录 1~3 分，未送有资质的检测机构检测的，记录 3~5 分
7	未经监理工程师签字，进入下一道工序施工的	0.5~1 分	0.5~1 分	
8	施工期间，因为质量原因被责令停工或出现质量事故的	1~10 分	1~10 分	被责令停工的根据情节轻重记 1~3 分，出现质量一般事故的记录 3~5 分，造成四级质量事故的记录 8 分，造成三级以上质量事故的记录 10 分
9	项目施工人员未持证上岗的；施工人员未按规定接受教育培训、考核，或者培训、考核不合格，擅自上岗作业的	1~2 分	1~10 分	项目经理(项目技术、质量负责人)未取得资质证书(上岗证书)的记录 10 分，超越资质等级的记录 5 分；项目施工管理人员超过 30%未持证上岗的责任单位记录 2 分，施工人员未持证上岗的对责任单位视情节轻重记分

续表

序号	内　容	责任单位记分值	责任人记分值	记分细则
10	项目经理发生变更未办理相应的变更备案手续的	0.5～1分	0.5～1分	
11	施工中使用建设行政主管部门明令禁止的建筑材料、构配件和设备的	1～3分	1～3分	
12	工程实物存在违反工程建设强制性条文的	1～10分	1～10分	有影响使用功能的记录1～2分，有影响结构安全的记录3～5分，造成四级质量事故的记录8分，造成三级以上质量事故的记录10分
13	对工程质量投诉不履行保修义务或拖延履行保修义务的	1分	3分	拖延履行保修义务的和不履行保修义务的，对责任人分别记录1分和3分
14	对建设行政主管部门依法下发的监督整改通知，拒绝整改、不按期整改或整改不符合要求的	1～3分	1～3分	不按期整改或整改不符合要求的记录1分，拒绝整改的记录3分
15	其他可能影响工程施工质量的违法违规行为	1～10分	1～10分	情节轻微的记录1分，情节严重的记录3～5分，造成四级质量事故的记录8分，造成三级以上质量事故的记录10分

注：相关责任人系指法人代表，企业及项目技术、质量负责人，项目经理。

建设工程质量不良行为记录记分表　　　　表2.3-4
施工图审查机构及相关责任人

序号	内　容	责任单位记分值	责任人记分值	记分细则
1	未经建设行政主管部门核准备案，擅自从事施工图审查业务活动的	10分	/	
2	超越核准的等级和范围从事施工图审查业务活动的	5～10分	5～10分	每违反一项记录5分，造成四级质量事故的记录8分，造成三级以上质量事故的记录10分
3	未按国家规定的审查内容进行审查，存在错审、漏审的	1～10分	1～10分	存在漏审的记录1分，存在错审的对责任单位记录3～5分、对责任人记录3～6分，造成四级质量事故的记录8分，造成三级以上质量事故的记录10分
4	工作中发现勘察、设计单位存在本办法中不良行为未按规定报送的	0.5～1分	0.5～1分	
5	未按规定在审查合格的施工图纸上加盖审查合格印章的	0.5～1分	0.5～1分	

续表

序号	内容	责任单位记分值	责任人记分值	记分细则
6	对建设行政主管部门依法下发的监督整改通知，拒绝整改、不按期整改或整改不符合要求的	1~3分	1~3分	不按期整改或整改不符合要求的记录1分，拒绝整改的记录3分
7	其他可能影响审查质量的违法违规行为	1~10分	1~10分	情节轻微的记录1分，情节严重的记录3~5分，造成四级质量事故的记录8分，造成三级以上质量事故的记录10分

注：责任人系指法人代表及相关执业注册师。

建设工程质量不良行为记录记分表   表2.3-5
工程质量检测机构及相关责任人

序号	内容	责任单位记分值	责任人记分值	记分细则
1	未经批准擅自从事工程质量检测业务活动的	10分	/	
2	借用或转借检测资质证书，承揽工程检测业务的	10分	10分	
3	超越核准的检测业务范围从事工程质量检测业务活动的；转包或违法分包检测项目的	5~10分	5~10分	每违反一条记录5分，造成四级质量事故的记录8分，造成三级以上质量事故的记录10分
4	出具虚假报告，以及检测报告数据和检测结论与实际数据严重不符合的	5~10分	6~10分	一般情况下对责任单位记录5分、对责任人记录6分，造成四级质量事故的记录8分，造成三级以上质量事故的记录10分
5	检测人员未按规定接受教育培训、考核，或者培训、考核不合格，擅自从事检测工作的	1~2分	1~10分	质量、技术负责人未持证上岗的记录10分；检测人员超过30%未持证上岗的责任单位记录2分
6	未按规范、标准进行检测的；未按规定执行见证取样送样制度的	1~10分	1~10分	每出现一次记录1~3分，造成四级质量事故的记录8分，造成三级以上质量事故的记录10分
7	无检测原始记录或信息量记录不全的；擅自更改检测原始记录的；原始记录无法证明检测结果或数据的真实性和可靠性的	1~10分	1~10分	擅自更改检测原始记录的记录5分，其他两项每发现一次记录1分，造成四级质量事故的记录8分，造成三级以上质量事故的记录10分
8	检测结论不合格的报告未及时按有关规定向建设行政主管部门或其委托的工程质量监督机构报送的	0.5~1分	0.5~1分	

续表

序号	内容	责任单位记分值	责任人记分值	记分细则
9	工作中发现相关单位存在本办法中不良行为未按规定报送的	0.5~1分	0.5~1分	
10	对建设行政主管部门依法下发的监督整改通知，拒绝整改、不按期整改或整改不符合要求的	1~3分	1~3分	不按期整改或整改不符合要求的记录1分，拒绝整改的记录3分
11	仪器设备未按有关要求通过计量检定的；计量认证已过有效期或检测项目未通过计量认证的	1~10分	1~10分	仪器设备未按有关要求通过计量检定的记录1分，计量认证已过有效期的记录3分，检测项目未通过计量认证的记录5分，造成四级质量事故的记录8分，造成三级以上质量事故的记录10分
12	质量体系未有效运行，不能确保检测工作质量的	0.5~1分	0.5~1分	
13	其他可能影响检测质量的违法违规行为	1~10分	1~10分	情节轻微的记录1分，情节严重的记录3~5分，造成四级质量事故的记录8分，造成三级以上质量事故的记录10分

注：责任人系指法人代表及质量、技术负责人。

建设工程质量不良行为记录记分表 表2.3-6
监理单位及相关责任人

序号	内容	责任单位记分值	责任人记分值	记分细则
1	超越本单位资质等级和范围承揽工程的	5~10分	5~10分	每违反一项记录5分，造成四级质量事故的记录8分，造成三级以上质量事故的记录10分
2	涂改、伪造、出借、转让企业资质证书，承揽工程监理业务的	10分	10分	
3	未按规定选派具有相应资格的总监理工程师和专业配套的监理工程师进驻施工现场的	1~2分	1~10分	项目总监理工程师、专业监理工程师未取得注册监理工程师资格证的记录10分
4	监理人员未按规定采取旁站、巡视和平行检验等形式进行监理的；项目总监理工程师不组织分部工程质量验收、不参加单位工程质量验收的	0.5~1分	1~3分	
5	未按法律法规以及有关技术标准和监理合同对施工质量实施监理的	1~10分	1~10分	违反法律法规的记2~4分，违反技术标准和监理合同的记1~3分，被责令停工或造成一般质量事故的记3~5分，造成四级质量事故的记录8分，造成三级以上质量事故的记录10分

续表

序号	内　容	责任单位记分值	责任人记分值	记 分 细 则
6	未按经施工图审查合格的设计文件以及经施工图审查合格的设计变更文件对施工质量实施监理的	1~10分	1~10分	情节轻微的记录1分,情节严重的记录3~5分,造成四级质量事故的记录8分,造成三级以上质量事故的记录10分
7	监理工程师、总监理工程师和总监理工程师代表未按规定进行签字的	0.5~1分	0.5~1分	
8	监理规划未获批准而开展监理工作的;监理规划没有针对性或者内容不完整的;应编制监理实施细则而未编制的	0.5~1分	0.5~1分	
9	工程实物存在违反工程建设强制性条文的	1~10分	1~10分	有影响使用功能的记录1~2分,有影响结构安全的记录3~5分,造成四级质量事故的记8分,造成三级以上质量事故的记10分
10	未按有关规定对进场材料、构配件、成品半成品进行验收;不按规定执行见证取样制度的	1~10分	1~10分	每违反一条记录1分,弄虚作假的对责任单位记录3~5分,对责任人记录3~6分,造成四级质量事故的记录8分,造成三级以上质量事故的记录10分
11	工作中发现相关单位存在本办法中不良行为未按规定报送的	0.5~1分	0.5~1分	
12	在竣工验收时未按规定出具工程质量评估报告的	1~3分	1~3分	未按规定及时出具工程质量评估报告的记录1分,拒绝出具工程质量评估报告的记录3分
13	对建设行政主管部门依法下发的监督整改通知,拒绝整改、不按期整改或整改不符合要求的	1~3分	1~3分	不按期整改或整改不符合要求的记录1分,拒绝整改的记录3分
14	其他可能影响监理质量的违法违规行为	1~10分	1~10分	情节轻微的记录1分,情节严重的记录3~5分,造成四级质量事故的记录8分,造成三级以上质量事故的记录10分

注：责任人系指法人代表、总监理工程师及专业监理工程师。

根据记录记分，对工程质量不良行为予以相应处理，具体办法如下：

（一）不良行为累计积分从每年1月1日起。对同一责任单位时效为1年，对同一责任人时效为2年；本记分周期的累计积分不计入下一个记分周期；同一责任单位和责任人的同一不良行为，按最高分一次记录。

（二）对同一不良行为事实的认定和记分，应按照"就高不就低"的原则，只作1次计分，不重复计分。如上级主管部门对下级部门作出的事实认定和记分有异议的，应责令其重新核定。

（三）工程质量各方主体不良行为记录在一个计分周期内，累计分值达20分的，符合法定条件的，依法降低企业资质、3年内不得晋升企业资质；累计分值达10分的，清出本地建筑市场、依法取消其半年至1年投标资格或招标代理资格、两年内不得晋升企业资质；累计分值达8分的，依法责令停业整顿1至3个月、1年内不得晋升企业资质；累计分值达7分的，取消与工程建设有关的评优评先资格。

（四）工程质量各方主体相关责任人不良行为记录在一个计分周期内，累计分值达10分的，符合法定条件的，依法吊销其执业资格、3年内不得在本省从事同一专业活动；累计分值达8分的，依法责令停止执业资格2年；累计分值达7分的，依法责令停止执业资格1年；累计分值达6分的，必须参加建设行政主管部门组织的培训、考核；累计分值达5分的，取消与工程建设有关的评优评先资格。

（五）单位工程质量安全责任主体和相关责任单位，凡有1次违反工程建设标准、规范或违犯国家法律、法规不良行为记录的，该工程项目不得参与任何与质量安全有关的评优活动。

第四章 工程实体质量监督

第一节 基本规定

一、工程实体质量监督概念

工程实体质量监督是指工程质量监督机构依据施工图设计文件、工程建设强制性标准对施工过程中的工程质量控制资料和实物质量进行监督检查的活动。

二、工程质量监督机构对工程实体质量监督的一般规定

（一）工程实体质量监督的重点是监督工程建设强制性标准的实施情况；

（二）检查关键工序和部位的施工作业面施工质量；

（三）抽查涉及结构安全与使用功能的主要原材料、建筑构配件和设备的出厂合格证、试验报告及见证取样送检资料；

（四）突出对地基基础、主体结构和其他涉及结构安全、环境质量的重要部位、关键工序和使用功能的监督，并应设置质量监督控制点；

（五）抽查现场拌制混凝土、砂浆配合比和预拌混凝土的质量控制情况；

（六）工程质量监督人员根据监督检查的结果，填写《建设工程实体质量监督记录》，提出明确的监督意见，对违反《建筑工程质量管理条例》和影响结构安全及使用功能的质量问题应签发整改通知单。

三、工程实体质量监督的内容

（一）抽查资料。重点抽查施工、监理等单位关于保证结构安全和重要使用功能的工程技术资料，检查其同步性、完整性和真实性。

（二）抽查实物质量。采用目测、检测仪器等对工程实物质量和施工作业面的施工质量进行随机检查。检查是否符合施工图设计文件、工程建设强制性标准要求。

（三）对主体分部工程和地基基础分部工程的质量验收进行监督。

四、质量监督控制点的设置

质量监督控制点是项目质监组对涉及工程结构安全和使用功能等质量进行控制所设置的，须由工程质量监督人员到施工现场进行监督检查的关键工序和重要部位。当施工单位施工至质量监督控制点时，必须通知工程质量监督人员到现场进行监督检查。

五、应设置质量监督控制点的部位和工序

（一）地基处理过程中；

（二）地基基础工程；

（三）重要结构（混凝土大跨度结构及结构转换层等）隐蔽前和主要使用功能（管线安装、重要设备安装）隐蔽前；

（四）主体结构验收；

（五）幕墙及与节能有关的隐蔽工程。

六、工程实体质量监督抽查主要内容

（一）地基处理

1. 原材料合格证、进场检验记录和复试报告；
2. 地基处理的施工方案；
3. 地基处理效果的检测方法、数量和结果；
4. 地基处理验收记录。

（二）桩基工程

1. 预制桩的产品合格证和验收记录；
2. 预制桩接桩材料合格证、复验报告；
3. 灌注桩原材料合格证、进场验收记录和复试报告；
4. 桩基施工方案；
5. 打桩记录和隐蔽验收记录；
6. 桩基承载力和桩身质量检验报告；
7. 桩基质量验收记录。

（三）基础工程

1. 原材料合格证、进场检验记录、复试报告；
2. 基础钢筋制作与绑扎质量；
3. 基础轴线与标高；
4. 砌体基础的砌筑质量；
5. 砂浆、混凝土试块强度报告；
6. 监督抽测混凝土强度（含地下室工程）、几何尺寸；
7. 基础外观质量；
8. 基础工程质量验收记录。

（四）现浇混凝土结构

1. 原材料（预拌混凝土）合格证、进场检验记录、复试报告；
2. 钢筋制作与安装、连接质量；
3. 混凝土配合比及计量情况；
4. 混凝土强度及评定；
5. 混凝土结构外观质量；
6. 结构实体检验；
7. 现浇混凝土结构工程质量验收记录。

（五）装配式结构

1. 原材料合格证、复试报告；
2. 隐蔽验收记录；
3. 构件出厂合格证和进场验收记录；
4. 吊装方案和吊装记录；
5. 节点联结处理；
6. 结构性能试验记录；

7. 装配式结构工程安装质量验收记录。

（六）砌体结构工程

1. 原材料合格证、进场检验记录、复试报告；
2. 砂浆配合比及现场计量；
3. 砌体组砌方法；
4. 砌体接槎处理；
5. 砌体结构工程质量验收记录。

（七）钢结构

1. 原材料（钢材、焊结材料、高强螺栓、防腐涂料、防火涂料等）和半成品合格证、检验记录、复试报告；
2. 进场验收记录；
3. 钢结构试焊试验报告和焊接质量；
4. 高强螺栓连接磨擦面抗滑移系数厂家试验报告和安装前复验报告；
5. 高强螺栓扭矩系数复验报告；
6. 一、二级焊缝探伤报告；
7. 构件安装记录和现场安装质量；
8. 涂装质量检验记录和涂装外观质量；
9. 钢结构工程质量验收记录。

（八）木结构工程

1. 原材料合格证、含水率检测报告；
2. 木材防护处理记录（防火、防腐、防蛀）；
3. 构件制作质量；
4. 构件联结方式及联结质量；
5. 涂装质量检验记录和涂装外观质量；
6. 木结构工程质量验收记录。

（九）幕墙工程

1. 原材料合格证、性能检测报告及进场检验记录；
2. 结构胶、耐候胶的相容性检测报告；
3. 石材的弯曲强度和放射性检测报告；
4. 幕墙工程的三项性能检测报告；
5. 预埋件的埋设质量或后置埋件的抗拔试验报告；
6. 构件的节点联结；
7. 幕墙的防火处理；
8. 幕墙的避雷处理；
9. 幕墙的板材安装与固定；
10. 幕墙周边和变形缝的处理；
11. 幕墙工程质量验收记录。

（十）防水工程

1. 原材料合格证、进场检验记录、复试报告；

2. 基层或找平层的处理;
3. 防水层的施工质量;
4. 保温层施工质量(含排气道的设置);
5. 细部构造的施工质量;
6. 功能试验或检查记录;
7. 防水工程质量验收记录。

(十一) 给排水工程
1. 原材料合格证、进场检验记录;
2. 主要阀门、管道的强度试验和严密性试验记录;
3. 排水系统的通水、通球试验记录;
4. 管道的标高、位置、坡度;
5. 管道的固定与防腐处理;
6. 给排水工程验收记录。

(十二) 道路工程
1. 原材料出厂合格证、检验报告、进场验收及抽检记录;
2. 路基基层及面层的中线高程、压实度、强度、平整度;
3. 道路弯沉检测记录;
4. 道路工程质量验收记录。

(十三) 桥梁工程
1. 原材料出厂合格证、检验报告、进场验收及抽检记录;
2. 灌注桩桩位、孔径、孔深、混凝土抗压强度及桩基检测报告;
3. 钢筋加工和焊接质量;
4. 现浇混凝土配合比、抗压强度及外观质量;
5. 预应力的伸长量、张拉应力值、每端滑移量、滑丝量等;
6. 混凝土预制构件制作、安装质量;
7. 桥梁工程质量验收记录。

第二节 地基与基础工程

一、地基工程

根据《建筑地基基础工程施工质量验收规范》(GB 50202—2002),地基分为灰土地基、砂和砂石地基、土工合成材料地基、粉煤灰地基、强夯地基、注浆地基、预压地基、水泥土搅拌复合地基、高压喷射注浆桩复合地基、振冲桩复合地基、土和灰土挤密桩复合地基、水泥粉煤灰碎石桩复合地基、夯实水泥土桩复合地基、砂桩地基,共十四种,其中后七种为复合地基。

(一) 灰土地基
1. 材料要求

灰土土料、石灰或水泥(当水泥替代灰土中的石灰时)等材料及配合比应符合设计要求,灰土应搅拌均匀。灰土的土料宜用黏土、粉质黏土。严禁采用冻土、膨胀土和盐渍土等活动性较强的土料。

2. 灰土地基施工质量监督要点

(1) 施工过程中应检查分层铺设的厚度、分段施工时上下两层的搭接长度、夯实时加水量、夯压遍数、压实系数。

(2) 验槽发现有软弱土层或孔穴时，应挖除并用素土或灰土分层填实。最优含水量可通过击实试验确定。

(3) 施工结束后，应检验灰土地基的承载力。

(4) 灰土地基的质量验收标准应符合表《建筑地基基础工程施工质量验收规范》(GB 50202—2002)4.2.4的规定。

(二) 砂和砂石地基

1. 材料要求

砂、石等原材料质量、配合比应符合设计要求，砂、石应搅拌均匀。原材料宜用中砂、粗砂、砾砂、碎石(卵石)、石屑。细砂应同时掺入25%～35%碎石或卵石。

2. 砂和砂石地基施工质量监督要点

(1) 施工过程中必须检查分层厚度、分段施工时搭接部分的压实情况、加水量、压实遍数、压实系数。

(2) 施工结束后，应检验砂石地基的承载力。

(3) 砂和砂石地基的质量验收标准应符合《建筑地基基础工程施工质量验收规范》(GB 50202—2002)表4.3.4的规定。

(三) 土工合成材料地基

1. 材料要求

所用土工合成材料的品种与性能和填料土类，应根据工程特性和地基土条件，通过现场试验确定，垫层材料宜用黏性土、中砂、粗砂、砾砂、碎石等内摩阻力高的材料。如工程要求垫层排水，垫层材料应具有良好的透水性。

2. 土工合成材料地基施工质量监督要点

(1) 施工前应对土工合成材料的物理性能(单位面积的质量、厚度、比重)、强度、延伸率以及土、砂石料等做检验。土工合成材料以$100m^2$为一批，每批应抽查5%。

(2) 施工过程中应检查清基、回填料铺设厚度及平整度、土工合成材料的铺设方向、接缝搭接长度或缝接状况、土工合成材料与结构的连接状况等。土工合成材料如用缝接法或胶接法连接，应保证主要受力方向的连接强度不低于所采用材料的抗拉强度。

(3) 施工结束后，应进行承载力检验。

(4) 土工合成材料地基质量检验标准应符合《建筑地基基础工程施工质量验收规范》(GB 50202—2002)表4.4.4的规定。

(四) 粉煤灰地基

1. 材料要求

粉煤灰材料可用电厂排放的硅铝型低钙粉煤灰。$SiO_2+Al_2O_3$总含量不低于70%(或$SiO_2+Al_2O_3+Fe_2O_3$总含量)，烧失量不大于12%。

2. 粉煤灰地基施工质量监督要点

(1) 施工前应检查粉煤灰材料，并对基槽清底状况、地质条件予以检验。

（2）施工过程中应检查铺筑厚度、碾压遍数、施工含水量控制、搭接区碾压程度、压实系数等。粉煤灰填筑的施工参数宜试验后确定。每摊铺一层后，先用履带式机具或轻型压路机初压1～2遍，然后用中、重型振动压路机振碾3～4遍，速度为2.0～2.5km/h，再静碾1～2遍，碾压轮迹应相互搭接，后轮必须超过两施工段的接缝。

（3）施工结束后，应检验地基的承载力。

（4）粉煤灰地基质量检验标准应符合《建筑地基基础工程施工质量验收规范》(GB 50202—2002)表4.5.4的规定。

（五）强夯地基

1. 材料和设备要求

（1）起重机：宜选用起重能力160kN以上的履带式起重机或其他专用起重设备，但必须符合夯锤起吊和提升高度的要求，并均需设安全装置，防止夯击时臂杆后仰。

（2）自动脱钩装置：应具有足够强度，且施工灵活。

（3）夯锤：可用钢材制作，或用钢板为外壳，内部焊接骨架后灌筑混凝土制成。夯锤底面为匀方形或圆形。锤底面积一般取决于表层土质：砂土，一般为3～4m^2；黏性土，不宜小于5m^2。夯锤中宜设置若干个上下贯通的气孔。

2. 强夯地基施工质量监督要点

（1）施工前应检查夯锤重量、尺寸，落距控制手段，排水设施及被夯地基的土质。为避免强夯振动对周边设施的影响，施工前必须对附近建筑物进行调查，必要时采取相应的防振或隔振措施，影响范围约10～15m。施工时应由邻近建筑物开始夯击逐渐向远处移动。

（2）施工中应检查落距、夯击遍数、夯点位置、夯击范围。如无经验，宜先试夯取得各类施工参数后再正式施工。对透水性差、含水量高的土层，前后两遍夯击应有一定间歇期，一般2～4周。夯点超出需加固的范围为加固深度的1/2～1/3，且不小于3m。施工时要有排水措施。

（3）施工结束后，检查被夯地基的强度并进行承载力检验。

（4）按夯击点数量抽查5%，强夯地基的允许偏差和检验方法见表2.4-1。

强夯地基的允许偏差和检验方法　　　　表2.4-1

项次	项目	允许偏差(mm)	检验方法
1	夯击点中心位移	150	用经纬仪
2	定面标高	±20	用水准仪或拉线和尺量检查
3	表面平整度	30	用2m靠尺和楔形塞尺检查

（5）强夯施工的验收，应检查施工记录及各项技术参数，并应在夯击过的场地选点作检验。一般可采用标准贯入、静力触探或轻便触探等测定。

（6）检验点数：每个建筑物的地基不少于3处，检测深度和位置按设计要求确定。

（六）注浆地基

1. 材料要求

注浆地基常用浆液见表2.4-2。

常用浆液类型　　　　　　　　　　　　　　　表 2.4-2

浆液		浆液类型	浆液		浆液类型
粒状浆液（悬液）	不稳定粒状浆液	水泥浆	化学浆液（溶液）	无机浆液	硅酸盐
		水泥砂浆		有机浆液	环氧树脂类
	稳定粒状浆液	黏土浆			甲基丙烯酸脂类
					丙烯酸胺类
		水泥黏土浆			木质素类
					其他

2. 注浆地基施工质量监督要点

(1) 施工前应掌握有关技术文件（注浆点位置、浆液配比、注浆施工技术参数、检测要求等）。浆液组成材料的性能符合设计要求，注浆设备应确保正常运转。为确保注浆加固地基的效果，施工前应进行室内浆液配比试验及现场注浆试验，以确定浆液配方及施工参数。

(2) 施工中应经常抽查浆液的配比及主要性能指标，注浆的顺序、注浆过程中的压力控制等。

(3) 对化学注浆加固的施工顺序宜按以下规定进行：

① 加固渗透系数相同的土层应自上而下进行。

② 如土的渗透系数随深度而增大，应自下而上进行。

③ 如相邻土层的土质不同，应首先加固渗透系数大的土层。

(4) 检查时，如发现施工顺序与此有异，应及时制止，以确保工程质量。

(5) 施工结束后，应检查注浆体强度、承载力等。检查孔数为总量的 2%～5%，不合格率大于或等于 20% 时应进行二次注浆。检验应在注浆后 15d（砂土、黄土）或 60d（黏性土）进行。

(6) 注浆地基的质量检验标准应符合《建筑地基基础工程施工质量验收规范》(GB 50202—2002) 表 4.7.4 的规定。

(七) 预压地基

预压地基施工方法分为加载预压法和真空预压法两种，适用于软土和冲填土地基的施工。

1. 材料要求

(1) 加载预压法材料要求

① 用以灌入砂井的砂应用干砂。

② 用以选孔成井的钢管内径应比砂井需要的直径略大，以减少施工过程中的对地基土的扰动。

③ 用以排水固结的塑料排水板，应有良好的透水性，足够的湿润抗拉强度和抗弯曲能力。

(2) 真空预压法材料设备要求

① 抽真空时所用密封膜应选用抗老化性能好、抗穿刺能力强的不透气材料。

② 真空预压采用的抽气设备宜采用射流真空泵，空抽时必须达到 95kPa 以上的真空吸力。

③滤水管材料应用塑料管和钢管，管的连接采用柔性接头，以适应预压过程地基的变形。

2. 预压法施工质量监督要点

(1) 加载预压法施工质量监督要点

①检查砂袋放入孔内高出孔口的高度不宜小于200mm，以利排水砂井和砂垫层形成贯直水平排水通道。

②检查砂井的实际灌砂量应不小于砂井计算灌砂量的95%。

③袋装砂井或塑料排水带施工时，平面井距偏差应不大于井径，垂直度偏差小于1.5%，拔管时被管子带上砂袋或塑料排水板的长度不宜超过500mm。塑料排水带需要接长时，应采用滤膜内芯板平搭接的连接方式，搭接长度不宜大于200mm。

④严格控制加载速率，竖向变形每天不应超过10mm，边桩水平位移每天不应超过4mm。

⑤预压后地基上取样做十字板抗剪强度试验和室内土工试验的报告。

⑥对于以抗滑稳定控制的重要工程，应在预压区内选择代表性地点预留孔位，在加载不同阶段进行不同深度的十字板抗剪强度试验和土样室内试验报告，地基抗滑性的验算报告。

(2) 真空预压法施工质量监督要点

①水平向排水的滤水管布置应形成回路，并把滤水管设在排水砂垫层中，其上覆盖100～200mm厚砂。

②滤水管外宜围绕铅丝或尼龙纱或土工织物等滤水材料，保证滤水能力。

③密封膜热合粘结时用两条膜的热合粘结缝平搭接，搭接宽度大于15mm。

④密封膜宜铺三层，覆盖膜周边要严密封堵，封堵的方法参见《建筑地基处理技术规范》(JGJ 79—2002)第5.3.8条。

⑤为避免密封膜内的真空度在停泵后很快降低，在真空管路中设置止回阀和闸阀。

⑥为防止密封膜被锐物刺穿，在铺密封膜前，要认真清理平整砂垫层，抹除贝壳和带尖角石子，填平打设袋装砂井或塑料排水板留下的孔洞。

⑦真空度可一次抽气至最大，当连接五天实测沉降速率≤2mm/d时，可停止抽气。

(八) 振冲桩复合地基

振冲桩复合地基施工方法分为振冲置换法和振冲密实法两类，适用于松散砂土的挤密加固地基。

1. 材料和设备要求

(1) 振冲置换法材料和设备要求

①置换桩体材料可选用含泥量不大于10%的碎石、砾石、粗砂、矿渣及破碎的废混凝土等硬质材料，粒径以20～50mm为宜，最大粒径不得超过80mm。

②振冲器的功率应大于30kW。

(2) 振冲密实法材料要求

材料和设备要求同振冲置换法。

2. 振冲桩复合地基施工质量监督要点

(1) 振冲置换法施工质量监督要点

① 振冲置换施工质量三参数（密实电流、填料量、留振时间）应通过现场成桩试验确定，施工过程中要严格按施工三参数执行，并做好详细记录。

② 施工质量监督要严格检查每米填料的数量，达到密实电流值。振冲达到密实电流时，要保证留振数 10s 后，才能提升振冲器继续施工上段桩体，以保证桩体密实。

③ 开挖施工时，应将桩顶的松散桩体挖除，或用碾压等方法使桩顶松散填料密实，防止因桩顶松散而发生附加沉降。

(2) 振冲密实法施工质量监督要点

① 振冲点上放置钢护筒护好孔口，振冲器对准护筒中心，使桩中心不偏斜。

② 振冲器下沉速率控制在 1～2mm/min 范围内。

③ 每段填料密实后，振冲器向上提 0.3～0.5mm，提升高度过高易造成提高高度内达不到密实效果。

④ 不加填料的振冲密实法用于砂层中，每次上提振冲器高度不能大于 0.3～0.5mm。

⑤ 详细记录各深度的最终电流值、填料量，不加填料的记录各深度留振时间和稳定密实电流值。

⑥ 加料或不加料振冲密实加固均应通过现场成桩试验确定施工参数。

(九) 高压喷射注浆桩复合地基

1. 材料要求

(1) 旋喷使用的水泥应采用新鲜无结块 32.5 级普通水泥，一般浆液灰水比为 1:1.5。稠度过大，流动缓慢，喷嘴易堵塞；稠度过小，对强度有影响。

(2) 为防止浆液沉淀和离析，一般可加入水泥用量 3% 的陶土和 0.9‰ 的碱。浆液应在旋喷前 1h 内配制，使用时滤去硬块、砂石等，以免堵塞管路和喷嘴。

2. 高压喷射注浆桩复合地基施工质量监督要点

(1) 施工前应检查水泥、外掺剂等的质量，桩位，压力表、流量表的精度或灵敏度，高压喷射设备的性能等。

(2) 施工中应检查施工参数（压力、水泥浆量、提升速度、旋转速度等）及施工程序。

(3) 施工结束后，应检查桩体强度、平均直径、桩身中心位置、桩体质量及承载力等。桩体质量及承载力应在施工结束后 28d 进行。

(4) 为防止浆液凝固收缩影响桩顶高程，应在原孔位采用冒浆回灌或二次注浆。

(5) 注浆管分段提升搭接长度不得小于 100mm。

(6) 当处理和加固既有建筑物时，要加强对原有建筑物沉降观测；高压旋喷注浆过程中要大间距隔孔旋喷和及时冒浆回灌，防止地基与基础之间有脱空现象而产生附加沉降。

(十) 水泥土搅拌桩复合地基

1. 材料和设备要求

(1) 水泥土搅拌桩对水泥压力量要求较高，必须在施工机械上配置流量控制仪表，以保证一定的水泥用量。

(2) 水泥土搅拌桩施工过程中，为确保搅拌充分，桩体质量均匀，搅拌机头提速不宜过快，否则会使搅拌桩体局部水泥量不足或水泥不能均匀地拌和在土中，导致桩体强度不一，因此规定了机头提升速度。

2. 水泥土搅拌桩复合地基施工质量监督要点

(1) 施工前应检查水泥及外掺剂的质量、桩位、搅拌机工作性能及各种计量设备完好程度。

(2) 施工中应检查机头提升速度、水泥浆或水泥注入量、搅拌桩的长度及标高。

(3) 施工结束后,应检查桩体强度、桩体直径及地基承载力。

(4) 进行强度检验时,对承重水泥土搅拌桩应取 90d 后的试件;对支护水泥土搅拌桩应取 28d 后的试件。

(5) 水泥土搅拌桩地基质量检验标准应符合《建筑地基基础工程施工质量验收规范》(GB 50202—2002)表 4.11.5 的规定。

(十一) 土和灰土挤密桩复合地基

土和灰土挤密桩法适用于处理地下水位以上的湿陷性黄土、素填土和杂填土等地基。

1. 材料要求

桩体及桩间土干密度应符合设计要求,土料有机质含量≤5%,石灰粒径≤5mm。

2. 土和灰土挤密桩复合地基施工质量监督要点

(1) 施工前对土及灰土的质量、桩孔放样位置等做检查。应在现场进行成孔、夯填工艺和挤密效果试验,以确定填料厚度、最优含水量、夯击次数及干密度等施工参数质量标准。成孔顺序应先外后内,同排桩应间隔施工。填料含水量如过大,宜预干或预湿处理后再填入。

(2) 施工中应对桩孔直径、桩孔深度、夯击次数、填料的含水量等做检查。

(3) 施工结束后,应检验成桩的质量及地基承载力。

(4) 土和灰土挤密桩地基质量检验标准应符合《建筑地基基础工程施工质量验收规范》(GB 50202—2002)表 4.12.4 的规定。

(十二) 水泥粉煤灰碎石桩复合地基

1. 材料和设备要求

(1) 按配合比配制混合料。长螺旋钻孔、管内泵压混合料成桩施工的坍落度宜为 160~200mm,振动沉管灌注成桩施工的坍落度宜为 30~50mm,振动沉管灌注成桩后桩顶浮浆厚度不宜超过 200mm;

(2) 长螺旋钻孔、管内泵压混合料成桩施工在钻至设计深度后,应准确掌握提拔钻杆时间,混合料泵送量应与拔管速度相配合,遇到饱和砂土或饱和粉土层,不得停泵侍料;沉管灌注成桩施工拔管速度应按匀速控制,拔管速度应控制在 1.2~1.5m/min 左右,如遇淤泥或淤泥质土,拔管速度应适当放慢;

(3) 冬期施工时混合料入孔温度不得低于 5℃,对桩头和桩间土应采取保温措施。

2. 水泥粉煤灰碎石桩复合地基施工质量监督要点

(1) 施工中应检查桩身混合料的配合比、坍落度和提拔钻杆速度(或提拔套管速度)、成孔深度、混合料灌入量等。

(2) 施工结束后,应对桩顶标高、桩位、桩体质量、地基承载力以及褥垫层的质量做检查。复合地基检验应在桩体强度符合试验荷载条件时进行,一般宜在施工结束后 2~4 周后进行。

(3) 水泥粉煤灰碎石桩复合地基的质量检验标准应符合《建筑地基基础工程施工质量验收规范》(GB 50202—2002)表 4.13.4 的规定。

(十三) 夯实水泥土桩复合地基

1. 材料和设备要求

土料中有机质含量不得超过5%，不得含有冻土或膨胀土，使用时应过10～20mm筛，混合料含水量应满足土料的最优含水量，其允许偏差不得大于±2%。土料与水泥应拌和均匀，水泥用量不得少于按配比试验确定的重量。

垫层材料应级配良好，不含植物残体、垃圾等杂质。垫层铺设时应压(夯)密实，夯填度不得大于0.9。采用的施工方法应严禁使基底土层扰动。

2. 夯实水泥土桩复合地基施工质量监督要点

(1) 施工中应检查孔位、孔深、孔径、水泥和土的配比、混合料含水量等。

(2) 施工结束后，应对桩体质量及复合地基承载力做检验，褥垫层应检查其夯填度。承载力检验一般为单桩的载荷试验，对重要、大型工程应进行复合地基载荷试验。

(3) 夯实水泥土桩的质量检验标准应符合《建筑地基基础工程施工质量验收规范》(GB 50202—2002)表4.14.4的规定。

(十四) 砂桩地基

1. 材料和设备要求

(1) 砂桩孔内的填料宜用砾砂、粗砂、中砂、圆砾、角砾、卵石、碎石等，含泥量不大于5%，粒径不大于50mm。

(2) 沉管法施工时设计成桩直径与套管直径之比不宜大于1.5，一般采用300～700mm。

2. 砂桩地基施工质量监督要点

(1) 砂、石桩孔内填料量可按砂石桩理论计算(桩孔体积乘以充盈系数)确定，设计桩的间距在施工前进行成桩挤密试验，试验桩数宜选7～9根，试桩后检验加固效果符合设计要求为合格。达不到设计要求时，应调整桩间距重做试验，直到符合设计要求。记录填石量等施工参数作为施工过程控制桩身质量的依据。

(2) 桩孔内实际填砂石量(不包括水重)，不应少于设计值(通过挤密试验确认的填石量)的95%。

(3) 施工结束后，将基础底标高以下的桩间松土夯压密实。

(4) 砂桩地基的质量检验标准应符合《建筑地基基础工程施工质量验收规范》(GB 50202—2002)表4.15.4的规定。

对灰土地基、砂和砂石地基、土工合成材料地基、粉煤灰地基、强夯地基、注浆地基、预压地基，其竣工后的结果(地基强度或承载力)必须达到设计要求的标准。检验数量，每单位工程不应少于3点，1000m²以上工程，每100m²至少应有1点，3000m²以上工程，每300m²至少应有1点。每一独立基础下至少应有1点，基槽每20延米应有1点。

对水泥土搅拌复合地基、高压喷射注浆桩复合地基、砂桩地基、振冲桩复合地基、土和灰土挤密桩复合地基、水泥粉煤灰碎石桩复合地基及夯实水泥土桩复合地基，其承载力检验，数量为总数为1.5%～1%，但不应少于3根。

二、基础工程

(一) 桩的分类

按《建筑桩基技术规范》(JGJ 94—94)的统一分类如下：

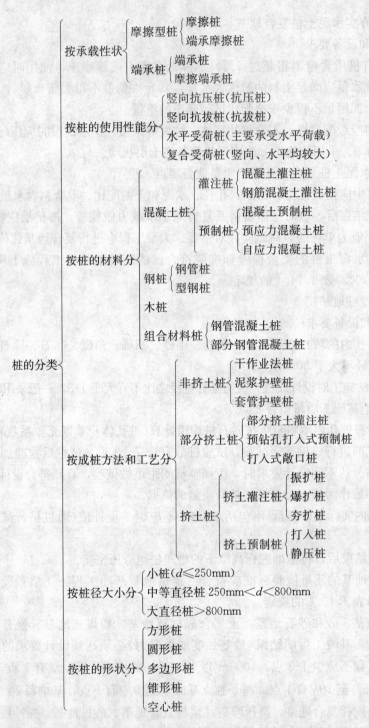

(二) 灌注桩

根据不同土质条件，选用不同机械进行成孔，一般可分成泥浆护壁成孔灌注桩、沉管灌注桩和内夯灌注桩、干作业成孔灌注桩。在灌注桩施工中，为核对地质资料、检验设备、工艺及技术要求是否符合设计要求，无论采用哪种方法成孔制成灌注桩，在施工前都应进行"试成孔"（同一场地内有完整的成孔资料时除外）。

1. 灌注桩材料要求

(1) 粗骨料：选用卵石或碎石，含泥量控制按设计混凝土强度等级从《普通混凝土用碎石或卵石质量标准及检验方法》(JGJ 53—92)中选取，沉管成孔时粗骨料粒径不宜大于50mm；泥浆护壁成孔时粗骨料粒径不宜大于40mm；不得大于钢管间最小净距的1/3；对于素混凝土灌注桩，不得大于桩径的1/4，不得大于70mm。

(2) 细骨料：选用中、粗砂，含泥量控制按设计混凝土强度等级从《普通混凝土用砂质量标准及检验方法》(JGJ 52—92)中选取。

(3) 水泥：宜选用普通硅酸盐水泥、矿渣硅酸盐水泥、粉煤灰硅酸盐水泥，当灌注桩浇注方式为水下混凝土时，严禁选用快硬水泥作胶凝材料。

(4) 钢筋：钢筋的质量应符合国家标准《钢筋混凝土用热轧带肋钢筋》(GB 1499—98)的有关规定。进口热轧变形钢筋应符合《进口热轧变形钢筋应用若干规定》的有关规定。

以上四种材料进场时均应有出厂质量证明书，材料到达施工现场后，取样复试合格后才能用于工程。钢筋进场时应保护标牌不缺损，按标牌批号进行外观检验，外观检验合格后再取样复试，复试报告上应填明批号标识，施工现场核对批号标识进行加工。

2. 灌注桩施工质量监督要点

(1) 灌注桩钢筋笼制作质量监督要点

① 钢筋笼制作允许偏差按《建筑桩基技术规范》(JGJ 94—94)执行；

② 主筋净距必需大于混凝土粗骨料粒径三倍以上。当设计含钢量不满足要求时，应通过设计调整钢筋直径加大主筋之间净距，以确保混凝土灌注时达到密实的要求；

③ 加劲箍宜设在主筋外侧，主筋不设弯钩，必须设弯钩时，弯钩不得向内圆伸露，以免钩住灌注导管，妨碍导管正常工作；

④ 钢筋笼的内径应比导管接头处的外径大100mm以上；

⑤ 分节制作的钢筋笼，主筋接头宜用焊接，由于在灌注桩孔口进行焊接只能做单面焊，搭接长度按10倍钢筋直径留足；

⑥ 沉放钢筋笼前，在预制笼上套上或焊上主筋保护层垫块或耳环，使主筋保护层偏差符合以下规定：水下灌注混凝土桩：±20mm；非水下灌注混凝土桩：±10mm。

(2) 灌注桩施工质量监督要点

① 施工前应对水泥、砂、石子(如现场搅拌)、钢材等原材料进行检查，对施工组织设计中制定的施工顺序、监测手段(包括仪器、方法)也应检查。混凝土灌注桩的质量检验应较其他桩种严格，这是工艺本身要求，再则工程事故也较多，因此，对监测手段要事先落实。

② 施工中应对成孔、清查、放置钢筋笼、灌注混凝土等进行全过程检查，人工挖孔桩尚应复验孔底持力层土(岩)性。嵌岩桩必须有桩端持力层的岩性报告。沉渣厚度应在钢筋笼放入后，混凝土浇筑前测定，成孔结束后，放钢筋笼、混凝土导管都会造成土体跌落，增加沉渣厚度，因此，沉渣厚度应是二次清孔后的结果。沉渣厚度的检查目前均用重锤，有些地方用较先进的沉渣仪，这种仪器应预先做标定。人工挖孔桩一般对持力层有要求，而且到孔底察看土性是有条件的。

③ 施工结束后，应检查混凝土强度，并应做桩体质量及承载力的检验。

④ 混凝土灌注桩的质量检验标准应符合《建筑地基基础工程施工质量验收规范》(GB 50202—2002)表 5.6.4-1、表 5.6.4-2 的规定。

⑤ 灌注桩的平面位置和垂直度的允许偏差应符合《建筑地基基础工程施工质量验收规范》(GB 50202—2002)规定，见表 2.4-3。

灌注桩的平面位置和垂直度的允许偏差　　　　表 2.4-3

序号	成孔方法		桩径允许偏差(mm)	垂直度允许偏差(%)	桩位允许偏差(mm)	
					1～3根、单排桩基垂直于中心线方向和群桩基础的边桩	条形桩基沿中心线方向和群桩基础的中间桩
1	泥浆护壁	$D \leq 1000$mm	±50	<1	$D/6$，且不大于 100	$D/4$，且不大于 150
		$D > 1000$mm	±50		$100+0.01H$	$150+0.01H$
2	套管成孔灌注桩	$D \leq 500$mm	−20	<1	70	150
		$D > 500$mm			100	
3	干成孔灌注桩		−20	<1	70	150
4	人工挖孔桩	混凝土护壁	50	<0.5	50	150
		钢套管护壁	50	<1	100	200

注：1. 桩径允许偏差的负值是指个别断面。
　　2. 采用复打、反插法施工的桩，其桩径允许偏差不受上表限制。
　　3. H 为施工现场地面标高与桩顶设计标高的距离，D 为设计桩径。

(三) 混凝土预制桩

1. 材料要求

(1) 预制钢筋混凝土桩：规格质量必须符合设计要求和施工质量验收规范的规定，成品购买的有出厂合格证，现场预制的有相关的试验资料。

(2) 焊条(接桩用)：型号、性能必须符合设计要求和有关标准规定。

(3) 钢板(接桩用)：材质、规格符合设计要求，采用低碳钢。

2. 预制混凝土桩施工质量监督要点

(1) 预制桩钢筋骨架质量监督要点

① 预制桩在锤击时，出现拉应力，在受水平、上拔荷载时也出现拉应力，所以预制钢筋骨架的主筋按受拉钢筋规定进行施工，钢筋接头应焊接，根据《混凝土结构工程施工质量验收规范》(GB 50204—2002)第 5.4.5 款，设置在同一构件内的接头宜相互错开，直接承受动力荷载的结构构件中，不宜采用焊接接头；当采用机械连接接头时，不应大于 50%。

② 为了防止桩顶击碎，桩顶钢筋网片位置要严格控制按图施工，并采取措施使网片位置正确、牢固，保证混凝土浇捣时不移位；浇筑预制桩的混凝土时，从桩顶开始浇筑，要保正桩顶和桩尖不积聚过多的砂浆。

③ 为防止锤击时桩身出现纵向裂缝，导致桩身击碎，被迫停锤，预制桩钢筋骨架中主筋距桩顶的距离必须严格控制，绝不允许出现主筋距桩顶面过近甚至触及桩顶的质量问题。

④ 应在掌握地层土质的情况下，决定分节预制桩长度时，要避开桩尖接近硬持力层或桩尖处于硬持力层中接桩，防止桩停在硬层内接桩，电焊接桩耗时长，桩周围摩阻得到恢复，使继续沉桩发生困难。

⑤ 根据许多工程的实践经验，凡龄期和强度都达到的预制桩，大都能顺利打入土中，很少打裂。沉桩应做到强度和龄期双控制。

⑥ 预制桩钢筋骨架的允许偏差按《混凝土结构工程施工质量验收规范》(GB 50204—2002)表5.5.2规定进行检验。

(2) 混凝土预制桩的起吊、运输和堆存质量监督要点

① 预制桩达到设计强度70%方可起吊，达到100%才能运输。

② 桩水平运输，应用运输车辆，严禁在场地上直接拖拉桩身。

③ 垫木和吊点应保持在同一横断面上，且各层垫木上下对齐，防止垫木参差，桩被剪切断裂。

(3) 混凝土预制桩接桩施工质量监督要点

① 硫磺胶泥锚接法仅适用于软土层，管理和操作要求较严，一级建筑桩基或承受拔力的桩应慎用；

② 焊接接桩材料：钢板宜用低碳钢，焊条宜用E43；焊条使用前必须经过烘焙，降低烧焊时含氢量，防止焊缝产生气孔而降低其强度和韧性；焊条烘焙应有记录；

③ 焊接接桩时，应先将四角点焊固定，焊接必须对称进行以保证设计尺寸正确，使上下节桩对中。

(4) 混凝土预制桩沉桩质量监督要点

① 桩的制作按标准图或设计图制作，制作质量应符合《建筑桩基技术规范》(JGJ 94—94)第7.1.4、7.1.10和第7.5.3条的规定。

② 沉桩应检验：

A. 桩沉入深度；

B. 停锤标准确认依据；

C. 逐桩沉入过程检查：桩位、垂直度、每米进尺锤击数、最后1m锤击数、最后三阵贯入度及桩尖标高等；如为静压法沉桩应有每阶段压力值的记录；

D. 单桩承载力检测应符合《建筑桩基技术规范》(JGJ 94—94)第9.2和5.2.5条要求；

E. 在桩顶标高与天然地坪基本齐平时，凿除浮桩混凝土后，检验桩顶标高、桩位偏差，并绘制竣工图。

(四) 钢桩(钢管桩、H形桩及其他异形钢桩)施工

1. 材料要求

(1) 国产低碳钢(Q235钢)，加工前必须具备钢材合格证和试验报告。

(2) 进口钢管：在钢桩到港后，由商检局作抽样检验，检查钢材化学成分和机械性能是否满足合同文本要求，加工制作单位在收到商检报告后才能加工。

(3) 钢桩制作偏差应满足《建筑桩基技术规范》(JGJ 94—94)表7.5.3的规定。

(4) 地下水有侵蚀性的地区或腐蚀性土层中用的钢桩，沉桩前必须要按设计要求做好防腐处理。

(5) 钢桩制作分二部分完成：

① 加工厂制作均为定尺钢桩，定尺钢桩进场后应逐根检查在运输和堆放过程中桩身有否局部变形，变形的应予纠正或割除，检查应留下记录。

② 现场整根桩的焊接组合，设计桩的尺寸不一定是定尺桩的组合，多数情况下，最后一节是非定尺桩，这就要进行切割，要对切割后的节段和拼装后的桩进行外形尺寸检验合格后才能沉桩。检验应留有记录。

2. 钢桩施工质量监督要点

(1) 钢桩焊接施工质量监督要点

① 焊丝或焊条应有出厂合格证，焊接前必须在200～300℃温度下烘干2h，避免焊丝不烘干，引起烧焊时含氢量高，使焊缝容易产生气孔而降低强度和韧性，烘干应留有记录；

② 焊接质量受气候影响很大，雨云天气，在烧焊时，由于水分蒸发含有大量氢气混入焊缝内形成气孔。大于10m/s的风速会使自保护气体和电弧火焰不稳定。无防风避雨措施，在雨云或刮风天气不能施工；

③ 焊接质量检验：

按《建筑桩基技术规范》(JGJ 94—94)第7.6.1条的规定进行接桩焊缝外观允许偏差检查；按《建筑桩基技术规范》(JGJ 94—94)第7.6.1.8款进行超声或拍片检查；

④ 异形钢桩连接加强处理：H形钢桩或其他异形薄壁钢桩，应按设计要求在接头处加连接板，如设计无规定形式，可按等强度设置，防止沉桩时在刚度小的一侧失稳。

(2) 钢桩沉桩施工质量监督要点

① 施工中应检查钢桩的垂直度、沉入过程、电焊连接质量、电焊后的停歇时间、桩顶锤击后的完整状况、电焊质量除常规检查外，应做10%的焊缝探伤检查。

② H形桩沉桩时为防止横向失稳，锤重不宜大于45kN大级(柴油锤)，且在锤击过程中桩架前应有横向约束装置。

三、土方工程

土方工程施工前应进行挖、填方的平衡计算，综合考虑土方运距最短、运程合理和各个工程项目的合理施工程序等，做好土方平衡调配，减少重复挖运。土方的平衡与调配是土方工程施工的一项重要工作。一般先由设计单位提出基本平衡数据，然后由施工单位根据实际情况进行平衡计算。如工程量较大，在施工过程中还应进行多次平衡调整，在平衡计算中，应综合考虑土的松散性、压缩性、沉陷量等影响土方量变化的各种因素。

为了配合城乡建设的发展，土方平衡调配应尽可能与当地市、镇规划和农由水利等结合，将余土一次性运到指定弃土场，做到文明施工。

(一) 平整场地施工质量监督要点

1. 根据规划给定的建筑界线进行定位放线，做好轴线控制桩和高程控制点。控制桩位要牢固，不受土石方施工的影响而变位。

2. 平整场地的坡度应符合设计要求，设计无要求时做成向排水沟方向不小于2‰的坡度。在施工过程中，应经常测量和核验其平面位置和高程，边坡坡度应符合设计要求。

3. 经平整、压实场地表面的排水坡度不小于2‰，表面应平整密实，检查点的间距不大于20m,并做好记录。

4. 经纬仪和水准仪复测平面位置和高程应符合设计要求。

(二)土方开挖质量监督要点

1. 场地开挖施工质量监督要点

土方开挖应具有一定的边坡坡度。防止塌方和发生施工安全事故。对于永久性场地挖方,达坡坡度应按设计要求放坡;若无设计规定,按不同土质可按表2.4-4~表2.4-7选用。

永久性土工构筑物挖方的边坡坡度　　　　　　　　　　　　　　表2.4-4

项次	挖土性质	边坡坡度
1	在天然湿度、层理均匀、不易膨胀的黏土,粉质黏土和砂土(不包括细砂、粉砂)内挖方深度不超过3m	1:1.00~1:1.25
2	土质同上,深度为3~12m	1:1.25~1:1.50
3	干燥地区内土质结构未经破坏的干燥黄土及类黄土,深度不超过12m	1:0.10~1:1.25
4	在碎石土和灰岩石的地方,深度不超过12m,根据土的性质、层理特性和挖方深度确定	1:0.50~1:1.50
5	在风化岩内挖方,根据岩石性质、风化程度、层理特性和挖方深度确定	1:0.20~1:1.50
6	在微风化岩石内的挖方,岩石无裂缝且无倾向挖方坡脚的岩层	1:0.10
7	在未风化的完整岩石内的挖方	直立

使用时间较长的临时性挖方边坡坡度值　　　　　　　　　　　　表2.4-5

土的类别		容许边坡值(高宽比)	
		坡高在5m以内	坡高在5~10m
砂土(不含细砂、粉砂)		1:1.00~1:1.15	1:1.00~1:1.50
黏性土及粉土	坚硬	1:0.75~1:1.00	1:0.75~1:1.25
	硬塑	1:1.00~1:1.25	1:1.00~1:1.50
碎石土	密实	1:0.35~1:0.50	1:0.35~1:0.75
	中密	1:0.50~1:0.75	1:0.50~1:1.00
	精密	1:0.75~1:1.00	1:0.75~1:1.25

注:1. 使用时间较长的临时性挖方是指使用时间超过一年临时工程、临时道路等的挖方;
　　2. 应考虑地区水文气象等条件,结合具体情况使用;
　　3. 表中碎石土的充填物为坚硬或硬塑状态的黏性土、粉土、对于砂土或充填物为砂土的碎石土,其边坡坡度容许值均按自然体止角确定。

黄土挖方边坡坡度值表　　　　　　　　　　　　　　　　　　　表2.4-6

地质年代	容许边坡值(高宽比)		
	坡高5m以内	坡高在5~10m	坡高在10~15m
次生黄土 Q_4	1:0.50~1:0.75	1:0.75~1:1.00	1:1.00~1:1.25
马兰黄土 Q_3	1:0.30~1:0.50	1:0.50~1:0.75	1:0.75~1:1.00

续表

地质年代	容许边坡值(高宽比)		
	坡高 5m 以内	坡高在 5~10m	坡高在 10~15m
离石黄土 Q_2	1:0.20~1:0.30	1:0.30~1:0.50	1:0.50~1:0.75
午城黄土 Q_1	1:0.10~1:0.20	1:0.20~1:0.30	1:0.30~1:0.50

注：1. 使用时间较长的临时性挖方是指使用时间超过一年的临时工程、临时道路等的挖方；
  2. 应考虑地区性水文气象等条件，结合具体情况使用；
  3. 本表不适用于新近堆积黄土。

岩石边坡容许坡度值 表 2.4-7

岩石类别	风化程度	容许边坡值(高宽比)		
		坡高在 8 以内	坡高 8~10m	坡高 15~30m
硬质岩石	微风化	1:0.10~1:0.20	1:0.20~1:0.35	1:0.30~1:0.50
	中等风化	1:0.20~1:0.35	1:0.35~1:0.50	1:0.50~1:0.75
	强风化	1:0.35~1:0.50	1:0.50~1:0.75	1:0.75~1:1.00
软质岩石	微风化	1:0.35~1:0.50	1:0.50~1:0.75	1:0.75~1:1.00
	中等风化	1:0.50~1:0.75	1:0.75~1:1.00	1:1.00~1:1.50
	强风化	1:0.75~1:1.00	1:1.00~1:1.25	

挖方上边缘至土堆坡脚的距离，应根据挖方深度、边坡高度和土的类别确定。当土质干燥密实时，不得小于 3m；当土质松软时，不得小于 5m。

2. 混合土可参照表中相近的值执行。

3. 基坑(槽)开挖施工质量监督要求

（1）基坑(槽)和管沟开挖上部应有排水措施，防止地面水流入坑内，以防冲刷边坡造成塌方和破坏基土。

（2）基坑(槽)开挖不加支撑时的容许深度应执行表 2.4-8 的规定，挖深在 5m 之内不加支撑的最陡坡度应执行表 2.4-9 的规定。

基坑(槽)和管沟不加支撑时的容许深度 表 2.4-8

项次	土的分类	容许深度(m)
1	中密的砂土和碎石类土(充填物为砂土)	1.00
2	硬塑、可塑的粉质黏土及粉土	1.25
3	硬塑、可塑的粉质黏土和碎石类土(填充物为黏性土)	1.50
4	坚硬的黏土	2.00

深度在 5m 内的基坑(槽)、管沟边坡的最陡坡度(不加支撑) 表 2.4-9

岩石类别	边坡坡度		
	坡顶无荷载	坡顶有静载	坡顶有动载
中密的砂土	1:1.00	1:1.25	1:0.50
中密的碎石土(填充物为砂土)	1:0.75	1:1.00	1:0.25
硬塑的粉土	1:0.67	1:0.75	1:1.00
中密的碎石土(填充物为黏性土)	1:0.50	1:0.67	1:0.75

续表

岩石类别	边坡坡度		
	坡顶无荷载	坡顶有静载	坡顶有动载
硬塑的粉质黏土、黏土	1∶0.33	1∶0.50	1∶0.67
老黄土	1∶0.10	1∶0.25	1∶0.33
软土(经井点降水后)	1∶1.00		

注：1. 静载指堆土或材料等，动载指机械挖土或汽车运输作业等。静载或动载应距挖方边缘 0.8m 以外，堆土或材料高度不宜超过 1.5m；
2. 当有成熟经验时，可不受本表限制。

(3) 在已有建筑物侧挖基坑(槽)应间隔分段进行，每段不超过 2m，相邻的槽段应待已挖好槽段基础回填夯实后进行。

(4) 开挖基坑深于邻近建筑物基础时，开挖应保持一定的距离和坡度。要满足 $h/l \leqslant 0.5 - l$，h 为相邻两基础高差，l 为相邻两基础外边缘水平距离。

(5) 根据土的性质、层理特性、挖方深度和施工期等确定基坑边坡护面措施见表 2.4-10。

基坑边坡护面措施　　　　表 2.4-10

名　称	应用范围	护面措施
薄膜覆盖或砂浆覆盖法	基础施工工期较短的临时性基坑边坡	在边坡上铺塑料薄膜，在坡顶及坡脚永草袋或编织袋装土成砖压住；或在边坡上抹水泥砂浆 2～2.5cm 厚保护，为防让脱落，在上部及底部均应搭盖不于 80cm，同时在土中插适当锚筋连接，在坡脚设排水沟
挂网或挂网抹面法	基础施工期短，土质较差的临时性基坑边坡	在垂直坡面楔入直径 10～12mm、长 40～60cm 插筋，纵横间距 1m，上铺 20 号钢丝网，上下用草袋或聚丙烯扁丝编织袋(装土或砂)压住，或再在钢丝网上抹 2.5～3.5cm 厚的 M5 水泥砂浆(配合比为水泥：白灰膏：砂子＝1∶1∶1.5)。在坡顶坡脚设排水沟
喷射混凝土或混凝土护面法	临近有建筑物的深基坑边坡	在坡面垂直楔入直径 10～12mm、长 40～50cm 插筋，纵横间距 1m，上铺 20 号钢丝网，在表面喷射 40～60mm 厚的 C15 细石混凝土直到坡顶和坡脚；也可不铺钢丝网，而坡面铺 44～60mm、纵横间距 200mm 的钢丝或钢筋网片，浇筑 50～60mm 厚的细石混凝土，表面抹光
土袋或砌石压坡法	深度在 5m 以内的临时基坑边坡	在边坡下部用草袋或聚丙烯扁丝编织袋装土堆砌或砌石压住坡脚，边坡高 3m 以内可采用单排顶砌法，5m 以内，水位较高用二排顶砌或一排一顶构筑法，以保持坡脚稳定。在坡顶作挡水土堤排排水沟，防止冲刷坡面，在底部作排水沟，防止冲坏坡脚

(三) 土方回填

1. 填方材料要求

(1) 填方材料应符合设计规定；

(2) 填方含水量：土料含水量的大小，直接影响到夯实(碾压)遍数和夯实(碾压)质量，在夯实(碾压)前应预试验，以得到符合密实度要求条件下的最优含水量和最少夯实

(或碾压)遍数。含水量过小,夯实(碾压)不实;含水量过大,则易成橡皮土。各种土的最优含水量和最大干密度参考数值见表 2.4-11。

土的最优含水量和最大干密度参考表　　　　　表 2.4-11

项 次	土 的 种 类	变 化 范 围	
		最优含水量%(重量比)	最大干密度(t/m³)
1	砂　　土	8～12	1.80～1.88
2	黏　　土	19～23	1.58～1.70
3	粉质黏土	12～15	1.85～1.95
4	粉　　土	16～22	1.61～1.81

注:当有成熟经验时,可不受本表限制。

2. 土方回填施工质量监督要求

(1) 土方回填前应清除基底的垃圾、树根等杂物,抽除坑穴积水、淤泥,验收基底标高。如在耕植上或松土上填方,应在基底压实后再进行。

(2) 对填方土料应按设计要求验收后方可填入。

(3) 填方施工过程中应检查排水措施,每层填筑厚度、含水量控制、压实程度、填筑厚度及压实遍数应根据土质,压实系数及所用机具确定。如无试验依据,应符合《建筑地基基础工程施工质量验收规范》(GB 50202—2002)表 6.3.3 的规定。

(4) 对有密实度要求的填方,在夯实或压实之后,要对每层回填土的质量进行检验。一般采用环刀取样测定土的干密度和密实度;或用小轻便触探仪直接通过捶击数来检验干密度和密实度,符合设计要求后,才能填筑上层。

(5) 基坑和室内填土,每层按 30～50m² 取样一组;场地平整填方,每层按 400～900m² 取样一组;基坑和管沟回填每 20～50m² 取样一组,但每层均不少于一组,取样部位在每压实后的下半部。

(6) 填方密实后的干密度,应有 90% 以上符合设计要求,其余 10% 的最低值与设计值之差不得大于 0.08t/m³,且不宜集中。

(四) 施工排、降水方法

1. 场地排水方法

(1) 基坑内挖明沟排水法

设若干集水井与明沟相连,用水泵直接排水。

(2) 分层明沟排水法

当基坑开挖土层由多种土壤组成,中部夹有透水性强的砂类土壤,为避免上层地下水冲刷基坑下部边坡,造成塌方,可在基坑边坡上设置 2～3 层明沟及相应的集水井分阻截,排除上部土层中的地下水。

(3) 深沟排水法

当地下设备基础成群,基坑相连,土层渗水量和排水量面积大,为减少大量设置排水沟的复杂性,可在基坑外、距坑边 6～30m 或基坑内深基础部位开挖一条纵长、深、明排水沟,使附近基坑地下水均通过深沟自流入水沟或设集水井用水泵排到施工场地以外沟通。在建筑物四周或内部设支沟与主沟连通,将水流引至主沟排走。

(4) 暗沟或渗排水层排水法

在场地狭窄地下水很大的情况下，设置明沟困难，可结合工程设计，在基础底板四周设暗沟(又称盲沟)或渗排水层，暗沟或渗排水层的排水管(沟)坡向集水坑(井)。在挖土时先挖排水沟，随挖随加深，形成连通基坑内外的暗沟排水系统，以控制地下水位，至基础底板标高后作成暗沟，或渗排水层，使基础周围地下水流向永久性下水道或集中到设计永久性排水坑，用水泵将地下水排走，使水位降低到基础底板以下。

(5) 工程设施排水法

选择基坑附近深基础先施工，作为施工排水的集水井或排水设施，使基础内及附近地下水汇流至较低处集中，再用水泵排走；或先施工建筑物周围或内部的正式防水、排水设计的渗排水工程或下水道工程，利用其排水作为排水设施，在基础一侧或两侧设排水明沟或暗沟，将水引入渗排水系统或下水道排走。本法利用永久性工程设施降排水，省去大量挖沟工程和排水设施，因此最为经济。适用于工程附近有较大型地下设施(如设备基础群、地下室、油库等)工程的排水。

(6) 综合排水法

在深沟截水的基础上，如中部有透水性强的土层，再辅以分层明沟排水或在上部再铺以轻型井点截水等方法同时使用，以达到综合排除大量地下水的目的。本法排水效果好，可防止流砂现象。但多一道设施，费用稍高。适用于土质不均，基坑较深，涌水量较大的大面积基坑排水。

(7) 排水沟截面选择

排水沟截面选择与土质、基坑面积有关，基坑(槽)排水沟常用截面见表 2.4-12。

基坑(槽)排水沟常用截面表　　　　表 2.4-12

图 示	基坑面积(m^2)	截 面 符 号	粉质黏土地下水位以下的深度(m)			
			4	4~8	8~12	4
	5000 以下	a	0.5	0.7	0.9	0.4
		b	0.5	0.7	0.9	0.4
		c	0.3	0.3	0.3	0.2
	5000~10000	a	0.8	1.0	1.2	0.5
		b	0.8	1.0	1.2	0.5
		c	0.3	0.4	0.4	0.3
	10000 以上	a	1.0	1.2	1.5	0.6
		b	1.0	1.5	1.5	0.6
		c	0.4	0.4	0.5	0.3

2. 人工降低地下水方法

井点降水方法的种类有：一级轻型井点、二级轻型井点、喷射井点、电渗井点、深井井点、无砂混凝土管井点以及小沉井井点等；各种井点的适用范围参见表 2.4-13；各种井点的方法原理参见表 2.4-14。

各种井点的使用范围 表2.4-13

项次	井点类别	土层渗透系数(m/d)	最低水位深度(m)
1	单层轻型井点	0.1~50	3~6
2	多层轻型井点	0.1~50	6~12
3	喷射井点	0.1~50	8~20
4	电渗井点	<0.1	5~6
5	深井井点	10~250	>15

注：小沉井井点、无砂混凝土管井点适于土层渗透系数为10~250m/d，降水深度为5~10m。

各种井点的使用范围及方法原理 表2.4-14

名称	适用范围	方法原理
一级轻型井点	适用于渗透系数为0.1~50m/d的砂土、黏性土；降水深度为3~6m	在工程外围竖向埋设一系列井点管深入含水层内，井点管的上端通过连接弯管与集水总管连接，集水总管再与真空泵和离心水泵相连，启动真空泵，使井点系统形成真空，井点周围形成一个真空区，真空区通过砂井向上向外扩展一定范围，地下水便在真空泵吸力作用下，使井点附近的地下水通过砂井、滤水管被强制吸入井点管和集水总管，排除空气后，由离心水泵的排水管排出，使井点附近的地下水位得以降低
二级轻型井点	降水深度为6~12m	
喷射井点	适用于渗透系数为3~50m/d的砂土或渗透系数为0.1~3m/d粉砂、淤泥质土、粉质黏土	在井点管内部设特制的喷射器，用高压水泵或空气压缩机通过井点管中的内管向喷射器输入高压水(喷水井点)或压缩空气(喷气井点)，形成水气射流，将地下水经井点外管与内管之间的间隙抽出排走
电渗井点	适用于渗透系数为0.1~0.002m/d的黏土和淤泥	利用黏性土中的电渗现象和电泳特性，使黏性土空隙中的水流动加快，起到一定疏干作用，从而使软土地基排水效率得到提高
深井井点	适用于渗透系数为10~250m/d的砂类土；地下水丰富，降水深，面积大，时间长的降水工程	在深基坑的周围埋设深于基底的井管，使地下水通过设置在井管内的潜水泵将地下水抽出。使地下水位低于坑底
小沉井井点	适用于渗透系数为5~250m/d、涌水量大的粉质黏土、粉土、砂土、砂卵石层	在基坑的周围或基坑部位下沉深于基坑底的小型沉井，使地下水通过设在沉井底的滤砂笼和潜水泵，将地下水降低基坑底以下500mm
无砂混凝土管井点	适用于渗透系数为10~250m/d的各种土层，特别适用于砂层、砂质黏土层	在基坑周围或基坑部位埋设多个无砂混凝土滤水管井点在管内设潜水泵。将地下水位降至要求深度

四、基坑支护

（一）基坑支护方法

1. 浅基坑(槽)、管沟的支撑方法

浅基坑(槽)、管沟的支撑方法见表2.4-15。

浅基坑(槽)、管沟的支撑方法　　　　　　　　　表 2.4-15

支 撑 方 式	适 用 条 件
间断式水平支撑：两侧挡土板水平放置，用工具式或木横撑借木楔顶紧，挖一层土，支顶一层	适于能保持立壁的干土或天然湿度的黏土类土，地下水很少，深度在2m以内
继续式水平支撑：挡土板水平放置，中间留出间隔，并在两侧同时对称立竖楞木，再用工具式或木横撑上、下顶紧	适于能保持立壁的干土或天然湿度的黏土类土，地下水很少，深度在3m以内
继续式水平支撑：挡土板水平放置，中间留出间隔，并在两侧同时对称立竖楞木，上、下各顶一根撑木，端头加用木楔顶紧	适于土质软松散的干土或天然湿度的黏土类土。地下水很少，深度为3～5m以内
连续或间断式垂直支撑：挡土板垂直放置，连续或留适当间隙，然后每侧上、下水平顶一根枋木，再用横撑顶紧	适于土质较松散或湿度很高的土，地下水较少，深度不限
水平垂直混合支撑：沟、槽上部连续式水平支撑，下部设连续垂直支撑	适于沟槽深度较大，下部有含水土层情况
多层水平垂直混合式支撑：沟槽上、下部设多层连续式水平支撑和垂直支撑	适于沟槽深度较大，下部有含水土层情况

2. 浅基坑的支撑方法

浅基坑的支撑方法见表 2.4-16。

浅基坑的支撑方法　　　　　　　　　　　　　表 2.4-16

支 撑 方 式	适 用 条 件
斜撑支撑：水平挡土板钉在柱桩内侧，柱桩外侧用斜撑支顶，斜撑底端支在木桩上，在挡土板内侧回填土	适用于开挖较大型、深度不大的基坑或使用机械挖土
锚拉支撑：水平挡土板支在柱桩的内侧，柱桩一端打入土中，另一端用拉杆与锚桩拉紧，在挡土板内侧回填土	适用于开挖较大型、深度不大的基坑或使用机械挖土，而不能安设横撑时使用
型钢柱横挡板支撑：沿挡土位置预先打入钢轨、工字钢或H型钢桩，间距1.0～1.5m，然后边挖方，边将3～6cm厚的挡土板塞进钢桩之间挡土，并在横向挡板与型钢桩之间打上楔子，使横板与土体紧密接触	适用于地下水较低、深度不很大的、一般黏性砂土层中应用
短柱横隔：打入小短木桩，部分打入土中，部分露出地面，钉上水平挡土板，在背面填土	适用于挖宽度大的基坑，当部分地段下部放坡不够时使用
临时挡土墙支撑：沿坡脚用砖、石叠砌或用草袋装土、砂堆砌，使桩脚保持稳定	适用于挖宽度大的基坑

3. 深基坑支护方法

深基坑支护方法见表 2.4-17。

深基坑支护(撑)方法　　　　　　　　　　　表 2.4-17

支 撑 方 式	适 用 条 件
钢板桩支护	适于一般地下水、深度和宽度不很大的黏性砂土层中应用
钢板桩支护与钢构架结合支护	适于在饱和软弱土层中开挖较大、较深基坑。钢板桩刚度不够时采用
挡土灌注桩支护	适于开挖较大，较深(>6m)基坑，邻近有建筑物，不允许支护，背面地基有下沉、位移时采用

续表

支撑方式	适用条件
挡土灌注桩与土层锚杆结合支护	适于大型较深基坑，施工期较长，邻近有高层建筑。不允许支护邻近地基有任何下沉、位移时使用
挡土灌注桩与旋喷桩组合支护	适于土质条件差、地下水位较高，要求既挡土又挡水防渗的支护工程
双层挡土灌注桩支护	适于基抗较深，采用单排悬臂混凝土灌注桩挡土，强度和刚度均不能胜任时
地下连续墙支护	适于开挖较大、较深(>10m)、有地下水、周围有建筑物、公路的基坑，作为地下结构外墙的一部分，或用于高层建筑的逆作法施工，作为地下室结构的部分外墙
地下连续墙与土层锚杆结合支护	适于开挖较大、较深(>10m)、有地下水的大型基坑，周围有高层建筑，不允许支护有变形。采用机械挖方，要求有较大空间，不应许内部设支撑时采用
土层锚杆结合支护	适于较硬土层或破碎岩石中开挖较大、较深基坑，邻近有建筑物必须保证边坡稳定时采用
板桩（灌注桩）中央横顶支护	适于开挖较大、较深基坑。支护桩刚度不够，不允许设置过多支撑时采用
板桩（灌注桩）中央斜顶支护	适于开挖较大、较深基坑。支护桩刚度不够，坑内不允许设置过多支撑时采用
分层板桩支护	适于开挖较大、较深基坑，当中部主体与周围群基础标高不等，而又无重型板桩对采用

4. 圆形深基坑支护方法

圆形深基坑支护方法见表2.4-18。

圆形深基坑支护方法 表 2.4-18

支撑方式	适用条件
钢筋笼支护	适用于天然湿度的较松软黏土类土，作直径不大的圆形结构挖孔桩支护，深度为3～6m
钢筋或钢筋骨架支护	适于天然湿度的黏土类土，地下水很少，作圆形结构支护，深度为6～8m
混凝土或钢筋混凝土支护	适于天然湿度的黏土类土，地下水很少，地面荷载较大，深度为6～30m的圆形结构护壁或直径1.5m以上人工挖孔桩护壁
砖砌或抹砂浆支护	适于土质较好，直径不大，停留时间较短的圆形基坑，直径1.5～2.0m深30m以内人工挖孔桩护壁
局部砖砌支护	适于无地下水、土质较好、直径1.0～1.5m、深15m以内人工挖孔桩护壁

（二）基坑支护施工质量监督要点

1. 在基坑(槽)或管沟工程等开挖施工中，现场不宜进行放坡开挖，当可能对邻近建(构)筑物、地下管线、永久性道路产生危害时，应对基坑(槽)、管沟进行支护后再开挖。

2. 土方开挖的顺序、方法必须与设计工况相一致，并遵循"开槽支撑，先撑后挖，分层开挖，严禁超挖"的原则。

3. 基坑(槽)、管沟的挖土应分层进行。在施工过程中基坑(槽)、管沟边堆置土方不应超过设计荷载，挖方时不应碰撞或损伤支护结构、降水设施。

4. 基坑(槽)、管沟土方施工中应对支护结构、周围环境进行观察和监测，如出现异常情况应及时处理，待恢复正常后方可继续施工。

5. 基坑(槽)、管沟开挖至设计标高后，应对坑底进行保护，经验槽合格后，方可进行垫层施工。对特大型基坑，宜分区分块挖至设计标高，分区分块及时浇筑垫层。必要时，可加强垫层。

6. 基坑(槽)、管沟土方工程验收必须确保支护结构安全和周围环境安全为前提。当设计有指标时，以设计要求为依据，如无设计指标时应按《建筑地基基础工程施工质量验收规范》(GB 50202—2002)表 7.1.7 的规定执行。

五、地下防水工程

(一) 地下工程防水等级和设防要求

1. 地下工程的防水等级

根据《地下防水工程技术规范》GB 50108—2001 第 3.2.1 条、第 3.2.2 条的规定，亦将其分为四级，见表 2.4-19。

地下工程防水等级和设防标准　　　　　　表 2.4-19

防水等级	标　　准	适 用 范 围
一级	不允许漏水，结构表面无湿泽	人员长期停留的场所；因有少量湿泽会使物体变质、失效的贮物场；所及严重影响设备正常运转和危机工程安全运营的部位；极重要的战备工程
二级	不允许漏水，结构表面有少量湿泽； 工业与民用建筑：总湿泽面积不应大于总防水面积(包括顶板、墙面、地面)的 1/1000；任意 100m² 防水面积上的湿泽不超过 1 处，单个湿泽的最大面积不大于 0.1m²； 其他地下工程：总湿泽面积不应大于总防水面积的 6/1000，任意 100m² 防水面积上的湿泽不超过 4 处，单个湿泽的最大面积不大于 0.2m²	人员经常活动的场所；在有少量湿泽的情况下不会使物体变质、失效的贮物场；所及基本不影响设备正常运转和工程安全运营的部位；重要的战备工程
三级	有少量漏水点，不得有线流和漏泥沙； 任意 100m² 防水面积上的漏水点数不超过 7 处，单个漏水点的最大漏水量不大于 1.2L/d，单个湿泽的最大面积不大于 0.3m²	人员临时活动的场所；一般战备工程
四级	有漏水点，不得有线流和漏泥沙； 整个工程平均漏水量不大于 2L/m²·d，任意 100m² 防水面积上平均漏水量不大于 4L/m²·d	对渗漏水无严格要求的工程

2. 地下工程防水设计方案选择

地下工程应按围护结构允许渗漏水量的程度来确定设计方案和选择防水材料。

(1) 对于没有自流排水条件而处于饱和土层或岩层中的地下工程，可采用补偿收缩混凝土结构自防水；或钢、铸铁管筒或管片、或设置附加防水层，采用注浆或其他防水措施。

(2) 对于没有自流排水条件而处于非饱和土层或岩层中的地下工程，可采用防水混凝土结构自防水、补偿收缩混凝土结构自防水、普通混凝土结构或砌体结构，或设置附加防水层，采用注浆或其他防水措施。

(3) 对于有自流排水条件的地下工程，可采用防水混凝土结构自防水、补偿收缩混凝土结构自防水、普通混凝土结构、砌体结构或锚喷支护；或采取附加防水层、衬套、注浆或其他防水措施。

(4) 对于处在侵蚀性介质中的地下工程,应采用耐侵蚀的防水砂浆、混凝土、卷材或涂料等防水材料作防水层。

(5) 对于受动力设备或发电设备振动作用的地下工程,应采用合成高分子防水卷材或合成高分子涂料等具有良好延伸性和柔韧性的防水材料作防水层。

(6) 对处于冻土层中的工程,当采用混凝土结构时,其混凝土抗冻融循环不得少于100次。

(7) 具有自流排水条件的工程,应设置自流排水系统。无自流排水条件、由渗漏水或需应急排水的工程,应设置机械排水系统。

(8) 地下防水工程严禁采用石油沥青纸胎油毡作防水层。

(9) 地下防水宜采用多道设防,以提高其防水效果。

(10) 地下防水工程的防水材料性能要求与屋面防水工程材料相同。

(二) 地下工程卷材防水

1. 材料要求

用卷材作地下工程的防水层,因长年处在地下水的浸泡中,所以不得采用极易腐烂变质的纸胎类沥青防水油毡,宜采用合成高分子防水卷材和高聚物改性沥青防水卷材作防水层。

2. 地下工程卷材防水施工质量监督要点

(1) 地下工程卷材防水层应铺设在水泥砂浆找平层上。在整体混凝土垫层上铺抹水泥砂浆找平层,厚度为20~25mm,太薄了容易爆皮。由于卷材铺贴时,要求基层基本干燥,而地下工程受地下水位的影响,干燥比较困难,这一方面要求在铺贴卷材时和铺贴卷材后的一段时间内(7~10d)继续不断地抽去地下水,使胶粘剂有足够的时间进行固化。另一方面在铺抹找平层时,可在水泥砂浆中加入适量的微膨胀剂,并宜分两次铺抹,以有效隔绝地下水的渗透。

(2) 防水施工的每道工序必须经检查验收合格后方能进行后续工序的施工。

(3) 卷材防水层必须确认无任何渗漏隐患后方能覆盖隐蔽。

(4) 卷材与卷材之间的搭接宽度必须符合要求。搭接缝必须进行嵌缝处理,嵌缝宽度不得小于10mm,并且必须用封口条对搭接缝进行封口和密封处理。

(5) 防水层不允许有皱折、孔洞、翘边、脱层、滑移和虚粘等现象存在。

(6) 地下工程找平层的平整度与屋面工程相同,表面应清洁、牢固,不得有疏松、尖锐棱角等凸起物。

(7) 找平层的阴阳角部位,均应做成圆弧形,圆弧半径参照屋面工程的规定,合成高分子防水卷材的圆弧半径应不小于20mm;高聚物改性沥青防水卷材的圆弧半径应不小于50mm;非纸胎沥青类防水卷材的圆弧半径为100~150mm。

(8) 铺贴卷材时,找平层应基本干燥。

(9) 将要下雨或雨后找平层尚未干燥时,不得铺贴卷材。

(三) 地下工程涂膜防水

1. 材料要求

地下工程防水层大部分位于最高地下水位以下,长年处于潮湿环境中,用涂膜作防水层时,宜采用中、高档防水涂料,如合成高分子防水涂料,高聚物改性沥青防水涂料等,不得采用乳化沥青类防水涂料。如采用高聚物改性沥青防水涂膜作防水层时,为增强涂膜强度,宜夹铺胎体增强材料,进行多布多涂防水施工。

2. 地下工程涂膜防水施工质量监督要点

(1) 地下工程涂膜防水层宜涂刷在结构具有自防水性能的基层上,与结构共同组成刚柔复合防水体系,以提高防水可靠性能。具有腐蚀性能的混凝土外加剂、微膨胀剂不得用于地下刚性防水工程,以免对钢筋产生腐蚀作用,对结构产生重大危害和破坏作用。

(2) 地下工程涂膜防水宜涂刷在补偿收缩水泥砂浆找平层上。找平层的平整度应符合要求,且不应有空鼓、起砂、掉灰等缺陷存在。涂布时,找平层应干燥,下雨、将要下雨或雨后尚未干燥时,不得施工。

(3) 涂膜防水层必须形成一个完整的闭合防水整体,不允许开裂、脱落、气泡、粉裂点和末端收头密封不严等缺陷存在。

(4) 涂膜防水层必须均匀固化,不应有明显的凹坑凸起等现象存在,涂膜的厚度应均匀一致。合成高分子防水涂膜的总厚度不应小于2mm(无胎体硅橡胶防水涂膜的厚度不宜小于1.2mm),复合防水时不应小于1mm;高聚物改性沥青防水涂膜的厚度不应小于3mm,复合防水时不应小于1.5mm。涂膜的厚度,可用针刺法或测厚仪进行检查,针眼处用涂料覆盖,以防基层结构发生局部位移时,将针眼拉大,留下渗漏隐患。必要时,也可选点割开检查,割开处用同种涂料刮平修复,固化后再用胎体增强材料补强。

(四) 地下工程刚性材料防水

1. 材料要求

地下工程刚性材料防水层用得比较多的有砖防水层、水泥砂浆防水层、水泥基渗透结晶型防水层三类。混凝土防水层的种类有普通防水混凝土,外加剂(减水剂、氯化铁、引气剂、三乙醇胺等)防水混凝土和补偿收缩(微膨胀剂)防水混凝土三类;水泥砂浆防水层有刚性多层抹面防水层和掺外加剂防水层两种。掺外加剂水泥砂浆防水层有掺无机盐类(氯化钙、氯化铝、氯化铁等)水泥砂浆防水层、掺微膨胀剂(UEA、FS、AWA 等)补偿收缩水泥砂浆防水层和掺聚合物(有机硅、阳离子氯丁胶乳、丙烯酸酯共聚乳液)水泥砂浆防水层三种。

材料质量要求如下:

(1) 水泥:U 形膨胀剂原则上可掺入硅酸盐水泥、普通硅酸盐水泥、矿渣硅酸盐水泥、火山灰质硅酸盐水泥和粉煤灰硅酸盐水泥五大水泥中使用。使用于防水要求比较高的重点地下工程,则应采用强度等级 32.5 以上的硅酸盐水泥、普通硅酸盐水泥和矿渣硅酸盐水泥。

(2) 骨料:掺 UEA 的混凝土、细石混凝土、砂浆中所用的砂、石骨料与普通混凝土所用的材料相同,除应符合现行《普通混凝土用砂质量标准及检验方法》(JGJ 52—92)和《普通混凝土用碎石或卵石质量标准及检验方法》(JGJ 53—92)的规定外,还应符合下列要求:

① 混凝土中,石子最大粒径不宜大于 32mm,且含泥量不应大于 1%,所含泥土不得呈块状或包裹石子表面,否则应冲洗干净,含水率应小于 0.2%,含水率小于 1.5%,内含一定的粗细料,砂的种类可采用颗粒坚实的天然砂或由坚硬岩石粉碎制成的人工砂。

② 细石混凝土中,粗骨料的最大粒径不宜大于 1.5mm,含泥量不应大于 1%;细骨

料应采用中砂或粗砂,含泥量不应大于2%。

③ 水泥砂浆中,细骨料以粗砂为主,粒径应在1～3mm之间,大于3mm的砂使用前应筛除,砂的颗粒要坚硬、粗糙、洁净。

(3) 水,采用能饮用的自来水和天然水。水中不得含有影响水泥正常凝结和硬化的糖类、油类等有害杂质,不得使用海水和污染水。

(4) 外加剂,U形混凝土膨胀剂可以与减水剂、缓凝剂、早加剂、速凝剂、抗冻剂复合使用。UEA混凝土中掺用的其他外加剂,应符合现行《混凝土外加剂应用技术规范》(GB 50119—2003)的规定,并经试验符合要求后方可使用。

2. 地下工程刚性材料防水施工质量监督要点

(1) U形膨胀剂(UEA)混凝土施工质量监督要点

① 对基层的要求:混凝土防水层、水泥、矿浆防水层要求基层表面平整、坚实、粗糙、清洁、并充分湿润,无积水现象。

② 混凝土原材料每盘称量的偏差,不得超过表2.4-20中允许偏差的规定。

混凝土原材料称量的允许偏差(%) 表2.4-20

材 料 名 称	允 许 偏 差	材 料 名 称	允 许 偏 差
水泥、混合材料	±2	水、膨胀剂和其他外加剂	±2
粗、细骨料	±3		

注:1. 各种称量衡器应定期校验,保持准确;
2. 骨料含水率应经常测定,雨天施工应增加测定次数。

③ 拌制方法:现场拌制混凝土时,先加石子,后加砂、水泥、UEA和其他外加剂预先干拌30s以上,外加剂如已溶于水时,应和拌合水一起分2～3次加入,最短搅拌时间按表2.4-21执行。拌制时,必须严格按照水灰比来确定用水量,不得随意增加或减少用水量,否则将严重影响混凝土的抗渗性能和强度要求。

混凝土搅拌的最短时间 表2.4-21

混凝土塌落度(mm)	搅拌机机型	搅拌出料量(L)		
		<250	250～500	>500
≤30	强 制 式	90	120	150
	自 落 式	150	180	210
>30	强 制 式	90	90	120
	自 落 式	150	150	180

注:1. 混凝土搅拌的最短时间系指全部材料装入搅拌筒中起,到开始卸料止的时间;
2. 当掺有外加剂时,搅拌时间应适当延长(表中搅拌时间为以延长的搅拌时间);
3. 全轻混凝土宜采用强制式搅拌机搅拌。砂轻混凝土可采用自落式搅拌机搅拌,但搅拌时间应延长60～90s;

④ 在搅拌站拌制UEA混凝土,施工人员应事先与搅拌站技术人员取得联系,派专人按配合比投入UEA,也可在搅拌车运抵施工现场时,按配合比将UEA投入搅拌罐,快速转动3～5min,充分搅拌均匀即可浇筑。

⑤ 混凝土的运输和浇筑:混凝土的运输和浇筑按照现行国家规范《混凝土结构工程

施工质量验收规范》(GB 50204—2002)第7.4.4条的规定执行。模板安装应牢固，拼缝应严密，防止漏浆。需要注意的是：UEA混凝土的坍落度损失比普通混凝土块，特别是夏季，要尽量保持混凝土输送的连续性，每次间隔时间不宜超过1.5h。运输较远或炎热天气施工宜掺入缓凝剂，以减少坍落度损失；

⑥ 混凝土的养护：对已浇筑完毕的混凝土，应加以覆盖和浇水养护。

(2) 其他补偿收缩(微膨胀)混凝土外加剂的防水施工质量监督要点

补偿收缩混凝土除了可用U形膨胀剂拌制外，还可用其他微膨胀剂拌制，微膨胀剂的加入量，一般按产品要求的掺量用内掺法加入。用其他微膨胀剂拌制的补偿收缩混凝土的施工方法与掺U形混凝土膨胀剂(UEA)拌制的补偿收缩混凝土的施工方法大致相同，常用的膨胀剂见表2.4-22。

配制补偿收缩防水混凝土或防水砂浆常用的微膨胀剂　　表2.4-22

名　称	研制生产单位	膨胀组分	膨胀剂掺量(按水泥重量计)%
U形膨胀剂(UEA)	中国建材院	钙矾石、石膏	10~12
FS防水剂	北京利力新技术开发公司		6~8
AWA	中国建材院		AWA—Ⅰ：10 AWA—Ⅱ：10
无机铝盐防水剂	广西大新建材化工总厂		BS_1型：5 BS_2型：3
水泥防水剂	沈阳苏家屯东风防水剂厂	复　盐	3~5
复合防水剂	中国建材院	明矾石、石膏	10~12
铝酸钙膨胀剂	中国建材院	明矾石	10~12
明矾石膨胀剂	安徽省建科所	明矾石	15~17
脂膜石灰膨胀剂	冶金建研所	$Ca(OH)_2$	5~8
镁质膨胀剂	南京化工学院	$Mg(OH)_2$	3~5
PNC	山东省建筑科学研究院	钙矾石	

注：AWA—Ⅰ和BS_1型用于水泥砂浆，AWA—Ⅱ和BS_2型用于混凝土。

(3) 地下工程防水砂浆施工监督要点

① 防水砂浆适用于埋深度不大，使用时不会因结构沉降、湿度、湿度变化以及受振动等原因而产生有害裂缝的地下或地下防水工程。除聚合物砂浆外，其他均不宜用在长期受冲击荷载和较大振动作用下的防水工程，也不适用于受腐蚀、高温(100℃以上)以及遭受反复冻融的砖砌体工程。

② 基层处理：基层要求坚实粗糙、平整，施工前必须将基层清扫干净，并保持潮湿。且必须有足够的强度、要求混凝土强度不低于C10；砖石结构的砌筑砂浆不应低于M5。

③ 砂浆、净浆的制备：防水砂浆应采用机械搅拌，以保证水泥砂浆的匀质性。拌制时要严格掌握水灰比，水灰比过大，砂浆易产生离析现象，过小，则不易施工。

搅拌砂浆时，先将水泥、膨胀剂和砂按配比投入砂浆搅拌机内干拌均匀，然后再加入已溶入防水剂的定量用水，搅拌1~2min即可；防水净浆的配制方法是，将防水剂入容器中，缓慢加水并搅拌均匀。

制备聚合物砂浆的方法是：先将水泥、砂干拌均匀，再加入定量的聚合物溶液，连续搅拌2～3min，直至均匀。防水砂浆和防水净浆应现用现配，并应在初凝前用完。

④ 施工操作：施工时，务必做到分层交替抹压密实，使每层的毛细孔缝大部分被隔离、切断，残留的少量缝隙形成不了连通的渗水通道，以保证防水层具有较高的抗渗防水性能。

⑤ 素灰（净浆）层与砂浆层应在同一天内完成。即前两层和后两层（或后三层）都应分别连续操作。抹完素灰后再抹砂浆的时间间隔切勿过长或次日再抹，否则将出现分层和空鼓现象。

⑥ 防水层的施工缝应留成阶梯形槎。接槎处施工时，应先进行层接缝，最后一层应抹实压光。

⑦ 结构阴阳角处的防水层，抹成圆弧，阴角直径50m，阳角直径10mm。施工时可用铁角模具成型。

(4) 胶乳砂浆施工监督要点

胶乳砂浆在拌和过程中，易出现越拌越干结的现象，此时不得任意加水，以免破坏胶乳的稳定性而影响质量。应按照聚合物防水砂浆的配制中介绍的阳离子氯丁胶乳配制方法补加胶乳混合液，并拌和均匀。

① 施工温度适宜为5～35℃。

② 胶乳砂浆铺抹未达到硬化状态时，切勿直接浇水养护或直接受雨水冲刷，以防胶乳中的白色物浮出表面被冲掉，失去放乳性能，影响防水效果。

③ 在通风较差的地下室或水塔内施工时，特别是夏季胶乳中低分子物挥发较快，影响正常的施工作业，因此必须通风。

④ 应有专人负责胶乳水泥砂浆的配制工作，配料人员必须戴胶乳防护手套。

(五) 地下防水混凝土配合比设计要求

1. 严格控制水灰比：水灰比除了影响防水混凝土结构的抗压强度及抗渗性能外，还影响着混凝土结构的抗冻性能及耐久性，满足水泥完全水化及浸润砂石表面所需要的水灰比为0.20～0.25，但考虑到施工和易性要求及其他因素，水灰比都取得较大，例如对塑性混凝土，水灰比在0.4～0.7之间。水灰比小于0.4的混凝土属于干硬性或半干硬性混凝土。水灰比过小时，混凝土和易性不好，施工操作困难，影响混凝土的密实度和抗渗性，水灰比过大时，用水量太多，混凝土在施工时泌水现象严重，水泥在水化过程中，混凝土中的游离水蒸发，不可避免地在混凝土内部留下大量孔隙，这些空隙相互贯通，形成开放性毛细管泌水通道，使混凝土结构抗渗性能降低、透水性增高。因此，水灰比是影响混凝土抗渗性能的重要因素，只有最适宜的水灰比才能使混凝土的防水性能达到最佳状态。目前国内外对防水混凝土的水灰比都规定了一些限值，有的国家还以水灰比来控制防水混凝土的防水等级，我国规范最大限值为0.6。有关资料证明，在0.5～0.6范围内都取得了令人满意的效果。

2. 选择最佳砂率：在相同水泥用量情况下，砂率的大小直接影响混凝土的抗渗性能。在设计防水混凝土配合比时，选择最佳砂率对提高抗渗性至关重要，在满足规范要求条件下，砂率一般在0.36左右较为理想。

3. 选择最佳灰砂比：灰砂比表明了水泥砂浆中的水泥的浓度以及水泥砂浆包裹砂粒

的情况，经研究与实践表明，抗渗效果较为理想的灰砂比为 1∶20～1∶25。

4. 合理选择外加剂：混凝土在搅拌过程中所使用的水远远超过水泥水化所需要的水，多余的水使混凝土的抗渗性能下降，所以减水是抗渗的重要影响因素，因此合理是选择外加剂，从而改善混凝土某些预期性能是防水混凝土配合比设计的重要内容之一。

第三节　混凝土结构工程

混凝土目前是我国主要的结构材料之一，以混凝土材料为主构成的结构成为混凝土结构。混凝土结构工程综合技术性强，牵涉面广，适用范围宽，以其坚质、耐久、可塑造等特点得到广泛的使用。混凝土结构包括素混凝土结构、钢筋混凝土结构、预应力混凝土结构等。

一、原材料要求

（一）钢筋

1. 当钢筋的品种、级别或规格需作变更时，应办理设计变更文件。

在施工过程中，当施工单位缺乏设计所要求的钢筋品种、级别或规格时，可进行钢筋代换。为了保证对设计意图的理解不产生偏差，规定当需要作钢筋代换时应办理设计变更文件，以确保满足原结构设计的要求，并明确钢筋代换由设计单位负责。

2. 钢筋进场时，应按现行国家标准《钢筋混凝土用热轧带肋钢筋》(GB 1499)等的规定抽取试件作力学性能检验，其质量必须符合有关标准的规定。检验时应检查产品合格证、出厂检验报告和进场复验报告。按进场的批次和产品的抽样检验方案确定检查数量。

由于工程量、运输条件和各种钢筋的用量等的差异，很难对各种钢筋的进场检查数量作出统一规定。实际检查时，若有关标准中对进场检验数量作了具体规定，应遵照执行；若有关标准中只有对产品出厂检验数量的规定，则在进场检验时，检查数量可按下列情况确定：

（1）当一次进场的数量大于该产品的出厂检验批量时，应旬划分为若干个出厂检验批量，然后按出厂检验的抽样方案执行；

（2）当一次进场的数量小于或等于该产品的出厂检验批量时，应作为一个检验批量，然后按出厂检验的抽样方案执行；

（3）对连续进场的同批钢筋，当有可靠依据时，可按一次进场的钢筋处理。

以上的检验方法中，产品合格证、出厂检验报告是对产品质量的证明资料，通常应列出产品的主要性能指标；当用户有特别要求时，还应列出某些专门检验数据。有时，产品合格证、出厂检验报告可以合并；进场复验报告理进场抽样检验的结果，并作为判断材料能否在工程中应用的依据。

原材料部分中，涉及原材料进场检查数量和检验方法时，除有明确规定外，都应按以上叙述理解、执行。

3. 对有抗震设防要求的框架结构，其纵向受力钢筋的强度应满足设计要求；当设计无具体要求时，对一、二级抗震等级，检验所得的强度实测值应符合下列规定：

（1）钢筋的抗拉强度实测值与屈服强度实测值的比值不应小于 1.25；

（2）钢筋的屈服强度实测值与强度标准值的比值不应大于 1.3。

检验时应检查进场复验报告。按进场的批次和产品抽样检验方案确定检查数量。

4. 当发现钢筋脆断、焊接性能不良或力学性能显著不正常等现象时，应对该批钢筋进行化学成分检验或其他专项检验。检查化学成分等专项检验报告。

5. 钢筋应平直、无损伤、表面不得有裂纹、油污、颗粒状或片状老锈。检验时应以观察为方法。进场时和使用前全数检查。

弯折钢筋不得敲直后作为受力钢筋使用。加工以后较长时期未使用而可能造成外观质量达不到要求的钢筋半成品也应符合以上要求。

（二）水泥

1. 检查的主要项目，数量及方法

水泥进场时应对其品种、级别、包装或散装仓号、出厂日期等进行检查，并应对其强度、安定性及其他必要的性能指标进行复验，其质量必须符合现行国家标准《硅酸盐水泥、普通硅酸盐水泥》GB 175。

当在使用中对水泥质量有怀疑或水泥出厂超过三个月（快硬硅酸盐水泥超过一个月）时，应进行复验，并按复验结果使用。水泥复试项目：水泥标准中规定，水泥的技术要求包括不溶物、氧化镁、三氧化硫、细度、安定性和强度等8个项目。水泥生产厂在水泥出厂时已经提供了标准规定的有关技术要求的试验结果。通常复试只做安定性，凝结时间和胶砂强度三项必试项目。

钢筋混凝土结构、预应力混凝土结构中，严禁使用含氯化物的水泥。

检验时应检查产品合格证、出厂检验报告和进场复验报告。按同一生产厂家、同一等级、同一品种、同一批号且连续进场的水泥，袋装不超过200t为一批，散装不超过500t为一批，每批抽样不少于一次。

2. 水泥的品种及组成

在工业与民用建筑中，配制普通混凝土所用的水泥，一般采用硅酸盐水泥，普通硅酸盐水泥、矿渣硅酸盐水泥、火山灰质硅酸盐水泥和粉煤灰硅酸盐水泥、复合硅酸盐水泥。以上常用六种水泥的组成成分见表2.4-23。

土建工程常用六种水泥的组成　　　　表2.4-23

名　称	简　称	主　要　组　成
硅酸盐水泥	熟纯料水泥	以硅酸盐熟料为主，加0～5%石膏磨细而成，不掺任何混合材料
普通硅酸盐水泥	普通水泥	以硅酸盐熟料为主，加适量混合材料及石膏磨细而成，所掺材料不能大于下列数值（按水泥重量计）：石膏5%；活性混合材15%；或惰性混合材10%；或两者同掺15%（其中惰性材料10%）
矿渣硅酸盐水泥	矿渣水泥	以硅酸盐熟料为主，加入不大于水泥重量的20%～70%的粒化高炉矿渣及适量石膏磨细而成
火山灰质硅酸盐水泥	火山灰水泥	以硅酸盐熟料为主，加入不大于水泥重量的20%～50%的火山灰及适量石膏磨细而成
粉煤灰硅酸盐水泥	粉煤灰水泥	以硅酸盐熟料为主，加入不大于水泥重量的20%～40%的粉煤灰及适量石膏磨细而成
复合硅酸盐水泥	复合水泥	混合材料16%～50%；允许用不超过8%的窑灰代替部分混合材料，掺矿渣时混合材料掺量不得与矿渣水泥重复

3. 水泥的强度

水泥的强度等级按规定龄期的抗压强度和抗折强度来划分，各强度等级水泥的各龄期强度不得低于表 2.4-24 中的规定值。

各强度等级水泥各龄期的强度　　　　　　表 2.4-24

品　种	强　度　等　级	抗　压　强　度		抗　折　强　度	
		3d	28d	3d	28d
硅酸盐水泥	42.5	17.0	42.5	3.5	6.5
	42.5R	22.0	42.5	4.0	6.5
	52.5	23.0	52.5	4.0	7.0
	52.5R	27.0	52.5	5.0	7.0
	62.5	28.0	62.5	5.0	8.0
	62.5R	32.0	62.5	5.5	8.0
普通硅酸盐水泥	32.5	11.0	32.5	2.5	5.5
	32.5R	16.0	32.5	3.5	5.5
	42.5	16.0	42.5	3.5	6.5
	42.5R	21.0	42.5	4.0	6.5
	52.5	22.0	52.5	4.0	7.0
	52.5R	26.0	52.5	5.0	7.0
矿渣、火山灰及粉煤灰水泥	32.5	10.0	32.5	2.5	5.5
	32.5R	15.0	32.5	3.5	5.5
	42.5	15.0	42.5	3.5	6.5
	42.5R	19.0	42.5	4.0	6.5
	52.5	21.0	52.5	4.0	7.0
	52.5R	23.0	52.5	4.5	7.0
复合水泥	32.5	11.0	32.5	2.5	5.5
	32.5R	16.0	32.5	3.5	5.5
	42.5	16.0	42.5	3.5	6.5
	42.5R	21.0	42.5	4.0	6.5
	52.5	22.0	52.5	4.0	7.0
	52.5R	26.0	52.5	5.0	7.0

4. 水泥的技术要求

(1) 水泥的技术要求除了以上所述的强度要求以外，其他技术要求还须符合表 2.4-25 的规定。

土建工程常用六种水泥的品质指标　　　　　　表 2.4-25

序　号	项　目	品　质　指　标
1	氧化镁	熟料中氧化镁的含量不宜超过 5%。如水泥经蒸压安定性试验合格，则允许放宽到 6%
2	三氧化硫	水泥中三氧化硫的含量不得超过 3.5%，矿渣水泥不得超过 4%

续表

序号	项目	品质指标
3	烧失量	Ⅰ型硅酸盐水泥中不溶物不得大于 3.0% Ⅱ型硅酸盐水泥中不溶物不得大于 3.5% 普通硅酸盐水泥中烧矢量不得大于 5.0%
4	细度	硅酸盐水泥比表面积大于 300m²/kg,普通水泥 0.08mm 方孔筛筛余不得超过 10%
5	凝结时间	初凝不得早于 45min,终凝不得迟于 10h,但硅酸盐水泥终凝不得迟于 6.5h
6	安定性	用沸煮法检验,必须合格
7	不溶物	Ⅰ型硅酸盐水泥中不溶物不得超过 0.75% Ⅱ型硅酸盐水泥中不溶物不得超过 1.5%

注 1. 凡氧化镁、三氧化硫、韧凝时间、安定性中的任一项不符合表中规定时,均为废品。
    2. 凡细度、终凝时间、不溶物和烧失量中的任一项不符合表中规定时,称为不合格品。

(2) 水泥袋上应清楚标明:工厂名称、生产许可证编号、品牌名称、代号、包装年、月、日和编号。水泥包装标志中水泥品种、强度等级、工厂名称和出厂编号不全的也属于不合格品。散装时应提交与袋装相同的内容卡片。

(3) 水泥在运输和贮存时不得受潮和混入杂物,不同品种和强度等级的水泥应分别贮存,不得混杂。

(三) 砂

1. 检查的主要项目,数量及方法

普通混凝土所用的细骨料的质量应符合国家现行标准《普通混凝土用砂质量标准及检验方法》JGJ 52 规定。检验时应检查进场复验报告。按进场的批次和产品的抽样检验方案确定检查数量。

2. 砂的品种

(1) 砂按产源分为天然砂和人工砂两类,天然砂包括河砂、湖砂、山砂及淡化海砂;人工砂包括机制砂、混合砂。

(2) 砂按细度模数为分粗、中、细 3 种规格,并按技术要求分为Ⅲ个类别,用于小于 C30 级至大于 C60 级的各种混凝土及建筑砂浆。粗砂细度模数 μ_f 为 3.1~3.7;中砂细度模数 μ_f 为 2.3~3.0;细砂细度模数 μ_f 为 1.6~2.2。

3. 砂的颗粒级配

砂的颗粒级配应符合表 2.4-26 的规定。

建筑用砂的颗粒级配标准   表 2.4-26

方筛孔(mm)	累计筛余(%)			方筛孔(mm)	累计筛余(%)		
	1级配区	2级配区	3级配区		1级配区	2级配区	3级配区
9.50	0	0	0	600	85~71	70~41	40~16
4.75	10~0	10~0	10~0	300	95~80	92~70	85~55
2.36	35~5	25~0	15~0				
1.18	65~35	50~10	25~0	150	100~90	100~90	100~90

4. 砂的含泥量

砂的含泥量应符合表 2.4-27 的规定。

砂 的 含 泥 量   表 2.4-27

混凝土强度等级	高于 C60	C60～C30	低于 C30
含泥量，按重量计小于(％)	1	3	5

5. 砂的密度、体积密度、空隙率

砂的密度、堆积密度、空隙率应符合下列规定：(1)砂的密度应大于 2500kg/m³；(2)砂的堆积密度应大于 1350kg/m³；(3)砂的空隙率小于 47％。

6. 砂的坚固性

采用硫酸钠溶液法进行试验，砂在其饱和溶液中以 5 次循环浸渍后，其质量损失应小于 8％(Ⅲ类砂应不小于 10％)。

(四) 碎(卵)石

1. 检查的主要项目，数量及方法

普通混凝土所用的粗的质量应符合国家现行标准《普通混凝土用碎石或卵石质量标准及检验方法》JGJ 53 规定。检验时应检查进场复验报告。按进场的批次和产品的抽样检验方案确定检查数量。

(1) 混凝土用的粗骨料，其最大颗粒粒径不得超过构件截面最小尺寸的 1/4，且不得超过钢筋最小净间距的 3/4。

(2) 对混凝土实心板，骨料的最大粒径不宜超过板厚的 1/3，且不得超过 40mm。

(3) 骨料应按品种、规格分别堆放，不得混杂，骨料中严禁混入煅烧过的白云石和石灰块。

2. 碎(卵)石的种类

碎(卵)石按颗粒粒径大小，可分为三级：

粗碎(卵)石：颗粒粒径在 40～150mm 之间；

中碎(卵)石：颗粒粒径在 20～40mm 之间；

细碎(卵)石：颗粒粒径在 5～20mm 之间。

3. 碎(卵)石的颗粒级配

碎(卵)石的颗粒级配应符合表 2.4-28 的规定。

碎(卵)石颗粒级配   表 2.4-28

级配情况	公称粒径	累计筛余，按重量计(％)										
		筛孔尺寸(方孔筛)(mm)										
		2.36	4.75	9.50	16.0	19.00	26.5	31.5	37.5	53	63	75	90
连续粒级	5～10	95～100	80～100	0～15	0								
	5～16	95～100	85～100	30～60	0～10	0							
	5～20	95～100	90～100	40～80	—	0～10	0						
	5～25	95～100	90～100	—	30～70	—	0～5	0					
	5～31.5	95～100	90～100	70～90	—	15～45	—	0～5	0				
	5～40	—	95～100	75～90	—	30～65	—	—	0～5	0			

续表

级配情况	公称粒径	累计筛余，按重量计(%)										
		筛孔尺寸(方孔筛)(mm)										
		2.36	4.75	9.50	16.0	19.00	26.5	31.5	37.5	53	63	75	90
单粒粒级	10~20		95~100	85~100		0~15	0						
	16~31.5		95~100		85~100			0~10	0				
	20~40			95~100		80~100			0~10	0			
	31.5~63				95~100			75~100	45~75		0~10	0	
	40~80					95~100			70~100		30~60	0~10	0

注：(1) 公称粒级的上限为该粒级的最大粒径。

(2) 单粒粒级一般用于组合成具有要求级配的连续粒级，也可与连续粒级的碎石或卵石混合使用，以改善它们的级配或配成较大粒度的连续粒级。

(3) 根据混凝土工程和资源的具体情况，进行综合技术经济分析后，在特殊情况下允许直接采用单粒级，但必须避免混凝土发生离析。

4. 碎(卵)石含泥量

碎(卵)石含泥量：低于C30混凝土不大于1.5%；小于C60但高于C30混凝土不大于1%；高于C60混凝土不大于0.5%。

5. 碎(卵)石的密度、体积密度、空隙率：碎(卵)石的密度应大于2.5g/cm³；碎(卵)石的体积密度应大于1350kg/m³；碎(卵)石的空隙应小于47%。

6. 碎(卵)石坚固性

采用硫酸钠溶液法进行试验，Ⅰ类碎(卵)石其质量损失应小于12%；Ⅱ类碎(卵)石其质量损失应小于8%；Ⅲ类碎(卵)石其质量损失应小于5%。

7. 碎(卵)石的强度

采用直径和高均为50mm的圆柱体或长、宽、高均为50mm的立方体岩石样品进行试验，在水饱和状态下，其抗压强度应不小于45MPa，其极限抗压强度与所浇筑混凝土强度之比不应小于1.5倍。

8. 碎石或卵石中针片状颗粒含量应符合《普通混凝土用碎石或卵石质量标准及检验方法》(JGJ 53—92)规定。

(五) 水

1. 检查的主要项目，数量及方法

拌制混凝土宜采用饮用水；当采用其他水源时，水质应符合国家现行标准《混凝土用水标准》JGJ 63—2006 的规定。检验时应检查水质试验报告。同一水源检查不应少于一次。

考虑到今后生产中利用工业处理水的发展趋势，除采用饮用水外，也可采用其他水源，但其质量应符合国家现行标准《混凝土用水标准》JGJ 63—2006 的要求。

2. 水的种类

混凝土拌合用水按水源可分为：饮用水、地表水、地下水、海水以及经过适当处理或处置后的工业废水。

3. 水的技术要求

拌合用水所含物质对混凝土、钢筋混凝土和预应力混凝土不应产生以下有害作用：

影响混凝土的和易性及凝结；有损于混凝土强度发展；降低混凝土的耐久性，加快钢筋腐蚀及导致预应力钢筋脆断；污染混凝土表面。

4. 水的使用要求

(1) 生活饮用水，可拌制各种混凝土。

(2) 地表水和地下水首次使用前，应按标准《混凝土用水标准》(JGJ 63—2006)规定进行检验。

(3) 海水可用于拌制素混凝土，但不得用于拌制钢筋混凝土和预应力混凝土。

(4) 有饰面要求的混凝土不应用海水拌制。

(六) 外加剂

1. 检查的主要项目，数量及方法

(1) 混凝土中掺用外加剂的质量及应用技术应符合现行国家标准《混凝土外加剂》GB 8076、《混凝土外加剂应用技术规范》GB 50119 等和有关环境保护的规定。

预应力混凝土结构中，严禁使用含氯化物的外加剂。钢筋混凝土结构中，当使用含氯化物的外加剂时，混凝土中氯化物的总含量应符合现行国家标准《混凝土质量控制标准》GB 50164 的规定。检验时应检查产品合格证、出厂检验报告和进场复验报告。按进场的批次和产品的抽样检验方案确定检查数量。

混凝土外加剂种类较多，且均有相应的质量标准，使用时其质量及应用技术应符合国家现行标准《混凝土外剂》GB 8076、《混凝土外加剂应用技术规范》GBJ 50199、《混凝土速凝剂》JC 472、《混凝土泵送剂》JC 473、《混凝土防水剂》JC 474、《混凝土防冻剂》JV 475、《混凝土膨胀剂》JC 476 等的规定。外加剂的检验项目、方法和批量应符合相应标准的规定。若外加剂中含有氯化物，同样可能引起混凝土结构中钢筋的锈蚀，故应严格控制。

(2) 混凝土中氯化物和碱的总含量应符合现行国家标准《混凝土结构设计规范》GB 50010 和设计的要求。

检验方法：检查原材料试验报告和氯化物、碱的总含量计算书。

2. 外加剂的种类

在混凝土工程中，一般采用如下几种外加剂：

(1) 减水剂：如木质素磺酸钙、萘与甲醛缩合的盐类和磺化古码隆树脂等。

(2) 引气剂：如松香热聚物、烷基苯磺酸盐和脂肪醇聚氧乙烯醚等。

(3) 缓凝剂：如糖钙、木质素磺酸钙、柠檬酸酸、锌盐和纤维素醚等。

(4) 早强剂：如硫酸盐、硫酸复盐、三乙醇胺和甲酸盐等。

(5) 防冻剂：如氯盐和氯盐阻锈类、亚硝酸盐等。

(6) 膨胀剂：如硫铝酸钙类、硫铝酸钙-氧化钙类和氯化钙类。

3. 一般规定

(1) 减水剂

① 减水剂宜以溶液掺加，溶液中的水量应从拌合水量中扣除。

② 减水剂与拌合水、粉剂减水剂与胶凝材料宜同时加入搅拌机内，需二次添加外加剂时，应通过试验确定，混凝土搅拌均匀方可出料。

(2) 引气剂

① 引气剂可用于抗冻、防渗、抗硫酸盐、泌水严重的、贫混凝土、轻骨料、人工骨料配制的普通混凝土、高性能混凝土以及对饰面有要求的混凝土。

② 抗冻性要求高的混凝土，必须掺用引气剂或引气减水剂，其掺量应根据混凝土的含气量要求，通过试验确定。

③ 引气剂及引气减水剂，宜以溶液掺加，使用时加入拌合水中，溶液中的水量应从混凝土拌合水量中扣除。

④ 检验引气剂及引气减水剂中混凝土的含气量，应在搅拌机出料口进行取样。

⑤ 引气剂及引气减水剂混凝土，必须采用机械搅拌，搅拌时间及搅拌量应通过试验确定。

(3) 缓凝剂

① 缓凝剂及缓凝减水剂的掺量可由试验确定。

② 当缓凝剂、缓凝减水剂及缓凝高效减水剂以溶液掺加时，其水量应从拌合水中扣除。

③ 掺缓凝剂、缓凝减水剂及缓凝高效减水剂的混凝土浇筑、振捣后，应及时抹压并始终保持混凝土表面潮湿，终凝以后应浇水养护，当气温较低时，应加强保温保湿养护。

(4) 早强剂

① 用于蒸汽养护混凝土及常温、低温和最低温度不低于-5℃环境中施工的有早强要求的混凝土工程。

② 在预应力混凝土结构、有装饰要求的混凝土，特别是要求色彩一致的或是表面有金属装修的混凝土等严禁采用氯盐、含氯盐的复合早强剂及早强减水剂。

③ 早强剂的掺量应符合《混凝土外加剂应用技术规范》(GB 50119—2003) 规定。

④ 粉剂早强剂和早强减水剂直接掺入混凝土干料中应延长搅拌时间 30s。

(5) 防冻剂

① 适用于负温条件下施工的混凝土。

② 防冻剂的掺量，应根据其施工温度由试验确定。

③ 掺防冻剂的混凝土施工有关规定详见《混凝土外加剂应用技术规范》(GB 50119—2003)中的相关内容。

(6) 膨胀剂

① 膨胀剂适用范围，详见表 2.4-29。

膨胀剂适用范围   表 2.4-29

种　　类	适　用　范　围
补偿收缩混凝土	地下、水中、海水中、隧道等构造物，大体积混凝土(除大坝外)，配筋路面和板，屋面防水、构件补强，渗透修补、预应力钢筋混凝土等
填充用膨胀混凝土	结构后浇带、隧洞堵头、钢管与隧道之间的填充等
灌浆用膨胀砂浆	机械设备的底座灌浆，地脚螺栓的固定，梁柱接头，构件补强、加固等
自应力混凝土	仅用于常温下使用的自应力钢筋混凝土压力管

② 膨胀剂的常用掺量可由试验确定。

③ 掺膨胀剂混凝土所用的水泥应符合现行通用水泥国家标准，不得使用硫铝酸盐水

泥、铁铝酸盐水泥和高铝水泥。

④ 粉状膨胀剂应与混凝土其他材料一起投入搅拌机，拌和时间应延长30s。

（七）掺合料

1. 检查的主要项目，数量及方法

混凝土中掺用矿物掺合料的质量应符合现行国家标准《用于水泥和混凝土中的粉煤灰》GB 1596等的规定。矿物掺合料的掺量应通过试验确定。检验时应检查出厂合格证和进场复验报告。按进场的批次和产品的抽样检验方案确定检查数量。

混凝土掺合料的种类主要有粉煤灰、粒化高炉矿渣粉、沸石粉、硅灰和复合掺合料等，有些目前尚没有产品质量标准。对各种掺合料，均应提出相应的质量要求，并通过试验确定其掺量。工程应用时，尚应符合国家现行标准《粉煤灰混凝土应用技术规范》GBJ 146、《粉煤灰在混凝土和砂浆中应用技术规程》JGJ 28、《用于水泥与混凝土中粒化高炉矿渣偻》GB/T 18046等的规定。

2. 在采用硅酸盐水泥或普通硅酸盐水泥拌制的混凝土中，可掺用混合材料。当混合材料为粉煤灰时，必须符合如下规定：

（1）技术要求：

拌制水泥混凝土时，作掺合料的粉煤灰成品应符合表2.4-30的规定。

粉煤灰成品的品质指标　　　　　　　表2.4-30

序 号	指　　　标	级　别		
		Ⅰ	Ⅱ	Ⅲ
1	细度(0.045mm方孔筛筛余，%)不大于	12	20	45
2	需水量比(%)不大于	95	105	115
3	烧矢量(%)不大于	5	8	15
4	含水量(%)不大于	1	1	不规定
5	三氧化硫(%)不大于	3	3	3

（2）粉煤灰出厂合格证上应包括下列内容：

厂名和批号；合格证编号及日期；粉煤灰的级别及数量；质量检验结果。

（3）包装、标志、运输和贮存：

① 袋装粉煤灰的包装袋上应清楚标明"粉煤灰"、厂名、级别、重量、批号及包装日期；

② 粉煤灰运输和贮存时，不得与其他材料混杂。并注意防潮和污染环境。

（4）其他要求：

① 在普通钢筋混凝土中，粉煤灰掺量不宜超过硅酸盐水泥用量的30%。

② 冬期施工时，粉煤灰泥凝土应采取早强和保温措施，加强养护。

③ 用于地上工程的粉煤灰混凝土，其强度等级龄期定为28d；用于地下工程的粉煤灰混凝土，其强度等级龄期宜为60d或90d；大体积混凝土工程的粉煤灰混凝土，其强度等级龄期可定为90d或180d。

④ 粉煤灰混凝土拌合物一定要搅拌均匀，其搅拌时间宜比基准拌合物延长10～30s。

（八）混凝土配合比

1. 检查的主要项目，数量及方法

(1) 混凝土应按国家现行标准《普通混凝土配合比设计规程》JGJ 55 的有关规定, 根据混凝土强度等级、耐久性和工作性等要求进行配合比设计。对有特殊要求的混凝土, 其配合比设计尚应符合国家现行有关标准的专门规定。检验时应检查配合比设计资料。

混凝土应根据实际采用的原材料进行配合比设计并按普通混凝土拌合物性能试验方法等标准进行试验、试配,以满足混凝土强度、耐久性和工作性(坍落度等)的要求,不得采用经验配合比。同时, 应符合经济、合理的原则。

(2) 首次使用的混凝土配合比应进行开盘鉴定, 其工作性应满足设计配合比的要求。开始生产时应至少留置一组标准养护试件, 作为验证配合比的依据。检验时应检查开盘鉴定资料和试件强度试验报告。

实际生产时,对首次使用的混凝土配合比应进行开盘鉴定,并至少留置一组 28d 标准养护试件, 以验证混凝土的实际质量与设计要求的一致性。

(3) 混凝土拌制前, 应测定砂、石含水率并根据测试结果调整材料用量,提出施工配合比。检验时应检查含水率测试结果和施工配合比通知单。每工作班检查一次。混凝土生产时,砂、石的实际含水率可能与配合比设计时存在差异,故规定应测定实际含水率并相应地调整材料用量。

2. 混凝土配合比的选择条件

(1) 应保证结构设计所规定的强度等级。

(2) 充分考虑现场实际施工条件的差异和变化, 满足施工和易性的要求。

(3) 合理使用材料, 节省水泥。

(4) 符合设计提出的特殊要求,如抗冻性,抗渗性等。

3. 混凝土的最大水灰比和最小水泥用量

为了保证混凝土的质量(耐久性和密实度),在检验中,应控制混凝土的最大水灰比和最小水泥用量,见表 2.4-31。同时混凝土的最大水泥用量也不宜大于 $550 kg/m^3$。

混凝土的最大水灰比和最小水泥用量　　　　表 2.4-31

环境条件		结构物类别	最大水灰比			最小水泥用量 (kg/m^3)		
			素混凝土	钢筋混凝土	预应力混凝土	素混凝土	钢筋混凝土	预应力混凝土
1. 干燥环境		正常的居住或办公用房屋内部件	不作规定	0.65	0.60	200	260	300
2. 潮湿环境	无冻害	(1) 高湿度的室内部件 (2) 室外部件 (3) 在非侵蚀性和(或)水中的部件	0.70	0.60	0.60	225	280	300
	有冻害	(1) 经受室外部件 (2) 在非侵蚀性和(或)水中且经受冻害的部件 (3) 高湿度且经受冻害的室内部件	0.55	0.55	0.55	250	280	300
3. 由冻害和除冰剂的潮湿环境		严寒地区水位升降范围内的混凝土	0.50	0.50	0.50	300	300	300

注:(1) 当用活性掺料取代部分水泥时,表中的最大水灰比及最小水泥用量即为替代前的水灰比和水泥用量。

(2) 当混凝土强度等级低于 C15 时,可不受本表的限制。

4. 混凝土坍落度

在浇筑混凝土时,应进行坍落度测试(每工作台班至少二次),坍落度应符合表 2.4-32 规定。

混凝土浇筑时的坍落度(mm)　　　　　表 2.4-32

结 构 种 类	坍 落 度
基础或地面等的垫层,无配筋的大体积结构(挡土墙,基础等)或配筋稀疏的结构	10～30
板、梁和大型及中型截面的柱子等	30～50
配筋密列的结构(薄壁,斗仓,筒仓,细柱等)	50～70
配筋特密的结构	70～90

注:(1) 本表系采用机械振捣混凝土时的坍落度,当采用人工捣实混凝土时其值可适当增大;
　　(2) 当需要配制大坍落度混凝土时,应掺用外加剂;
　　(3) 曲面或斜面结构混凝土的坍落度应根据实际需要另行选定;
　　(4) 轻骨料混凝土的坍落度,宜比表中数值减少 10～20mm。

5. 泵送混凝土配合比

泵送混凝土配合比,应符合下列规定:

(1) 骨料最大粒径与输送管内径之比,碎石不宜大于 1:3,卵石不宜大于 1:2.5;通过 0.315mm 筛孔的砂不应少于 15%,且不大于 30%;

(2) 最小水泥用量宜为 300kg/m³;

(3) 混凝土的坍落度不宜小于 100mm;

(4) 泵送混凝土的水胶比不宜大于 0.6。

(九) 预应力工程材料

1. 预应力筋进场时,就按现行国家标准《预应力混凝土用钢绞线》GB/T 5224 等的规定抽取试件作力学性能检验,其质量必须符合有关标准的规定。检查时应检查产品合格证、出厂检验报告和进场复验报告。并应按进场的批次和产品的抽样检验方案确定检查数量。

2. 无粘结预应力筋的涂包质量应符合无粘结预应力钢绞线标准的规定。检查时应观察,检查产品合格证、出厂检验报告和进场复验报告。并且检查数量为每 60t 为一批,每一批抽取一组试件。当有工程经验,并经观察认为质量有保证时,可不作油脂用量和护套厚度的进场复验。

3. 预应力筋用锚具、夹具和连接器应按设计要求采用,其性能应符合现行国家标准《预应力筋用锚具、夹具和连接器》GB/T 14370 等的规定。检查时应检查产品合格证、出厂检验报告和进场复验报告。并按进场批次和产品的抽样检验方案确定检查数量。对锚具用量较少的一般工程,如供货方提供有效的试验报告,可不作静载锚固性能试验。

4. 孔道灌浆用水泥应采用普通硅酸盐水泥,其质量应符合本节中的有关规定。检查时应检查产品合格证、出厂检验报告和进场复验报告。并按过场批次和产品的抽样检验方案确定检查数量。对孔道灌浆用水泥和外加剂用量较少的一般工程,当有可靠依据时,可不作材料性能的进场复验。

5. 预应力筋使用前应进行外观检查,其质量应符合下列要求:

(1) 有粘结预应力筋展开后应平顺，不得有弯折，表面不应有裂纹、小刺、机械损伤、氧化铁皮和油污等。

(2) 无粘结预应力筋护套应光滑、无裂缝，无明显褶皱。

检查时应用观察的方法全数检查。

6. 预应力筋用锚具、夹具和连接器使用前应进行外观检查，其表面应无污物、锈蚀、机械损伤和裂纹。检查时应用观察的方法全数检查。

7. 预应力混凝土用金属螺旋管的尺寸和性能应符合国家现行标准《预应力混凝土用金属螺旋管》JG/T 3013 的规定。检查时应检查产品合格证、出厂检验报告和进场复验报告。并按进场批次和产品的抽样检验方案确定检查数量。对金属螺旋管用量较少的一般工程，当有可靠依据时，可不作径向刚度、抗渗漏性能的进场复验。

8. 预应力混凝土用金属螺旋管在使用前应进行外观检查，其内外表面应清洁，无锈蚀，不应有油污、孔洞和不规则的褶皱，咬口不应有开裂或脱扣。检查时应用观察的方法全数检查。

二、施工技术要求

(一) 钢筋的施工技术要求

在浇筑混凝土之前，应进行钢筋隐蔽工程验收，其内容包括：纵向受力钢筋的品种、规格、数量、位置等；钢筋的连接方式、接头位置、接头数量、接头面积百分率等；箍筋、横向钢筋的品种、规格、数量、间距等；预埋件的规格、数量、位置等。

1. 钢筋的加工

(1) 受力钢筋的弯钩和弯折应符合下列规定：

① HPB235 级钢筋末端应作 180°弯钩，其弯弧内直径不应小于钢筋直径的 2.5 倍，弯钩的弯后平直部分长度不应小于钢筋直径的 3 倍；

② 当设计要求钢筋末端需作 135°弯钩时，HRB335 级、HRB400 级钢筋的弯弧内直径不应小于钢筋直径的 4 倍，弯钩的弯后平直部分长度应符合设计要求；

③ 钢筋作不大于 90°的弯折时，弯折处的弯弧内直径不应小于钢筋直径的 5 倍。

用钢尺检查。每工作班同一类型钢筋、同一加工设备抽查不应少于 3 件。

(2) 除焊接封闭式箍筋外，箍筋的末端应作弯钩，弯钩形式应符合设计要求；当设计无具体要求时，应符合下列规定：

① 箍筋弯钩的弯弧内直径除应满足上条的规定外，尚应不小于受力钢筋直径；

② 箍筋弯钩的弯折角度：对一般结构，不应小于 90°；对有抗震等要求的结构，应为 135°；

③ 箍筋弯后平直部分长度：对一般结构，不宜小于箍筋直径的 5 倍；对有抗震等要求的结构，不应小于箍筋直径的 10 倍。

用钢尺检查。每工作班同一类型钢筋、同一加工设备抽查不应少于 3 件。

(3) 钢筋调直宜采用机械方法，也可采用冷拉方法。当采用冷拉方法调直钢筋时，HPB235 级的钢筋的冷拉率不宜大于 4%，HRB335 级、HRB400 级和 RRB400 级钢筋的冷拉率不宜大于 1%。用观察、钢尺检查。每工作班同一类型钢筋、同一加工设备抽查不应少于 3 件。

(4) 钢筋加工的形状、尺寸应符合设计要求，其偏差应符合表 2.4-33 的规定。用钢尺检查。每工作班同一类型钢筋、同一加工设备抽查不就少于3件。

钢筋加工的允许偏差　　　　　　表 2.4-33

项　目	允许偏差(mm)	项　目	允许偏差(mm)
受力钢筋顺长度方向全长的净尺寸	±10	箍筋内净尺寸	±5
弯起钢筋的弯折位置	±20		

2. 钢筋连接

(1) 纵向受力钢筋的连接方式应符合设计要求。对全部纵向受力钢筋以观察的方式进行检验。

(2) 在施工现场，应按国家现行标准《钢筋机械连接通用技术规程》JGJ 107、《钢筋焊接及验收规程》JGJ 18 的规定抽取钢筋机械连接接头、焊接接头试件作力学性能检验，其质量应符合有关规程的规定。按有关规程确定检查数量。检查产品合格证、接头力学性能试验报告。

(3) 钢筋的接头宜设置在受力较小处。同一纵向受力钢筋不宜设置两个或两个以上接头。接头末端至钢筋弯起点的距离不应小于钢筋直径的 10 倍。用观察，钢尺检查的方法全部进行检验。

(4) 在施工现场，应按国家现行标准《钢筋机械连接通用技术规程》JGJ 107、《钢筋焊接及验收规程》JGJ 18 的规定对钢筋机械连接接头、焊接接头的外观进行检查，其质量应符合有关规程的规定。用观察的方法全部进行检验。

(5) 当受力钢筋采用机械连接接头或焊接接头时，设置在同一构件内的接头宜相互错开。纵向受力钢筋机械连接接头及焊接接头连接区段的长度为 35 倍 d (d 为纵向受力钢筋的较大直径)且不小于 500mm，凡接头中点位于该连接区段长度内的接头均属于同一连接区段。同一连接区段内，纵向受力钢筋机械连接及焊接的接头面积在分率为该区段内有接头的纵向受力钢筋截面面积与全部纵向受力钢筋截面面积的比值。同一连接区段内，纵向受力钢筋的接头面积百分率应符合设计要求；当设计无具体要求时，应符合下列规定：

① 在受拉区不宜大于 50%；

② 接头不宜设置在有抗震设防要求的框架梁端、柱端的箍筋加密区；当无法避开时，对等强度高质量机械连接接头，不应大于 50%；

③ 直接承受动力荷载的结构构件中，不宜采用焊接接头；当采用机械连接接头时，不应大于 50%。

检验时应用观察，钢尺检查。在同一检验批内，对梁、柱和独立基础，应抽查构件数量的 10%，且不少于 3 件；对墙和板，应按有代表性的自然间抽查 10% 且不少于 3 间；对大空间结构，墙可按相邻轴线间高度 5m 左右划分检查面，板可按纵横轴线划分检查面，抽查 10%，且均不少于 3 面。

(6) 同一构件中相邻纵向受力钢筋的绑扎搭接接头宜相互错开。绑扎搭接接头中钢筋的横向净距不应小于钢筋直径，且不应小于 25mm。钢筋绑扎搭接接头连接区段的长度为 $1.3l_1$ (l_1 为搭接长度)，凡搭接接头中点位于该连接区段长度内的搭接接头均属于同一连接区段。同一连接区段内，纵向钢筋搭接接头面积百分率为该区段内有搭接接头的纵向受力钢筋截面面积与全部纵向受力钢筋截面面积的比值。同一连接区段内,纵向受拉钢筋搭接接头面积百分率应符合设计要求;当设计无具体要求时,应符合下列规定:

① 对梁类、板类及墙类构件,不宜大于 25%。

② 对柱类构件,不宜大于 50%。

③ 当工程中确有必要增大接头面积百分率时,对梁类构件,不应大于 50%;对其他构件,可根据实际情况放宽。纵向受力钢筋的最小搭接长度应符合④~⑦条规定。

④ 当纵向受拉钢筋的绑扎搭接接头面各百分率不大于 25% 时,其最小搭接长度应符合表 2.4-34 的规定。

纵向受拉钢筋的最小搭接长度　　　　表 2.4-34

钢 筋 类 型		混凝土强度等级			
		C15	C20~C25	C30~C35	≥C40
光圆钢筋	HPB235 级	45d	35d	30d	25d
带肋钢筋	HRB335 级	55d	45d	35d	30d
	HRB400 级 RRB400 级	—	55d	40d	35d

注:两根直径不同钢筋的搭接长度,以较细钢筋的直径计算。

⑤ 当纵向受拉钢筋搭接接头面积在分率大于 25%,但不大于 50% 时,其最小搭接长度应按表 4.3.12 中的数值乘以系数 1.2 取用;当接头面积百分率大于 50% 时,应按表 4.3.12 中的数值乘以 1.35 取用。

⑥ 当符合下列条件时,纵向受拉钢筋的最小搭接长度应根据以上两条确定后按下列规定进行修正。

A. 当带肋钢筋的直径大于 25mm 时,其最小搭接长度应按相应数值乘以系数 1.1 取用;

B. 对环氧树脂涂层的带肋钢筋,其最小搭接长度应按相应数值乘以系数 1.25 取用;

C. 当在混凝土凝固过程中受力钢筋易受扰动时(如滑模施工),其最小搭接长度应按相应数值乘以系数 1.1 取用;

D. 对末端采用机械锚固措施的带肋钢筋,其最小搭接长度可按相应数值乘以系数 0.7 取用;

E. 当带肋钢筋的混凝土保护层度大于搭接钢筋直径的 3 倍用配有箍筋时,其最小搭接长度可按相应数值乘以系数 0.8 取用;

F. 对有抗震设防要求的结构构件,其受力钢筋的最小搭接长度对一、二级抗震等级应相应数值乘以系数 1.15 采用;对三级抗震等级应按相应数值乘以系数 1.05 采用,并且在任何情况下,受拉钢筋的搭接长度不应小于 300mm。

⑦ 纵向受压钢筋搭接时,其最小搭接长度应根据以上三条的规定确定相应数值后,乘以系数 0.7 取用。在任何情况下,受压钢筋的搭接长度不应小于 200mm。

检查时应用观察,钢尺检查。在同一检验批内,对梁、柱和独立基础,应抽查构件数量的 10%,且不少于 3 件;对墙和板,应按有代表性的自然间抽查 10%,且不少于 3 间;对大空间结构,墙可按相邻轴线间高度 5m 左右划分检查面,板可按纵、横轴线划分检查面,抽查 10%,且均不少于 3 面。

(7) 在梁、柱类构件的纵向受力钢筋搭接长度范围内，应按设计要求配置箍筋。当设计无具体要求时，应符合下列规定：

① 箍筋直径不应小于搭接钢筋较大直径的 0.25 倍；

② 受拉搭接区段的箍筋间距不应大于搭接钢筋较小直径的 5 倍，且不应大于 100mm；

③ 受压搭接区段的箍筋间距不应大于搭接钢筋较小直径的 10 倍，且不应大于 200mm；

④ 当柱中纵向受力钢筋直径大于 25mm 时，应在搭接接头两个端面外 100mm 范围内各设置两个箍筋，其间距宜为 50mm。

检查时应用钢尺检查。在同一检验批内，对梁、柱和独立基础，抽查构件数量的 10%，且不少于 3 件；对墙和板，应按有代表性的自然间抽查 10%，且不少于 3 间；对大空间结构，墙可按相邻轴线间高度 5m 左右划分检查面，板可按纵、横轴线划分检查面，抽查 10%，且均不少于 3 面。

3. 钢筋的安装

(1) 钢筋安装时，受力钢筋的品种、级别、规格和数量必须符合设计要求。检查时应用观察，钢尺全数进行检查。

(2) 钢筋安装位置的偏差应符合表 2.4-35 的规定。

钢筋安装位置的允许偏差和检验方法　　　　表 2.4-35

项　目			允许偏差(mm)	检　验　方　法
绑扎钢筋网	长、宽		±10	钢　尺　检　查
	网眼尺寸		±20	钢尺量连续三档，取最大值
绑扎钢筋骨架	长		±10	钢　尺　检　查
	宽、高		±5	钢　尺　检　查
受力钢筋	间　距		±10	钢尺量两端、中间各一点
	排　距		±5	取　最　大　值
	保护层厚度	基础	±10	钢　尺　检　查
		柱、梁	±5	钢　尺　检　查
		板、墙、壳	±3	钢　尺　检　查
绑扎箍筋、横向钢筋间距			±20	钢尺量连续三档，取最大值
钢筋弯起点位置			20	钢　尺　检　查
预埋件	中心线位置		5	钢　尺　检　查
	水平高差		+3, 0	钢尺和塞尺检查

注：检查预埋件中心线位置时，应沿纵、横两个方向量测，并取其中的较大值；表中梁类、板类构件上部纵向受力钢筋保护层厚度的合格点率应达到 90% 及以上，且不得有超过表中数值 1.5 倍的尺寸偏差。

在同一检验批内，对梁、柱和独立基础，应抽查构件数量的 10%，且不少于 3 件；对墙和板，应按有代表性的自然间抽查 10%，且不行于 3 间；对大空间结构，墙可按相邻轴线间高度 5m 左右划分检查面，板可按纵、横轴线划分检查面，抽查 10%，且均不少于 3 面。

(二) 模板施工技术要求

1. 基本规定

(1) 模板及其支架应根据工程结构形式、荷载大小、地基土类别、施工设备和材料供应等条件进行设计。模板及其支架应具有足够的承载能力、刚度和稳定性,能可靠地承受浇筑混凝土的重量、侧压力以及施工荷载。

(2) 在浇筑混凝土之前,应对模板工程进行验收。模板安装和浇筑混凝土时,应对模板及其支架进行观察和维护。发生异常情况时,应按施工技术方案及时进行处理。

(3) 模板及其支架拆除的顺序及安全措施应按施工技术方案执行。

2. 模板安装

(1) 安装现浇结构的上层模板及其支架时,下层楼板应具有承受上层荷载的承载能力,或加设支架;上、下层支架的立柱应对准,并铺设垫板。检查时应对照模板设计文件和施工技术方案进行全部检查。

(2) 在涂刷模板隔离剂时,不得沾污钢筋和混凝土接槎处。检查时用观察的方法全部检查。

(3) 模板安装应满足下列要求:

① 模板的接缝不应漏浆;在浇筑混凝土前,木模板应浇水湿润,但模板内不应有积水;

② 模板与混凝土的接触面应清理干净并涂刷隔离剂,但不得采用影响结构性能或妨碍装工程施工的隔离剂;

③ 浇筑混凝土前,模板内的杂物应清理干净;

④ 对清水混凝土工程及装饰混凝土工程,应使用能达到设计效果的模板。

检查时用观察的方法全部进行检查

(4) 用作模板的地坪、胎模等应平整光洁,不得产生影响构件质量的下沉、裂缝、起砂或起鼓。检查时用观察的方法全部进行检查

(5) 对跨度不小于4m的现浇钢筋混凝土梁、板,其模板应按设计要求起拱;当设计无具体要求时,起拱高度宜为跨度的1/1000~3/1000。检查时应用水准仪或拉线、钢尺检查。在同一检验批内,对梁,应抽查构件数量的10%,且不少于3件;对板,应按有代表性的自然间抽查10%,且不少于3间;对大空间结构,板可按纵、横轴线划分检查面,抽查10%,且不少于3面。

(6) 固定在模板上的预埋件、预留孔和预留洞均不得遗漏,且应安装牢固,其偏差应符合表2.4-36的规定。在检查时应用钢尺进行检查。在同一检验批内,对梁、柱和独立基础,应抽查构件数量的10%,且不少于3件;对墙和板,应按有代表性的自然间抽查10%,且不行于3间;对大空间结构,墙可按相邻轴线间高度5m左右划分检查面,板可按纵横轴线划分检查面,抽查10%,且均不少于3面。

预埋件和预留孔洞的允许偏差　　　　表2.4-36

项　目		允许偏差(mm)	项　目		允许偏差(mm)
预埋钢板中心线位置		3	预埋螺栓	中心线位置	2
预埋管、预留孔中心线位置		3		外露长度	+10,0
插筋	中心线位置	5	预留洞	中心线位置	10
	外露长度	+10,0		尺　寸	+10,0

注:检查中心线位置时,应沿纵、横两个方向量测,并取其中的较大值。

(7) 现浇结构模板安装的偏差应符合表 2.4-37 的规定。检查时在同一检验批内，对梁、柱和独立基础，应抽查构件数量的 10%，且不少于 3 件；对墙和板，应按有代表性的自然间抽查 10%，且不少于 3 间；对大空间结构，墙可按相邻轴线间高度 5m 左右划分检查面，板可按纵、横轴线划分检查面，抽查 10%，且均不少于 3 面。

现浇结构模板安装的允许偏差及检验方法　　表 2.4-37

项　目		允许偏差(mm)	检　验　方　法
轴线位置		5	钢尺检查
底模上表面标高		±5	水准仪或拉线、钢尺检查
截面内部尺寸	基础	±10	钢尺检查
	柱、墙、梁	+4，-5	钢尺检查
层高垂直度	不大于 5m	6	经纬仪或吊线、钢尺检查
	大于 5m	8	经纬仪或吊线、钢尺检查
相邻两板表面高低差		2	钢尺检查
表面平整度		3	2m 靠尺和塞尺检查

注：检查轴线位置时，应沿纵、横两个方向量测，并取其中的较大值。

(8) 预制构件模板安装的偏差应符合表 2.4-38 的规定。首次使用及大修后的模板应全数检查；使用中的模板应定期检查，并根据使用情况不定期抽查。

预制构件模板安装的允许偏差及检验方法　　表 2.4-38

项　目		允许偏差(mm)	检　验　方　法
长　度	板、梁	±5	钢尺量两角边，取其中大值
	薄腹梁、桁架	±10	
	柱	0，-10	
	墙板	0，-5	
宽　度	板、墙板	0，-5	钢尺量一端及中部，取其中较大值
	梁、薄腹梁、桁架、柱	+2，-5	
高(厚)度	板	+2，-3	钢尺量一端及中部，取其中较大值
	墙板	0，-5	
	梁、薄腹梁、桁架、柱	+2，-5	
侧向弯曲	梁、板、柱	1/1000 且≤15	拉线、钢尺量最大弯曲处
	墙板、薄腹梁、桁架	1/1500 且≤15	
板的表面平整度		3	2m 靠尺和塞尺检查
相邻两板表面高低差		1	钢尺检查
对角线差	板	7	钢尺量两个对角线
	墙板	5	
翘曲	板、墙板	1/1500	调平尺在两端量测
设计起拱	薄腹梁、桁架、梁	±3	拉线、钢尺量跨中

注：l 为构件长度(mm)。

3. 模板拆除

(1) 底模及其支架拆除时的混凝土强度应符合设计要求；当设计无具体要求时，混凝土强度应符合表 2.4-39 的规定。此条检查时应检查同条件养护试件强度试验报告并全部检查。

底模拆除时的混凝土强度要求　　　　　　　　　　　表 2.4-39

构件类型	构件跨度(m)	达到设计的混凝土立方体抗压强度标准值的百分率(%)
板	≤2	≥50
	>2, ≤8	≥75
	>8	≥100
梁、拱、壳	≤8	≥75
	>8	≥100
悬臂构件	—	≥100

(2) 对后张法预应力混凝土结构构件,侧模宜在预应力张拉前拆除;底模支架的拆除应按施工技术方案执行,当无具体要求时,不应在结构构件建立预应力前拆除。检查时应用观察的方法全数检查。

(3) 后浇带模板的拆除和支顶应按施工技术方案执行。检查时应用观察的方法全数检查。

(4) 侧模拆除时的混凝土强度应能保证其表面及棱角不受损伤。检查时应用观察的方法全数检查。

(5) 模板拆除时,不应对楼层形成冲击荷载。拆除的模板和支架宜分散堆放并及时清运。检查时应用观察的方法全数检查。

(三) 混凝土搅拌质量控制

1. 在混凝土拌制前,应对原材料质量进行检查。

2. 混凝土工程的施工配料计量

在混凝土工程的施工中,混凝土质量与配料计量控制关系密切。但施工现场有关人员为图方便,往往是骨料按体积比,加水量由人工凭经验控制,这样造成拌制的混凝土离散性很大,难以保证混凝土的质量,故混凝土的施工配料计量须符合下列规定:

(1) 水泥、砂、石子、混合料等干料的配合比,应采用重量法计量。严禁采用容积法。

(2) 水的计量必须在搅拌机上配置水箱或定量水表。

(3) 外加剂中的粉剂可按比例先与水泥拌匀,按水泥计量或将粉剂每拌比例用量称好,在搅拌时加入;原液掺入先按比例稀释为溶液,按用水量加入。

混凝土原材料每盘称量的偏差,不得超过表 2.4-40 的规定。

混凝土原材料称量的允许偏差　　　　　　　　　　表 2.4-40

材料名称	允许偏差	材料名称	允许偏差
水泥,掺合料	±2%	水,外加剂	±2%
粗、细骨料	±3%		

注: 1. 各种衡器应定期校验,每次使用时应进行零点校核,保持准确;
    2. 当遇雨天或含水率经常显著变化时,应增加含水率测定次数,并及时调整水和骨料的用量。

3. 首拌混凝土的操作要求

首拌混凝土是整个操作混凝土的基础,其操作要求如下:

(1) 空车运转的检查：旋转方向是否与机身箭头一致；空车转速约比重车快2~3r/min；检查时间2~3min。

(2) 上料前应先起动，待正常运转后方可进料。

(3) 为补偿粘附在机内的砂浆，第一拌减少石子约30%；或多加水泥、砂各15%。

4. 混凝土搅拌时间

搅拌混凝土的目的是所有骨料表面都涂满水泥浆，从而使混凝土各种材料混合成匀质体。因此，必须的搅拌时间与搅拌机类型、容量和配合比有关。混凝土搅拌的最短时间可按表2.4-41采用。

混凝土搅拌的最短时间(s)　　　　　表2.4-41

混凝土坍落度(mm)	搅拌机机型	搅拌机出料量(L)		
		<250	250~500	>500
≤30	强制式	60	90	120
	自落式	90	120	150
>30	强制式	60	60	90
	自落式	90	90	120

注：1. 混凝土搅拌的最短时间系指自全部材料装入搅拌筒中起，到开始卸料止的时间。
2. 当掺有外加剂时，搅拌时间应适当延长。
3. 全轻混凝土宜采用强制式搅拌机搅拌，砂轻混凝土可采用自落式搅拌机搅拌，但搅拌时间应延长60~90s。

（四）混凝土浇捣的质量控制

1. 混凝土浇捣前的准备

(1) 对模板、支架、钢筋、预埋螺栓、预埋铁的质量、数量、位置逐一检查，并作好记录。

(2) 与混凝土直接接触的模板、地基基土、未风化的岩石，应清除淤泥和杂物，用水湿润。地基基土应有排水和防水措施。模板中的缝隙和孔应堵严。

(3) 混凝土自由倾落高度不宜超过2m，如超过2m时必须采取措施。

(4) 根据工程需要和气候特点，应准备好抽水设备、防雨、防暑、防寒等物品。

2. 浇捣过程中的质量要求

(1) 分层浇捣与浇捣时间间隔：

① 分层浇捣

为了保证混凝土的整体性，浇捣工作原则上要求一次完成。但由于振捣机具性能，配筋等原因，混凝土需要分层浇捣时，其浇筑层的厚度，应符合表2.4-42的规定。

混凝土浇筑层厚度(mm)　　　　　表2.4-42

捣实混凝土的方法		浇筑层的厚度
插入式振捣		振捣器作用部分长度的1.25倍
表面振动		200
人工捣固	在基础、无筋混凝土或配筋稀疏的结构中	250
	在梁，墙板，柱结构中	200
	在配筋密列的结构中	150
轻骨料混凝土	插入式振捣	300
	表面振动(振动时需加荷)	200

② 浇捣的时间间隔

浇捣混凝土应连续进行。当必须间歇时，其间歇时间应尽量缩短，并应在前层混凝土凝结之前，将次层混凝土浇筑完毕。前层混凝土凝结时间的标准，不得超过表 2.4-43 的规定。否则应留施工缝。

混凝土凝结时间 min（从出搅拌机起计）　　　　表 2.4-43

混凝土强度等级	气温		混凝土强度等级	气温	
	不高于 25℃	高于 25℃		不高于 25℃	高于 25℃
≤C30	210	180	>C30	180	150

(2) 采用振捣器振实混凝土时，每一振点的振捣时间，应将混凝土捣实至表面呈现浮浆和不再沉落为止。

① 采用插入式振捣器振捣时，普通混凝土的移动间距，不宜大于作用半径的 1.5 倍，振捣器距离模板不应大于振捣器作用半径的 1/2，并应尽量避免碰撞钢筋、模板、芯管、吊环、预埋件等。为使上、下层混凝土结合成整体，振捣器应插入下层混凝土 5cm。

② 表面振动器，其移动间距应能保证振动器的平板覆盖已振实部分的混凝土边缘。对于表面积较大平面构件，当厚度小于 20cm 时，采用一般表面振动器振捣即可，但厚度大于 20cm 时，最好先用插入式振捣器振捣后，再用表面振动器振实。

③ 采用振动台振实干硬性混凝土时，宜采用加压振实的方法，加压重量为：1～3kN/m³。

(3) 在浇筑与柱和墙连成整体的梁与板时，应在柱和墙浇捣完毕后停歇 1～1.5h，再继续浇筑。梁和板宜同时浇筑混凝土；拱和高度大于 1m 的梁等结构，可单独浇筑混凝土。

(4) 大体积混凝土的浇筑应按施工方案合理分段、分层进行，浇筑应在室外气温较高时进行，但混凝土浇筑温度不宜超过 28℃。

3. 施工缝与后浇带

(1) 施工缝的位置设置

混凝土施工缝的位置宜留在剪力较小且便于施工的部位。柱应留水平缝，梁，板，墙应留垂直缝。

① 柱子留置在基础的顶面，梁和吊车梁牛腿下面，吊车梁的上面，无梁楼板柱帽的下面。

② 与板连成整体的大截面梁，留置在板底面以下 20～30mm 处；当板下有梁托时，留在梁托下部。

③ 单向板留置在平行于板的短边的任何位置。

④ 有主、次梁的楼板，宜顺着次梁方向浇筑，施工缝应留置在次梁跨度的中间 1/3 范围内。

⑤ 双向受力板、厚大结构、拱、弯拱、薄壳、蓄水池、斗仓、多层刚架及其他结构复杂的工程，施工缝的位置应按设计要求留置。

⑥ 施工缝应与模板成 90°。

(2) 后浇带

后浇带是指在现浇整体钢筋混凝土结构中，只在施工期间保留的临时性沉降收缩变形缝，并根据工程条件，保留一定的时间后，再用混凝土浇筑密实成为连续整体、无沉降、收缩缝的结构。后浇带具有以下特点：是一种特殊的、临时性沉降缝和收缩缝；后浇带的钢筋一次成型，混凝土后浇；自后浇带可解决超大体积混凝土浇筑中的施工问题和高低结构的沉降变形协调问题。

结构设计中由于考虑沉降原因而设计的后浇带，施工中应严格按设计图纸留置；由于施工原因而需要设置后浇带时，应视工程具体情况而定，留设的位置应经设计院认可。设计无要求时，后浇带应保留不少于 40d，在不影响施工进度的情况下可保留 60d。设计单位对后浇带的保留时间有特殊要求，应按设计要求进行保留。后浇带施工应符合：

① 使用膨胀剂和外加剂的品种，应根据工程性质和现场施工条件选择，并事先通过试验确定配合比。

② 因由于膨胀剂的掺量直接影响混凝土的质量，如超过适宜掺量，会使混凝土产生膨胀破坏；低于要求掺量，会使混凝土的膨胀率达不到要求。因此，要求膨胀剂的称量由专人负责。

③ 温凝土应搅拌均匀，如搅拌不均匀会产生局部过大的膨胀，造成工程事故，所以应将掺膨胀剂的混凝土搅拌时间适当延长。

④ 混凝土挠筑 8～12h 后，应采取保温保湿条件下的养护，待模板拆除后，仍应进行保湿养护，养护不得少于 30d。

⑤ 浇筑后浇带的混凝土如有抗渗要求，应按有关规定制作抗渗试块。

⑥ 后浇带施工时模板应支撑安装牢固，钢筋应进行清理整形，施工的质量应满足钢筋混凝土设计和施工验收规范的要求，以保证混凝土密实不渗水和产生有害裂缝。

（五）混凝土质量验评

1. 混凝土强度的评定

（1）试件的留设

试件应在混凝土浇筑地点取样制作。试件的留置应符合下列规定：

① 每拌制 100 盘且不超过 100m³ 的同配合比混凝土，其取样不得少于一次；

② 每工作班拌制的同配合比的混凝土不足 100 盘时，其取样不得少于一次；

③ 当一次连续浇筑超过 1000m³ 时，同一配合比的混凝土每 200m³ 取样不得少于一次；

④ 对现浇混凝土结构，尚应符合：每一现浇楼层同配合比的混凝土，其取样不得少于一次；每次取样应至少留置一组标准试件，同条件养护试件的留置组数，可根据实际需要确定。

（2）混凝土强度代表值

每组三个试件应在同盘混凝土中取样制作，其试件的混凝土强度代表值应符合下列规定：

① 取三个试件强度的平均值；

② 当三个试件强度中的最大值或最小值与中间值之差超过中间值的 15% 时，取中间值；

③ 当三个试件强度中的最大值和最小值与中间值之差均超过中间值的 15% 时，该组

试件下应作为强度评定依据。

(3) 标准试件混凝土强度

评定结构构件的混凝土强度应采用标准试件的混凝土强度。即按标准方法制作的边长为150mm的标准尺寸的立方体试件,在温度为(20±3)℃、相对湿度为90%以上的环境或水中的标准条件下,养护至28d龄期时按标准试验方法测得的混凝土立方体抗压强度。

(4) 混凝土强度的评定

混凝土强度的评定必须符合下列规定:

① 混凝土强度应分批进行验收。同一验收批的混凝土应由强度等级相同、生产工艺和配合比基本相同的混凝土组成,对现浇混凝土结构构件,当应按单位工程的验收项目划分验收批。对同一验收批的混凝土强度,应以同批内标准试件的全部强度代表值来评定。

② 当混凝土的生产条件在较长时间内能保持一致,且同一品种混凝土强度变异性能保持稳定时,应由连续的三组试件代表一个验收批,其强度应同时符合下列要求:

$$m_{fcu} \geq f_{cu,k} + 0.7\sigma_0$$
$$f_{cu,min} \geq f_{cu,k} - 0.7\sigma_0$$

当混凝土强度等级不高于C20时,尚应符合下式要求:

$$f_{cu,min} \geq 0.85 f_{cn,k}$$

当混凝土强度等级高于C20时,尚应符合下式要求:

$$f_{cu,min} \geq 0.90 f_{cn,k}$$

式中　m_{fcu}——同一验收批混凝土强度的平均值(N/mm²);

$f_{cu,k}$——设计的强度标准值(N/mm²);

σ_0——验收批强度的标准差(N/mm²);

$f_{cu,min}$——同一验收批强度的最小值(N/mm²)。

验收批混凝土强度的标准差,应根据前一检验期内同一品种试件的强度数据,按下列公式确定:

$$\sigma_0 = 0.59/m \sum_{i=1}^{m} \Delta f_{cu,i}$$

式中　$\Delta f_{cu,i}$——前一检验期内第 i 验收批混凝土试件中强度的最大值与最小值之差;

m——前一检验期内验收批总批数。

每个检验期内不应超过3个月,且在该期间内验收批总批数不得小于15组。

③ 当混凝土的生产条件不能满足标准取样规定,或在前一检验期内的同一品种混凝土没有足够的强度数据用以确定验收批混凝土强度标准差时,应由不少于10组的试件代表一个验收批,其强度应同时符合下列要求:

$$m_{fu} - \lambda_1 S_{fcu} \geq 0.9 f_{cu,k}$$
$$f_{cu,min} \geq \lambda_2 f_{cu,k}$$

式中　S_{fcu}——验收批混凝土强度的标准差,(N/mm²),当 S_{fcu} 的计算值小于 $0.06 f_{cu,k}$ 时,取 S_{fcu}, $k=0.06 f_{cu,k}$;

λ_1,λ_2——合格判定系数。

验收批混凝土强度的标准差 S_{fcu} 应按下式计算:

$$S_{fcu} = \sqrt{\frac{\sum_{i=1}^{n} f_{cu,i}^2 - n m_{fcu}^2}{n-1}}$$

式中 $f_{cu,i}$——验收批内第 i 组混凝土试件的强度值（N/mm²）

n——验收批内混凝土试件的总组数。

合格判定系数，按表 2.4-44 取用。

合格判定系数 表 2.4-44

试件组数	10～14	15～24	≥25
γ_1	1.70	1.65	1.60
γ_2	0.90	0.85	

④ 对零星生产的预制构件混凝土或现场搅拌批量不大的混凝土，可采用非统计法评定。此时，验收批混凝土的强度必须同时符合下列要求：

$$m_{fcu} \geqslant 1.15 f_{cu,k}$$
$$f_{cu,min} \geqslant 0.95 f_{cu,k}$$

2. 评定混凝土质量时应查验的技术资料

(1) 水泥出厂合格证或试验报告。

(2) 混凝土试块试验报告及质量评定记录。

(3) 配合比、计量、搅拌、养护和施工缝处理的施工记录。

(4) 技术复核。

(5) 隐蔽工程验收记录。

(6) 混凝土分项工程质量检验评定表。

(六) 混凝土工程的冬期施工

1. 混凝土工程的冬期施工期限划分原则

根据当地多年气象资料统计，当室外平均气温连续 5d 稳定低于 5℃即进入冬期施工；当室外日平均温度连续 5d 高于 5℃时解除冬期施工。

2. 混凝土早期冻寒时对其性能的影响

(1) 混凝土早期受冻对抗压强度影响较大，特别是浇筑后立即受冻的混凝土，强度损失最高可达 50%；冻结温度高者，强度损失要比冻结温度低时为大；在同条件下，高强度等级混凝土强度损失要大于低等级混凝土。

(2) 混凝土浇筑后立即受冻时，抗拉强度损失最大可达 40%，一般冻结前至少养护 72h 以上，方能使抗拉强度不会受到较大的强度损失。

(3) 浇筑后立即受冻时，钢筋的粘结强度损失很大，90d 龄期后，也只能达到标养的 10%左右。这对预应力混凝土结构，以及有抗裂性要求的钢筋混凝土结构是不容忽视的。

(4) 混凝土早期受冻对抗渗性的影响，试验资料表明，混凝土浇筑后立即受冻，其后期抗渗系数显著降低，只有当受冻前预养强度 f_{28} 大于 50%时，其抗渗性能方能达到标准养护试件的抗渗水平。浇筑后立即受冻的混凝土抗冻系数比标准养护下降许多，且冻结温度高时反而不利，这和抗压强度的试验结果是相一致的。

3. 混凝土允许受冻的临界强度

冬期浇筑的混凝土，在受冻前，混凝土的抗压强度不得低于规定值：硅酸盐水泥或普通硅酸盐水泥配置混凝土，为设计的混凝土标准值的30%；矿渣硅酸盐水泥配置的混凝土，为设计的混凝土强度标准值的40%。

4. 混凝土与钢筋混凝土冬期施工注意事项

(1) 钢筋的冷拉与焊接

冷拉钢筋可以在负温度下进行，但温度不宜低于－20℃，防止钢筋低温下变形时冷脆断裂。冷拉采用控制应力方法时，冷拉控制应力应较常温时提高30N/mm²，采用冷拉率控制时，其冷拉率与常温时相同，冬期张拉预应力钢筋时，其环境温度不宜低于－15℃，以防钢筋的冷脆效应。冬期钢筋焊接应在室内进行，如必须在室外焊接时，其最低气温不宜低于－20℃。并应有防雪挡风措施。焊接完毕的接头严禁立即碰到冰雪，以避免骤冷产生裂纹。

(2) 混凝土的配置和搅拌

冬期施工混凝土配置时，应优先选用硅酸盐水泥或普通硅酸盐水泥，水泥强度等级不应低于42.5，每立方米混凝土最小水泥用量不宜少于300kg，以获得较高早期强度和更高的水化热量。水灰比不应大于0.6，以减少单方混凝土的用水量。

水泥不得直接加热，用前应预先转入暖棚内存放，使水泥保持在正温以上。混凝土搅拌时骨料不得带有冰雪及冻团，搅拌时间比常温时适当延长，保证混凝土的拌和均匀度。

(3) 混凝土的运输和浇筑

冬期运输和浇筑混凝土时，运输工具的容器应有保温措施，尽量减少热量损失。浇筑前应清除模板和钢筋上的冰雪和污垢。当采取加热养护时，混凝土养护前的温度不得低于2℃。

冬期不得在强冻胀性基土上浇筑混凝土，而在弱冻胀性基土上浇筑时，基土应进行保温，以防遭冻。

装配式结构接头的浇筑，应先将结合处的表面加热到正温，以减少新浇混凝土的热量损失。浇筑后的接头混凝土在温度不超过45℃的条件下，应养护到设计要求强度；当设计无要求时，其强度不得低于设计的混凝土强度标准值的75%。为利于低温下混凝土硬化，接头混凝土内宜掺入无腐蚀钢筋作用的外加剂。

5. 冬期施工混凝土质量检查

冬期施工的混凝土质量检查除应按一般混凝土的检查外，还应符合下列规定：

(1) 检查外加剂的掺量；检查水和外加剂溶液以及骨料的加热温度和加入搅拌时的温度；测量混凝土自搅拌机中卸出时和浇筑的温度；每工作班至少测量检查四次。

(2) 混凝土养护期间，室外气温及周围环境温度每昼夜至少定时(2、8、14、20h)定点测量四次。当采用蓄热法养护时，在养护期间混凝土的温度每昼变检测四次，如采用蒸汽或电热加热法养护时，在升温和降温期间每小时测温一次，在恒温养护期间每两小时测温一次以便随时掌握混凝土养护期内的硬化温度变化，即时采用保障措施。

(3) 混凝土养护测温方法，应按冬施技术措施规定执行。在浇筑混凝土的结构构件上，按规定设置测温孔，测温孔均应编号，并绘制温孔布置图，与测温记录相对应。测温时应使测温表与外界气温隔绝，真实反映混凝土内部实际温度。测温表在每个测孔内停留不少于3min，使测得数值与混凝土温度一致。

(七)预应力工程施工技术要求

1. 制作与安装

(1) 预应力筋安装时,其品种、级别、规格、数量必须符合设计要求。检查时应用观察、钢尺检查的方法全数检查。

(2) 先张法预应力施工时应选用非油质类模板隔离剂,并应避免沾污预应力筋。检查时应用观察的方法全数检查。

(3) 施工过程中应避免电火花损伤预应力筋;受损伤的预应力筋应予以更换。检查时应用观察的方法全数检查。

(4) 预应力筋下料应符合下列要求:

① 预应力筋应采用砂轮锯或切断机切断,不得采用电弧切割;

② 当钢丝束两端采用镦头锚具时,同一束中各根钢丝长度的极并非不应大于钢丝长度的1/5000,且不应大于5mm。当成组张拉长度不大于10m的钢丝时,同组钢丝长度的极差不得大于2mm。

检查时应观察,钢尺检查。每工作班抽查预应力筋总数的3%,且不少于3束。

(5) 预应力筋端部锚具的制作质量应符合下列要求:

① 挤压锚具制作时压力表油压应符合操作说明书的规定,挤压后预应力筋外端应露出挤压套筒1~5mm;

② 钢绞线压花锚成形时,表面应清洁、无油污,梨形头尺寸和直线段长度应符合设计要求;

③ 钢丝镦头的强度不得低于钢丝强度标准值的98%。

检查时应观察,钢尺检查,检查镦头强度试验报告。对挤压锚,每工作班抽查5%,且不应少于5件;对压花锚,每工作班抽查3件;对钢丝镦头强度,每批钢丝检查6个镦头试件。

(6) 后张法有粘结预应力筋预留孔道的规格、数量、位置和开头除应符合设计要求外,尚应符合下列规定:

① 预留孔道的定位应牢固,浇筑混凝土时不应出现移位和变形;

② 孔道应平顺,端部的预埋锚垫板应垂直于孔道中心线;

③ 成孔用管道应密封良好,接头应严密且不得漏浆;

④ 灌浆孔的间距:对预埋金属螺旋管不宜大于30m;对抽芯成形孔道不宜大于12m;

⑤ 在曲线孔道的曲线波峰部位应设置排气兼泌水管,必要时可在最低点设置排水孔;

⑥ 灌浆孔及泌水管的孔径应能保证浆液畅通。

检查时应用观察,钢尺检查的方法全数检查。

(7) 预应力筋束形控制点的竖向位置偏差应符合表2.4-45的规定。

束形控制点的竖向位置允许偏差　　　　表2.4-45

截面高(厚)度(mm)	$h \leqslant 300$	$300 < h \leqslant 1500$	$h > 1500$
允许偏差	±5	±10	±15

检查时应用钢尺检查。在同一检验批内,抽查各类型构件中预应力筋总数的5%,且对各类型构件均不少于5束,每束不应少于5处。

束形控制点的竖向位置偏差合格点率应达到90%及以上,且不得有超过表2.4-23数值1.5的尺寸偏差。

(8) 无粘结预应力筋的铺设除应符合上述规定外,还应符合下列要求:

① 无粘结预应力筋的定位应牢固,浇筑混凝土时不应出现移位和变形;

② 端部的预埋锚垫板应垂直于预应力筋;

③ 内埋式固定端垫板不应重叠,锚具与垫板应贴紧;

④ 无粘结预应力筋成束布置时应能保证混凝土密实并能裹住预应力筋;

⑤ 无粘结预应力筋的护套应完整,局部破损处应采用防水胶带缠绕紧密。

检查时应用观察的方法全数检查。

(9) 浇筑混凝土前穿入孔道的后张法有粘结预应力筋,宜采取防止锈蚀的措施。检查时应用观察的方法全数检查。

2. 张拉和张放

(1) 预应力筋张拉或放张时,混凝土强度应符合设计要求;当设计无具体要求时,不应低于设计的混凝土立方体抗压强度标准值的75%。检查时应检查同条件养护试件试验报告。并应全数检查。

(2) 预应力筋的张拉力、张拉或放张顺序及张拉工艺应符合设计及施工技术方案的要求,并应符合下列规定:

① 当施工需要超张拉时,最大张拉应力不应大于国家现行标准《混凝土结构设计规范》GB 50010 的规定;

② 张拉工艺应能保证同一束中各根预应力筋的应力均匀一致;

③ 后张法施工中,当预应力筋是逐根或逐束张拉时,应保证各阶段不出现对结构不利的应力状态;同时宜考虑后批张拉预应力筋所产生的结构构件的弹性压缩对先批张拉预应力筋的影响,确定张拉力;

④ 先张法预应力筋放张时,宜缓慢放松锚固装置,使各根预应力筋同时缓慢放松;

⑤ 当采用应力控制方法张拉时,应校核预应力筋的伸长值。实际伸长值与设计计算理论伸长值的相对允许偏差为±6%。

检查时应检查张拉记录。并应全数检查。

(3) 预应力筋张拉锚固后实际建立的预应力值与工程设计规定检验值的相对允许偏差为±5%。检查时对先张法施工,检查预应力筋应力检测记录;对后张法施工,检查见证张拉记录。对先张法施工,每工作班抽查预应力筋总数的1%,且不少于3根;对后张法施工,在同一检验批内,抽查预应力筋总数的3%,且不少于5束。

(4) 张拉过程中应避免预应力筋断裂或滑脱;当发生断裂或滑脱时,必须符合下列规定:

① 对后张法预应力结构构件,断裂或滑脱的数量严禁超过同一截面预应力筋总根数的3%,且每束钢丝不得超过一根;对多跨双向连续板,其同一截面应按每跨计算;

② 对先张法预应力构件,在浇筑混凝土前发生断裂或滑脱的预应力筋必须予以更换。

检查时应用观察,检查张拉记录的方法全数检查。

(5) 锚固阶段张拉端预应力筋的内缩量应符合设计要求;当设计无具体要求时,应符合表 2.4-46 的规定。检查时应用钢尺检查。每工作班抽查预应力筋总数的 3%，且不少于 3 束。

张拉端预应力筋的内缩量限值　　表 2.4-46

锚具类别		内缩量限值(mm)
支承式锚具(镦头锚具等)	螺帽缝隙	1
	每块后加垫板的缝隙	1
锥塞式锚具		5
夹片式锚具	有顶压	5
	无顶压	6～8

（6）先张法预应力筋张拉后与设计位置的偏差不得大于 5mm，且不得大于构件截面短边边长的 4%。检查时应用钢尺检查。每工作班抽查预应力筋总数的 3%，且不少于 3 束。

3. 灌浆及封锚

（1）后张法有粘结预应力筋张拉后应尽早进行孔道灌浆，孔道内水泥浆应饱满、密实。检查时应用观察，检查灌浆记录的方法全数检查。

（2）锚具的封闭保护应符合设计要求；当设计无具体要求时，应符合下列规定：

① 应采取防止锚具腐蚀和遭受机械损伤的有效措施；

② 凸出式锚固端锚具的保护层厚度不应小于 50mm；

③ 外露预应力筋的保护层厚度：处于正常环境时，不应小于 20mm；处于易受腐蚀的环境时，不应小于 50mm。

检查时应用观察，钢尺检查。在同一检验批内，抽查预应力筋总数的 5%，且不少于 5 处。

（3）后张法预应力筋锚固后的外露部分宜采用机械方法切割，其外露长度不宜小于预应力筋直径的 1.5 倍，且不宜小于 30mm。检查时应用观察，钢尺检查。在同一检验批内，抽查预应力筋总数的 3%，且不少于 5 束。

（4）灌浆用水泥浆的水灰比不应大于 0.45，搅拌后 3h 泌水率不宜大于 2%，且不应大于 3%。泌水应能在 24h 内全部重新被水泥吸收。检查时应检查水泥浆性能试验报告。同一配合比检查一次。

（5）灌浆用水泥浆的抗压强度不应小于 30N/mm²。检查时应检查水泥浆试件强度试验报告。每工作班留置一组边长为 70.7mm 的立方根试件。一组试件由 6 个试件组成，试件应标准养护 28d；抗压强度为一组试件的平均值，当一组试件中抗压强度最大值或最小值与平均值相差超过 20% 时，应取中间 4 个试件强度的平均值。

三、常见质量通病及处理方法

1. 蜂窝

混凝土表面无水泥砂浆，露出石子深度大于 5mm，但小于保护层厚度，石子间形成蜂窝状。产生蜂窝的原因：

（1）由于混凝土配合比不准确，或组成的拌合物材料计量不准而形成的。

（2）由于石子集中，吸不住水泥浆，使混凝土离析。

(3) 混凝土搅拌时间短,没有拌和均匀或混凝土和易性差,振捣不密实、漏振。
(4) 模板支架不稳、孔隙未堵,造成混凝土漏浆过多,形成蜂窝。

2. 露筋
露筋是主筋没有被混凝土包裹而外露。产生的原因:
(1) 由于在浇捣混凝土时垫块位移或放置过少,或漏放,使钢筋紧贴模板。
(2) 模板支架不稳,孔隙未堵,造成混凝土漏浆过多。
(3) 由于配合比不准确,混凝土产生离析,部分与钢筋接触部位缺浆,造成露筋。
(4) 由于混凝土振捣时,振捣棒撞击钢筋或钢筋绑扎不牢,造成钢筋位移。
(5) 混凝土振捣不密实,或木模湿润不够,混凝土表面失水过多,或拆模过早,造成露筋。

3. 孔洞
孔洞是指混凝土局部有空腔,其深度超过保护层厚度,但不超过截面尺寸1/3的缺陷。产生的原因:
(1) 浇筑混凝土时,由于在钢筋密集处或预留孔和埋件处没能使充满模板而形成孔洞。
(2) 由于配合比不准确,混凝土产生离析。
(3) 严重漏浆或混凝土浇筑时杂物渗入而形成孔洞。
(4) 一次下料过多,下部因超过振捣器振动作用,或漏振,使混凝土松散,造成孔洞。

4. 夹渣
夹渣是指施工缝处有缝隙或夹有杂物。产生的原因:
(1) 在浇筑混凝土前,对施工缝处没有处理或处理不够而形成缝隙。
(2) 漏振或振捣不够。
(3) 分段分层浇筑混凝土,在施工停歇时,木块、锯末、水泥袋等杂物积留在混凝土表面,未经清除,而继续浇筑混凝土。

5. 强度偏低
部分混凝土或个别混凝土试块强度达不到设计要求的强度。产生的原因:
(1) 混凝土原材料质量不符合要求。
(2) 混凝土配合比计量不准确。
(3) 混凝土搅拌时间不够或拌合物不均匀。
(4) 混凝土冬期施工时,拆模过早或早期受冻。
(5) 试块没有做好,如模子变形,振捣不密实,养护不符合要求。

6. 温度裂缝
大面积结构裂缝呈现为纵横交错;梁板式或长度尺寸较大的结构,裂缝多平行于短边。缝宽受温度变化,冬季宽、夏季窄。产生的原因:
(1) 表面温度裂缝是由温差较大引起的。
(2) 深进和贯穿的温度裂缝多由结构降温差较大,受到外界约束而引起的。

7. 处理方法
(1) 面积较小且数量不多的蜂窝或露石的混凝土表面;可用1:2~1:2.5的水泥砂

浆抹平，在抹砂浆之前，必须用钢丝刷或加压水洗刷基层。

（2）较大面积的蜂窝、露石和露筋应按其全部深度凿去薄弱的混凝土层和个别突出的骨料颗粒。然后用钢丝刷或加压水洗刷表面，再用比原混凝土强度等级提高一级的细骨料混凝土填塞，并仔细捣实。

（3）对影响混凝土结构性能的缺陷，必须会同设计等有关单位研究处理。

第四节 砌 体 工 程

砌体结构是指由各种块体和砂浆砌筑而成的墙、柱作为建筑物主要受力构件的结构。按基本块材可分为砖砌体结构、砌块砌体结构和石砌体结构；按配筋情况分为无筋砌体结构和配筋砌体结构。由于砌体的施工存在较大量的人工操作过程，所以砌体结构的质量也在很大程度上取决于人的因素，施工过程对砌体结构质量的影响直接表现在砌体的强度上。我国砌体设计规范在对砌体强度设计值的规定中也考虑了这一因素。砌体施工的质量控制等级分为 A、B、C 三级，如表 2.4-47 所示。

砌体施工质量控制等级　　　　　　表 2.4-47

项 目	施工质量控制等级		
	A	B	C
现场质量管理	制度健全，并严格执行；非施工方质量监督人员经常到现场，或现场设有常驻代表；施工方有在岗专业技术管理人员，人员齐全，持证上岗	制度基本健全，并能执行；非施工方质量监督人员间断地到现场进行质量控制；施工方有在岗专业技术人员，并持证上岗	有制度；非施工方质量监督人员很少作现场质量控制；施工方有在岗专业技术管理人员
砂浆、混凝土强度	试块按规定制作，强度满足验收规定，离散性小	试块按规定制作，强度满足验收规定，离散性较小	试块强度满足验收规定，离散性大
砂浆拌和方式	机械拌和；配合比计量控制严格	机械拌和；配合比计量控制一般	机械或人工拌和；配合比计量控制较差
砌 筑 工 人	中级工以上，其中高级工不少于 20%	高、中级工不少于 70%	初级工以上

一、砌筑砂浆

（一）砌筑砂浆的分类及原材料要求

1. 砌筑砂浆的分类

砌筑砂浆按采用材料分为水泥砂浆、混合砂浆和非水泥砂浆；砌筑砂浆的强度等级分为 m2.5、M5、M7.5、M10 和 M15。

水泥砂浆由于和易性和保水性较差，一般用于较潮湿部位，如地基中的地下砌体；混合砂浆便于砌筑，多用于地上砌体；非水泥砂浆为不含水泥的砂浆，因强度不高，适宜于承受荷载不大的砌体。

砂浆强度等级是以边长 70.7mm 的立方体标准试件，在标准条件［温度为 $20\pm3℃$，相对湿度 $\geqslant 90\%$（水泥砂浆）和 $60\%\sim80\%$（混合砂浆），试件彼此间隔不小于 10mm。］下养护至 28d，测得的抗压强度平均值，并考虑具有 95% 的强度保证率而确定的。符号

M15表示立方体试件强度平均值不低于15MPa。

2. 原材料要求

砌筑砂浆的原材料主要是水泥、砂、水和拌制混合砂浆用的石灰膏、黏土膏、石膏、粉煤灰和磨细生石灰粉（熟化成石灰膏）等无机掺加料，以及改善砂浆性能掺入的有机塑化剂、早强剂、缓凝剂、防冻剂等。

（1）水泥：水泥应按品种、强度等级、出厂日期分别堆放，并应保证干燥。水泥在使用前应有出厂质量证明书，并对其强度和安定性按规定进行复验，检验批应以同一厂家、统一编号为一批。当使用中对水泥的质量有怀疑或水泥出厂超过三个月（快硬硅酸水泥超过一个月）时，应复查试验，并按结果使用。不同品种、强度等级的水泥，不得混合使用。

（2）砂：砂浆用砂宜采用中砂，并应过筛，且不得含有草根等杂物。砂中含泥量，对于水泥砂浆和强度等级不小于M5的混合砂浆，不应超过5%；对于强度等级小于M5的混合砂浆，不应超过10%。人工砂、山砂及特细砂，应经试配能满足砌筑砂浆技术条件要求。

（3）无机掺加料：

① 块状生石灰熟化成石灰膏时，应采用孔洞不大于3mm×3mm网过滤，熟化时间不得少于7d；磨细生石灰可不用网过滤，其熟化时间不得小于2d。严禁使用脱水硬化和受到污染的石灰膏。掺有石灰的混合砂浆不能用于基础等与水接触的部位。生石灰及磨细生石灰粉应符合现行行业标准《建筑生石灰》（JC/T 479—1992）及《建筑生石灰粉》（JC/T 480—1992）的有关规定。

② 采用黏土或粉质黏土制备黏土膏，宜采用孔洞不大于3mm×3mm的网过筛，黏土中的有机物含量采用比色法鉴定应浅于标准色。黏土也可采用干法掺入。

③ 粉煤灰应符合《用于水泥和混凝土中的粉煤灰》（GB/T 1596—2005）的规定。

④ 制作电石膏的电石渣，应加热至70℃，并保持20min，无乙炔气味时方能使用。

（4）砂浆用水：拌制砂浆用水与混凝土拌和养护用水的要求相同，采用不含有害杂质的洁净水，一般可饮用的水，均可拌制砂浆。

（5）其他重要要求：严禁用相同强度等级的有机塑化剂砂浆代替原来的水泥混合砂浆。当砂浆中掺入有机塑化剂、早强剂、缓凝剂、防冻剂等时，由于强度有所降低（如微沫剂砂浆砌体抗压强度比水泥混合砂浆降低10%），所以应经检验和试配符合要求后方可使用；要重点检查砂浆强度等级，按《砌体结构设计规范》（GB 50003—2001）的规定，经计算后提高。有机塑化剂应有砌体强度的型式检验报告。

（二）砌筑砂浆的拌制及施工技术要求

1. 拌制砂浆时，各组分材料应采用重量计量，砂浆配合比应通过试配确定。当砂浆的组成材料有变更时，其配合比应重新确定。水泥砂浆中水泥用量不应小于200kg/m³。

2. 为保证砌筑砂浆拌和均匀，应采用机械搅拌，并保证搅拌时间。自投料完算起，搅拌时间应符合：水泥砂浆和水泥混合砂浆，不得少于2min；水泥粉煤灰砂浆和掺用外加剂的砂浆，不得少于3min。当砂浆掺用有机塑化剂时，必须采用机械搅拌，搅拌时间自投料完算起为3～5min。

3. 拌和砌筑砂浆时砂浆稠度，按表2.4-48选用。

砌筑砂浆的稠度　　　　　　　　　　　　表 2.4-48

砌 体 种 类	砂浆稠度(mm)	砌 体 种 类	砂浆稠度(mm)
烧结普通砖砌体	70～90	烧结多孔砖、空心砖砌体	60～80
轻骨料混凝土小型空心砌块砌体	60～90	石 砌 体	30～50

4. 水泥混合砂浆中掺入有机塑化剂时，无机掺合料的用量最多可减少一半。

5. 当施工中采用水泥砂浆代替水泥混合砂浆时，应重新确定砂浆强度等级。

6. 冬期施工时，应满足：

(1) 石灰膏、黏土膏等应防止受冻，如遭冻结，应经融化后方可使用；

(2) 拌制砂浆所用的砂，不得含有冰块和直径大于10mm的冻结块。

7. 砂浆拌成后使用时，应盛入贮灰器中。如砂浆出现泌水现象，应在砌筑前再次拌和。砂浆应做到随拌随用，水泥砂浆和水泥混合砂浆必须分别在拌成后3～4h内使用完毕；当施工期间最高气温超过30℃时，必须分别在拌成后2h至3h内使用完毕。对掺用缓凝剂的砂浆，使用时间可根据具体情况适当延长。

8. 有特殊性能要求的砂浆，应符合相应标准并满足施工要求。

9. 对砌筑砂浆进行强度评定时，应在砂浆搅拌机出料口随机取样制作试件(同盘砂浆只应制作一组试件)，每一检验批且不超过 250m³ 砌体的各种类型及强度等级砌筑砂浆，每台搅拌机应至少抽检一次。其强度的合格标准是：同一检验批砂浆试块抗压强度平均值须不小于设计强度等级所对应的立方体抗压强度；同一检验批砂浆试块抗压强度的最小一组平均值须不小于设计强度等级所对应的立方体抗压强度 0.75 倍。上述的检验批，对同一类型、强度等级的砂浆试块应不少于 3 组，如特殊情况同一检验批只有一组试块时，则该组试块强度平均值必须大于或等于设计强度等级所对应的立方体抗压强度。考虑到低温对砂浆强度的影响，冬期施工时，为获得砌体中砂浆在自然养护期间的强度，还应增留不少于 1 组的与砌体同条件养护的砂浆试块，测试 28d 强度。

10. 施工中只有出现三种情况时才可采用现场非破损和微破损检验方法对砂浆强度进行原位检测或取样检测，这三种情况是：砂浆试块缺乏代表性或试块数量不足；对砂浆试块的试验结果有怀疑或有争议；砂浆试块的试验结果不能满足设计要求。

11. 冬期拌和砂浆时，宜采用两步投料法。水的温度不得超过80℃；砂的温度不得超过 40℃。

12. 采用掺外加剂法、氯盐砂浆法、暖棚法进行冬期施工时，砂浆使用温度不应低于＋5℃；采用冻结法时，当室外空气温度分别为 0～－10℃、－11～－25℃、－25℃以下时，砂浆使用最低温度分别为 10℃、15℃、20℃。当采用掺盐砂浆法施工时，宜将砂浆强度等级按常温施工的强度等级提高一级。

二、砖、石砌体工程

(一) 材料的种类和材质要求

1. 砖的种类和规格

砖按采用材料分为烧结普通砖、烧结多孔砖、蒸压灰砂砖、蒸压粉煤灰砖等。

烧结普通砖(简称标准砖)和烧结多孔砖(简称多孔砖)均是以黏土、页岩、煤矸石或粉煤灰为主要原料，经过焙烧而成的直角六面体，其强度等级分为 MU10、MU15、MU20、

MU25 和 MU30。烧结普通砖为实心或孔洞率大于规定值,外形尺寸为 240mm×115mm× 53mm,又分烧结黏土砖、烧结页岩砖、烧结煤矸石砖、烧结粉煤灰砖;烧结多孔砖的孔洞率不小于 25%,孔的尺寸小而数量多,主要用于承重部位,规格分为 P 型(外形尺寸 240mm×115mm×90mm)和 M 型(外形尺 190mm×190mm×90mm)两种。

蒸压灰砂砖(简称灰砂砖)和蒸压粉煤灰砖(简称粉煤灰砖)是经过坯料制备、压制成型、蒸压养护而成的实心砖,外形尺寸与烧结普通砖相同,其强度等级分为 MU25、MU20、MU15、MU10。蒸压灰砂砖以石灰和砂为主要原料,而蒸压粉煤灰砖则以粉煤灰、石灰为主要原料,掺加适量石膏和集料,且通常以高压蒸汽养护而成。

2. 砖的材料要求

砖砌体工程中砖和砂浆的强度等级须符合设计要求。为此,每一生产厂家的砖到现场后,应按烧结砖 15 万块、多孔砖 5 万块、灰砂砖及粉煤灰砖 10 万块各为一检验批进行抽检,以检验该批砖的强度,抽检数量为 1 组。

砖在砌筑前应提前 1~2d 充分浇水湿润,含水率宜为 10%~15%。

3. 石材的种类和规格

石材按其加工后的外形规格程度可分为料石和毛石两种。石材的强度等级可用边长 70mm 立方体试块的抗压强度来划分,分为 MU20、MU30、MU40、MU50、MU60、MU80 和 MU100。

4. 石材的材料要求

(1) 石砌体采用的石材应质地坚实,无风化剥落和裂纹;用于清水墙的、柱表面的石材,尚应色泽均匀;石材表面的泥垢、水锈等杂质,砌筑前应清除干净。

(2) 石砌体工程中石材和砂浆的强度等级须符合设计要求。为此,同一产地的石材到现场后,应至少抽检 1 组来检验该批石材的强度。

(二)砖、石砌体工程施工技术要求

对砌筑工程质量的基本要求是:横平竖直,砂浆饱满,灰缝均匀,上下错缝,内外搭砌,接槎牢固。

1. 对砖砌体工程,要求每一皮砖的灰缝厚薄均匀,水平灰缝砂浆饱满度不得低于 80%,竖向灰缝不得出现透明缝、瞎缝和假缝;水平缝厚度和竖向缝宽度为 10mm±2mm。对石砌体工程砂浆铺设厚度应略高于规定的灰缝厚度,灰缝饱满度不得低于 80%;毛料石和粗料石砌体的灰缝厚度不宜大于 20mm,细料石气体不宜大于 5mm。

2. 砌筑砖墙前,要先在基础面或楼面上按标准的水准点定出各层标高,并用水泥砂浆或 C10 细石混凝土找平,并校核放线尺寸。放线允许偏差应符合表 2.4-49 的规定值。

放线尺寸允许误差　　　　　　　　表 2.4-49

长度 L、宽度 B(m)	允许误差(mm)	长度 L、宽度 B(m)	允许误差(mm)
L(或 B)≤30	±5	60<L(或 B)≤90	±15
30<L(或 B)≤60	±10	L(或 B)>90	±20

3. 砌砖宜采用"一铲灰、一块砖、一揉浆"的砌筑方法。当采用铺浆法砌筑时,铺浆长度不得超过 750mm;气温超过 30℃时,铺浆长度不得超过 500mm。

4. 砖砌体组砌方法应正确,上下两皮砖的竖缝错开(即上下错缝),同时使同皮的里外砌体通过相邻上下皮的砖块搭砌而砌筑的牢固(即内外搭砌),砖柱不得采用包心砌法。240mm厚承重墙的每层墙最上一皮砖或梁、梁垫下面,或砖砌体的台阶水平面上及挑出层,应整砖丁砌。多孔砖的孔洞应垂直于受压面砌筑。

5. 对实心砖而言,砖墙组砌方式一般有一顺一丁(即一皮中全部顺砖与一皮中全部丁砖间隔砌成,上下皮竖缝相互错开1/4砖长)、三顺一丁(即三皮中全部顺砖与一皮中全部丁砖相隔砌成,上下皮顺砖间竖缝相互错开1/2砖长,上下皮顺砖与丁砖间竖缝相互错开1/4砖长)、梅花丁(即每皮中丁砖与顺砖相间隔,上皮丁砖坐中于下皮顺砖,上下皮竖缝相互错开1/4砖长)。另外还有全顺和全丁的组砌方式。

6. 砖砌体的转角处和交接处应同时砌筑,严禁无可靠措施的内外墙分砌施工。对不能同时砌筑而又必须留置的临时间断处应砌成斜槎,斜槎水平投影长度不应小于斜槎高度的2/3。

7. 非抗震设防及抗震设防烈度为6度、7度地区的临时间断处,如留斜槎确有困难,除转角处外,可留直槎,但直槎必须做成凸槎,并加设数量为每120mm墙厚放置1Φ6的拉结钢筋(120mm墙厚放置2Φ6拉结钢筋),间距沿墙高度不得超过500mm,埋入长度从墙的留槎处算起每边均不小于500mm,对抗震设防烈度6度、7度的地区,不应小于1000mm;钢筋末端应有90°弯钩。

8. 在砖墙的转角处及交接处立起皮数杆,可以控制每皮砖砌筑的竖向尺寸,并使铺灰、砌砖的厚度均匀,保证砖皮水平。皮数杆间距一般为10~20m,在皮数杆之间拉准线,依准线逐皮砌筑。皮数杆应根据设计要求、块材规格和灰缝厚度在皮数杆上标明皮数及竖向构造的变化部位。

9. 墙中留置临时施工洞口时,其侧边离交接处的墙面不应小于500mm,洞口净宽不超过1m。抗震设防烈度为9度的地区,临时施工洞口位置应会同设计单位研究决定。临时施工洞口补砌时,洞口周围砖块表面应处理干净,并浇水湿润,再用与原墙相同的材料补砌严密。

10. 设计要求的洞口、管道、沟槽应于砌筑时正确留出或预埋,未经设计同意,不得打凿墙体或在墙体上开凿水平沟槽。宽度超度300mm的洞口上部,应设置过梁。

11. 不得设置脚手眼的墙体和部位有:120mm厚墙、料石清水墙和独立柱;过梁上与过梁成60°角的三角形范围及过梁净跨度1/2的高度范围内;宽度小于1m的窗间墙;砌体门窗洞口两侧200mm(石砌体为300mm)和转角处450mm(石砌体为600mm)范围内;梁或梁垫下及其左右500mm范围内;设计不允许设置脚手眼的部位。

12. 砖砌体的位置及垂直度允许偏差应符合表2.4-50的规定。

砖砌体的位置及垂直度允许偏差 表2.4-50

项 目			允许尺寸(mm)	抽 检 方 法
轴线位置偏移			10	用经纬仪和尺或其他测量仪器
垂直度	每 层		5	用2m托线板
	全 高	≤10m	10	用经纬仪、吊线和尺,或用其他测量仪器
		>10m	20	

13. 毛石砌体宜分皮卧砌。砌筑毛石基础的第一皮石块应座浆,并将大面向下;砌筑

料石基础的第一皮石块应用丁砌层座浆砌筑。

14. 石砌体经常用于挡土墙工程。当挡土墙的泄水孔设计无规定时，施工应符合以下要求：

(1) 泄水孔应均匀设置，在每米高度上间隔2m左右设置一个泄水孔；

(2) 泄水孔与土体间铺设长度各为300mm、厚200mm的卵石或碎石作疏水层。

15. 填充墙严禁使用实心黏土砖砌筑。

16. 当室外日平均气温连续5d稳定低于5℃时，砌体工程应采取冬期施工措施，并应在气温突然下降时及时采取防冻措施。冬期施工时，砌体用砖或其他块材不得遭水浸冻。

17. 普通砖、多孔砖和空心砖在气温高于0℃条件下砌筑时，应适当浇水湿润。在气温低于或等于0℃时，可不浇水，但必须增大砂浆的稠度。抗震设防烈度为9度的建筑物，普通砖、多孔砖和空心砖无法浇水湿润时，如无特殊措施，不得砌筑。

18. 基土无冻胀性时，基础可在冻结的地基上砌筑；基土有冻胀性时，基础应在未冻的地基上砌筑。在施工和回填土前，均应防止地基遭受冻结。

19. 砖砌体工程质量保证资料：材料（砖、砂、水泥等）的出厂合格证和试验检验资料，准用证；砂浆试块强度试验报告，砂浆级配单及配合比报告；砌体工程施工记录；墙体分项工程质量检验评定记录；隐蔽工程验收记录；冬期施工记录；结构尺寸和位置对设计的偏差及检查记录（技术复核单）；重大技术问题的处理或修改设计的技术文件；有特殊要求的工程项目应单独验收时的记录；其他有关文件和记录。

三、砌块砌筑工程

为了节约能源，保护土地资源，利用工业废料，适应建筑业发展需要，国家正在限制并逐渐淘汰黏土砖。许多新型墙体材料正在被使用，中小型砌块得到了广泛的应用。砌块按材料可分，有粉煤灰硅酸盐砌块、普通混凝土空心砌块、煤矸石硅酸盐空心砌砖等。目前，普通混凝土小型空心砌块和以煤渣、陶粒为粗骨料的轻骨料混凝土小型空心砌块（以下均简称为小砌块），是我国十分常见的代替实心黏土砖的主要承重块体材料，其使用已经纳入到国家标准中。

（一）小砌块的规格

普通混凝土小型空心砌块，其规格不一，主规格为390mm×190mm×190mm。小砌块的强度等级分为：MU3.5、MU5、MU7.5、MU10、MU15和MU20。

（二）砌块的材料要求

1. 施工时所用的小砌块的产品龄期不应小于28d。

2. 小砌块和砂浆的强度等级必须符合设计要求。为此，对每一生产厂家，每1万块小砌块至少应抽检一组以检验其强度。用于多层以上建筑基础和底层的小砌块抽检数量不应少于2组。

3. 砌筑小砌块时，应清除表面污物和芯柱用小砌块孔洞底部的毛边，剔除外观质量不合格的小砌块。承重墙体严禁使用断裂小砌块。

（三）小砌块砌体工程的施工技术要求

1. 施工时所用的砂浆，宜选用专用的小砌块砌筑砂浆。小砌块砌筑砂浆强度等级分为：Mb5、Mb7.5、Mb10和Mb15。

2. 墙体施工前必须按设计图房屋的轴线编绘小砌块平、立面排列图。小砌块硬底面朝上反砌于墙上；应分皮对孔错缝搭砌，上下皮搭接长度不得小于90mm。当墙体个别部位不满足要求时，应在水平灰缝内设置拉结钢筋或钢筋网片，但竖向通缝仍不得超过2皮砌块。

3. 小砌块砌筑应随铺随砌，应做到横平竖直。水平灰缝用坐浆法满铺小砌块全部壁肋或多排孔小砌块的封底面；竖向灰缝采取平铺端面法（即将小砌块端面朝上铺满砂浆再上墙挤紧，然后加浆插捣密实）。水平灰缝的砂浆饱满度不得低于90%，竖缝的砂浆饱满度不得低于80%，不得出现瞎缝、透明缝，水平缝厚度和竖向缝宽度为10mm±2mm。

4. 小砌块用于框架充填墙时，应于框架中预埋的拉结筋连接，当充填墙砌至顶面最后一皮，与上部结构的接触处宜用实心小砌块斜砌楔紧。

5. 对设计规定或施工所需的孔洞、管道、沟槽和预埋件等，必须在砌筑时预留或预埋，严禁在已砌筑好的墙体上打凿。在小砌块的墙体中不得预留水平沟槽。也不得在小砌块块体上打凿安装洞，但可利用侧砌的小砌块孔洞，待模板拆除后，按要求将孔洞填实。

6. 墙体转角处和纵横墙交接处应同时砌筑。临时间断处应砌成斜槎，斜槎的水平投影长度不应小于高度的2/3。

7. 小砌块砌筑时，在气候干燥炎热的情况下，可在砌筑前稍喷水湿润。对轻骨料混凝土小砌块，可提前浇水湿润。小砌块表面有浮水时，不得施工。雨期施工时，堆放室外的小砌块应有遮盖设施；当雨量为小雨以上时，应停止砌筑，并对已砌筑的场体进行遮盖，防止雨水浸入；小砌块的日砌筑高度宜控制在1.4m或一步脚手架高度内。

8. 底层室内地面以下或防潮层以下的砌块，应采用强度等级不低于C20的混凝土灌实小砌块的孔洞。

9. 浇筑芯柱的混凝土，宜选用专用的小砌块灌孔混凝土，当采用普通混凝土时，其坍落度不应小于90mm。应在砌筑砂浆强度大于1MPa时浇筑，且浇筑前清除空洞内的砂浆的杂物，用水冲洗，然后注入适量与芯柱混凝土相同的去石水泥砂浆。

10. 小砌块墙体孔洞中需充填隔热或隔声材料时，应砌一皮灌填一皮。要求填满，不予捣实。所填材料必须干燥、洁净、不含杂物，粒径应符合设计要求。小砌块墙体内严禁混砌黏土砖或其他墙体材料，若需镶嵌，须采用与小砌块材料强度同等级的预制混凝土块。

11. 小砌块墙体砌筑应采用双排外脚手架或里脚手架进行施工，严禁在砌筑的墙体上留设脚手孔洞。

12. 冬期施工时（室外日平均气温连续5d稳定低于5℃或气温骤然下降），应采取冬期施工措施；当室外日平均气温连续5℃时解除冬期施工。不得使用浇过水或浸水后受冻的小砌块。此外，还应按照《建筑工程冬期施工规程》（JGJ 104—97）中有关规定执行。

四、配筋砌体结构

为提高砌体结构的承载能力，扩大砌体在工程中的应用，在砌体中配置钢筋或钢筋混凝土即构成配筋砌体结构。配筋砌体结构按钢筋的作用分为配筋砌体结构和约束砌体结构；按配筋方式分为均匀配筋砌体结构、集中配筋砌体结构和集中-均匀配筋砌体结构。如网状配筋砖砌体构件、配筋混凝土砌块砌体剪力墙等，属均匀配筋砌体结构；砖砌体与钢筋混凝土构造柱组合墙,属集中配筋砌体结构;砖砌体与钢筋混凝土面层或钢筋砂浆面层的组合砌体柱或墙,属集中-均匀配筋砌体结构。目前,我国已将网状配筋砖砌体构件、砖砌体与钢筋混凝土面层或钢筋砂浆面层的组合砌体构件、砖砌体与钢筋混凝土构造柱组合墙、配筋混凝土砌块砌体剪力墙四种结构构件列入到设计规范当中。

(一)配筋砌体结构中钢筋的材料要求

1. 钢筋的品种、规格和数量应符合设计要求。应通过检查钢筋的合格证书、性能试验报告、隐蔽工程记录等予以检验。

2. 构造柱、芯柱、组合砌体构件、配筋砌体剪力墙构件的混凝土或砂浆的强度等级应符合设计要求。应对各类构件每一检验批砌体至少一组试块,检验混凝土或砂浆试块试验报告。

3. 设置在潮湿环境或有化学侵蚀性介质的环境中的砌体灰缝内的钢筋应采取防腐措施。每检验批应抽检10%的钢筋进行观察,以防腐涂料无漏刷(喷浸)、无起皮脱落为合格标准。

4. 配筋砌块砌体剪力墙,应采用专用的小砌块砌筑砂浆和专用的小砌块灌孔混凝土。

(二)配筋砌体结构的施工技术要求

1. 设置在砌体水平灰缝内的钢筋应居中置于灰缝中。水平灰缝厚度应大于钢筋直径4mm以上。气体外露面砂浆保护层的厚度不应小于15mm。应抽取每检验批3个构件,且不少于5处进行检验看是否达到要求。

设置在砌体水平灰缝中钢筋的锚固长度不宜小于$50d$(钢筋直径),且其水平或垂直弯折段的长度不宜小于$20d$和150mm;钢筋的搭接长度不应小于$55d$。

2. 构造柱浇筑混凝土前,必须将砌体留槎部位和模板浇水湿润,将模板内的落地灰、砖渣和其他杂物清理干净,并在接合面处注入适量与构造柱混凝土相同的去石水泥砂浆。振捣时要避免触碰墙体,严禁通过墙体传振。

3. 墙与构造柱连接处应砌成马牙槎,砌筑时应先退后进,预留的拉结钢筋位置应正确,每一马牙槎高度不应超过300mm;施工中拉结钢筋不得任意弯折,钢筋竖向位移不应超过100mm;钢筋竖向位移和马牙槎尺寸偏差每一构造柱不应超过两处。检查时每检验批要抽取20%的构造柱,且不少于3处。应注意拉结钢筋伸入墙内的长度是指从墙的马牙槎外齿边(即构造柱边)算起的长度。当墙上门窗洞边到构造柱边(即墙马牙槎外齿边)的长度小于1.0m时,则伸至洞边止。

4. 构造柱必须与圈梁连接,竖向钢筋末端应作成弯钩,两侧模板必须贴紧墙体,严禁漏浆,其位置及垂直度的允许偏差应符合表2.4-51的规定。

构造柱尺寸允许偏差　　　　表2.4-51

项目			允许尺寸(mm)	抽检方法
柱中心线位置			10	用经纬仪和尺或其他测量仪器
柱层间错位			8	用经纬仪和尺或其他测量仪器
柱垂直度	每层		10	用2m托线板
	全高	≤10m	15	用经纬仪、吊线和尺,或用其他测量仪器
		>10m	10	

5. 对配筋混凝土小型空心砌块砌体，芯柱混凝土应在装配式楼盖处贯通，并与各层圈梁浇筑成整体，不得削弱芯柱截面尺寸。检验时每检验批抽取10%，且不应少于5处。

6. 网状配筋砌体中，钢筋网沿砌体高度位置超过设计规定一皮砖厚的情况不得多于1处。检验时采用剔缝观察、探针刺入灰缝、钢筋位置测定仪等方式，每检验批抽取10%，且不应少于5处。

7. 组合砖砌体构件，竖向受力钢筋保护层应符合设计要求，距砖砌体表面不应小于5mm；拉结筋两端设弯钩，应由80%及以上符合要求；箍筋间距超过规定的数量每件不得多于两处，且每处不得超过一皮砖。

8. 配筋砌块砌体剪力墙中，采用搭接接头的受力钢筋搭接长度不应小于$35d$，且不小于300mm。检验时，每检验批每类构件抽取20%(墙、柱、连梁)，且不少于3件。

9. 配筋砌体不得采用掺盐砂浆法施工。

第五节 钢结构工程

钢结构工程的产品质量监督涉及到钢结构生产活动的全过程，它包括从工程立项到设计、制作、安装和装修等全过程。通过对建筑钢结构工程中的制作、安装全过程质量监督和检测，设法排除在生产活动全过程的质量缺陷，以确保建筑钢结构工程的质量。

一、材料要求

进场验收的检验批原则上应与各分项工程检验批一致，也可以根据工程规模及进料实际情况划分检验批。

(一) 钢材

1. 承重结构的钢材宜采用Q235钢、Q345钢、Q390钢和Q420钢，钢材、钢铸件必须具有质量合格证明文件、中文标志及检验报告等。钢材、钢铸件的品种、规格、性能等应符合现行国家产品标准和设计要求。进口钢材产品的质量应符合设计和合同规定标准的要求。

2. 对属于下列情况之一的钢材，应进行抽样复验，其复验结果应符合现行国家产品标准和设计要求。

(1) 国外进口钢材；

(2) 钢材混批；

(3) 板厚等于或大于40mm，且设计有Z向性能要求的厚板；

(4) 建筑结构安全等级为一级，大跨度钢结构中主要受力构件所采用的钢材；

(5) 设计有复验要求的钢材；

(6) 对质量有疑义的钢材。

3. 钢板厚度及允许偏差应符合其产品标准的要求。型钢的规格尺寸及允许偏差应符合其产品标准的要求。

4. 钢材的表面外观质量除应符合国家有关标准的规定外，尚应符合下列规定：

(1) 当钢材的表面有锈蚀、麻点或划痕等缺陷时，其深度不得大于该钢材厚度负允许偏差值的1/2；

(2) 钢材端边或断口处不应有分层、夹渣等缺陷。

（二）焊接材料

1. 焊接材料必须具有质量合格证明文件、中文标志及检验报告等。焊接材料的品种、规格、性能等应符合现行国家产品标准和设计要求。

2. 重要钢结构采用的焊接材料应进行抽样复验，复验结果应符合现行国家产品标准和设计要求。

3. 焊钉及焊接瓷环的规格、尺寸及偏差应符合现行国家标准《圆柱头焊钉》GB 10433中的规定。焊条外观不应有药皮脱落、焊芯生锈等缺陷；焊剂不应受潮结块。

（三）连接用紧固标准件

1. 结构连接用高强度大六角头螺栓连接副、扭剪型高强度螺栓连接副、钢网架用高强度螺栓、普通螺栓、铆钉、自攻钉、拉铆钉、射钉、锚栓（机械型和化学试剂型）、地脚锚栓等紧固标准件及螺母、垫圈等标准配件，其品种、规格、性能等应符合现行国家产品标准和设计要求。高强度大六角头螺栓连接副和扭剪型高强度螺栓连接副出厂时应分别随箱带有扭矩系数和紧固轴力（预拉力）的检验报告。

2. 强度大六角头螺栓连接副应检验其扭矩系数，其检验结果应符合规范要求。

3. 扭剪型高强度螺栓连接副应检验预拉力，其检验结果应符合规范要求。

4. 高强度螺栓连接副，应按包装箱配套供货，包装箱上应标明批号、规格、数量及生产日期。螺栓、螺母、垫圈外观表面应涂油保护，不应出现生锈和沾染脏物，螺纹不应损伤。

5. 对建筑结构安全等级为一级，跨度40m及以上的螺栓球节点钢网架结构，其连接高强度螺栓应进行表面硬度试验，对8.8级的高强度螺栓其硬度应为HRC 21—29；10.9级高强度螺栓其硬度应为HRC 32—36，且不得有裂纹或损伤。

（四）焊接球

1. 焊接球及制造焊接球所采用的原材料，其品种、规格、性能等应符合现行国家产品标准和设计要求。

2. 焊接球焊缝应进行无损检验，其质量应符合设计要求，当设计无要求时应符合二级质量标准。

3. 焊接球表面应无明显波纹及局部凹凸不平不大于1.5mm。

（五）螺栓球

1. 螺栓球及制造螺栓球节点所采用的原材料，其品种、规格、性能等应符合现行国家产品标志和设计要求。

2. 螺栓球不得不过烧、裂纹及褶皱。

3. 螺栓球螺纹尺寸应符合现行国家标准《普通螺纹基本尺寸》GB 196中粗牙螺纹的规定，螺纹公差必须符合现行国家标准《普通螺纹公差与配合》GB 197中6H级清度的规定。

（六）封板、锥头和套筒

1. 封板、锥头和套筒及制造封板、锥头和套筒所采用的原材料，其品种、规格、性能等应符合现行国家产品标准和设计要求。

2. 封板、锥头、套筒外观不得有裂纹、过烧及氧化皮。

（七）金属压型板

1. 金属压型板及制造金属压型板所采用的原材料,其品种、规格、性能等应符合现行国家产品标准和设计要求。

2. 压型金属泛水板、包角板和零配件的品种、规格以及防水密封材料的性能应符合现行国家产品标准和设计要求。

(八)涂装材料

1. 钢结构防腐涂料、稀释剂和固化剂等材料的品种、规格、性能等符合现行国家产品标准和设计要求。

2. 防腐涂料和防火涂料的型号、名称、颜色及有效期应与其质量证明文件相符。开启后,不应存在结皮、结块、凝胶等现象。

(九)其他材料

1. 钢结构用橡胶垫的品种、规格、性能等应符合现行国家产品标准和设计要求。

2. 钢结构工程所涉及到的其他特殊材料,其品种、规格、性能等应符合现行国家产品标准和设计要求。

二、钢结构工程施工技术要求

(一)钢结构焊接工程

钢结构焊接工程可按相应的钢结构制作或安装工程检验批的划分为一个或若干个检验批。碳素结构应在焊缝冷却到环境温度、低合金结构钢应在完成焊接24h以后,进行焊缝探伤检验。焊缝施焊后应在工艺规定的焊缝及部位打上焊工钢印。

1. 钢构件焊接工程

(1)焊条、焊丝、焊剂、电渣焊熔嘴等焊接材料与母材的匹配应符合设计要求及国家现行行业标准《建筑钢结构焊接技术规程》JGJ 81的规定。焊条、焊剂、药芯焊丝、熔嘴等在使用前,应按其产品说明书及焊接工艺文件的规定进行烘焙和存放。

(2)焊工包括手工操作焊工、机械操作焊工。从事钢结构工程焊接施工的焊工,应根据所从事钢结构焊接工程的具体类型,按国家现行行业标准《建筑钢结构焊接技术规程》JGJ 81等技术规程的要求对施焊焊工进行考试并取得合格证书。持证焊工必须在其考试合格项目及其认可范围内施焊。

(3)施工单位对其首次采用的钢材、焊接材料、焊接方法、焊后热处理等,应进行焊接工艺评定,并应根据评定报告确定焊接工艺。

(4)设计要求全焊透的一、二级焊缝应采用超声波探伤进行内部缺陷的检验,超声波探伤不能对缺陷作出判断时,应采用射线探伤,其内部缺陷分级及探伤方法应符合现行国家标准《钢焊缝手工超声波探伤方法和探伤结果分级》GB 11345或《钢熔化焊对接接头射结照相和质量分级》GB 3323的规定。

焊接球节点网架焊缝、螺栓球节点网架焊缝及圆管T、K、Y形点相贯线焊缝,其内部缺陷分级及探伤方法应分别符合国家现行标准《焊接球节点钢网架焊缝超声波探伤方法及质量分级法》JG/T 3034.1、《螺栓球节点钢网架焊缝超声波探伤方法及质量分级法》JG/T 3034.2、《建筑钢结构焊接技术规程》JGJ 81—2002的规定。

一级、二级焊缝的质量等级及缺陷分级应符合表2.4-52的规定。

一、二级焊缝质量等级及缺陷分级 表 2.4-52

焊缝质量等级		一级	二级
内部缺陷超声波探伤	评定等级	Ⅱ	Ⅲ
	检验等级	B级	B级
	探伤比例	100%	20%
内部缺陷射线探伤	评定等级	Ⅱ	Ⅲ
	检验等级	AB级	AB级
	探伤比例	100%	20%

注：探伤比例的计数方法应按以下原则确定：(1)对工厂制作焊缝，应按每条焊缝计算百分比，且探伤长度应不小于200mm，当焊缝长度不足200mm时，应对整条焊缝进行探伤；(2)对现场安装焊缝，应按同一类型、同一施焊条件的焊缝条数计算百分比，探伤长度应不小于200mm，并应不少于1条焊缝。

(5) T形接头、十字接头、角接接头等要求熔透的对接和角对接组合焊缝，其焊脚尺寸不应小于规范要求；设计有疲劳验算要求的吊车梁或类似构件的腹板与上翼缘连接焊缝的焊脚尺寸应满足规范要求。焊脚尺寸的允许偏差为 0~4mm。

(6) 焊缝表面不得有裂纹、焊瘤等缺陷。一级、二级焊缝不得有表面气孔、夹渣、弧坑裂纹、电弧擦伤等缺陷。且一级焊缝不许有咬边、未焊满、根部收缩等缺陷。

(7) 对于需要进行焊前预热或焊后热处理的焊缝，其预热温度或后热温度应符合国家现行有关标准的规定或通过工艺试验确定。预热区在焊道两侧，每侧宽度均应大于焊件厚度的 1.5 倍以上，且不应小于 100mm；后热处理应在焊后立即进行，保温时间应根据板厚按每 25mm 板厚 1h 确定。

(8) 二级、三级焊缝外质量标准应满足表 2.4-53 要求。三级对接缝应按二级焊缝标准进行外观质量检验。

二级、三级焊缝外观质量标准 表 2.4-53

项 目	允 许 偏 差	
缺陷类型	二级	三级
未焊满(指不足设计要求)	≤0.2+0.02t，且≤1.0	≤0.2+0.04t，且≤2.0
	每100.0焊缝内缺陷总长≤25.0	
根部收缩	≤0.2+0.02t，且≤1.0	≤0.2+0.04t，且≤2.0
	长度不限	
咬 边	≤0.05t，且≤0.5；连续长度≤100.0，且焊缝两侧咬边总长≤10%焊缝全长	≤0.1t，且≤1.0，长度不限
弧坑裂纹	—	允许存在个别长度≤5.0的弧坑裂纹
电弧擦伤	—	允许存在个别电弧擦伤
接头不良	缺口深度0.05t，且≤0.5	缺口深度0.1t，且≤1.0
	每1000.0焊缝不应超过1处	
表面夹渣	—	深≤0.2t 长≤0.5t，且≤2.0
表面气孔	—	每50.0焊缝长度内允许直径≤0.4t，且≤3.0的气孔2个，孔距≥6倍孔径

注：表内 t 为连接处较薄的板厚。

(9) 焊缝尺寸允许偏差应符合有关规定。

(10) 焊出凹形的角焊缝，焊缝金属与母材间应平缓过渡；加工成凹形的角焊缝，不得在其表面留下切痕。

(11) 焊缝感观应达到：外形均匀、成型较好，焊道与焊道、焊道与基本金属间过渡比较平滑，焊渣和飞溅物基本清除干净。

2. 焊钉(栓钉)焊接工程

(1) 施工单位对其采用的焊钉和钢材焊接应进行焊接工艺评定，其结果应符合设计要求和国家现行有关标准的规定。瓷环应按其产品说明书进行烘焙。

(2) 焊钉焊接后应进行弯曲试验检查，其焊缝和热影响区不应有肉眼可见的裂纹。

(3) 焊钉根部焊脚应均匀，焊脚立面的局部未熔合或不足 360°的焊脚应进行修补。

(二) 紧固件连接工程

紧固件连接工程可按相应的钢结构制作或安装工程检验批的划分原划分为一个或若干个检验批。

1. 普通紧固件连接

(1) 普通螺栓作为永久性连接螺栓时，当设计有要求或对其质量有疑义时，应进行螺栓实物最小拉力载荷复验，其结果应符合现行国家标准《紧固件机机械性能螺栓、螺钉和螺柱》GB 3098 的规定。

(2) 连接薄钢板采用的自攻螺、拉铆钉、射钉等其规格尺寸应与连接钢板相匹配，其间距、边距等应符合设计要求。

(3) 永久普通螺栓紧固应牢固、可靠、外露丝扣不应少于 2 扣。自攻螺栓、钢拉铆钉、射钉等与连接钢板应紧固密贴，外观排列整齐。

2. 高强度螺栓连接

(1) 钢结构制作和安装单位应分别进行高强度螺栓连接摩擦面的抗滑移系数试验和复验，现场处理的构件摩擦应单独进行摩擦面抗滑移系数试验，其结果应符合设计要求。

(2) 高强度大六角头螺栓连接副终拧完成 1h 后、48h 内应进行终拧，拧扭矩检查。

(3) 扭剪型高强度螺栓连接副终拧后，除因构造原因无法使用专用扳手终拧掉梅花头者外，未在终拧中拧掉梅花头的螺栓数不应大于该节点螺栓数的 5%。对所有梅花头未拧掉的扭剪型高强度螺栓连接副应采用扭矩法或转角头进行终拧，拧掉的扭剪型高强度螺栓连接副应采用扭矩法或转角法进行终拧并用标记，且应进行拧扭矩检查。

(4) 高强度螺栓连接副的施拧顺序和初拧、复拧扭矩应符合设计要求和国家现行行业标准《钢结构高强度螺栓连接的设计施工及验收规程》JGJ 82 的规定。

(5) 高强度螺栓连接副拧后，螺栓丝扣外露应为 2~3 扣，其中允许有 10%的螺栓丝扣外露 1 扣或 4 扣。

(6) 高强度螺栓连接摩擦面应保持干燥、整洁，不应有飞边、毛刺、焊接飞溅物、焊疤、氧气铁皮、污垢等，除设计要求外摩擦面不应涂漆。

(7) 高强度螺栓应自由穿入螺栓孔。高强度螺栓孔不应采用气割扩孔，扩孔数量应征得设计同意，扩孔后的孔径不应超过 $1.2d$(d 为螺栓直径)。

(8) 螺栓球节点网架总拼完成后,高强度螺栓与球节点应紧固连接,高强度螺栓拧入螺栓球内的螺纹长度不应小于 $1.0d$（d 为螺栓直径），连接处不应出现有间隙、松动等未拧紧情况。

(三) 钢零件及钢部件加工工程

钢零件及钢部件加工工程，可按相应的钢结构制作工程或钢结构安装工程检验批的划分原则划分为一个或若干个检验批。

1. 切割

(1) 钢材切割面或剪切面应无裂纹、夹渣、分层和大于 1mm 的缺棱。

(2) 气割的允许偏差应符合表 2.4-54 的规定。

气割的允许偏差(mm)   表 2.4-54

项 目	允 许 偏 差	项 目	允 许 偏 差
零件宽度、长度	±3.0	割纹深度	0.3
切割面平面度	$0.05t$，且不应大于 2.0	局部缺口深度	1.0

注：t 为切割面厚度。

(3) 机械剪切的允许差应符合表 2.4-55 的规定。

机械剪切的允许偏差(mm)   表 2.4-55

项 目	允 许 偏 差	项 目	允 许 偏 差
零件宽度、长度	±3.0	型钢端部垂直度	2.0
边缘缺棱	1.0		

(4) 气割或机械剪切的零件，需要进行边加工时，其刨削量不应小于 2.0mm。

(5) 边加工的允许偏差应满足表 2.4-56 的规定。

边加工的允许偏差(mm)   表 2.4-56

项 目	允 许 偏 差	项 目	允 许 偏 差
零件宽度、长度	±1.0	加工面垂直度	$0.025t$，且不应大于 0.5
加工边直线度	$t/3000$，且不应大于 2.0	加工面表面粗糙度	50
相邻两边夹角	±6′		

2. 矫正和成型

(1) 碳素结构钢在环境温度低于 −16℃、低合金结构钢在环境温度低于 −12℃时，不应进行冷矫正和冷弯曲。碳素结构钢和低合金结构在加热矫正时，加热温度不应超过 900℃。低合金结构钢在加热矫正后应自然冷却。

(2) 当零件采用热加工成型时，加热温度应控制在 900～1000℃；碳素结构钢和低合金结构钢在温度分别下降到 700℃和 800℃之前，应结束加工；低合金结构钢应在自然冷却。

(3) 矫正后的钢材表面，不应有明显的凹面或损伤，划痕深度不得大于 0.5mm，且不应大于该钢材厚度负允许偏差的 1/2。

(4) 冷矫正和冷弯曲的最小曲率半径和最大弯曲矢高，钢材矫正后的允许偏差应符合有关规定。

3. 管、球加工

(1) 螺栓球成型后，不应有裂纹、褶皱、过烧。钢板压成半圆球后，表面不应有裂纹、褶皱；焊接球其对接坡口应采用机械加工，对接焊缝表面应打磨平整。

(2) 螺栓球加工的允许偏差应符合表2.4-57的规定。焊接球加工的允许偏差应符合表2.4-58的规定。钢网架（桁架）用钢管杆件加工的允许偏差应符合表2.4-59的规定。

螺栓球加工的允许偏差(mm)　　　　　表2.4-57

项　目		允许偏差	检验方法
圆　度	$d \leqslant 120$	1.5	用卡尺和游标卡尺检查
	$d > 120$	2.5	
同一轴线上两铣平面平行度	$d \leqslant 120$	0.2	用百分表V形块检查
	$d > 120$	0.3	
铣平面距离中心距离		±0.2	用游标卡尺检查
相邻两螺栓孔中心线夹角		±30′	用分度头检查
两铣平面与螺栓孔轴垂直度		$0.005r$	用百分表检查
球毛坯直径	$d \leqslant 120$	+2.0 -0.1	用卡尺和游标卡尺检查
	$d > 120$	+3.0 -1.5	

焊接球加工的允许偏差(mm)　　　　　表2.4-58

项　目	允许偏差	检验方法
直　径	±0.0005d ±2.5	用卡尺和游标卡尺检查
圆　度	2.5	用卡尺和游标卡尺检查
壁厚减薄量	$0.13t$，且不应大于1.5	用卡尺和测厚仪检查
两半球对口错边	1.0	用套模和游标卡尺检查

钢网架（桁架）用钢管杆件加工的允许偏差(mm)　　　表2.4-59

项　目	允许偏差	检验方法
长　度	±1.0	用钢尺和百分表检查
端面对管轴的垂直度	$0.005r$	用百分表V形块检查
管口曲线	1.0	用套模和游标卡尺检查

4. 制孔

(1) A、B级螺栓孔（Ⅰ类孔）应具有H12的精度，孔壁表面粗糙度不应该大于12.5μm。其孔径不允许偏差应符合表2.4-60的规定。C级螺栓孔（Ⅱ类孔），孔壁表面粗糙度不应大于25μm，其允许偏差应符合表2.4-61的规定。

A、B级螺全孔径的允许偏差(mm) 表2.4-60

序号	螺栓公称直径、螺栓孔直径	螺径公称直径允许偏差	螺栓孔直径允许偏差
1	10~18	0.00~0.18	+0.18 0.00
2	18~30	0.00~0.21	+0.21 0.00
3	30~50	0.00~0.25	+0.25 0.00

C级螺栓孔的允许偏差(mm) 表2.4-61

项目	允许偏差	项目	允许偏差
直径	+1.0 0.0	圆度	2.0
		垂直度	0.03t,且不应大于2.0

(2) 螺栓孔孔距的允许偏差应符合表2.4-62的规定。

螺栓孔孔距允许偏差(mm) 表2.4-62

螺栓孔孔距范围	≤500	501~1200	1201~3000	>3000
同一组内任意两孔间距离	±1.0	±1.5	—	—
相邻两组的端孔间距离	±1.5	±2.0	±2.5	±3.0

注：1. 在节点中连接板与一根杆件相连的所有螺栓孔为一组；
2. 对接接头在拼接板一侧的螺栓孔为一组；
3. 在两相邻节点或接头间的螺栓孔为一组，但不包括上述两款所规定的螺栓孔；
4. 受弯构件翼缘上的连接螺栓孔，每米长度范围内的螺栓孔为一组。

(3) 螺栓孔孔距的允许偏差超过表2.4-62规定的允许偏差时，应采用与母材材质相匹配的焊条补焊后重新制孔。

(四) 钢构件组装工程

钢构件组装工程可按钢结构制作工程检验批的划分原则划分为一个或若干个检验批。

1. 焊接 H 型钢

(1) 焊接 H 型钢的翼缘板拼接缝和腹板拼接缝的间距不应小于200mm。翼缘板拼接长度不应小于2倍板宽；腹板拼接宽度不应小于300mm，长度不应小于600mm。

(2) 焊接 H 型钢的允许偏差应符合有关规定。

2. 组装

(1) 吊车梁和吊车桁架不应下挠。

(2) 焊接连接组装的允许偏差应满足有关规定。

(3) 顶紧触面应有75%以上的面积紧贴。

(4) 桁架结构杆件轴件交点错位的允许偏差不得大于3.0mm。

3. 端部铣平及安装焊缝坡口

(1) 端部铣平的允许偏差应符合表2.4-63的规定。

端部铣平的允许偏差(mm) 表2.4-63

项目	允许偏差	项目	允许偏差
两端铣平时构件长度	±2.0	铣平面的平面度	0.3
两端铣平时零件长度	±0.5	铣平面对轴线的垂直度	1/1500

(2) 安装缝坡口的允许偏差应符合表 2.4-64 的规定。

安装焊缝坡口的允许偏差　　　　　　表 2.4-64

项　目	允　许　偏　差	项　目	允　许　偏　差
坡口角度	±5°	钝边	±1.0mm

(3) 外露铣平面应防锈保护。

4. 钢构件外形尺寸

(1) 钢构件外形尺寸主控项目的允许偏差应符合表 2.4-65 的规定。

钢构件外形尺寸主控项目的允许偏差(mm)　　　　　　表 2.4-65

项　目	允许偏差	项　目	允许偏差
单层柱、梁、桁架受力支托（支承面）表面至第一安装孔距离	±1.0	构件连接处的截面几何尺寸	±3.0
多节柱铣平面至第一安装孔距离	±1.0	柱、梁连接处的腹板中心线偏移	2.0
实腹梁两端最外侧安装孔距离	±3.0	受压构件(杆件)弯曲矢高	$l/1000$，且不应大于 10.0

(2) 钢构件外形尺寸一般项目的允许偏差允许应符合规范要求。

(五) 钢构件预拼装工程

钢构件预拼装工程可按钢结构制作工程检验批的划分原则划分为一个或若干个检验批。预拼装所用的支承凳或平台应测量找平，检查时应拆除全部临时固定和拉紧装置。进行预拼装的钢构件，其质量应符合设计要求和规范规定。

(1) 高强度螺栓和普通螺栓连接的多层板叠，应采用试孔器进行检查，并应符合下列规定：

① 当采用比孔公称直径小 1.0mm 的试孔器检查时，每组孔的通过率不应小于 85%；

② 当采用比螺栓公称直径大 0.3mm 的试孔器检查时，通过率应为 100%。

(2) 预拼装的允许偏差应符合有关规定。

(六) 单层钢结构安装工程

1. 一般规定

(1) 单层钢结构安装工程可按变形缝或空间刚度单元等划分成一个或若干个检验批。地下钢结构可按不同地下层划分检验批。

(2) 钢结构安装检验批应在进场验收和焊接连接、紧固件连接、制作等分项工程验收合格的基础上进行验收。

(3) 安装的测量校正、高强度螺栓安装、负温度下施工及焊接工艺等，应在安装前进行工艺试验或评定，并应在此基础上制定相应的施工工艺或方案。

(4) 安装偏差的检测，应在结构形成空间刚度单元并连接固定后进行。

(5) 安装时，必须控制屋面、楼面、平台等的施工荷载，施工荷载和冰雪荷载等严禁超过梁、桁架、楼面板、屋面板、平台铺板等的承载能力。

(6) 在形成空间刚度单元后，应及时对柱底板和基础顶面的空隙进行细石混凝土、灌浆料等二次浇筑。

(7) 吊车梁或直接承受动力荷载的梁其受拉翼缘、吊车桁架或直接承受动力荷载的桁架其受拉弦杆上不得焊接悬挂物和卡具等。

2. 基础和支承面

(1) 建筑物的定位轴线、基础轴线和标高、地脚螺栓的规格及其紧固应符合设计要求。

(2) 基础顶面直接作为柱的支承面和基础顶面预埋钢板或支座作为柱的支承面时,其支承面、地脚螺栓(锚栓)位置的允许偏差应符合表 2.4-66 的规定。

支承面、地脚螺栓(锚栓)位置的允许偏差(mm)   表 2.4-66

项 目		允 许 偏 差	项 目		允 许 偏 差
支承面	标 高	±3.0	地脚螺栓(锚栓)	螺栓中心偏移	5.0
	水 平 度	$l/1000$		预留孔中心偏移	10.0

(3) 采用座浆垫板时,座浆垫板的允许偏差应符合表 2.4-67 的规定。

座浆垫板的允许偏差(mm)   表 2.4-67

项 目	允 许 偏 差	项 目	允 许 偏 差
顶面标高	0.0 −3.0	水 平 度	$l/1000$
		位 置	20.0

(4) 采用杯口基础时,杯口尺寸的允许偏差应符合表 2.4-68 的规定。

杯口尺寸的允许偏差(mm)   表 2.4-68

项 目	允 许 偏 差	项 目	允 许 偏 差
底面标高	0.0 −5.0	杯口垂直度	$H/100$,且不应大于 10.0
杯口深度 H	±5.0	位 置	10.0

(5) 地脚螺栓(锚栓)尺寸的偏差应符合表 2.4-69 的规定。地脚螺栓(锚栓)的螺纹应受到保护。

地脚螺栓(锚栓)尺寸的允许偏差(mm)   表 2.4-69

项 目	允 许 偏 差	项 目	允 许 偏 差
螺栓(锚栓)露出长度	+30.0 0.0	螺纹长度	+30.0 0.0

3. 安装和校正

(1) 钢构件应符合设计要求和本规范的规定。运输、堆放和吊装等造成钢构件变形及涂层脱落,应进行矫正和修补。

(2) 设计要求顶紧的节点,接触面不应少于 70% 紧贴,且边缘最大间隙不应大于 0.8mm。

(3) 钢屋(托)架、桁架、梁及受压杆件的垂直度和侧向弯曲矢高的允许偏差应符合表 2.4-70 的规定。

钢屋(托)架、桁架、梁及受压杆件垂直度和侧向弯曲矢高的允许偏差(mm)　　　　表 2.4-70

项　目	允　许　偏　差		图　例
跨中的垂直度	$h/250$，且不应大于 15.0		
侧向弯曲矢高	$l \leqslant 30m$	$l \leqslant 30m$	
	$30m < l \leqslant 60m$	$30m < l \leqslant 60m$	
	$l > 60m$	$l > 60m$	

（4）单层钢结构主体结构的整体垂直度和整体平面弯曲的允许偏差符合表 2.4-71 的规定。

整体垂直度和整体平面弯曲的允许偏差(mm)　　　　表 2.4-71

项　目	允　许　偏　差	图　例
主体结构的整体垂直度	$H/1000$，且不应大于 25.0	
主体结构的整体平面弯曲	$L/1500$，且不应大于 25.0	

（5）钢柱等主要构件的中心线及标高基准点等标记应齐全。

（6）当钢桁架（或梁）安装在混凝土柱上时，其支座中心对定位轴线的偏差不应大于 10mm；当采用大型混凝土屋面板时，钢桁架（或梁）间距的偏差不应该大于 10mm。

（7）钢柱安装，钢吊车梁或直接承受动力荷载的类似构件，檩条、墙架等构件数安装的允许偏差应符合有关规定。

（8）钢平台、钢梯、栏杆安装应符合现行国家标准《固定式直梯》GB 4053.1、《固定戒钢斜梯》GB 4053.2、《固定式防护栏杆》GB 4053.3 和《固定式钢平台》GB 4053.4 的规定。

（9）现场焊缝组对间隙的允许偏差应符合表 2.4-72 的规定。

现场焊缝组对间隙的允许偏差(mm)　　　表 2.4-72

项　目	允许偏差	项　目	允许偏差
无垫板间隙	+3.0 0.0	有垫板间隙	+3.0 0.0

(10) 钢结构表面应干净，结构主要表面不应有疤痕、泥砂等污垢。

(七) 多层及高层钢结构安装工程

1. 一般规定

(1) 多层及高层钢结构安装工程可按楼层或施工段等划分为一个或若干个检验批。地下钢结构可按不同地下层划分检验批。

(2) 柱、梁、支撑等构件的长度尺寸应包括焊接收缩余量等变形值。

(3) 安装柱时，每节柱的定位轴线应从地面控制轴线直接引上，不得从下层柱的轴线引上。

(4) 结构的楼层标高可按相对标高或设计标高进行控制。

(5) 钢结构安装检验批应在进场验收和焊接连接、紧固件连接、制作等分项工程验收合格的基础上进行验收。

2. 基础和支承面

(1) 建筑物的定位轴线、基础上柱的定位轴线和标高、地脚螺栓(锚栓)的规格和位置、地脚螺栓(锚栓)紧固应符合设计要求。当设计无要求时，应符合表 2.4-73 的规定。

建筑物定位轴线、基础上柱的定位轴线和标高、地脚螺栓(锚栓)的允许偏差(mm)　　表 2.4-73

项　目	允许偏差	图　例
建筑物定位轴线	$l/20000$，且不应大于 3.0	
基础上柱的定位轴线	1.0	
基础上柱底标高	±2.0	
地脚螺栓(锚栓)位移	2.0	

(2) 多层建筑以基础顶面直接作为柱的支承面，或以基础顶面预埋钢板或支座作为柱的支承面时，其支承面、地脚螺栓（锚栓）位置的允许偏差应符合表 2.4-74 的规定。

支承面、地脚螺栓（锚栓）位置的允许偏差（mm） 表 2.4-74

项　　目		允　许　偏　差
支 承 面	标　　高	±3.0
	水 平 度	$l/1000$
地脚螺栓（锚栓）	螺栓中心偏移	5.0
	预留孔中心偏移	10.0

(3) 多层建筑采用座浆垫板时，座浆垫板的允许偏差应符合表 2.4-75 的规定。

座浆垫板的允许偏差（mm） 表 2.4-75

项　目	允许偏差	项　目	允许偏差
顶面标高	0.0～3.0	位　置	20.0
水平度	$l/1000$		

(4) 当采用杯口基础时，杯口尺寸的允许偏差应符合表 2.4-76 的规定。

杯口尺寸的允许偏差（mm） 表 2.4-76

项　目	允许偏差	项　目	允许偏差
底面标高	0.0 −5.0	杯口垂直度	$H/1000$，且不应大于 10.0
杯口深度 H	±5.0	位　置	10.0

(5) 地脚螺栓（锚栓）尺寸的允许偏差应符合表 2.4-77 的规定。地脚螺栓（锚栓）的螺纹应受保护。

地脚螺栓（锚栓）尺寸的允许偏差（mm） 表 2.4-77

项　目	允许偏差	项　目	允许偏差
螺栓（锚栓）露出长度	+30.0 0.0	螺纹长度	+30.0 0.0

3. 安装和校正

(1) 钢构件应符合设计要求和规范。运输、堆放和吊装等造成的钢构件变形及涂层脱落，应进行矫正和修补。

(2) 柱子安装的允许偏差应符合表 2.4-78 的规定。

柱子安装的允许偏差（mm） 表 2.4-78

项　目	允许偏差	图　例
底层柱柱底轴线对定位轴线偏移	3.0	

续表

项 目	允许偏差	图 例
柱子定位轴线	1.0	
单节柱的垂直度	$h/1000$，且应大于10.0	

(3) 设计要求顶紧的节点，接触面不应少于70%紧贴，且边缘最大间隙不应大于0.8mm。

(4) 钢主梁、次梁及受压杆件的垂直度和侧向弯曲矢高的允许偏差应符合表2.4-79中有关钢屋(托)架允许偏差的规定。

整体垂直度和整体平面弯曲矢高的允许偏差(mm)　　表2.4-79

项 目	允许偏差	图 例
主体结构的整体垂直度	$(H/2500+10.0)$且不应大于25.0	
主体结构的整体平面弯曲	$L/1500$，且不应大于25.0	

(5) 多层及高层钢结构主体结构的整体垂直度和整体平面弯曲矢高的允许偏差符合表2.4-80的规定。应对主要立面全部检查。对每个所检查的立面，除两列角柱外，尚应至少选取一列中间柱。对于整体垂直度，可采用激光经纬仪、全站仪测量，也可根据各节柱的垂直度允许偏差累计(代数和)计算。对于整体平面弯曲，可按产生的允许偏差累计(代数和)计算。

整体垂直度和整体平面弯曲矢高的允许偏差(mm)　　表2.4-80

项 目	允许偏差	图 例
主体结构的整体垂直度	$(H/2500+10.0)$且不应大于50.0	

续表

项 目	允 许 偏 差	图 例
主体结构的整体平面弯曲	L/1500，且不应大于25.0	

(6) 钢结构表面应干净，结构主要表面不应有疤痕、泥砂等污垢。

(7) 钢柱等主要构件的中心线及高基准点等标记应齐全。

(8) 钢构件安装的允许偏差，主体结构总高度的允许偏差应符合规范规定。

(9) 当钢构件安装在混凝土柱上时，其支座中心对定位轴线的偏差不应大于10mm；当采用大型混凝土屋面板时，钢梁（或桁架）间距的偏差不应大于10mm。

(八) 钢网架结构安装工程

1. 一般规定

(1) 钢网架结构安装工程可按变形缝、施工段或空间刚度单元划分成一个或若干检验批。

(2) 钢网架结构安装检验批应在进场验收和焊接连接、紧固件连接、制作等分项工程验收合格的基础上进行验收。

(3) 钢网架结构安装应遵照有关规定。

2. 支承面顶板和支承垫块

(1) 钢网架结构支座定位轴线的位置、支座锚栓的规格应符合设计要求。

(2) 支承面顶板的位置、标高、水平度以及支座锚栓位置的允许偏差应符合表2.4-81的规定。

支承面顶板、支座锚栓位置的允许偏差(mm)　　表 2.4-81

项 目		允 许 偏 差
支承面顶板	位 置	15.0
	顶面标高	0 −0.3
	顶面水平度	L/1000
支座锚栓	中心偏移	±5.0

(3) 支承垫块的种类、规格、摆放位置和朝向，必须符合设计要求和国家现行有关标准的规定。橡胶垫块与刚性垫块之间或不同类型刚性垫块之间不得互换使用。

(4) 网架支座锚栓的紧固应符合设计要求。

(5) 支座锚栓的紧固允许偏差应符合《钢结构工程施工质量验收规范》(GB 50205—2001)10.12.5的规定。支座锚栓的螺纹应受到保护。

3. 总拼与安装

(1) 小拼单元的允许偏差应符合表 2.4-82 的规定。

小拼单元的允许偏差(mm)　　　　　　　表 2.4-82

项　目			允　许　偏　差
节点中心偏移			2.0
焊接球节点与钢管中心的偏移			1.0
杆件轴线的弯曲			$L_1/1000$，且不应大于 5.0
锥体型小拼单元	弦杆长度		±2.0
	锥体高度		±2.0
	上弦杆对角线长度		±3.0
平面桁架型小拼单元	跨　长	≤24mm	+3.0 −7.0
		>24mm	+5.0 −10.0
	跨中高度		±3.0
	跨中拱度	设计要求起拱	±L/5000
		设计未要求起拱	+10.0

注：L_1 为杆件长度；L 为跨长。

(2) 中拼单元的允许偏差应符合表 2.4-83 的规定。

中拼单元的允许偏差(mm)　　　　　　　表 2.4-83

项　目		允　许　偏　差
单元长度≤20m，拼接长度	单　跨	±10.0
	多跨连续	±5.0
单元长度>20m，拼接长度	单　跨	±20.0
	多跨连续	±10.0

(3) 对建筑结构安全等级为一级，跨度 40m 及以上的公共建筑钢网架结构，且设计有要求时，应按下列项目进行节点承载力试验，其结果应符合以下规定：

① 焊接球节点应按设计指定规格的球及其匹配的钢管焊接成试件，进行轴心拉、压承载力试验，其试验破坏荷载值大于或等于 1.6 倍设计承载力为合格。

② 螺栓球节点应按设计指定规格的球最大螺栓孔螺纹进行抗拉强度保证荷载试验，当达到螺栓的设计承载力时，螺孔、螺纹及封板仍完好无损为合格。

(4) 钢网架结构总拼完成后及屋面工程完成应分别测量其挠度值，且所测的挠度值不应超过相应超过相应设计值的 1.15 倍。

(5) 钢网架结构安装完成后，其节点及杆件表面应干净，不应有明显的疤痕、泥砂和污垢。螺栓球节点应将所有接缝用油膨子填嵌严密，并应将多余螺孔封口。

(6) 钢网架结构安装完成后，其安装的允许偏差应符合表 2.4-84 的规定。

钢网架结构安装的允许偏差(mm) 表2.4-84

项 目	允许偏差	检验方法
纵向、横向长度	$L/2000$,且不应大于30.0 $-L/2000$,且不应大于-30.0	用钢尺实测
支座中心偏移	$L/3000$,且不应大于30.0	用钢尺和经纬仪实测
周边支承网架相邻支座高差	$L/400$,且不应大于15.0	用钢尺和水准仪实测
支座最大高差	30.0	用钢尺和水准仪实测
多点支承网架相邻支座高差	$L_1/800$,且不应大于30.0	

注:L为纵向、横向长度;L_1为相邻支座间距。

(九)压型金属板工程

1. 一般规定

(1)压型金属板的制作和安装工程可按变形缝、楼层、施工段或屋面、墙面、楼面等划分为一个或若干个检验批。

(2)压型金属板安装应在钢结构安装工程检验批质量合格后进行。

2. 压型金属制作

(1)压型金属板成型后,其基板不应有裂纹。

(2)有涂层、镀层压型金属板成型后,涂、镀层不应有肉眼可见的裂纹、剥落和擦痕等缺陷。

(3)压型金属板的尺寸允许偏差应符合表2.4-85的规定。

压型金属板的尺寸允许偏差(mm) 表2.4-85

项 目		允许偏差
波距		±2.0
波高	压型钢板 截面高度≤70	±1.5
	压型钢板 截面高度>70	±2.0
侧向弯曲	在测量长度h_1范围内	20.0

注:为测量长度,指板长扣除两端各0.5m后的实际长度(小于10m)或扣除任选的10m长度。

(4)压型金属板成型后,表面应干净,不应有明显凹凸和皱褶。

(5)压型金属板施工现场制作的允许偏差应符合表2.4-86的规定。

压型金属板施工现场制作的允许偏差(mm) 表2.4-86

项 目		允许偏差
压型金属板的覆盖宽度	截面高度≤70	+10.0,-0.2
	截面高度>70	+6.0,-2.0
板 长		±9.0
横向剪切		6.0
泛水板、包角板尺寸	板 长	±6.0
	折弯曲宽度	±3.0
	折弯曲夹角	2°

3. 压型金属板安装

(1) 压弄金属板、泛水板和包角板等应固定可靠、牢固、防腐涂料涂刷和密封材料敷设应完好,连接件数量、间距应符合设计要求和国家现行有关标准规定。

(2) 压型金属板应在支承构件上可靠搭接,搭接长度应符合设计要求,且不应小于表2.4-87所规定的数值。

压型金属板在支承构件上的搭接长度(mm)　　　　表2.4-87

项　目		搭 接 长 度
截面高度>70		375
截面高度≤70	屋面坡度<1/10	250
	屋面坡度≥1/10	200
墙　面		120

(3) 组合楼板中压型钢板与主体结构(梁)的锚固支承长度应符合设计要求,且不应小于50mm,端部锚固件连接可靠,设置位置应符合设计要求。

(4) 压型金属板安装应平整、顺直、板面不应有施工残留和污物。檐口和墙下端应吊直线,不应有未经处理的错钻孔洞。

(5) 压型金属板安装的允许偏差应符合表2.4-88的规定。

压型金属板安装的允许偏差(mm)　　　　表2.4-88

项　目		允 许 偏 差
屋　面	檐口与屋脊的平行度	12.0
	压型金属板波纹线对屋脊的垂直度	$L/800$,且不应大于25.0
	檐口相邻两块压型金属板端部错位	6.0
	压型金属板卷边板件最大波浪高	4.0
墙　面	墙板波纹线的垂直度	$H/800$,且不应大于25.0
	墙板包角板的垂直度	$H/800$,且不应大于25.0
	相邻两块压型金属板的下端错位	6.0

注:L为屋面半坡或单坡长度;H为墙面高度。

(十)钢结构涂装工程

1. 一般规定

(1) 钢结构涂装工程可按钢结构制作或钢结构安装工程检验批的划分原则划分成一个或若干个检验批。

(2) 钢结构普通涂料涂装工程应在钢结构构件组装、预拼装或钢结构安装工程检验的施工质量验收合格后进行。钢结构防火涂料涂装工程应在钢结构安装工程检验批和钢结构普通涂料涂装检验批的施工质量验收合格后进行。

(3) 漆装时的环境温度和相对湿度应符合涂料产品说明书的要求,当产品说明书无要求时,环境温度宜在5~38℃之间,相对湿度不应大于85%。漆装时构件表面不应有结露;漆装后4h内应保护免受雨淋。

2. 钢结构防腐常涂料涂料

(1) 涂装前钢材表面除锈应符合设计要求和国家现行有关标准和规定。处理后的钢材表面不应有焊渣、焊疤、灰尘、油污、水和毛刺等。当设计无要求时，钢材表面除锈等级应符合规范规定。

(2) 漆料、涂装遍数、涂层厚度均应符合设计要求。当设计对涂层厚度无要求时，涂层干漆膜总厚度：室外应为 $15\mu m$，室内应为 $125\mu m$，其允许偏差 $-25\mu m$。每遍涂层干漆膜厚度的允许偏差 $-5\mu m$。

(3) 构件表面不应误漆、漏涂，涂层不应脱皮和返锈等。涂层应均匀、无明显皱皮、流坠、针眼和气泡等。

(4) 当钢结构处在有腐蚀介质环境或外露且设计有要求时，应进行涂层附着力测试，在检测处范围内，当涂层完整程度达到70%以上时，涂层附着力达到合格质量标准的要求。

(5) 涂装完成后，构件的标志、标记和编号应清晰完整。

3. 钢结构防火涂料涂装

(1) 防火漆料涂装前钢材表面除锈及防锈底漆涂装应符合设计要求和国家现行有关标准的规定。

(2) 钢结构防火漆料的粘结强度、抗压强度应符合国家现行标准《钢结构防火漆料应用技术规程》CECS 24：90 规定。检验方法应符合现行国家标准《建筑构件防火喷涂材料性能试验方法》GB 9978 的规定。

(3) 薄涂型防火涂料的涂层厚度应符合有关耐火极限的设计要求。厚漆型防火涂料涂层的厚度，80%及以上面积应符合有关耐火极限的设计要求，且最薄处厚度不应低于设计要求的85%。

(4) 薄涂型防火漆料漆层表面裂纹宽度不应大于 0.5mm；厚涂型防火漆料涂层表面裂宽度不应大于 1mm。

(5) 防火漆料漆装基层不应有油污、灰尘和泥砂等污垢。

(6) 防火漆料不应有误涂、漏涂、涂层应闭合无脱层、空鼓、明显凹陷、粉化松散和浮浆等外观缺陷，乳突已剔除。

(十一) 钢结构分部工程竣工验收

1. 根据现行国家标准规定，钢结构作为主体结构之一应按子分部工程竣工验收；当主体结构均为钢结构时应按分部工程竣工验收。

2. 钢结构分部工程有关安全及功能的检验和见证检测项目检验应在其分项工程验收合格后进行。

3. 钢结构分部工程有关观感质量检验应按有关规定执行。

4. 钢结构分部工程合格质量标准应符合下列规定：

(1) 各分项工程合格质量标准；

(2) 质量控制资料和文件应写整齐；

(3) 有关安全及功能的检验和见证检测结果应符合相应合格质量标准的要求；

(4) 有关观感质量应符合相应合格质量标准的要求。

5. 钢结构工程竣工验收时，应提供下列文件和记录：

(1) 钢结构工程竣工图纸及相关设计文件；

(2) 施工现场质量管理检查记录；

(3) 有关安全及功能的检验和见证检测项目检查记录；

(4) 有关观感质量检验项目检查记录;
(5) 分部工程所含各分项目工程质量验收记录;
(6) 分项工程所含各检验批质量验收记录;
(7) 强制性条文检验项目检查记录及证明文件;
(8) 隐蔽工程检验项目检查验收记录;
(9) 原材料、成品质量合格证明文件、中文标志及性能检测报告;
(10) 不合格项的处理记录及验收记录;
(11) 重大质量、技术问题实施及验收记录;
(12) 其他有关文件和记录。

第六节 木结构工程

一、材料要求

(一) 方木和原木结构

1. 方木和原木结构包括齿连接的方木、板材或原木屋架,屋面木骨架及上弦横向支撑组成的木屋盖,支承在砖墙、砖柱或木柱上。

2. 木构件的含水量水率(含水率为木构件全截面的平均值)应满足下列要求:

(1) 原木或方木结构应不大于25%;
(2) 板材结构及受拉构件的连接板应不大于18%;
(3) 通风条件较差的木构件应不大于20%。

3. 方木、板材及原木构件的木材缺陷限值应满足表2.4-89规定。

承重木结构方木材质标准　　　　　　　　表2.4-89

项次	缺陷名称	木材等级		
		I_a	II_a	III_a
		受拉构件或拉弯构件	受拉构件或压弯构件	受压构件
1	腐朽	不允许	不允许	不允许
2	木节: 在构件任一面任何150mm长度上所有木节尺寸的总和,不得大于所在面宽的	1/3 (连接部位为1/4)	2/5	1/2
3	斜纹:斜率不大于(%)	5	8	12
4	裂缝: 1) 在连接的受剪面上 2) 在连接部位的受剪面附近,其裂缝深度(有对面裂缝时用两者之和不得大于木宽的	不允许 1/4	不允许 1/3	不允许 不限
5	髓心	应避开受剪面	不限	不限

注:1. I_a等材不允许有死节,II_a、III_a等材允许有死节(不包括发展中的腐朽节),对于II_a等材直径不应大于20mm,且每延米中不得多于1个,对于III_a等材直径不应大于50mm,每延米中不得多于2个。

2. I_a等材不允许有虫眼,II_a、III_a等材允许有表层的虫眼。

3. 木节尺寸按垂直于构件长度方向测量。木节表现为条状时,在条状的一面不量;直径小于10mm的木节不计。

(二)胶合木结构

1. 木材缺陷和加工缺陷应满足下列要求:

(1) 不允许存在裂缝、涡纹及树脂条纹;

(2) 木节距指端的净距不应小于木节直径的3倍;

(3) I_c和I_{ct}级木板不允许有缺指或坏指,II_c和III_c级木板的缺指或坏指的宽度不得超过允许木节尺寸的1/3;

(4) 在指长范围内及离指根75mm的距离内,允许存在钝棱或边缘缺损,但不得超过两个角,且任一角的钝棱面积不得大于木板正常截面面积的1%。

2. 根据胶合木构件对层板目测等级的要求,按表2.4-90的规定检查木材缺陷的限值。

层板材质标准 表2.4-90

项次	缺陷名称	木材等级		
		I_b与I_{bt}	II_b	III_b
1	腐朽,压损,严重的压应木,大量含树脂的木板,宽面上的漏刨	不允许	不允许	不允许
2	木节: 1) 突出于板面的木节 2) 在层板较差的宽面任何200mm长度上所有木节尺寸的总和不得大于构件面宽的	不允许 1/3	不允许 2/5	不允许 1/2
3	斜纹:斜率不大于(%)	5	8	15
4	裂缝: 1) 含树脂的振裂 2) 窄面的裂缝(有对面裂缝时,用两者之和)深度不得大于构件面宽的 3) 宽面上的裂缝(含劈裂、振裂)深$b/8$,长$2b$,若贯穿板厚而平行于板边长1/2	不允许 1/4 允许	不允许 1/3 允许	不允许 不限 允许
5	髓心	不允许	不限	不限
6	翘曲、顺弯或扭曲≤4/1000,横弯≤2/1000,树脂条纹宽≤$b/12$,长≤l/b,干树脂囊宽3mm,长<b,木板侧边漏刨长3mm,刃具撕伤木纹,变色但不变质,偶尔的小虫眼或分散的针孔状虫眼,最后加工能修整的微小损棱	允许	允许	允许

注:1. 木节是指活节、健康节、紧节、松节及节孔;

2. b—木板(或拼合木板)的宽度;l—木板的长度;

3. I_{bt}级层位于梁受拉区外层时在较差的宽面任何200mm长度上所有木节尺寸的总和不得大于构件面宽的1/4,在表面加工后距板边13mm的范围内,不允许存在尺寸大于10mm的木节及撕伤木纹;

4. 构件截面宽度方向由两块木板拼合时,应按撕合后的宽度定级。

3. 胶合板每层单板的缺陷应满足表2.4-91的限值。

胶合板每层单板的缺陷限值 表 2.4-91

缺 陷 特 征	缺 陷 尺 寸
实心缺陷：木节	垂直木纹方向不得超过 76
空心缺陷：节孔或其他	垂直木纹方向不得超过 76
劈裂、离缝、缺损或钝棱	$l<400$，垂直木纹方向不得超过 40 $400 \leqslant l \leqslant 800$，垂直木纹方向不得超过 30 $l>800$，垂直木纹方向不得超过 25
上、下面板过窄或过短	沿板的某一侧边或某一端头不超过 4，其长度不超过板材的长度或宽度的一半
与上、下面板相邻的总板过窄或过短	$\leqslant 4 \times 200$

注：l——缺陷长度。

（三）轻型木结构

轻型木结构是由锚固在条形基础上，用规格材作墙骨，木基结构板材做面板的框架墙承重，支承规格材组合梁或层板胶合梁作主梁或屋脊梁，规格材作搁栅、椽条与木基结构板材构成的楼盖和屋盖，并加必要的剪力墙和支撑系统。

1. 规格材的应力等级检验应满足下列要求：

（1）对于每个树种、应力等级、规格尺寸至少应随机抽取 15 个足尺试件进行侧立受弯试验，测定抗弯强度。

（2）根据全部试验数据统计分析后求得的抗弯强度设计值应符合规定。

2. 规格材的材质应满足表 2.4-92 的规定，木材含水率应不大于 18%。所用的普通圆钉的最小屈服强度应符合设计要求。

轻型木结构用规格材材质标准 表 2.4-92

项次	缺 陷 名 称	材 质 等 级		
		I_c	II_c	$I\ II_c$
1	振裂和干裂	允许个别长度不超过 600mm，不贯通，如贯通，参见劈裂要求		贯通：600mm 长；不贯通：900mm 长或不超过 1/4 构件长；干裂：无限制贯通干裂参见劈裂要求
2	漏刨	构件的 10%轻度漏刨		轻度漏刨不超过构件的 5%，包含长达 600mm 的散布漏刨，或重度漏刨
3	劈裂	$b/6$		$1.5b$
4	斜纹：斜率不大于（%）	8	10	12
5	钝棱	$h/4$ 和 $b/4$，全长或等效如果每边的钝棱不超过 $h/2$ 或 $3/b$，$L/4$		$h/3$ 和 $b/3$，全长或等效，如果每边钝棱不超过 $2h/3$ 或 $b/2$，$L/4$
6	针孔虫眼	每 25mm 的节孔允许 48 个针孔虫眼，以最差材面为准		
7	大虫眼	每 25mm 的节孔允许 12 个 6mm 的大虫眼，以最差材面为准		

续表

项次	缺陷名称	材质等级		
		I_c	II_c	$I\ II_c$
8	腐朽—材心	不允许	不允许	当 $h>40mm$ 时不允许，否则 $h/3$ 或 $b/3$
9	腐朽—白腐	不允许	不允许	1/3 体积
10	腐朽—蜂窝腐	不允许	不允许	1/6 材宽—坚实
11	腐朽—局部片状腐	不允许	不允许	1/6 材宽
12	腐朽—不健全材	不允许	不允许	最大尺寸 $b/12$ 和 50mm 长，或等效的多个小尺寸
13	扭曲，横弯和顺弯	1/2 中度		轻度

（四）木结构的防护

1. 防护剂应具有其下列使用范围：

（1）混合防腐油和五氯酚只用于与地（或土壤）接触的房屋构件防腐和防虫，应用两层可靠的包皮密封，不得用于居住建筑的内部和农用建筑的内部，以防与人畜直接接触；并不得用与储存食品的房屋或能与饮用水接触的处所。

（2）含砷的无机盐可用于居住、商业或工业房屋的室内，只需在构件处理完毕后将所有的浮尘除干净，但不得用于储存食品的房屋或能与饮用水接触的处所。

2. 木构件需做阻燃处理时，应符合下列规定：

（1）阻燃剂的配方和处理方法应遵照国家标准《建筑设计防火规范》GB 50016 和设计对不同用途和截面尺寸的木构件耐火极限要求选用，但不得采用表面涂刷法。

（2）对于长期暴露在潮湿环境中的木构件，经过防火处理后，尚应进行防水处理。

二、施工技术要求

（一）方木和原木结构

1. 木结构工程采用的木材（含规格材、木基结构板材）、钢构件和连接件、胶合剂及层板胶合木构件、器具及设备应进行现场验收。凡涉及安全、功能的材料或产品应按本规范或相应的专业工程质量验收规范的规定复验，并应经监理工程师（建设单位技术负责人）检查认可。

2. 各工序应按施工技术标准控制质量，每道工序完成后，应进行检查。

3. 木桁架、木梁（含檩条）及木柱制作的允许偏差应该符合表 2.4-93 规定。

木桁架、梁、柱制作的允许偏差　　　　　表 2.4-93

项次	项目		允许偏差(mm)	检验方法
1	构件截面尺寸	方木构件高度、宽度板材厚度、宽度原木构件梢径	−3 −2 −5	钢尺量

续表

项次	项 目		允许偏差(mm)	检 验 方 法
2	结构长度	长度不大于15m	±10	钢尺量桁架支座节点中心间距梁、柱全长(高)
		长度不大于15m	±15	
3	桁架高度	跨度不大于15m	±10	钢尺量脊节点中心与下弦中心距离
		跨度不大于15m	±15	
4	受压或压弯构件纵向弯曲	方木构件	$L/500$	拉线钢尺量
		原木构件	$L/200$	
5	弦杆节点间距		±15	钢尺量
6	齿连接刻槽深度		±15	
7	支座节点受剪面	长 度	−10	
		宽度 方木	−3	
		宽度 原木	−4	
8	螺栓中心间距	进孔处	±0.2d	钢尺量
		出孔处 垂直木纹方向	±0.2d 且不大于4B/100	
		出孔处 顺木纹方向	±1d	
9	钉进孔处的中心间距		±1d	
10	桁架起拱		+20 −10	以两支座节点下弦中心线为准，拉一水平线，用钢尺量跨中下弦中心线与拉线之间距离

注：d 为螺栓或钉的直径；L 为构件长度；B 为板束总厚度。

4. 木桁架、梁、柱安装的允许偏差应符合表2.4-94的规定。

木桁架、梁、柱安装的允许偏差　　　　　　　表2.4-94

项目	项 目	允许偏差(mm)	检 验 方 法
1	结构中心线的间距	+20	钢尺量
2	垂直度	$H/200$ 且不大于15	吊线钢尺量
3	受压或压弯构件纵向弯曲	$L/300$	吊(拉)线钢尺量
4	支座轴线对支承面中心位移	10	钢尺量
5	支座标高	+5	用水准仪

注：H 为桁架、柱的高度；L 为构件长度。

5. 屋面木骨架的安装允许偏差应符合表2.4-95的规定。木屋盖上弦平面横向支撑设置的完整性应按设计文件检查。

屋面木骨架的安装允许偏差　　　　　　　表2.4-95

项次	项 目		允许偏差(mm)	检 验 方 法
1	檩条、椽条	方木截面	−2	钢 尺 量
		原木梢径	−5	钢尺量，椭圆时取大小径的平均值
		间 距	−10	钢 尺 量
		方木上表面平直	4	沿坡拉线钢尺量
		原木上表面平直	7	

续表

项次	项 目		允许偏差(mm)	检 验 方 法
2	油毡搭接宽度		-10	钢尺量
3	挂瓦条间距		±5	
4	封山、封檐板平直	下边缘	5	拉10m线,不足10m拉通线钢尺量
		表 面	8	

（二）胶合木结构

1. 胶缝应检验完整性，并应按照表2.4-96规定胶缝脱胶试验方法进行。对于每个树种、胶种、工艺过程至少应检验5个全截面试件。胶缝脱胶试验的脱胶面积与试验方法及循环次数有关。

胶缝脱胶试验方法　　　　　　　　　　　　　表 2.4-96

使用条件类别[1]	1		2		3
胶的型号[2]	Ⅰ	Ⅱ	Ⅰ	Ⅱ	Ⅰ
试验方法[1]	A	C	A	C	A

注：1. 层板胶合木的使用条件根据气候环境分为3类：1类——空气温度达到20，相对湿度每年有2~3周超过65%，大部分软质树种木材的平均平衡含水率不超过12%；2类——空气温度达到20℃，相对湿度每年有2~3周超过85%，大部分软件树中木材的平均含水率超过20%；3类——导致木材的平均含水率超过20%的气候环境，或木材处于室外无遮盖的环境中。

2. 胶的型号有Ⅰ型和Ⅱ型两种：Ⅰ型可用于各类使用条件下的结构构件（当选用间苯二酚树脂胶或酚醛间苯二酚树脂胶时，结构构件温度应低于85℃）；Ⅱ型只能用于1类或2类使用条件，结构构件温度应经常低于50℃（可选用三聚氰胺脲醛树脂胶）。

2. 胶合木的表面加工的截面允许偏差：宽度为±0.2mm；高度为±0.6mm；规方为以承载处的截面为准，最大的偏离为1/200。

（三）轻型木结构

轻型木结构框架各种构件的钉连接、墙面板和屋面板与框架构的钉连接及屋脊无支座时椽条与搁栅的钉连接均应符合设计要求。圆钉作为轻型木结构的主要连接件，其屈服强度应符合设计要求，并且在各种不同的部位圆钉的长度和数量（或最大间距）亦应符合设计要求。

（四）木结构的防护

为确保木结构达到设计要求的使用年限，应根据使用环境和所使用的树种耐腐或抗虫蛀的性能，确定是否采用防护措施进行处理。

用水深性防护剂处理后的木材，包括层板胶合木、胶合板及结构复合木材均应重新干燥到使用环境所要求的含水率；各种木构件都应将其含水率必定远高于规定的含水率，因此必须重新干燥；木结构防腐的构造措施、防火的构造措施，应符合设计文件的要求。

第七节　建筑装饰装修工程

一、一般装饰装修工程

（一）装饰装修工程的种类、特点以及主要装饰材料的品种。

装饰装修工程分为地面工程、抹灰工程、门窗工程、吊顶工程、轻质隔墙工程、饰面板(砖)工程、幕墙工程、涂饰工程、裱糊与软包工程、细部工程等。

装饰装修的特点是为保护建筑物的主体结构、完善建筑物的使用功能和美化建筑物，采用装饰装修材料或饰物，对建筑物的内外表面及空间进行的各种处理。

主要的装饰装修材料品种有：饰面石材、陶瓷材料、木地板、玻璃、涂料、金属材料、人造板及壁纸、壁布等。

(二) 装饰装修对基层的要求与处理规定

1. 基层必须坚实干净，表面平整、立面垂直、接缝顺直，边角方正、尺寸精确。

2. 新建筑物的混凝土或抹灰层基层在刮腻子前应涂刷抗碱封闭底漆。

3. 旧墙面在涂饰涂料、裱糊前应清除疏松的旧装修层，并涂刷界面剂。

4. 混凝土或抹灰基层涂刷溶剂型涂料、裱糊时，含水率不得大于8%；涂刷乳液型涂料时，含水率不得大于10%；木材基层的含水率不得大于12%。

5. 基层腻子应平整、坚实、牢固，无粉化、起皮和裂缝；内墙腻子的粘结强度应符合《建筑室内用腻子》(JG/T 3049)的规定。

6. 以涂料为饰面的金属板基层表面，不得有油污、锈斑、鱼鳞皮、焊渣和毛刺。

7. 以金属网做抹灰基层时必须钉牢固、钉平，不得有翘边，基层灰与基体间粘结必须牢固，不得有脱层、空鼓及裂缝。

8. 以胶合板、纸面石膏板为基层时，表面应洁净、光滑，割面整齐，接缝严密、无台阶，与骨架紧贴牢固。

(三) 不同装饰工程的施工要求和构造做法

1. 抹灰工程

(1) 外墙抹灰工程施工前应先安装钢木门窗框、护栏等，并应将墙上的施工孔洞堵塞密实。

(2) 抹灰用的石灰膏的熟化期不应少于15d；罩面用的磨细石灰粉的熟化期不应少于3d。

(3) 室内墙面、柱面和门洞口的阳角做法应符合设计要求。设计无要求时，应采用1：2水泥砂浆做护角，其高度不应低于2m，每侧宽度不应小于50mm。

(4) 当要求抹灰层具有防水、防潮功能时，应采用防水砂浆。

(5) 各种砂浆抹灰层，在凝结前应防止快干、水冲、撞击、振动和受冻，在凝结后应采取措施防止沾污和损坏。水泥砂浆抹灰层应在湿润条件下养护。

(6) 外墙和顶棚的抹灰层与基层之间及各抹灰层之间必须粘结牢固。

2. 门窗工程

(1) 门窗安装前，应对门窗洞口尺寸进行检验。

(2) 金属门窗和塑料门窗安装应采用预留洞口的方法施工，不得采用边安装边砌口或先安装后砌口的方法施工。

(3) 木门窗与砖石砌体、混凝土或抹灰层接触处应进行防腐处理并应设置防潮层；埋入砌体或混凝土中的木砖应进行防腐处理。

(4) 当金属窗或塑料窗组合时，其拼樘料的尺寸、规格、壁厚应符合设计要求。

(5) 建筑外门窗的安装必须牢固。在砌体上安装门窗严禁用射钉固定。

3. 吊顶工程

(1) 安装龙骨前,应按设计要求对房间净高、洞口标高和吊顶内管道、设备及其支架的标高进行交接检验。

(2) 吊顶工程的木吊杆、木龙骨和木饰面板必须进行防火处理,并应符合有关设计防火规范的规定。

(3) 吊顶工程中的预埋件、钢筋吊杆和型钢吊杆应进行防锈处理。

(4) 安装饰面板前应完成吊顶内管道和设备的调试及验收。

(5) 吊杆距主龙骨端部距离不得大于 300mm,当大于 300mm 时,应增加吊杆。当吊杆长度大于 1.5m 时,应设置反支撑。当吊杆与设备相遇时,应调整并增设吊杆。

(6) 重型灯具、电扇及其他重型设备严禁安装在吊顶工程的龙骨上。

4. 轻质隔墙工程

(1) 轻质隔墙与顶棚或其他材料墙体的交接处容易出现裂缝,因此,要求轻质隔墙的这些部位要采取防裂缝的措施。

(2) 民用建筑轻质隔墙工程的隔声性能应符合现行国家标准《民用建筑隔声设计规范》(GBJ 118)的规定。

5. 饰面板(砖)工程

(1) 外墙饰面贴前和施工过程中,均应在相同基层上做样板件,并对样板件的饰面砖粘结强度进行检验,其检验方法和结果判定应符合《建筑工程饰面砖粘结强度检验标准》(JGJ 110)的规定。

(2) 饰面板(砖)工程的抗震缝、伸缩缝、沉降缝等部位的处理应保证缝的使用功能和饰面的完整性。

6. 幕墙工程

(1) 幕墙及其连接件应具有足够的承载力、刚度和相对于主体结构的位移能力。幕墙构架立柱的连接金属角码与其他连接件应采用螺栓连接,并应有防松动措施。

(2) 隐框、半隐框幕墙所采用的结构粘结材料必须是中性硅酮结构密封胶,其性能必须符合《建筑用硅酮结构密封胶》(GB 16776)的规定;硅酮结构密封胶必须在有效期内使用。

(3) 立柱和横梁等主要受力构件,其截面受力部分的壁厚应经计算确定,且铝合金型材壁厚不应小于 3.0mm,钢型材壁厚不应小于 3.5mm。

(4) 隐框、半隐框幕墙构件中板材与金属框之间硅酮结构密封胶的粘结宽度,应分别计算风荷载标准值和板材自重标准值作用下硅酮结构密封胶的粘结宽度,并取其较大值,且不得小于 7.0mm。

(5) 硅酮结构密封胶应打注饱满,并应在温度 15~30℃、相对湿度 50% 以上、洁净的室内进行;不得在现场墙上打注。

(6) 幕墙的防火除应符合现行国家标准《建筑设计防火规范》(GBJ 16)和《高层民用建筑设计防火规范》(GB 50045)的有关规定外,还应符合下列规定:

① 应根据防火材料的耐火极限决定防火层的厚度和宽度,并应在楼板处形成防火带。

② 防火层应采取隔离措施。防火层的衬板应采用经防腐处理且厚度不小于 1.5mm 的钢板,不得采用铝板。

③ 防火层的密封材料应采用防火密封胶。

④ 防火层与玻璃不应直接接触，一块玻璃不应跨两个防火分区。

(7) 主体结构与幕墙连接的各种预埋件，其数量、规格、位置和防腐处理必须符合设计要求。

(8) 幕墙的金属框架与主体结构预埋件的连接、立柱与横梁的连接及幕墙面板的安装必须符合设计要求，安装必须牢固。

(9) 单元幕墙连接处和吊挂处的铝合金型材的壁厚应通过计算确定，并不得小于 5.0mm。

(10) 幕墙的金属框架与主体结构应通过预埋件连接，预埋件应在主体结构混凝土施工时埋入，预埋件的位置应准确。当没有条件采用预埋件连接时，应采用其他可靠的连接措施，并应通过试验确定其承载力。

(11) 主柱应采用螺栓与角码连接，螺栓直径应经过计算，并不应小于 10mm。不同金属材料接触时应采用绝缘垫片分隔。

(12) 幕墙的抗震缝、伸缩缝、沉降缝等部位的处理应保证缝的使用功能和饰面的完整性。

7. 涂饰工程

(1) 涂饰工程的基层处理应符合下列要求：

① 新建筑物的混凝土或抹灰层基层在涂饰涂料前应涂刷抗碱封闭底漆。

② 旧墙面在涂饰涂料前应清除疏松的旧装修层，并涂刷界面剂。

③ 混凝土或抹灰基层涂刷溶剂型涂料时，含水率不得大于 8%；涂刷乳液型涂料时，含水率不得大于 10%。木材基层的含水率不得大于 12%。

④ 基层腻子应平整、坚实、牢固，无粉化、起皮和裂缝；内墙腻子的粘结强度应符合《建筑室内用腻子》(JG/T 3049)的规定。

⑤ 厨房、卫生间墙面必须使用耐水腻子。

(2) 水性涂料涂饰工程施工的环境温度应在 5~35℃ 之间。

8. 裱糊与软包工程

(1) 裱糊前，基层处理质量应达到下列要求：

① 新建筑物的混凝土或抹灰基层墙面在刮腻子前应涂刷抗碱封闭底漆。

② 旧墙面在裱糊前应清除疏松的旧装修层，并涂刷界面剂。

③ 混凝土或抹灰基层含水率不得大于 8%；木材基层的含水率不得大于 12%。

④ 基层腻子应平整、坚实、牢固，无粉化、起皮和裂缝；腻子的粘结强度应符合《建筑室内用腻子》(JG/T 3049)N 型的规定。

⑤ 基层表面平整度、立面垂直度及阴阳角方正应达到规范 GB 50210—2001 第 4.2.11 条高级抹灰的要求。

⑥ 基层表面颜色应一致。

⑦ 裱糊前应用封闭底胶涂刷基层。

(2) 裱糊后各幅拼接应横平竖直，拼接处花纹、图案应吻合，不离缝，不搭接，不显拼缝。

(3) 壁纸、墙布应粘贴牢固，不得有漏贴、补贴、脱层、空鼓和翘边。

9. 细部工程

(1) 材料的材质和规格、木材的燃烧性能等级和含水率、花岗石的放射性及人造木板的甲醛含量应符合设计要求及国家现行标准的有关规定。

(2) 造型、尺寸、安装位置、制作和固定方法应符合设计要求。安装必须牢固。

(四) 外墙装饰的防水措施，墙面、顶面的防裂措施

1. 外墙装饰的防水措施

外部涂刷防水涂料或外贴石材等防水耐久的材料，墙体交接处应用弹性膨胀防水材料嵌缝。

2. 墙面、顶面的防裂措施

在缝隙处嵌塞弹性材料，抹平整后粘贴织物绷带，然后批灰打磨，进行面层处理。双层饰面材料的，内外两层材料的接缝应错开。

(五) 装饰装修材料的质量标准及检验要求

1. 建筑装饰装修工程所用材料的品种、规格和质量应符合设计要求和国家现行标准的规定。当设计无要求时应符合国家现行标准的规定。严禁使用国家明令淘汰的材料。

2. 建筑装饰装修工程所用材料的燃烧性能应符合现行国家标准《建筑内部装修设计防火规范》(GB 50222)、《建筑设计防火规范》(GBJ 16)和《高层民用建筑设计防火规范》(GB 50045)的规定。

3. 建筑装饰装修工程所用材料应符合国家有关建筑装饰装修材料有害物质限量标准的规定。

4. 所有材料进场时应对品种、规格、外观和尺寸进行验收。材料包装应完好，应有产品合格证书、中文说明书及相关性能的检测报告；进口产品应按规定进行商品检验。

5. 进场后需要进行复验的材料种类及项目应符合规范各章的规定。同一厂家生产的同一品种、同一类型的进场材料应至少抽取一组样品进行复验，当合同另有约定时应按合同执行。

6. 当国家规定或合同约定应对材料进行见证检测时，或对材料的质量发生争议时，应进行见证检测。

7. 建筑装饰装修工程所使用的材料应按设计要求进行防火、防腐和防虫处理。

(六) 后置埋件、外墙饰面砖粘贴的抗拉强度检测

1. 后置埋件的现场拉拔强度必须符合设计要求。饰面板安装必须牢固。

2. 外墙饰面贴前和施工过程中，均应在相同基层上做样板件，并对样板件的饰面砖粘结强度进行检验，其检验方法和结果判定应符合《建筑工程饰面砖粘结强度检验标准》(JGJ 110)的规定。

(七) 装饰装修工程的质量标准、质量缺陷及检验方法

1. 一般抹灰

(1) 抹灰前基层表面的尘土、污垢、油渍等应清除干净，并应洒水润湿。

检验方法：检查施工记录。

(2) 一般抹灰所用材料的品种和性能应符合设计要求。水泥的凝结时间和安定性复验应合格。砂浆的配合比应符合设计要求。

检验方法：检查产品合格证书、进场验收记录、复验报告和施工记录。

(3) 抹灰工程应分层进行。当抹灰总厚度大于或等于35mm时，应采取加强措施。不

同材料基体交接处表面的抹灰，应采取防止开裂的加强措施，当采用加强网时，加强网与各基体的搭接宽度不应小于100mm。

检验方法：检查隐蔽工程验收记录和施工记录。

（4）抹灰层与基层之间及各抹灰层之间必须粘结牢固，抹灰层应无脱层、空鼓，面层应无爆灰和裂缝。

检验方法：观察；用小锤轻击检查；检查施工记录。

（5）一般抹灰工程质量的允许偏差和检验方法应符合表2.4-97的规定。

一般抹灰的允许偏差和检验方法　　　　　　　　表 2.4-97

项次	项目	允许偏差		检验方法
		普通抹灰	高级抹灰	
1	立面垂直度	4	3	用2m垂直检测尺检查
2	表面平整度	4	3	用2m靠尺和塞尺检查
3	阴阳角方正	4	3	用直角检测尺检查
4	分格条(缝)直线度	4	3	用5m线，不足5m拉通线，用钢直尺检查
5	墙裙、勒脚上口直线度	4	3	拉5m线，不足5m拉通线，用钢直尺检查

2. 木门窗工程

（1）木门窗的木材品种、材质等级、规格、尺寸、框扇的线型及人造木板的甲醛含量应符合设计要求。设计未规定材质等级时，所用木材的质量应符合《建筑装饰装修工程质量验收规范》(GB 50210—2001)附录 A 的规定。

检验方法：观察；检查材料进场验收记录和复验报告。

（2）木门窗应采用烘干的木材，含水率应符合《建筑木门、木窗》(JG/T 122)的规定。

检验方法：检查材料进场验收记录。

（3）木门窗的防火、防腐、防虫处理应符合设计要求。

检验方法：观察；检查材料进场验收记录。

（4）木门窗的结合处和安装配件处不得有木节或已填补的木节。木门窗如有允许限值以内的死节及直径较大的虫眼时，应用同一材质的木塞加胶填补。对于清漆制品，木塞的木纹和色泽应与制品一致。

检验方法：观察。

（5）门窗框和厚度大于50mm的门窗扇应用双榫连接。榫槽应采用胶料严密嵌合，并应用胶楔加紧。

检验方法：观察；手扳检查。

（6）胶合板门、纤维板门和模压门不得脱胶。胶合板不得刨透表层单板，不得有戗槎。制作胶合板门、纤维板门时，边框和横楞应在同一平面上，面层、边框及横楞应加压胶结。横楞和上、下冒头应各钻两个以上的透气孔，透气孔应通畅。

检验方法：观察。

（7）木门窗的品种、类型、规格、开启方向、安装位置及连接方式应符合设计要求。

检验方法：观察；尺量检查；检查成品门的产品合格证书。

(8) 木门窗框的安装必须牢固。预埋木砖的防腐处理、木门窗框固定点的数量、位置及固定方法应符合设计要求。

检验方法：观察；手扳检查；检查隐蔽工程验收记录和施工记录。

(9) 木门窗扇必须安装牢固，并应开关灵活，关闭严密，无倒翘。

检验方法：观察；开启和关闭检查；手扳检查。

(10) 木门窗配件的型号、规格、数量应符合设计要求，安装应牢固，位置应正确，功能应满足使用要求。

检验方法：观察；开启和关闭检查；手扳检查。

(11) 木门窗制作的允许偏差和检验方法应符合表 2.4-98 的规定。

木门窗制作的允许偏差和检验方法 表 2.4-98

项次	项 目	构件名称	允许偏差		检 验 方 法
			普通	高级	
1	翘曲	框	3	2	将框、扇平放在检查平台上，用塞尺检查
		扇	2	2	
2	对角线长度差	框、扇	3	2	用钢尺检查，框量裁口里角，扇量外角
3	表面平整度	扇	2	2	用1m靠尺和塞尺检查
4	高度、宽度	框	0；-2	0；-1	用钢尺检查，框量裁口里角，扇量外角
		扇	+2；0	+1；0	
5	裁口、线条结合处高低差	框、扇	1	0.5	用钢直尺和塞尺检查
6	相邻棂子两端间距	扇	2	1	用钢直尺检查

(12) 木门窗安装的留缝限值、允许偏差和检验方法应符合表 2.4-99 的规定。

木门窗安装的留缝限值、允许偏差和检验方法 表 2.4-99

项次	项 目	留缝限值(mm)		允许偏差(mm)		检 验 方 法
		普通	高级	普通	高级	
1	门窗槽口对角线长度差	—	—	3	2	用钢尺检查
2	门窗框的下、侧面垂直度	—	—	2	1	用1m垂直检测尺检查
3	框与扇、扇与扇接缝高低差	—	—	2	1	用钢直尺和塞尺检查
4	门窗扇对口缝	1~2.5	1.5~2	—	—	用塞尺检查
5	工业厂房双扇大门对口缝	2~5	—	—	—	
6	门窗扇与上框间留缝	1~2	1~1.5	—	—	
7	门窗扇与侧框间留缝	1~2.5	1~1.5	—	—	
8	窗扇与下框间留缝	2~3	2~2.5	—	—	
9	门扇与下框间留缝	3~5	3~4	—	—	
10	双层门窗内外框间距	—	—	4	3	用钢尺检查

续表

项次	项 目		留缝限值(mm)		允许偏差(mm)		检 验 方 法
			普通	高级	普通	高级	
11	无下框时门扇与地面间留缝	外门	4~7	5~6	—	—	用塞尺检查
		内门	5~8	6~7	—	—	
		卫生间门	8~12	8~10	—	—	
		厂房大门	10~20	—	—	—	

3. 金属门窗安装工程

(1) 金属门窗的品种、类型、规格、尺寸、性能、开启方向、安装位置、连接方式及铝合金门窗的型材壁厚应符合设计要求。金属门窗的防腐处理及填嵌、密封处理应符合设计要求。

检验方法：观察；尺量检查；检查产品合格证书、性能检测报告、进场验收记录和复验报告；检查隐蔽工程验收记录。

(2) 金属门窗框和副框的安装必须牢固。预埋件的数量、位置、埋设方式、与框的连接方式必须符合设计要求。

检验方法：手扳检查；检查隐蔽工程验收记录。

(3) 金属门窗扇必须安装牢固，并应开关灵活、关闭严密，无倒翘。推拉门窗必须有防脱落措施。

检验方法：观察；开启和关闭检查；手扳检查。

(4) 金属门窗配件的型号、规格、数量应符合设计要求，安装应牢固，位置应正确，功能应满足使用要求。

检验方法：观察；开启和关闭检查；手扳检查。

(5) 钢门窗安装的留缝限值、允许偏差和检验方法应符合表 2.4-100 的规定。

钢门窗安装的留缝限值、允许偏差和检验方法　　表 2.4-100

项次	项 目		留缝限值(mm)	允许偏差(mm)	检验方法
1	门窗槽口宽度、高度	≤1500mm	—	2.5	用钢尺检查
		>1500mm	—	3.5	
2	门窗槽口对角线长度差	≤2000mm	—	5	用钢尺检查
		>2000mm	—	6	
3	门窗框的正、侧面垂直度		—	3	用1m垂直检测尺检查
4	门窗横框的水平度		—	3	用1m水平尺和塞尺检查
5	门窗横框标高		—	5	用钢尺检查
6	门窗竖向偏离中心		—	4	用钢尺检查
7	双层门窗内外框间距		—	5	用钢尺检查
8	门窗框、扇配合间隙		≤2	—	用塞尺检查
9	无下框时门扇与地面间留缝		4~8	—	用塞尺检查

(6) 铝合金门窗安装的允许偏差和检验方法应符合表 2.4-101 的规定。

铝合金门窗安装的允许偏差和体验方法　　　　　　　　　　　表 2.4-101

项次	项 目		允许偏差(mm)	检 验 方 法
1	门窗槽口宽度、高度	≤1500mm	1.5	用钢尺检查
		>1500mm	2	
2	门窗槽口对角线长度差	≤2000mm	3	用钢尺检查
		>2000mm	4	
3	门窗框的正、侧面垂直度		2.5	用垂直检测尺检查
4	门窗横框的水平度		2	用1m水平尺和塞尺检查
5	门窗横框标高		5	用钢尺检查
6	门窗竖向偏离中心		5	用钢尺检查
7	双层门窗内外框间距		4	用钢尺检查
8	推拉门窗扇与框搭接量		1.5	用钢直尺检查

(7) 涂色镀锌钢板门窗安装的允许偏差和检验方法应符合表 2.4-102 的规定。

涂色镀锌钢板门窗安装的允许偏差和检验方法　　　　　　　　表 2.4-102

项次	项 目		允许偏差(mm)	检 验 方 法
1	门窗槽口宽度、高度	≤1500mm	2	用钢尺检查
		>1500mm	3	
2	门窗槽口对角线长度差	≤2000mm	4	用钢尺检查
		>2000mm	5	
3	门窗框的正、侧面垂直度		3	用垂直检测尺检查
4	门窗横框的水平度		3	用1m水平尺和塞尺检查
5	门窗横框标高		5	用钢尺检查
6	门窗竖向偏离中心		5	用钢尺检查
7	双层门窗内外框间距		4	用钢尺检查
8	推拉门窗扇与框搭接量		2	用钢直尺检查

4. 塑料门窗安装工程

(1) 塑料门窗的品种、类型、规格、尺寸、开启方向、安装位置、连接方式及填嵌密封处理应符合设计要求，内衬增强型钢的壁厚及设置应符合国家现行产品标准的质量要求。

检验方法：观察；尺量检查；检查产品合格证书、性能检测报告、进场验收记录和复验报告；检查隐蔽工程验收记录。

(2) 塑料门窗框、副框和扇的安装必须牢固。固定片或膨胀螺栓的数量与位置应正确，连接方式应符合设计要求。固定点应距窗角、中横框、中竖框 150～200mm，固定点间距应不大于 600mm。

检验方法：观察；手扳检查；检查隐蔽工程验收记录。

(3) 塑料门窗拼樘料内衬增加型钢的规格、壁厚必须符合设计要求，型钢应与型材内腔紧密吻合,其两端必须与洞口固定牢固。窗框必须与拼樘料连接紧密,固定点间距应不大于600mm。

检验方法:观察;手扳检查;尺量检查;检查进场验收记录。

(4)塑料门窗扇应开关灵活、关闭严密,无倒翘。推拉门窗扇必须有防脱落措施。

检验方法:观察;开启和关闭检查;手扳检查。

(5)塑料门窗配件的型号、规格、数量应符合设计要求,安装应牢固,位置应正确,功能应满足使用要求。

检验方法:观察;手扳检查;尺量检查。

(6)塑料门窗框与墙体间缝隙应采用闭孔弹性材料填嵌饱满,表面应采用密封胶密封。密封胶应粘结牢固,表面应光滑、顺直、无裂纹。

检验方法:观察;检查隐蔽工程验收记录。

(7)塑料门窗安装的允许偏差和检验方法应符合表2.4-103的规定。

塑料门窗安装的允许偏差和检验方法　　　　表2.4-103

项次	项　目		允许偏差(mm)	检 验 方 法
1	门窗槽口宽度、高度	≤1500mm	2	用钢尺检查
		>1500mm	3	
2	门窗槽口对角线长度差	≤2000mm	3	用钢尺检查
		>2000mm	5	
3	门窗框的正、侧面垂直度		3	用1m垂直检测尺检查
4	门窗横框的水平度		3	用1m水平尺和塞尺检查
5	门窗横框标高		5	用钢尺检查
6	门窗竖向偏离中心		5	用钢直尺检查
7	双层门窗内外框间距		4	用钢尺检查
8	同樘平开门窗相邻扇高度差		2	用钢尺检查
9	平开门窗铰链部位配合间隙		+2;-1	用塞尺检查
10	推拉门窗扇与框搭接量		+1.5;-2.5	用钢尺检查
11	推拉门窗扇与竖框平等度		2	用1m水平尺和塞尺检查

5.特种门工程

(1)特种门包括防火门、防盗门、自动门、全玻门、旋转门、金属卷帘门等。

(2)特种门的质量和各项性能应符合设计要求。

检验方法:检查生产许可证、产品合格证书和性能检测报告。

(3)特种门的品种、类型、规格、尺寸、开启方向、安装位置及防腐处理应符合设计要求。

检验方法:观察;尺量检查;检查进场验收记录和隐蔽工程验收记录。

(4)带有机械装置、自动装置或智能化装置的特种门,其机械装置、自动装置或智能化装置的功能应符合设计要求和有关标准的规定。

检验方法:启动机械装置、自动装置或智能化装置,观察。

(5)特种门的安装必须牢固。预埋件的数量、位置、埋设方式、与框的连接方式必须符合设计要求。

检验方法:观察;手扳检查;检查隐蔽工程验收记录。

(6) 特种门的配件应齐全,位置应正确,安装应牢固,功能应满足使用要求和特种门的各项性能要求。

检验方法:观察;手扳检查;检查产品合格证书、性能检测报告和进场验收记录。

(7) 推拉自动门安装的留缝限值、允许偏差和检验方法应符合表2.4-104的规定。

推拉自动门安装的留缝限值、允许偏差和检验方法　　　表2.4-104

项次	项　目		留缝限值(mm)	允许偏差(mm)	检验方法
1	门槽口宽度、高度	≤1500mm	—	1.5	用钢尺检查
		>1500mm	—	2	
2	门槽口对角线长度差	≤2000mm	—	2	用钢尺检查
		>2000mm	—	2.5	
3	门框的正、侧面垂直度		—	1	用1m垂直检测尺检查
4	门构件装配间隙		—	0.3	用塞尺检查
5	门梁导轨水平度		—	1	用1m水平尺和塞尺检查
6	下导轨与门梁导轨平行度		—	1.5	用钢尺检查
7	门扇与侧框间留缝		1.2~1.8	—	用塞尺检查
8	门扇对口缝		1.2~1.8	—	用塞尺检查

(8) 推拉自动门的感应时间限值和检验方法应符合表2.4-105的规定。

推拉自动门的感应时间限值和检验方法　　　表2.4-105

项次	项　目	感应时间限值(s)	检验方法
1	开门响应时间	≤0.5	用秒表检查
2	堵门保护延时	16~20	用秒表检查
3	门扇全开启后保持时间	13~17	用秒表检查

(9) 旋转门安装的允许偏差和检验方法应符合表2.4-106的规定。

旋转门安装的允许偏差和检验方法　　　表2.4-106

项次	项　目	允许偏差(mm)		检验方法
		金属框架玻璃旋转门	木质旋转门	
1	门扇正、侧面垂直度	1.5	1.5	用1m垂直检测尺检查
2	门扇对角线长度差	1.5	1.5	用钢尺检查
3	相邻扇高度差	1	1	用钢尺检查
4	扇与圆弧边留缝	1.5	2	用塞尺检查
5	扇与上顶间留缝	2	2.5	用塞尺检查
6	扇与地面间留缝	2	2.5	用塞尺检查

6. 吊顶工程

(1) 吊顶工程包括轻钢龙骨、铝合金龙骨、木龙骨等为骨架，以石膏板、金属板、矿棉板、木板、塑料板或格栅等为饰面材料的吊顶工程。

(2) 吊顶标高、尺寸、起拱和造型应符合设计要求。

检验方法：观察；尺量检查。

(3) 饰面材料的材质、品种、规格、图案和颜色应符合设计要求。当饰面材料为玻璃板时，应使用安全玻璃或采取可靠的安全措施。

检验方法：观察；检查产品合格证书、性能检测报告、进场验收记录和复验报告。

(4) 吊顶工程的吊杆、龙骨和饰面材料的安装必须牢固。饰面材料与龙骨的搭接宽度应大于龙骨受力面宽度的2/3。

检验方法：观察；手扳检查；检查隐蔽工程验收记录和施工记录。

(5) 吊杆、龙骨的材质、规格、安装间距及连接方式应符合设计要求。金属吊杆、龙骨应经过表面防腐处理；木吊杆、龙骨应进行防腐、防火处理。

检验方法：观察；尺量检查；检查产品合格证书、性能检测报告、进场验收记录和隐蔽工程验收记录。

(6) 石膏板的接缝应按其施工工艺标准进行板缝防裂处理。安装双层石膏板时，面层板与基层板的接缝应错开，并不得在同一根龙骨上接缝。

检验方法：观察。

(7) 吊顶工程安装的允许偏差和检验方法应符合表2.4-107的规定。

吊顶工程安装的允许偏差(mm)　　　表2.4-107

项次	项目	允许偏差(mm)				检验方法
		纸面石膏板	金属板	矿棉板	木板、塑料板、格栅	
1	表面平整度	3	2	2	3	用2m靠尺和塞尺检查
2	接缝直线度	3	1.5	3	3	拉5m线，不足5m拉通线，用钢直尺检查
3	接缝高低差	1	1	1.5	1	用钢直尺和塞尺检查

7. 板材隔墙工程

(1) 隔墙板材的品种、规格、性能、颜色应符合设计要求。有隔声、隔热、阻燃、防潮等特殊要求的工程，板材应有相应性能等级的检测报告。

检验方法：观察；检查产品合格证书、进场验收记录和性能检测报告。

(2) 安装隔墙板材所需预埋件、连接件的位置、数量及连接方法应符合设计要求。

检验方法：观察；尺量检查；检查隐蔽工程验收记录。

(3) 隔墙板材安装必须牢固。现制钢丝网水泥隔墙与周边墙体的连接方法应符合设计要求，并应连接牢固。

检验方法：观察；手扳检查。

(4) 隔墙板材所用接缝材料的品种及接缝方法应符合设计要求。

检验方法：观察；检查产品合格证书和施工记录。

(5) 隔墙上的孔洞、槽、盒应位置正确、套割方正、边缘整齐。

检验方法：观察。

(6) 板材隔墙安装的允许偏差和检验方法应符合表2.4-108的规定。

板材隔墙安装的允许偏差和检验方法　　　表 2.4-108

项次	项 目	允许偏差(mm)				检 验 方 法
		复合轻质墙板		石膏空心板	钢丝网水泥板	
		金属夹芯板	其他复合板			
1	立面垂直度	2	3	3	3	用2m垂直检测尺检查
2	表面平整度	2	3	3	3	用2m靠尺和塞尺检查
3	阴阳角方正	3	3	3	4	用直角检测尺检查
4	接缝高低差	1	2	2	—	用钢直尺和塞尺检查

8. 骨架隔墙工程

(1) 骨架隔墙所用龙骨、配件、墙面板、填充材料及嵌缝材料的品种、规格、性能和木材的含水率应符合设计要求。有隔声、隔热、阻燃、防潮等特殊要求的工程，材料应有相应性能等级的检测报告。

检验方法：观察；检查产品合格证书、进场验收记录、性能检测报告和复验报告。

(2) 骨架隔墙工程边框龙骨必须与基体结构连接牢固，并应平整、垂直、位置正确。

检验方法：手扳检查；尺量检查；检查隐蔽工程验收记录。

(3) 骨架隔墙中龙骨间距和构造连接方法应符合设计要求。骨架内设备管线的安装、门窗洞口等部位加强龙骨应安装牢固、位置正确，填充材料的设置应符合设计要求。

检验方法：检查隐蔽工程验收记录。

(4) 木龙骨及木墙面板的防火和防腐处理必须符合设计要求。

检验方法：检查隐蔽工程验收记录。

(5) 骨架隔墙的墙面板应安装牢固，无脱层、翘曲、折裂及缺损。

检验方法：观察；手扳检查。

(6) 墙面板所用接缝材料的接缝方法应符合设计要求。

检验方法：观察。

(7) 骨架隔墙安装的允许偏差和检验方法应符合表2.4-109的规定。

骨架隔墙安装的允许偏差和检验方法　　　表 2.4-109

项次	项 目	允许偏差(mm)		检 验 方 法
		纸面石膏板	人造木板、水泥纤维板	
1	立面垂直度	3	4	用2m垂直检测尺检查
2	表面平整度	3	3	用2m靠尺和塞尺检查

续表

项次	项目	允许偏差(mm)		检验方法
		纸面石膏板	人造木板、水泥纤维板	
3	阴阳角方正	3	3	用直角检测尺检查
4	接缝直线度	—	3	拉5m线,不足5m拉通线,用钢直尺检查
5	压条直线度	—	3	拉5m线,不足5m拉通线,用钢直尺检查
6	接缝高低差	1	1	用钢直尺和塞尺检查

9. 玻璃隔墙工程

（1）玻璃隔墙工程所用材料的品种、规格、性能、图案和颜色应符合设计要求。玻璃板隔墙应使用安全玻璃。

检验方法：观察；检查产品合格证书、进场验收记录和性能检测报告。

（2）玻璃砖隔墙的砌筑或玻璃板隔墙的安装方法应符合设计要求。

检验方法：观察。

（3）玻璃砖隔墙砌筑中埋设的拉结筋必须与基体结构连接牢固，并应位置正确。

检验方法：手扳检查；尺量检查；检查隐蔽工程验收记录。

说明：

（4）璃砖砌筑隔墙中应埋设拉结筋，拉结筋要与建筑主体结构或受力杆件有可靠的连接；玻璃板隔墙的受力边也要与建筑主体结构或受力杆件有可靠的连接，以充分保证其整体稳定性，保证墙体的安全。

（5）玻璃板隔墙的安装必须牢固。玻璃隔墙胶垫的安装应正确。

检验方法：观察；手推检查；检查施工记录。

（6）玻璃隔墙安装的允许偏差和检验方法应符合表2.4-110的规定。

玻璃隔墙安装的允许偏差和检验方法　　　　表2.4-110

项次	项目	允许偏差(mm)		检验方法
		玻璃砖	玻璃板	
1	立面垂直度	3	2	用2m垂直检测尺检查
2	表面平整度	3	—	用2m靠尺和塞尺检查
3	阴阳角方正			用直角检测尺检查
4	接缝直线度			拉5m线,不足5m拉通线,用钢直尺检查
5	接缝高低差	3	2	用钢直尺和塞尺检查
6	接缝宽度		1	用钢直尺检查

10. 饰面板安装工程

（1）饰面板的品种、规格、颜色和性能应符合设计要求，木龙骨、木饰面板和塑料饰面板的燃烧性能等级应符合设计要求。

检验方法：观察；检查产品合格证书、进场验收记录和性能检测报告。

（2）饰面板孔、槽的数量、位置和尺寸应符合设计要求。

检验方法：检查进场验收记录和施工记录。

（3）饰面板安装工程的预埋件(或后置埋件)、连接件的数量、规格、位置、连接方法和防腐处理必须符合设计要求。后置埋件的现场拉拔强度必须符合设计要求。饰面板安装必须牢固。

检验方法：手扳检查；检查进场验收记录、现场拉拔检测报告、隐蔽工程验收记录和施工记录。

（4）饰面板安装的允许偏差和检验方法应符合表 2.4-111 的规定。

饰面板安装的允许偏差和检验方法　　　　表 2.4-111

项次	项目	允许偏差(mm)							检验方法
		石材			瓷板	木材	塑料	金属	
		光面	剁斧石	蘑菇石					
1	立面垂直度	2	3	3	2	1.5	2	2	用2m垂直检测尺检查
2	表面平整度	2	3	—	1.5	1	3	3	用2m靠尺和塞尺检查
3	阴阳角方正	2	4	4	2	1.5	3	3	用直角检测尺检查
4	接缝直线度	2	4	4	2	1	1	1	拉5m线，不足5m拉通线，用钢直尺检查
5	墙裙、勒脚上口直线度	2	3	3	2	2	2	2	拉5m线，不足5m拉通线，用钢直尺检查
6	接缝高低差	0.5	3	—	0.5	0.5	1	1	用钢直尺和塞尺检查
7	接缝宽度	1	2	2	1	1	1	1	用钢直尺检查

11. 水性涂料涂饰工程

(1) 水性涂料涂饰工程所用涂料的品种、型号和性能应符合设计要求。

检验方法：检查产品合格证书、性能检测报告和进场验收记录。

(2) 水性涂料涂饰工程的颜色、图案应符合设计要求。

检验方法：观察。

(3) 水性涂料涂饰工程应涂饰均匀、粘结牢固，不得漏涂、透底、起皮和掉粉。

检验方法：观察；手摸检查。

(4) 水性涂料涂饰工程的基层处理应符合本规范第10.1.5条的要求。

检验方法：观察；手摸检查；检查施工记录。

(5) 薄涂料的涂饰质量和检验方法应符合表 2.4-112 的规定。

薄涂料的涂饰质量和检验方法 表 2.4-112

项次	项 目	普通涂饰	高级涂饰	检验方法
1	颜 色	均匀一致	均匀一致	观 察
2	泛碱、咬色	允许少量轻微	不允许	
3	流坠、疙瘩	允许少量轻微	不允许	
4	砂眼、刷纹	允许少量轻微砂眼、刷纹通顺	无砂眼，无刷纹	
5	装饰线、分色线直线度允许偏差(mm)	2	1	拉5m线，不足5m拉通线，用钢直尺检查

(6) 厚涂料的涂饰质量和检验方法应符合表 2.4-113 的规定。

厚涂料的涂饰质量和检验方法 表 2.4-113

项次	项 目	普通涂饰	高级涂饰	检验方法
1	颜 色	均匀一致	均匀一致	观 察
2	泛碱、咬色	允许少量轻微	不允许	
3	点状分布	—	疏密均匀	

(7) 复合涂料的涂饰质量和检验方法应符合表 2.4-114 的规定。

复合涂料的涂饰质量和检验方法 表 2.4-114

项次	项 目	质量要求	检验方法
1	颜 色	均匀一致	观 察
2	泛碱、咬色	不允许	
3	喷点疏密程度	均匀，不允许连片	

12. 溶剂型涂料涂饰工程

(1) 溶剂型涂料涂饰工程所选用涂料的品种、型号和性能应符合设计要求。

检验方法：检查产品合格证书、性能检测报告和进场验收记录。

(2) 溶剂型涂料涂饰工程的颜色、光泽、图案应符合设计要求。

检验方法：观察。

(3) 溶剂型涂料涂饰工程应涂饰均匀、粘结牢固，不得漏涂、透底、起皮和反锈。

检验方法：观察；手摸检查。

(4) 溶剂型涂料涂饰工程的基层处理应符合《建筑装饰装修工程质量验收规范》(GB 50210—2001)第10.1.5条的要求。

检验方法：观察；手摸检查；检查施工记录。

(5) 色漆的涂饰质量和检验方法应符合表 2.4-115 的规定。

(6) 清漆的涂饰质量和检验方法应符合表 2.4-116 的规定。

13. 裱糊工程

(1) 纸、墙布的种类、规格、图案、颜色和燃烧性能等级必须符合设计要求及国家现

色漆的涂饰质量和检验方法 表 2.4-115

项次	项　目	普通涂饰	高级涂饰	检验方法
1	颜　色	均匀一致	均匀一致	观　察
2	光泽、光滑	光泽基本均匀光滑无挡手感	光泽均匀一致光滑	观察、手摸检查
3	刷　纹	刷纹通顺	无刷纹	观　察
4	裹棱、流坠、皱皮	明显处不允许	不允许	观　察
5	装饰线、分色线直线度允许偏差(mm)	2	1	拉 5m 线，不足 5m 拉通线，用钢直尺检查

注：无光色漆不检查光泽。

漆的涂饰质量和检验方法 表 2.4-116

项次	项　目	普通涂饰	高级涂饰	检验方法
1	颜　色	基本一致	均匀一致	观　察
2	木　纹	棕眼刮平、木纹清楚	棕眼刮平、木纹清楚	观　察
3	光泽、光滑	光泽基本均匀光滑无挡手感	光泽均匀一致光滑	观察、手摸检查
4	刷　纹	无刷纹	无刷纹	观　察
5	裹棱、流坠、皱皮	明显处不允许	不允许	观　察

行标准的有关规定。

检验方法：观察；检查产品合格证书、进场验收记录和性能检测报告。

（2）裱糊工程基层处理质量应符合《建筑装饰装修工程质量验收规范》(GB 50210—2001)第 11.1.5 条的要求。

检验方法：观察；手摸检查；检查施工记录。

（3）裱糊后各幅拼接应横平竖直，拼接处花纹、图案应吻合，不离缝，不搭接，不显拼缝。

检验方法：观察；拼缝检查距离墙面 1.5m 处正视。

（4）壁纸、墙布应粘贴牢固，不得有漏贴、补贴、脱层、空鼓和翘边。

检验方法：观察；手摸检查。

14. 软包工程

（1）软包面料、内衬材料及边框的材质、颜色、图案、燃烧性能等级和木材的含水率应符合设计要求及国家现行标准的有关规定。

检验方法：观察；检查产品合格证书、进场验收记录和性能检测报告。

（2）软包工程的安装位置及构造做法应符合设计要求。

检验方法：观察；尺量检查；检查施工记录。

（3）软包工程的龙骨、衬板、边框应安装牢固，无翘曲，拼缝应平直。

检验方法：观察；手扳检查。

（4）单块软包面料不应有接缝，四周应绷压严密。

检验方法：观察；手摸检查。

(5) 软包工程安装的允许偏差和检验方法应符合表 2.4-117 的规定。

软包工程安装的允许偏差和检验方法　　　　　表 2.4-117

项次	项　目	允许偏差(mm)	检　验　方　法
1	垂直度	3	用1m垂直检测尺检查
2	边框宽度、高度	0；-2	用钢尺检查
3	对角线长度差	3	用钢尺检查
4	裁口、线条接缝高低差	1	用钢直尺和塞尺检查

15. 橱柜制作与安装工程

(1) 橱柜制作与安装所用材料的材质和规格、木材的燃烧性能等级和含水率、花岗石的放射性及人造木板的甲醛含量应符合设计要求及国家现行标准的有关规定。

检验方法：观察；检查产品合格证书、进场验收记录、性能检测报告和复验报告。

(2) 橱柜安装预埋件或后置埋件的数量、规格、位置应符合设计要求。

检验方法：检查隐蔽工程验收记录和施工记录。

(3) 橱柜的造型、尺寸、安装位置、制作和固定方法应符合设计要求。橱柜安装必须牢固。

检验方法：观察；尺量检查；手扳检查。

(4) 橱柜配件的品种、规格应符合设计要求。配件应齐全，安装应牢固。

检验方法：观察；手扳检查；检查进场验收记录。

(5) 橱柜的抽屉和柜门应开关灵活、回位正确。

检验方法：观察；开启和关闭检查。

(6) 橱柜安装允许偏差见表 2.4-118。

橱柜安装的允许偏差和检验方法　　　　　表 2.4-118

项次	项　目	允许偏差(mm)	检验方法	项次	项　目	允许偏差(mm)	检验方法
1	外型尺寸	3	用钢尺检查	3	门与框架的平等度	2	用钢尺检查
2	立面垂直度	2	用1m垂直检测尺检查				

16. 门窗套制作与安装工程

(1) 门窗套制作与安装所使用材料的材质、规格、花纹和颜色、木材的燃烧性能等级和含水率、花岗石的放射性及人造木板的甲醛含量应符合设计要求及国家现行标准的有关规定。

检验方法：观察；检查产品合格证书、进场验收记录、性能检测报告和复验报告。

(2) 门窗套的造型、尺寸和固定方法应符合设计要求，安装应牢固。

检验方法：观察；尺量检查；手扳检查。

(3) 门窗套安装的允许偏差和检验方法应符合表 2.4-119 的规定。

门窗套安装的允许偏差和检验方法　　　　　表2.4-119

项次	项　目	允许偏差(mm)	检　验　方　法
1	正、侧面垂直度	3	用1m垂直检测尺检查
2	门窗套上口水平度	1	用1m水平检测尺和塞尺检查
3	门窗套上口直线度	3	拉5m线，不足5m拉通线，用钢直尺检查

17．护栏和扶手制作与安装工程

（1）护栏和扶手制作与安装所使用材料的材质、规格、数量和木材、塑料的燃烧性能等级应符合设计要求。

检验方法：观察；检查产品合格证书、进场验收记录和性能检测报告。

（2）护栏和扶手的造型、尺寸及安装位置应符合设计要求。

检验方法：观察；尺量检查；检查进场验收记录。

（3）护栏和扶手安装预埋件的数量、规格、位置以及护栏与预埋件的连接节点应符合设计要求。

检验方法：检查隐蔽工程验收记录和施工记录。

（4）护栏高度、栏杆间距、安装位置必须符合设计要求。护栏安装必须牢固。

检验方法：观察；尺量检查；手扳检查。

（5）护栏玻璃应使用公称厚度不小于12mm的钢化玻璃或钢化夹层玻璃。当护栏一侧距楼地面高度为5m及以上时，应使用钢化夹层玻璃。

检验方法：观察；尺量检查；检查产品合格证书和进场验收记录。

（6）护栏和扶手安装的允许偏差和检验方法应符合表2.4-120的规定。

护栏和扶手安装的允许偏差和检验方法　　　　　表2.4-120

项次	项　目	允许偏差(mm)	检验方法	项次	项　目	允许偏差(mm)	检验方法
1	护栏垂直度	3	用1m垂直检测尺检查	3	扶手直线度	4	拉通线，用钢直尺检查
2	栏杆间距	3	用钢尺检查	4	扶手高度	3	用钢尺检查

二、门窗幕墙工程

（一）门窗幕墙的种类与特点；主要材料的品种与性能

1．门窗的种类：木门窗、金属门窗、塑料门窗、特种门窗等。

木门窗的材料有：木材、胶合板门、纤维板等，应进行防火、防腐、防虫处理。

金属门窗的材料有：钢、铝合金、涂色镀锌钢板等，应进行防腐、填嵌、密封处理。

塑料门窗的塑料线性膨胀系数较大，由于温度升降易引起门窗变形或在门窗框与墙体间出现裂缝，为了防止上述现象，特规定塑料门窗框与墙体间缝隙应采用伸缩性能较好的闭孔弹性材料填嵌，并用密封胶密封。

带有机械装置、自动装置或智能化装置的特种门，其机械装置、自动装置或智能化装置的功能应符合设计要求和有关标准的规定。

2．幕墙的种类：玻璃幕墙、金属幕墙、石材幕墙等。

玻璃幕墙适应于建筑高度不大于150m、抗震设防烈度不大于8度的玻璃幕墙工程，玻璃的厚度不应小于 6.0mm。全玻璃幕墙肋玻璃的厚度不应小于 12mm。幕墙的中空玻璃应采用双道密封。明框幕墙的中空玻璃应采用聚硫密封胶及丁基密封胶；隐框和半隐框幕墙的中空玻璃应采用硅酮结构密封胶及丁基密封胶；镀膜面应在中空玻璃的第 2 或第 3 面上。幕墙的夹层玻璃应采用聚乙烯醇缩丁醛(PVB)胶片干法加工夹层玻璃。点支承玻璃幕墙夹层胶片(PVB)厚度不应小于 0.76mm。钢化玻璃表面不得有损伤。所有幕墙玻璃均应进行边缘处理

金属幕墙适应于建筑高度不大于 150m 的金属幕墙工程，所使用的各种材料、配件大部分都有国家标准，应按设计要求严格检查材料的性能检测报告、复验报告。

石材幕墙适应于建筑高度不大于 100m、抗震设防烈度不大于 8 度的石材幕墙工程，石材的弯曲强度不应小于 8.0MPa；吸水率应小于 0.8%。石材幕墙的铝合金挂件厚度不应小于 4.0mm，不锈钢挂件厚度不应小于 3.0mm。

（二）门窗幕墙用材的防腐、防蛀处理和预埋件，后置预埋件的制作与埋设要求。

1. 门窗幕墙用材的防腐、防蛀处理应符合设计要求。木门窗与砖石砌体、混凝土或抹灰层接触处应进行防腐处理并应设置防潮层；埋入砌体或混凝土中的木砖应进行防腐处理。

2. 预埋件，其数量、规格、位置和防腐处理必须符合设计要求。预埋件必须在混凝土浇筑前埋入，施工时混凝土必须振捣密实。当施工未设预埋件、预埋件漏放、预埋件偏离设计位置、设计变更、旧建筑加装幕墙时，往往要使用后置埋件。采用后置埋件(膨胀螺栓或化学螺栓)时，应符合设计要求并应进行现场拉拔试验。

（三）门窗制作与安装要求

1. 门窗品种、材质等级、规格、尺寸、类型、开启方向等应符合设计要求。

2. 门窗安装前，应对门窗洞口尺寸进行检验。

3. 金属门窗和塑料门窗安装应采用预留洞口的方法施工，不得采用边安装边砌口或先安装后砌口的方法施工。

4. 木门窗与砖石砌体、混凝土或抹灰层接触处应进行防腐处理并应设置防潮层；埋入砌体或混凝土中的木砖应进行防腐处理。

5. 当金属窗或塑料窗组合时，其拼樘料的尺寸、规格、壁厚应符合设计要求。

6. 建筑外门窗的安装必须牢固。在砌体上安装门窗严禁用射钉固定。

（四）幕墙金属框架制作与安装规定

1. 金属框架与主体结构预埋件的连接、立柱与横梁的连接及幕墙面板的安装必须符合设计要求，安装必须牢固。

2. 单元幕墙连接处和吊挂处的铝合金型材的壁厚应通过计算确定，并不得小于 5.0mm。

3. 幕墙的金属框架与主体结构应通过预埋件连接，预埋件应在主体结构混凝土施工时埋入，预埋件的位置应准确。当没有条件采用预埋件连接时，应采用其他可靠的连接措施，并应通过试验确定其承载力。

4. 主柱应采用螺栓与角码连接，螺栓直径应经过计算，并不应小于 10mm。不同金属材料接触时应采用绝缘垫片分隔。

（五）门窗幕墙的细部构造(缝隙、防火、防雷)

1. 门窗框与墙体间缝隙应采用闭孔弹性材料填嵌饱满,表面应采用密封胶密封。
2. 幕墙的防火除应符合现行国家标准《建筑设计防火规范》(GBJ 16)和《高层民用建筑设计防火规范》(GB 50045)的有关规定外,还应符合下列规定:
(1) 应根据防火材料的耐火极限决定防火层的厚度和宽度,并应在楼板处形成防火带。
(2) 防火层应采取隔离措施。防火层的衬板应采用经防腐处理且厚度不小于1.5mm的钢板,不得采用铝板。
(3) 防火层的密封材料应采用防火密封胶。
(4) 防火层与玻璃不应直接接触,一块玻璃不应跨两个防火分区。
3. 幕墙的防雷装置必须与主体结构的防雷装置可靠连接。

(六) 主要幕墙材料的质量标准与检验要求以及受力杆件的壁厚规定
1. 幕墙工程所用各种材料、五金配件、构件及组件的产品合格证书、性能检测报告、进场验收记录和复验报告。
2. 幕墙工程所用硅酮结构胶的认定证书和抽查合格证明;进口硅酮结构胶的商检证;国家指定检测机构出具的硅酮结构胶相容性和剥离粘结性试验报告;石材用密封胶的耐污染性试验报告。
3. 后置埋件的现场拉拔强度检测报告。
4. 幕墙工程应对下列材料及其性能指标进行复验:
(1) 铝塑复合板的剥离强度。
(2) 石材的弯曲度;寒冷地区石材的耐冻融性;室内用花岗石的放射性。
(3) 玻璃幕墙用结构胶的邵氏硬度、标准条件拉伸粘结强度、相容性试验;石材用结构胶的粘结强度;石材用密封胶的污染性。
5. 立柱和横梁等主要受力构件,其截面受力部分的壁厚应经计算确定,且铝合金型材壁厚不应小于3.0mm,钢型材壁厚不应小于3.5mm。

(七) 门窗幕墙的三性试验
门窗幕墙应进行抗风压性能、空气渗透性能、雨水渗漏性能及平面变形性能试验。

(八) 门窗幕墙工程的质量标准、质量缺陷、密封处理及检查方法
1. 木门窗
(1) 木门窗的木材品种、材质等级、规格、尺寸、框扇的线型及人造木板的甲醛含量应符合设计要求。设计未规定材质等级时,所用木材的质量应符合《建筑装饰装修工程质量验收规范》(GB 50210—2001)附录A的规定。
检验方法:观察;检查材料进场验收记录和复验报告。
(2) 木门窗应采用烘干的木材,含水率应符合《建筑木门、木窗》(JG/T 122)的规定。
检验方法:检查材料进场验收记录。
(3) 木门窗的防火、防腐、防虫处理应符合设计要求。
检验方法:观察;检查材料进场验收记录。
(4) 木门窗的结合处和安装配件处不得有木节或已填补的木节。木门窗如有允许限值以内的死节及直径较大的虫眼时,应用同一材质的木塞加胶填补。对于清漆制品,木塞的

木纹和色泽应与制品一致。

检验方法：观察。

（5）门窗框和厚度大于50mm的门窗扇应用双榫连接。榫槽应采用胶料严密嵌合，并应用胶楔加紧。

检验方法：观察；手扳检查。

（6）胶合板门、纤维板门和模压门不得脱胶。胶合板不得刨透表层单板，不得有戗槎。制作胶合板门、纤维板门时，边框和横楞应在同一平面上，面层、边框及横楞应加压胶结。横楞和上、下冒头应各钻两个以上的透气孔，透气孔应通畅。

检验方法：观察。

（7）木门窗的品种、类型、规格、开启方向、安装位置及连接方式应符合设计要求。

检验方法：观察；尺量检查；检查成品门的产品合格证书。

（8）木门窗框的安装必须牢固。预埋木砖的防腐处理、木门窗框固定点的数量、位置及固定方法应符合设计要求。

检验方法：观察；手扳检查；检查隐蔽工程验收记录和施工记录。

（9）木门窗扇必须安装牢固，并应开关灵活，关闭严密，无倒翘。

检验方法：观察；开启和关闭检查；手扳检查。

（10）木门窗配件的型号、规格、数量应符合设计要求，安装应牢固，位置应正确，功能应满足使用要求。

检验方法：观察；开启和关闭检查；手扳检查。

2. 金属门窗

（1）金属门窗的品种、类型、规格、尺寸、性能、开启方向、安装位置、连接方式及铝合金门窗的型材壁厚应符合设计要求。金属门窗的防腐处理及填嵌、密封处理应符合设计要求。

检验方法：观察；尺量检查；检查产品合格证书、性能检测报告、进场验收记录和复验报告；检查隐蔽工程验收记录。

（2）金属门窗框和副框的安装必须牢固。预埋件的数量、位置、埋设方式、与框的连接方式必须符合设计要求。

检验方法：手扳检查；检查隐蔽工程验收记录。

（3）金属门窗扇必须安装牢固，并应开关灵活、关闭严密，无倒翘。推拉门窗必须有防脱落措施。

检验方法：观察；开启和关闭检查；手扳检查。

（4）金属门窗配件的型号、规格、数量应符合设计要求，安装应牢固，位置应正确，功能应满足使用要求。

检验方法：观察；开启和关闭检查；手扳检查。

3. 塑料门窗

（1）塑料门窗的品种、类型、规格、尺寸、开启方向、安装位置、连接方式及填嵌密封处理应符合设计要求，内衬增强型钢的壁厚及设置应符合国家现行产品标准的质量要求。

检验方法：观察；尺量检查；检查产品合格证书、性能检测报告、进场验收记录和复验报告；检查隐蔽工程验收记录。

（2）塑料门窗框、副框和扇的安装必须牢固。固定片或膨胀螺栓的数量与位置应正确，连接方式应符合设计要求。固定点应距窗角、中横框、中竖框150～200mm，固定点间距应不大于600mm。

检验方法：观察；手扳检查；检查隐蔽工程验收记录。

（3）塑料门窗拼樘料内衬增加型钢的规格、壁厚必须符合设计要求，型钢应与型材内腔紧密吻合，其两端必须与洞口固定牢固。窗框必须与拼樘料连接紧密，固定点间距应不大于600mm。

检验方法：观察；手扳检查；尺量检查；检查进场验收记录。

（4）料门窗扇应开关灵活、关闭严密，无倒翘。推拉门窗扇必须有防脱落措施。

检验方法：观察；开启和关闭检查；手扳检查。

（5）门窗配件的型号、规格、数量应符合设计要求，安装应牢固，位置应正确，功能应满足使用要求。

检验方法：观察；手扳检查；尺量检查。

（6）塑料门窗框与墙体间缝隙应采用闭孔弹性材料填嵌饱满，表面应采用密封胶密封。密封胶应粘结牢固，表面应光滑、顺直、无裂纹。

检验方法：观察；检查隐蔽工程验收记录。

4. 特种门

（1）特种门的质量和各项性能应符合设计要求。

检验方法：检查生产许可证、产品合格证书和性能检测报告。

（2）特种门的品种、类型、规格、尺寸、开启方向、安装位置及防腐处理应符合设计要求。

检验方法：观察；尺量检查；检查进场验收记录和隐蔽工程验收记录。

（3）带有机械装置、自动装置或智能化装置的特种门，其机械装置、自动装置或智能化装置的功能应符合设计要求和有关标准的规定。

检验方法：启动机械装置、自动装置或智能化装置，观察。

（4）特种门的安装必须牢固。预埋件的数量、位置、埋设方式、与框的连接方式必须符合设计要求。

检验方法：观察；手扳检查；检查隐蔽工程验收记录。

（5）特种门的配件应齐全，位置应正确，安装应牢固，功能应满足使用要求和特种门的各项性能要求。

检验方法：观察；手扳检查；检查产品合格证书、性能检测报告和进场验收记录。

5. 玻璃幕墙工程

（1）玻璃幕墙工程所使用的各种材料、构件和组件的质量，应符合设计要求及国家现行产品标准和工程技术规范的规定。

检验方法：检查材料、构件、组件的产品合格证书、进场验收记录、性能检测报告和材料的复验报告。

（2）玻璃幕墙的造型和立面分格应符合设计要求。

检验方法：观察；尺量检查。

(3) 玻璃幕墙使用的玻璃应符合下列规定：

① 幕墙应使用安全玻璃，玻璃的品种、规格、颜色、光学性能及安装方向应符合设计要求。

② 幕墙玻璃的厚度不应小于 6.0mm。全玻璃幕墙肋玻璃的厚度不应小于 12mm。

③ 幕墙的中空玻璃应采用双道密封。明框幕墙的中空玻璃应采用聚硫密封胶及丁基密封胶；隐框和半隐框幕墙的中空玻璃应采用硅酮结构密封胶及丁基密封胶；镀膜面应在中空玻璃的第 2 或第 3 面上。

④ 幕墙的夹层玻璃应采用聚乙烯醇缩丁醛(PVB)胶片干法加工夹层玻璃。点支承玻璃幕墙夹层胶片(PVB)厚度不应小于 0.76mm。

⑤ 钢化玻璃表面不得有损伤；8.0mm 以下的钢化玻璃应进行引爆处理。

⑥ 所有幕墙玻璃均应进行边缘处理。

检验方法：观察；尺量检查；检查施工记录。

(4) 玻璃幕墙与主体结构连接的各种预埋件、连接件、紧固件必须安装牢固，其数量、规格、位置、连接方法和防腐处理应符合设计要求。

检验方法：观察；检查隐蔽工程验收记录和施工记录。

(5) 各种连接件、紧固件的螺栓应有防松动措施；焊接连接应符合设计要求和焊接规范的规定。

检验方法：观察；检查隐蔽工程验收记录和施工记录。

(6) 隐框或半隐框玻璃幕墙，每块玻璃下端应设置两个铝合金或不锈钢托条，其长度不应小于 100mm，厚度不应小于 2mm，托条外端应低于玻璃外表面 2mm。

检验方法：观察；检查施工记录。

(7) 明框玻璃幕墙的玻璃安装应符合下列规定：

① 玻璃槽口与玻璃的配合尺寸应符合设计要求和技术标准的规定。

② 玻璃与构件不得直接接触，玻璃四周与构件凹槽底部应保持一定的空隙，每块玻璃下部应至少放置两块宽度与槽口宽度相同、长度不小于 100mm 的弹性定位垫块；玻璃两边嵌入量及空隙应符合设计要求。

③ 玻璃四周橡胶条的材质、型号应符合设计要求，镶嵌应平整，橡胶条长度应比边框内槽长 1.5%～2.0%，橡胶条在转角处应斜面断开，并应用粘结剂粘结牢固后嵌入槽内。

检验方法：观察；检查施工记录。

(8) 高度超过 4m 的全玻璃幕墙应吊挂在主体结构上，吊夹具应符合设计要求，玻璃与玻璃，玻璃与玻璃肋之间的缝隙，应采用硅酮结构密封胶填嵌严密。

检验方法：观察；检查隐蔽工程验收记录和施工记录。

(9) 点支承玻璃幕墙应采用带万向头的活动不锈钢爪，其钢爪间的中心距离应大于 250mm。

检验方法：观察；尺量检查。

(10) 玻璃幕墙四周、玻璃幕墙内表面与主体结构之间的连接节点、各种变形缝、墙角的连接节点应符合设计要求和技术标准的规定。

检验方法：观察；检查隐蔽工程验收记录和施工记录。

(11) 玻璃幕墙应无渗漏。

检验方法：在易渗漏部位进行淋水检查。

(12) 玻璃幕墙结构胶和密封胶的打注应饱满、密实、连续、均匀、无气泡，宽度和厚度应符合设计要求和技术标准的规定。

检验方法：观察；尺量检查；检查施工记录。

(13) 玻璃幕墙开启窗的配件应齐全，安装应牢固，安装位置和开启方向、角度应正确；开启应灵活，关闭应严密。

检验方法：观察；手扳检查；开启和关闭检查。

(14) 玻璃幕墙的防雷装置必须与主体结构的防雷装置可靠连接。

检验方法：观察；检查隐蔽工程验收记录和施工记录。

(15) 明框玻璃幕墙安装的允许偏差和检验方法应符合表 2.4-121 的规定。

明框玻璃幕墙安装的允许偏差和检验方法　　　　表 2.4-121

项次	项　目		允许偏差(mm)	检　验　方　法
1	幕墙垂直度	幕墙高度≤30m	10	用经纬仪检查
		30m＜幕墙高度≤60m	15	
		60m＜幕墙高度≤90m	20	
		幕墙高度＞90m	25	
2	幕墙水平度	幕墙幅宽≤35m	5	用水平仪检查
		幕墙幅宽＞35m	7	
3	构件直线度		2	用 2m 靠尺和塞尺检查
4	构件水平度	构件长度≤2m	2	用水平仪检查
		构件长度＞2m	3	
5	相邻构件错位		1	用钢直尺检查
6	分格框对角线长度差	对角线长度≤2m	3	用钢尺检查
		对角线长度＞2m	4	

(16) 隐框、半隐框玻璃幕墙安装的允许偏差和检验方法应符合表 2.4-122 的规定。

隐框、半隐框玻璃幕墙安装的允许偏差和检验方法　　　　表 2.4-122

项次	项　目		允许偏差(mm)	检　验　方　法
1	幕墙垂直度	幕墙高度≤30m	10	用经纬仪检查
		30m＜幕墙高度≤60m	15	
		60m＜幕墙高度≤90m	20	
		幕墙高度＞90m	25	
2	幕墙水平度	层高≤3m	3	用水平仪检查
		层高＞3m	5	
3	幕墙表面平整度		2	用 2m 靠尺和塞尺检查
4	板材立面垂直度		2	用垂直检测尺检查

续表

项次	项 目	允许偏差(mm)	检 验 方 法
5	板材上沿水平度	2	用1m水平尺和钢直尺检查
6	相邻板材板角错位	1	用钢直尺检查
7	阳角方正	2	用直角检测尺检查
8	接缝直线度	3	拉5m线，不足5m拉通线，用钢直尺检查
9	接缝高低差	1	用钢直尺和塞尺检查
10	接缝宽度	1	用钢直尺检查

6. 金属幕墙工程

(1) 金属幕墙工程所使用的各种材料和配件，应符合设计要求及国家现行产品标准和工程技术规范的规定。

检验方法：检查产品合格证书、性能检测报告、材料进场验收记录和复验报告。

(2) 金属幕墙的造型和立面分格应符合设计要求。

检验方法：观察；尺量检查。

(3) 面板的品种、规格、颜色、光泽及安装方向应符合设计要求。

检验方法：观察；检查进场验收记录。

(4) 金属幕墙主体结构上的预埋件、后置埋件的数量、位置及后置埋件的拉拔力必须符合设计要求。

检验方法：检查拉拔力检测报告和隐蔽工程验收记录。

(5) 金属幕墙的金属框架立柱与主体结构预埋件的连接、立柱与横梁的连接、金属面板的安装必须符合设计要求，安装必须牢固。

检验方法：手扳检查；检查隐蔽工程验收记录。

(6) 金属幕墙的防火、保温、防潮材料的设置应符合设计要求，并应密实、均匀、厚度一致。

检验方法：检查隐蔽工程验收记录。

(7) 金属框架及连接件的防腐处理应符合设计要求。

检验方法：检查隐蔽工程验收记录和施工记录。

(8) 金属幕墙的防雷装置必须与主体结构的防雷装置可靠连接。

检验方法：检查隐蔽工程验收记录。

(9) 各种变形缝、墙角的连接节点应符合设计要求和技术标准的规定。

检验方法：观察；检查隐蔽工程验收记录。

(10) 金属幕墙的板缝注胶应饱满、密实、连续、均匀、无气泡，宽度和厚度应符合设计要求和技术标准的规定。

检验方法：观察；尺量检查；检查施工记录。

(11) 金属幕墙应无渗漏。

检验方法：在易渗漏部位进行淋水检查。

(12) 金属幕墙安装的允许偏差和检验方法应符合表2.4-123的规定。

金属幕墙安装的允许偏差和检验方法　　　　　　　表 2.4-123

项次	项　目		允许偏差(mm)	检　验　方　法
1	幕墙垂直度	幕墙高度≤30m	10	用经纬仪检查
		30m<幕墙高度≤60m	15	
		60m<幕墙高度≤90m	20	
		幕墙高度>90m	25	
2	幕墙水平度	层高≤3m	3	用水平仪检查
		层高>3m	5	
3	幕墙表面平整度		2	用2m靠尺和塞尺检查
4	板材立面垂直度		3	用垂直检测尺检查
5	板材上沿水平度		2	用1m水平尺和钢直尺检查
6	相邻板材板角错位		1	用钢直尺检查
7	阳角方正		2	用直角检测尺检查
8	接缝直线度		3	拉5m线，不足5m拉通线，用钢直尺检查
9	接缝高低差		1	用钢直尺和塞尺检查
10	接缝宽度		1	用钢直尺检查

7．石材幕墙工程

（1）石材幕墙工程所用材料的品种、规格、性能等级，应符合设计要求及国家现行产品标准和工程技术规范的规定。石材的弯曲强度不应小于8.0MPa；吸水率应小于0.8％。石材幕墙的铝合金挂件厚度不应小于4.0mm，不锈钢挂件厚度不应小于3.0mm。

检验方法：观察；尺量检查；检查产品合格证书、性能检测报告、材料进场验收记录和复验报告。

（2）石材幕墙的造型、立面分格、颜色、光泽、花纹和图案应符合设计要求。

检验方法：观察。

（3）石材孔、槽的数量、深度、位置、尺寸应符合设计要求。

检验方法：检查进场验收记录或施工记录。

（4）石材幕墙主体结构上的预埋件和后置埋件的位置、数量及后置埋件的拉拔力必须符合设计要求。

检验方法：检查拉拔力检测报告和隐蔽工程验收记录。

（5）石材幕墙的金属框架立柱与主体结构预埋件的连接、立柱与横梁的连接、连接件与金属框架的连接、连接件与石材面板的连接必须符合设计要求，安装必须牢固。

检验方法：手扳检查；检查隐蔽工程验收记录。

（6）金属框架的连接件和防腐处理应符合设计要求。

检验方法：检查隐蔽工程验收记录。

（7）石材幕墙的防雷装置必须与主体结构防雷装置可靠连接。

检验方法：观察；检查隐蔽工程验收记录和施工记录。

（8）石材幕墙的防火、保温、防潮材料的设置应符合设计要求，填充应密实、均匀、厚度一致。

检验方法：检查隐蔽工程验收记录。

（9）各种结构变形缝、墙角的连接节点应符合设计要求和技术标准的规定。

检验方法：检查隐蔽工程验收记录和施工记录。

（10）石材表面和板缝的处理应符合设计要求。

检验方法：观察。

（11）石材幕墙的板缝注胶应饱满、密实、连续、均匀、无气泡，板缝宽度和厚度应符合设计要求和技术标准的规定。

检验方法：观察；尺量检查；检查施工记录。

（12）石材幕墙应无渗漏。

检验方法：在易渗漏部位进行淋水检查。

（13）石材幕墙安装的允许偏差和检验方法应符合表 2.4-124 的规定。

石材幕墙安装的允许偏差和检验方法　　　　　表 2.4-124

项次	项　目		允许偏差(mm)		检　验　方　法
			光面	麻面	
1	幕墙垂直度	幕墙高度≤30m	10		用经纬仪检查
		30m＜幕墙高度≤60m	15		
		60m＜幕墙高度≤90m	20		
		幕墙高度＞90m	25		
2	幕墙水平度		3		用水平仪检查
3	板材立面垂直度		3		用水平仪检查
4	板材上沿水平度		2		用1m水平尺和钢直尺检查
5	相邻板材板角错位		1		用钢直尺检查
6	阳角方正		2	3	用垂直检测尺检查
7	接缝直线度		2	4	用直角检测尺检查
8	接缝高低差		3	4	拉5m线，不足5m拉通线，用钢直尺检查
9	接缝宽度		1	—	用钢直尺和塞尺检查
10	板材立面垂直度		1	2	用钢直尺检查

三、建筑地面工程

（一）建筑地面的种类以及各构造层次的作用

1. 建筑地面分为整体面层地面，板块面层地面，木、竹面层地面。

2. 建筑地面工程基层（各构造层）和面层的铺设，均应待其下一层检验合格后方可施工上一层。建筑地面工程各层铺设前与相关专业的分部（子分部）工程、分项工程以及设备管道安装工程之间，应进行交接检验。

（二）基层的种类与铺设要求

1. 基层分为基土、垫层、找平层、隔离层和填充层等。

2. 基层铺设材料质量、密实度和强度等级(或配合比)等应符合设计要求和规范的规定。基层铺设前,其下一层表面应干净、无积水。基层的标高、坡度、厚度等应符合设计要求,基层表面应平整。

(三)各构造层的细部做法

1. 基土

(1)对软弱土层应按设计要求进行处理。

(2)填土应分层压(夯)实,填土质量应符合现行国家标准《地基与基础工程施工质量验收规范》GB 50202 的有关规定。

(3)填土时易为最优含水量。重要工程或大面积的地面填土前,应取土样,按击实试验确定最优含水量与相应的最大干密度。

2. 灰土垫层

(1)灰土垫层应采用熟化石灰与黏土(或粉质黏土、粉土)的拌合料铺设,其厚度不应小于 100mm。

(2)熟化石灰可采用磨细生石灰,亦可用粉煤灰或电石渣代替。

(3)灰土垫层应铺设在不受地下水浸泡的基土上。施工后应有防止水浸泡的措施。

(4)灰土垫层应分层夯实,经湿润养护、晾干后方可进行下一道工序施工。

3. 三合土垫层

三合土垫层采用石灰、砂(可掺入少量黏土)与碎砖的拌合料铺设,其厚度不应小于 100mm。三合土垫层应分层夯实。

4. 砂垫层和砂石垫层

(1)砂垫层厚度不应小于 60mm;砂石垫层厚度不应小于 100mm。

(2)砂石应选用天然级配材料。铺设时不应有粗细颗粒分离现象,压(夯)至不松动为止。

5. 碎石垫层和碎砖垫层

(1)碎石垫层和碎砖垫层厚度不应小于 100mm。

(2)垫层应分层压(夯)实,达到表面坚实、平整。

6. 炉渣垫层

(1)炉渣垫层采用炉渣或水泥与炉渣或水泥、石灰与炉渣的拌合料铺设,其厚度不应小于 80mm。

(2)炉渣或水泥渣垫层的炉渣,使用前应浇水闷透;水泥石灰炉渣垫层的炉渣,使用前应用石灰浆或用熟化石灰浇水拌和闷透;闷透时间均不得少于 5d。

(3)在垫层铺设前,其下一层应湿润;铺设时应分层压实,铺设后应养护,待其凝结后方可进行下一道工序施工。

7. 水泥混凝土垫层

(1)铺水泥混凝土垫层设在基土上,当气温长期处于 0℃以下,设计无要求时,垫层应设置伸缩缝。

(2)水泥混凝土垫层的厚度不应小于 60mm。

(3)垫层铺设前,其下一层表面应湿润。

(4)室内地面的水泥混凝土垫层,应设置纵向缩缝和横向缩缝;纵向缩缝间距不得大于6m，横向缩缝不得大于12m。

（5）垫层的纵向缩缝应做平头缝或加肋板平头缝。当垫层厚度大于150mm时，可做企口缝。横向缩缝应做假缝。

平头缝和企口缝的缝间不得放置隔离材料，浇筑时应互相紧贴。企口缝尺寸应符合设计要求，假缝宽度为5～20mm，深度为垫层厚度的1/3，缝内填水泥砂浆。

（6）工业厂房、礼堂、门厅等大面积积水泥混凝土垫层应分区段浇筑。分区段应结合变形缝位置、不同类型的建筑地面连接处和设备基础的位置进行划分，并应与设置的纵向、横向缩缝的间距相一致。

（7）水泥混凝土施工质量检验尚应符合现行国家标准《混凝土结构工程施工质量验收规范》GB 50204的有关规定。

8. 找平层

（1）找平层采用水泥砂浆或水泥混凝土铺设，并应符合《建筑地面工程施工质量验收规范》(GB 50209—2002)第5章有关面层的规定。

（2）铺设找平层前，当其下一层有松散填充料时，应予铺平振实。

（3）有防水要求的建筑地面工程，铺设前必须对立管、套管和地漏与楼板节点之间进行密封处理；排水坡度应符合设计要求。

（4）在预制钢筋混凝土板上铺设找平层前，板缝填嵌的施工应符合下列要求：

① 预制钢筋混凝土板相邻缝底宽不应小于20mm；

② 填嵌时，板缝内应清理干净，保持湿润；

③ 填缝采用细石混凝土，其强度等级不得小于C20。填缝高度应低于板面10～20mm，且振捣密实，表面不应压光；填缝后应养护；

④ 当板缝底宽大于40mm时，应按设计要求配置钢筋。

（5）在预制钢筋混凝土板上铺设找平层时，其板端应按设计要求做防裂的构造措施。

9. 隔离层

（1）隔离层的材料，其材质应经有资质的检测单位认定。

（2）在水泥类找平层上铺设沥青类防水卷材、防水涂料或以水泥类材料作为防水隔离层时，其表面应坚固、洁净、干燥，铺设前，应涂刷基层处理剂。基层处理剂应采用与卷材性能配套的材料或采用同类涂料的底子油。

（3）当采用掺有防水剂的水泥类找平层作为防水隔离层时，其掺量和强度等级（或配合比）应符合设计要求。

（4）铺设防水隔离层时，在管道穿过楼板面四周，防水材料应向上铺涂，并超过套管的上口；在靠近墙面处，应高以面层200～300mm或按设计要求的高度铺涂。阴阳角和管道穿过楼板面的根部应增加铺涂附加防水隔离层。

（5）防水材料铺设后，必须蓄水检验。蓄水深度应为20～30mm，24h内无渗漏为合格，并做记录。

（6）隔离层施工质量检验应符合现行国家标准《屋面工程质量验收规范》GB 50207的有关规定。

10. 填充层

(1) 填充层应按设计要求选用材料,其密度和导热系数应符合国家有关产品标准的规定。

(2) 填充层的下一层表面应平整。当为水泥类时,尚应洁净、干燥,并不得有空鼓、裂缝和起砂等缺陷。

(3) 采用松散材料铺设填充层时,应分层铺平拍实;采用板、块状材料铺设填充层时,应分层错缝铺贴。

(4) 填充层施工质量检验尚应符合现行国家标准《屋面工程质量验收规范》GB 50207的有关规定。

(四) 整体面层、板块面层和木、竹面层的施工要求

1. 整体面层的施工要求

(1) 铺设整体面层时,其水泥类基层的抗压强度不得小于 1.2MPa;表面应粗糙、洁净、湿润并不得有积水。铺设前宜涂刷界面处理剂。

(2) 铺设整体面层,应符合设计要求和本规范第 3.0.13 条的规定。

(3) 整体面层施工后,养护时间不应小于7d;抗压强度应达到5MPa后,方准上人行走;抗压强度应达到设计要求后,方可正常使用。

(4) 当采用掺有水泥拌合料做踢脚线时,不得用石灰浆打底。

(5) 整体面层的抹平工作应在水泥初凝前完成,压光工作应在水泥终凝前完成。

(6) 整体面层的允许偏差应符合表 2.4-125 的规定。

整体面层的允许偏差和检验方法　　　　表 2.4-125

项次	项 目	允 许 偏 差						检验方法
		水泥混凝土面层	水泥砂浆面层	普通水磨石面层	高级水磨石面层	水泥钢(铁)屑面层	防油渗混凝土和不发火(防爆的)面层	
1	表面平整度	5	4	3	2	4	5	用2m靠尺和楔形塞尺检查
2	踢脚线上口平直	4	4	3	3	4	4	拉5m线和用钢尺检查
3	缝格平直	3	3	3	2	3	3	

2. 板块面层的施工要求

(1) 铺设板块面层时,其水泥类基层的抗压强度不得小于 1.2MPa。

(2) 铺设板块面层的结合层和板块间的填缝采用水泥砂浆,应符合下列规定:

① 配制水泥砂浆应采用硅酸盐水泥、普通硅酸盐水泥或矿渣硅酸盐水泥;其水泥强度等级不宜小于 32.5;

② 配制水泥砂浆的体积比(或强度等级)应符合设计要求。

(3) 结合层和板块面层填缝的沥青胶结材料应符合国家现行有关产品标准和设计要求。

(4) 板块的铺砌应符合设计要求,当无设计要求时,宜避免出现板块小于1/4边长的边角料。

(5) 铺设水泥混凝土板块、水磨石板块、水泥花砖、陶瓷锦砖、陶瓷地砖、缸砖、料

石、大理石和花岗石面层等的结合层和填缝的水泥砂浆，在面层铺设后，表面应覆盖、湿润，持续 7d。

当板块面层的水泥砂浆结合层的抗压强度达到设计要求后方可正常使用。

（6）板块类踢脚线施工时，不得采用石灰砂浆打底。

（7）板、块面层的允许偏差应符合表 2.4-126 的规定。

板、块面层的允许偏差和检验方法(mm)　　　　　　表 2.4-126

项次	项目	允许偏差											检验方法
		陶瓷锦砖面层、高级水磨石板、陶瓷地砖面层	缸砖面层	水泥花砖面层	水磨石板块面层	大理石面层和花岗石面层	塑料板面层	水泥混凝土板块面层	碎拼大理石、碎拼花岗石面层	活动地板面层	条石面层	块石面层	
1	表面平整度	2.0	4.0	3.0	3.0	1.0	2.0	4.0	3.0	2.0	10.0	10.0	用 2m 靠尺和楔形塞尺检查
2	缝格骨直	3.0	3.0	3.0	3.0	2.0	3.0	3.0	—	2.5	8.0	8.0	拉 5m 线和用钢尺检查
3	接缝高低差	0.5	1.5	0.5	1.0	0.5	0.5	1.5	—	0.4	2.0		用钢尺和楔形塞尺检查
4	踢脚线上口平直	3.0	4.0	—	4.0	1.0	2.0	4.0	1.0				拉 5m 线和用钢尺检查
5	板块间隙宽度	2.0	2.0	2.0	2.0	—	—	6.0	—	0.3	5.0		用钢尺检查

3. 木、竹地板面层的施工要求

（1）木、竹地板面层下的木搁栅、垫木、毛地板等采用木材的树种、选材标准和铺设时木材含水率以及防腐、防蛀处理等，均应符合现行国家标准《木结构工程施工质量验收规范》GB 50206 的有关规定。所选用的材料，进场时应对其断面尺寸、含水率等主要技术指标进行抽检，抽检数量应符合产品标准的规定。

（2）与厕浴间、厨房等潮湿场所相邻木、竹面层连接处应做防水（防潮）处理。

（3）木、竹面层铺设在水泥类基层上，其基层表面应坚硬、平整、洁净、干燥、不起砂。

（4）建筑地面工程的木、竹面层搁栅下架空结构层（或构造层）的质量检验，应符合相应国家现行标准的规定。

（5）木、竹面层的通风构造层包括室内通风沟、室外通风窗等，均应符合设计要求。

（6）木、竹面层的允许偏差，应符合表 2.4-127 的规定。

木、竹面层的允许偏差和检验方法(mm)　　　　表 2.4-127

项次	项目	允许偏差				检验方法
		实木地板面层			实木复合地板、中密度(强化)复合地板面层、竹地板面层	
		松木地板	硬木地板	拼花地板		
1	板面缝隙宽度	1.0	0.5	0.2	0.5	用钢尺检查
2	表面平整度	3.0	2.0	2.0	2.0	用 2m 靠尺和楔形塞尺检查
3	踢脚线上口平齐	3.0	3.0	3.0	3.0	拉 5m 通线，不足 5m 拉通线和用钢尺检查
4	板面拼缝平直	3.0	3.0	3.0	3.0	
5	相邻板材高差	0.5	0.5	0.5	0.5	用钢尺和楔形塞尺检查
6	踢脚线与面层的接缝	1.0				楔形塞尺检查

(五) 主要原材料的质量标准及检验要求

建筑地面采用的大理石、花岗石等天然石材必须符合国家现行行业标准《天然石材产品放射防护分类控制标准》JC 518 中有关材料有害物质的限量规定。进场应具有检测报告。

(六) 各类混凝土和砂浆的抗压强度试件以及不发火(防爆的)面层试件的留置规定和检验要求

1. 水泥混凝土面层

面层的强度等级应符合设计要求，且水泥混凝土面层强度等级不应小于 C20；水泥混凝土垫层兼面层强度等级不应小于 C15。

检验方法：检查配合比通知单及检测报告。

2. 水泥砂浆面层

水泥砂浆面层的体积比(强度等级)必须符合设计要求，且体积比应为 1∶2，强度等级不应小于 M15。

检验方法：检查配合比通知单和检测报告。

3. 不发火(防爆的)面层

不发火(防爆的)面层采用的碎石应选用大理石、白云石或其他石料加工而成，并以金属或石料撞击时不发生火花为合格；砂应质地坚硬、表面粗糙，其粒径宜为 0.15～5mm，含泥量不应大于 3%，有机物含量不应大于 0.5%；水泥应采用普通硅酸盐水泥，其强度等级不应小于 32.5；面层分格的嵌条应采用不发生火花的材料配制。配制时应随时检查，不得混入金属或其他易发生火花的杂质。

检验方法：观察检查和检查材质合格证明文件及检测报告。

(七) 有防水要求的地面的排水坡度及蓄水试验规定

1. 有防水要求的地面的排水坡度应符合设计要求。

2. 检查有防水要求建筑地面的基层(各构造层)和面层，应采用泼水或蓄水方法，蓄水时间不得少于 24h。

(八) 各构造层、面层的质量标准、质量缺陷及检验方法。

1. 基土

(1) 基土严禁用淤泥、腐植土、冻土、耕植土、膨胀土和含有有机物质大于8%的土作为填土。

检验方法：观察检查和检查土质记录。

(2) 基土应均匀密实，压实系数应符合设计要求，设计无要求时，不应小于0.90。

检验方法：观察检查和检查试验记录。

2. 灰土垫层

灰土体积比应符合设计要求。

检验方法：观察检查和检查配合比通知单记录。

3. 砂垫层和砂石垫层

(1) 砂和砂石不得含有草根等有机杂质；砂应采用中砂；石子最大粒径不得大于垫层厚度的2/3。

检验方法：观察检查和检查材质合格证明文件及检测报告。

(2) 砂垫层和砂石垫层的干密度（或贯入度）应符合设计要求。

检验方法：观察检查和检查试验记录。

4. 碎石垫层和碎砖垫层

(1) 碎石的强度应均匀，最大粒径不应大于垫层厚度的2/3；碎砖不应采用风化、酥松、夹有有机杂质的砖料，颗粒粒径不应大于60mm。

检验方法：观察检查和检查材质合格证明文件及检测报告。

(2) 碎石、碎砖垫层的密实度应符合设计要求。

检验方法：观察检查和检查试验记录。

5. 三合土垫层

(1) 熟化石灰颗粒粒径不得大于5mm；砂应用中砂，并不得含有草根等有机物质；碎砖不应采用风化、酥松和有机杂质的砖料，颗粒粒径不应大于60mm。

检验方法：观察检查和检查材质合格证明文件及检测报告。

(2) 三合土的体积比应符合设计要求。

检验方法：应按规范要求的检验方法检验。

6. 炉渣垫层

(1) 炉渣内不应含有有机杂质和未燃尽的煤块，颗粒粒径不应大于40mm，且颗粒粒径在5mm及以下的颗粒，不得超过总体积的40%；熟化石灰颗粒粒径不得大于5mm。

检验方法：观察检查和检查材质合格证明文件及检测报告。

(2) 炉渣垫层的体积比应符合设计要求。

检验方法：观察检查和检查配合比通知单。

7. 水泥混凝土垫层

(1) 水泥混凝土垫层采用的粗骨料，其最大粒径不应大于垫层厚度的2/3；含泥量不应大于2%；砂为中粗砂，其含泥量不应大于3%。

检验方法：观察检查和检查材质合格证明文件及检测报告。

(2) 混凝土的强度等级应符合设计要求，且不应小于C10。

检验方法：观察检查和检查配合比通知单及检测报告。

8. 找平层

（1）找平层采用碎石或卵石的粒径不应大于其厚度的2/3，含泥量不应大于2%；砂为中粗砂，其含泥量不应大于3%。

检验方法：观察检查和检查材质合格证明文件及检测报告。

（2）水泥砂浆体积比或水泥混凝土强度等级应符合设计要求，且水泥砂浆体积比不应小于1：3（或相应强度等级）；水泥混凝土强度等级不应小于C15。

检验方法：观察检查和检查配合比通知单及检测报告。

（3）有防水要求的建筑地面工程的立管、套管、地漏处严禁渗漏，坡向应正确、无积水。

检验方法：观察检查和蓄水、泼水检验及坡度尺检查。

9. 隔离层

（1）隔离层材质必须符合设计要求和国家产品标准规定。

检验方法：观察检查和检查材质合格证明文件、检测报告。

（2）厕浴间和有防水要求的建筑地面必须设置防水隔离层。楼层结构必须采用现浇混凝土或整块预制混凝土板，混凝土强度等级不应小于C20；楼板四周除门洞外，应做混凝土翻边，其高度不应小于120mm。施工时结构层标高和预留孔洞位置应准确，严禁乱凿洞。

检验方法：观察和钢尺检查。

（3）水泥类防水隔离层的防水性能和强度等级必须符合设计要求。

检验方法：观察检查和检查检测报告。

（4）防水隔离层严禁渗漏，坡向应正确、排水通畅。

检验方法：观察检查和蓄水、泼水检验或坡度尺检查及检查检验记录。

10. 填充层

（1）填充层的材料质量必须符合设计要求和国家产品标准的规定。

检验方法：观察检查和检查材质合格证明文件、检测报告。

（2）填充层的配合比必须符合设计要求。

检验方法：观察检查和检查配合比通知单。

11. 水泥混凝土面层

（1）水泥混凝土采用的粗骨料，其最大粒径不应大于面层厚度的2/3，细石混凝土面采用的石子粒径不应大于15mm。

检验方法：观察检查和检查材质合格证明文件及检测报告。

（2）面层的强度等级应符合设计要求，且水泥混凝土面层强度等级不应小于C20；水泥混凝土垫层兼面层强度等级不应小于C15。

检验方法：检查配合比通知单及检测报告。

（3）面层与下一层应结合牢固，无空鼓、裂纹。

检验方法：用小锤轻击检查。

12. 水泥砂浆面层

（1）水泥采用硅酸盐水泥、普通硅酸盐水泥，其强度等级不应小于32.5，不同品种、不同强度等级的水泥严禁混用；砂应为中粗砂，当采用石屑时，其粒径应为1~5mm，且含泥量不应大于3%。

检验方法：观察检查和检查材质合格证明文件及检测报告。

（2）水泥砂浆面层的体积比（强度等级）必须符合设计要求，且体积比应为1：2，强度等级不应小于M15。

检验方法：检查配合比通知单和检测报告。

（3）面层与下一层应结合牢固，无空鼓、裂纹。

检验方法：用小锤轻击检查。

13. 水磨石面层

（1）水磨石面层的石粒，应采用坚硬可磨白云石、大理石等岩石加工而成，石粒应洁净无杂物，其粒径除特殊要求外应为6～15mm；水泥强度等级不应小于32.5；颜料应采用耐光、耐碱的矿物原料，不得使用酸性颜料。

检验方法：观察检查和检查材质合格证明文件。

（2）水磨石面层拌和料的体积比应符合设计要求，且为：1：1.5～1：2.5（水泥：石粒）。

检验方法：检查配合比通知单和检测报告。

（3）面层与下一层结合应牢固，无空鼓、裂纹。

检验方法：用小锤轻击检查。

14. 水泥钢（铁）屑面层

（1）水泥强度等级不应小于32.5；钢（铁）屑的粒径应为1～5mm；钢（铁）屑中不应有其他杂质，使用前应去油除锈，冲洗干净并干燥。

检验方法：观察检查和检查材质合格证明文件及检测报告。

（2）面层和结合层的强度等级必须符合设计要求，且面层抗压强度不应中于40MPa；结合层体积比为1：2（相应的强度等级不应小于M15）。

检验方法：检查配合比通知单和检测报告。

（3）面层与下一层结合必须牢固，无空鼓。

检验方法：用小锤轻击检查。

15. 防油渗面层

（1）防油渗混凝土所用的水泥应采用普通硅酸盐水泥，其强度等级应不小于32.5；碎石应采用花岗石或石英石，严禁使用松散多孔和吸水率大的石子，粒径为5～15mm，其最大粒径不应大于20mm，含泥量不应大于1%；砂应为中砂，洁净无杂物，其细度模数应为2.3～2.6；掺入的外加剂和防油渗剂应符合产品质量标准。防油渗涂料应具有耐油、耐磨、耐火和粘结性能。

检验方法：观察检查和检查材质合格证明文件及检测报告。

（2）防油渗混凝土的强度等级和抗渗性能必须符合设计要求，且强度等级不应小于C30；防油渗涂料抗拉粘结强度不应小于0.3MPa。

检验方法：检查配合比通知单和检测报告。

（3）防油渗混凝土面层与下一层应结合牢固、无空鼓。

检验方法：用小锤轻击检查。

（4）防油渗涂料面层与基层应粘结牢固，严禁有起皮、开裂、漏涂等缺陷。

检验方法：观察检查。

16. 不发火(防爆的)面层

(1) 不发火(防爆的)面层采用的碎石应选用大理石、白云石或其他石料加工而成,并以金属或石料撞击时不发生火花为合格;砂应质地坚硬、表面粗糙,其粒径宜为0.15～5mm,含泥量不应大于3%,有机物含量不应大于0.5%;水泥应采用普通硅酸盐水泥,其强度等级不应小于32.5;面层分格的嵌条应采用不发生火花的材料配制。配制时应随时检查,不得混入金属或其他易发生火花的杂质。

检验方法:观察检查和检查材质合格证明文件及检测报告。

(2) 不发火(防爆的)面层的强度等级应符合设计要求。

检验方法:检查配合比通知单和检测报告。

(3) 面层与下一层应结合牢固,无空鼓、无裂纹。

检验方法:用小锤轻击检查。

(4) 不发火(防爆的)面层的试件,必须检验合格。

检验方法:检查检测报告。

17. 砖面层

(1) 面层所用的板块的品种、质量必须符合设计要求。

检验方法:观察检查和检查材质合格证明文件及检测报告。

(2) 面层与下一层的结合(粘结)应牢固,无空鼓。

检验方法:用小锤轻击检查。

注:凡单块砖边有局部空鼓,且每自然间(标准间)不超过总数的5%可不计。

18. 大理石面层和花岗石面层

(1) 大理石、花岗石面层所用板块的品种、质量应符合设计要求。

检验方法:观察检查和检查材质合格记录。

(2) 面层与下一层应结合牢固,无空鼓。

检验方法:用小锤轻击检查。

注:凡单块砖边有局部空鼓,且每自然间(标准间)不超过总数的5%可不计。

19. 预制板块面层

(1) 预制板块的强度等级、规格、质量应符合设计要求;水磨石板块尚应符合国家现行行业标准《建筑水磨石制品》JC 507的规定。

检验方法:观察检查和检查材质合格证明文件及检测报告。

(2) 面层与下一层应粘合牢固、无空鼓。

检验方法:用小锤轻击检查。

注:凡单块砖边有局部空鼓,且每自然间(标准间)不超过总数的5%可不计。

20. 料石面层

(1) 面层材质应符合设计要求;条石的强度等级应大于MU60,块石的强度等级应大于MU30。

检验方法:观察检查和检查材质合格证明文件及检测报告。

(2) 面层与下一层应结合牢固、无松动。

检验方法:观察检查和用锤击检查。

21. 塑料板面层

(1) 塑料板面层所用的塑料板块卷材的品种、规格、颜色、等级应符合设计要求和现行国家标准的规定。

检验方法：观察检查和检查材质合格证明文件及检测报告。

(2) 面层与下一层的粘结应牢固，不翘边、不脱胶、无溢胶。

检验方法：观察检查和用敲击及钢尺检查。

注：卷材局部脱胶处面积不应大于 $20cm^2$，且相隔间距不小于 50cm 可不计；凡单块板块料边角局部脱胶处且每自然间(标准间)不超过总数的 5%者可不计。

22. 活动地板面层

(1) 面层材质必须符合设计要求，且应具有耐磨、防潮、阻燃、耐污染、耐老化和导静电等特点。

检验方法：观察检查和检查材质合格证明文件及检测报告。

(2) 活动地板面层应无裂纹、掉角和缺棱等缺陷。行走无声响、无摆动。

检验方法：观察和脚踩检查。

23. 地毯面层

(1) 地毯的品种、规格、颜色、花色、胶料和辅料及其材质必须符合设计要求和国家现行地毯产品标准的规定。

检验方法：观察检查和检查材质合格记录。

(2) 地毯表面应平服、拼缝处粘贴牢固、严密平整、图案吻合。

检验方法：观察检查。

24. 实木地板面层

(1) 实木地板面层所采用的材质和铺设时的木材含水率必须符合设计要求。木搁栅、垫木和毛地板等必须做防腐、防蛀处理。

检验方法：观察检查和检查材质合格证明文件及检测报告。

(2) 要搁栅安装应牢固、平直。

检验方法：观察、脚踩检查。

(3) 面层铺设应牢固；粘结无空鼓。

检验方法：观察、脚踩或用小锤轻击检查。

25. 实木复合地板面层

(1) 实木复合地板面层所采用的条材和块材，其技术等级及质量要求应符合设计要求。木搁栅、垫木和毛地板等必须做防腐、防蛀处理。

检验方法：观察检查和检查材质合格证明文件及检测报告。

(2) 木搁栅安装应牢固、平直。

检验方法：观察、脚踩检查。

(3) 面层铺设应牢固；粘贴无空鼓。

检验方法：观察、脚踩或用小锤轻击检查。

26. 中密度(强化)复合地板面层

(1) 中密度(强化)复合地板面层所采用的材料，其技术等级及质量要求应符合设计要求。木搁栅、垫木和毛地板等应做防腐、防蛀处理。

检验方法：观察检查和检查材质合格证明文件及检测报告。

(2) 木搁栅安装应牢固、平直。

检验方法：观察、脚踩检查。

(3) 面层铺设应牢固。

检验方法：观察、脚踩检查。

27. 竹地板面层

(1) 竹地板面层所采用的材料，其技术等级和质量要求应符合设计要求。木搁栅、毛地板和垫木等应做防腐、防蛀处理。

检验方法：观察检查和检查材质合格证明文件及检测报告。

(2) 木搁栅安装应牢固、平直。

检验方法：观察、脚踩检查。

(3) 面层铺设应牢固；粘贴无空鼓。

检验方法：观察、脚踩或用小锤轻击检查。

四、建筑工程室内环境

(一) 建筑工程室内环境污染的概念、分类产生原因以及有污染建筑材料的种类、品种。

1. 建筑工程室内环境污染的概念

室内空气中混入有害人体健康的氡、甲醛、苯、氨、挥发性有机物等气体的现象污染是指有建筑材料和装修材料产生的室内环境污染。

2. 民用建筑工程按不同的室内环境要求分为以下两类：

(1) Ⅰ类民用建筑工程：住宅、办公楼、医院病房、老年建筑、幼儿园、学校教室等建筑工程。

(2) Ⅱ类民用建筑工程：旅店、文化娱乐场所、书店、图书馆、展览馆、体育馆、商场(店)、公共交通工具等候室、医院候诊室、饭馆、理发店等公共建筑。

(3) 室内环境污染主要是由建筑材料和装修材料产生的。

(4) 有污染建筑材料的种类、品种：

① 无机非金属建筑材料和无机非金属装修材料，包括砂、石、砖、水泥、商品混凝土、预制构件、新型墙体材料、石材、建筑卫生陶瓷、石膏板、吊顶材料等。

② 人造木板及饰面人造木板、涂料、胶粘剂、水性处理剂等。

(二) 材料选择、施工要求和检测规定

1. 材料选择

(1) Ⅰ类民用建筑工程必须采用 A 类无机非金属建筑材料和装修材料。

(2) Ⅱ类民用建筑工程宜采用 A 类无机非金属建筑材料和装修材料；当 A 类和 B 类无机非金属装修材料混合使用时，应按下式计算，确定每种材料的使用量：

$$\Sigma_i f_i \cdot S_{Rai} \leqslant 1 \qquad 4.3.2\text{-}1$$

$$\Sigma f_i \left(\frac{S_{Rai}}{370} + \frac{S_{Thi}}{260} + \frac{S_{ki}}{4000} \right) \leqslant 1 \qquad 4.3.2\text{-}2$$

式中 f_i——第 i 种材料在材料总用量中所占的份额(%)；

I_{Rai}——第 i 种材料的内照射指数；

I_{ri}——第 i 种材料的外照射指数。

(3) Ⅰ类民用建筑工程的室内装修，必须采用 E1 类人造木板及饰面人造木板。

(4) Ⅱ类民用建筑工程的室内装修，宜采用 E1 类人造木板及饰面人造木板；当采用 E2 类人造木板时，直接暴露于空气的部位应进行表面涂覆密封处理。

(5) 民用建筑工程的室内装修，所采用的涂料、胶粘剂、水性处理剂，其苯、有利甲醛、游离甲苯二异氰酸酯(TDI)、总挥发性有机化合物(TVOC)的含量，应符合本规范的规定。

(6) 民用建筑工程的室内装修，不应采用聚乙烯醇水玻璃内墙涂料、聚乙烯醇缩甲醛内墙涂料和树脂以硝化纤维素为主、溶剂以二甲苯为主的(O/W)多彩内墙涂料。

(7) 民用建筑工程的室内装修时，不应采用聚乙烯醇缩甲醛胶粘剂。民用建筑工程中使用的粘合木结构材料，游离甲醛释放量不应大于 $0.12mg/m^3$，其测定方法应符合本规范附录 A 的规定。

(8) 民用建筑工程的室内装修时，所使用的壁布、帷幕等游离甲醛释放量不应大于 $0.12mg/m^3$，其测定方法应符合本规范附录 A 的规定。

(9) 民用建筑工程的室内装修中使用的木地板及其他木质材料，严禁采用沥青类防腐、防潮处理剂。

(10) 民用建筑工程中所使用的阻燃剂、混凝土外加剂的释放量不应大于 0.10%，测定方法应符合现行国家标准《混凝土外加剂中释放氨的限量》的规定。2.4-12 Ⅰ类民用建筑工程中室内装修粘贴塑料地板时，不应采用溶剂型胶粘剂。2.4-13 Ⅱ类民用建筑工程中地下室及不与室外直接自然通风的房间贴塑料地板时，不宜采用溶剂型胶粘剂。

(11) 民用建筑工程中，不应在室内采用脲醛泡沫塑料作为保温、隔热、吸声材料。

(12) 民用建筑工程室内装修时，所使用的地毯、地毯衬垫、壁纸、聚氯乙烯卷材地板，其挥发性有机化合物及甲醛释放量均应符合相应材料的有害物质限量的国家标准规定。

2. 施工要求

(1) 采取防氡措施的民用建筑工程，其地下工程的变形缝、施工缝、穿墙管(盒)、埋设件、预留孔洞等特殊部位的施工工艺，应符合现行国家标准《地下工程防水技术规范》的有关规定。

(2) Ⅰ类民用建筑工程当采用异地土作为回填土时，该回填土应进行镭-226、钍-232、钾 K-40 的比活度测定。当内照射指数(I_{Ra})不大于 1.0 和外照射指数(I_r)不大于 1.3 时，方可使用。

(3) 民用建筑工程室内装修所采用的稀释剂和溶剂，严禁使用苯、工业苯、石油苯、重质苯及混苯。

(4) 民用建筑工程室内装修施工时，不应使用苯、甲苯、二甲苯和汽油进行除油和清除旧油漆作业。

(5) 涂料、胶粘剂、水性处理剂、稀释剂和溶剂等使用后，应及时封闭存放，废料应及时清出室内。

(6) 严禁在民用建筑工程室内用有机溶剂清洗施工用具。

(7) 采暖地区的民用建筑工程，室内装修工程施工不宜在采暖期内进行。

(8) 民用建筑室内装修中,进行饰面人造木板拼接施工时,除芯板为 A 级外,应对其断面及无饰面部位进行密封处理。

3. 检测规定

(1) 民用建筑工程中所采用的无机非金属材料和装修材料必须有放射性指标检测报告,并应符合设计要求和本规范的规定。

(2) 民用建筑工程室内饰面采用天然花岗石石材作为饰面材料时,当总面积大于 $200m^2$ 时,应对不同产品分别进行放射性指标的复验。

(3) 民用建筑工程室内装修中所采用的人造木板及饰面人造木板,必须有游离甲醛含量或游离甲醛释放量检测报告,并应符合设计要求和本规范的规定。

(4) 民用建筑工程室内装修中采用的某一种人造木板及饰面人造木板面积大于 $500m^2$ 时,应对不同产品进行游离甲醛含量或游离甲醛释放量的复验。

(5) 民用建筑工程室内装修中所采用的水性涂料、水性胶粘剂、水性处理剂必须有总挥发有机化合物(TVOC)和游离甲醛含量含量报告;游离甲苯二异氰酸酯(TDI)(聚氨酯类)含量检测报告,并应符合设计要求和本规范的规定。

(6) 建筑材料或装修材料的检验项目不全或对检测结果有疑问时,必须将材料送往有资格的检测机构进行检验,检验合格后方可使用。

(三) 原材料和室内环境污染的控制指标及验收要求

1. 无机非金属建筑材料和装修材料

(1) 民用建筑工程所使用的无机非金属建筑材料,包括砂、石、砖、水泥、商品混凝土、预制构件和新型墙体材料等,其放射性指标限量应符合符合表 2.4-128 的规定。

无机非金属建筑材料放射性指标限量 表 2.4-128

测 定 项 目	限 量	测 定 项 目	限 量
内照射指数(I_{Ra})	≤1.0	外射指数(I_r)	≤1.0

(2) 民用建筑工程所使用的无机非金属装修材料,包括石材、建筑卫生陶瓷、石膏板、吊顶材料等,进行分类时,其放射性指标限量应符合 2.4-129 的规定。

无机非金属建筑装修材料放射性指标限量 表 2.4-129

测 定 项 目	限 量	
	A	B
内照射指数(I_{Ra})	≤1.0	≤1.3
外照射指数(I_r)	≤1.3	≤1.9

(3) 空心率大于 25% 的建筑材料,其天然放射性核素镭 Ra-226、钍 Th-232、钾 K-40 的放射性比活度应同时满足内照射指数(I_{Ra})不大于 1.0、外照射指数(I_r)不大于 1.3。

2. 人造木板及饰面人造木板

(1) 民用建筑工程室内用人造木板及饰面人造木板,必须测定游离甲醛的含量或游离甲醛的释放量。

(2) 人造木板及饰面人造木板,应根据游离甲醛含量或游离甲醛释放量限量划分为 E1 类和 E2 类。

(3) 当采用环境测试舱法测定游离甲醛释放量，并依此对人造木板进行分类时，其限量应符合表 2.4-130 的规定。

环境指标等级及甲醛平衡浓度表　　　　　　　　　　表 2.4-130

类　　别	限量(mg/m³)
E1	≤0.12

(4) 当采用穿孔法测定游离甲醛含量，并依此对人造木板进行分类时，其限量应符合表 2.4-131 的规定。

环境指标等级及甲醛含量表　　　　　　　　　　表 2.4-131

类　　别	限量(mg/100g，干材料)	类　　别	限量(mg/100g，干材料)
E1	≤9.0	E2	≥9.0，≤30.0

(5) 当采用干燥器法测定游离甲醛释放量，并依此对人造木板进行分类时，其限量应符合表 2.4-132 的规定。

干燥器法测定游离甲醛释放量分类限量　　　　　　　　　　表 2.4-132

类　　别	限量(mg/100g，干材料)	类　　别	限量(mg/100g，干材料)
E1	≤1.5	E2	≥1.5，≤5.0

3. 涂料

(1) 民用建筑工程室内用水性涂料，应测定总挥发性有机化合物(TVOC)和游离甲醛的含量，其限量应符合表 2.4-133 的规定。

室内用水性涂料中总挥发性有机化合物(TVOC)和游离甲醛限量　　表 2.4-133

测 定 项 目	限　　量	测 定 项 目	限　　量
TVOC(g/L)	≤200	游离甲醛(g/kg)	≤0.1

(2) 民用建筑工程室内用溶剂型涂料，应按其规定的最大稀释比例混合后，测定总挥发性有机化合物(TVOC)和苯的含量，其限量应符合表 2.4-134 的规定。

室内用溶剂型涂料中总挥发性有机化合物(TVOC)和苯限量　　表 2.4-134

涂料名称	TVOC(g/L)	苯(g/L)	涂料名称	TVOC(g/L)	苯(g/L)
醇酸漆	≤550	≤5	酚醛磁漆	≤380	≤5
硝基清漆	≤750	≤5	酚醛防锈漆	≤270	≤5
聚氨酯漆	≤700	≤5	其他溶剂型涂料	≤600	≤5
酚醛清漆	≤500	≤5			

4. 胶粘剂

(1) 民用建筑工程室内用水性胶粘剂，应测定其总挥发性有机化合物(TVOC)和游离甲醛的含量，其限量应符合表 2.4-135 的规定。

室内用水性胶粘剂中总挥发性有机化合物（TVOC）和游离甲醛限量　　表2.4-135

测 定 项 目	限　量	测 定 项 目	限　量
TVOC(g/L)	≤50	游离甲醛(g/kg)	≤1

（2）民用建筑工程室内用溶剂型胶粘剂，应测定其挥发性有机化合物（TVOC）和苯的含量，其限量应符合表2.4-136的规定。

室内用溶剂型胶粘剂中总挥发性有机化合物（TVOC）和苯限量　　表2.4-136

测 定 项 目	限　量	测 定 项 目	限　量
TVOC(g/L)	≤750	游离甲醛(g/kg)	≤5

5. 水性处理剂

民用建筑工程室内用水性阻燃剂、防水剂、防腐剂等水性处理剂，应测定总挥发性有机化合物（TVOC）和游离甲醛的含量，其限量应符合表2.4-137的规定。

室内用水性处理剂中总挥发性有机化合物（TVOC）和游离甲醛限量　　表2.4-137

测 定 项 目	限　量	测 定 项 目	限　量
TVOC(g/L)	≤200	游离甲醛(g/kg)	≤0.5

6. 竣工验收

（1）民用建筑工程及其室内装修工程的室内环境质量验收，应在工程完工至少7d以后、工程交付使用前进行。

（2）民用建筑工程及其室内装修工程验收时，应检查下列资料：

① 工程地质勘察报告，工程地点土壤中氡浓度的检测报告、工程地点土壤天然放射性核素镭Ra-226、钍Th-232、钾K-40含量检测报告；

② 涉及室内环境污染控制的施工图设计文件及工程设计变更文件；

③ 建筑材料及装修材料的污染物含量检测报告，材料进场检验记录，复验报告；

④ 与室内环境污染控制有关的隐蔽工程验收记录，施工记录；

⑤ 样板间室内环境污染物浓度检测记录（不做样板间的除外）。

（3）民用建筑工程所用建筑材料及装修材料的类别、数量和施工工艺等，应符合设计要求和本规范的有关规定。

（4）民用建筑工程验收时，必须进行室内环境污染物浓度检测。检测结果应符合表2.4-138的规定。

民用建筑工程室内环境污染物浓度限量　　表2.4-138

污 染 物	Ⅰ类民用建筑工程	Ⅱ类民用建筑工程	污 染 物	Ⅰ类民用建筑工程	Ⅱ类民用建筑工程
氡(Bq/m³)	≤200	≤400	氨(mg/m³)	≤0.2	≤0.5
游离甲醛(mg/m³)	≤0.08	≤0.12	TVOC(mg/m³)	≤0.5	≤0.6
苯(mg/m³)	≤0.09	≤0.09			

第八节 屋面工程

屋面工程所采用的防水、保温隔热材料应有产品合格证书和性能检测报告，材料的品种、规格、性能等应符合现行国家产品标准和设计要求。

一、材料要求

（一）找平层材料及主要机具的要求

找平层是铺贴防水卷材的基层，可采用水泥砂浆、细石混凝土或沥青砂浆。冬季、雨季或抢工期水泥砂浆施工有困难时，可采用沥青砂浆。

1. 砂：采用中砂或粗黄砂，含泥量不大于3%，不含有机杂质。
2. 碎石：采用粒径为5～15mm的青瓜米石。
3. 沥青：采用石油沥青，软化点宜为50～60℃，但不得高于70℃，60号甲、60号乙的道路石油沥青或75号普通石油沥青均可。
4. 配合比：混凝土的强度等级不低于C20，参考混凝土配合比手册，水泥砂浆配合比为1:3。
5. 主要机具：有砂浆搅拌机或混凝土搅拌机，工具为运料手推车，水泥砂浆配合比平刮木、水平尺、沥青锅、炒盘、压滚、烙铁。

材料质量及配合比应符合设计要求，要检查出厂合格证、质量检验报告和计量措施。

（二）卷材屋面防水工程的材料要求

防水卷材在我国建筑防水材料的应用中处于主导地位，常用的防水卷材按照材料的组成可分为沥青防水卷材、高聚物改性沥青防水卷材和合成高分子防水卷材三大系列。所选用的基层处理剂、接缝胶粘剂、密封材料等配套材料应与铺贴的卷材性能相容。

现场检测的标准可按《屋面工程技术规范》（GB 50345—2004）中的要求为依据进行测试。厂家或行业制订的企业标准应符合《屋面工程技术规范》（GB 50345—2004）中所规定的质量指标。

防水卷材现场抽样复验应遵守下列规定：

1. 同一品种、牌号、规格的卷材，抽验数量为：大于1000卷取5卷，500～1000抽取4卷，100～499卷抽取3卷，小于100卷抽取2卷。
2. 卷材的物理性能应检验下列项目：沥青防水卷材应检验拉力、耐热度、柔性、不透水性；高聚物改性沥青防水卷材应检验拉伸性能、耐热度、柔性、不透水性合成高分子防水卷材应检验拉伸强度、断裂伸长率、低温弯折性、不透水性。
3. 胶粘剂物理性能应检验下列项目：改性沥青胶粘剂应检验粘结剥离强度；合成高分子胶粘剂应检验粘结剥离强度和粘结剥离强度浸水后保持率。

（三）涂膜防水屋面工程材料要求

防水涂料应采用高聚物改性沥青防水涂料、合成高分子防水涂料。用于涂膜防水层的涂料分成两类：高聚物改性沥青防水涂料和合成高分子防水涂料。除此之外，无机盐类防水涂料不适用于屋面防水工程；聚氯乙烯改性煤焦油防水涂料有毒和污染，施工时动用明火，要限制使用。

防水涂料和胎体增强材料必须符合设计要求。高聚物改性沥青防水涂料的物理性能应符合表2.4-139的要求；合成高分子防水涂料的物理性能应符合表2.4-140的要求；胎体增强材料的质量应符合表2.4-141的要求。

高聚物改性沥青防水涂料物理性能 表2.4-139

项　目		性　能　要　求
固体含量(%)		≥43
耐热度(80℃，5h)		无流淌、起泡和滑动
柔性(−10℃)		3mm厚，绕φ20mm圆棒无裂缝、断裂
不透水性	压力(MPa)	≥0.1
	保持时间(min)	≥30
延伸(20±2℃拉伸，mm)		≥4.5

合成高分子防水卷材物理性能 表2.4-140

项　目		性　能　要　求		
		反应固化型	挥发固化型	聚合物水泥涂料
固体含量(%)		≥94	≥65	≥65
拉伸强度(MPa)		≥1.65	≥1.5	≥1.2
断裂延伸率(%)		≥350	≥300	≥200
柔性(℃)		−30，弯折无裂纹	−20，弯折无裂纹	−10，绕φ10mm棒无裂纹
不透水性	压力(MPa)	≥0.3		
	保持时间(min)	≥30		

胎体增强材料质量要求 表2.4-141

项　目		质　量　要　求		
		聚酯无纺布	化纤无纺布	玻纤网布
外　观		均匀，无团状，平整无折皱		
拉力(N/50mm)	纵向	≥150	≥45	≥90
	横向	≥100	≥35	≥50
延伸率(%)	纵向	≥10	≥20	≥3
	横向	≥20	≥25	≥3

（四）保温屋面材料要求

屋面保温材料应选用吸水率低、表观密度和导热系数较小，并具有一定强度，以便于运输、搬运和施工(施工时不易损坏)的散体和块体材料。

保温材料按形态不同一般可分为松散材料、板状材料和整体材料三类；按材质不同可分为人造有机材料(岩棉、泡沫塑料、玻璃棉制品等)和无机材料(如膨胀蛭石、膨胀珍珠岩等)两类。无机保温材料和人造有机材料经久耐用，保温性能优良，其中无机保温材料颗粒状态下可以散铺，也可制成板材或整体现浇铺设，应用较广泛。

保温层的含水率必须符合设计要求。封闭式保温层材料的含水率应相当于该材料在当地自然风干状态下的平衡含水率，当用有机胶结材料时不得超过5%，无机胶结材料时不得超过20%。

1. 松散保温材料的质量要求：

(1) 膨胀蛭石的质量要求：膨胀蛭石由蛭石经燃烧而成。其粒径宜为3~5mm，堆积密度应小于300kg/m³，导热系数应小于0.14W/(m·K)。膨胀蛭石具有较好的耐热耐寒性能，在20~100℃的温度范围内保温性能不会发生变化。颗粒状膨胀蛭石可以直接铺于屋面作保温隔热层，也可制成蛭石板进行铺设。

(2) 膨胀珍珠岩的质量要求：膨胀珍珠岩是用珍珠岩矿石，经过破碎、烤烧而成的一种白色或灰白色砂状材料，呈蜂窝状泡沫。其粒径宜大于0.15mm，小于0.15mm的含量不应大于8%，堆积密度应小于120kg/m²，导热系数应小于0.07W/(m·K)。膨胀珍珠岩是一种良好内保温材料，既可松铺，也可制成板材铺设。

2. 板状保温材料的质量要求。

板状保温材料一般有泡沫塑料、微孔混凝土类、膨胀蛭石和膨胀珍珠岩类等。他们的质量要求应符合表2.4-142的要求。

板状保温材料质量要求 表2.4-142

材料类别	表观密度(kg/m²)	导热系数 [W/(m·K)]	强度(MPa)		外观质量
			抗压	抗折	
泡沫塑料类	30~130	0.04~0.05	≥0.1	—	板的外形整齐，厚度允许偏差为±5%，且不大于4mm
微孔混凝土类	500~700	0.1~0.22	≥0.4	—	
膨胀蛭石、膨胀、珍珠岩类	300~800	0.10~0.26	≥0.3	—	

膨胀蛭石板材和膨胀珍珠岩板材是以这些松散颗粒状材料为母料，以水泥(水灰比为1:1.55~1.7)或乳化沥青为胶结材料预制而成。也可在现场浇筑成整体现浇保温层。微孔混凝土板材一般为预制加气混凝土板和泡沫混凝土板。

3. 整体现浇保温层原材料的质量要求

膨胀蛭石、膨胀珍珠岩的质量与松散材料的要求相同；沥青膨胀珍珠岩所用的沥青宜用10号建筑石油沥青；水泥膨胀蛙石及水泥膨胀珍珠岩中所用水泥的强度等级不应低于32.5。

保温材料的规定表现密度、导热系数以及板材的强度、吸水率，必须符合设计要求。现场抽样复验应遵守下列规定：松散保温材料应检测粒径、堆积密度；板状保温材料应检测密度、厚度、含水率、形状、强度，必要时还应检测导热系数；保温材料抽检数量应按使用的数量确定，同一批材料至少抽检一次。

(五) 隔热屋面材料要求

1. 架空隔热制品的质量要求：

(1) 非上人屋面的粘土砖强度等级不应小于MU10；上人屋面的粘土砖强度等级不应小于MU10。

(2) 混凝土板应用强度等级不小于C20的混凝土浇制，板内宜加放钢丝网片。

2. 蓄水屋面应采用刚性防水层或在卷材、涂膜防水层上面再做刚性防水层，防水层应采用耐腐蚀、耐霉烂、耐穿刺性能好的材料。

3. 种植屋面的防水层应采用耐腐蚀、耐霉烂、耐穿刺性能好的材料。当采用卷材防水层时,上部应设置细石混凝土保护层。

隔热材料抽检数量应按使用的数量确定、同一批材料至少抽检一次。

二、施工要求

(一) 找平层施工

1. 找平层应留设分格缝,缝宽为20mm,并嵌填密封材料,分格缝兼作排气屋面的排气道时可适当加宽并应与保温层连通。找平层的厚度和技术要求见表2.4-143。

找平层厚度和技术要求　　　　　　　　表2.4-143

类　　别	基层种类	厚度/mm	技术要求
水泥砂浆找平层	整体混凝土	15~20	水泥：砂＝1：(2.5~3)(体积比)水泥强度等级不低于32.5级
	整体或板状材料保温层	20~25	
	装配式混凝土板、松散材料保温层	20~30	
细石混凝土找平层	松散材料保温层	30~35	混凝土等级C20
沥青砂浆找平层	整体混凝土	15~20	沥青：砂＝1：8(质量比)
	装配式混凝土板、整体或板状材料保温层	20~25	

2. 找平层施工前,屋面保温层应进行检查验收,并办理验收手续,各种通过屋面的预埋管件、烟囱、女儿墙、暖沟墙、伸缩缝等根部应按设计施工固定及规范要求处理好,根据设计要求的标高、坡度,找好规矩弹线,包括天沟的坡度。施工找平层时,应将原表清理干净,进行处理如浇水湿润、喷涂沥青稀料等,以利于基层与找平层的结合。

3. 找平层施工工艺应按:基层清理→管根封堵→弹标高坡度线→洒水湿润→施工找平层→养护→验收的工序进行。

4. 屋面(含天沟、檐沟)找平层的排水坡度,必须符合设计要求。

屋面找平层质量监督要求见表2.4-144。

屋面找平层质量监督表　　　　　　　　表2.4-144

项　目	要　　求	检验方法
主控项目	材料质量及配合比符合设计要求	检查出厂合格证、质量检验报告和计量措施
	排水坡度符合设计要求(平屋面结构找坡不应小于3%,材科找坡宜为2%;天沟、檐沟的纵坡不应小于1%,沟底水落差不得超过200mm)	水平仪(水平尺)、拉线和尺量检查
一般项目	基层与突出屋面结构的交接处、基层转角处应做成圆弧形,整齐平顺(其圆弧半径为:沥青防水卷材100~150mm,高聚物50mm,合成日高分子20mm)	观察和尺量检查
	找平层分格缝位置、间距符合设计要求(分格缝应留在板端缝处,其纵横缝最大间距:水泥砂浆或细石混凝土找平层不宜大于6m,沥青砂浆找平层不宜大于4m)	观察和尺量检查
	找平层表面平整度允许偏差为5mm	用2m靠尺和楔形塞尺检查

(二)卷材屋面防水工程的施工

1．一般规定

(1)适用范围：卷材防水屋面适用于防水等级为Ⅰ～Ⅳ级的屋面防水。

屋面结构层为装配式钢筋混凝土板时，应采用细石混凝土灌缝，其强度等级不应小于C20。灌缝的细石混凝土宜掺微膨胀剂。当屋面板板缝宽度大于40mm或上窄下宽时，板缝中应设置构造钢筋。

(2)找平层要求：找平层表面应压实平整，排水坡度应符合设计要求。采用水泥砂浆找平层时，水泥砂浆抹平收水后应二次压光，充分养护，不得有酥松、起砂、起皮现象。

基层与突出屋面结构(女儿墙、天窗壁、变形缝、烟囱等)的连接处，以及基层的转角处(水落口、檐口、天沟、屋脊等)均应做成圆弧，圆弧半径应根据卷材种类按表2.4-145选用。内部排水的水落口周围应做成略低的凹坑。

转角处圆弧半径 表 2.4-145

卷 材 种 类	圆弧半径(mm)	卷 材 种 类	圆弧半径(mm)
沥青防水卷材	100～150	合成高分子防水卷材	20
高聚物改性沥青防水卷材	50		

(3)基层处理：铺设屋面隔汽层和防水层前，基层必须干净、干燥。干燥程度的简易检验方法，是将1m²卷材平坦地干铺在找平层上，静置3～4h后掀开检查，找平层覆盖部位与卷材上未见水印即可铺设隔汽层或防水层。

(4)采用基层处理剂时，其配制与施工应符合下列规定：基层处理剂选择应与卷材的材性相容；基层处理剂可采取喷涂或涂刷法施工，喷、涂应均匀一致，当喷、涂二遍时，第二遍喷、涂应在第一遍干燥后进行。待最后一遍喷、涂干燥后，方可铺贴卷材；喷、涂基层处理剂前，应用毛刷对屋面节点、周边、拐角等处先行涂刷。

(5)卷材铺贴：卷材铺设方向应符合下列规定：屋面坡度小于3%，卷材宜平行屋脊铺贴；屋面坡度在3%～15%之间，卷材可平行或垂直屋脊铺贴；坡度大于15%或屋面受振动时，沥青防水卷材应垂直屋脊铺贴；高聚物改性沥青防水卷材和合成高分子防水卷材可平行或垂直屋脊铺贴；上下层卷材不得相互垂直铺贴。

(6)屋面防水层施工时，应先做好节点，附加层和屋面排水比较集中部位(屋面与水落口连接处、檐口、天沟、屋面转角处、板端缝等)的处理，然后由屋面最低标高处向上施工。铺贴天沟、檐沟、卷材时，宜顺天沟、檐沟方向，减少搭接。

(7)卷材搭接的方法、宽度和要求，应根据屋面坡度、年最大频率风向和卷材的材性决定：铺贴卷材应采用搭接法，上下层及相邻两幅卷材的搭接缝应错开，平行于屋脊搭接缝应顺流水方向搭接，垂直于屋脊的搭接缝应顺年最大频率风向搭接(各种卷材搭接宽度应符合表2.4-146的要求)；高聚物改性沥青防水卷材和合成高分子防水卷材的搭接缝，宜用材性相容的密封材料封严；叠层铺设的各层卷材，在天沟与屋面的连接处，应采用叉接法搭接，搭接缝应错开，接缝宜留在屋面或天沟侧面，不宜留在沟底。

卷材搭接宽度 表 2.4-146

搭接方向 卷材种类		铺贴方法	短边搭接宽度(mm)		长边搭接宽度(mm)	
			满粘法	空铺法 点贴法 条粘法	满贴法	空铺法 点粘法 条粘法
沥青防水卷材			100	150	70	100
高聚物改性沥青防水卷材			80	100	80	100
合成高分子防水卷材		胶粘剂	80	100	80	100
		胶粘带	50	60	50	60
		单缝焊	60，有效焊接宽度不小于 25			
		双缝焊	80，有效焊接宽度 10×2+空腔宽			

2. 细部构造

(1) 天沟、檐沟应增铺附加层，当采用沥青防水卷材时应增铺一层卷材；当采用高聚物改性沥青防水卷材或合成高分子防水卷材时宜采用防水涂膜加强层；天沟、檐沟与屋面、交接处的附加层宜空铺，空铺宽度应为 200mm；天沟、檐沟卷材收头，应固定密封；高低跨内排水天沟与主墙交接处应采取能适应变形的密封处理。

(2) 泛水防水构造应遵守下列规定：铺贴泛水处的卷材应采取满粘法；泛水宜采取隔热防晒措施，可在泛水卷材面砌砖后抹水泥砂浆或浇细石混凝土保护，亦可采用涂刷浅色涂料或粘贴铝箔保护层。

(3) 变形缝处理：变形缝内宜填充泡沫塑料或沥青麻丝，上部填放衬垫材料，并用卷材封盖，顶部应加扣混凝土盖板或金属盖板。

(4) 水落口防水构造：水落口杯宜采用铸铁或塑料制品；水落口杯埋设标高应考虑水落口设防时，考虑增加附加层和柔性密封层的厚度及排水坡度加大的尺寸；水落口周围直径 500mm 范围内坡度不应小于 5%，并应用防水涂料或密封材料涂封，其限度不应小于 2mm，水落口杯与基层接触处应留宽 20mm、深 20mm 凹槽，嵌填密封材料。

(5) 反梁过水孔构造应符合下列规定：应根据排水坡度要求留设反梁过水孔，图纸应注明孔底标高；留置的过水孔高度不应小于 150mm，宽度不应小于 250mm，当采用预埋管做过水孔时，管径不得小于 75mm；过水孔可采用防水涂料、密封材料防水，预埋管道两端周围与混凝土接触处应留凹槽，用密封材料封严。

(6) 伸出屋面管道处：伸出屋面管道周围的找平层应做成圆锥台，管道与找平层间应留凹槽，并嵌填密封材料，防水层收头处应用金属箍紧，并用密封材料封严。

(7) 屋面出入口：屋面垂直出入口防水层收头应压在混凝土压项圈下；水平出入口防水层收头应压在混凝土踏步下，防水层的泛水应设护墙。

3. 沥青卷材的防水施工

石油沥青纸胎油毡通常采用传统的热沥青玛琋脂粘法施工，一般由三毡四油构成防水层。石油沥青玻璃布胎油毡、玻纤胎油毡亦可用热玛琋脂进行粘贴施工，目前常用冷玛琋脂进行铺贴，一般由三毡四油构成防水层。

热粘法铺贴卷材应符合下列规定：火焰加热器加热卷材应均匀，不得过分加热或烧穿卷材；卷材表面热熔后应立即滚铺卷材，卷材下面的空气应排尽，并辊压粘结牢固，不得空鼓；卷材接缝部位必须溢出热熔的改性沥青胶；铺贴的卷材应平整顺直，搭接尺寸准确，不得扭曲、皱折。

冷粘法铺贴卷材应符合下列规定：胶粘剂涂刷应均匀，不露底，不堆积；根据胶粘剂的性能，应控制胶粘剂涂刷与卷材铺贴的间隔时间；铺贴的卷材下面的空气应排尽，并辊压粘结牢固；铺贴卷材应平整顺直，搭接尺寸准确，不得扭曲、皱折；接缝口应用密封材料封严，宽度不应小于 10mm。

粘贴各层沥青防水卷材和粘结绿豆砂保护层采用沥青玛琋脂，其标号应根据屋面的使用条件、坡度和当地历年极端最高气温按表 2.4-147 选用。

沥青玛琋脂选用标号　　　　　　　　表 2.4-147

材料工程	屋面坡度	历年极端最高气温	沥青玛琋脂标号
沥青玛琋脂	2%~3%	小于 38℃ 38℃~41℃ 41℃~45℃	S-60 S-65 S-70
	3%~15%	小于 38℃ 38℃~41℃ 41℃~45℃	S-65 S-70 S-75
	15%~25%	小于 38℃ 38℃~41℃ 41℃~45℃	S-75 S-80 S-85

注：1. 卷材层上有块体保护层或整体刚性保护层，沥青玛琋脂标号可按表降低 5 号；
　　2. 屋面受其他热源影响(如高温车间等)或屋面坡度超过 25%时，应将沥青玛琋脂的标号适当提高。

如选用不同胎体和性能的石油沥青油毡组成复合防水层时，应将抗裂性、耐久性等性能好的放在面层。

石油沥青油毡的表面撒有防粘粉料，铺贴前应预先清扫干净，并保持干燥，使其与玛琋脂有良好的粘结性能。纸胎油毡的强度低，施工时避免损伤卷材。

4. 高聚物改性沥青卷材防水的施工依据高聚物改性沥青卷材的特性，其施工方法一般可分为热熔法、冷粘法、自粘法三种；合成高分子防水卷材防水的施工一般均采用单层冷粘法施工，也可采用自粘法和热风焊接法铺贴。

5. 屋面卷材保护层施工

为防止紫外光线对卷材防水层的直接照射和延长其使用年限，规定卷材防水层应做保护层，并按保护层所采用材料不同列款叙述。屋面卷材的保护层按设计要求选用材料和施工。施工前经检查蓄水试验合格后，再进行保护层施工。采用刚性保护层，在保护层与女儿墙之间应留 30mm 左右的空隙并嵌填密封石膏。防水层与刚性保护层之间应做隔离层。

保护层有以下几种做法：涂料保护层、绿豆砂保护层、细砂，云母粉或蛭石粉保护、预制板块保护层、水泥砂浆抹面保护层、整体现浇细石混凝土保护层、架空隔热保护层。

6. 施工质量监督

(1) 卷材防水屋面屋面不得有渗漏和积水现象；屋面工程所用的合成高分子防水卷材必须符合质量标准和设计要求，以便能达到设计所规定的耐久使用年限；坡屋面和平屋面的坡度必须准确，坡度的大小必须符合设计要求，平屋面不得出现排水不畅和局部积水现象，水落管、天沟、檐沟等排水设施必须畅通，设置应合理，不得堵塞；找平层应平整坚固，表面不得有酥软、起砂、起皮等现象，平整度不应超过5mm；屋面的细部构造和节点的做法必须符合设计要求和规范的规定，节点处的封固应严密，不得开缝、翘边、脱落，水落口及突出屋面设施与屋面连接处应固定牢靠，密封严实；绿豆砂、细砂、蛭石、云母等松散材料保护层和涂料保护层覆盖应均匀，粘结应牢固，刚性整体保护层与防水层之间应设隔离层、表面分格缝，分离缝留设应正确，块体保护层应铺砌平整，接缝平密，分格缝、分离缝留设位置、宽度应正确；卷材铺贴方法、方向和搭接顺序应符合规定，搭接宽度应正确，卷材与基层、卷材与卷材之间粘结应牢固，接缝缝口、节点部位密封应严密，不得皱折、鼓包、翘边；保温层厚度、含水率、表观密度应符合设计要求。

（2）卷材防水屋面工程施工中应做好从屋面结构层、找平层、节点构造直至防水层施工完毕，分项工程的交接检查，未经检查验收合格的分（单）项工程，不得进行后续施工；对于多道设防的防水层，包括涂膜、卷材、刚性材料等，每一道防水层完成后，应由专人进行检查，每道防水层均应符合质量要求，不渗水，才能进行下一道防水层的施工；检验屋面有无渗漏或积水，排水系统是否畅通，可在雨后或持续淋水2h以后进行，有可能做蓄水检验的屋面宜做蓄水24h检验；对卷材屋面的节点做法、接缝密封应进行认真的外观检查，不合格的，应重做；找平层的平整度，用2mm直尺检查，面层与直尺间的最大空隙不应超过5mm，空隙仅允许平缓变化，每米长度内不多于一处；对于用卷材作防水层的蓄水屋面、种植屋面应作蓄水24h检验。

7. 工程验收时，应检查防水卷材及配套材料出厂质量证明文件及复试报告、屋面防水工程施工方案、屋面防水工程隐蔽验收记录、施工检验记录、淋水或蓄水检验记。

（三）涂膜防水屋面工程施工

1. 涂膜防水屋面适用于防水等级为Ⅰ～Ⅳ级的屋面防水。涂膜防水层用于Ⅲ、Ⅳ级防水屋面时可单独采用一道设防，也可用于Ⅰ、Ⅱ级屋面多道设防中的一道防水层。二道以上设防时，防水涂料与防水卷材应采用相容类材料；涂膜防水层与防水层之间（如刚性防水层在其上）应设隔离层。

2. 防水涂膜施工应符合下列规定：涂膜应根据防水涂料的品种分层分遍涂布，不得一次涂成；应待先涂的涂层干燥成膜后，方可涂后一遍涂料；需铺设胎体增强材料时，屋面坡度小于15%时可平行屋脊铺设，屋面坡度大于15%时应垂直于屋脊铺设；胎体长边搭接宽度不应小于50mm，短边搭接宽度不应小于70mm；采用二层胎体增强材料时，上下层不得相互垂直铺设，搭接缝应错开，其间距不应少于幅度的1/3。

当屋面坡度小于15%时，胎体增强材料平行或垂直屋脊铺设应视方便施工而定；屋面坡度大于15%时，为防止胎体增强材料下滑应垂直于屋脊铺设。平行于屋脊铺设时，必须由最低标高处向上铺设，胎体增强材料顺着流水方向搭接，避免呛水；胎体增强材料铺贴时，应边涂刷边铺贴，避免两者分离；为了便于工程质量验收和确保涂膜防水层的完整性，规定长边搭接宽度不小于50mm，短边搭接宽度不小于70mm，没有必要按卷材搭接宽度来规定。当采用两层胎体增强材料时，上、下两层不得垂直铺设，使其两层胎体材料同方向有一致的延伸性；上、下层的搭接缝应错开不小于1/3幅宽，避免上、下层胎体材料产生重缝及防水层厚薄不均匀。

3. 涂膜厚度：涂膜厚度选用应符合表2.4-148的规定。

涂膜厚度选用表　　　　　　　表2.4-148

屋面防水等级	设 防 道 数	高聚物改性沥青防水涂料	合成高分子防水涂料和聚合物水泥防水涂料
Ⅰ级	三道或三道以上设防	—	不应小于1.5mm
Ⅱ级	二道设防	不应小于3mm	不应小于1.5mm
Ⅲ级	一道设防	不应小于3mm	不应小于2mm
Ⅳ级	一道设防	不应小于2mm	—

注：涂膜防水屋面涂刷的防水涂料固化后，形成有一定厚度的涂膜。如果涂膜太薄就起不到防水作用和很难达到合理使用年限的要求，所以对各类防水涂料的涂膜厚度作了规定。

4. 多组分涂料应按配合比准确计量，搅拌均匀，并应根据有效时间确定使用量。一般配成的涂料固化时间比较短，应按照一次涂布用量确定配料的多少，在固化前用完。已固化的涂料不能和未固化的涂料混合使用，否则将会降低防水涂膜的质量。当涂料粘度过大或涂料固化过快或涂料固化过慢时，可分别加入适量的稀释剂、缓凝剂或促凝剂，调节粘度或固化时间，但不得影响防水涂膜的质量。

5. 天沟、檐沟、檐口、泛水和立面涂膜防水层的收头，应用防水涂料多遍涂刷或用密封材料封严。

6. 涂膜防水层不得有渗漏或积水现象；涂膜防水层在天沟、檐沟、檐口、水落口、泛水、变形缝和伸出屋面管道和防水构造，必须符合设计要求；涂膜防水层的平均厚度应符合设计要求，最小厚度不应小于设计厚度的80%；涂膜防水层与基层应粘结牢固，表面平整，涂刷均匀，无流淌、皱折、鼓泡、露胎体和翘边等缺陷；涂膜防水层上的撒布材料或浅色涂料保护层应铺撒或涂刷均匀，粘结牢固；水泥砂浆、块材或细石混凝土保护层与涂膜防水层间应设置隔离层；刚性保护层的分格缝留置应符合设计要求。

（四）保温屋面施工

1. 细部构造

（1）天沟、檐沟与屋面交接处的保温层，应铺设至不小于墙厚的1/2处。

（2）对铺有保温层的设在屋面排汽道交叉处的排汽管应伸到结构上，排汽管与保温层接触处的管壁应打孔，孔径及分布应适当，确保排汽道畅通。

（3）倒置式保温屋面是将保温层设置在防水层之上的屋面，保温材料应具有憎水性，施工时先做防水层，后做保温层。

2. 松散材料保温层的施工要求

（1）对基层的要求：铺设松散材料保温层的基层应平整、干燥、干净。

（2）对保温层含水率的要求：松散材料保温层含水率应视胶结材料的不同而异，松散材料保温层施工完后，应及时进行下一道工序的施工。保温层在防水层下的屋面，不得超过规定要求。

（3）保温层的铺设要求：松散保温材料应分层铺设，并适当压实。每层虚铺厚度不宜大于150mm，压实程度与厚度由试验确定。压实后，不得直接在保温层上行车或堆放重物，施工人员在保温层上行走宜穿软底鞋。

当屋面坡度较大时，为防上保温材料下滑，应采用防滑措施。可沿平行于屋脊的方向，按虚铺厚度的要求，用砖混凝土每隔1m左右构筑一道防滑带，阻止松散材料下滑。

松散材料保温层施工完后，应及时进行下一道工序的施工。保温层在防水层下的屋面，应及时进行找平层及防水层的施工，中途避免淋雨。在雨季施工时，保温层应采取遮盖措施，防止雨淋。松散材料保温层一旦渗入雨水，找平层做好后水汽不易排出，会对找平层和防水层产生不利影响，严重的会起鼓，甚至开裂，失去防水作用。所以，做好遮盖防雨工作是至关重要的。

3. 板状材料保温层的施工要求

（1）铺设板状材料保温层的基层应平整、干燥和干净。

（2）干铺的板状保温材料，应紧靠在需保温的基层表面上，并应铺平垫稳。分层铺设的板块，上下层接缝应相互错开；板间缝隙应采用同类材料嵌填密实。

（3）粘贴的板状保温材料应贴严、铺平；分层铺设的板块，上下层接缝应相互错开，并且当采用玛琋脂及其他胶结材料粘贴时、板状保温材料相互间及与基层之间应满涂胶结材料，使之互相粘牢，采用冷玛琋脂粘贴时应搅拌均匀，稠度太大时可加少量溶剂稀释搅匀；当采用水泥砂浆粘贴板状保温材料时，板间缝隙应采用保温灰浆填实并勾缝，保温灰浆的配合比宜为1∶1∶10（水泥∶石灰膏∶同类保温材料的碎粒，体积比）。

4. 整体现浇保温层的施工要求

（1）水泥膨胀蛭石、水泥膨胀珍珠岩不宜用于封闭式保温层；水泥膨胀蛭石、水泥膨胀珍珠岩的拌和提倡人工搅拌，不宜采用机械搅拌，拌合时，应先将水泥和膨胀蛭石或珍珠岩干拌均匀，然后以1∶1.55~1.7的水灰比加水搅拌均匀，稠度以手提成团不散为宜，随拌随铺随即做找平层，所用水泥标号不应低于32.5号；铺设前，应将清理干净的基层浇水湿润，虚铺的厚度应根据试验确定，一般虚铺力厚度的设计厚度的1.3倍左右，虚铺后用木拍轻轻拍实抹平至设计厚度；水泥膨胀蛭石、水泥膨胀珍珠岩压实抹平后应立即抹找平层（铺设一段保温层抹一段找平层），这样找平层在做完后可避免出现开裂现象。

（2）沥青膨胀珍珠岩、沥青膨胀蛭石的搅拌不采用人工搅拌，而应采用机械搅拌，搅拌的色泽应均匀一致，无沥青团；沥青玛琋脂的加热温度和使用温度与石油沥青纸胎油毡施工方法中的熬制温度与使用温度相同；沥青膨胀蛭石、沥青膨胀珍珠岩的铺设压实程度应根据试验确定，铺设的厚度应符合设计要求。

（3）干铺的保温层可在负温度下施工；用热沥青粘结的整体现浇保温层和粘贴的板状材料保温层在气温低于-10℃时不宜施工；用水泥、石灰或乳化沥青胶结的整体现浇保温层和用水泥砂浆粘贴的板状材料保温层不宜在气温低于5℃时施工；雨天、雪天、五级风及以上时不得施工；施工中途下雨、下雪应采取有效的遮盖措施，以防止保温层内部含水率增加面降低保温效果。

5. 施工质量监督

（1）保温层含水率、厚度、表观密度应符合设计要求。

（2）已竣工的防水层和保温层，严禁在其上凿孔打洞、受重物冲击；不得任意在其上堆杂物及增设构筑物。如需增加设施时，应做好相应的防水密封处理。

（3）严防堵塞水落口、天沟、檐口，保持排水系统畅通。

6. 工程验收时，应检查以下质保资料：

(1) 保温材料出厂质量证明文件及复试报告。

(2) 施工检验记录，保温层隐蔽工程验收记录。

(五) 隔热屋面施工

1. 架空隔热制品的铺设应平整、稳固，缝隙勾填应密实；架空隔热屋面的架空隔热层高度宜为100～300mm，当屋面宽度大于10m时，应设置通风屋脊；架空板与女儿墙的距离不宜小于250mm，架空层中不得堵塞，架空高度及变形缝做法应符合设计要求；架空隔热屋面的坡度不宜大于5%。

2. 蓄水屋面应划分为若干蓄水区，每区的边长不宜大于10m，每个蓄水区的防水混凝土应一次浇筑完毕，不得留施工缝，在变形缝的两侧应分成若干互不相通的蓄水区；长度超过40m的蓄水屋面应做横向伸缩一道；蓄水屋面应设置人行通道；蓄水屋面所设排水管、溢水口和给水管等，应在防水层施工前安装完毕；蓄水屋面上设置的溢水口、过水孔、排水管、溢水管，其大小、位置、标高的留设必须符合设计要求；蓄水屋面防水层施工必须符合设计要求，不得有渗漏现象。

3. 种植覆盖层的施工应避免损坏防水层；覆盖材料的厚度、质（重）量应符合设计要求；并且应有1%～3%的坡度；种植屋面四周应设挡墙，挡墙下部应设泄水孔，孔内侧放置疏水粗细骨料，挡墙泄水孔的留设必须符合设计要求，并不得堵塞；种植屋面防水层施工必须符合设计要求，不得有渗漏现象。

4. 隔热屋面的质量应符合下列要求：

(1) 架空隔热屋面的架空板不得有断裂、缺损，假设应平稳，相邻两块板的高低偏差不应大于3mm，架空层应通风良好，不得堵塞。

(2) 蓄水屋面、种植屋面的溢水口、过水孔、排水孔、泄水孔应符合设计要求。施工结束后，应作蓄水24h检验。

(3) 蓄水屋面应定期清理杂物，严防干涸。

5. 质保资料检查：应检查架空隔热板的出厂质量证明文件及外观检验报告；隐蔽工程验收记录；蓄水屋面的蓄水检验记录。

第九节 建筑节能

一、建筑节能基本规定

(一) 建筑节能基本概念

建筑节能是指在建筑物的规划、设计、新建（改建、扩建）、改造和使用过程中，执行建筑节能标准，采用节能型的建筑技术、工艺、设备、材料和产品，提高保温隔热性能和采暖供热、空调制冷制热系统效率，加强建筑物用能系统的运行管理，利用可再生能源，在保证建筑物室内热环境质量的前提下，减少采暖供热、空调制冷制热、照明、热水供应的能耗。

根据建筑物类型，建筑节能为分工业建筑节能和民用建筑节能。当前我们所指的建筑节能是针对民用建筑，民用建筑又分为公共建筑和居住建筑。

居住建筑节能包括住宅建筑、集体宿舍、公寓、托幼建筑等。

公共建筑节能包括办公楼、写字楼、餐厅、饭店、商场、银行、影剧院、候机楼、候车厅、体育馆、旅馆、宾馆、图书馆、学校、医院等。

根据建筑物的组成部分，建筑节能又分为建筑物围护结构节能和采暖、空调及电气照明系统的节能。

围护结构节能包括墙体、门窗、楼梯间隔墙、地面和屋顶五个部分的保温隔热，以门窗缝隙渗透能耗，其中：

墙体能耗占建筑围护结构能耗的 25%～28%；

屋面能耗占建筑围护结构能耗的 8%～10%；

外窗传热能耗占建筑围护结构能耗的 25%；

外窗空气渗透能耗占建筑围护结构能耗的 25%；

地面能耗占建筑围护结构能耗的 6%～8%；

楼梯间隔墙占建筑围护结构能耗的 4%～6%。

影响建筑节能的主要因素：

1. 体形系数

在建筑物各部分围护结构传热系数和窗墙面积比不变条件下，热量指标随体形系数成直线上升。低层和少单元住宅对节能不利。

2. 围护结构的传热系数

在建筑物轮廓尺寸和窗墙面积比不变条件下，耗热量指标随围护结构的传热系数的降低而降低。采用高效保温墙体、屋顶和门窗等，节能效果显著。

3. 窗墙面积比

在寒冷地区采用单层窗、严寒地区采用双层窗或双玻窗条件下，加大窗墙面积比，对节能不利。

4. 楼梯间开敞与否

多层住宅采用开敞式楼梯间比有门窗的楼梯间，其耗热量指标约为上升 10%～20%。

5. 换气次数

提高门窗的气密性，换气次数由 0.8L/h 降至 0.5L/h，耗热量指标降低 10% 左右。

6. 朝向

多层住宅东西向的比南北向的，其耗热量指标约增加 5.5%。

7. 高层住宅

层数在 10 层以上时，耗热量指标趋于稳定。高层住宅中，带北向封闭式交通廊的板式住宅，其耗热量指标比多层板式住宅约低 6%。在建筑面积相近条件下高层塔式住宅的耗热量指标比高层板式住宅约高 10%～14%。体形复杂、凹凸面过多的塔式住宅，对节能不利。

8. 建筑物入口处设置门斗或采取其他避风措施，有利于节能。

（二）建筑节能室内热环境和建筑节能设计指标

1. 建筑节能室内热环境

（1）寒冷地区居住建筑，室内计算温度 16℃，通风换气次数 0.5 次/h。

（2）夏热冬冷地区居住建筑，冬季采暖室内热环境设计指标：卧室、起居室室内设计温度取 16～18℃，换气次数取 1.0 次/h。

（3）公共建筑节能室内热环境指标见表 2.4-149～表 2.4-151。

集中采暖系统室内设计计算温度
表 2.4-149

建筑类型及房间名称	室内温度(℃)	建筑类型及房间名称	室内温度(℃)
1. 办公楼:		运动员、教练员更衣、休息	20
门厅、楼(电)梯	16	游泳馆	26
办公室	20	7. 商业:	
会议室、接待室、多功能厅	18	营业厅(百货、书籍)	18
走道、洗物间、公共食堂	16	鱼肉、蔬菜营业厅	14
车库	5	副食(油、盐、杂货)、洗手间	16
2. 餐饮:		办公室	20
餐厅、饮食、小吃、办公室	18	米面贮藏	5
洗碗间	16	百货仓库	10
制作间、洗手间、配餐	16	8. 旅馆:	
厨房、热加工间	10	大厅、接待室	16
干菜、饮料库	8	客房、办公室	20
3. 影剧院		餐厅、会议室	18
门厅、走道	14	走道、楼(电)梯间	16
观众厅、放映室、洗手间	16	公共浴室	25
休息厅、吸烟室	18	公共洗手间	16
化妆	20	9. 图书馆:	
4. 交通:		大厅	16
民航候机厅、办公室	20	洗手间	16
候车厅、售票厅	16	办公室、阅览	20
公共洗手间	16	报告厅、会议室	18
5. 银行:		特藏、胶卷、书库	14
营业大厅	18	10. 学校:	
走道、洗手间	16	教室、实验室、教研室、行政办公、阅览室	18
办公室	20	人体写生美术教研室模特所在局部区域	27
楼(电)梯	14	风雨操场	14
6. 体育:		11. 医疗及疗养建筑:	
比赛厅(不含体操)、练习厅	16	医院病房楼	22
休息厅	18	医院门诊楼	22

空气调节系统室内设计计算参数
表 2.4-150

参 数		冬 季	夏 季
温 度	一般房间	20	25~27
	大堂、过厅	18	27
风速(v)(m/s)		$0.10 \leqslant v \leqslant 0.20$	$0.15 \leqslant v \leqslant 0.30$
相对湿度(%)		30~60	40~65

注：具体建筑空气调节室内设计计算参数见《采暖通风与空气调节设计规范》GB 50019。

公共建筑主要空间的设计新风量 表2.4-151

建筑类型与房间名称			新风量[m³/(h·p)]
旅游旅馆	客房	5星级	50
		4星级	40
		3星级	30
	餐厅、宴会厅、多功能厅	5星级	30
		4星级	25
		3星级	20
		2星级	15
	大堂、四季厅	4～5星级	10
	商业、服务	4～5星级	20
		2～3星级	10
	美容、理发、康乐设施		30
旅店	客房	一～三级	30
		四级	20
文化娱乐	影剧院、音乐厅、录像厅		20
	游艺厅、舞厅(包括卡拉OK歌厅)		30
	酒吧、茶座、咖啡厅		10
体育馆			20
商场(店)、书店			20
饭馆(餐厅)			20
办公			30
学校	教室	小学	11
		初中	14
		高中	17

2. 建筑节能设计指标

(1) 寒冷地区居住建筑

寒冷地区居住建筑建筑物耗热量和耗煤量指标见表2.4-152。

河南省主要城市建筑物耗热量、采暖耗煤量指标 表2.4-152

代表性城市	耗热量指标 $q_H(W/m^2)$	耗煤量指标 $q_c(kg/m^2)$	代表性城市	耗热量指标 $q_H(W/m^2)$	耗煤量指标 $q_c(kg/m^2)$
郑 州	14.0	6.6	三门峡	14.0	6.5
安 阳	14.2	7.2	许 昌	14.0	6.1
濮 阳	14.2	7.3	周 口	14.2	6.3
新 乡	14.1	6.8	漯 河	14.0	6.1
洛 阳	14.0	6.1	济 源	14.0	6.6
商 丘	14.1	6.9	鹤 壁	14.1	6.8
开 封	14.1	6.9	焦 作	14.1	6.7

注：表中未列的城市按照邻近城市选取。

寒冷地区居住建筑围护结构传热系数限值见表2.4-153。

不同地区采暖居住建筑各部分围护结构传热系数限值　　表 2.4-153

采暖期室外平均温度(℃)		1.0～2.0	0.0～0.9
代表城市		郑州、新乡、许昌、开封、漯河、济源	安 阳
屋面或顶棚		0.60	0.60
外墙(体形系数≤0.3)		0.75	0.70
楼梯间隔墙		1.65	1.65
户 门		2.7	2.7
窗户(含阳台门上部)		2.8	2.8
阳台门下部芯板		1.72	1.72
地 面	周边地面	0.52	0.52
	非周边地面	0.30	0.30
接触室外或不采暖空间上部的地板		0.5	0.5

注：1. 表中外墙的传热系数限值系指考虑周边热桥影响后的外墙平均传热系数。
　　2. 表中周边地面一栏中 0.52 为位于建筑物周边的不带保温层的混凝土地面的传热系数；非周边地面一栏中 0.30 为位于建筑物非周边的不带保温层的混凝土地面的传热系数。
　　3. 传热系数单位：W/(m²·K)。

(2) 夏热冬冷地区居住建筑

夏热冬冷地区居住建筑节能综合指标见表 2.4-154。

建筑物节能综合指标的限值　　表 2.4-154

地 区	HDD18	耗热量	CDD26	耗冷量	采暖年耗电量和空调年耗电量之和
南阳/驻马店	2038	14.1	86	22.0	45.2
平顶山	1977	13.8	115	23.7	46.6
信 阳	1950	13.7	144	25.4	48.4

夏热冬冷地区居住建筑围护结构各部的传热系数限值和热惰性指标见表 2.4-155。

围护结构各部分的传热系数 K [W/(m²·K)] 和热惰性指标 D　　表 2.4-155

建筑类别	体形系数	屋 顶	外 墙	外窗(含阳台门透明部分)	隔 墙	底部自然通风的架空楼板	户 门
条 式	$S≤0.30$	$K≤0.70$ $D≥3.0$ 或 $K≤0.65$	$K≤0.85$ $D≥3.0$ 或 $K≤0.75$	按表 2.4-156 的规定	$K≤1.65$	$K≤1.0$	$K≤2.7$
	$0.30<S≤0.35$	$K≤0.65$ $D≥3.0$	$K≤0.75$ $D≥3.0$ 或 $K≤0.65$	按表 2.4-157 的规定			
点 式	$S≤0.35$	$K≤0.65$ $D≥3.0$ 或 $K≤0.60$	$K≤0.75$ $D≥3.0$ 或 $K≤0.65$	按表 2.4-156 的规定	$K≤1.65$	$K≤1.0$	$K≤2.7$
	$0.35<S≤0.40$	$K≤0.60$ $D≥3.0$	$K≤0.65$ $D≥3.0$ 或 $K≤0.55$	按表 2.4-157 的规定			
低层别墅	—	$K≤0.40$ $D≥3.0$	$K≤0.45$ $D≥3.0$	2.3			

注：当屋顶和外墙的 K 值满足要求，但 D 值不满足要求时，应按照《民用建筑热工设计规范》GB 50176 第 5.1.1 条来验算隔热设计要求。

不同朝向、不同窗墙面积比的外窗传热系数 表 2.4-156

朝　向	窗外环境条件	窗墙面积比				
		≤0.25	>0.25 且 ≤0.30	>0.30 且 ≤0.35	>0.35 且 ≤0.45	>0.45 且 ≤0.50
北(偏东60°到偏西60°范围)		2.8	2.8	2.3	—	—
东、西(东或西偏北30°到偏南60°范围)	无外遮阳措施	3.5	2.8	2.8	—	—
	有外遮阳(其太阳辐射、透过率≤20%)	3.5	2.8	2.8	2.3	—
南(偏东30°到偏西30°范围)		3.5	3.5	2.8	2.3	2.3

不同朝向、不同窗墙面积比的外窗传热系数 表 2.4-157

朝　向	窗外环境条件	窗墙面积比			
		≤0.25	>0.25 且 ≤0.30	>0.30 且 ≤0.35	>0.35 且 ≤0.45
北(偏东60°到偏西60°范围)		2.8	2.3	—	—
东、西(东或西偏北30°到偏南60°范围)	无外遮阳措施	2.8	2.8	—	—
	有外遮阳(其太阳辐射透过率≤20%)	2.8	2.8	2.3	—
南(偏东30°到偏西30°范围)		3.5	2.8	2.3	2.3

(3) 公共建筑

公共建筑寒冷地区围护结构传热系数和遮阳系数限值见表 2.4-158：

寒冷地区围护结构传热系数和遮阳系数限值 表 2.4-158

围护结构部位		传热系数 K [W/(m²·K)] (体形系数≤0.3)		传热系数 K [W/(m²·K)] (0.3<体形系数≤0.4)	
屋　面		≤0.55		≤0.45	
外墙(包括非透明幕墙)		≤0.60		≤0.50	
底面接触室外空气的架空或外挑楼板		≤0.60		≤0.50	
非采暖房间与采暖房间的隔墙或楼板		≤1.5		≤1.5	
外窗(包括透明幕墙)		传热系数 K [W/(m²·K)]	遮阳系数 SC (东、南、西/北向)	传热系数 K [W/(m²·K)]	遮阳系数 SC (东、南、西/北向)
单一朝向外窗(包括透明幕墙)	窗墙面积比≤0.2	≤3.5	—	≤3.0	—
	0.2<窗墙面积比≤0.3	≤3.0	—	≤2.5	—
	0.3<窗墙面积比≤0.4	≤2.7	≤0.70/—	≤2.3	≤0.70/—
	0.4<窗墙面积比≤0.5	≤2.3	≤0.60/—	≤2.0	≤0.60/—
	0.5<窗墙面积比≤0.7	≤2.0	≤0.50/—	≤1.8	≤0.50/—
屋顶透明部分		≤2.7	≤0.50	≤2.7	≤0.50

注：有外遮阳时，遮阳系数＝玻璃的遮阳系数×外遮阳的遮阳系数；无外遮阳时，遮阳系数＝玻璃的遮阳系数。

公共建筑夏热冬冷地区围护结构传热系数和遮阳系数限值见表 2.4-159。

夏热冬冷地区围护结构传热系数和遮阳系数限值　　　表 2.4-159

围护结构部位		传热系数 K [W/(m^2·K)]	
屋面		≤0.70	
外墙（包括非透明幕墙）		≤1.0	
底面接触室外空气的架空或外挑楼板		≤1.0	
外窗（包括透明幕墙）		传热系数 K [W/(m^2·K)]	遮阳系数 SC（东、南、西/北向）
单一朝向外窗（包括透明幕墙）	窗墙面积比≤0.2	≤4.7	—
	0.2＜窗墙面积比≤0.3	≤3.5	≤0.55/—
	0.3＜窗墙面积比≤0.4	≤3.0	≤0.50/0.60
	0.4＜窗墙面积比≤0.5	≤2.8	≤0.45/0.55
	0.5＜窗墙面积比≤0.7	≤2.5	≤0.40/0.50
屋顶透明部分		≤3.0	≤0.40

注：有外遮阳时，遮阳系数＝玻璃的遮阳系数×外遮阳的遮阳系数；无外遮阳时，遮阳系数＝玻璃的遮阳系数。

公共建筑地面和地下室外墙热组限值见表 2.4-160。

不同气候区地面和地下室外墙热阻限值　　　表 2.4-160

气候分区	围护结构部位	热阻 R [(m^2·K)/W]
寒冷地区	地面：周边地区 　　　非周边地区	≥1.5
	采暖、空调地下室外墙（与土壤接触的墙）	≥1.5
夏热冬冷地区	地面	≥1.2
	地下室外墙（与土壤接触的墙）	≥1.2

注：周边地面系指距外墙内表面 2m 以内的地面；
地面热阻系指建筑基础持力层以上各层材料的热阻之和；
地下室外墙热阻系指土壤以内各层材料的热阻之和。

（三）建筑节能相关标准

1.《公共建筑节能设计标准》GB 50189—2005

2005 年 4 月 4 日发布，2005 年 7 月 1 日实施，我省要求从 2006 年 1 月 1 日起全省城镇、新建公共建筑开始执行《公共建筑节能设计标准》。

2.《民用建筑节能设计标准（采暖居住建筑）JGJ 26—95，这个标准要求节能 50%，从 1996 年开始在寒冷和严寒地区实施。

3.《夏热冬冷地区居住建筑节能设计标准》JGJ 134—2001

这个标准主要适用于我省信阳、南阳、平顶山和驻马店。

4.《采暖居住建筑节能检测标准》JGJ 132—2000

该标准正在修订之中，修订后扩大检测范围，包括各类地区居住建筑节能效果的检测。

5.《外墙外保温技术规程》JGJ 144—2004

对目前常用的 5 种外保温形式提出了技术要求。

6.《膨胀聚苯板薄抹灰外墙外保温系统》JGJ 149—2004

7.《胶粉聚苯颗粒外墙外保温系统》JGJ 158—2005

8. 既有居住建筑节能改造技术规程》JGJ 175—2001

9.《河南省民用建筑节能设计标准实施细则》DBJ 41/041—2000，该标准规定我省寒冷地区 14 个地市的节能 50%的设计要求。

10.《河南省居住建筑节能设计标准(寒冷地区)》DBJ 41/062—2005
该标准是我省寒冷地区节能 65%设计标准。

11.《河南省居住建筑节能设计标准(夏热冬冷地区)》DBJ 41/071—2006
该标准规定了信阳、南阳、平顶山、驻马店四个夏热冬冷地区节能 65%的设计要求。

12.《河南省民用建筑节能检测及验收规程》DBJ 41/065—2005
该标准适应我省公共建筑、夏热冬冷地区居住建筑和寒冷地区居住建筑节能工程的检测和验收。

二、建筑外墙外保温构造体系及质量要求

（一）外墙外保温构造体系

1. EPS 板薄抹灰外墙外保温系统

EPS 板薄抹灰外墙外保温系统(以下简称 EPS 板薄抹灰系统)由 EPS 板保温层、薄抹面层和饰面涂层构成，EPS 板用胶粘剂固定在基层上，薄抹面层中薄铺玻纤网(图 2.4-1)。

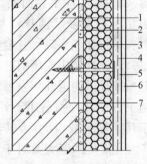

图 2.4-1 EPS 板薄抹灰系统
1—基层；2—胶粘剂；3—EPS 板
4—玻纤网；5—薄抹面层；
6—饰面涂层；7—锚栓

该系统在欧洲使用最早，已有 40 多年的工程实践，在我国已有十几年的历史，经过多年的工程考验，使用年限不低于 25 年，经过多年的研究，对此系统的材料要求、系统构造、材料试验方法、系统的试验方法都提出了具体的要求或制定了相应的技术标准，此系统技术成熟，在我国北方严寒和寒冷地区应用最广，只要在设计、施工中注意下列事项，便可放心使用。

(1) 构造体系必须符合标准要求；

(2) 构造体系所选用的材料必须符合要求，特别是：

① EPS 板的导热系数、压缩性能、尺寸稳定性、干密度、抗拉强度；

② 网格布的径向和横向耐碱拉伸断裂强力和保留率以及面密度，这里特别强调必须是耐碱；

③ 胶贴剂的拉伸贴粘强度以及 EPS 板、墙面基体的粘结强度，其拉伸破坏不得在界面之间，必须是在 EPS 板内。

(3) 施工过程严格按照操作规程：

① 胶贴剂的贴结面积不得小于 40%。

② 按顺砌方式粘贴，竖缝应逐行错缝(图 2.4-2)。

③ 门窗洞口应力集中，四角处 EPS 板不得拼缝，并且四角处用网格布加强，EPS 板边缘外用网格面翻包(图 2.4-3)。

④ 施工期间及 24h 内，环境温度及基层温度不得低于 5℃。

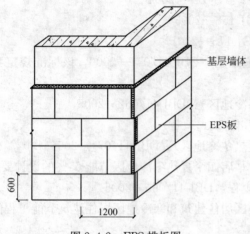

图 2.4-2 EPS 排板图

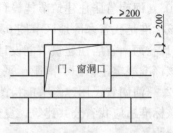

图 2.4-3 门窗洞口 EPS 排板列

2. 胶粉 EPS 颗粒保温浆料外墙外保温系统

胶粉 EPS 颗粒保温浆料外墙外保温系统(以下简称保温浆料系统)应由界面层、胶粉 EPS 颗粒保温浆料保温层、抗裂砂浆薄抹面层和饰面层组成。胶粉 EPS 颗粒保温浆料经现场拌合后喷涂抹在基层上形成保温层。薄抹面层中应满铺玻纤网(图 2.4-4)。

此系统是国内近几年发展的新型保温体系,其特点是施工方便,特别适用于外型复杂、曲面等墙体。但由于其导热系数较大(0.06W/m·K)是 EPS 板的 1.5 倍,因此其厚度大,对于我省 65% 的节能建筑,如果混凝土剪力墙结构,其保温层厚度要达到 100mm 以上,这样不经济,又不安全,对 KP1 空心砖的砖混结构还可以,但也需要在 70~80mm 以上的厚度。只要按标准要求去设计、施工,从技术上安全可靠性也是没有问题,尽可放心使用。但施工中应注意,每层抹灰的厚度不能大于 30mm,干密度应控制在 180~250kg/m³ 之间,施工温度不能低于 5℃。

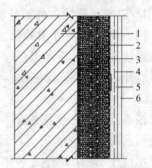

图 2.4-4 胶粉聚苯颗粒保温浆料系统
1—基层;2—界面砂浆;
3—胶粉 EPS 颗粒保温浆料;
2~4—抗裂砂浆薄抹面层;
5—玻纤网;6—饰面层

3. EPS 板现浇混凝土外墙外保温系统

该系统又分为有钢丝网架和无钢丝网架两种。钢丝网架板现浇混凝土外墙外保温系统以现浇混凝土为基层,EPS 单面钢丝网架板置于外墙外模板内侧,并安装 $\phi 6$ 钢筋作为辅助固定件。浇灌混凝土后,EPS 单面钢丝网架板挑头钢丝和 $\phi 6$ 钢筋与混凝土结合为一体,EPS 单面钢丝网架板表面抹掺外加剂的水泥砂浆形成厚抹面层,外表做饰面层。以涂料做饰面层时,应加抹玻纤网抗裂砂浆薄抹面层(图 2.4-5)。

EPS 板现浇混凝土外墙外保温系统以现浇混凝土外墙作为基层,EPS 板为保温层。EPS 板内表面(与现浇混凝土接触的表面)沿水平方向开有矩形齿槽,内、外表面均满涂界面砂浆。在施工时将 EPS 板置于外模板内侧,并安装锚栓作为辅助固定件。浇灌混凝土后,墙体与 EPS 板以及锚栓结合为一体。EPS 板表面抹抗裂砂浆薄抹面层,外表以涂料为饰面层，薄抹面层中满铺玻纤网（图 2.4-6）。

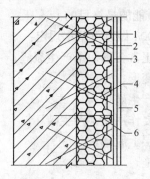

图 2.4-5 有网现浇系统
1—现浇混凝土外墙；2—EPS 单面钢丝网架板；
3—掺外加剂的水泥砂浆形成厚抹面层；
4—钢丝网架；5—饰面层；6—φ6 钢筋

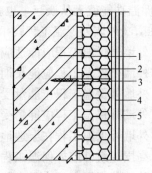

图 2.4-6 无网现浇系统
1—现浇混凝土外墙；2—EPS 板；3—锚栓；
4—抗裂砂浆薄抹面层；5—饰面层

该系统适应于现浇混凝土外墙外保温，在浇混凝土前，将保温板置于外墙外模板内侧，在浇混凝土直接与 EPS 板贴剂。有钢丝网的 EPS 板与混凝土结构非常牢固可靠，但其因为钢网的存在，其导热系数大，EPS 板的厚度大，无钢丝网的 EPS 板与混凝土的粘结强度小于有钢丝网。

控制要点：
（1）EPS 板两面必须预喷刷界面砂浆，增加与混凝土之间的粘结强度；
（2）支撑现浇混凝土的模板系统必须有足够的刚度，保证 EPS 板外侧的平整度；
（3）混凝土一次浇筑高度不能大于 1m。

4. 机械固定 EPS 钢丝网架板外墙外保温系统

机械固定 EPS 钢丝网架板外墙外保温系统（以下简称机械固定系统）由机械固定装置、腹丝非穿透型 EPS 钢丝网架板、掺外加剂的水泥砂浆厚抹面层和饰面层构成。以涂料做饰面层时，应加抹玻纤网抗裂砂浆薄抹面层（图 2.4-7）。

这种系统不适用于加气混凝土和轻集骨料混凝土基层，施工时其锚栓数量每平方米不能小于 7 个。单个锚栓的找出力和基层力学性能应符合设计要求，所有的金属件都必须进行防锈处理。

上述这五种体系均适用于各类民用建筑外墙外保温，饰面层为涂料饰面，对于有面砖要求的饰面，虽然在规程中没有明确规定，但只要采取有效的措施也可以用面砖饰面。

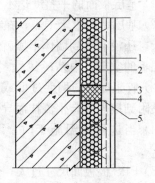

图 2.4-7 机械固定 EPS 钢丝网架系统
1—基层；2—EPS 钢丝网架板；
3—掺外加剂的水泥砂浆形成厚抹面层；
2~4—饰面层；5—机械固定装置

（二）EPS 板外墙外保温系统质量要求及控制要点

EPS 板薄抹灰外墙外保温系统作为建筑外围护结构的重要组成部分，其主要作用是保温，其次饰面层处理得当还可起到装饰、防水、抗冲击效果、防火等作用。要保证其保温性能得到有效的体现，首先应保证其安全性及耐久性。如果其安全性及耐久性得不到保证，其保温功能就无从谈起，也就违背了墙体保温节能的最终目的。

为此，《外墙外保温工程技术规程》JGJ 144—2004 做以下基本规定：

1. 外墙外保温工程应能适应能适应基层墙体的正常变形而不产生裂缝；
2. 外墙外保温工程应能长期承受自重而不产生变形；
3. 外墙外保温工程应能承受风载荷的作用而不产生破坏；
4. 外墙外保温工程应能耐受室外气候的长期反复作用而不产生破坏；
5. 外墙外保温工程在罕遇地震发生时不应从基层上脱落；
6. 高层建筑外墙外保温工程应采取防火构造措施；
7. 外墙外保温工程应具有防水渗透性能；
8. 外保温复合墙体的保温、隔热和防潮性能应符合国家现行标准的有关规定；
9. 外墙外保温工程各组成部分应具有物理-化学稳定性。所有组成要彼此相容并应具有防腐性。在可能受到生物侵害时，外墙外保温工程还应具有防生物侵害性能；
10. 在正常使用和正常维护条件下，外墙外保温工程的使用年限不应少于25年。

EPS板薄抹灰外墙外保温系统目前是保温市场的主流方向，各个保温公司争奇斗艳，逐鹿市场，使墙体的保温效果越来越好，给建筑市场带来勃勃生机。该体系技术日渐成熟的同时，出现工程质量问题也不少。主要问题是保护层开裂、结合缝渗水、保温层空鼓等现象，也有个别工程出现被大风刮掉、雨水通过裂缝渗至外墙内表面等严重问题。这些问题若不加以控制，将会对我国的外保温市场造成不良影响，并给保温工程留下质量隐患。

下面针对该体系出现的质量问题进行简要分析：

1. 保温层空鼓、虚粘

造成保温层空鼓、虚粘可能有以下几种原因：

（1）基层板面的平整度达不到要求；

（2）基层墙面过于干燥，在粘贴聚苯板时，没有对墙面进行喷水处理。雨后墙面含水量过大，还没有等到墙体干燥就进行保温板的粘贴，因墙体含水量过大，引起胶浆流失导致保温板的空鼓、虚粘；

（3）胶浆配制的稠度过低或胶粘剂的粘度指标控制不准确，使得胶浆的初始粘度过低，贴附到墙面时产生流挂而导致板面局部空点、虚粘；

（4）当进行保温施工时，敲、柏、震动板面而引起胶浆脱落而导致板面的空鼓、虚粘；

（5）EPS板板面尺寸过大，保温层表面平整度控制不到位；

（6）胶粘剂的粘结面积不够；

（7）面层开裂；

（8）EPS板密度过低，易变形，抗冲击性差，造成保温墙面开裂；

（9）EPS板陈化时间不到期，尺寸稳定性不够，在保温体系完成后继续收缩变形，造成保温墙面开裂；

（10）由于工期长或隔年施工等原因，造成EPS板表面粉化，导致EPS板粘贴不牢或抹面砂浆粘贴不牢，引起保温层脱落或抹面层开裂；

（11）玻纤网格布的平方米克重过低、延伸率过大、网孔尺寸过大或过小，网格布的耐碱涂敷层的涂敷量不足，导致网格布的耐碱保留率和耐碱拉伸断裂强力过低引起开裂；

(12) 抹面层过薄或过厚；

(13) 施工面层在高温下施工后，未及时喷水养护，导致面层失水过快引起面层开裂。

2. 该体系对系统及主要材料的要求

(1) 对系统的要求

EPS板薄抹灰外墙外保温系统是由多种材料组成的一个系统产品，各种材料相互影响，任何成分的改变都会破坏体系的综合效果，并且影响最终保温工程的质量，或者破坏其安全性。JG 149—2003《膨胀聚苯板薄抹灰外墙外保温系统》针对该体系，提出对系统整体性能的要求，见表2.4-161。

EPS板薄抹灰外墙外保温系统的性能指标　　　　表2.4-161

序号	1	2	3	
项目	耐候性	吸水量(g/m²)浸水24h	抗冲击性	
			普通型	加强型
要求	表面无裂纹、粉化、剥落等现象	≤500	≥3J	≥10J

序号	4	5	6	7
项目	抗风压值	耐冻融性	水蒸气湿流密度 g/(m²·h)	不透水性
要求	不小于工程项目的风载荷设计值	表面无裂纹、空鼓、起泡、剥离等现象		不透水

(2) EPS板质量要求

EPS板在该体系中作为保温层，主要起保温作用。对于其主要性能指标要求，应满足表2.4-162的要求；允许尺寸偏差应满足表2.4-168要求。

EPS板主要性能指标　　　　表2.4-162

序号	1	2	3	4	6	
项目	表观密度(kg/m³)	压缩强度(kPa)	水蒸气透过系数 $ng/(Pa·m·s)$	吸水率	熔结性	
					断裂弯曲负荷(N)	弯曲变形(mm)
指标	18.0~22.0	≥100	≤4.5	≤4%	≥25	≥20

序号	7		8	9	10
项目	燃烧性能		导热系数 W/(m·K)	垂直于板面方向的抗拉强度(MPa)	尺寸稳定性
	氧指数	燃烧分级			
指标	≥30%	达到B2级	≤0.041	≥0.10	≤3%

备注：断裂弯曲负荷或弯曲变形有一项性能符合指标要求即为合格。

此外，用于该体系的EPS板，还应为阻燃型，出厂前应在自然条件下尘化42d或在60℃蒸汽中尘化5d。

(3) 胶粘剂质量要求

EPS板薄抹灰外墙外保温系统中保温层与主体墙之间的连接主要依赖于胶粘剂。即在正常的使用条件下，胶粘剂应能承受全部来自于外保温系统载荷的作用。按照JG 149—2003《膨胀聚苯板薄抹灰外墙外保温系统》规定，胶粘剂性能应符合表2.4-163。

胶粘剂主要性能指标　　　　　　　　　　　　　　表2.4-163

项　目		性　能　指　标
拉伸粘结强度（与水泥砂浆）	原强度	≥0.60MPa
	耐　水	≥0.40MPa
拉伸粘结强度（与聚苯板）	原强度	≥0.10MPa，破坏界面在膨胀聚苯板上
	耐　水	≥0.10MPa，破坏界面在膨胀聚苯板上
可操作时间		1.5～4.0h

（4）抹面剂质量要求

抹面剂在该体系中作为抹面层抹在保温层上，中间夹有增强网保护保温层并起防裂、防水和抗冲击作用的构造层。抹面剂的性能应符合表2.4-164要求。

抹面剂主要性能指标　　　　　　　　　　　　　　表2.4-164

试　验　项　目		单　位	性　能　指　标
与膨胀聚苯板的拉伸粘结强度	原强度	MPa	≥0.10，破坏界面在膨胀聚苯板上
	耐　水	MPa	≥0.10，破坏界面在膨胀聚苯板上
	耐冻融	MPa	≥0.10，破坏界面在膨胀聚苯板上
柔　韧　性	水泥基：28d压折比		≤3.0
	非水泥基：开裂应变	%	≥1.5
可操作时间		h	≥1.5～4

（5）网格布质量要求

耐碱网格布被称为抗裂防护层（抹面层）的软钢筋，它能使抗裂防护层变形应力均匀的向四周分散，既限制沿耐碱网格布方向变形的同时，又取得了垂直耐碱网格布方向的最大变形量。

耐碱网布性能指标见表2.4-165。

耐碱网布主要性能指标　　　　　　　　　　　　　表2.4-165

试　验　项　目		单　位	性　能　指　标
长度×宽度		m	50～100×0.9～1.2
网孔中心距	普通型	mm	4～6
	加强型		5～10
单位面积质量	普通型	g/m²	≥130
	加强型		≥300
断裂强力（经、纬向）	普通型	N/50mm	≥750
	加强型	N/50mm	≥1800
耐碱强力保留率（经、纬向）	普通型	%	≥50
	加强型		≥80
断裂伸长率（经、纬向）		%	≤5

(6) 锚栓

锚栓在该体系中起辅助的固定作用,金属螺钉应采用不锈钢或经过表面防腐处理的金属制成,塑料钉和带圆盘的塑料膨胀套管应采用聚酰胺、聚乙烯或聚丙烯制成,制作塑料钉和塑料套管的材料不得使用回收的再生材料,其主要性能指标应满足表 2.4-166 要求。

锚栓主要性能指标 表 2.4-166

序号	项 目	技术指标	序号	项 目	技术指标
1	单个锚栓抗拉承载力(kN)	≥0.30	2	单个锚栓对系统传热增加值 $W/(m^2 \cdot K)$	≤0.004

(7) 涂料饰面

涂料必须与薄抹灰系统相容,且应具备以下功能:

① 有一定的延伸性,可以有效地防止面层面层出现裂纹;

② 防水性及透气性;

③ 装饰性、一定的色彩稳定性、耐污性;

④ 具有较强的色彩耐老化性。

柔性耐水腻子性能指标见表 2.4-167。

柔性耐水腻子性能指标 表 2.4-167

序号	项 目	单位	指 标
1	耐水性 48h		无异常
2	耐碱性 24h		无异常
3	拉伸粘结强度(标准状态 7d)	MPa	≥0.6
4	浸水拉伸粘结强度(48h)	MPa	≥0.4
5	低温贮存稳定性		−5℃冷冻 4h 无变化,刮涂无困难
6	打磨性		20%~80%
7	柔韧性		直径 50mm 卷曲无裂纹

3. 施工过程中质量控制要点

(1) 编制施工方案和对施工人员进行培训

外保温工程在施工前应编制施工方案,施工方案一般包括以下内容:

① 施工工序及施工时间间隔;

为使材料有时间充分硬化,需规定保温层、抹面层和饰面层各层施工的间隔时间。

② 施工机具的准备;

电热丝切割器、磅称、开槽器、劈纸刀、螺丝刀、剪刀、钢据条、墨斗、棕刷、大于 20 粒度粗砂纸、700~1000r/min 电动搅拌器、塑料搅拌桶、冲击钻、电锤、抹子、压子、阴阳角抿子、托线板、2m 靠尺等。

③ 基层处理;

④ 环境温度和养护条件要求;

⑤ 施工方法;

⑥ 材料用量;

⑦ 各工序施工质量要求;

⑧ 成品保护等。

由于外保温系统施工过程中需要控制的环节很多,对于施工人员要进行系统技术培训,经考核合格方可上岗。

(2) 气候和环境条件

① 施工现场环境温度和基层(或找平层)表面温度,在施工中及施工后 24h 内部不得低于5℃,5 级以上大风和雨天不得施工。5℃以下的温度可能由于减缓或停止丙烯酸聚合物成膜而妨碍胶粘剂的适当养护。由寒冷气候造成的伤害短期内往往不易被发现,但长久以后就会出现涂层开裂、破碎或分离。大风和雨天施工会降低胶粘剂的粘结质量。

② 施工面应避免阳光直射,必要时在脚手架上设临时遮阳设施。避免由于阳光直射造成 EPS 板老化。

③ 墙体系统在施工过程中所采取的保护措施,应待泛水、密封膏等永久性保护按设计要求施工完毕后拆除。

④ 作业现场应通水通电,并保持作业环境清洁。

(3) 基层墙体的处理

保温层的施工应在基层施工质量验收合格后进行。并且基层墙面及找平层应干燥,彻底清除墙体表面的油、灰尘、污垢、脱模剂、风化物等影响粘结强度的材料,并剔除墙体表面的突出物。必要时用水清洗墙面,经清洗的墙面必须晾干后,方可进行下一道工序的施工。

由于外保温工程(尤其对于薄抹面外保温系统)抹面层和饰面层的偏差很大程度上取决于基层,如果基层墙体的平整度不符合要求时,应用 1∶3 水泥砂浆找平,表面不压光,并保证无空鼓、脱层和裂缝,面层无粉化、起皮、爆灰等现象。

对既有建筑进行保温改造时,应将原有外墙饰面彻底清楚,露出基层墙体表面,并按上述方法进行处理。

基层墙体的平整度不达标,会给后期保温施工带来很大的施工难度以及造成胶粘剂的浪费。如基层墙体不平整,在涂抹胶粘剂时就要抹的比较厚,否则 EPS 板局部会出现虚粘、空鼓等现象。

(4) 胶粘剂的涂抹

配制聚合物砂浆粘结剂:根据生产厂使用说明书提供的配合比配置,专人负责,水既不可加多也不可加少,严格计量,机械搅拌,确保搅拌均匀,搅拌好的粘结剂静置10min后还需经过两次搅拌才能使用。配置好的粘结剂应注意防晒避风,以免水分蒸发过快。粘结胶浆一次拌料不宜太多,应边搅边用,在 2h 内用完,超时不可再度加水(胶)使用。

胶粘剂的性能关键是与 EPS 保温板的附着力,因此规定破坏界面应位于膨胀聚苯板内。胶粘剂的粘结强度并不是越高越好,指标过高只会造成浪费。有些厂家同时用胶粘剂作为抹面剂使用,粘结强度过高会增大抹面层的水蒸气渗透阻,不利于墙体中水分的排出。

粘贴 EPS 板时,应将胶粘剂涂在 EPS 板背面,涂胶粘剂面积不得小于 EPS 板面积的 40%。

胶粘剂的涂抹方法有以下两种方法:

① 点粘法:用抹子沿保温板的四周边涂敷一条平均宽 50mm 厚 5mm～10mm 的梯形

带状混合物砂浆粘结剂，平均厚度视其墙面平整度而定。并同时涂6或8块厚5mm—10mm直径为100mm的点状物，均匀分布在板中间。考虑到风荷载、安全系数和现场施工的不确定性，混合物砂浆粘结剂与保温板粘贴面积之比不小于40%。点粘法适合于平整度较差的墙面。点粘法见图2.4-8。

图2.4-8 EPS板的点粘法

② 条粘法：在整个保温板背面涂满混合物砂浆胶粘剂，然后将专业抹子保持与板面成45°角，紧压保温板，并刮除齿间多余的混合物砂浆粘结剂，使板面留下若干条宽度为10mm，厚度为13mm，中心距离为18mm的粘结剂带。保温板上墙后，胶粘剂带与墙的高度方向平行。条粘法适合于平整度良好的墙面。条粘法见图2.4-9。

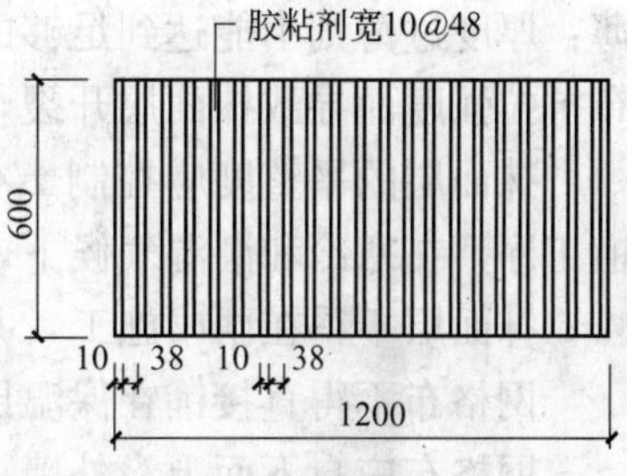

(5) EPS板铺设

进驻外保温施工现场的EPS板必须达到规定的陈化

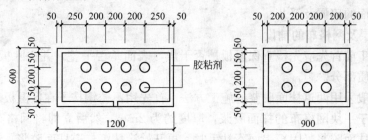

图2.4-9 EPS板的条粘法

要求，即自然条件下尘化42d或在60℃蒸汽中尘化5d。为了防止因阳光直射和风化作用而导致EPS板变形，EPS板表面不得长期裸露，EPS板安装上墙后应在EPS板粘牢后（至少24h）及时做抹面层。

EPS板宽度不宜大于1200mm，高度不宜大于600mm，因为EPS板面尺寸过大时，可能因基层和板材的不平整而导致虚粘以及表面平整度不易调整等施工问题。板面允许偏差应符合表2.4-168要求。

EPS板允许偏差 表2.4-168

序 号	1		2	3	4	5	6
项 目	厚度(mm)		长度(mm)	宽度(mm)	对角线差(mm)	板边平直(mm)	板面平整度(mm)
	≤50	>50					
指 标	±1.5	±2.0	±2.0	±1.0	±3.0	±2.0	±1.0

备注：本表规定的允许偏差值以1200mm长×600mm宽的EPS板为基准。

EPS板应按顺砌方式粘贴，竖缝应逐行错缝。EPS板应粘贴牢固，不得有松动和空鼓。

墙角处EPS板应交错互锁。门窗四角是应力集中的部位，为避免因板缝而产生的裂缝，门窗洞口四角处的保温板不得用碎板拼接，应用整块EPS板切割而成。同时，EPS板的接缝应距离角部至少200mm。

粘贴EPS板缝应挤紧，相临板应齐平，板间缝隙不得大于2mm，板板间接缝高差不得大于 1.5mm。板间缝隙大于 2mm 时，应用 EPS 板条将缝塞满，板条不得粘结，更不得用胶粘剂直接填缝，保温板板间接缝高差大于 1.5mm 的部位，应用衬有 20 粒度砂纸的不锈钢打磨抹子磨平，然后将整个墙面打磨一遍，有表皮的面板应磨去表皮。打磨动作为柔和的圆周方向，不要沿着与保温板接缝平行的方向打磨。打磨后，应用刷子或压缩空气清除干净表面的碎屑及浮灰。

(6) 抹面层及网格布的铺设

抹面层施工前首先应先检查保温板是否干燥，表面是否平整，并去除板面有害物质，杂质或表面变质部分。

抹面层一般采用两道抹面胶浆的施工方法：首先用不锈钢抹子在保温板表面均匀涂抹一层面积略大于一块网格布的抹面胶浆，厚度约为 2mm。然后立即将网格布压入湿的抹面胶浆中，待抹面胶浆凝固至表面不粘手时，再开始涂抹第二道抹面胶浆，该道抹面胶浆厚度以盖住网格布为准，约 1mm 左右，使总厚度控制在 3±0.5mm，不能过厚也不能过薄；厚度过薄则不能达到足够的防水和耐冲击性能，过厚则会因横向拉应力超过玻纤网格布抗拉强度而导致抹面层开裂，过厚还会使水蒸气渗透阻超过设计要求。

抹面层的平整度应控制±4mm 之间。抹面层施工后，应至少养护 24h，方可进行下道工序，在寒冷和潮湿气候下，可适当延长养护时间。

抹面层不得在雨中施工，并应注意保护已完工的部分，避免雨水的浸透和冲刷。

网格布不得直接铺在保温层表面，不得干搭接，不得外露。

网格布应自下而上沿外墙一圈一圈的铺设，施工时将大面积网格布沿高度，宽度方向绷直绷平。注意将网格布弯曲的一面朝里。用抹子由中间向上、下边将网格布抹平，使其紧贴底层混合物砂浆。网格布间应相互搭接，并且搭接长度不小于 100mm，网格布不得皱褶、空鼓、翘边、外露。

转角部位的网格布应是连续的，在墙身阴阳角处须从两边墙身埋贴的网格布双向绕角且相互搭接，阳角处的搭接不小于 200mm；阴角处的搭接不小于 100mm。阴阳角四层网重叠处，须将重叠部分中间两层网格布剪掉，以保证阴阳角的平整度，剪网时注意不能剪多，见图 2.4-10。

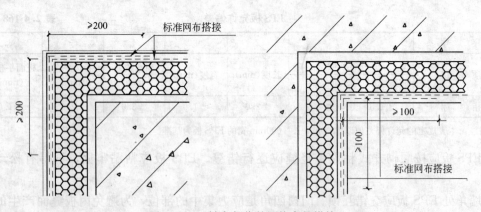

图 2.4-10 转角部位的网格布的搭接

门窗洞口内侧周边以及洞口四角均加一层网格布进行加强。洞口四角网格布尺寸为 300mm×200mm，沿 45°角方向粘贴在洞口周边的已翻包好的网格布上。见图 2.4-11。

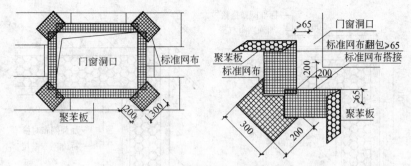

图 2.4-11　门窗洞口四角网格布的加强

网格布应在下列系统终端部位进行翻包。门窗洞口、管道或其他设备需穿墙的洞口处；勒脚、阳台、雨篷等的终端部位；变形缝等需要终止系统部位和其他处保温板的终端。见图 2.4-12。翻包网格布方法如下：裁剪窄幅网格布，长度应不小于 2×100mm＋保温板的厚度。然后在基层墙体上所有洞口及系统终端处，涂抹上粘结砂浆，宽度为 100mm，厚度为 2mm。将裁剪好的网格布一端 100mm 压入粘结砂浆内，余下的甩出备用，并应保持其清洁。将要翻包保温板背面涂抹好粘结砂浆，贴在粘贴好网格布的墙面上，然后用抹子轻轻敲击使之粘贴牢固。再将翻包部位的保温板的正面和侧面均涂抹上抹面胶浆，将预先甩出的网格布沿板翻转，并压入抹面砂浆内。翻包网格布压在大面积标准网格布之下。当一层有加强网时，则应先铺加强网，再将翻包网压在加强网之上。

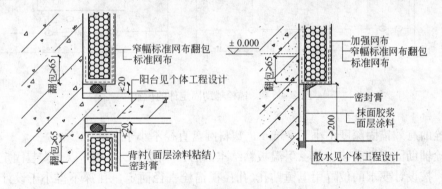

图 2.4-12　阳台和勒脚处的翻包处理

一层和其他预期会受到外力冲击、碰撞的部分及装饰线处，应加一层加强型网格布。加强型网格布在任何部位只对接不搭接。加强型网格布铺设时，采用一道抹面法。即在保温板表面涂抹一层略大于准备铺设的加强网面积，厚度约为 2.5mm，立即将网格布压入刚抹的网格布中，直至网格布全部被覆盖。加强网埋在标准网里侧。见图 2.4-13。

(7) 锚固件的安设

对于建筑物高度在 20m 以上时，在受负风压作用较大的部位可使用锚栓件辅助固定。需要强调的是，锚栓仅仅起到在不可预见的情况下（比如罕见地震等）锚栓起辅助的固定作用，绝对不能因为使用锚栓而放松对胶粘剂的粘结性能要求。另外，如果材料供应商能够自行担保系统安全性的情况下，也可不使用锚栓辅助固定件。

锚栓辅助固定件的位置见图 2.4-14。阳角处、孔洞边缘的水平和垂直方向应加密，

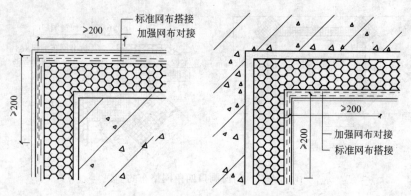

图 2.4-13 加强型网格布的铺设

锚栓距基层边缘的距离，混凝土不小于 50mm，砌块墙不小于 100mm。另外，锚栓应锚固在涂抹胶粘剂的基层内。

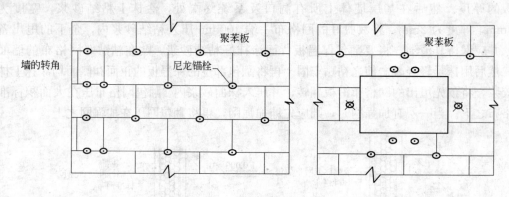

图 2.4-14 锚栓辅助固定件的位置

锚栓的有效锚固深度不小于 25mm，塑料圆盘直径不小于 50mm。

锚栓辅助固定件安装步骤：保温板粘结牢固后，一般在 24~48h 以后安装固定件，步骤如下：按设计要求的位置用电锤钻孔(孔径视锚栓直径而定，孔深不得小于设计要求)，然后塞入锚栓，用锤将锚栓敲入，最后用螺丝刀拧紧。要求锚栓固定件的构件圆盘与保温板表面取平或略拧入一些。

值得注意的是，锚固件并不是越多越好。锚固件仅仅起到辅助固定作用，锚固件过多，基层墙体被打的到处都是蜂窝麻面，反而不利于找平。

(8) 系统的耐候性试验

以前，对于一种材料或新构造系统，往往是通过搞试点建筑的方式进行考验。一般认为经过一个冬季和夏季不出现问题，即可通过鉴定。EPS 板薄抹灰外墙外保温系统至少应在 25 年使用期内保持完好，这就要求系统系统能够经受周期性热湿和热冷气候条件的长期反复作用，通过搞试点的方法是难以在短期内判断该系统能否满足长期使用的要求。

耐候性试验模拟夏季大尺寸的外保温墙体进行的加速气候老化的试验，其条件的组合是非常严格的。通过该试验，不仅可检验该系统的长期耐候性能，而且还可对设计、施工、材料性能以及材料之间时候相容进行综合检验。如果材料质量不符合要求，设计不合理或施工质量不好，都不可能经受这样的考验。

(三) 胶粉聚苯颗粒外墙外保温系统质量要求及控制要点

1. 施工操作要点

(1) 基层墙面处理

① 彻底清除基层墙体表面浮灰、油污、脱模剂、空鼓及风化物等影响墙面施工的物质。墙体表面凸起物大于或等于10mm时应剔除。

② 各种材料的基层墙面均应满刷界面砂浆。

(2) 保温层施工准备

① 吊垂直、套方找规矩，弹厚度控制线及伸缩线，装饰线等，拉垂直、水平控制线，套方做口。在建筑外墙大角及其他必要处挂垂直基准钢线和水平线。

② 按设计要求的保温层厚度，用胶粉聚苯颗粒做标准厚度贴饼、冲筋，以控制保温层的厚度。

③ 若要在胶粉聚苯颗粒保温层上干挂石材，应在结构层上预埋铁件做钢隐框。

(3) 保温层施工

① 胶粉聚苯颗粒保温层施工至少应分两遍，每遍所抹胶粉聚苯颗粒的厚度不宜超过30mm，首遍施工厚度宜控制在15mm左右，最后一遍施工厚度宜控制在10mm左右，每两遍的施工间隔应在24h以上。施工温度偏低时，间隔时间可延长。

② 胶粉聚苯颗粒保温层施工应自上而下。

③ 最后一遍胶粉聚苯颗粒施工时应达到贴饼、冲筋的厚度，并用大杠搓平，使墙面、门窗口的平整度达到要求。

④ 保温层固化干燥（一般5d）后，方可进行下一道工序施工。

(4) 抗裂防护层及饰面层施工

① 涂抹饰面

抹抗裂砂浆压入耐碱网布

A. 将3~4mm厚抗裂砂浆均匀地抹在保温层表面，立即将裁好的网格布用抹子压入抗裂砂浆内，网格布之间的搭接不应小于50mm，并不得使网格布皱褶、空鼓、翘边。

B. 首层应铺贴双层耐碱网布，第一层铺贴加强耐碱网布，加强耐碱网布应对接，然后进行第二层普通耐碱网布的铺贴，两层耐碱网布之间抗裂砂浆必须饱满。

C. 在首层墙面阳角处设2m高的专用金属护角，护角应夹在两层耐碱网布之间。其余楼层阳角处两侧耐碱网布双向绕角相互搭接，各侧搭接宽度不小于200mm。

D. 门窗洞口四角应预先沿45°方向增贴300mm×400mm的附加耐碱网布，参见《外墙外保温建筑构造（一）》02J 121—1 的 H5 "洞口四角附加网格布和钢丝网"。

刷弹性底涂：在抗裂砂浆施工2h后刷弹性底涂，使其表面形成防水透气层。

刮柔性腻子：在抗裂砂浆层基本干燥后刮柔性腻子，一般刮两遍，使其表面平整光洁。

外饰面施工：浮雕涂料可直接在弹性底涂上进行喷涂，其他涂料在腻子层干燥后进行刷涂或喷涂。若干挂石材，则根据设计要求直接在保温层上进行干挂石材。

② 面砖饰面

抹抗裂砂浆并固定热镀锌电焊网

A. 保温层固化达到一定强度后，抹第一遍抗裂砂浆3～4mm厚。

B. 待抗裂砂浆干燥达到一定强度后钻孔，用塑料锚栓固定热镀锌电焊网，塑料锚栓间距为双向@500mm，每平方米不得少于4个。热镀锌电焊网的搭接宽度应大于40mm，搭接处最多为三层热镀锌电焊，搭接处每隔500mm用塑料锚栓锚固好。局部不平部位可用M形卡子压平。

C. 热镀锌电焊网铺贴完毕经检查合格后抹第二遍抗裂砂浆，厚度控制在5～6mm，以热镀锌电焊网刚好埋入抗裂砂浆中似露非露为宜。抗裂砂浆面层必须平整。

D. 抗裂砂浆达到一定强度后应适当喷水养护。

③ 粘贴面砖

A. 分格弹线排砖，面砖缝不得小于5mm，每6层楼应设一道20mm宽的面砖缝，并用硅酮胶或聚酯胶填缝。

B. 将浸好的面砖擦拭干净，用面砖粘结砂浆进行粘贴，面砖粘结砂浆的厚度为5～8mm。

C. 常温施工24h后要喷水养护，喷水不宜过多，不得流淌。

④ 面砖勾缝：根据设计要求用配制好面砖勾缝材料进行勾缝，面砖缝要凹进面砖外表面2mm，并用海绵蘸清洗剂擦洗干净。

2. 质量要求

(1) 主控项目

① 采用材料品种、质量、性能应符合有关国家标准、行业标准及本导则的规定；

② 保温层厚度及构造做法应符合建筑节能设计要求，保温层厚度均匀，不允许有负偏差；

③ 保温层与墙体以及各构造层之间必须粘结牢固，无脱层、空鼓、裂缝，面层无粉化、起皮、爆灰等现象；

④ 外饰面粘贴面砖时，面砖的品种、规格、颜色、性能应符合设计要求。面砖粘帖应无空鼓、裂缝。面砖粘结强度应符合《建筑工程饰面粘结强度检验标准》JGJ 110的要求。

(2) 一般项目

① 表面平整洁净，接茬平整，线角顺直、清晰，无明显抹纹；

② 护角符合施工规定，表面光滑、平顺，门窗框与墙体间缝隙填塞密实，表面平整；

③ 耐碱网格布铺压严实，不得有空鼓、褶皱、翘曲、外露等现象，搭接长度必须符合规定要求。加强部位的耐碱网格布做法应符合设计要求；

④ 孔洞、槽、盒位置和尺寸正确、表面整齐、洁净，管道后面平整；

⑤ 有排水要求的部位应做滴水线(槽)。滴水线(槽)应顺直，流水坡向应正确，坡度应符合设计要求；

⑥ 面砖表面应平整、洁净，勾缝材料色泽一致，无裂痕和缺损。阴阳角处搭接方式、非整砖使用部位应符合设计要求。墙面突出物周围的面砖应套割吻合，边缘应整齐。墙裙、贴脸突出墙面的厚度一致。面砖接缝应平整、光滑，填嵌应连线、密实；宽度和深度应符合设计要求。

(3) 外保温墙面的允许偏差和检验方法

① 外保温墙面允许偏差和检验方法应符合表 2.4-169 规定。

外保温墙面的允许偏差和检验方法 表 2.4-169

项　目	允许偏差(mm)	检　验　方　法
表面平整	4	用 2m 靠尺和塞尺检查
立面垂直	4	用 2m 垂直检测尺检查
阴、阳角方正	4	用直角检测尺检查
分格缝(装饰线)直线度	4	拉 5m 线,不足 5m 拉通线,用钢直尺检查

② 面砖粘贴的允许偏差和检验方法应符合《外墙饰面砖工程施工及验收规程》JGJ 126—2000。

(四) EPS 板现浇混凝土外墙外保温系统质量要求及控制要点

1. 聚苯板检测标准

(1) 板的规格、尺寸、形状应与设计相符,棱角外不应有破损,板面界面剂喷涂应均匀,与板材结合良好,性能符合要求;

(2) 聚苯保温板应有出厂合格证及相应的检测报告;

(3) 聚苯板密度应控制在 $18\sim20\text{kg/m}^3$ 范围内,导热系数等其他指标应符合有关标准;

(4) 门窗洞口处聚苯板凹槽用聚苯板片(1000mm×100mm×10mm)进行填补,严禁漏补;

(5) 聚苯保温板拼装完毕后要进行预检,并报监理进行验收,合格后方可进行下一道以序;

(6) 成品聚苯保温板(指在墙体上与混凝土结合在一起的聚苯保温板)检验标准见表 2.4-170。

聚苯保温板允许偏差 表 2.4-170

项　目			允许偏差(mm)
垂直度	层　高	≤5m	8
		>5m	10
	全　高		H/1000 且≤30
	层　高		±10
	全　高		±30
截　面　尺　寸			+8 -5
表面平整(2m 长度上)			8

2. 锚栓检测标准

(1) 锚栓外套部位应为尼龙材质;

(2) 螺栓应采用镀锌螺栓(镀锌层厚度应大于等于 $10\mu\text{m}$);

(3) 规格尺寸应为:长度以进入墙体 50mm 为宜。

3. 聚合物水泥砂浆检测标准

(1) 水泥、聚合物胶、砂、涂塑耐碱玻纤网格布等均应符合设计和有关标准的要求；
(2) 聚合物水泥砂浆、玻纤网格布应有出厂合格证和检测报告；
(3) 保温层的平整度、厚度经检验合格后，方可进行抹灰工程；
(4) 聚合物水泥砂浆凝固后应与基层粘结牢固，表面无裂纹；
(5) 聚合物水泥砂浆面层允许偏差见表2.4-171。

聚合物水泥砂浆面层允许偏差 表2.4-171

项次	项目	允许偏差(mm)	检验方法
1	表面平直	4	2m靠尺板和楔尺
2	表面垂直	5	2m靠尺板和楔尺
3	阴阳角垂直	4	2m靠尺板和楔尺
4	阴阳角方正	4	方尺
5	分格条平直	3	拉5m线和尺检

4. 质量保证措施

(1) 对于聚苯保温板，在施工前应检查其出厂合格证及检测报告，并用盒尺对其尺寸进行检测；
(2) 检查水泥、镀塑耐玻璃纤维网格布、聚合物乳液、外墙涂料均需有出厂合格证及检测报告；
(3) 在布置胀管时严禁将其直接捅入保温板。正确做法是先用电烙铁烫孔，然后将胀管慢慢旋转插入保温板；
(4) 在布置穿墙螺栓时，也严禁直接插入；
(5) 保温板表面按标准检验合格后可直接抹聚合物砂浆防护层，没有必要做找平层；
(6) 在抹聚合物水泥砂浆工程中，各工种应紧密配合，合理安排工序，严禁颠倒工序作业；
(7) 在安装阳角保温板时，角两边距水泥垫块要留出10~20mm间隙；
(8) 抹聚合物砂浆防护层时，墙面、阴阳角要及时吊靠，并做好成品保护；
(9) 滴水槽安装时要按线找平，及时清理，随时检查；
(10) 事先计算出每一段外墙加保温板后的几何尺寸，待拼装完保温板后其实际尺寸应比计算所得尺寸大10~20mm(注：两边各大出5~10mm)。

5. 成品保护

(1) 保温层的保护方案
① 塔吊在吊运物品时要远离外墙面，以免碰撞保温板；
② 首层阳角在脱模后，及时用竹胶板加以保护，以免棱角遭到破坏；
③ 外挂架下端与墙体接触面必须用木板垫实，以免外挂架承重后过分挤压保温层。

(2) 防护层的保护方案
① 抹完聚合物水泥砂浆的墙面不得随意开凿孔洞；
② 严禁重物、锐器冲击墙面。

6. 施工中应注意的事项

(1) 保温层施工中应注意的事项

① 外墙外模板不需涂刷脱模剂,以免污染保温板表面影响抹灰质量;

② 外墙外模板支撑形式宜采用外挂架式,且外挂架紧靠墙面部分应采用可靠的支垫;

③ 在模板拆装时严禁挤靠保温板,模板就位后一定要咬紧穿墙螺栓以及其他螺栓,以免出现跑模现象;

④ 在用电烙铁预先穿保温板孔洞(如锚栓孔、穿墙螺栓孔)时,不宜过大,比实际穿墙件约小2~3mm,严禁将胀管、穿墙螺栓直接捅入保温板;

⑤ 胀管在与墙体钢筋绑扎时应留出2~4mm的松动量,以免过紧束缚保温板,脱模后造成保温层表面不平整;

⑥ 在浇筑墙体混凝土时,严禁将振捣棒斜插至保温板;

⑦ 在整理甩出的墙体钢筋时,要特别注意下层保温板企口,以免受损;

⑧ 墙体混凝土浇筑完毕,如企口处有残浆应立即清理;

⑨ 对穿墙螺栓孔,在墙体部位应用硬性砂浆捻实填补;在保温层部位应用发泡聚氨酯或保温材料填补至保温层表面;

⑩ 在绑扎墙体横向分布筋或间距筋时,两端伸出不宜过长,以免戳破保温板,在保温板一端宜将钢筋弯成"M"形;

⑪ 严禁在墙体钢筋底部布置模板定位筋,宜采用模板上部定位;

⑫ 保温板安装应与结构同步进行,在施工中宜采用全封闭保温措施。

(2) 抹灰(聚合物水泥砂浆)施工中应注意的事项

① 搅拌砂浆不宜过稀,应严格按照聚合物乳液:水泥:中砂=1:1:3,否则会影响其粘结性;

② 在抹防护砂浆之前一定要检查保温层的平整度和厚度;如平整度合标准则可直接做防护层,无必要做找平层,只是在局部不符合要求时才用保温砂浆进行修补;但不宜超过总面积的5%;

③ 聚合物砂浆在配置2h内必须用完,不得使用过时灰;

④ 在聚合物砂浆中不得含有粒径大于2.5mm的砂砾,否则会造成玻纤网格布铺粘不平;

⑤ 在铺网格布时,两块网格布要互相搭接,搭接宽度不应小于50mm。在铺粘两层网格布时,第二层网格布搭接处不应与首层相重,以免此处抗拉强度过低。当网格布铺到阴阳角时,要进行包裹,包裹宽度不应小于150mm,严禁在阴阳角处拼接网格布,铺设网格布前应将网格布浸水湿润;

⑥ 防护层聚合物水泥砂浆,铺设网格布时要注意墙面平整,墙角、门窗方正、顺直;

⑦ 面层聚合物水泥砂浆距网格布表面应小于2mm(网格布应靠近外表面),并与砂浆结合良好。

7. EPS板现浇混凝土外墙外保温系统质量检验标准

(1) 聚苯保温析检测标准

① 板的规格、尺寸、形状应与设计相符,棱角外不应有破损,板面界面剂喷涂应均匀,与板材结合良好,性能符合要求;

② 聚苯保温板应有出厂合格证及相应的检测报告;

③ 聚苯板密度应控制在18~20kg/m³范围内,导热系数等其他指标应符合有关标准;

④ 门窗洞口处聚苯板凹槽用聚苯板片(1000mm×100mm×10mm)进行填补,严禁漏补;

⑤ 聚苯保温板拼装完毕后要进行预检,并报监理进行验收,合格后方可进行下一道工序;

⑥ 成品聚苯保温板(指在墙体上与混凝土结合在一起的聚苯保温板)检验标准见表2.4-172。

聚苯保温板允许偏差　　　　　　　表2.4-172

项　目			允许偏差(mm)
垂直度	层　高	≤5m	8
		>5m	10
	全　高		H/1000 且≤30
	层　高		±10
	全　高		±30
截　面　尺　寸			+8-5
表面平整(2m长度上)			8

(2) 锚栓检测标准

① 锚栓外套部位应为尼龙材质;

② 螺栓应采用镀锌螺栓(镀锌层厚度应大于等于10μm);

③ 规格尺寸应为:长度以进入墙体50mm为宜。

(3) 聚合物水泥砂浆检测标准

① 水泥、聚合物胶、砂、涂塑耐碱玻纤网格布等均应符合设计和有关标准的要求;

② 聚合物水泥砂浆、玻纤网格布应有出厂合格证和检测报告;

③ 保温层的平整度、厚度经检验合格后,方可进行抹灰工程;

④ 聚合物水泥砂浆凝固后应与基层粘结牢固,表面无裂纹;

⑤ 聚合物水泥砂浆面层允许偏差见表2.4-173。

聚合物水泥砂浆面层允许偏差　　　　　　　表2.4-173

项　次	项　目	允许偏差(mm)	检　验　方　法
1	表面平直	4	2m靠尺板和楔尺
2	表面垂直	5	2m靠尺板和楔尺
3	阴阳角垂直	4	2m靠尺板和楔尺
4	阴阳角方正	4	方尺
5	分格条平直	3	拉5m线和尺检

(五) EPS钢丝网架板现浇混凝土外墙外保温系统质量要求及控制要点

1. 施工准备

(1) 技术准备

① 熟悉各方提供的有关图纸资料,参阅有关施工工艺,做好内业;

② 了解材料性能,掌握施工要领,明确施工顺序;

③ 与提供成套材料和技术的企业联系，并由该企业派员在现场对工人进行培训和做技术指导。

(2) 材料准备

① 保温构件：厚度按设计要求，表观密度 18~20kg/m³ 自熄型单层钢丝网架聚苯泡沫保温构件（表面应喷涂界面剂）；

② 保温板与墙体连接材料：经防锈处理的 L 形 $\phi 6$ 钢筋或尼龙胀管；

③ 做涂料面层时，其防护砂浆层材料：普通硅酸盐水泥 P.O 32.5，中砂，干粉料或聚合物乳液，防裂外加剂，涂塑耐碱玻纤网格布；

④ 面层：面砖或弹性有机涂料按设计要求；

⑤ 其他材料：聚苯颗粒保温浆料、泡沫塑料棒、塑料滴水线槽、分格条和嵌缝油膏等。

(3) 机具准备

切割聚苯板操作平台、电热丝、接触式调压器、盒尺、墨斗、砂浆搅拌机、抹灰工具、检测工具等。

2. 施工顺序

(1) 钢筋绑扎

① 钢筋须有出厂证明及复试报告；

② 采用预制点焊网片做墙体主筋时，须严格按其操作规程执行；

③ 绑扎钢筋时严禁碰撞预埋件，若碰动时应按设计位置重新固定牢固。

(2) 安装外墙外保温构件

① 内、外墙钢筋绑扎经验收合格后，方可进行保温构件安装；

② 按照设计所要求的墙体厚度弹水平线盒垂直线，以确定外墙厚度尺寸，同时在外墙钢筋外侧绑卡砂浆块（不得采用塑料垫卡），每块板内不少于 6 块，以确保钢筋与保温构件之间的保护层；

③ 拼装保温构件：保温构件就位后，板之间用火烧丝绑扎，间距小于或等于 150mm，用电烙铁在聚苯板上烫孔，将经过防锈处理的 $\phi 6$ L 形钢筋按位置穿过保温板，用火烧丝将其与墙体钢筋绑扎牢固。L 形筋：$\phi 6$、长度为墙厚＋保温层厚＋100mm，弯勾 30mm 外表应刷防锈漆两道或其他防锈处理。尼龙胀管长度为墙厚＋保温层厚＋50mm，穿墙孔应堵塞严密以防在浇筑混凝土时跑浆；

④ 保温板外侧低碳钢丝网片均按楼层层高，互不连接。

(3) 模板安装

宜采用钢质大模板，按保温板厚度确定模板配置尺寸、数量。

① 按弹出之墙线位置安装模板，在底层混凝土强度不低于 7.5MPa 时，安装开始。安装上一层模板时，利用下一层外墙螺栓孔挂三角平台架（安全防护架）；

② 安装外墙外侧模板，安装前须在现浇混凝土墙体的根部或保温板外侧采取可靠的定位措施，以防模板挤靠保温板。模板放在三角平台架上，将模板就位，穿螺栓紧固校正，连接必须严密、牢固，防止出现错台和露浆现象。

(4) 混凝土浇筑

宜采用商品混凝土，其坍落度应大于或等于 180mm。

① 墙体混凝土浇筑前保温板顶面必须采取遮挡措施，防止保温板受损坏，和浇筑混凝土时板向内侧倾斜，应安装槽口保护套，形状如"Π"形，宽度为保温板厚度加模板厚度。新、旧混凝土接搓处应均匀浇筑 30～50mm 同强度等级的碱石混凝土。混凝土应分层浇筑，厚度控制在 500mm，一次浇筑高度不宜超过 1.0m，混凝土下料点应分散布置，连续进行，间隔时间不超过 2h；

② 振捣棒振动间距一般应小于 500mm，每一振动点的延续时间以表面呈现浮浆和不再沉落为度；

③ 洞口处浇筑混凝土时，应沿洞口两边同时下料，使两侧浇筑高度大体一致，振捣棒应距洞边 300mm 以上，以保证洞口下部混凝土密实；

④ 施工缝留置在门洞口过梁跨度 1/3 范围内，也可留在纵横墙的交接处；

⑤ 墙体混凝土浇筑完毕后，需整理上口甩出钢筋，并以木抹子抹平混凝土表面，采用预制楼板时，宜采用硬架支模，墙体混凝土表面标高低于板底 30～50mm。

（5）模板拆除

① 在常温条件下，墙体混凝土强度不低于 1.0MPa，冬期施工墙体混凝土强度不低于 7.5MPa 时，才可以拆除模板；拆模时应以同条件养护试块抗压强度为准；

② 先拆外墙外侧模板，再拆外墙内侧模板，并及时修整墙面混凝土边角和清除粘在板面的漏浆；

③ 穿墙套管拆除后，混凝土墙部分孔洞应用于硬性砂浆捻塞，保温板部分孔洞应用保温材料补齐；

④ 拆模后保温板上的横向钢丝必须对准凹槽，钢丝距槽底大于或等于 8mm。

（6）混凝土养护

常温施工时，模板拆除后 12h 喷水或用养护剂养护，不少于七昼夜，如喷洒水养护，次数以保持混凝土具有湿润状态为准。冬期施工时应定点、定时测定混凝土养护温度，并做记录。

（7）外墙外保温板板面抹灰

抹灰前准备：

① 凡保温板表面有余浆与板面结合不好，如有酥松空鼓现象者均应清除干净，无灰尘、油渍和污垢；

② 绑扎阴阳角，窗口四角角网，角网尺寸应为 400mm×1200mm、200mm×1200mm 钢丝网架板拼缝处应用火烧丝绑扎，间距应小于或等于 150mm，窗口四角八字网尺寸应为 400mm×200mm 呈 45°；

③ 两层之间保温板钢丝网应断开不得相连。

原材料：水泥为 32.5 普通硅酸盐水泥；砂子为中砂，含泥量小于或等于 3%；水泥砂浆按 1∶3 或者 1∶1∶6 比例配置，并按水泥重量加入防裂剂，要求其收缩值小于或等于 1%。

抹灰：

① 板面上界面剂如有缺损，应在上补界面处理剂，要求均匀一致，不得露底（包括钢丝网架）；

② 抹灰层之间及抹灰层与保温板之间必须粘结牢靠，无脱层、空鼓现象；表面应光

滑洁净，接茬平整，线角须垂直、清晰；

③ 抹灰应分底层和面层，分层抹灰，待底层抹灰凝结后可进行面层抹灰，每层抹完后均需喷水养护，或喷养护剂；

④ 分隔条宽度、深度要均匀一致，平整光滑，横平竖直，棱角整齐，滴水线槽流水坡要正确、顺直，槽宽和深度不小于10mm；

⑤ 如为涂料装饰抹灰完成后，在常温下24h后表面平整无裂纹，即可在面层抹4～5mm聚合物水泥砂浆涂塑耐碱网格布防护层，然后在表面做弹性腻子和有机弹性涂料；

⑥ 外墙如贴面砖宜采用胶粘剂并应按《建筑工程饰面砖粘结强度检验标准》JGJ 110—97进行检验；

⑦ 注意环境影响，施工时应避免大风天气，当气温低于5℃时，停止施工。

(8) 成品保护措施

① 抹完水泥砂浆面层后的保温墙体，不得随意开凿孔洞，如确有开洞需要，如安装物件等，应在砂浆达到设计强度后方可进行，待安装物体完毕后修补洞口；

② 翻拆架子时应防止撞击已装修好的墙面、门窗洞口，边、角、垛处应采取保护措施。其他作业也不得污染墙面，严禁踩踏窗台。

3. 检验与验收

(1) 原材料质量

① 现浇有网体系的所有材料质量和技术性能应满足有关国家、行业、地方标准及有关图集的要求；

② 现浇有网体系的保温板制品的质量要满足有关国家、行业、地方标准的要求；

③ 材料及制品性能的检测应根据国家、行业、地方标准规定的方法，由具有资质的检测部门进行，并出具报告。

(2) 施工质量

现浇有网体系施工质量的检验与验收应满足《混凝土结构工程施工质量验收规范》GB 50204—2002、《建筑装饰装修工程质量验收规范》GB 50210—2001、《外墙外保温工程技术规程》JGJ 144—2004及有网体系施工工艺的要求。

三、外墙及屋面保温施工质量验收要点

(一) 民用建筑节能工程质量验收一般规定

1. 民用建筑节能工程(以下简称节能工程)应按照《河南省居住建筑节能设计标准(寒冷地区)》DBJ 41/062、《公共建筑节能设计标准》GB 50189、《夏热冬冷地区居住建筑节能设计标准》JGJ 134或相应标准进行节能设计，设计文件(包括节能设计更改文件)应由建设行政主管部门认定的施工图审查机构审查合格。

2. 建设单位和施工单位不得擅自修改建筑节能设计文件。

施工单位应认真审核建筑节能设计文件，若发现问题，应与建设单位和设计单位协商，办理设计变更手续。在节能工程施工前，施工单位应编制施工技术方案，进行技术交底和必要的培训。

3. 节能工程的施工单位应具备相应的资质，施工现场质量管理应有相应的施工技术标准规程、健全的质量管理体系、施工质量控制和检验制度。

施工单位在施工中应对建筑节能工程施工质量加强过程控制，使之达到节能设计文件

和《河南省居住建筑节能设计标准(寒冷地区)》DBJ 41/062、《公共建筑节能设计标准》GB 50189、《夏热冬冷地区居住建筑节能设计标准》JGJ 134 等相关标准的要求。

4. 节能工程应选用经国家或河南省建设行政主管部门组织、主持鉴定并推广应用或认证的建筑节能技术和产品，以及其他性能可靠的建筑材料和产品。严禁采用国家或河南省建设行政主管部门明令禁止和限制使用的建筑材料和产品。

5. 节能工程所采用的主要材料、半成品、成品应进行现场验收，凡涉及安全和使用功能的应按本规程规定进行复验，并应经监理工程师或建设单位技术负责人检查认可。

6. 节能工程各工序应按施工技术标准进行质量控制，每道工序完成后，应进行检查，工序之间应进行交接检查。隐蔽工程在隐蔽前应由施工单位通知有关单位进行验收。

7. 节能工程的节能效果检测分为：保温层厚度现场检测；保温材料(构件)现场抽样试验室检测；外窗传热系数和气密性现场抽样试验室检测；围护结构传热系数现场检测；建筑物耗热量指标现场检测。供热系统的节能检测应按《采暖民用建筑节能检验标准》(JGJ 132)执行。

8. 承担建筑节能检测的单位必须通过计量认证，并取得河南省建设行政主管部门颁发的资质证书。

(二) 外墙保温施工质量验收要点

1. 检验批的划分及一般规定

(1) 外墙保温工程检验批应按下列规定划分：

相同材料、工艺和施工条件的外墙保温工程每 500～1000m² 墙面面积为一个检验批，不足 500m² 也应划分为一个检验批。检查数量应符合下列规定：每 200m² 应至少检查一处，每处不得少于 10m²；每个检验批至少检查 5 处。

(2) 节能工程的墙体基层应符合《建筑装饰装修工程质量验收规范》GB 50210 的一般抹灰工程质量标准。

(3) 除采用聚苯板现浇混凝土外墙外保温系统外，外墙外保温工程的施工应在基层施工质量验收合格后进行。

(4) 外墙挑出构件及附墙部位，如：阳台、雨罩、靠外墙阳台栏板、空调室外机搁板、附墙柱、凸窗、装饰线和靠外墙阳台分户隔墙等，均应按设计要求采取隔断热桥和保温措施。

(5) 窗口外侧四周墙面应按设计要求进行保温处理。

(6) 外墙外保温系统的饰面层采用粘贴面砖做法时，应按《建筑工程饰面砖粘结强度检验标准》JGJ 110 规定的方法，对面砖的粘贴效果应作拉拔试验。

(7) 机械固定系统的金属锚固件、网片和承托架等，应满足防锈要求。

(8) 饰面层施工质量应符合国标《建筑装饰装修工程施工质量验收规范》GB 50210 的规定。

2. 材料、成品复验及型式试验

主控项目

(1) 所用材料和半成品、成品进场后，应做质量检查、验收和抽样复检，其品种、规格、性能必须符合设计和有关标准的要求。

检验内容：

① 检查产品合格证和出厂检测报告；
② 现场抽样复检，验收及复检项目见表 2.4-174。

保温系统材料进场验收和抽检复验项目表　　　　表 2.4-174

材料名称	现场抽样数量	外观质量检验	物理性能指标
EPS(XPS)板	每 5000m² 为一批，不足 5000m² 按一批抽样，抽取 1% 做外观质量检查。在外观质量合格的板材中，按单位工程任取一块做物理性能检验	色泽均匀、厚度偏差合格、表面平整无明显收缩变形和膨胀变形、无明显油渍和杂质	表观密度、导热系数、抗压强度、尺寸稳定性
胶粉聚苯颗粒保温浆料	每 10t 为一批，不足 10t 按一批抽样	包装完好无损，标明产品名称、生产日期、生产厂名、产品有效期	表观密度、导热系数、抗压强度、线性收缩率
硬质聚氨酯泡沫塑料	每 5000m² 为一批，不足 5000m² 按一批抽样每个检验批每 100m² 应至少抽查一处，每处不得小于 10m²，在外观质量合格中按单位工程抽取 1 组做物理性能检验	表面平整、无起鼓、无断裂	表观密度、导热系数、抗拉强度、抗压强度、吸水率
耐碱玻纤网格布	每 7000m 为一批，不足 7000m 按一批抽样，从中抽取 5 卷作外观质量检查，按单位工程随机抽取 1 卷做物理性能检验	断纬、脱纬、稀路、密路、破洞、杂物、污渍、边不良、拖纱	断裂强力、断裂应变、耐碱断裂强力、耐碱断裂强力保留率
胶粘剂	同一厂家生产的同一品种、同一批的产品至少抽样一次	包装完好无损，标明产品名称、生产日期、生产厂名、产品有效期	自然干燥状态和浸水拉伸粘结强度
抹面砂(胶)浆、抗裂砂浆、增强抗裂腻子	同一厂家生产的同一品种、同一批的产品至少抽样一次	包装完好无损、标明产品名称、生产日期、生产厂名、产品有效期	自然干燥状态和浸水拉伸粘接强度、压折比
界面剂	同一厂家生产的同一品种、同一批的产品至少抽样一次	包装完好无损，标明产品名称、生产日期、生产厂名、产品有效期	自然干燥状态和浸水压剪粘结强度
锚固件	每 1000 只为一组，每组抽取 3 只	防锈性能	拉拔强度
热镀锌电焊网	每 1000m² 为一组	镀锌层质量均匀、光泽	

(2) 外墙外保温系统应进行耐候性试验、现场粘结强度、抗风载荷性能、抗冲击性能、吸水量、耐冻融性能、抹面层不透水性、保护层水蒸气渗透阻等性能指标检验，检验方法参照《外墙外保温工程技术规程》JGJ 144。

（三）板类保温材料外墙外保温

主控项目

1. 保温板与墙面必须粘结牢固，无松动和虚粘现象。粘结面积不小于 40%。加强部位的粘结面积应符合设计要求。

检验方法：扒开粘贴的聚苯板观察检查和用手推拉检查。对于锚固件宜用拉拔仪检测拔出力。其拔出力应符合设计要求,且不小于0.5kN。

2. 对于有锚固要求的,锚固件排布和数量应按设计要求设置,每块板且每$1m^2$不得少于4个。

检验方法:观察检查,卸下锚固件,实测锚固深度。

3. 对于聚苯板现浇混凝土外墙外保温系统,还应符合下列要求:

① 现场检验粘结强度,不得小于0.1MPa,并且破坏层应位于保温板内。

检验方法:参照《外墙外保温工程技术规程》(JGJ 144)附录B第B.2节相关规定执行。

② 聚苯板内外表面及钢丝网架表面应预喷涂界面剂。

③ 聚苯板安装前应在外墙钢筋外侧绑扎砂浆垫块,每$1m^2$墙面不少于3个。

④ 聚苯板安装后,外侧模板安装前,应检查L型钢拉筋或尼龙锚栓的数量和锚入深度。其数量每$1m^2$不少于4个,且均匀布置,与钢筋连接牢固,锚固深度应符合设计要求。

检验方法:观察检查。

4. 对于聚氨酯饰面板外墙外保温系统,安装保温装饰板时,固定每块板的锚固件数量和锚入墙体的深度应符合设计要求。必须保证每个锚固件紧固装饰板,不得有松动现象。

检验方法:

(1) 现场拉拔试验,每$500m^2$墙面做3组试验,每个锚固件的拉拔力应符合设计要求,且≥1.2kN;

(2) 观察检查。

5. 保温板的厚度必须符合设计要求,其最大负偏差不得大于2mm。

检验方法:用钢针插入和钢尺检测,钢针直径2mm,检测结果取测点的平均值,精确到1mm。

6. 抹面抗裂砂浆与保温板必须粘结牢固,无脱层、空鼓。面层无爆灰和裂缝等缺陷。

检验方法:用小锤轻击和观察检查。

一般项目

7. 保温板安装应上下错缝,各板间应挤紧拼严,拼缝平整,碰头缝不得抹胶粘剂。

检验方法:观察、手摸检查。

8. 保温板安装允许偏差应符合表2.4-175的规定。

保温板安装允许偏差和检验方法　　　　　表2.4-175

项次	项目	允许偏差(mm)	检查方法
1	表面平整	3	用2m靠尺和楔形塞尺检查
2	立面垂直	3	用2m垂直检查尺检查
3	阴、阳角垂直	3	用2m托线板检查
4	阳角方正	3	用200mm方尺检查
5	接茬高差	1.5	用钢直尺和楔形塞尺检查

9. 玻璃纤维网格布应铺压严实,不得有空鼓、褶皱、翘曲、外露等现象。搭接长度

必须符合规定要求。加强部位的玻纤网格布做法应符合设计要求。

检测方法：观察检查。

10. 外保温墙面层的允许偏差和检验方法应符合表2.4-176的规定。

外保温墙面层的允许偏差和检验方法　　表2.4-176

项次	项目	允许偏差(mm)	检查方法
1	表面平整	4	用2m靠尺和楔形塞尺检查
2	立面垂直	4	用2m垂直检测尺检查
3	阴、阳角垂直	4	用直角检测尺检查
4	分格缝(装饰线)直线度	3	拉5m线，不足5m拉通线，用钢直尺检查

（四）涂抹类保温材料外墙外保温

主控项目

1. 保温层平均厚度必须符合设计要求，不允许有负偏差。

检验方法：用钢针插入和钢尺检测，钢针直径2mm，检测结果取测点的平均值，精确到1mm。

2. 保温层与墙体以及各构造层之间必须粘结牢固，无脱层、空鼓及裂缝，面层无粉化、起皮、爆灰。

检验方法：观察检查。

一般项目

3. 表面平整洁净，接茬平整，线角顺直、清晰。

检验方法：观察检查。

4. 玻纤网格布铺压严实，不得有空鼓、褶皱、翘曲、外露等现象，搭接长度必须符合规定要求。加强部位的玻纤网格布做法应符合设计要求。

检验方法：观察检查。

5. 外保温墙面层的允许偏差和检验方法应符合表23的规定。

（五）屋顶/地板/楼板保温施工质量验收要点

1. 进场后，应做质量检查和验收，其品种、规格、性能等应符合设计和有关标准的要求。

检验内容：

(1) 检查产品合格证和出厂检测报告。

(2) 每1000m^2现场抽样1组复检保温材料的导热系数和抗压强度。

2. 保温层厚度必须符合设计要求。最大负偏差不得大于3mm。

检查数量：按保温层面积每100m^2抽检一处。每个节能单位工程的屋面至少抽检5处。

检验方法：用钢针插入和钢直尺检测，钢针直径2mm，检测结果取测点的平均值，精确到1mm。

第十节 市 政 工 程

一、道路工程

(一) 材料要求

1. 路基材料

(1) 路基填土不得使用腐植土、生活垃圾土、淤泥、冻土块和盐渍土，土的可溶性盐含量不得大于5%；550℃的有机质烧失量不得大于5%，特殊情况不得大于7%。

(2) 路基土的最佳含水量及最大干密度应由击实试验确定。

(3) 砌体的砂浆必须配比准确，填筑饱满密实；灰缝整齐均匀，缝宽符合要求，勾缝不得空鼓、脱落；应分层砌筑，层间咬合紧密，必须错缝。

(4) 砌石工程的材料质量，应符合下列要求：1) 砌体用的水泥、石灰、砂、石及水等，要求质地均匀，水泥不失效，砂石洁净，石灰充分消解，水中不得含有对水泥、石灰有害的物质。2) 石料强度不得低于设计要求，不应小于30MPa，无裂缝，不易风化。河卵石无脱层、蜂窝，表面无青苔、泥土，厚度与大小相称。3) 片石最小边长及中间厚度，不小于15cm，宽度不超过厚度的二倍。块石形状大致正方，厚度不宜小于20cm，长、宽均不小于厚度。顶面与腰面应平整。用于镶面时，应打去锋棱凸角，表面凹陷部分不得超过2cm。4) 砂浆强度不低于设计标号，拌和均匀，色泽一致，稠度适当，和易性适中。

2. 垫层材料

(1) 砂砾应具有一定粗细粒料级配，透水性良好，质地坚硬，不含杂质，标称尺寸0～75(80)mm；不得用同粒径碎石、山皮、风化石子、不稳定矿渣代用。

(2) 垫层用碎石应具有一定粗细粒料级配，不含杂质，标称尺寸为0～75(80)mm；不得用粒径碎石、山皮、风化石子、不稳定矿渣代用。

3. 基层材料

(1) 修筑道路基层使用的粉煤灰（硅铝灰）化学成分中的 $SO_2+Al_2O_3$ 总量宜大于70%；在温度为700℃时的烧失量宜小于或等于10%。当烧矢量大于10%时，应做试验，当其混合料强度符合要求时方可采用。

(2) 粉煤灰石灰类混合料7d龄期抗压强度应符合规定。

(3) 粉煤灰石灰类混合料28d龄期抗压强度，要求快速路、主干路的基层抗压强度不得小于1.75MPa；次干路基层抗压强度不得小于1.338MPa。

(4) 粉煤灰石灰类混合料的最佳含水量和最大干密度应用重型击实仪器通过试验确定。

(5) 石灰应采用消石灰或生石灰粉，消石灰中不得含有未消解的生石灰颗粒。

(6) 石灰的 $CaO+MgO$ 含量小于30%时，不得采用。

(7) 严禁采用含有有害物质的石灰类下脚料。

(8) 消石灰应充分消解，不得含有未消解颗粒。磨细生石灰应完全粉磨，不得含有杂质。

(9) 消解石灰、拌制混合料和混合料基层养护应采用清洁的地面水、地下水、自来水及pH值大于6的水。

(10) 钙质石灰应在用灰前 7d、镁质石灰应在用灰前 10d 加水充分消解，严禁随消解随使用。

(11) 集料的压碎值、抗压强度与适用范围，应符合规定。

(12) 不同交通类别的道路，固化类混合材料 7d 的抗压强度应符合规定。

(13) 城市快速路、主干路的基层应采用砂砾或碎石类粗粒土。不应采用水泥、石灰类土壤固化剂稳定细粒土混合料，但可用于底基层。

4. 沥青面层材料

(1) 粗集料应采用机轧碎石，应洁净无杂质，颗粒形状接近立方体，有棱角；细集料应采用轧碎的 0~5mm 石灰石屑和天然砂；矿粉应为磨细的石灰石粉。

(2) 路面抗滑表层粗集料应选用坚硬、耐磨、抗冲击性好的碎石或破碎砾石，不得使用筛选砾石、矿渣及软质集料。

(3) 经配合比设计确定的各类沥青混凝土混合料的技术指标应符合本规定，并应具有良好的施工性能。

(4) 对用于高速公路、一级公路和城市快速公路、主干路沥青路面的上面层和中面层的沥青混凝土混合料进行配合比设计时，应通过车辙试验机对抗车辙能力进行检验。在温度 60℃、轮压 0.7MPa 条件下进行车辙试验的动稳定度，对高速公路和城市快速 600 次/mm。

(5) 出厂混合料应有质保单，其外观应拌和均匀，色泽一致，无明显油团或花白，沥青目测无明显过多、过少或烧枯，温度超过废弃温度者，拌和厂不得出厂，工地不得铺筑。

(6) 当采用改性沥青时进行试验并应进行技术论证。

5. 水泥混凝土面层

(1) 混凝土板用的钢筋，应符合下列要求；钢筋的品种、规格，应符合设计要求；钢筋应顺直，不得有裂缝、断伤、刻痕，表面油污和颗粒状或片状锈蚀应清除。

(2) 施工前必须对混凝土路面原材料进行取样试验分析，应提供混凝土配合比试验数据。

(3) 混凝土组成材料必须按试验室提供的配合比称量配制。

(4) 路用商品混凝土的水泥应采用不低于 32.5 号的硅酸盐和普通硅酸盐水泥。

(5) 混凝土板用的砂应采用洁净、坚硬、符合规定级配、细度模数在 2.5 以上的粗、中砂；其含泥量不应大于 2%，云母含量不应大于 1%。

(6) 路用商品混凝土必须采用机轧碎石，且技术要求应符合下列规定：压碎值应小于 25%；磨耗率应小于 30%；含泥量应小于 1%，针片状颗粒含量应小于 15%。

(7) 路用商品混凝土配合比设计的混合料坍落度应为 6~8cm。当有特殊要求时，应按合同要求设计。

(8) 混凝土的净拌和时间不应少于 60s。

(9) 混凝土搅拌车保持混合料在运送过程中的和易性，不得产生分层离析现象。

(10) 严禁在运送混凝土前、中途和卸料时向搅拌车拌筒内任意加水。

(二) 施工技术要求

1. 路基施工技术要求

(1) 路基防护是以原边坡坡面和有关防护结构体的稳定为前提，施工前必须检查验收,严禁对失稳的土体进行防护。路基加固或支挡工程除要求自身坚固外,施工前必须查明和核实前期工程的条件和质量。

(2) 路基防护与加固工程施工应符合下列规定:1)严格执行砌筑砌体的有关规定和质量标准,材料必须符合设计规定的强度、规格和其他品质要求。2)泄水孔、伸缩缝的位置要准确,孔正缝直,尺寸符合设计要求。

(3) 机动车车行道土质路基的压实度应达到压实标准规定的压实度,以确保路基的强度和稳定性;人行道、非机动车车行进可执行支路的压实度标准。

(4) 土质路基原地面以下的墓穴、井洞、树根必须清理,并分层回填压实。

(5) 路堤基底为耕地或松土,填土高度小于1.5m时,必须清除树根、杂草,应先压实再填筑。

(6) 路基穿过水网和水稻田地段时,应抽干积水,清除淤泥和腐植土,压实基底后方可填筑。

(7) 填土路基必须根据设计断面分层填筑压实,其分层最大厚度必须与压实机具功能相适应。

(8) 路堤填土宽度每侧应宽于填层设计宽度,压实宽度不得小于设计宽度,最后削坡。

(9) 桥台和路基接合部填土应分层仔细压实,层铺虚厚不得大于20cm。路床顶以下2.5m以内应采用砂砾等透水性材料或石灰土,压实度不得低于填土规定的数值。

(10) 土质路基的压实度标准应符合表 2.4-177 规定。

土质路基的压实度标准 表 2.4-177

填挖类型	深度范围(cm)	最低压实度		
		快速路及主干道	次干道	支 路
填 方	0~80	95/98	93/95	90/92
	>80	93/95	90/92	87/89
挖 方	0~30	95/98	93/95	90/92

注:1. 表中数字、分子为重型击实标准,分母为轻型击实标准;两者均以相应标准击实试验法求得最大干密度为100%。
2. 表列深度范围均由路槽底算起。
3. 填方高度小于80cm及不填不挖路段,原地面以下0~30cm范围内土的压实度应不低于表列挖方的要求。

(11) 土基受地下水或地面水的影响,呈潮湿或过湿状态难以压实时,必须进行处理。

(12) 填土经压实后,不得有松散、软弹、翻浆及表面不平整现象。

(13) 土质路基的压实度必须满足规定,检验频率:每摊铺层每1000m² 为一组,每组至少为三点,必要时可根据需要加密。

(14) 土、石路床必须用 12~15t 压路机碾压检验,其轮轮迹不得大于 5mm。

(15) 土质边坡必须平整、坚实、稳定,严禁贴坡。

(16) 沉降缝必须直顺,上下贯通。

(17) 预埋构件、泄水孔、反滤层、防水设施等必须符合设计要求。

(18) 路基工程基本完工后,工地测量人员必须进行全线的竣工测量。竣工测量包括:中心线的位置、标高、横断面图式、附属结构和地下管线的实际位置和标高。测量成果应在竣工图中标明。

2. 垫层施工技术要求

(1) 摊铺砂砾应采用平地机或其他适用的机械，在人工整平或摊铺时，平整用多齿耙，摊铺后的砂砾层应无明显粗细粒料分离现象。

(2) 砂砾垫层压实验收后，宜及时铺筑基层；在尚未铺筑基层之处，应保持砂砾层完好。

(3) 垫层表面应平整、无粗细粒料明显分离现象，用8～10t压路机辗压后，轮迹深度不得大于10mm。

3. 基层施工技术要求

(1) 施工中，当混合料含水量小于最佳含水量时，应适当加水，并使加水后混合料含水量略高于最佳含水量。

(2) 粉煤灰石灰类混合料的拌和方式应符合下列规定：混合料量少时，可采用人工拌和；对基层质量要求高、城市环境保护严和地下管线较多的快速路和主干路，应采取机械厂拌和混合料。

(3) 在装运混合料中，当粗、细有离析现象时，应用装载机倒拌均匀后，再运至工地摊铺。混合料宜随拌和、随运输、随摊铺、随压实。

(4) 混合料从拌和均匀到压实时间应根据不同温度混合料水化结硬速度而定，当气温在20℃以上时，不宜超过1～2d；当气温在5～20℃时，不宜超过2～4d。用水泥取代部分石灰的混合料，从开始拌和至压实时间，应在5～8h内完成。

(5) 粉煤灰石灰类混合料摊铺整型后应封锁交通，并应立即进行压实。

(6) 粉煤灰石灰类混合料每层压实厚度应根据压路机械的压实功能决定，并不得大于20cm，且不得小于10cm；若采用振动力大的重型振动压路机碾压时，每层压实度厚度可增至25cm。

(7) 人工拌和人工摊铺整型的混合料应先用6～8t两轮压路机、轮胎压路机或履带拖拉机在基层全宽内碾压。直线段应由两例路肩向路中心碾压；平曲线段应由内侧路肩向外侧路肩碾压。碾压1～2遍后，可再用12～15t三轮压路机或振动压路积压实。

(8) 当用振动压路机时，应先静压后再振动碾压。

(9) 最后均应碾压至混合料基层表面无明显轮迹。基层压实度应达到设计要求。当设计无规定时，应符合下列规定：快速路和主干路压实度，基层不得小于97%；底基和垫层不得小于95%。次干路和支路压实度，基层不得小于95%；底基层和垫层不得小于93%。

(10) 初压时应设人跟机，检查基层有无高低不平之处，高处铲除，低处填平，填补处应翻松洒水再铺混合料压实。当基层混合料压实后再找补时，应在找补处挖深8～10cm，并洒适量水分及时压成型，不得用贴补薄层混合料找平。

(11) 在碾压中出现"弹簧现象"时，应立即停止碾压，将混合料翻松晾干或加集料或加石灰，重新翻拌均匀，再行压实。碾压时若出现松散堆移现象，应适量洒水，再翻拌、整平、压实。

(12) 混合料基层施工应避免纵向接缝。当分缝施工时，纵缝应垂直相接，不得斜接。

(13) 在有检查井、缘石等设施的城市道路上碾压混合料，应配备火力夯等小型夯、压机具;对大型碾压机械碾压不到或碾压不实之处,应进行人工补压或夯实。

(14) 压路机或汽车不得在刚压实或正在碾压的基层上,转弯、调头或刹车。

(15) 压实成型并经检验符合标准的粉煤灰石灰类混合料基层,当经1~2d后,应保持潮湿状态下养护。养护期的长短应根据环境温度确定,当环境温度在20℃以上时不得少于7d;当环境温度在5~20℃时,不得少于14d。

(16) 不得用水管直接对基层表面冲水养护;养护期间应封闭交通。

(17) 粉煤灰石灰类基层应在达到设计规定的结硬强度后可在其上铺筑沥青面层或其他结构层。

(18) 雨期施工应集中力量分段施工,各段土基应在下雨前碾压密实。对软土地段或低洼之处,应在下雨前先行施工。路床应开挖临时排水沟。

(19) 施工中应建立健全材料试验、质量检查及工序间交接验收等项制度。每道工序完成后均应进行检验,合格后方可进行下一道工序。凡检验不合格的作业段,均应进行补救或整修。

(20) 粉煤灰石灰类混合料基层质量与检查验收应符合规定,并应做到原始记录齐全。

(21) 固化路面基层和底基层,不得使用快硬水泥、早强水泥及受潮变质过期的水泥。

(22) 对交通量较大的道路,应在面层与固化类混合料基层之间加铺连接层。

(23) 路拌法固化类路面基层施工应符合下列要求:松土摊铺,每层不得大于30cm。水泥或石灰或粉状土壤固化剂的摆放和摊铺前,应检测土的含水量。混合料的拌和,每次拌和应有重叠和翻透,并不得漏拌,不切割下层,且固化类混合料拌和颜色应一致;基层和底基层之间不得留有未搅拌的"素土"夹层。在整型过程中,严禁通行任何车辆,并应由人工配合消除粗、细料的离析。碾压过程中,当出现"弹簧"、松散、起皮等现象,应及时采取处理措施。

4. 沥青面层施工技术要求

(1) 沥青面层不得在雨天施工,当施工中遇雨时,应停止施工。雨季施工时应采取路面排水措施。

(2) 面层上层的最小厚度应为该混合料最大粒径的2倍,联结层的最小厚度应为该混合料最大粒径的1.5倍。

(3) 沥青混凝土混合料面层宜采用双层或三层式结构,其中应有一层及一层以上是Ⅰ型密级配沥青混凝土混合料,当各层均采用沥青碎石混合料时,沥青面层下必须做下封层。

(4) 摊铺前,应对下承层进行全面检查:用三渣作基层时,铺筑沥青层前应测弯沉值,符合设计要求后才能铺筑面层;旧沥青路面作下承层时,表面应先凿毛、扫清并洒沥青粘层;水泥混凝土路面作下承层时,表面必须做毛,铺筑沥青层前应洒沥青粘层。

(5) 铺筑多层混合料时,上下层的接缝应错开,纵缝不小于15cm,横缝不小于1m。当先铺沥青混合料温度纵缝降至100℃以下,横缝降至80℃以下时,续铺混合料应按冷接缝处理。

(6) 施工遇雨应及时通知拌和厂停止供料。已出厂与已铺好的中、粗粒混合料,应立即快铺快压,抢工铺筑完毕;细粒混合料除已铺筑的做齐施工缝,其余不得继续铺筑。

(7) 对施工厚度进行控制时,除应在摊铺及压实时量取并测量钻孔试件厚度外,还应校验由每一天的沥青混合料总量与实际铺筑的面积计算出的平均厚度。

(8) 施工压实度的检查应以钻孔法为准。

(9) 沥青混凝土面层允许偏差应符合表 2.4-178 规定。

沥青混凝土面层允许偏差　　　　表 2.4-178

序 号	项 目	压实度(%)及允许偏差(mm)	检验频率		检验方法
			范围	点数	
1	压实度	≥95	2000m²	1	称质量检验
2	厚 度	+20 −5	2000m²	1	用尺量

(10) 竣工后的沥青铺筑层应平整、坚实、粗细均匀，不得有脱落、掉碴、裂缝、推挤、烂边等现象。12t 压路机辗压后无明显轮迹，接缝衔接紧密平顺，烫缝整齐不枯焦，路面不得有明显渗入的石油类斑迹。沥青面层与各种井盖框、平缘石和其他构筑物衔接紧密平顺，不得有积水现象。

(11) 在辗压成型后的新铺沥青混凝土层上不得行驶或停放车辆以及各种施工机械和其他易滴漏机、柴油的设备。

(12) 应在沥青混凝土面层全部冷却到常温后方可开放交通。压实成型后路面应进行早期养护，并封闭交通 2～6h。开放交通初期，应设专人指挥，车速不得超过 20km/h，并不得刹车或调头。在不稳定成型的路段上，严禁兽力车和铁轮车通过。当路面有损坏时应及时修补。紧急工程提前开放交通时沥青混合料温度应低于 50℃；施工时，半幅开放交通的路段，应有充分的管制交通设施及人员，晚上设警示灯。

(13) 严禁在各层沥青面层铺筑后开挖面层埋设路缘石。

(14) 严禁在沥青面层铺筑后开挖面层，建造雨水口。

5. 水泥混凝土面层施工技术要求

(1) 混凝土拌合物整平时，填补板面应选用碎(砾)石较细的混凝土拌和物，严禁用纯砂浆填补找平。

(2) 每仓混凝土的摊铺、振实、整平工作应连续进行不得中断，如因故中断，应设置施工缝；混凝土自振实整平至真空脱水，间隔时间不得超过 1h。

(3) 抹面时严禁在混凝土表面洒水或撒水泥。混凝土抹面后应平整、密实、无抹痕、不露石子、无砂眼和气泡。

(4) 快速路、主干路应锯纹或压纹，或其他有效机具做毛，使路表构造深度达到 0.4～0.8mm（铺砂测定法）。压纹应在混凝土未结硬前进行，锯纹在混凝土结硬后进行。宜纹深在 2～5mm，纹宽 5mm，间距 10～25mm，以能达到构造深度要求为准。在纵坡大于 2%的水泥混凝土路表面．构造深度为 0.6～1.0mm（铺砂测定法）。

(5) 锯缝宜在混凝土强度达到 8～12MPa 时进行，缩缝缝宽宜为 3～8mm。

(6) 水泥混凝土路面应在混凝土强度达到设计强度（即 100%），并封缝完毕，才能开放交通。在达到设计强度的 40%以后，方可允许行人通行。特殊情况需提前开放交通者，混凝土强度应达到设计强度 90%以上，并限制车辆荷载。

(7) 胀缝缝壁垂直，上下贯通，缝隙宽度一致，缝内无连浆和砂石等杂物；缩缝顺直，切缝深度不小于设计要求；纵缝如加锯缝，应与施工界面吻合。缝续料饱满平整，不得外溢，缝内不得有杂物。传力杆应与板面和路中心线平行；纵缝拉杆应垂直于路中心线并与板面平行。

（8）填续采用灌入式填缝的施工，灌注填缝料必须在缝槽干燥状态下进行，填续料应与混凝土缝壁粘附紧密不渗水。

（9）混凝土板面外观，不应有露石、蜂窝、麻面、裂缝、脱皮、啃边、掉角、印痕和轮迹等现象。接缝填缝应平实、粘结牢固和缝缘清洁整齐。

（10）水泥混凝土面层允许偏差应符合表2.4-179规定。

水泥混凝土面层允许偏差　　表2.4-179

序号	项目	允许偏差(mm)	检验频率	
			范围	点数
1	抗压强度	不低于设计规定	每台班	1组
2	抗折强度	试块强度平均值不低于设计规定	每台班	1组
3	厚度	+20 -5	每块	2

6. 人行道和附属工程施工质量要求

（1）侧平石施工应符合下列要求：相邻侧石接缝必须平齐，缝宽1cm。检查无误后及时坞膀。平石施工，当道路纵坡在3‰以下时，平石应铺筑成锯齿形衔沟，平石和侧石应错缝对中相接，平石间缝宽1cm。平石与路面联接处接边线应平顺。侧平石灌缝用水泥砂浆抗压强度不应小于10MPa。灌缝必须饱满嵌实，侧石勾缝为凹缝，深度为0.5cm，平石勾缝为平缝。

（2）侧平石排砌应整齐稳固，线型顺直，圆角和顺，灌缝应饱满，勾（抹）缝光洁坚实；平石排水必须畅通，不应积水和阻水；侧平石坞膀应密实、无松动，外侧填土必须夯实。

（3）（人行道板）铺砌必须平整稳定，纵横缝顺直，排列整齐，缝隙均匀，灌缝饱满，不得有积水或翘动现象。彩板应色泽均匀，线条和图案清晰；裂角和断块（不得断裂成两块以上）的人行道板数量不得超过全部用量的6%，且不应集中在一处（不得连续超过两块）铺设。

（4）现浇水泥混凝土人行道结构层强度、厚度均应符合设计；表面平整，边角整齐，不得有大于0.3mm的裂缝，以及蜂窝、麻面、外露面浮浆、脱皮、印痕等现象，线格整齐，滚花清晰；与各类框盖拼接平整，不得有积水现象。

（5）斜坡与车行道、人行道、里弄路面连接平顺，不得有积水现象。

（6）雨水口及支管质量要求：井身内壁平整，不得有空鼓、裂缝或缺漏；盖座、进水蓖必须完整无损，安装平稳牢固；井周及支管回填土压实度必须满足路基要求；支管必须挺直坡顺，不得有错口，腰箍不裂缝，不空鼓，管口与井壁齐平。

二、各种型桥梁桥跨安装施工技术要点

（一）预应力混凝土连续梁桥施工技术要点

1. 施工准备

(1) 连续梁桥的施工和设计密切相关，在设计中应验算各施工阶段的内力，施工应按设计要求的施工方法进行，如不按设计的施工方法施工时，必须征得设计者的同意。

(2) 为了确保施工中挂篮的安全，应验算挂篮在空载行走状态和浇筑混凝土时的倾覆稳定，稳定系数不应小于1.5。

(3) 挂篮杆件和内力计算应考虑超静定结构和安装误差引起的次应力。由于挂篮是可移动的支架，又属高空作业，所以在设计时必须保证有足够的稳定性、刚度和强度安全系数。吊机的设计与挂篮的设计类同。

(4) 挂篮所使用的材料必须是可靠的，有疑问时应进行材料力学性质试验。挂篮试拼后，必须进行荷载试验。

(5) 挂篮、吊机随节段施工应逐节向前推进，在0号块上分离移动之前，必须在桁架尾部安装平衡装置，以保持桁架分离后的稳定。在挂篮、吊机就位后，立即用锚固螺栓固定桁架尾端，并在施工过程中经常检查旋紧后锚杆。锚杆强度安全系数不得小于2。

2. 悬臂浇筑

(1) 模板安装后应严格按测定位置核对标高，校正中线。

(2) 放置预应力管道时必须注意和前一节的管道联结接头严密牢靠、线型和顺，并设置定位钢筋，以保证在浇筑混凝土过程中位置正确，浇筑后要及时管道清孔。

(3) 浇筑混凝土时应从悬臂端开始，两个悬臂端应对称均衡地浇筑。每个节段的接缝必须平整。

(4) 悬臂现浇箱梁橡胶止水带不得用元钉或打孔眼穿铁丝作固定。

3. 悬臂拼装

(1) 预制块件时，结合面的一端必须是已浇梁端。先浇梁段模板的平整度、刚度和孔道位置必须严格控制。

(2) 块件移动起吊时，梁段混凝土强度应满足设计要求。设计无规定时，宜为设计强度的80%。

(3) 对块件在预制、移运过程中的缺陷必须进行整修；湿接缝两侧的块件端面混凝土必须凿毛；胶接缝块件端面必须将隔离剂清洗干净，不得沾染影响环氧树脂粘结的油污等物；锚头垫板应与预应力管道孔垂直。

(4) 各块件的接续形式（湿接缝、干接缝或胶接缝）及接缝的厚度、强度要求应按设计规定办理。

(5) 环氧树脂胶接缝施工时，应符合下列要求：

严格按规定称量和搅拌顺序配制胶粘料，不得随意变动配合比；配制过程严禁污杂物或水分等混入，并防止阳光直接照射；胶粘料配制数量应根据接缝面积确定，必须一次拌成；块件拼装面应清洗干净，在涂胶前必须保持干燥，拼接缝勿需承受拉力，表面应凿毛；涂胶时块件表面温度不得低于10℃；涂胶操作应薄而均匀；拼装后应对胶接缝施加均匀的压力。

4. 合龙段

(1) 合龙顺序 按设计要求办理，设计无要求时，一般先边跨，后次中跨，再中跨。多跨一次合龙时，必须同时均衡对称地全合龙。

(2) 合龙段的长度再满足施工要求的前提下，应尽量缩短，取1.5~2m为宜。

(3) 合龙段的混凝土浇筑时间应选在一天中气温较低时为宜。

(4) 合龙段两侧标高相差在 10mm 以内可以自然合龙,桥面可通过铺装调整,超过这个限度必须强迫合龙。

(5) 在浇筑水泥混凝土的同时必须制作混凝土试件,试验的内容必须符合设计要求。

(二) 斜拉桥施工技术要点(适用于塔柱和主梁为钢筋混凝土或预应力混凝土结构的斜拉桥)

1. 斜拉桥塔柱的垂直测量,应选择可靠易行的测量方案,方案设计、仪器选择和精度评价等应经过论证以确保达到设计的垂直精度。

2. 索塔

(1) 施工过程中必须采用切实有效的措施将塔底临时固定。

(2) 当索塔设计为型钢结构的劲性骨架时,每个节段的长度必须精确丈量,必须制订切实的运输方案。劲性骨架的接高(接长)轴线必须对中。

(3) 支架和操作平台应有足够的强度、刚度和抗风稳定性。并应设置安全护栏,支架顶端应有防雷击装置。

(4) 倾斜式塔柱采用滑升模板浇筑法施工时,其提升设备与模板结构必须作特殊设计,滑升模板的结构上应有足够的强度、刚度和稳定性,滑升模板应连续施工。

3. 斜缆索

(1) 制斜缆索用的镀锌钢丝的镀锌层应均匀、连续、附着牢固,不得有裂纹、斑痕和没有镀上锌的地方。

(2) 钢丝应具有可镦性。

(3) 制作护套用的高密度聚乙烯及其他符合要求的塑料颗粒均匀,大小在任何方向应为 2~5mm,不得混入杂质,颗粒内部不得有气泡。

(4) 锚杯、锚板、螺母和垫块等主要受力件必须选用优质钢材制造,其技术条件应符合现行规范规定。

(5) 斜缆索的张拉应按设计规定的张拉力控制。索塔顺桥向两侧和横桥向两侧对称的斜缆索组的斜缆索应同步张拉,张拉中不同步张拉力的相对差值,不得超过设计规定。如设计无规定,不应大于该阶段张拉力的 10%;两侧不对称或设计拉力不同的斜缆索,应按设计规定的拉力,分阶段同步张拉。

(6) 各斜缆索的拉力调整值和调整顺序应由设计决定。

4. 在浇筑混凝土时,必须有专人制作混凝土试件。索塔:当采用提升模板或倒模法施工时,每浇筑一节索塔应制作试件 3 组,当浇筑时间超过一个班制时,每班制作试件 3 组;当采用滑升模板法施工时,每班应制作试件 3 组;主梁:每班制作试件 3 组。

第五章　工程质量监督抽测

工程质量监督抽测是指工程质量监督机构运用检测仪器设备对工程实体质量、原材料、构配件等进行监督检查的一种手段。

工程质量监督抽测的目的是评价工程质量状况和参建单位的质量工作状况；发现纠正和处理施工过程中存在的质量管理问题及质量缺陷。

一、工程质量监督抽测应遵守以下规定

（一）质量监督抽测的重点是对涉及工程结构安全的关键部位、使用功能和涉及结构安全的原材料、构配件。

（二）质量监督抽测的项目和部位及数量应根据工程的性质、特点、规模、结构形式、施工和质量状况等因素确定。

（三）进行工程质量监督抽测的人员必须经过建设行政主管部门培训，持证上岗。

（四）经抽测对工程质量确有怀疑的，工程质量监督机构应责令施工单位委托有资质的检测单位按有关规定进行检测，并出具检测报告。

（五）经有资质的检测单位检测结果不符合规范标准和设计要求的工程，应按有关规定和要求进行处理。

（六）每次监督抽测后，质监人员应认真填写建设工程质量监督抽测记录。

二、工程质量监督抽测的主要项目

（一）承重结构混凝土强度；

（二）主要受力钢筋数量、位置及混凝土保护层厚度；

（三）现浇楼板结构厚度；

（四）砌体结构承重墙柱的砌筑砂浆强度；

（五）安装工程中涉及安全及功能的重要项目；

（六）钢结构的重要连接部位；

（七）市政工程：道路工程中路基、基层、面层的压实度；桥梁工程、隧道工程中的桩基础和主体工程中的桩、柱、梁、板、墙、预制混凝土件等的混凝土强度、混凝土的内部缺陷，钢筋保护层厚度、钢筋直径、位置、强度以及混凝土板的厚度；给水、排水、燃气等管道工程中的功能性试验。

（八）需要抽测的其他项目。

三、工程质量监督抽测的主要方法

（一）混凝土强度可采用回弹法、回弹超声综合法、贯入法、拔出法等；

（二）钢筋的规格、数量和保护层厚度，可用目测、局部破损、尺量法、电磁法和雷达法等；

（三）构件的几何尺寸，可用尺量法、激光测距仪等。

四、工程质量监督抽测的频率（根据当地实际情况确定，可参考以下抽测频率）

（一）有地下室结构的地基基础应进行抽测；

（二）主体结构：面积不小于 1 万 m^2 的多层建筑或 10 层以下的建筑抽测不少于 1 层；10 层及其以上的不少于 2 层；30 层或 100m 以上建筑不少于 3 层；

（三）同一标段且面积不大于 1 万 m^2 的多个单体建筑，不少于一层；超过 1 万 m^2 时，每增加 1 万 m^2 增加 1 层，不足 1 万 m^2 时，按 1 万 m^2 计；

（四）每层每个抽测项目不少于 2 个构件。

工程质量监督机构应对抽测的数据定期汇总、分析和归档。

五、工程质量监督抽测仪器设备的要求

工程质量监督抽测仪器设备应具有出厂合格证、试验报告、见证取样送检资料及结构实体检测报告。

六、监督抽测结果判定、处理原则和方法

（一）抽测结果与设计要求不符或对质量产生疑问时，责任单位应委托有资质的质量检测单位进行检测，并向监督机构出具。监督机构应责令有关责任方对存在的质量问题进行整改。

（二）抽测结果应作为工程质量监督记录，纳入该工程质量监督档案。

第六章 工程质量事故(问题)处理监督

一、工程质量事故(问题)处理的监督内容及要求

工程质量事故(问题)处理监督指工程质量监督机构依据有关工程建设法律、法规和强制性标准,对工程质量事故(问题)处理过程进行监督的活动。

(一)工程质量事故(问题)处理的监督内容及要求:

1. 各工程质量监督机构知悉辖区内发生质量事故后,应立即向上级工程质量监督机构报告。

2. 工程质量监督机构对发生工程质量事故的工程应及时发出《建设工程局部停工通知书》。

3. 一般质量事故发生后,工程质量监督机构应及时派人到现场了解事故情况,并督促相关单位调查分析、制定技术处理方案,并报工程质量监督机构。

4. 工程质量监督机构认为工程质量事故处理的程序和技术处理方案已符合有关规定后,应及时签发《建设工程复工通知书》。

5. 工程质量监督机构应根据工程建设规范、标准、质量事故(问题)技术处理方案及设计要求进行监督检查。事故处理结束后,应监督建设单位组织有关单位进行检查验收,并将验收记录报工程质量监督机构。

(二)工程质量监督机构应及时将以下主要资料收集整理并归入监督档案:

1. 事故发生单位的事故报告;
2. 工程质量事故的调查报告;
3. 事故的技术处理方案;
4. 有关单位的验收记录等;
5. 工程质量事故处理监督记录。

二、重大事故

重大事故是指在工程建设过程中由于责任造成工程倒塌或报废、机械设备毁坏和安全设施失当造成人身伤亡或重大经济损失的事故。

(一)重大质量事故分四个等级:

1. 具备下列条件之一者为一级重大事故:
(1) 死亡 30 人以上;
(2) 直接经济损失 300 万元以上。

2. 具备下列条件之一者为二级重大事故:
(1) 死亡 10 人以上,29 人以下;
(2) 直接经济损失 100 万元以上、300 万元以下。

3. 具备下列条件之一者这三级重大事故:
(1) 死亡 3 人以上 9 人以下;

(2) 重伤 20 人以上；

(3) 直接经济损失 30 万元以上、100 万元以下。

4. 具备下列条件之一者为四级重大事故：

(1) 死亡 2 人以下；

(2) 重伤 3 人以上，19 人以下；

(3) 直接经济损失 10 万元以上、30 万元以下。

(二) 重大事故发生后，事故发生单位必须及时报告。重大事故的调查工作必须坚持实事求是、尊重科学的原则。

(三) 建设部归口管理全国工程建设重大事故；省、自治区、直辖市建设行政主管部门归口管理本辖区内的工程建设重大事故；国务院各有关主管部门管理所属单位的工程建设重大事故。

(四) 重大事故发生后，事故发生单位必须以最快方式，将事故简要情况向上级主管部门和事故发生地的市、县级建设行政主管部门及检察、劳动（如有人身伤亡）部门报告；事故发生单位属于国务院部委的，应同时向国务院有关主管部门报告。事故发生地的市、县级建设行政主管部门接到报告后，应当立即向人民政府和省、自治区、直辖市建设行政主管部门报告；省、自治区、直辖市建设行政主管部门接到报告后，应当立即向人民政府和建设部报告。

(五) 重大事故发生后，事故发生单位应当在二十四小时内写出书面报告，逐级上报。

(六) 重大事故的调查由事故发生地的市、县级以上建设行政主管部门或国务院有关主管部门组织成立调查组负责进行。调查组由建设行政主管部门、事故发生单位的主管部门和劳动等有关部门的人员组成，并应邀请人民检察机关和工会派员参加。必要时，调查组可以聘请有关方面的专家协助进行技术鉴定、事故分析和财产损失的评估工作。

(七) 一、二级重大事故由省、自治区、直辖市建设行政主管部门提出调查组组成意见，报请人民政府批准；三、四级重大事故由事故发生地的市、县级建设行政主管部门提出调查组组成意见，报请人民政府批准。事故发生单位属于国务院部委的，按本条一、二款的规定，由国务院有关主管部门或其授权部门会同当地建设行政主管部门提出调查组组成意见。

(八) 事故处理完毕后，事故发生单位应当尽快写出详细的事故处理报告，逐级上报。

第七章　工程质量验收监督

工程质量验收监督是指工程质量监督机构依据工程建设有关法律、法规和技术标准等，对工程质量验收活动进行的监督检查。包括对检验批、分项工程、分部(子分部)、单位(子单位)工程质量验收的监督。

一、建筑工程施工质量应按下列要求进行验收：

（一）建筑工程施工质量应符合《建筑工程施工质量验收统一标准》（GB 50300—2001)和相关专业验收规范的规定。

（二）建筑工程施工应符合工程勘察，设计文件的要求。

（三）参加工程施工质量验收的各方人员应具备规定的资格。

（四）工程质量的验收均应在施工单位自行检查评定的基础上进行。

（五）隐蔽工程在隐蔽前应由施工单位通知有关单位进行验收，并应形成验收文件。

（六）涉及结构安全的试块，试件以及有关材料，应按规定进行见证取样检测。

（七）检验批的质量应按主控项目和一般项目验收。

（八）对涉及结构安全和使用功能的重要分部工程应进行抽样检测。

（九）承担见证取样检测及有关结构安全检测的单位应具有相应资质。

（十）工程的观感质量应由验收人员通过现场检查，并应共同确认。

二、检验批合格质量验收监督

（一）检验批可根据施工及质量控制和专业验收需要按楼层、施工段、变形缝等进行划分；

（二）检验批的质量，应根据检验项目的特点在下列抽样方案中进行选择：

1. 计量、计数或计量-计数等抽样方案。

2. 一次、二次或多次抽样方案。

3. 根据生产连续性和生产控制稳定性情况，尚可采用调整型抽样方案。

4. 对重要的检验项目当可采用简易快速的检验方法时，可选用全数检验方案。

5. 经实践检验有效的抽样方案。

（三）检验批合格质量应符合下列规定：

1. 主控项目和一般项目的质量经抽样检验合格。

2. 具有完整的施工操作依据、质量检查记录。

三、分项工程质量验收监督

（一）分项工程应按主要工种、材料、施工工艺、设备类别等进行划分。

（二）分项工程质量验收合格应符合下列规定：

1. 分部工程所含的检验批均应符合合格质量的规定。

2. 分项工程所含的检验批的质量验收记录应完整。

四、主要分部(子分部)工程质量验收监督

(一)主要分部(子分部)工程是指主体分部和含有地下室结构地基基础分部工程等。

(二)工程质量监督机构应对主要分部(子分部)工程质量验收的条件、组织形式、参验人员、验收程序、执行标准等情况进行现场监督。当参验人员对工程质量验收意见一致时,应提出明确的验收监督意见,并做好验收监督记录。

(三)工程质量监督机构在监督验收时,如发现有违反建设工程质量管理规定行为和强制性标准的,应责令改正或要求整改后重新验收。

(四)主要分部(子分部)工程质量验收应符合下列规定:

1. 分部(子分部)工程所含工程的质量均应验收合格。

2. 质量控制资料应完整。

3. 地基与基础、主体结构和设备安装等分部工程有关安全及功能的检验和抽样检测结果应符合有关规定。

4. 观感质量验收应符合要求。

(五)主要分部(子分部)工程的验收应当按以下程序进行:

1. 监理单位(建设单位)应在验收前3个工作日将验收的时间、地点及参加验收人员名单书面通知工程质量监督机构。

2. 总监理工程师(建设单位项目负责人)组织验收,应介绍参加验收的人员的资格情况,同时介绍验收部分的工程概况和工程资料审查意见。

3. 监理(建设)、施工单位分别汇报主要分部(子分部)建设过程中执行法律、法规以及工程建设强制性标准的情况。施工单位汇报内容中应包括工程质量监督机构责令整改问题的完成情况。

4. 验收人员应审查监理(建设)和施工单位的工程资料,并实地查验工程质量。

5. 对验收过程中所发现的和工程质量监督机构提出的有关问题,相关单位应予以解答。

6. 验收人员应对主要分部(子分部)工程的施工质量和各个管理环节的质量行为作出评价,并分别阐明各自的验收意见。当验收意见一致时,验收人员应分别在相应的分部(子分部)工程质量验收记录上签字。

7. 当参加验收各方对工程质量验收意见不一致时,应当协商提出解决的办法。待意见一致后,重新组织验收。

五、单位(子单位)工程质量验收监督

(一)建设单位应当在工程竣工验收7个工作日前,将验收的时间、地点及验收人员名单书面通知工程质量监督机构。

(二)工程质量监督机构收到《单位工程竣工验收通知书》后,应及时对该工程是否达到建设部建建(2000)142号文《房屋建筑工程和市政基础设施工程竣工验收暂行规定》的竣工验收条件进行检查,并通知建设单位能否按期组织验收。

(三)单位(子单位)工程质量竣工验收的监督内容

1. 工程质量监督机构对工程竣工验收的组织形式、验收人员资格、验收程序、执行标准等情况进行现场监督。当参建各方对工程验收意见一致时,应提出明确的验收监督意见,并做好验收监督记录。

2. 工程质量监督机构在监督单位工程竣工验收时,如发现有违反建设工程质量管理规定行为和强制性条文的,应责令改正或要求整改后重新验收。

3. 工程质量监督机构在验收过程中,应对工程实物质量和工程资料进行监督抽查。

(四)单位(子单位)工程竣工验收的程序应符合以下规定:

1. 建设单位在组织单位工程竣工验收时,首先应介绍验收人员名单,同时介绍工程概况和工程验收的方案。

2. 建设、设计、施工、监理单位应分别汇报各自在工程建设过程中履行工程合同情况以及执行工程建设法律、法规和强制性标准的情况。监理(建设)单位还应汇报工程资料的审查意见及工程质量监督机构责令整改问题的完成情况。

3. 验收组应审查建设、勘察、设计、施工、监理等单位的工程技术资料,实地查验工程质量,评定工程的观感质量。

4. 对验收过程中所发现的和工程质量监督机构提出的问题,相关单位负责人应予以解答。

5. 验收组对工程勘察、设计、施工质量和各管理环节的质量行为做出全面评价,各责任主体应分别阐明自己的验收意见,当参验各方对工程验收意见一致时,验收人员应在《单位工程竣工验收报告》上签字。

6. 当参加竣工验收的各方对工程竣工验收意见不一致时,应当协商提出解决的办法,也可请建设行政主管部门或工程质量监督机构协调处理,待意见一致后,重新组织竣工验收。

(五)单位(子单位)工程质量验收应符合下列规定:

1. 单位(子单位)工程所含分部(子分部)工程质量均应验收合格。

2. 质量控制资料应完整。

3. 单位(子单位)工程所含分部工程有关安全和功能的检测资料应完整。

4. 主要功能项目的抽查结果应符合相关专业质量验收规范规定。

5. 观感质量验收应符合要求。

(六)通过返修或加固处理仍不能满足安全使用要求的分部工程、单位(子单位)工程,严禁验收。

六、工程质量验收监督的内容

(一)一般规定

1. 对工程实体质量的监督采取抽查施工作业面的施工质量与对关键部位重点监督相结合的方式;

2. 重点检查结构质量、环境质量和重要使用功能,其中重点监督工程地基基础、主体结构和其他涉及结构安全的关键部位;

3. 抽查涉及结构安全和使用功能的主要材料、构配件和设备的出厂合格证、试验报告、见证取样送检资料及结构实体检测报告;

4. 抽查结构混凝土及承重砌体施工过程的质量控制情况;

5. 实体质量检查要辅以必要的监督检测、由监督人员根据结构部位的重要程度及施工现场质量情况进行随机抽检。

(二)地基基础工程的验收监督

1. 桩基、地基处理的施工质量及检测报告、验收记录、验槽记录；
2. 防水工程的材料和施工质量；
3. 地基基础子分部、分部工程的质量验收情况。

（三）主体结构工程的验收监督

1. 钢结构、混凝土结构等重要部位及有特殊要求部位的质量及隐蔽验收；
2. 混凝土、钢筋及砌体等工程关键部位、必要时进行现场监督检测；
3. 主体结构子分部、分部工程的质量验收资料。

（四）装饰装修、安装工程的验收监督

1. 幕墙工程、外墙粘(挂)饰面工程、大型灯具等涉及安全和使用功能的重点部位施工质量的监督抽查；
2. 安装工程使用功能的检测及试运行记录；
3. 工程的观感质量；
4. 分部(子分部)工程的施工质量验收资料。

（五）工程使用功能和室内环境验收监督

1. 有环保要求材料的检测资料；
2. 室内环境质量检测报告；
3. 绝缘电阻、防雷接地及工作接地电阻的检测资料、必要时可进行现场测试；
4. 屋面、外墙和厕所、浴室等有防水要求的房间及卫生器具防渗漏试验的记录、必要时可进行现场抽查；
5. 各种承压管道系统水压试验的检测资料。

七、建筑工程质量验收程序和组织

（一）检验批及分项工程应由监理工程师(建设单位项目技术负责人)组织施工单位项目专业质量(技术)负责人等进行验收。

（二）分部工程应由总监理工程师(建设单位项目负责人)组织施工单位项目负责人和技术、质量负责人等进行验收；地基与基础、主体结构分部工程的勘察、设计单位工程项目负责人和施工单位技术、质量部门负责人也应参加相关分部工程验收。

（三）单位工程完工后，施工单位应自行组织有关人员进行检查评定，并向建设单位提交工程验收报告。

（四）建设单位收到工程报告后，应由建设单位(项目)负责人组织施工(含分包单位)、设计、监理等单位(项目)负责人进行单位(子单位)工程验收。

（五）单位工程有分包单位施工时，分包单位对所承包的工程 按本标准规定的程度检查评定，总包单位应派人参加。分包工程完成后，应将工程有关资料交总包单位。

（六）当参加验收各方对工程质量验收意见不一致时，可请当地建设行政主管部门或工程质量监督机构协调处理。

（七）单位工程质量验收合格后，建设单位应在规定时间内将工程竣工验收报告和有关文件，报建设行政管理部门备案。

第八章　工程质量监督报告

工程质量监督报告是指工程质量竣工验收合格后，工程质量监督机构按规定要求向建设行政主管部门报送的工程项目监督检查的综合性文件，是工程竣工备案的必备条件。

工程质量监督机构应当在工程质量竣工验收合格后在规定的时限内向备案机关提交建设工程质量监督报告(以下简称监督报告)。

监督报告应由该项目的监督负责人组织编写，经工程质量监督机构技术负责人审查，工程质量监督机构负责人签发，一式两份，加盖公章后，一份提交备案机关，另一份存档。

监督报告应反映工程质量监督机构对工程质量的监督抽查情况、参与工程建设各方责任主体的质量行为及工程的实物质量状况。监督报告主要内容：

(一)工程基本情况和监督工作概况；

(二)各方责任主体和有关机构执行有关工程质量法律、法规、强制性标准和执行工程建设程序情况及质量行为与不良行为记录情况的监督意见；

(三)工程实体质量抽查及监督抽测情况；

1. 地基基础工程的监督抽查(包括监督检测)情况。

2. 主体结构工程的监督抽查(包括监督检测)情况。

3. 有关装饰装修、安装工程的监督检查情况。

4. 有关工程使用功能和室内环境质量的监督检查情况。

5. 见证取样试验及竣工抽查检测情况。

6. 对工程质量问题的整改和质量事故处理的情况的监督意见。

(四)质量控制资料及安全和功能检验资料抽查情况；

(五)整体工程质量监督意见。

1. 对工程竣工验收组织及程序的评价。

2. 对工程建设强制性标准执行情况的评价。

3. 对工程观感质量检查验收的评价。

4. 对工程竣工验收报告的评价。

5. 监督结论及备案的建议。

第九章　工程质量投诉处理

　　工程质量投诉是指包括公民、法人和其他组织通过信函、电话、来访等形式反映工程质量问题的活动。新建、改建、扩建的建设工程，在建设过程中和保修期内发生的工程质量问题，均属投诉范围。

　　工程竣工交付使用后，在正常使用条件下，超过规定及合同约定保修期的工程质量问题，由产权单位按有关规定处理。

　　一、工程质量投诉受理机构在受理工程质量投诉信函、电话、来访时，应认真了解和听取陈述意见，详细记录以下与投诉工程相关的内容：

　　（一）工程基本情况（包括工程地点、层数、工程性质、结构类型、面积、开竣工日期等）；

　　（二）工程参建各方名称；

　　（三）工程存在的主要问题；

　　（四）需要掌握的其他情况。

　　二、工程质量投诉受理机构对工程质量投诉应按下列程序处理：

　　（一）信函、电话、来访登记（包括收讫及受理时间、反映的主要问题、投诉人的联系方式等）；

　　（二）向有关单位及人员初步查证落实投诉内容；

　　（三）经初步查证投诉内容基本属实者，索取投诉工程的相关资料；

　　（四）组织调查；

　　（五）编制调查报告，提出调查结论和处理意见。

　　三、工程质量投诉调查内容：

　　（一）核查工程参建方履行建设程序情况；

　　（二）查验勘察、设计、施工、监理单位资质；

　　（三）调查工程参建方执行相关强制性标准情况；

　　（四）审查工程设计施工图纸、文件，必要时对结构设计进行复核验算；

　　（五）核查工程实体质量；

　　（六）核查工程质量保证资料及施工技术资料。

　　工程质量投诉受理机构，现场核查工程实体质量时，如需要进行检测鉴定和结构设计复核验算的，应委托有资质的工程质量检测机构或勘察、设计、咨询单位进行检测鉴定和结构设计复核验算；依据调查情况和检测鉴定报告，做出调查结论和处理意见。

　　投诉已使用的房屋建筑工程的质量问题，经对工程实体质量检测鉴定，当安全性不符合标准要求时，工程质量投诉受理机构，要责成房产管理单位按有关规定向危险房屋安全性鉴定机构申请危房鉴定。

　　工程质量投诉已进入司法程序的，由司法机关调查和处理。在案件审理过程中，需要对工程质量进行检测鉴定的。

对于投诉的工程质量问题,工程质量投诉受理机构要本着实事求是的原则进行调查。确认存在工程质量问题需要返修处理的,要责成责任方及时进行返修处理;暂时处理不了的问题,要向投诉人做出解释,并责成责任方限期解决。

对造成工程质量问题的责任方,除责成对工程质量问题返修处理外,根据问题严重程度,分别依据有关规定报请相关管理部门给予通报批评、警告、停业整顿、降低资质等级或吊销资质证书的处罚;对造成工程质量问题的主要责任人,应按有关规定报请相关管理部门依法给予行政处分;违反法律的,依法追究法律责任。

投诉人留有姓名和联系地址时,要将调查结论、工程质量问题处理结果通知投诉人。

在处理工程质量投诉过程中,工程质量投诉受理机构不得将投诉材料及有关情况透露或者转送给被投诉的单位和个人,任何组织和个人不得压制、打击报复、迫害投诉人。

第十章　工程质量监督的档案管理

工程质量监督档案是指在工程建设过程中，质量监督机构按照省建设工程质量监督站统一指定的表式所能反映工程质量监督过程及结果的记录。对工程质量监督档案的收集、整理、归档管理工作规范化，能促使工程质量监督管理水平进一步提高，使工程质量监督工作有案可查，并且查有实据，体现工程质量监督工作的科学性、公正性、权威性。为了加强工程质量监督的档案管理工作，监督机构应建立工程质量监督档案管理制度，工程质量监督档案应推行信息化管理。

一、工程质量监督档案应包括以下主要内容及填写要求：

（一）监督注册及工程项目监督工作方案；

（二）质量行为的监督记录；

（三）地基基础、主体结构工程抽查(包括监督检测)记录；

（四）工程质量竣工验收监督记录；

（五）工程质量监督报告；

（六）不良行为记录；

（七）施工中发生质量问题的整改和质量事故处理的有关资料；

（八）工程监督过程中所形成的照片(含底片)、音像资料；

（九）其他有关资料。

纸张一律采用 A4，装订整齐、美观、牢固。字迹要清晰，应使用黑色、蓝色钢笔或签字笔，内容填写准确，齐全，不缺项。

二、工程质量监督档案保存年限

工程质量监督档案应及时整理、并符合档案管理的有关规定。工程质量监督档案保管期限分为长期和短期两种、长期为 15 年、短期为 5 年。电子档案应至少保存 20 年。

三、工程质量监督档案的装订及保管要求

工程质量监督档案案卷的装具、装订应做到统一、整齐、牢固、符合相关规范标准的要求、便于保管与查阅。监督机构应加强工程质量监督的信息化建设、运用工程质量监督信息系统、实现监督注册、行为监督、实体质量监督、不良行为记录、竣工验收备案等工作的在线作业。监督机构应建立工程质量监督信息数据库、将工程建设责任主体和有关机构信息、在建及竣工工程信息、监督检查中发现的工程建设责任主体违规和违反强制性标准信息、工程质量状况统计信息、工程竣工验收备案信息等纳入数据库。

四、建设工程质量监督档案的验收与移交

建设工程质量监督档案由监督负责人负责整理，质监机构技术负责人负责审核、检查，符合要求后向档案管理员移交。

质监机构应建立建设工程质量监督归档台账和档案室，档案室应符合档案存放、保管的要求，确保档案保存的质量。